"十二五"普通高等教育本科国家级规划教材
中央高校教育教学改革基金(本科教学工程)资助

# 矿产勘查理论与方法

## THEORIES AND METHODS FOR MINERAL EXPLORATION

赵鹏大
魏俊浩　张晓军　张　均　编著
陈守余　陈永清　魏启荣

## 图书在版编目(CIP)数据

矿产勘查理论与方法/赵鹏大,魏俊浩等编著. —3版. —武汉:中国地质大学出版社,2019.9 (2025.2重印)
ISBN 978-7-5625-4547-7

Ⅰ.矿…
Ⅱ.①赵…②魏…
Ⅲ.矿产勘探-研究
Ⅳ.①P624

中国版本图书馆 CIP 数据核字(2019)第 084495 号

| 矿产勘查理论与方法 | | | 赵鹏大　魏俊浩　等编著 | |
|---|---|---|---|---|
| 责任编辑:谌福兴　赵颖弘　张燕霞 | | 选题策划:赵颖弘 | | 责任校对:张咏梅 |
| 出版发行:中国地质大学出版社(武汉市洪山区鲁磨路388号) | | | | 邮政编码:430074 |
| 电　　话:(027)67883511 | | 传真:67883580 | | E-mail:cbb@cug.edu.cn |
| 经　　销:全国新华书店 | | | | http://cugp.cug.edu.cn |
| 开本:787毫米×1092毫米 1/16 | | | 字数:692千字　印张:25.5　附图:16 | |
| 版次:2019年9月第1版 | | | 印次:2025年2月第2次印刷 | |
| 印刷:湖北睿智印务有限公司 | | | 印数:3001—4200册 | |
| ISBN 978-7-5625-4547-7 | | | 定价:78.00元 | |

如有印装质量问题请与印刷厂联系调换

# 第三版前言

进入21世纪以来,国家基础设施投资力度加大,对矿产资源的需求有增无减。2001年4月国务院批准实施了《全国矿产资源规划》,2003年1月开始实施《中国二十一世纪初可持续发展行动纲要》。2003年12月国务院新闻办公室系统阐明了我国的矿产资源政策,强调建设小康社会是中国在新世纪的奋斗目标,强调主要依靠开发本国的矿产资源来保障现代化建设的需要。2006年初,《国务院关于加强地质工作的决定》发布,国土资源部随即先后出台多项政策,全面推进地质找矿工作。2009年举行了地质找矿改革发展大讨论,实施了"公益先行、基金衔接、商业跟进、整装勘查、快速突破"的地质找矿新机制。同时,鼓励利用国外市场与国外矿产资源,推动中国矿山企业和矿产品进入国际市场,使中国矿业走向世界,实现资源互补。宏观政策方针进一步表明,加强矿产勘查、服务国家经济建设是一项战略任务。

目前在经济发展新常态背景下,当前地勘市场遇冷,表象看,勘查市场持续疲软,勘查作业总体供过于求;深入看,产业结构调整势必让地勘工作进行结构调整;长远看,经济发展新常态下勘查工作前景仍光明,地勘工作面临挑战与机遇,要进行观念转变,要正确理解地质先行、地质找矿主力军的含义,抓住民生工程和生态文明建设带来的新机遇,扩大深部和复杂地区的找矿空间,实施走出去的新战略,联合出海(彭齐鸣,2016)。为此,要提高自身素质,依靠科技创新,提高实战性找矿的能力,为地矿行业发展提供自信素质保证。

任何国家在工业化进程过程中,国民经济发展在某种程度上是要以消耗资源为代价的。2005年,国家发改委数据显示,中华人民共和国成立50多年来,我国的GDP增长了大约10倍,而同时矿产资源消耗则增长了40倍。以2004年为例,我国消耗的各类国内资源和进口资源约50亿t,原油、原煤、铁矿石、钢材、氧化铝和水泥的消耗量,分别为世界消耗量的7.4%、31%、30%、37%、25%和40%,而创造的 GDP 却只相当于世界总量的 4%。目前,中国正处于经济社会发展的关键时期和改革开放的攻坚阶段,经济增长面临的资源环境约束增强,主要矿产品的基础地位仍然重要。在整体国民经济中,93%的工农业需要的能源,80%的第二产业需要的工业原料,70%的农业需要的生产资料都来源于基础采矿业。随着中国经济总量的不断攀升,矿产品的需求仍然是一个长效过程,相应地,矿产资源的缺口也将不断扩大。矿产品持续供给不但关系到中国经济后续增长的核心动力,还关系到中国经济安全和稳定。

矿产品对外依存度是指国际矿产品供求关系发生变动对一国矿产品供求关系产生影响的程度及一国矿产品供求关系变动对国际矿产品供求关系影响的程度。矿产品供求关系对外贸易依存度高,说明一国经济对国际矿产品供求关系依赖程度高。改革开放 30 多年来,我国经济的发展走了一条以消耗矿产资源为前提的粗放型的发展道路。经济转型过程中中国经济的发展仍然要消耗相当量的大宗矿产,根据我国的资源结构禀赋,富铁、富铜矿石消耗是一个长期的过程。

中国铁矿石储量大,但贫矿较多,仅靠国内的铁矿资源很难满足中国经济发展的需要。特别是改革开放以来,随着第二产业的兴起和大规模推进,中国经济对铁矿资源的需求逐年增加,对外依存度连年上升。在改革开放初期的 20 世纪 80 年代,中国铁矿石对外依存度为 13.5%,而到 90 年代,中国铁矿石对外依存度已经上升到 35%。进入 21 世纪以后,中国经济对铁矿石的需求显著增加。虽然中国国内铁矿开采迅猛,但远远不能满足市场需求。2006 年,中国铁矿石对外依存度上升到 40%,而 2012 年,铁矿石对外依存度更是上升到 45%左右,到 2015 年,中国铁矿石对外依存度达到了 84%。

中国铜矿资源结构也并不十分乐观,在全球范围内占比较小,国内的铜矿资源最初就难以满足中国经济发展的需要。特别是改革开放以来,中国经济对铜矿资源的需求显著增加,铜矿资源对外依存度逐年攀升。改革开放初期的 20 世纪 80 年代,中国铜矿资源对外依存度就已经达到 50%,到了 90 年代初期,中国铜矿资源对外依存度上升到 66.4%。21 世纪以来,中国经济对铜矿资源的需求显著增加,尽管国内铜矿资源得到充分利用,但已经远远不能满足国内市场的大量需求。2006 年,中国铜矿资源对外依存度上升到 67.25%。2013 年镍矿对外依存度为70%,铝土矿为74%,铜矿高达81.7%。

中国经济发展从原来的主要依赖国内资源,逐渐发展到进口出口相结合的态势,至今中国矿产资源对外依存度持续走高,对中国经济的安全提出新的挑战。如果中国矿产品对外贸易战略定位失策,对外贸易决策失误,就可能会危及我国经济安全和可持续发展。上述我国资源背景和全球的资源贸易告诉我们,中国在充分利用国外资源的同时加大国内矿产资源的勘查力度,提高矿产勘查质量,寻找富矿、大矿任务依然严峻。因此,有必要在已有勘查区和新区进行深部找矿,在成矿的复杂地段找矿,在成矿条件比较好的地区当中弱异常地段进行综合找矿,以及寻找发展高新技术和新兴产业所需要的新型矿产和非传统(非常规)矿产。这是我国矿产勘查、矿业开发长效战略机制。

在开发第一手资源的同时,要重视资源的二次利用。提高矿产资源综合利用水平,也是中国资源利用长效战略机制。中国已探明的矿产资源中有相当数量为品质较低、目前技术经济条件下尚难利用的资源,对这些资源的开发利用也是解决中国矿产资源供应问题的一条重要途径。对矿产资源实行综合勘查、综合评价、综合开发、综合利用,鼓励和支持矿山企业开发利用低品位难选冶资源、替代资源和二次资源,扩大资源供应来源,降低生产成本;鼓励矿山企业开展"三废"(废渣、废气、废液)综合利用的科技攻关和技术改造,提高资源综合利用水平。

在中国经济新常态的大背景下,资源开发与环境保护是经济转型中不可忽视的一个绿色经济环节。限制对生态环境有较大影响的矿产资源开发,在自然保护区和其他生态脆弱的地区,严格控制矿产资源勘查开发活动。严格控制在生态功能保护区内开采矿产资源,限制在地质灾害易发区开采矿产资源。优化矿产勘查开发布局,推进绿色勘查,提高GDP,增长绿色经济含量,是中国建设和谐社会的重要内容。

坚持科技进步与创新。加强矿产资源勘查评价、勘查开发及综合利用、矿山环境防污防治等关键技术和成果的攻关和推广应用,加强非传统矿产、新能源、新材料技术和海洋矿产资源开发等高新技术的研究与开发,加强新理论、新方法、新技术等基础研究。提高劳动者素质,培养一批掌握先进科学理论、有创新能力的矿产资源勘查开发科技队伍和人才,促进矿产资源勘查与开发由传统产业向现代产业、由劳动密集型向技术密集型、由粗放经营向集约经营的转变,这是矿产地质勘查实施行业结构性改革的必由之路。

《矿产勘查理论与方法》教材第一版于2001年出版,时隔5年第二版于2006年修编后再次出版。第二版至2016年已在大学本科教学中使用了10年,这10年我国勘查政策方针又有了调整和新的要求,矿产资源勘查形势也有了新的变化,在国家经济形势的大背景和矿产勘查的新形势下,丰富教材的内容是非常必要的。为此,教材中增加了成矿系统与勘查系统内容,资源枯竭与经济转型,泛资源化与非传统矿产、大数据、互联网、物联网与深部找矿等新概念,使学生了解学科发展趋势和新的理念,提高其综合素质,适应社会的发展,并服务于社会。

本教材第一版和第二版编写分工分别是:第一章、第二章,赵鹏大;第三章,曹新志;第四章,李志德;第五、第六、第七章,池顺都。上述作者对该教材的多次出版付出的辛勤的劳动,为本次教材修编提供了很好的基础,本次修编者在此深表感谢。

本次教材修编分工如下:第一章、第二章,赵鹏大;第三章,魏启荣;第四章,魏俊浩;第五章,张晓军;第六章,张均;第七章,陈永清;第八章,陈守余。全书由赵鹏大、魏俊浩负责主编,最后由赵鹏大、魏俊浩负责定稿,本书附件《矿产勘查理论与方法实习指导书》由张晓军、谭俊、付乐兵完成。

赵鹏大　魏俊浩
2018年7月

# 目 录

## 第一章 资源保证与矿产勘查 …………………………………………………………（1）

### 第一节 持续发展与资源保证 ……………………………………………………（1）
一、矿物原料消费的增长 ……………………………………………………………（1）
二、矿产资源的保证程度 ……………………………………………………………（2）

### 第二节 矿产勘查与相关学科 ……………………………………………………（3）
一、矿产勘查的基本概念 ……………………………………………………………（3）
二、矿产勘查与其他学科关系 ………………………………………………………（5）

### 第三节 学科变迁与发展趋势 ……………………………………………………（6）
一、找矿难度日益增大，隐伏矿床找矿问题已成为矿产勘查最突出的问题 ………（6）
二、为满足对矿产资源的需求，不断开拓新类型矿床的找寻和开发 ………………（7）
三、为更有效地指导找矿勘探实践，进一步加强了勘查理论的研究 ………………（8）
四、为适应"理论找矿"阶段的新要求，加强了对矿床模型和矿床勘查模型的研究 …（9）
五、为提高矿床勘查工作效益并使矿业可持续发展，勘查过程中的经济分析和环境效应
分析日益受到重视 …………………………………………………………………（9）
六、为提高矿床勘查效果，加强了新技术、新方法的研究和应用，提高了对勘查人才素质的
要求 …………………………………………………………………………………（10）

主要参考文献 …………………………………………………………………………（10）

## 第二章 矿产勘查基本理论 ……………………………………………………………（11）

### 第一节 勘查特征与理论思路 ……………………………………………………（11）

### 第二节 基本理论与五大基础 ……………………………………………………（13）
一、地质基础 …………………………………………………………………………（14）
二、数学基础 …………………………………………………………………………（16）
三、经济基础 …………………………………………………………………………（22）
四、技术基础 …………………………………………………………………………（24）

### 第三节 对立统一与优化准则 ……………………………………………………（26）
一、最优地质效果与经济效果的统一 ………………………………………………（26）
二、最高精度要求与最大可靠程度的统一 …………………………………………（27）

三、模型类比与因地制宜的统一 ……………………………………………… (27)
　　四、随机抽样与重点观测的统一 ……………………………………………… (28)
　　五、全面勘查与循序渐进的统一 ……………………………………………… (29)
第四节　勘查战略与战术决策 …………………………………………………… (29)
　　一、最优化战术决策——最优勘探方案的确定 …………………………… (29)
　　二、最优化战略决策——最优勘探过程管理 ……………………………… (31)
主要参考文献 ………………………………………………………………………… (32)

## 第三章　勘查阶段与勘查系统 ……………………………………………… (33)

第一节　勘查阶段与勘查周期 …………………………………………………… (33)
　　一、勘查阶段及划分 ………………………………………………………… (33)
　　二、勘查周期及其影响因素 ………………………………………………… (34)
第二节　勘查要求与工作程序 …………………………………………………… (36)
　　一、矿床勘探研究的基本内容与要求 ……………………………………… (36)
　　二、勘查工作程序 …………………………………………………………… (39)
第三节　优度评价与勘查决策 …………………………………………………… (44)
　　一、优度评价的概念及意义 ………………………………………………… (44)
　　二、矿产勘查优度评价阶段的划分 ………………………………………… (44)
　　三、影响矿产勘查优度评价的有关因素 …………………………………… (46)
　　四、关于优度论证报告的内容要求 ………………………………………… (48)
第四节　成矿系统与勘查系统 …………………………………………………… (50)
　　一、成矿系统 ………………………………………………………………… (50)
　　二、矿产勘查系统 …………………………………………………………… (52)
　　三、成矿系统与矿产勘查系统 ……………………………………………… (57)
主要参考文献 ………………………………………………………………………… (58)

## 第四章　成矿预测与矿产普查 ……………………………………………… (59)

第一节　成矿预测与科学找矿 …………………………………………………… (59)
　　一、成矿预测 ………………………………………………………………… (59)
　　二、科学找矿 ………………………………………………………………… (67)
第二节　控矿因素与找矿标志 …………………………………………………… (71)
　　一、控矿因素 ………………………………………………………………… (71)
　　二、找矿标志与找矿信息 …………………………………………………… (93)
第三节　成矿规律与矿床谱系 …………………………………………………… (101)

一、矿床时间分布规律 …………………………………………………………………… (101)
　　二、矿床空间分布规律 …………………………………………………………………… (107)
　　三、成矿物质来源规律 …………………………………………………………………… (114)
　　四、矿床共生规律 ………………………………………………………………………… (115)
　第四节　找矿技术方法与信息提取 …………………………………………………………… (119)
　　一、找矿技术方法 ………………………………………………………………………… (119)
　　二、矿化信息提取 ………………………………………………………………………… (128)
　　三、找矿模型的建立 ……………………………………………………………………… (132)
　第五节　信息合成与靶区优选 ………………………………………………………………… (140)
　　一、信息合成 ……………………………………………………………………………… (140)
　　二、找矿靶区优选 ………………………………………………………………………… (145)
　　三、找矿目标定位 ………………………………………………………………………… (148)
　第六节　可行论证与基地确定 ………………………………………………………………… (150)
　　一、可行性论证 …………………………………………………………………………… (150)
　　二、勘探基地的最终确定 ………………………………………………………………… (153)
　主要参考文献 …………………………………………………………………………………… (153)

## 第五章　矿床勘探与探采结合 …………………………………………………………………… (155)
　第一节　矿体变异与勘查类型 ………………………………………………………………… (155)
　　一、矿体特性研究 ………………………………………………………………………… (155)
　　二、矿床勘查类型 ………………………………………………………………………… (158)
　第二节　勘查精度与勘查程度 ………………………………………………………………… (164)
　　一、勘查精度 ……………………………………………………………………………… (164)
　　二、勘查程度 ……………………………………………………………………………… (168)
　第三节　矿体取样与质量评定 ………………………………………………………………… (170)
　　一、矿体取样的概念与分类 ……………………………………………………………… (170)
　　二、化学取样 ……………………………………………………………………………… (170)
　　三、岩矿鉴定取样 ………………………………………………………………………… (181)
　　四、加工技术取样 ………………………………………………………………………… (182)
　　五、技术取样 ……………………………………………………………………………… (183)
　　六、确定矿产质量的地球物理方法取样 ………………………………………………… (185)
　第四节　矿体构形与勘查设计 ………………………………………………………………… (187)
　　一、矿体构形 ……………………………………………………………………………… (187)
　　二、勘查剖面及其作用 …………………………………………………………………… (190)

三、勘查技术手段选择与应用 ……………………………………………………… (191)
四、矿区地质填图 ………………………………………………………………… (195)
五、勘查工程的总体布置 ………………………………………………………… (196)
六、勘查工程间距的确定 ………………………………………………………… (198)
七、勘查剖面资料的获取 ………………………………………………………… (203)
八、综合地质编录及其图件 ……………………………………………………… (211)

### 第五节 储量估算与比较评价 ……………………………………………………… (214)
一、矿产资源/储量分类及类型条件 ……………………………………………… (214)
二、几何图形法储量估算的原理和一般过程 …………………………………… (219)
三、矿床工业指标的确定 ………………………………………………………… (219)
四、矿体圈定 ……………………………………………………………………… (222)
五、储量估算基本参数的确定 …………………………………………………… (224)
六、资源量与储量估算方法 ……………………………………………………… (227)
七、探采资料对比评价 …………………………………………………………… (237)

### 第六节 矿山设计与探采结合 ……………………………………………………… (243)
一、矿山设计 ……………………………………………………………………… (243)
二、地质勘探总结报告在矿山设计中的作用 …………………………………… (244)
三、探采结合 ……………………………………………………………………… (246)

## 第六章 矿产勘查与资源经济 ……………………………………………………… (248)

### 第一节 经济发展与资源消费 ……………………………………………………… (248)
一、全球经济增长与矿产资源消耗之间具有高度相关性 ……………………… (248)
二、工业化过程与矿产资源支撑 ………………………………………………… (249)
三、矿产资源消费与经济快速增长 ……………………………………………… (249)

### 第二节 项目选择与市场竞争 ……………………………………………………… (250)
一、影响矿产勘查项目选择的因素与决策准则 ………………………………… (251)
二、矿产勘查项目的技术经济评价 ……………………………………………… (252)
三、矿产勘查项目的优选 ………………………………………………………… (252)
四、我国矿产资源总体供需形势与市场竞争 …………………………………… (253)

### 第三节 紧缺矿产与两个市场 ……………………………………………………… (255)
一、紧缺矿产与国家战略 ………………………………………………………… (255)
二、两个市场与矿产品进出口形势 ……………………………………………… (255)
三、我国若干紧缺矿产利用外国资源的可能性 ………………………………… (257)

### 第四节 矿业市场与矿权评估 ……………………………………………………… (257)

一、世界经济进入新常态，全球矿业市场将持续低迷 ……………………………… (258)
　二、我国经济结构调整深入推进，国内矿业将进入新常态时代 ………………… (259)
　三、矿业权评估的理论与方法 …………………………………………………… (259)

第五节　风险勘探与资金引进 ……………………………………………………… (263)
　一、风险勘探与风险投资 ………………………………………………………… (263)
　二、风险勘探项目的风险因素分析和风险控制对策 …………………………… (264)
　三、引资勘查是地质找矿可持续发展的重要途径 ……………………………… (266)
　四、全球矿业投资环境及形势分析 ……………………………………………… (267)
　五、我国矿业投融资体制发展概况 ……………………………………………… (269)

第六节　矿业经济与矿后经济 ……………………………………………………… (272)

第七节　资源枯竭与经济转型 ……………………………………………………… (274)

第八节　矿业开发与生态文明 ……………………………………………………… (276)
　一、矿业开发是我国社会经济发展的重要基础产业 …………………………… (276)
　二、要在矿产资源开发中坚持生态文明建设 …………………………………… (276)
　三、在矿产资源开发中重视生态文明建设是我国实现可持续发展的必然选择 … (277)
　四、探索矿业开发与生态文明和谐共赢的新路径 ……………………………… (278)

主要参考文献 ………………………………………………………………………… (280)

# 第七章　矿产勘查与高新技术 …………………………………………………… (283)

第一节　定性勘查与定量勘查 ……………………………………………………… (283)
　一、找矿概念模型 ………………………………………………………………… (283)
　二、定量找矿模型 ………………………………………………………………… (285)
　三、定量勘查 ……………………………………………………………………… (286)

第二节　多重分形与经模分解 ……………………………………………………… (286)
　一、SVD 和 BEMD 方法原理 …………………………………………………… (287)
　二、应用实例 ……………………………………………………………………… (290)
　三、结论 …………………………………………………………………………… (293)

第三节　大数据集与智慧找矿 ……………………………………………………… (294)
　一、大数据及其信息处理技术 …………………………………………………… (295)
　二、地质过程与地质体分布数学模型 …………………………………………… (295)

主要参考文献 ………………………………………………………………………… (300)

# 第八章　面向未来与接替资源 …………………………………………………… (302)

第一节　新型产业与新型资源 ……………………………………………………… (302)

一、液态矿物原料开发 …………………………………………………………（302）
　　二、海域矿产开发 ………………………………………………………………（303）
　　三、具重要开发前景的非金属矿产 ……………………………………………（305）
第二节　环境保护与绿色矿业 …………………………………………………………（307）
　　一、工业固体废弃物及废水、废气的利用 ……………………………………（307）
　　二、有利于环保的采冶新工艺 …………………………………………………（309）
　　三、资源、环境联合评价 ………………………………………………………（309）
第三节　泛资源化与非传统矿产 ………………………………………………………（310）
　　一、泛资源理论与矿产勘查 ……………………………………………………（310）
　　二、非传统矿产资源概念 ………………………………………………………（310）
　　三、非传统矿产资源研究现状 …………………………………………………（311）
　　四、重要的非传统矿产资源 ……………………………………………………（312）
第四节　危机矿山与接替资源 …………………………………………………………（316）
　　一、危机矿山 ……………………………………………………………………（316）
　　二、接替资源 ……………………………………………………………………（317）
第五节　矿化空间与深部找矿 …………………………………………………………（317）
　　一、矿化空间 ……………………………………………………………………（317）
　　二、深部找矿 ……………………………………………………………………（318）
主要参考文献 ……………………………………………………………………………（319）

# 第一章 资源保证与矿产勘查

## 第一节 持续发展与资源保证

20世纪70年代以来,世界上经常讨论人类社会发展的现状和未来问题。1972年,罗马俱乐部推出了梅多斯等人的《增长的极限》报告,他们认为,人口、粮食、工业品和污染4个参数都是呈指数增长的,而不可再生资源是随经济发展而逐渐减少的。人口的指数增长与不可再生资源的枯竭将形成经济增长的极限。1987年世界环境与发展委员会在《我们共同的未来》报告中提出了"可持续发展"的命题并将其定义为在不牺牲子孙后代需要的前提下满足当代人需要的发展。1992年在巴西里约热内卢召开的联合国环境与发展大会,提出了《21世纪议程》。这个文件的实质就是要求人类社会的发展要建立在经济有效、社会保障和生态安全的基础上。这可以说是世界社会发展在认识和行动上的一个转折点:人必须善待自然,人类社会的发展必须与地球或自然的发展相和谐与协调,当代人的发展不能以牺牲后代人的发展为代价。

众所周知,影响人类社会可持续发展的3个最重大的问题是人口、资源与环境。人口激增、资源短缺和环境恶化是当代人类面临的三大严重问题。此外,还有国家和地区发展的不平衡,局部战争的接连不断,自然灾害的频繁发生等都给人类发展,特别是给发展中国家和不发达国家带来更大的困难和严重后果。

### 一、矿物原料消费的增长

20世纪后半叶,世界人口激增,如在1950年以前,世界人口只有25亿,但到20世纪末世界人口增长了1倍以上,达到57亿。随着人口增长和经济发展,世界上对矿物原料的需求和消费也有很大的增长。1950—1970年世界石油开采增加至4.4倍,即从521Mt增至2282Mt;天然气增长至5.4倍,即从1910亿$m^3$增至10 290亿$m^3$;煤增加至1.4倍,即从1536Mt增至2158Mt;而金属矿产则增加了2.5~7倍(Козловский Е А,1999)。但在这当中,发达国家对矿物原料消费的增长主要不是靠增加本国资源的采掘量,而是更多依靠进口外国资源。例如,在1970年,西欧的石油开采量为16Mt,但所需石油及石油制品量超过其自身开采量的38倍(达606Mt);在美国当时需求石油708Mt,而本国仅开采486Mt,占需求量之68.6%。铁矿情况也类似,英国、德国、比利时三国生产铁矿石17.6Mt,而进口铁矿为42Mt,为其生产量的2.4倍。

资源保证问题受到很多国家的高度重视。如1984年美国在全国性会议上讨论了如下一些重要问题:战略矿产资源及其在世界上的稳定性;美国对战略性矿物原料的依赖性;美国未来对战略性矿产的需求状况等。对这些问题表现如此巨大之关注是由于美国从全球角度预测最近20~30年间将发生世界性的矿物原料短缺。

尽管如此,在1970—1990年间,世界的矿产勘探储量有了明显的增长:铝土矿增加了9.4倍,铂族金属增加7.3倍,锰矿增加4倍以上,金刚石、钴、磷等增加3倍以上;天然气、铀、锌、钨、硫及钾盐增加了2~3倍,石油及钼增加1.9倍。大多数矿产储量的增长大于开采量。

人们对矿产资源的需求和消费还应注意两方面情况:其一是随着科学技术的进步,大大扩展了利用新类型矿产的数量,如铀、稀有金属及稀土元素等。其二是世界矿物原料消费结构的变化。如在世界的燃料动力原料平衡中,20世纪50—70年代石油所占比例从27%增加至47.9%,但到90年代则减少到39.2%;天然气逐步增长,从9.8%到18.4%及至90年代的22%;煤则逐步减少其份额,从61.5%降至30.9%乃至29%;原子能所占比例从1970年的0.6%增至1990年的7%,而在西欧国家则增至14%。

总的说来,矿物原料消费增长的速度是惊人的。最近35年消费的石油和天然气数量相当于这类矿产迄今为止开采总量的80%~85%,在这35年中对其他矿物原料的消费也增加了3~5倍,而在这当中,占世界人口16%的发达国家消费了世界矿物原料采掘量的52%,所以一些学者认为:矿产资源问题已从区域问题变为全球问题,并从经济范畴进入政治范畴。

## 二、矿产资源的保证程度

矿产资源是人类赖以生存和发展的物质基础。目前,我国95%的能源和80%的工业原料都取自矿产资源。未来20~30年内,我国矿产品的年绝对需求量将大幅度增加,一些主要矿产品2020年需求量将是目前的两倍。对这样的需求,我国的矿产资源保证程度如何,这是人们所关注的问题。

我国矿产资源总量丰富,到1998年底,我国已发现171种矿产,矿产地25 000多处,有探明储量的矿产153种,其中45种主要矿产已探明储量潜在价值约占世界矿产总值的12%,居世界第3位。然而,我国矿产资源人均占有量仅为世界人均水平的58%,居世界第53位,而且存在支柱性矿产后备储量不足,中小矿床多,大型特大型矿床少,支柱性矿产贫矿和难选矿多、富矿少,以及资源分布与生产力布局不匹配等主要问题。例如在45种主要矿产资源中,到2000年可以保证需求的有29种,到2010年将下降到23种,而到2020年则仅有6种。到2010年,资源短缺、主要靠进口的矿产有铬、钴、铂、钾盐、金刚石等5种;而到2010年,不能保证,需要长期进口补缺的矿产有石油、天然气、铁、锰、铜、镍、金、银、硫、硼等10种;2010年基本可以保证,但可利用矿区在储量或品种上还存在不足,需要在国内进一步找矿或进口解决的矿产有铀、铝、锶、耐火黏土、磷及石棉等6种。届时进口矿产品将达到2.5亿~3亿t,这将耗费大量资金和外汇。以铜为例,1995年铜产品进口达220万t,耗资超过2亿美元。近几年,铬铁矿砂的年进口量超过100万t,年耗资也在2亿美元左右。这表明我国矿产资源的形势是严峻的。

据联合国经济委员会1981年发表的一份报告预测,如果发展中国家对矿物原料需求达到美国的消费水平,则现有的铝土矿储量在18年后将消耗殆尽,铜9年,石油7年,天然气5年,铅6年,而锌6个月。当然,像美国这种大量资源消费型的发展模式和生活方式是不可取的,尤其像我国这样人口众多的国家,必须走一条资源节约型的发展道路和生活模式,也就是走可持续发展或生态经济发展的道路。戴自希等(1994)在《我国十几种急缺矿产找矿重大突破的可能途径和对策研究》一文中引述了如下一些资料:目前世界上已知的石油证实储量为9991亿桶,按现在的年采量,其储量寿命约为45年,远比1970年和1980年预测的寿命(30~

35年)长。据证实天然气储量为$119×10^{12} m^3$,按现在的消费量可用55年。煤资源量较丰富,储量寿命在230年左右。铀矿资源现有储量能保证58年,而金属矿产大多数矿种储量寿命均为30~40年,其中寿命不到30年的有金、银、汞、铅和锌。有些矿种寿命上百年,包括铁、铬、钒、钛、铝、锂、铍、铌、铂族和稀土金属矿产。非金属矿产资源量丰富,除某些特殊矿种外,大部分资源的保证程度在30~50年。储量寿命最短的是金刚石,约为9年。

关于矿产资源的保证程度问题应指出如下几点:

(1)由于矿产资源分布的不均匀性和各个国家矿产消费水平不同,因而不同国家矿产资源的保证程度各异。在世界经济逐步一体化,矿产资源进入国际大市场,每个国家都有可能利用两种资源、两个市场的情况下,在一定程度上可以缓解本国矿产资源之不足。

(2)像中国这样的发展中大国,尤其是人口大国,在有条件地利用外国矿产资源以弥补本国某些资源之短缺外,应主要立足于本国资源。为此,必须加强地质勘探工作,努力发现新矿床,特别是战略性和大宗、支柱及紧缺性矿产资源,不断提高这些资源的保证程度,以保护国家的国防安全、经济安全和资源安全。

(3)不可再生矿产资源的资源总量毕竟是有限的。随着人类对矿产资源不断的采掘和利用,它们必将逐渐消耗殆尽。因此,在不断努力发现新矿床的同时,要积极探索发现和利用非传统矿产资源的新途径,以便传统矿产资源一旦枯竭或告急,可以有新类型资源加以接替。这是一个具有前瞻性但同时又是具有现实性的大问题。

## 第二节 矿产勘查与相关学科

### 一、矿产勘查的基本概念

所谓"矿产勘查"是指对矿床的普查与勘探的总称。矿床普查是在一定地区范围内以不同的精度要求进行找矿或发现矿床的工作,通常分为概查和详查两个阶段或两类工作。矿床普查工作可与不同比例尺的地质制图工作同时进行,也可以从已知矿点的检查入手进行专门性的找矿。找矿一般都是综合性的,即寻找地区内可能存在的一切矿产资源并对它们的质和量及可能的经济意义做出初步判断或评价;对这些矿产资源的成因和分布规律进行初步分析并对今后进一步工作提出建议和设计。找矿也可以是针对某一特定的矿种,如金矿、铜矿或金刚石矿,到已知有这类矿化显示的矿点或选择有利于这类矿产生成或产出的地区进行专门性找矿。找矿要回答的问题是"找什么""哪里找"及"怎么找"。由于矿床的形成,尤其是大型、特大型矿床的形成是一个地区地质演化过程中的稀有的、特定的事件,必须具备各种有利成矿的地质条件或因素的组合才可能形成矿床,因此,发现矿床是一件十分稀少或困难的事。矿床不是俯拾皆是之物,找矿尤如大海捞针。然而,矿床的形成都与一定的地质异常有关,矿床的分布也有一定的规律可循,找矿就是研究可能成矿的地质异常和矿床可能的分布规律。为了提高找矿效果,通常要根据科学准则首先进行成矿预测,圈出有利成矿远景区,缩小找矿靶区范围,提高找矿成功率。勘探是在发现矿床之后,对被认为具有进一步工作价值的对象做一些地表和地下的揭露工作,对矿床可能的规模、形态、产状、质量及开采技术、经济条件及环境影响等做出评价,换句话说,对矿床的工业远景做出评价。这类工作属于评价性质,故通常称之为评价勘探或初步勘探。当评价勘探取得正面结果,认为所发现的矿床有开采价值并对矿床可能的开发规模有初步认识之后,即可根据需要对矿床做进一步的详细勘探工作,查明矿石质量和类型,计算矿石或有用组分储量,查明开采技术条件,为矿山开采设计提供必要的资料,为先期开采提供有足够精度的储量等,这个阶段的工作即称为工业勘探或详细勘探。随后,开始矿山设计和建设,矿山投产后,开采矿石、进行选矿直至采尽所有能采出之矿石,然后闭坑,最后是复垦。整个过程如图 1-1 所示。

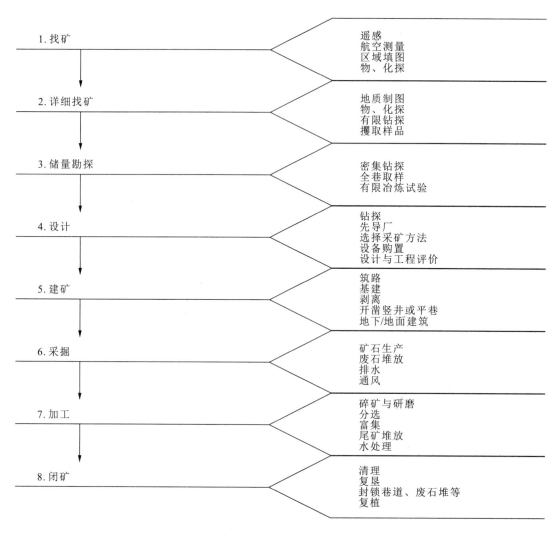

图 1-1 矿产勘查、开发各阶段及其工作内容流程图
(引自联合国环境计划专刊《工业与环境》,1997)

由图 1-1 可以看出,矿产普查与勘探,即矿产勘查,是整个矿业过程的先导和基础。人类利用自然矿产资源必将首先经过找矿与勘探,然后进入矿山建设、矿石开采和加工阶段,从而将地下资源变为工农业生产和人们生活所必需的矿物原料及矿产品。最后,为恢复由于矿业活动而受到破坏或影响的环境,必须在矿产开发过程中注意环境监测和保护,在闭矿之后还需进行土地复垦和复植。绿色矿山建设已成为当前矿业发展的基本要求。

地质学家的矿产勘查活动孕育着一个新矿山的诞生。一旦发现矿床就开始了矿山的生命。矿山从诞生至消亡是一个很长的过程，它的"一生"为人类生存和发展提供了必需的物质基础，而人类的可持续发展有赖于矿产资源的可持续利用。

在国外，矿床普查与勘探工作在不同国家应用不同的术语，具有不同的含义。如 W. C. 彼得斯（1978）在《勘查与矿山地质》一书中指出："Prospecting"与"Exploration"这两个词在北美及在他本人的著作中是可以互换的。"Exploration"一词用于从概查（矿点检查）到远景评价以至到生产矿山寻找新矿体为止的全部工作序列。而在苏联，上述两个词则分别被译为"找矿"及"勘探"。但在法国及其他一些国家，其意义恰相反，"Exploration"指的是对矿化显示的广泛寻找，而"Prospecting"则是指对这种显示的更局部的研究（儒歇尔，1963）。

作为一个学科，其名称也有多种不同表述。最早称为"找矿勘探方法"，随后称"找矿勘探地质学""矿床普查与勘探""矿产普查与勘探"及"矿产勘查"等。但其研究内容都是矿床的寻找及矿床质量的查明及评价问题，是一门应用地质学科。

### 二、矿产勘查与其他学科关系

"矿产勘查"的主要对象是矿床，因此，与其关系最密切的学科是"矿床学"。为了回答找矿三大问题之一的"找什么"问题，必须了解哪些类型矿床是最有价值的，这就要求研究"矿床工业类型"。最早，"矿床工业类型"是作为矿产勘查的组成部分进行讲授的，如 1960 年苏联学者 B. M. 克列特尔编著的《矿床普查与勘探》专著，即将"矿床工业类型"包含于该书找矿部分之中。后来，"矿床工业类型"被划分出来而成为单独学科。在西方，也有人将矿床学及矿产勘查学合并而统称为"经济地质学"，可见这些学科间的密切关系。

从前面叙述的内容（图 1-1）可知，矿产勘查是矿业生产活动的第一步，它是为矿业生产服务的，因此，"矿产勘查"与"矿山设计与建设""采矿学""选矿学"及"矿石冶炼学"等学科关系密切。不了解矿床采、选、冶的要求，就不可能在矿产勘查时对矿床做出正确评价，也不可能全面正确地完成矿产勘查工作。在当今强调矿床"勘查开发一体化"的情况下，特别是对小型矿床进行勘查时，重视矿床采、选、冶问题已成为矿产勘查不可分割的任务。正因为如此，某些学者将矿床采、选、冶问题作为重要章节列入《矿产普查勘探学》之中，由此也可见它们之间的密切关系。

1977 年苏联学者 E. O. 帕格列比茨基提出了矿床普查勘探的三大基础：地质基础、经济基础及数学基础。他认为："矿床普查勘探对象的本质可以由三门科学的方法加以揭示和说明：经济学、地质学和数学。以上所有这些便成了矿床普查勘探学的理论基础，而解决普查勘探任务则要求综合应用上述三门科学的方法"。矿产勘查的地质、经济基础是比较明显的，但如何理解它的"数学"基础？最早应用于矿产勘查的数学学科是"概率论"与"数理统计"，这是因为无论是矿床的形成或矿床的普查勘探工作都受"概率法则"支配，都是在不确定条件下进行决策与评价，都是研究受多种因素制约的对象或结果，因而"多元统计分析"也成为矿产勘查应用较多的数学学科。近代勘查理论还要求研究最优勘查方案和勘查过程最优化问题。另外，矿产勘查过程实际上是研究如何以最少的投入获取有关地区地质及矿床的最多及最正确的信息问题。这些都与现代数学的各种新进展分不开，如近年来兴起的"分形理论""混沌理论"等。矿产勘查工作与大量数据打交道，而且经常是与间接的、隐蔽的、不完整的、模糊的或微弱的信息打交道，如何提取、分析、处理及显示这些数据和信息并做出正确评价，没有必要的"数学"基础是不可能的。近年来，逐步形成一些"定量勘查学"学科，如"矿床统计预测""地质勘探数据统计分析"等可以说是"矿产勘查学"与"数学地质学"之间形成的交叉学科。不言而喻,"计算机技术与应用"已成为与"矿产勘查"十分密切的学科。

由于"矿产勘查"必须借助各种技术手段与方法去实现发现、揭露和查明矿床的目的,因此,"勘查地球物理""勘查地球化学""遥感地质学""地理信息系统""全球定位系统""钻探技术与钻井工程""坑探技术与掘进工程"等都与"矿产勘查"学科密切相关。

当今,环境问题已成为影响矿产勘查的重要问题。从矿产资源集约利用和可持续发展角度出发,矿产勘查必须考虑生态环境保护问题和矿业活动可能造成的环境效应问题。因此,"矿产勘查"与"环境地质学""生态环境学"关系密切。

由此看来,作为"矿产勘查"的基础除帕格列比茨基提出的以上三大基础外,还应增加"技术基础"及"环境基础"(图1-2)。

结论是:"矿产勘查"是一门综合性很强,属于"上层建筑"式的应用"地质学科"。

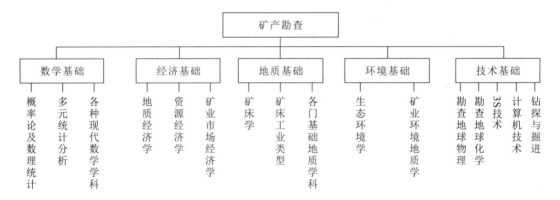

图 1-2 矿产勘查与各主要学科关系图

## 第三节 学科变迁与发展趋势

近代找矿勘探地质学的学科体系形成于20世纪40年代初期。1940年B. M. 克列特尔在其《矿床普查与勘探教程》中首次系统阐述了构成本学科基本内容的找矿、勘探、取样、编录、储量计算等基本原理和方法。它的早期形式为"勘探作业",是以探矿技术,包括坑探及钻探等内容为主。所以,勘探方法是逐步从探矿技术分离出来而形成独立学科的。

自 B. M. 克列特尔奠基性著作问世以来,70多年已经过去了。在这期间,矿床普查勘探的生产形势发生了很大变化,各国学者在这一学科领域从不同方面也进行了大量研究。所有这些生产和科研成果大大丰富了矿床普查勘探学的内容,但随着矿产普查勘探工作所面临的新形势、新任务和新要求,矿产勘查理论和方法均亟待进一步加强和提高,以满足这种变化的需要。

### 一、找矿难度日益增大,隐伏矿床找矿问题已成为矿产勘查最突出的问题

美国地质调查局早在1981年第857号公报中就指出:已知的浅、富矿床逐步枯竭,需要找深部矿(埋深数百米以至大于1000m),需要利用贫矿及边远或经济不发达地区的矿床。由于

寻找隐伏矿的比例日益增大,矿床发现率呈指数下降。据统计,在美国本土48个州范围内,1937—1957年的20年间,每1亿英尺(30.48Mm)钻探进尺所能发现的油田面积呈指数下降。现在每1亿英尺钻探进尺能找到的油田面积已降到$100km^2$以下。20世纪40年代早期,大油田约占发现的3/4。50年代早期,小油田在发现中就已占有相当大的比例了。又据苏联的统计资料,由于矿床勘探面临着更加复杂的条件,新矿床的勘探往往用了过量的钻孔,如在勘探中、小型油田时打了约46%~78%的非生产井或"干孔"。在1959—1972年期间,据2150个石油矿资料分析,$C_1$级储量只有62.1%转变为A+B级储量,而另外部分经过进一步勘探被证实是无根据的而被注销或转为表外储量。在鞑靼共和国,$C_1$级储量的可证实程度不超过40%。与此同时,勘探成本提高了。在加拿大,1950年勘探费用为金属矿床产值的0.8%,1955年增至2.4%,1960年为3.2%,而至1965年已增至4%,即15年中增加至5倍之多。最近一项统计表明,最近十多年来,澳大利亚的新矿床发现率下降了一半。在2000—2010年的10年间,澳大利亚只发现了25个重要矿床,而在20世纪80—90年代,平均每年发现5个以上重要矿床,勘查新发现的矿床大幅减少在很大程度上是由于澳大利亚80%国土面积被不同厚度的覆盖物掩盖所致(周平等,2015)。另外,由于采矿的深度加大也使采矿成本提高,例如在南非,威特沃特斯兰德矿层到了20世纪70年代开采深度达3000m以上,开采和选矿成本占整个黄金生产成本的90%以上。尽管南非劳动力成本和电力成本低,但从品位低于$5×10^{-6}$的矿石中回收金已经变得不经济了。但由于采选冶技术的日益改进和提高,使得"处理低品位矿床变得经济可行了,最大限度地提高提取效率在经济上是有利的,因为现在即使是回收率稍有提高,收支平衡表上的末行数字也会明显改善"。因此,尽管寻找隐伏矿床、开采低品位及深埋矿床会影响经济效益,但随着科学技术的进步,这些困难是可以逐渐克服的,而寻找隐伏矿床已是势在必行、大势所趋。

### 二、为满足对矿产资源的需求,不断开拓新类型矿床的找寻和开发

半个世纪以来世界上发现的一些重要矿床大多是以前不为人知或不被人们重视的新类型矿床。例如:①斑岩型矿床(包括Cu、Mo、Sn、W、Au、Ag等),20世纪末世界上发现的大型铜矿几乎3/4为斑岩型铜矿床,以后陆续发现斑岩钼矿、斑岩锡矿以及斑岩金矿等;②层状与层控矿床,除碳酸盐岩中的铅锌矿床外,还有黑色页岩中的铜、铀、金、钨等矿床;③风化壳型富铁矿床,如澳大利亚的哈默斯利、巴西的卡拉贾斯、俄罗斯的库尔斯克、克里沃罗格等;④火山岩型块状硫化物矿床,如加拿大、美国、澳大利亚、日本等地发现的此类铜、铅、锌、银矿床;⑤与前寒武纪含Fe、Mn建造有关的铜、铀、金矿床,如澳大利亚奥林匹克坝铜、铀、金矿床;⑥与基性、超基性层状分异岩体有关的Pt族金属矿床,如美国斯捷尔沃特矿床,近年来,更发现在沉积建造黑色岩系中的Pt族金属矿床,如俄罗斯的干谷矿床等;⑦浅成低温热液的"卡林型"金矿床,这是前些年在美国西部地区发现的一种分散在第三纪(古近纪+新近纪)沉积岩中浸染状金矿床。此外,美、俄、日等国都十分重视加强海洋矿产资源的勘查,其中包括铁锰结核、钴结壳、天然气水合物等。总之,矿床勘查由浅部向深部、由陆地向海洋、由开发地区向边远地区扩展;矿床勘查对象由大而富向大而贫或富而小类型、由矿床的传统类型向非传统新类型的过渡,矿床勘查为适应"空间时代""信息时代"及"知识经济时代"的需要而加强对非传统的新型矿物原料的研究是必然的趋势。

## 三、为更有效地指导找矿勘探实践,进一步加强了勘查理论的研究

在西方国家,比较重视矿床"勘查哲学"和决策理论的研究。所谓"勘查哲学"是指一整套指导勘查成功地发现和查明矿床的原则,进一步地说,也是研究、定义、解释和改进这些原则的智力信条。这种勘查哲学在不同时期具有不同的内容,而且随勘查对象不同而有所异。如 P. A. 拜雷(1972)认为:目标的确定应先行于勘查哲学的确定。进行勘查的 5 个基本要素是人力、知识、方法、时间和金钱。拜雷并提出了人力是最关键的控制要素。

美国加州大学教授 L. B. 斯利科特(1960)认为"找矿是世界上最大、最好的赌博事业"。从而他认为"赌徒破产律"在某种意义上可以作为从事这项风险事业的指导理论。"赌徒破产"的概率 $P_r$,可以用下式表示:

$$P_r = e^{-NP_i}$$

式中:$P_i$——每一次冒险的成功概率;

$N$——冒险次数。

就是说,如果每次冒险的成功比为 1:10,即成功概率为 0.1,则连续 10 次冒险的失败概率为 0.35,连续 20 次冒险,失败概率为 0.13,如果资本雄厚,连续进行,经过 100 次失败,则破产的机会仅有 0.000 045,即仅为 45/1 000 000。斯利科特认为,在未来,即使最强大的公司也不会有足够的资金能够满足按理想的规模进行勘查的要求,所以他建议进行联合投资开展大规模勘查活动,以保证矿床勘查的成功。

在苏联,矿床勘查研究比较受到重视,不断出现一些理论性概括。例如,1957 年 В. М. 克列特尔提出了著名的矿床勘探五大原则;1959 年 В. И. 比留科夫提出了矿床勘探的三大基本方法,即勘探地质剖面法、勘探取样法及比较评价法;1977 年 Е. О. 帕格列比茨基提出的矿床普查勘探的三大基础;1980 年克罗林格研究了矿床勘探过程的最优化决策理论并认为近代勘探方法理论的发展有两种不同的方向:第一个方向是寻找最优勘探方案。一般是对已勘探完毕的矿床研究并寻找最好的勘探方案。第二个方向是勘探过程的最优化管理和组织。它要求不是在勘探即将结束时找到最优化勘探方案,而是在勘探设计和勘探过程中找到这种方案,并从这一点出发研究相应的理论。克罗林格还提出了另外两个勘探原则,即不确定性原则和利用事前信息(或称先验信息)原则。前一原则说明矿床勘查不可能达到绝对的最优化,而只能是相对的最优化。后一原则表明,在进行勘探时,不能只利用在本矿床已经取得的信息,更重要的是利用预测的先验资料。不对勘探对象的某种性质做出预测性评价,要作任何一种决策是不可能的。

此外,还有一些学者也发表了有关矿产勘查方面的专著,如:А. Б. 卡日丹的《矿床勘探的方法基础》(1974)《矿床勘探学》(1997);В. И. 比留科夫的《初步勘探的合理网度》(1978);W. C. 彼德斯的《勘查及矿山地质学》(1978);Е. А. 楚玛琴科等的《地区含矿远景地质评价的系统分析》;哈博的《石油勘探中的概率决策系统》(1978);纽温道普的《石油勘查中的决策分析》(1975);里德曼的《矿床勘查技术》(1979)及 D. A. 辛格的《矿床勘查中的数学模型》(1986)等。这些专著从不同角度丰富了矿床勘查理论。

在我国,建国 60 多年来矿床普查勘探工作取得了很大成绩。不仅发现和评价了数以万计的矿床,而且基本认识了我国各类矿产的分布特点和主要成矿区的地质条件。在找矿经验方面,总结了"区域展开,重点突出""从面着眼,从点着手,面中求点,点面结合"等原则。在运用

地质理论指导找矿方面也取得了可喜的成果。在矿床勘探方面，总结了我国自己的经验，编制出我国的金属、非金属矿床地质勘探规范总则及铁、铜、磷、硫、锡、铅锌等多种矿产的勘探规范，研究并制定了我国的矿产储量分类系统，探讨了地质勘探阶段的合理划分，进行了大量矿床的探采对比研究，对各类矿床合理勘探网度、综合勘探及综合评价等问题有了进一步的认识。我国地质院校和一些专家学者在矿床普查勘探理论方面也进行了不少研究。1962—1964年，北京地质学院与长春地质学院合作编写出版了《找矿勘探地质学》，成为我国在这一学科领域的第一本通用教材。后来在一些专门领域也出版有不少专著，如《成矿规律与成矿预测学》（卢作祥等，1983）、《矿床统计预测》（赵鹏大等，1983）、《矿产资源评价方法导论》（朱裕生，1984）、《地质经济问题》（陈国等，1981）、《矿产技术经济评价》（李万亨等，1983）、《地质勘探中的统计分析》（赵鹏大等，1990）、《矿床勘查与评价》（赵鹏大等，1988），所有这些工作都不同程度地丰富了我国的矿床普查勘探理论和方法。

随着矿产勘查难度的日益增大，开展旨在提高勘查效果的科学找矿工作已势在必行。科学找矿是包括理论找矿、综合找矿、立体找矿和定量找矿的现代找矿方法。近年来，利用人工智能和专家系统的智能找矿以及在定量预测基础上的数字找矿也有一定应用。在当今大数据时代，人们更向智慧找矿阶段努力奋进。

### 四、为适应"理论找矿"阶段的新要求，加强了对矿床模型和矿床勘查模型的研究

美国地质学家 E. H. T. 惠顿（1983）曾指出，当今地质科学的3个最重要的事件是：①板块构造理论的发展；②计算机的应用；③模型概念的引入。可以认为，矿床模型是矿床工业类型进一步深化和精化，对指导找矿，特别是从分析成矿地质环境入手，类比矿床模型区与研究区的地质环境，从而评价寻找类似矿床的潜力方面发挥了重要的作用。矿床模型是成矿预测的基础，但近年来发展了各种无模型成矿预测方法，使在研究程度较低地区，建立矿床模型依据的资料不充分或无法建立矿床模型时提高成矿预测的效果。

### 五、为提高矿床勘查工作效益并使矿业可持续发展，勘查过程中的经济分析和环境效应分析日益受到重视

如果矿床勘查可以"不惜代价""不计成本"，那么也就无勘探科学可言。如果矿床勘查和随后的矿床开发可以不考虑其环境效应，不考虑保护生态环境的要求，那么矿产勘查将得不到社会公众的支持，矿业最终也不可能得到持续发展。地质、经济和环境效果的统一是矿产勘查工作最优化准则。勘探的优劣比（或成功概率）、收益和成本比、生态环境影响程度和恢复、保护环境难易程度是影响勘查决策的基本要素。矿物原料的经济合理利用（包括综合勘探、综合利用、工业指标的经济论证等），勘探基地的正确选择，勘探方法和技术手段的先进性、合理性，以及勘探程度的适当等，都是提高勘查效果的关键因素。

由于在确定矿床开采的可行性中经济与环境因素均起十分重要的作用，因而在经济发达地区和经济欠发达地区，生态环境脆弱地区与开采时易于对环境造成严重破坏或造成严重污染的地区，矿产勘查的战略任务和布署应有所区别。一般地说，在经济开发程度低的地区，在生态环境较脆弱的地区，找矿的战略任务应集中于发现超大型矿床或特别稀缺的、市场需求极大的矿床上。

## 六、为提高矿床勘查效果，加强了新技术、新方法的研究和应用，提高了对勘查人才素质的要求

由于寻找隐伏矿床比例的增大，单纯用传统方法越来越难发现矿床了。据戴瑞(1970)统计，在加拿大，1950年以前，85%的矿床由传统的探矿法找出。1951—1955年期间下降到46%，1961—1965年为31%，而1966—1969仅有9%为传统方法所找到。正因为如此，找矿新技术、新方法的研究和应用日益加强。新技术、新方法的大量使用，导致地质的、物探化探的、遥感的和其他勘查信息数量大大增加。电子计算机的普遍应用不仅大大提高了数据处理的能力和效果，而且开辟了勘查方法研究的新途径——系统分析途径和一项极为重要的技术——地理信息系统(GIS)技术的应用。

许多国家还把进一步研究地质、地球物理、地球化学、航天遥感等新技术和新仪器，加大探测深度、精度和可靠性，以及在相邻学科新成就基础上，研究全新测试设备和直接找矿的仪器与方法作为整个地质学研究领域中最重要任务之一提了出来。

在强调矿床普查勘探新技术、新方法的同时，更注意勘查人员素质的提高。美国不久前出版的一本勘探专著中写道："为什么有的公司在勘查中取得很大的成功，有的同样规模的公司却失败，这不是一个容易回答的问题，但要强调的是，矿床的发现要靠有思想的人，要靠愿意跑更多路途的人，靠愿意执行一项有风险的建议的人，靠比考查过该矿床的前人能观察出更多问题的人。"我们国家也在实施组织"精兵加现代化装备的野战军"，以满足当今矿产勘查艰巨任务的需要。

### 主要参考文献

Mining and sustainable development[J]. Mining: Facts and Figures, Industry and environment, 1997, 20(4): 429

Козловский Е А. Минерально сырьевые Проблемы России Накануне XXI Века, М: Недра, 1999.

# 第二章 矿产勘查基本理论

## 第一节 勘查特征与理论思路

长期以来,人们对矿产勘查理论的研究缺乏足够的重视,而且常常以地质成矿理论代替矿产勘查理论。诚然,区域地质构造分析和区域成矿理论分析都是进行矿产勘查不可缺少的工作,而且是基础性的工作。只有基础地质工作做得扎实可靠,对地区地质体的认识,对地质构造及其演化历史的认识,对矿床成矿特征及控制因素的分析,等等,都能取得比较符合客观实际的结果,矿产勘查工作才有可能取得令人满意的结果。然而,如果矿产勘查工作部署不当,不能遵循矿产勘查的客观规律办事,则有可能事倍功半,甚至导致矿产勘查工作的失误。

矿产勘查不仅是一项地质工作,同时,它又是一项经济活动。因此,勘查目标的选择,勘查对象的价值评估,勘查过程的设计与优化,勘查成果的市场需求分析,勘查最终产品的竞争力评价,勘查工作的投入—产出及经济效益分析等都是十分重要的问题。由此可见,矿产勘查不仅要遵循地质规律,而且还要遵循经济规律。

矿产勘查不仅是对地质客体的一个认识过程,而且在某种程度上更是对地质客体(矿床)的一个改造过程。因此,矿产勘查区别于一般的地质调查,尤其是当矿产勘查导致最后矿床投入开采时,对地质客体的改造程度和规模就更大。这样,在矿产勘查时就必须考虑当前和以后可能带来的环境效应,如矿产勘查和随后的矿业活动对土地和植被的破坏,对大气、土壤和水质的污染等。

矿产勘查是在根据某种准则筛选出来的具有成矿远景的局部地区,甚至是在"点"上进行的工作。在这些地区往往开展多种技术手段、多学科综合的详细工作。正因如此,在这些地区一般可以获取大量的数据和信息,其成果可以达到三维立体定量和智能化的程度。矿产勘查是一个涉及勘查对象、勘查阶段、勘查手段和勘查方法等诸多方面的复杂系统。勘查工作是一项系统工程。矿产勘查是一个逐步获取地质、资源、经济与环境等各方面信息的过程。矿产勘查的最优化准则就是以最小的代价(如人力、财力及物力的消耗)、最快的速度(最少的时间消耗)获取充分必要的有用信息。所以,矿产勘查还应遵循系统科学和信息科学的规律。

矿产勘查基本理论植根于上述制约勘查工作成败的各种规律。在找矿难度日益增大、勘查效率日益降低的情况下更需加强基础理论研究。美国地质学家 E.L.奥尔(1981)指出:"勘查中花费大量资金的事实表明,尽管我们的许多指导原则可能是正确的,但大部分原则并不是十分有效的。因此,为了进一步缩小找矿范围从而降低发现成本,我们需要更确切的找矿准则。为此,我们比以往更加需要新的概念"。30多年后的今天,我们仍然面临缺乏先进有效的矿产勘查新理论和新概念的局面。特别是面向21世纪,我们不仅要加强对传统矿产资源的勘查、开发和保护,而且还要对非传统矿产资源,即对新类型、新领域、新深度、新用途和新工艺的矿产资源进行发现、开发和利用的研究,这就更需要有新的勘查理论的指导。

应指出,矿产勘查是在不确定条件下采取决策的一种活动。首先是在矿床成因和矿床形成条件的认识上存在着很大的不确定性。由于矿床形成过程的复杂性、矿床形成后变化的多样性、对矿床观察研究的抽样性以及当今科技水平的局限性等决定了人们对矿床成因认识的多解性,甚至有时一个矿床已经采掘殆尽,对其成因的多种观点仍然争论不休。其次,由于矿体大多埋藏于地下,出露地表部分十分有限,有时矿体完全隐伏于地下,上面距地表覆盖有厚度不等的沉积盖层或其他地质体遮挡,对矿体的空间位置及其产状多以各种间接信息或有限的直接观测(如少量钻孔或坑道的揭露)进行推断解释。再者,由于矿床勘查是一个相对长期的过程,在这个过程中有可能发生各种不可预料的情况变化,例如政治、经济、市场形势的变化,特别是在国外进行风险勘探时这种人为因素有时起着很重要的作用。由于上述种种原因,矿床勘查带有很大的风险性,而且是一项受概率法则支配的工作。人们不能准确预测矿产勘查的结果,而只能以一定的概率估计矿产勘查可能的结果。为了提高矿产勘查的成功概率,一方面需要对研究区进行详细的综合性地质调查,根据综合信息筛选出最有利成矿的地段进行进一步的勘查工作,另一方面,就需要采用正确的勘查理论和方法,以合理部署勘查工作。谢学锦(1999)在《矿产勘查的新战略》一文中指出:"矿产勘查有着巨大的风险与不肯定性,也有着巨大的利润。有效地减少这种风险与不肯定性有赖于新概念的提出与新技术的发展。"谢学锦从勘查地球化学角度提出了一系列新概念:"套合的地球化学模式谱系;地球化学块体;巨型矿床形成的首要条件是巨大的成矿物质供应量;呈各种活动态的成矿可利用金属是估计成矿物质供应量的最好指标;在全球范围内有地球气上升,并从地球化学块体中带出各种活动态金属;各种活动态金属有很大一部分呈纳米或亚微米级颗粒存在。"在进一步阐明其新概念时,他认为:"过去,勘查地球化学家只是研究局部异常(各种类型的分散晕与分散流),所有地球化学探矿方法都是以局部异常为靶区制定与发展的,这使得地球化学方法长期以来,在矿产勘查中只能成为一种辅助性的战术方法。"经过在全国500余万平方千米开展的区域化探扫面所获取的大量信息,他提出"在自然界不仅有地球化学局部异常模式,亦存在着套合地球化学模式谱系。从零点几到几平方千米的局部异常到数十至数百平方千米的区域地球化学异常,数千至上万平方千米的地球化学省,数万至十几万平方千米的地球化学巨省和数十万平方千米的地球化学域,只有以这些宽阔的套合的地球化学为靶,地球化学方法才有可能演变为战略性找矿方法"。谢学锦将这些在地球上存在的富含某些元素的不同规模的地域称为"地球化学块体"。根据这些概念,谢学锦发展了在隐伏区的战略性与战术性地球气方法、金属活动态测量方法、对活动态金属的循序两步提取技术,以及从极低密度[1个采样点/(1000~10 000 $km^2$)]到超低密度[1个采样点/(100~1000 $km^2$)]、甚低密度[1个采样点/(10~100 $km^2$)]、低密度[1个采样点/(1~10 $km^2$)]的采样系统,从而达到"迅速掌握全面,逐步缩小靶区"的目的。

近10年来,我们在探索新的找矿思路方面系统地研究和发展了地质异常找矿新概念、新理论和新方法(赵鹏大、池顺都,1991)。我们知道,矿床的形成是地球中有用元素或有用物质在某种特殊环境下发生活化、运移、富集、沉积、分异、稳定、保存、再变异、再稳定等一系列复杂作用的结果。而这种元素的富集又必须达到一定的规模和浓度以致能为人类在当今工艺技术水平和经济条件下可以加以提取和利用。这样,成矿作用就是一种比较稀有的事件,而且成矿作用各环节的发生都是在物质或运动存在着差异或变异时形成的结果。例如,提供成矿物质来源的"矿源",或是含某种成矿元素相对高的地层、岩体,或是受气液流体作用时易于析出或萃取某种成矿元素的地层、岩体，或是由异地（如深部）带入成矿地段的含矿流体，等等，这与不具备矿源性质的地层或岩体相比，矿源地层、岩体或流体显然是一种"异常"。各种充分和必要的成矿要素或环节"异常"在时间和空间上的有利匹配和耦合，就构成了一种有利于成矿的"地质异常"，我们称之为"致矿地质异常"。一些学者早已指出过矿床产出的部位与周围无矿的地质环境有显著差异的事实，而且提出矿床形成于具有最大地质异常部位等（布加耶茨，1973；Gorelov D A，1982），但是过去人们还是习惯于从研究和分析成矿规律入手去寻求发现新矿床的途径。人们总结出各种各样的成矿模式，建立了种类繁多的矿床模型，目的是通过将研究区（未知）与模型区（已知）作对比以评价未知区的含矿性和找矿前景。这就是"模型类比"的找矿方法。我们提出的"致矿地质异常"新概念和"地质异常找矿法"是从分析各类地质异常入手达到地区含矿性评价和找矿的目的。这就是"求异"理论的找矿法。

应当指出的是，在矿产勘查中人们普遍使用的勘查地球物理法和勘查地球化学法，其主要目的都是为了发现"物探异常"或"化探异常"。这些异常当中，人们感兴趣的是由于矿化或矿床存在而引起的异常，为了区分无矿异常，通常称前者为"矿致物探异常"或"矿致化探异常"。我们称地质异常为"致矿异常"，这表明，地质异常是诱发成矿的"因"。而地质异常又为成矿提供了时间和空间，所以矿化或矿床是地质异常的"果"。所以地质异常与成矿的因果关系与物探化探异常与矿化的因果关系恰恰相反。

"异常"是相对"背景"而言的。过去人们在矿产勘查中忽视地质异常研究是因为地质观测成果有别于物探化探工作成果。地质调查面上的成果主要是各种地质界线圈定的地质体以及反映各种时空关系地质体组合的地质图和相关的文字描述或定性表述，而只在少数离散的点上，对特定的地质体才获取有少量定量数据。而物探化探面上的成果则主要以数据形式表征，是大量的定量数据。因此，物探化探具有明确的"场"的概念，二维分布（有时为三维）的物探化探数据特征反映了某种地球物理场或地球化学场。而异常就是以某种阈值为界限从场中区分出的高于或低于阈值的部分。因此，异常有一定的空间范围，有一定的强度，是一个有限的数字集合，但也具有一定的相对性，从而可以区分出"背景场"与"异常"。

要研究地质异常，就必须使地质研究或观测成果数字化和定量化。如何将图形、图像及文字描述数字化和定量化是一个信息转化的过程。这种转化应尽量减少信息的损失和失真，而且应尽量通过这种转换增加信息量并减少问题的多解性，特别是提高对隐蔽信息和间接信息的识别能力。提高对异常和背景形成与演化的时间与过程的识别和分解能力，这正是研究地质异常的意义所在，也是它的难点所在。所以，地质异常找矿法也可以说是"数字找矿"法或是一种"定量找矿"法。单纯的定性描述只能说明地质异常的类别和性质，但不能圈定它的空间范围，也不能比较异常的相对强度。所以地质异常的研究过程是通过数字化和定量化的途径深入研究成矿地质特征，再造成矿地质环境并提取成矿信息的过程。

从地质异常角度考虑，那些"非矿致"物探化探异常也是值得重视的。它们可能是某种异常地质体的反映，特别是通过物探化探异常，有可能揭示深部地质异常的存在，这就需要对非矿致异常进行必要的地质解释。

## 第二节　基本理论与五大基础

前节我们已经提到，矿产勘查的特点就是在不确定条件下进行各种决策。因此，矿产勘查的核心是预测。预测不同于猜测,其区别就在于预测是有理论指导的。除预测理论外,勘查方法的理论原理也均属于理论基础的范畴。勘查的理论基础包括地质基础、数学基础、经济基础及技术基础等五个基本方面。

## 一、地质基础

矿产勘查工作的主要内容包括查明地质特征和矿床特征。

### (一)地质特征

地质特征可分为基本特征和成矿地质条件两部分。

根据我国最新的《固体矿产地质勘查规范总则》的说明,基本特征是地质背景,包括与成矿有关的区域地质及区域地层、构造、岩浆岩、蚀变特征等。对砂矿床还包括第四纪地质及地貌特征。

成矿地质条件是指与成矿有直接关系的诸多因素。不同的矿床其成矿地质条件各异。如沉积矿产应详细划分地层层序,确定含矿层位、岩性组合、物质组成及沉积环境与成矿关系等;与岩浆岩有关的矿床应查明侵入岩的岩类、岩相、岩性、演化特点、与围岩的关系及蚀变特征等;变质矿床应研究变质作用强度、影响因素、相带分布特点及对矿床形成和改造的影响;与构造有密切关系的矿床,则应对控制或破坏矿床的主要构造进行研究,了解控矿构造的性质、空间分布范围、发育程度、先后次序及分布规律等。

### (二)矿床特征

矿床特征则可分为矿体特征、矿石物质组成、矿石质量三部分。

矿体特征主要研究和控制矿体总的分布范围,矿体数量、规模、产状、空间位置及形态、相互关系等;根据矿床地质因素和矿石矿物共生组合特征,圈定氧化带的范围;研究围岩、夹石的岩性、产状、形态、矿石有用组分含量等。

矿石物质组成的研究包括:矿物组成及主要矿物含量、结构、构造、共生关系、嵌布粒度及其变化和分布特征;综合分析、全面考虑、合理确定回收利用的主要元素,分别研究氧化矿、原生矿、不同盐类矿物、贫矿、泥状矿等的性质、分布、所占比例及对加工选冶性能的影响等。

矿石质量的研究包括:测试矿石的化学成分、有益和有害组分含量,可回收组分含量,赋存状况、变化及分布特征;划分矿石自然类型和工业品级,研究其变化规律和所占比例;研究矿石的蚀变和泥化特征。此外,还要对与主要矿产共生和伴生的其他矿产进行综合研究和综合评价;对矿床的水文地质、工程地质和环境地质等影响未来开采的各种地质问题进行研究,等等。

从以上固体矿产地质勘查规范的要求来看,查明矿床地质和矿体地质特征是矿床勘查的首要任务和基本内容,因此,矿产勘查最基本的理论基础是地质基础。其次,地质勘查工作的实践表明,矿产储量的分布是不均衡的。矿产储量集中于少数大矿床,而众多的小矿床的储量所占比例不大,表明储量的分布具有相对集中的倾向。图2-1是

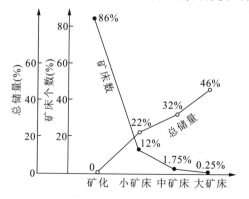

图 2-1 金属矿床数量及规模的分布图
(据 А. Б. 卡日丹,1974)

金属矿床数量与矿床规模的分布关系。从该图可见,占矿床总数2%的大、中型矿床占了总储量的78%,而86%的矿床(实际只是矿化点)没有工业开发价值,这清楚地表明了勘查大型矿床的重要性。在矿产勘查中应尽全力去发现大型和超大型矿床,并且将其作为主要的勘查开发投资对象。再者,矿床的类型繁多,但其中只有少数类型储量较大,具有较为重要的工业价值。如表2-1所列,各种金属矿产的储量多集中于少数矿床类型,开采利用的情况也是如此。在找矿时,要尽力去发现主要的、重要的矿床工业类型,这就可以大大提高矿产勘查的效果。当然,矿床工业类型也是现有资料的总结,在勘查中不能墨守陈规,要注意非传统的、新类型矿床的发现和研究。

**表2-1 某些金属矿产工业类型及其意义**

| 矿产工业类型 | 品位(%) | 占世界开采量百分比(%) | 占世界储量百分比(%) |
|---|---|---|---|
| 镍 矿 床 | | | |
| (1)基性和超基性岩中的层状及脉状的浸染及致密的镍黄铁矿-黄铜矿-磁黄铁矿矿床 | Ni 1.3~4.6 (Cu 0.8~2.0) | 80 | 70 |
| (2)在超基性岩风化壳中及基性岩与石灰岩接触带上的层状、脉状及透镜状硅酸镍矿床 | Ni 1.3~4.0 | 20 | 30 |
| 钨 矿 床 | | | |
| (1)在花岗岩类岩体和碳酸盐岩接触带上的层状和脉状含白钨矿的矽卡岩矿床 | $WO_3$ 0.3~6.0 | 55 | 60 |
| (2)花岗岩类岩体内、外接触带的石英-黑钨矿脉和脉带 | 0.4~0.6 | 25 | 30 |
| (3)黑钨矿和锰钨矿的残积、坡积和冲积砂矿 | 薄层中最少0.03,厚层中最少0.015 | 20 | 10 |
| 钼 矿 床 | | | |
| (1)主要在小侵入体中的石英-辉钼矿和石英-辉钼矿-黄铁矿矿石的网状脉 | 0.1~0.4 | 98 | 95 |
| (2)在花岗岩类岩体与石灰岩接触带矽卡岩中的层状及脉状矿床 | 0.1~1.0 | 2 | 5 |
| 锡 矿 床 | | | |
| (1)砂矿的、残积的、坡积的、冲积的、滨海的锡矿床 | 0.5~0.8 | 70 | 60 |
| (2)在沉积岩及火山成因岩石中的锡石-硫化物矿石脉带、网脉 | 在脉中1.0~5.0 | 20 | 15 |
| (3)在花岗岩类岩体及其接触带的锡石-石英矿石或锡矿化云英岩的矿脉、脉带及网脉 | 在脉中1.0~4.0,在网脉中0.3~1.0 | 10 | 25 |
| 铜 矿 床 | | | |
| (1)主要在斑岩侵入体中的细脉浸染矿化(斑岩铜矿) | 0.8~2.2 | 42 | 40 |
| (2)在砂岩、页岩及砾岩中的细脉浸染型铜-硫化物层状矿床 | 3~5 | 25 | 43 |
| (3)喷出岩中的含铜黄铁矿透镜体 | 1.5~5.0 | 19 | 9 |
| (4)在各类岩石中的硫化物矿脉及复杂的硫化物矿石带 | 1~10 | 5 | 2 |
| (5)在石灰岩与花岗岩类岩体接触带上的矽卡岩中的以黄铜矿为主的管状、脉状、层状矿体 | 2~8 | 1.5 | 1 |

(据B.M.克列特尔,1986,有删减)

从以上情况可以看出,为了寻找有重要价值的大型、超大型矿床和重要的矿床工业类型,都必须从分析有利于这类矿床形成的地质环境入手。因此,矿床形成和分布的地质条件是部署矿产勘查工作的基本依据。有利的成矿时代和有利的成矿空间实质上是地球各层圈演化和相互作用过程中与矿产形成有关的特殊条件,也就是"致矿地质异常"在时间和空间上的反映。

综上所述,矿产勘查的第一个基本理论根植于矿产勘查的地质基础。这可以表述为:成矿地质特征是矿产勘查中地质研究的主要内容;矿体地质特征是制约矿产勘查难易程度和精度的基础;致矿地质异常是选择矿产勘查目标和确定勘查范围的基本依据。

## 二、数学基础

矿产勘查是一种地球探测活动和地学信息提取分析工作。在勘查过程中要与大量数据打交道,要获取数据、处理数据、分析数据、解释数据、评价数据和利用数据。数据的类型很多,从不同的角度考查,数据具有各种不同类型和特点,如:名义型、有序型、比例型、间隔型;离散型、连续型;定量数据、定量数据、图形数据、图像数据;定量数据、方向数据;纯量、矢量;模糊型、灰色型、随机型、确定型、分维型、混沌型;简单型、混合型、点型、线型、面型、体型;单元型、二元型、多元型等。所以,数学成为矿产勘查不可缺少的和十分重要的基础。"数字找矿""数字勘查""数字矿床""数字国土"是"数字地球"的组成部分,也是矿产勘查的必然归宿。除去形式上矿产勘查与各种数据打交道而需要依靠数学外,尚有如下更深层次的原因。

(一)地质体(包括矿体)的数学特征是定量区分、鉴别、预测地质体(含矿体)的重要依据,也是揭示、圈定地质异常及致矿地质异常的前提和"数字找矿"的基础

各种地质作用、地质过程和地质现象(包括成矿作用、成矿过程和矿化现象)都具有一定的数量规律性。地质体的数学特征就是这种数量规律性的表现。这种数量规律性是进行定量预测、定量评价、圈定地质异常、建立预测模型、进行数字找矿和数学模拟的基础。

地质运动的数量规律性是客观存在的规律,是各种地质事件的本质的反映,其具体表现则为各种地质产物(各种地质体,包括矿体)的数学特征。

下面举例说明这种数量规律的客观性:

**1. 地质运动的发展在时间和空间上具有明显的周期性**

如地质构造活动在时间上的构造岩浆旋回,在空间上分布的等距性等。

表2-2是地史上大的构造旋回的进程。从表中可见,构造岩浆旋回期的间隔越来越短,它们以加速度发展为特征,而且各旋回之间具有大致相近似的发展加速系数,另一方面又表现为相对缓慢的演化和明显飞跃的交替。

空间分布上的周期性可以豫西卢氏北部地区为例,该区的铁、铜、锌、硫、钼、铅等矽卡岩型和热液型矿床,严格地受北东向及纬向构造带的控制,纵横展布以等距出现。小侵入体及其有关的矿床沿北东向断裂分布,各带之间相距8~9km。在每个带内自南而北每隔6km左右出现一个岩体及与其有关的矿体。这种空间的等距性也正是空间分布周期性的表现(图2-2)。

表 2-2 地球历史中大的构造岩浆旋回进程表

| 构造岩浆旋回序号 $n$ | 构造岩浆旋回名称 | 旋回界限年代(Ma) | 旋回期间隔(Ma) | 发展加速系数 $K_p=T_n/T_{n+1}$ | 备注(相当于我国的地壳运动) |
|---|---|---|---|---|---|
| 10 | 阿尔卑斯 | 10 | | | 喜马拉雅运动 |
| 9 | 基米里 | 105 | 95 | 1.21 | 燕山运动 |
| 8 | 海西 | 220 | 115 | 1.56 | |
| 7 | 加里东 | 400 | 180 | 1.36 | |
| 6 | 卡探格 | 650 | 250 | 1.46 | 蓟县运动 |
| 5 | 格林威尔 | 1000 | 350 | 1.16 | 吕梁运动 |
| 4 | 熊湖 | 1300 | 400 | 1.25 | |
| 3 | 白海 | 1900 | 500 | 1.40 | |
| 2 | 罗得西亚 | 2600 | 700 | 1.29 | |
| 1 | — | 3500 | 900 | | |

(据 Ф. М. 莱普索,1975)

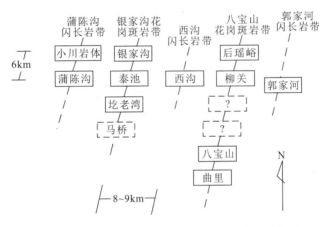

图 2-2 豫西卢氏燕山期岩带、岩体等距分布示意图

**2. 矿化具有天然(矿化)密度等级的特点**

许多资料表明,矿化强度可能具有天然的(客观的)矿化等级。若以平均品位作为矿化强度的度量,则同一类型矿床的平均品位表现具有一些特定的值或区间。如苏联萨彦岭地区的接触交代型铁矿就是一例。

从表 2-3 可见,各接触交代矿床具有相同或相近的统计特征值(平均值、标准差),存在有明显的相同的天然矿化密度等级。如果将各铁矿床铁品位的分布曲线进行仔细对比,可以发现(图 2-3):

(1)在主要是碳酸盐类岩石被交代的矿床中,铁品位的概率分布曲线具有负不对称特点。

(2)在矿床形成时碳酸盐类岩石不起什么重大作用的矿床中,铁品位的概率分布曲线具有正不对称性。

表 2-3 某些接触交代型矿床铁品位分布律

| 矿床名称 | 铁品位分布 1 | 铁品位分布 2 | 铁品位分布 3 | 被磁铁矿交代的岩石 |
|---|---|---|---|---|
| 塔什塔哥尔 | $\bar{C}=34.50$ $\sigma=4.07$ | $\bar{C}=46.98$ $\sigma=2.35$ | $\bar{C}=56.64$ $\sigma=3.52$ | 灰岩、泥灰质页岩、绿帘石交代岩、石榴石矽卡岩 |
| 阿姆菲加特尔-别古涅茨 | $\bar{C}=34.50$ $\sigma=4.57$ | $\bar{C}=47.70$ $\sigma=2.64$ | $\bar{C}=57.80$ $\sigma=3.63$ | 灰岩、石榴石矽卡岩、石榴石-绿帘石交代岩、绿泥石片岩 |
| 帕米尔套 | $\bar{C}=34.40$ $\sigma=4.20$ | $\bar{C}=46.30$ $\sigma=2.84$ | $\bar{C}=56.40$ $\sigma=3.32$ | 白云岩、蛇纹石化白云岩、灰岩、辉石矽卡岩、石榴石-辉石矽卡岩 |
| 舍列格什 | $\bar{C}=33.3$ $\sigma=4.42$ | $\bar{C}=48.8$ $\sigma=3.26$ | $\bar{C}=62.1$ $\sigma=3.97$ | 灰岩、石榴石矽卡岩、辉石-石榴石矽卡岩、钠长斑岩及玢岩 |
| 阿巴坎 | $\bar{C}=34.20$ $\sigma=7.08$ | $\bar{C}=46.8$ $\sigma=4.04$ | $\bar{C}=56.90$ $\sigma=3.93$ | 灰岩、方解石-绿泥石交代岩、绿泥石交代岩、绿帘石-绿泥石交代岩、绿泥石片岩、块集凝灰岩 |
| 阿达耶夫卡 | $\bar{C}=34.14$ $\sigma=4.21$ | $\bar{C}=47.16$ $\sigma=3.16$ | $\bar{C}=59.24$ $\sigma=3.97$ | 灰岩、绿帘石-绿泥石交代岩、方解石-绿泥石交代岩、中性凝灰岩、层凝灰岩 |
| 奥德拉-巴什 | $\bar{C}=31.7$ $\sigma=2.87$ | $\bar{C}=42.5$ $\sigma=4.37$ | — | 中性玢岩和凝灰岩、闪石闪长岩,有时有石榴石矽卡岩 |

(据 B. H. 沙拉波夫等,1987)

(3)在除碳酸盐类岩石外,矽卡岩及其他交代岩也起重大作用的矿床中,铁品位的概率分布曲线是对称的。因此,铁品位的概率分布曲线的特征可用以初步估计被交代岩石的类型。

笔者在研究马鞍山地区铁矿床时,同样发现,不同成因类型的铁矿床其铁品位具有不同的统计分布特征。

图 2-4 是马鞍山铁矿田中 4 个铁矿床的 TFe 品位分布曲线。经过对其进行对比研究和野外实际观察,发现这 4 个矿床 TFe 分布曲线与其成因特点有密切关系。其中 A 矿床是近于正态分布的单峰曲线,它代表了闪长玢岩体内矿化作用比较单一的早期浸染状贫矿化阶段,该矿化阶段的平均品位与曲线的峰值吻合,为 23.5%。B 矿床和 C 矿床都

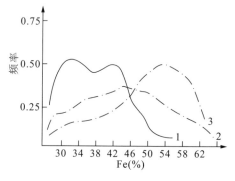

图 2-3 某些矿床铁品位分布函数
(据 B. H. 沙拉波夫等,1987)
1.奥德拉-巴什矿床;2.帕米尔套矿床;
3.塔什塔哥尔矿床

是双峰负不对称曲线,它们反映至少有两期矿化在空间上的叠加。野外观测表明,B、C 矿床中都有两个比较明显的重要铁矿化阶段,一个是与 A 矿床相当的浸染状贫铁矿化的早期矿化阶段,另一个是磷灰石-阳起石-磁铁矿建造的晚期脉状富铁矿化阶段,表现为 B、C 矿床分布曲线中的较高峰值,矿化平均品位约为 56%,对应于 B、C 矿床分布曲线中的较低峰值,平均品位已从 23% 左右提高到 36%。B、C 两矿床相比,B 矿床中早期贫矿化阶段所占比例比 C 矿床要多。D 矿床之所以出现三峰正不对称分布,是因为 D 矿床虽然也存在着两个矿化阶段产物

的叠加,但仍以早期的产物为主,晚期阶段的产物较弱且对早期阶段的改造不充分,因此具有与 A 矿床相对应的位于 24% 平均品位值的高峰值,以及与 B、C 矿床相对应的平均品位为 36% 和 56% 的两个较低峰值。

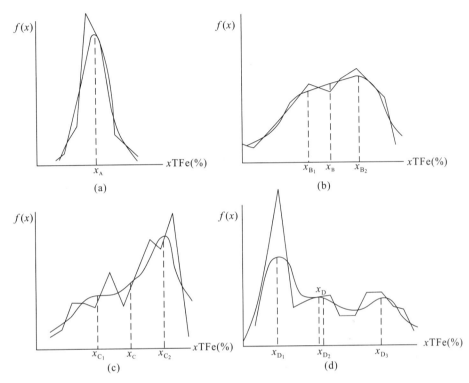

图 2-4 某矿田 4 个铁矿床的铁品位($x$)分布曲线图
A 矿床曲线为配置的理论曲线,其余曲线均为一次平差曲线

(a) A 矿床——接近正态分布  $x_A=23.5$  $s_A^2=34$  $C_A=24.8$;
(b) B 矿床——双峰弱负不对称分布  $x_B=43.3$  $s_B^2=137.9$  $C_B=27.1$  $x_{B_1}=36$  $x_{B_2}=52$;
(c) C 矿床——双峰负不对称分布  $x_C=46.9$  $s_C^2=133.4$  $C_C=33$  $x_{C_1}=36$  $x_{C_2}=56$;
(d) D 矿床——三峰正不对称分布  $x_D=37.1$  $s_D^2=153.8$  $C_D=33.4$  $x_{D_1}=24$  $x_{D_2}=36$  $x_{D_3}=56$

在上述例子中,A 矿床具有简单分布的特点,B、C、D 矿床具有混合分布的特点。这种混合分布被称为多峰型混合分布。可以看出,多峰型混合分布都是由两次以上特点不同的成矿作用随时间推移先后发生且在空间上不充分的混合所造成。

有时,以单峰形式出现的对数正态分布也可能是一种混合分布,如某地枕状玄武岩流样品中 Ni 含量低于 $80\times10^{-6}$ 的部分呈对数正态分布,经详细岩石学研究表明,其中一部分样品为蚀变和硅化的玄武岩,而另一部分为未蚀变的玄武岩,前者构成 Ni 含量更低的总体。

(二) 概率法则对地质现象、地质规律、勘查工作的主要制约作用

**1. 地质规律**

地质规律只能以一定的概率指示成矿,地质异常也只有在各种成矿因素异常在时空上有效地匹配或耦合时才能有较高控制成矿的概率。

地质规律大多具有统计规律性,就是说,它们服从一定的分布规律。在地质条件有利地区进行的找矿工作也必然受概率法则支配而具有一定的风险。根据国外一些统计资料,可以看到找矿失败或成功概率的一般状况:

对美国 10 万个异常进行检查,从中获得 4000 个远景地(矿点),其中 700 个可列入矿床,因此,异常:矿床=143:1,找矿成功概率≈0.7%。

——据国际原子能机构统计(1973)

加拿大公司经营的 4865 个矿床中,148 个(约 3%)是盈利的。加拿大勘探工作发现矿床的比率 1951 年为 1%,1969 年下降为 0.1%。

——据 Koulomzine 及 Dagenais(1959),Roscoe(1971)

在美国西南部的 5 个勘探队检查了 352 个矿点,对 47 个进行了物探,23 个进行了钻探,只判断其中的两个有可能开拓,成功比为 176:1,即约 0.6%。

——据 Perry(1968)

美国主要勘探公司(Bear Creek 公司)1963—1966 年间对 1649 个可能靶区进行了认真的考虑,对其中 60 个进行了钻探,发现了 15 个新的矿化区,其中 8 个有某些潜在储量,而 5 个为显著"矿床"。成功比为 330:1,约 0.3%。

——据 Bailly(1967)

加拿大 Cominco 公司在 40 年间勘探了 1000 个以上的矿点,对 78 个进行了详细勘探,最后 18 个投入生产,但仅仅 7 个是可盈利的,成功比为 0.7%。

——据 Griffis(1971)

以上是对矿点或异常进行勘探的成功比。若不是从矿点或异常出发,而是从一个区域出发进行找矿,成功的概率又如何?以印度为例,从 1967 年开始的 8000km$^2$ 范围内的一项勘查计划,经过 10 个月的航空电法、磁法和放射性测量,选择出 1100 个异常进行地面地质普查。至 1972 年夏对 700 个异常进行了钻探,其中 6 个被认为是有希望的矿点,如果其中 1 个真正成为有价值的矿床,则原始风险为 1100:1。一般说来,面积性地质调查的成功比如下:区域评价为 1000:1,远景区普查为 500:1,详查为 100:1。

显然,找矿成功比还是时间的函数。

**2. 勘查工作只能以一定的概率去发现一定规模的矿床**

发现大型和超大型矿床的概率是很低的,而发现"富、近、浅、易"的大型矿床其概率就可能更低。在一个地区找矿,其可能找到矿床的概率和可能找到不同价值矿床的概率如图 2-5 所示。影响矿床价值的主要因素这里主要考虑了规模、品位和埋深。这些因素的变化造成目标的现值和找矿的期望价值差异幅度很大。由图 2-5 可见,影响找矿决策的关键因素是:①成本;②优劣比(找矿概率);③回报(期望价值)。例如,如果找矿优劣比为 1:100,则对于 10 万元的勘探费用,寻找的目标应该至少具有现值 1000 万元的期望价值才可进行,否则将造成亏损。另一方面,发现大型超大型矿的回报是很大的,尽管为了发现这类矿床的投入可能很大,但一旦发现,其价值是巨大的,勘探费用与之相比将是微不足道的。这一实例说明对一个地区进行评价、决策普查勘探工作部署时概率法则具有明显的支配作用。

**3. 地质观测结果的误差及其随机性**

从获取原始资料的最基本方法来说,地质观测是在一定间距的点或线上进行的,通过点与

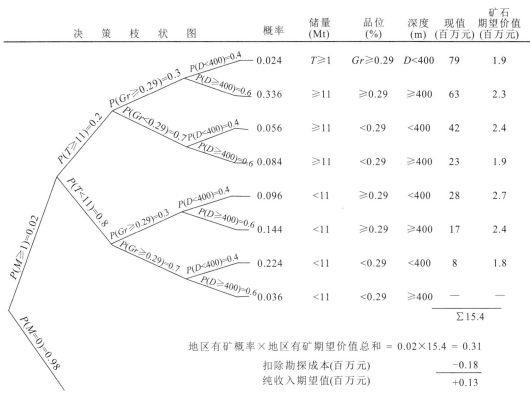

图 2-5 决策枝状图

$M$——矿床个数

线上资料的内插和外推,或通过确定某种平均特征来表示地质体的空间展布或代表地质体的某种属性。换句话说,地质工作的基本方法是通过抽样观测来推断总体,即使是利用航天或卫星遥感技术对地面进行面状的观测,但对于深部的情况来说,它仍然是一个局部。显然,任何观测结果都不可避免地存在有"代表性误差"。因此,如何正确与合理地分析误差、评价误差、解释误差和处理误差是很重要的事。例如,对于代表性误差,我们需要区分"个体代表性""分级代表性"及"整体代表性"或"总体代表性"。因为很多地质数据都服从于一定的分布规律。不同数值(区间)数据出现的频数或频率是一定的,如果取样数量足够大,则各样品数值出现的观测频率应该与研究对象"真实的或理论"分布频率相一致或相近似。这时,样品的分级代表性即可得到满足。相反,若样品数量不足,则有可能出现各级数值(区间)样品"比例失调"或与理论分布不一致的情况,这时即不满足分级代表性。应该指出,研究分级代表性对于确定地质数据中的"奇异值"(特高或特低值)具有重要意义:在分级中本应存在的高值样品,则不应该被视为"奇异值"而简单加以处理,只是由于样品数量不足,尚未达到充分正确反映理论分布模型而已。在这种情况下,需要增加样品数量,使其满足分级代表性,这样计算出的样品平均数及其他统计量才可能是正确的,也即满足了总体代表性。在所研究的地质体变异程度很高时,样品的个体代表性往往很难达到,在样品数量足够大时可能获得分级代表性,从而实现总体代表性。

从以上所述已可以看出数学基础对于矿产勘查的重要性,更不要说为了进行定量矿床勘查就必需建立和应用各种数学模型作为基本工具了,如进行矿产资源定量预测及评价就需要根据目的任务和可利用的数据特点选择恰当的数学模型。在矿产勘查和资源评价逐步实现数字化、定量化、信息化、网络化、智能化和可视化的情况下,数学已不仅仅是工具和手段,而且是认识鉴别地质体、分析和处理勘查数据、选择和优化勘查方法、获取和评价勘查结果的重要理论基础。在当今大数据时代,为了提高地质勘探工作效果,更需要利用数学工具处理和分析海量不同类型的数据,以获得各种地质信息的数字规律,由数字找矿逐渐向指挥找矿方向发展。

### 三、经济基础

**1. 矿体的属性特征受工业要求和市场价格的制约**

矿体虽然是有用矿物的自然堆积体,但它更包含了经济的概念,即在当前的技术经济条件下和矿物或矿产品市场条件下能满足国民经济要求并能获取经济效益的称为矿体,或一般称之为"工业矿体",而与没有经济条件约束的或未达到经济可采条件的"自然矿体"相区别。工业矿体是要根据工业指标进行圈定,它的边界有时和自然矿体是不相吻合的。

由于工业矿体是根据工业指标(如边界品位、最低工业平均品位、最低可采厚度、最大允许夹石厚度等等)圈定的,因而它的规模、形态、质量等属性受工业指标的影响,即随工业指标的变化而变化。例如,随着所采用的边界品位的提高,矿体内部矿石的平均品位也将提高,但矿石储量则减少,矿体形态也变得更为复杂。这种情况对于矿体与围岩没有明显边界,矿体边界依赖取样加以确定的网脉状矿床或细脉带矿床及残坡积或冲积砂矿床等尤为突出。图2-6示一网脉状矿体平面图。当采用较低的边界品位圈定矿体时,矿体连成一片呈面状分布,但用较高的边界品位圈定时,则矿体成为相互分割的条带状分布,矿石质量虽提高了,但矿石储量减少,矿体形态和内部结构复杂了(图2-6)。

还有一些矿床品位较低,处于经济可采的边缘,这类矿床受矿产品市场价格影响十分敏感。当所采矿床矿产品价格下跌时则开采低品位矿石将面临着企业亏损,这时矿山通常闭坑停产。而一旦矿产品价格回升,关闭的矿山又重新恢复生产。美国艾达荷州的一些银矿就经常处于这种状态。

随矿产品市场价格的变化,矿床开采的主矿种有时也发生变化。如我国山东省某些原来开采铁矿石的铁矿床在黄金价格上涨后改为以生产金为主并改称为金矿床。

**2. 经济合理性是矿床勘查及评价必须遵循的准则**

地质效果和经济效果的统一是解决勘查理论与实际问题的出发点。不讲经济效益就不可能有真正的勘查理论。

被勘探的矿产储量,不仅是自然的产物,也是社会劳动的产物,没有相应的劳动消耗就不可能对矿产进行查明和做出评价。探明的矿产储量具有一定的使用价值,可以被矿山企业所利用,因而是一种特殊类型的产品,其产品价值是由社会的必要消耗过程所决定的。更准确地讲是由该种矿产的社会与市场需求程度、稀缺程度,获取该种矿产的难易程度及矿山利润等所决定的。地质勘查工作是矿山生产前的准备,是矿山开发必不可少的组成部分,因此,必须讲求经济效益。例如:①勘查工作的部署要符合经济原则,以保证在最少的人力、物力、时间消耗的前提下,获得最大的地质效果。要在投资一定的情况下,获得尽量多的地质成果。在任务一定的情况下,花费最少的投资。②要有合理的勘查程度。从经济上考虑,要使勘查的投资和矿

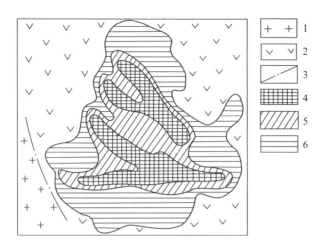

图 2-6　网脉状矿床的面储量和矿石质量与用不同边界品位圈定关系图
（据 А. Б. 卡日丹, 1984）
1. 花岗岩; 2. 二长岩; 3. 构造断裂; 4. 按边界品位 3% 圈定的矿体;
5. 按边界品位 1% 圈定的矿体; 6. 按边界品位 0.5% 圈定的矿体

| 图例序号 | 平均品位 | 面储量 |
|---|---|---|
| 4 | 5% | 1600 个单位 |
| 4+5 | 2.9% | 2650 个单位 |
| 4+5+6 | 1.5% | 4720 个单位 |

床开采所冒风险保持平衡。拿详查来说，如果勘查投资少，则开采时因某些现象未查明而遭受的风险损失就可能大；勘查时投资多，地质调查详细，开采时所受风险损失就会小。但如果勘查投资大于开采时可能的风险损失，或本来可以在矿山开采过程中结合开采进行的工作或解决的问题都提前到矿产勘查时进行就会造成资金积压，因而不符合经济合理原则。例如，在我国一度发生的较普遍的现象，就是勘探工程宁密勿稀，勘探程度宁高勿低，高级储量准备过多，以及整个勘查周期过长，等等，都不符合经济合理原则。所以，合理勘查程度问题既是地质问题，同时也是经济问题，两者不可偏废，必须综合加以考虑。

从不可再生的矿产资源的可持续利用角度考虑，资源本身、技术和经济是三大基本影响因素。D. J. 希尔兹(1998)在《不可再生资源在经济、社会和环境可持续发展中的地位》一文中指出："根本性问题即资源不足、技术和经济问题是一样的。资源不足问题通常同已经发展起来的开采或加工能力与当前或预期的需求之间存在差距有关。技术问题往往集中在生产率或分配方式上。当然，经济问题仍然处于极其重要的地位。不能依赖那些技术上虽可行，但使投放到市场上的产品无竞争力……来保障一种可靠的资源流通"，又说："如果矿产品是可以回收和重复利用的，则技术和成本而不是资源不足成了压倒一切的问题。反之，在重复利用不可行并且经济实用的替代品又尚未开发出来的情况下，资源耗竭就成了一个主要问题。无论在何种情况下，关于资源不足和技术以及生产成本和市场价格方面的信息应能促进从经济角度讨论不可再生资源可持续利用问题。任何单独的信息都是不充分的。"该作者还列举了能源和矿产资源经济可持续发展的可能标志(表 2-4)。所以，无论是对矿床的勘查开发，还是考虑矿产资源的可持续供给，经济都是重要的基础。

表 2-4  能源和矿产资源经济可持续发展的可能标志

- 资源和储量估计(按矿产品)
- 勘查活动总量、类型、地点和成功率(通常根据支出、钻探和掘进进尺,或所使用的设备总量来衡量所达到的水平)
- 达到资源的程度(用向勘查和开发开放的土地基数的百分比衡量)
- 资源和储量的增量
- 当前的和预期的消费水平(总体的和人均的)
- 开发能力
- 勘查、开发、采矿、加工和运输技术的变化率(可根据研究与开发的支出或方法突破的数量和意义衡量)
- 替代品的可得性,包括可更新的支持技术及相关成本
- 重复利用率
- 有形(制造)股本的增加值和净值
- 资本市场和准入情况
- 生产和运输的恒定值美元成本以及市场价格
- 不可再生资源的市场效率和政府政策(根据现行政策和市场结构使价格、贸易格局及资源供应发生畸变程度的估计来衡量)

(据 D.J. 希尔兹,1998)

### 3. 矿床经济评价是矿床勘查必不可少的重要组成部分

矿床经济评价是估计矿床未来开发利用的经济价值,是可行性决策的依据。

根据新的固体矿产地质勘查规范总则,在地质勘查的各阶段都应进行可行性评价工作。在普查阶段进行概略研究,要求对矿床开发经济意义进行概略评价。在详查阶段,进行预可行性研究,要求对矿床开发的经济意义做出初步评价,初步提出项目建设规模、产品种类、矿区总体建设轮廓和工艺技术的原则方案,初步提出建设总投资、主要工程量、主要设备、生产成本等。从宏观上、总体上对项目建设的必要性、可行性、合理性做出评价,为是否进行勘探提供依据。在勘探阶段则进行可行性研究评价,要求对矿床开发经济意义做出详细评价,属于基本建设程序的组成部分。通过此项工作,为上级机关或主管部门投资决策、编制和下达设计任务书、确定工程项目建设计划等提供依据。

## 四、技术基础

在矿产勘查、开发、利用过程中,新技术的发展总是积极因素。无论是勘查理论和方法的研究,还是解决勘查中的实际问题,都不能不以技术发展的水平为基础。近年来,正是由于新技术的发展而导致了矿产勘查理论、方法和实际工作的重大发展。

矿产勘查是通过对地球的探测获取有关矿产信息的科学和工作。由于矿床大多是以不同的深度埋藏于地下(即使出露于地表的矿床,也有不同程度隐伏于地下的部分),所以要获取对矿床的完整的或充分必要的信息具有很大的难度。矿产勘查获取的矿产信息有直接和间接两种。直接信息是指通过勘查技术手段可以直接达到矿体本身,从而可以对矿体进行直接观测或采样,间接信息是通过各种手段获取间接指示矿体可能存在的信息,无论哪种信息,都有赖于通过相应的技术手段达到预期的目的。

### 1. 技术水平影响着勘查的深度和广度,也影响着处理数据和分析信息的速度和精度

人类对矿产的勘查、开发利用最早的是露头矿,随着技术的发展,进而勘查埋藏较浅的矿

产。近年来,由于勘查技术及开采技术的迅速发展,又开始向海洋矿产及深部的矿产进军。在俄罗斯,黑色金属矿石平均采矿深度为600m,有色金属矿石平均开采深度为500m,但许多已超过1000m,将来可达1500~2000m,已探明的1/3以上的铜储量,几乎所有的镍、钴,大部分铝土矿、金刚石、金、优质铁矿及磷矿的开采深度将大于1000m。其他国家的开采深度:加拿大2000m,美国3000m,印度达3500m,南非兰德金矿一竖井将加深至4117m,最近,南非金矿最深矿井已达6000余米。俄罗斯在科拉半岛的超深钻已超过$1.2\times10^4$ m。但我国绝大多数金属矿床开采深度不足500m。在我国埋深大于500m的矿床被称为大深度矿床,目前还很少勘查和评价。

深海勘探技术的发展揭开了海洋矿产资源诱人的前景,继深海铁锰结核的发现以后,又相继发现了深海金属软泥、深海富钴结壳等。据统计,仅太平洋就有15 000亿t多金属结核,预测的铜、镍、钴资源量达到200~250亿t。对天体探测技术的开发更把资源勘查的领域拓展到宇宙太空,"宇宙矿产"的开发具有极大的挑战性。据报道(1998)"美国科学家最近在月球上发现了资源量丰富的氦-3矿藏,并绘制了这一矿藏的分布图。据估计,月球上氦-3元素的总资源量大约为100万t,可为地球上人类提供能源达数千年之久。相比之下,地球上的这种矿藏只有20t且不易开采,因此月球上的氦-3元素将可能成为21世纪热核聚变能的宝贵原料"。

卫星遥感及航天技术的发展使对地面观测的范围大大拓宽,速度大大加快。只要能获得新的卫星图像,便可以自动更新,海量、实时、动态数据的获取大大改变了矿产勘查的面貌。现代计算技术的发展使对这海量数据的管理和科学计算成为可能,现在1个人一日可以完成过去数个甚至数十个人一年的工作量。

**2. 技术水平对勘查战略、勘查程序和勘查方法产生重大影响**

在勘查技术不发达的过去,勘查工作主要是以地表地质研究、就矿找矿为策略,形成了"以点到面,连点成片"的战略。而在勘查技术大大发展的今天,由于获取信息、整理信息、传输信息能力的水平的提高、交通通讯条件的改善等,在战略上则以"快速扫面,面中求点,逐步缩小和筛选靶区"更为有效。同时,勘查程序也发生了变化,为了提高勘查效果,对勘查战略的研究,对合理地综合运用各种现代勘查技术手段都是十分重要的。在这方面最突出的成就是综合运用"3S"技术,即遥感(RS)、地理信息系统(GIS)及全球定位系统(GPS)于矿产勘查,地质、物探化探及遥感综合信息勘查,地质、资源、经济及环境联合评价等。新技术的发展,还促进了勘查新学科的兴起。例如,以地质、物探化探及遥感综合多元信息为基础,以数学为工具,以计算机为手段的"矿床统计预测"新学科已日趋成熟和完善。今日,更以"数字地球"为总目标,建立"数字找矿"信息系统对矿产资源进行定量预测及评价。此外,如矿产勘查模拟技术(包括盆地模拟技术)、专家系统智能找矿技术、矿产勘查系统工程、最优勘查决策等都得到了长足的发展。为了适应新技术的要求,有些传统的工作方法正在被淘汰而被新的方法所代替,如现代的计算机制图技术、可视化技术、图形图像处理技术等已在很大程度上代替了过去繁重的人工绘图和编图工作。勘查工作正在向快速化、自动化、定量化、数字化与可视化方向发展,因而正在提高勘查工作的科学性和预见性。当今"云计算""互联网+"等技术的发展更是一种变革。

**3. 新技术的发展使一些经济因素发生改变,而影响到矿床的勘查评价**

新技术的发展不仅提高了勘查效率,而且也带来了巨大的经济效益,这包括矿床采、选、冶技术的提高,使综合勘探、综合评价、综合利用矿产资源有了更坚实的技术基础,如过去不能开采利用的低品位矿石和难选难冶的复杂成分矿石有不少已得到利用。目前,一些发达国家矿石综合利用率可达 85%～90%,并且提出"无尾矿工艺"或"无工业废料工艺"和"无废矿业"的发展目标。开采技术的发展使得许多矿山经营参数发生改变,从而影响到矿床的经济评价。从某种意义上说,技术又是经济的基础,经济因素是在一定的技术水平条件下发挥作用的。

综上所述,技术是矿产勘查的重要理论基础是显而易见的。

除以上的四大基础外,环境评价应贯穿于地质勘探的始终和矿业开发的全过程,甚至可以看成是矿产勘查的"第五大基础"。

## 第三节 对立统一与优化准则

矿产勘查的主要矛盾是勘查范围的有限性和矿床产出空间的局限性及矿床特征的变化性。显然,在三维空间的勘查程度越高,发现矿床的概率越大。但勘查程度越高,勘查成本越高,勘查周期也越长。因此必须寻找一个合理的"度",这个"度"就是一系列矛盾对立的统一点,也就是寻找一种优化准则。

B. M. 克列特尔及 B. И. 比留科夫在 1957 年曾提出了著名的矿床勘探五原则,即:①调查完满原则;②循序渐进原则;③均匀原则(等可靠性原则);④最少人力物力消耗原则;⑤最少时间消耗原则。这些原则虽然单个地说是正确的,但相互之间都是矛盾的,只有在矛盾对立的统一中才能使复杂的问题得到妥善的解决,这就是笔者所提出的"勘探过程最优化准则"。最基本的优化准则,概括为以下 5 个方面:①最优地质效果与经济效果的统一;②最高精度要求与最大可靠程度的统一;③模型类比与因地制宜的统一;④随机抽样与重点观测的统一;⑤全面勘查与循序渐进的统一。下面加以简述:

### 一、最优地质效果与经济效果的统一

这是一切地质勘查工作所应遵循或追求的最基本的最优化准则。它包含的概念是:地质勘探工作必须以获取最佳地质效果为目的,但同时,又必须以达到最好经济效果为前提。这两者的统一在不同的地质勘查阶段有不同的内容。例如在找矿阶段,应该采用合理的、有效的综合方法以尽快达到找到矿床的目的或做出找矿地段远景评价的目的。在这当中,无论是找矿地段范围大小、找矿目标或找矿项目的确定,还是找矿中所要进行的主要研究项目和问题的确定,或是找矿方法手段的选择、部署和施工顺序等等都必须从地质效果与经济效果的统一的角度加以考虑。在矿床勘探阶段,要根据任务要求和矿床、矿体的地质特征确定合理的控制程度和研究程度。在过去计划经济体制下,存在着合理确定各级储量比例的问题,特别是高级储量所占比例问题。现在,按新的储量分类(1999 年 12 月 1 日开始实施)取消了勘探储量比例的统一要求,现在的原则是保证首期、储备后期、以矿养矿,具体由业主(投资者)确定。但即使如此,在勘探阶段对探明的、控制的及推断的各类资源量和储量的获取也应符合这一准则。应该强调的是,矿床勘探阶段地质研究的经济合理性必须从整个矿业生产过程综合加以考虑。例如,一些纯属在矿山开拓、采准或开采时需要解决和易于解决的地质问题,就不宜要求在地质勘探阶段加以解决,也不宜脱离矿山开采设计或保证矿山先期开采对储量的最低实际需要,不考虑地质勘探的经济效果而一味追求提高勘探程度。同样,矿床勘探工作也不能忽视未来矿山开采设计的基本需要而单纯追求地质勘探阶段的"经济效果"。

## 二、最高精度要求与最大可靠程度的统一

由于地质事件及其结果具有随机性,所以地质勘查结果具有不确定性。由于地质体的变化性及勘查观测的局限性,所以获取的观测结果必然有误差。当然,必须要求地质勘探工作的结果尽可能地正确,尽可能地减少误差或尽可能地缩小不确定的范围。通常,对一项工作所允许的误差范围大小(或所能达到的最小误差范围)称为工作精度。工作精度要求越高,也即允许误差范围越小。例如,对一组矿石样品($n=49$)确定了某种金属的平均品位为 28.8%,设这矿石品位服从正态分布 $N(a,7.3)$,即矿石真实平均品位为 $a$,标准差 $\sigma$ 为 7.3。为欲使确定矿石真实平均品位 $a$ 的可靠程度达到 95%,则按照数理统计的基本公式,其平均品位的波动范围应为:

$$(\bar{x}-1.96\frac{\sigma}{\sqrt{n}}, \bar{x}+1.96\frac{7.3}{\sqrt{n}}) = (28.8-1.96\frac{7.3}{\sqrt{49}}, 28.8+1.96\frac{7.3}{\sqrt{49}})$$
$$\approx (26.8\%, 30.8\%)$$

可以将上述结果写为:

$$P(\bar{x}-1.96\frac{\sigma}{\sqrt{n}} < a < \bar{x}+1.96\frac{\sigma}{\sqrt{n}}) = 0.95$$

式中,品位估计的区间大小可理解为允许误差范围或计算平均品位的精度,而落入此区间的概率即为对应这一精度的可靠程度。本例中,估计平均品位的精度相当于绝对精度±2%或相对精度7%。由上式可以看出,在矿体变化性(通过标志值标准差 $\sigma$ 体现)及观测值个数($n$)一定的条件下,计算平均数的精度只取决于对此精度所要求的可靠程度或称"置信概率"(它在式中通过概率系数 $t$ 体现,本例中对应95%的置信概率系数 $t=1.96$)。任何一个用来估计的区间(例如估计矿石平均品位区间、估计矿床储量大小的区间等)都与一定的概率值相联系,这种概率反映了用该区间作估计的可信程度或可靠程度,称之为"置信概率"。人们往往根据各种实际工作的不同性质与要求,定出置信概率的大小,然后来推求一个具有这个置信概率的区间估计。显然,在 $n$ 和 $\sigma$ 固定时,置信概率越大,即所要求的可靠程度越高,估计区间的长度就越大,也就是降低了精确度;反之,如果想缩小估计区间,即提高精度,则落入该估计区间的可靠性就要降低。因此,区间估计的可靠性与精确度二者不可得兼。若既不想降低可靠性,又要缩小估计范围保证精度,那就只有增加观测数量 $n$,但这有时不是经济合理的,所以应努力把二者加以统一,也即寻找某种最优解。

## 三、模型类比与因地制宜的统一

模型类比或相似类比理论是矿床预测的基础,它要求我们详细了解和大量拥有国内外已知各类矿床的成矿条件、矿床特征和找矿标志的实际资料。应用相似类比进行矿床和矿产资源量估计所依据的基本理论是:相似地质环境下,应该有相似的成矿系列和矿床产出;相同的(足够大)地区范围内应该有相似的矿产资源量。根据这一理论,建立矿床模型以指导矿床预测就成为首要工作,这也是进行地质类比的基本工具。矿床模型是对矿床所处三维地质环境的描述。对大比例尺成矿预测来说,尤其要加强深部地质环境的描述和地球物理特征的概括。因此,有人提出"物理-地质模型"的概念。矿床模型法,实质上是成矿地质环境相似度类比法。用于矿床统计预测的聚类分析也是依据预测区与已知矿床地质特征的相似程度来判断预测区

成矿远景大小的。

例如,在世界许多国家,如日本、沙特阿拉伯等,在岛弧环境下的火山沉积岩中,发现有火山成因的块状硫化物矿床。又如近年来,矿床学家们总结出了下列金矿的成矿环境或控矿因素:①区域上受一定的层位控制,矿源层的存在是一个重要因素。例如,山东招掖地区的金矿化,胶东群被作为矿源层;秦岭东段双王微细型金矿主要产于泥盆纪地层分布地区;在赤峰—朝阳地区,一半以上的金矿,90%以上探明储量都分布在太古宙变质岩中或其附近。②断裂构造是主要的控矿因素。无论是金矿体、金矿床或金矿田,都明显受断裂构造控制。例如,云开大山查明是糜棱岩控矿;内蒙武川—固阳一带是两条韧性剪切带控制金矿化展布;双王金矿产于构造角砾岩中(被认为是多期构造作用产物);山东招掖金矿与沂沭大断裂不断活动所派生出北东、北北东向断裂有关等,这些都是断裂构造控矿的典型例证。③热液活动是金矿成矿必不可少的条件。金的活化转移、沉积富集都是与各种热液活动有关。热液活动的直接标志是各种热液蚀变围岩。与金矿化有关的多为中—低温热液蚀变,"很难看到高温蚀变"(据涂光炽)。与金矿化有关的围岩蚀变一般为硅化、绢云母化、黄铁矿化、碳酸盐化及绿泥石化等。④金的成矿对围岩没有明显的选择性和专属性。据涂光炽教授研究,认为有两个趋势,即基性侵入岩和火山岩中金较多。另外,金矿化的时间与其赋存岩石往往有一定的时差,等等。诸如上述各项规律,都应在建立金矿床模型时加以考虑并成为寻找金矿床时的重要理论依据。

由于成矿地质作用受各种随机因素的影响,没有任何两个矿床是完全相同的,因此对所建立的矿床模型或地质找矿模型也应该灵活应用。随着新的实际资料的获得,地质学家必须准备使模型适合某种概念或加以修正,不应当由于附和某种已知概念就丧失客观性,对新资料或新事实视而不见。英国学者T.C.钱伯林指出:"在发展各种假说时,应当做的是:考虑现有的每一种对所研究现象的合理解释,发展有关这种现象性质、起因或成因的每一种站得住脚的假说,尽可能公正地确定所有假说在研究中所起的作用和应有的地位。因此研究人员就成了假说之家的母亲,而且正是由于她与各种假说有亲缘关系,道义上不容许她偏爱任何一种假说。"

总之,我们必须遵循一般规律与具体实际相结合,模型类比与因地制宜相结合等原则,它们的统一构成了地质勘查的另一个最优化准则。

### 四、随机抽样与重点观测的统一

这里所谓"抽样",不是单指采样的工作,而是泛指各种观测。为了保证对地质客体观测的正确性,首要是切忌主观任意性,避免人为选择性。例如取样点专门布置在矿化富集部位就会人为地夸大矿石的质量;反之亦然。为了保证观测正确客观,通常采用均匀布置观测点的办法。这种方法是一旦确定了起始观测点的位置,则其他观测点也以某种规则(例如按一定的几何网格布点,按一定间距布点等)一次性地确定了。由于起始观测点的确定具有随机性,因而其他各点都有同等被观测的机会,这就保证了整个抽样观测的随机性。在地质勘查工作中,按某种规则或间距均匀布置观测线、观测点、取样点的做法是一般共同遵循的方法。由于地质体通常是非均质的,不同地段的变化程度可能不同,为了达到相同的观测精度和可靠程度,需要有不同的观测密度。除去由于矿体变化各向异性或变异程度不同而导致观测的不均匀性外,整个矿床或调查地区由于所处勘查阶段不同、任务要求不同,也可以造成观测的不均一性。不论何种客观原因造成的不均一性,但在范围内各点原则上应该具有同等被观测的机会,这是抽样随机性或观测客观性所要求的最基本内容。

在地质勘查中,为了针对性地研究某一问题,或为了解决某个问题而选择一些关键性地段进行有意识的重点观测。例如,为了研究成矿断裂的性质及其对矿体形态产状的影响,显然应把主要注意力放在发育有与成矿相关的断裂的部位;为了研究矿床的矿化阶段和矿物生成顺序,显然不应放过每个显示不同成分矿脉相互穿插或交切现象的部位等。这时,我们布置观测点就是有选择性、针对性和目的性的。由此可见,在地质勘查中应努力做到抽样观测随机性与针对性的统一。

### 五、全面勘查与循序渐进的统一

全面勘查或调查完满与循序渐进的统一,是决定地质勘查工作能够达到地质效果和经济效果统一的基础,因而它也是决定地质勘查全过程的最优化准则之一。

首先,"全面勘查""全面研究"是分层次和分阶段的,在不同的地质勘查阶段,有不同的任务和要求。我们显然不应脱离各阶段的特有要求,而抽象地追求"完满"和"全面"。全面勘查的含义首先是必须查明整个矿化空间,在勘探时就要以某种与勘查阶段相适应的精度查明矿床所占据的整个空间,决不应只在矿床的某局部地段进行详细勘探而对整个矿床的全貌缺乏了解,因为这样将无法正确地进行开采设计。这一点,克列特尔将其概括为"必须圈定整个矿床"。当然,对矿床的完全圈定又必须遵从循序渐进的原则。在勘探初期,主要应从地表,也即在平面上大致圈定矿床的可能范围。随着工作的深入,将逐步圈定组成矿床的所有矿体。假如矿床或矿田范围很大,如一些巨大含煤盆地、含盐盆地或作为建筑材料的延伸很大的巨厚岩层则更需要分阶段或分片地做到全面圈定。但利用遥感地质制图或物探化探等方法了解其大致分布范围也是十分必要的。对于延深很大的矿床,例如延深数千米,对它们的圈定也应根据经济合理性和技术可能性分段地进行。

其次,如对矿床地质构造条件、矿石物质成分、矿床技术经济条件等方面的研究也应该按全面勘查与循序渐进统一的最优化准则进行。

## 第四节 勘查战略与战术决策

### 一、最优化战术决策——最优勘探方案的确定

近年来,有人将矿床勘探方法理论研究概括为两类不同方向:一是"最优勘探方案选择",另一方向是"最优勘探过程管理"。前者属于最优战术决策,后者属于最优战略决策。

所谓"最优方案",一般是指用于勘探的花费(代价)与所获得信息的价值(或容量)之间处于一定的最优相互关系状态。根据所选择的最优化准则不同,这种关系可以有所不同。

然而有人认为,在过去的研究中,所得到的"最优"方案实际上可能并不是最优的,而大多数情况下只是按以最少工程量获取地质上而不是经济上认为必需的信息为准则的方案。

(一)在单纯考虑地质信息的条件下,最优勘探方案的确定

前面已经提到,勘查过程是一个获取矿床信息的过程,其中最主要的是地质信息,这是毫无疑问的,但过去研究最优勘探方案的许多方法仅仅单纯考虑地质信息的获取。由于勘探通常是按剖面进行,因此,最优方案往往归结为选择合理的剖面间距和在剖面上确定合理的工程间距。在这方面,已有方法可以分为两大类,即经验法和数学模型法。

**1. 经验法**

经验法是过去勘探实践中寻找最好勘查方案的最常用方法。其中直接类比法、稀空法都是最常用的。例如根据规范选择方案就是一种直接类比法。但由于不同矿床地质情况千差万别,技术经济条件、自然地理条件各不相同,而且即使是同类型矿床其矿体具体的埋藏和分布情况也都各不相同,这就造成在类比相似性时的风险和失误。

从获取地质信息角度出发,所谓最优网度被认为是进一步加密工程,不会导致所获信息发生实质性增加条件下的网度。为此,有人采用了如下一些方法确定最优网度:

(1)信息量与工程数关系分析法。最优方案是进一步增加工程量不导致增加信息量,如图2-7所示。这是从一种最简单情况出发而言的。实际上,勘查最优方案包括许多其他重要问题,决非工程数量一个方面。

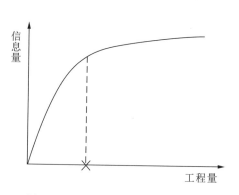

图2-7 工程量和信息量关系图
×处的工程量为最优方案

(2)矿体基本参数的某些函数在不同网度下的变化情况分析法。当进一步增加工程不会导致这些参数函数形式的变化时即可作为最优方案。如 O.П. 约菲等曾以 15 个、30 个、50 个、100 个、200 个测点用所测量的有效厚度资料进行了参数间的相关函数计算,发现 15 个点以上相关函数未变,故取 15 点为最佳方案。

(3)回归法。有人制作矿床边界线内钻孔数与矿床面积关系曲线,将给定大小面积的矿床所对应的工程数作为最优方案。

(4)矿体参数变化分量分析法。矿体参数变化性的不同组成部分(不同分量),即规则变化(或方向性变化)及随机变化两个分量构成了不同方向的变化。根据勘探时主要欲评价何种变化分量来确定最优工程间距。

应指出,利用各种曲线拐点(稳定点)的办法有时确定的并非"最优"方案。因为没有充分根据说明这种方案下所反映的情况是矿床变化的真实情况,何况就现有的、用于研究对比的几个方案而言,并不一定包括最优方案。

**2. 数学模型法**

至于数学模型法则通常采用统计法,例如在已知矿体变化性条件下,给定允许误差和概率系数后计算必需工程数;利用矿体某种系数的概率分布模型,考查不同网度条件下见矿率的变化从而确定最佳网度等。近年来蒙特卡洛模拟法或统计模拟法已常用于各种决策分析。但总的说来,数学模型法当处于一种探索阶段。

**(二)在经济准则基础上考虑最优方案**

一般认为:当从地质需要出发确定的工程数小于经济需要所确定的工程数时,则后者可认为对地质和经济两者的要求皆可满足。反之,如果地质需要大于经济需要,则认为勘探这种矿床是不合理的。

有人选择勘探成本最低、开采时由于参数计算错误造成的损失最小条件下的方案为最优方案。

В.Я.索科洛夫建议,单位勘探进尺或成本的储量增长应大于某给定界线(后者对不同地区可能不同)即被认为是经济合理的。

由我国石油部科学技术情报研究所编辑的《现代决策科学和石油勘探》一书中,在谈到勘探和开发的经济决策时,认为:①石油勘探开发经济决策中最关键的参数是对储量的估计;②在经济评价中要求"成本"参数;③要注意利率,要有"现值"概念;④注意油价参数,要有相对油价的概念。

如前节所述,单纯从地质或单纯从经济角度都不是最佳的方案,而必须从地质效果与经济效果的统一、地质需要和经济需要的结合角度研究确定勘查最优战术方案。

## 二、最优化战略决策——最优勘探过程管理

矿床勘查过程是一个分阶段依次进行的动态过程。每一阶段都包括预测、设计、实施及评价四部分内容。福洛罗夫(1976)认为,各阶段可分为两期:①设计期;②有效执行及管理期。设计期的主要任务是编制勘查设计,须将全部工作量分解为依次完成的组成元素(部分),并确定预期完成的期限。

执行管理期的任务是定期分析已完成工作的实际情况及制定进一步实现的建议和措施。随着勘查工作的进展,早期对矿床形成的概念可能会发生变化。如根据已经施工的钻孔,就有可能改变关于矿床规模的概念(比如部分钻孔落空)。进一步施工也可能改变对矿体变化性的认识,如原认为一个完整的大矿体变为多个不连续的小矿体或相反。这些变化在勘探过程中不断发生,在勘查早期这种变化可能很迅速、很严重,在勘查晚期这种变化较小,趋于稳定。大的变化可能导致勘探方向、期限、效果及其他重要参数的变化或整个环节的改变,这就需要及时修改设计,甚至及时重新决策。这就要求勘探管理能随信息的不断变化而做出灵活的反应。

有人认为,勘探决策过程实际上由两个要素组成:①对勘查对象的某种属性(如矿床的结构)提出几种可能的假说或概念;②布置工程检验并能确定其中正确的一种。因此,勘查过程可认为是"提出假说"和"检验假说"的过程。为了做出最优的勘查战略决策,或最好地进行勘查过程的管理,就必须在勘查对象的隐蔽性、变化性和观察度量的有限性和抽样性条件下,尽可能做到:

(1)提高结论的可靠性,加强结论的逻辑性,因而研究资料和基础应是广泛而严格的。在可能情况下,应通过相应的统计检验。

(2)增加"启发式"分析比例,努力挖掘隐蔽信息。

(3)加强所得结论的预测功能。

(4)整理资料"分步"进行,采取每下一步时要阐明其目的性的做法。

(5)广泛应用计算机,提高效率和分析能力。

美国管理学家西蒙、马奇等(1947,1958,1959,1960)在《管理决策的新科学》等一系列著作中阐述了如下一些观点(引自《现代决策科学和石油勘探》):

(1)决策不是一瞬间的行动,而是一个漫长的复杂过程。不能忽略制定决策最后片刻到来之前的复杂的了解、调查、分析的过程,以及在此以后的评价过程。

(2)决策可分为程序化决策与非程序化决策。

(3)决策中用令人满意的准则代替最大化原则。西蒙认为按照最大化原则进行决策是办不到的,因为要做到按最大化原则决策需具备3个前提:①决策者对所有可供选择的方案及其

未来的后果要全部都知道;②决策者要有无限的估算能力;③决策者对于各种可能的结果,要有一个"完全而一贯"的优先顺序。

西蒙认为决策者在认识能力上和时间、经济、信息来源等方面的限度,不可能具备这些前提,因此提出用"令人满意"的准则代替"最大化"原则。

矿床勘查是在不确定条件下采取决策的过程。它既不同于确定型决策(只有一个自然状态发生的情况下所作的决策),也不同于风险型决策(虽不知何种自然状态发生,但各种状态发生的概率为已知)。不确定型决策是在各种可能事件的发生概率也未知情况下的决策。在地质勘查实践中,往往通过类比法给定各种可能发生事件的"先验概率"。有关这方面的论述近年来已有不少专著问世。

## 主要参考文献

谢学锦. 矿产勘查的新战略,走向 21 世纪矿产勘查地球化学[M]. 北京:地质出版社,1999.

赵鹏大,池顺都. 初论地质异常[J]. 地球科学——中国地质大学学报,1991,16(3):241-248.

Gorelov D A. Quantitative characteristics of geological anomalies in assessing ore capacity[J]. Internal Geology Rew,1982:457-465.

Cox D P, Singer D A. Mineral deposit models[J]. U. S. Geological Survey Bulletin,1986:1693.

# 第三章　勘查阶段与勘查系统

## 第一节　勘查阶段与勘查周期

### 一、勘查阶段及划分

矿产勘查与矿产开发可泛称为矿业系统工程。矿产勘查既是矿产开发的先行基础,又贯穿于矿产开发的始终。将这种遵循循序渐进原则不断进行的地质调查研究过程划分为不同的阶段,即矿产勘查阶段。人们可根据其时间先后顺序、目的任务、性质、勘查工作程度、风险(地质、技术、经济)与建矿可行性研究程度等的不同,将矿产勘查系统划分为不同的几个矿产地质工作阶段,如:①矿产预查;②矿产普查;③矿产详查;④矿床勘探;⑤矿山地质工作阶段。总体上,前4个阶段构成矿产开发的准备时期,其最终目标是建立矿产开发的矿山企业。矿产开发时期的地质工作称为矿山地质工作。无论是矿产勘查与矿产开发,还是矿产勘查各阶段之间,都存在着紧密的内在联系。可以说,前者是后者的基础、前提与手段,后者是前者的深化发展、阶段归宿与目的。1997年2月《联合国国际储量/资源分类框架》中,将矿产勘查阶段划分为踏勘、普查、一般勘探和详细勘探4个阶段。众所周知,勘查阶段的划分具有人为性,我国的矿产勘查阶段划分曾与苏联的相近,并有过几次变改,经历过5、3、4个不同阶段划分。随着改革开放形势发展和社会主义市场经济体制的建立,1995年以来,我国也在加紧研究制定既符合我国国情和新的矿业形势需要、又便于与国际接轨的新的储量/资源分类标准和相当的矿产勘查阶段划分的新规范。根据我国最新颁布的《固体矿产地质勘查规范总则》(GB/T 13908—2002),我国的矿产勘查工作分为预查、普查、详查及勘探4个阶段。

预查是通过对区内资料的综合研究、类比及初步野外观测、极少量的工程验证,初步了解预查区内矿产资源远景,提出可供普查的矿化潜力较大地区,并为发展地区经济提供参考资料。

普查是通过对矿化潜力较大地区开展地质、物探化探工作和取样工程,以及可行性评价的概略研究,对已知矿化区做出初步评价,对有详查价值地段圈出详查区范围,为发展地区经济提供基础资料。

详查是对详查区采用各种勘查方法和手段,进行系统的工作和取样,并通过预可行性研究,做出是否具有工业价值的评价,圈出勘探区范围,为勘探提供依据,并为制定矿山总体规则、项目建议书提供资料。

勘探是对已知具有工业价值的矿区或经详查圈出的勘探区,通过应用各种勘查手段和有效方法,加密各种采样工程以及可行性研究,为矿山建设在确定矿山生产规模、产品方案、开采方式、开拓方案、矿石加工选冶工艺、矿山总体布置、矿山建设设计等方面提供依据。

需要指出,勘查阶段的划分仍具有人为性,正是因为勘查阶段之间只具有定性的界线,缺少具体严格的定量指标,所以,关键在于如何从实质上合理解释,现以矿床勘探阶段说明如下。

一个矿床,从发现并经详查确定其具有工业价值以后,一直到被开采完毕为止,实际上还需要逐步进行不同详细程度的勘探研究工作。将这种不同程度的勘探与研究工作划分为阶段,即简称为勘探阶段。由矿床勘探的基本概念可知,矿床勘探实际上应进一步划分为:为建矿可行性研究和矿山基建设计提供资料依据,或属矿山开发准备时期的矿床地质勘探阶段,以及直接为矿山建设与生产"保驾护航"而进行的矿床开发勘探阶段。

矿床地质勘探常被称作矿床勘探,又常简称为勘探。以往的规范中曾将其划分为初步勘探与详细勘探2个阶段。现行规范中将初步勘探阶段取消,并将其工作任务分付于详查与勘探2个阶段完成。矿床地质勘探具有承前启后的关键性或枢纽作用,一方面是对详查工作的继续深化与发展,并同时检查与验证详查评价结论的正确性和可靠性;另一方面为未来矿山建设设计和投资决策提供所需的矿床储量和资料依据,很大程度上决定着矿山企业的全局和命运。倘若勘探失败,即经矿床地质勘探研究工作后所得矿产储量与地质资料的评价结论出乎预料的差,则未来矿山企业效益将化为泡影或大打折扣。一般情况下,矿床勘探与前几个勘查阶段相比具有以下特点:勘探工作范围较有限,勘查程度更高,工程与工作量更大,所获储量与资料的可靠程度更高、更详细、更接近于实际,投资风险较小,但所需勘探投资额则大得多,所需时间也长得多。

矿床勘探对于矿山基建开采应有合理的超前结束期限。根据经验一般提前5~10年为合适,若计算到投产前,应加上矿山基建时间,则矿床勘探结束时间应超前得更多些。具体矿床的勘探一般只有在与有关需求部门(如矿业公司、矿山企业)和投资者签订了合同并领取了探矿许可证后,才开始组织勘探施工。对于属急需或短缺矿种的矿床,或位于资源危机矿山企业附近的矿床,为加快勘探与开采步伐,尽可能好地搞好其间的衔接,则往往实行切实的探采结合,即矿床勘探工程(如坑道)的设计与施工必须兼顾矿床开采时能够利用。

开发勘探是直接为矿山建设生产服务的,属矿山地质工作范畴。其主要目的和任务是逐步检验与核实地质勘探所获成果,为矿山建设与生产的顺利进行提供更加准确可靠的矿产储量(高级储量与生产矿量)与地质资料;探明尚未发现或遗漏的隐伏矿体,扩大矿产储量,延长矿山寿命等。

按开发勘探的具体任务和顺序,又可将其划分为基建勘探、生产勘探与补充地质勘探。

基建勘探是在矿山投产前的矿山基建时期,为保证主体基建工程位置的正确选择、确定和顺利施工,为保证首采地段的试生产能够顺利进行而完成的勘探工作。生产勘探是指在矿山投产后的生产时期,紧密结合矿山采矿生产的阶段开拓、矿块采准、切割与回采作业的程序,直接为采矿生产服务,并具有一定超前期的连续不断的勘探工作。按其具体任务和特点,又可将其顺序细分为开拓勘探、采准勘探和回采(或备采)勘探等更小的阶段。此外生产矿山的外围、深部、边部的地质找矿与勘探工作,尤其是对资源危机矿山企业更具有特殊意义,人们称之为补充地质勘探。可以将其纳入矿山企业远景发展规划,也可以是为另辟开发基地、扩大资源量或种类等,视矿山具体情况和需要而适时适度地进行补充地质勘探。其最大特点是往往具有普查找矿与矿床勘探两者"合并"进行的样式,即两者间界线不易清楚划分。

## 二、勘查周期及其影响因素

矿产勘查以连续阶段性完成,每一勘查阶段都具有相似的工作过程,所以,可以把完成单个勘查阶段过程的时间称为某勘查周期。例如,矿床勘探周期是指完成一个矿床的阶段勘探任务所经历的时间。一般来说,地质勘探周期工作包括:针对经过详查评价和预可行性论证优选出的勘探基地——具工业开发远景的矿床;编制勘探计划与设计;按设计组织施工与管理;根据所收集整理的资料与信息编写勘探报告;通过审批验收。矿床开发勘探周期大体与矿山生产建设的服务年限或矿山生命周期相当。一般从整体情况看,人们希望前者短,而后者长。主要是因为将前者看作是单纯资金投入过程,后者则伴随有矿山矿产品的实际产出效益。近年来,西方工业发达的矿业大国,大型矿床的地质勘探周期最长者仅为 5 年;矿山开发周期也短,长者达 11～14 年。而我国则不然,地质勘探周期较长,大型矿床最少需 5 年,长者达十几年以上;矿山开发周期更长,大型矿床按探明储量按设计规定需达 25～30 年。

影响矿床地质勘探周期和造成此周期过长的原因是多方面的,归纳起来大体有:

**1. 与国家矿业管理体制有关**

我国是发展中的社会主义国家,以往实行的是计划经济管理模式,矿床勘探与矿山建设开发是由地矿部门与矿山设计、基建、生产等部门分别负责完成的指令性计划,其间难免脱节或不协调。矿床勘探费用由国家事业费开支,主要按地勘单位所完成勘探工程量作为划拨资金的依据;勘探成果无偿转让,或无端封锁,缺乏经济观点,也难以调动地勘部门的主动性和积极性。若勘探基地选择不当,不符合国家工业布局,或非国家急需矿种,或附近缺少配套的辅助原料产地,或勘探时机选择过早,国家无准备近期开发计划等,均会浪费勘探投资,形成"呆矿",也往往会造成地质勘探周期过长。

**2. 对矿床勘探程度的要求是影响勘探周期的重要因素**

因为矿山设计部门与基建生产往往要求过高,或勘探部门因勘探不足,不能通过验收,而需反复补充勘探,或因过度勘探,均会延长勘探周期,所以,合理勘探程度成为勘探工作研究的重要问题。其中,勘探范围过大、深度过深,矿产储量,尤其是高级储量探求过多等,势必造成地质勘探周期过长。

**3. 矿床地质特征的复杂性也是影响勘探周期的重要因素**

一般情况下,对于同等勘探程度要求的相当规模的矿床(体),其地质特征越复杂、变化性越大者,则越难于查明,或需利用较高可信度的勘探工程(如掘进速度慢的坑探),或需较密的工程间距、较多的工程量,故势必消耗较多的时间。对于那些地质条件极复杂的小型矿床,甚至往往因达不到应有的地质勘探程度,而不得不被迫采取"边探边采"的探采结合方式,其实质是将地质勘探与开发勘探被动地"合二而一"。

**4. 勘探技术手段与设备的先进性、便捷程度和有效性也是影响矿床勘探周期的重要因素**

显然,若勘探范围一定、工程量一定,则技术工艺落后,设备笨重、效率低,或勘查效果不佳,所获取资料可信度低等,则势必需要较长的勘探时间。当然,这与国家科技水平和工业发展水平有关。

**5. 勘探矿区经济地理环境与交通运输条件等也影响到勘探周期**

若自然环境条件恶劣,交通运输条件差,地区环境保护与矿业政策要求严格,以及勘探投资不足或可行性研究程度不够等不利条件,均会影响到矿床勘探工程施工进度,甚至会旷日持久。

**6. 有关勘探人员的业务素质也是影响矿床勘探周期的重要因素**

若地质矿产预测与推断失误,勘探计划方案与设计失误,或组织管理不善,或技术措施不当,或勘探工程质量不高等往往延误时日,甚至同一矿床的勘探工作时断时续、"几上几下"延误勘探周期的事例亦屡见不鲜。

**7. 地质勘探报告不能及时验收影响勘探周期**

将地质勘探资料收集整理并经过综合分析研究后编写的勘探报告,其质量若达不到要求,则不能通过审评验收,需重新编写,甚或需增补勘探工程进行补充勘探后再编写补充勘探总结报告提交审评验收,势必延长勘探周期。造成地质勘探报告不予验收通过的原因可能是多方面的:或因其编写得不规范,缺少某些必需的重要部分内容;或因资料不完备,有不允许的重要遗漏与错误;或因勘探工程控制程度不足、不合理;或因储量块段与级别划分、分布与比例不合理;或因储量计算参数失误,应用的工业指标错误;或因所附地质编录图表不合格,有错误以及研究程度不够等不能满足未来矿山建设设计的需要等。

总之,地质勘探周期过长(或过早投入勘探)造成勘探资金的过早支出、占用与积压,推迟矿山设计与基建时间;已投入大量勘探工程量与资金,由于种种原因而长期不能转入矿山建设开发的"呆矿",已给国家造成了极大浪费。要改变这种局面,必须汲取经验教训,除了正确选择客观条件有利的矿床适时投入勘探外,其基本措施在于矿业体制的改革,实行国家宏观调控下由市场优化配置资源的"探采一体化"管理体制;在于地质勘探人员业务素质的提高;在于地质勘探的始终重视加强建矿可行性研究和技术经济综合评价;在于勘探技术设备的改进,工作效率与质量的提高,从而确定矿床地质勘探对矿山基建生产合理的勘探程度、超前期限和合理的地质勘探周期。归根结蒂,处处都显示着人的因素是关键的、第一位的,所以,在《固体矿产地质勘查规范总则》中规定:勘查项目技术负责及主要技术骨干应是具备对该矿类有5年以上勘查工作经历,并承担过主要技术工作或具有一定野外工作经验并长期在上级业务部门从事该矿类矿产勘查管理工作的科技人员。

矿山基建勘探与生产勘探周期视矿山基建生产的需要而定。一般情况下,前者若需要,则要求尽可能的短,保证矿山基建顺利进行并尽快投产;若大型矿山采取分段分期基建方式,则有可能使基建勘探周期"拉长",但这种拉长,一般应该是合理的。生产勘探周期大体与矿山采矿生产周期相一致。所以,合理的矿山建设规模和服务年限等的确定是在建矿可行性研究与矿山设计阶段应予完成的首要任务之一。

## 第二节 勘查要求与工作程序

《固体矿产地质勘查规范总则》(GB/T 13908—2002)规定矿产勘查内容包括勘查区地质、矿体地质、开采技术条件、矿石加工技术性能和综合评价等,并详细规范了所有4个阶段的矿产勘查工作内容。下面仅就勘探阶段的工作展开,其余阶段的工作不再叙述。

### 一、矿床勘探研究的基本内容与要求

(一)研究矿床(区)地质特征和矿山建设范围内矿体的分布情况

研究矿床地质特征首要的是指研究与查明矿体各参数的变化规律,预测矿体变化性、矿床可能储量、质量、矿体形态及开采条件变化的地质依据,这是指导勘探施工、影响矿山建设和生产的重要因素。在矿床勘探过程中,对矿区的地层、岩石、构造和岩浆岩等特征要详加研究。

对破坏矿体、划分井区范围及确定开拓井巷有影响的较大断层、破碎带,要用探矿工程实际控制其产状和断距;对较小的断层、破碎带应根据地表实测,结合地下探矿工程的资料,着重研究其分布范围和规律。

矿山建设范围内矿体的分布情况的查明,是正确地进行矿区总体设计、划分井区、确定开采境界、开拓范围和井筒位置等的重要依据。对露天开采的矿床要全面控制矿体四周的边界和未来露天采场底部矿体的边界;对地下开采的矿床要详细控制主要矿体的两端、上下盘的界线和延深情况;对地表氧化与重砂矿体的边界,用槽井探予以圈定;若矿区覆盖层较厚,需要用浅钻或地表物探方法控制基岩面上矿体顶部的界限。

为了防止漏掉矿体,应在综合研究矿床地质规律的基础上,适当加深一部分勘探钻孔以穿透整个含矿带(层)进行控制,同时注意查明具有工业价值的小矿体的总的分布范围和赋存规律。对浅部先期开采地段主矿体上下盘具有工业价值的小矿体,应在勘探主矿体的同时进行勘探,并根据具体情况适当加密工程,提高勘探和研究程度,以便同时开采。

(二)研究矿体的外部形态和内部结构特征

矿体的外部形态是由矿体在矿床三维空间上的延展情况、赋存位置、构形特征及其形状、厚度、产状变化特点等要素构成的,是影响矿床勘探难易程度的主要因素,也是确定矿山开拓方案和选择开采方法的重要依据。在地质勘探期间,尤应对主矿体总的形态和空间位置进行详细的勘探和研究,并在控矿条件研究的基础上,注意查明矿体外部形态的变化规律。矿体尖灭、转折和构造破坏等处应加密工程,用以指导矿体的正确圈定和连接,为开拓方案设计提供较为准确的地质资料。

矿体内部结构是指矿体边界范围内矿石的自然类型、工业类型、工业品级和非矿夹石的种类、形态、空间分布特征及其相互关系。它反映了矿体内部物质成分的宏观组合形式及其变化特点,是评价矿床工业利用价值和采矿方法的重要质量指标,也是正确确定矿山产品方案与矿石选冶工艺流程的主要依据。在勘探期间,必须根据矿山建设与生产的需要和可能,对它们进行必要的勘探和研究,并分别进行圈定与计算储量。

(三)综合勘探和综合评价

综合勘探和综合评价是我国矿床勘探的基本方针。综合勘探,是指在采用各种技术手段勘探和评价主矿种的同时,相应查明一切具工业价值的共生矿产和矿石中的伴生有益组分,目的是充分地综合开发、利用矿产资源及保护矿山环境提供储量和地质资料。为此,应根据资源条件、满足矿山建设设计需要和一工程多用的原则,对伴生有益组分和共生矿产进行综合考虑,运用综合指标综合圈定矿体,合理控制矿石的工业类型和品级。要加强研究其物质组分、赋存状态、分布规律和选冶加工性能,对有综合利用价值的组分,应分别计算其储量。对经济价值较大的共生矿产,应根据具体情况布置勘探工程,单独圈定矿体和计算储量。具体控制程度,视市场需要,或视其品位、选冶性能、经济价值确定。综合评价,应根据地质条件、产出特征、共伴生关系、价值大小、需求程度、开发利用的可能性进行评价。对市场适销对路、经济价值较大,并能同时开采的共生矿产,尤其是首采地段或露采境界内的,应加大综合评价力度。对伴生矿产,据经济价值和经济效益,确定其评价程度。对矿石中的有益元素也要进行了解和评价。生产矿山,对"三废"的综合研究评价与综合利用、防治污染研究,具有重要现实意义。

### (四)研究矿石的物质成分和选冶性能

认真研究矿石的物质成分(矿物成分和化学成分)、含量、结构构造、矿物嵌布关系和粒度及其变化情况,对了解和确定矿石选冶性能不同的氧化矿、混合矿、原生矿,氧化物、硫化物、硫酸盐、碳酸盐、硅酸盐、贫矿、富矿等矿石、矿物的数量比例、共生关系和变化规律进行研究,并在此基础上分别采集有代表性的样品,对主要组分和伴生组分进行实验室规模的选冶试验,以便对矿石的工业利用性能做出评价。对物质成分和结构构造简单的矿石,在有类似矿石的生产技术工艺资料作对比时,只进行初步可选性试验;对物质成分复杂、综合利用价值高或没有利用过的新类型矿石,一般应进行实验室扩大连续试验,可作为预可行性研究的依据;半工业试验是针对选冶中的疑难问题或关键环节进行的专门性试验,试验成果可作为矿山建设设计的依据;极少数金属矿床,当用选矿方法不能得到好的指标时,尚需进行实验室的冶炼试验,如硅酸镍矿床等。

为了研究伴生组分综合利用的途径,应对试验过程中各伴生组分的富集产品进行研究,并在试验基础上对其在工业上利用的可能性进行评价。对有害组分的含量和变化规律应予以查明,并研究其赋存状态和脱除的可能性。

非金属矿产的选冶加工技术试验,主要是为获取某些物理的、化学的、或技术工艺性能、或特殊要求。目的是使产品的品质高,性能好,竞争力强,扩大应用领域,开辟在高新技术领域中的应用途径,提高矿产品的价值。

对于某些非金属矿产,如云母、石棉、黏土矿、宝玉石矿产、光学原料、建筑材料等,要试验研究它们的特定物理技术性能。

### (五)研究矿床开采技术条件

矿床开采技术条件包括矿床的地质特征(如矿床地质构造、矿体形态、产状、空间位置、覆盖层性质和厚度等)、矿体(层)及其顶底板岩石稳固性、矿石和围岩的物理力学性质、开采时对人体有害的物质成分等。它是确定矿床开拓工程布置、采矿方法、井巷支护维修和露采边坡角的主要根据,是确保矿山安全、正常生产的重要因素,因此,要求在勘探工作中注意查明与研究岩矿石性质及断层、破碎带、节理裂隙、岩溶、风化带、泥化带、流沙层的发育程度和分布规律;测定必要的岩石、矿石物理力学性质和开采时对人体有害的物质成分;阐明矿体及其顶底板近矿围岩的坚固性和露采边坡的稳定性;对老窿的分布范围、充填情况应进行调查研究,在可能的情况下圈定老窿界限。

对矿山建设可能有严重影响的崩塌、滑坡、泥石流、山洪、地震等工程地质条件,应予以查明。如矿区位于地震活动区,应根据可能情况对矿区及其外围地质构造的活动性进行调查研究,并在报告中予以阐述。

### (六)研究矿区水文地质条件

矿床水文地质条件是影响矿床开采的一个重要因素,是矿山供水和防排水设计的依据。在勘探工作中应注意查明:①矿区充水因素;②地下水的补给来源、径流和排泄条件;③矿区含水层、隔水层确定的依据;④各个含水层的岩性、厚度、产状、分布、埋藏条件、裂隙、岩溶发育程度、渗透系数、水头高度、水质、水温、水量及动态变化;⑤各含水层的水力联系;⑥隔水层的岩性、厚度、分布、稳定性和隔水性;⑦矿区地表水体的分布及其与地下水的水力联系和对矿床开采的影响;⑧老窿积水情况和对矿床开采的影响等。为了保证井巷开拓的安全和矿山生产的正常进行,要特别注意对矿体顶底板承压含水层及隔水层的勘探和研究。

对构造破碎、断裂带、岩溶发育带(发育程度、规律、充填程度、充填物)及其含水性、导水性对矿床的充水影响进行评价。

根据矿床开拓方案,预计矿坑(井)涌水量,对于初期开采地段及地下开采的第一、第二中段,要求比较准确地预计矿坑涌水量。

当一个地区内有几个相距较近且有水力联系而又需要分别开采的矿区时,应注意加强区域水文地质条件的研究,阐明其水力联系。

搜集评价矿区水文地质条件所需的水文、气象等资料,包括历年降雨量和最高洪水位等。

对矿山的疏干、排水、防水、排供水结合、矿坑水综合利用、防止污染等方面提出建议。如矿区处于地热异常区或在勘探中发现了热水,要查明热水来源、水温、水质和涌水量,为矿床开采时处理热害及充分利用热水资源提供初步资料。对缺水地区要指出供水方向。

当矿区水文地质条件复杂,还需要在设计和基建阶段进行坑道放水试验工作。

(七)研究矿区环境地质条件

查明矿区内崩坍、滑坡、泥石流、山洪等自然地质作用的分布、活动性及其对矿床开采的影响;调查矿区的历史地震活动强度及所在地区的地震烈度分级。

调查矿区存在有毒(砷、汞等)、有害(热、瓦斯)及放射性物质的背景值,对矿床开采可能造成的危害进行评价。

预测矿床疏干排水影响范围,对影响区内的生产、居民生活用水可能造成的影响和对生态环境、风景名胜可能构成的危害做出评价,提出防治意见。

结合采矿方案,对矿床开采可能引起的地面变形破坏问题(地面沉降、开裂、塌陷、崩塌、泥石流等),采选矿废水排放对附近水体的污染进行预测和评价,对采矿废石的堆放与处置、利用提出建议。

适于水溶、热熔、酸浸、气化开采的矿床及多年冻土矿床,应针对其勘查的特殊要求开展工作。

总之,矿床勘探研究的内容与要求反映了矿床勘探的任务,又表现了其具有生产性与科研性的双重性质。生产性取决于矿床勘探工作是矿产开发的先行步骤与基础性工作;它的最终产品是包括矿产储量及矿产开发所必需的各种地质资料信息的勘探总结报告,将矿产资源转变为具有实际工业开发利用价值的劳动对象,并减少了人们在开发利用矿产资源中的风险性。

矿床勘探的科研性,首先决定于矿床自身产出地质特征的不均一且复杂多变的自然属性;其次,矿床勘探的实质是运用地质科学和有关自然科学的理论和方法,对矿床进行深入调查研究的循序渐进、逐步逼近矿床真实的认识过程。采取适当的勘探方法与技术手段,揭示矿床产出与分布的客观规律,完成从感性认识到理性概念的升华,并获得具有一定精度和可靠程度的满足矿床开发设计必需的资料和信息,其间仍存在着一定的风险性。同时,矿床勘探仍属工程技术应用学科,科技创新始终是其发展的动力;没有科学的研究方法作指导,就不可能获得科技创新的成功。

## 二、勘查工作程序

(一)勘查基地的确定

矿产勘查是一个循序渐进的调查研究过程,随着矿产勘查工作的阶段性进展,勘查程度在逐步提高,投资在成倍增加,风险也在逐渐减小,提供的有关资料更加详细与可靠,发现工业矿床和建成矿山(矿产地)的可能性也在逐步提高。

在详查评价与勘探可行性论证的众多具有工业开发远景的矿床中,经过资料对比分析在综合研究的基础上,择优选取合适的矿床或大型矿床的某个地段作为近期勘探重点,以便集中投入较多的人力、物力、财力,提高勘探工作的地质和经济效果。所以,勘探基地的选择与确定是详查工作阶段的主要成果,也是转入矿床勘探工作的开始,是承前启后的重要环节。选择与确定为勘探基地的矿床大体应具备以下条件:

(1)在矿种上应是近期国家经济建设与矿产品市场上迫切需要的,并在地理上符合国家工业建设合理布局和要求。这要在资源形势分析与国内外市场需求预测的基础上做出决定,直接关系着矿床勘探与开发的效益,减少经济投资风险性。

(2)作为勘探基地的矿床必须是在矿床地质及资源开发技术条件上,经过充分的详查评价与可行性论证,确定其具有较大的工业远景,即有较大的地质有利度,所取得的矿产储量开发后至少能返还投资并具有较小的地质与技术上的风险性。

(3)经济地理与环境条件优越、储量规模较大、品位较富、埋藏较浅、有成熟采选技术方法可利用的或靠近已有矿山企业和交通条件方便的(即易采、易运、易选、易建矿山企业)的矿床应优先投入勘探。

总之,正确选择与确定了勘探基地,并经申请领取了划定范围的探矿许可证,获得了探矿权、矿区土地使用权,往往也附带取得矿床开采的优先权;通过公开、公平、公正的招标过程,或与某矿业公司(或矿山企业)签订了该矿床的勘探承包合同,则标志着一个成功勘探的开始。

### (二)勘查计划与设计的编制

勘探计划是勘探工作正式开展以前预先拟定的具体内容和步骤。它是勘查公司(队)胜利完成矿床勘探任务的战略决策,是领导者综合平衡人力、物力、财力与时间的总体安排,是项目设计的基础与原则要求。勘探计划的编制一般要经过以下工作阶段:

**1. 收集已有资料并批判地接受与继承**

已有资料是前人工作的成果,应予以广泛、全面、系统地收集并给以尊重,因为这是勘探研究的基础,尤其应重视详查评价报告及其审批意见。但是,更要以审慎的科学态度对待现存前人资料,要善于利用地质理论与经验,结合矿床地质特点去进行实事求是的分析研究,尽量区分出有价值的信息与恼人的"杂音"干扰,去伪存真,尤其要从头脑中剔除那些缺乏依据或夸大其辞的所谓"结论"或推论;寻求新的解释、新的概念,进行新的评价,关键是要善于根据勘探任务发现与提出前人工作中所存在的问题,尤其是关键问题。当然,收集已有资料并分类地理出头绪,这是任何一个勘查研究者的基本功。

**2. 野外初步地质调查,相当于踏勘**

了解矿床地质特征及环境交通与自然地理条件,通过矿床地质的现场检查,辨别资料是推测还是实际,初步确定其可靠性,解除某些阅读已有资料时产生的疑虑,并对某些事关勘探任务的关键问题(如矿床类型、矿化强弱、矿体产状等)进行概略的实际观测验证,做到心中有数。

**3. 室内综合分析与研究**

通过上述工作,明确勘探工作范围、主要任务与要求、勘探工作具体内容与问题、勘探程度及有关勘探模式的设想或假设。这是勘探计划编制的基础和直接依据。

**4. 制订具体勘探计划**

按照矿床勘探研究任务和期限要求,进行项目的分解并提出原则要求。实际上,矿床勘探是一项复杂的组织活动。其计划基本上由两大部分构成:①由勘探工程师为主负责组织制订的专业技术及进度计划,通常所称的矿床勘探计划主要是指这部分计划,一般包括地质的、工程的、物探化探的、测试分析等直接为完成诸项勘探任务负责的工作计划,属于勘探计划的主体,并由相应的组织机构和人员负责。完成这部分计划的专业人员所具有的非常的知识、经验和能力是关系勘探工作计划质量与成效的关键。②属于支持与保证系统的后勤行政管理业务计划,包括财务的、物资设备供应的、运输的、建筑的、生活的等方面的计划工作。这部分管理业务计划及其相应工作机构的宗旨与出发点主要是对勘探专业技术及进度计划的如期完成起着服务、支持、保障和某种程度的监督作用,虽然处于从属的辅助地位,但也时常影响到一线勘探人员的士气和勘探工作的顺利进展,不能不给以重视。

**5. 编制勘探计划任务说明书**

根据勘探矿区的地质情况分析,往往是预先假定了一种勘探模型,选择了适用的勘探工程技术手段、方法,并规定了其工作顺序、步骤和时间要求,预期达到的工作程度和其对完成勘探任务的贡献,以及可能出现的新情况、新问题与相应对策,以此来统一全体勘查人员的思想认识,有效地协调各部门间的工作关系,保证顺利完成矿床勘探任务。这也是各具体勘探工程项目设计的依据。

勘探设计是指为完成勘探计划任务,在正式工作之前,根据一定的目的要求,预先制定技术方法和施工图件等工作,它是完成勘探任务的具体"作战方案",是组织与管理勘探工程施工和落实勘探计划的具体安排。勘探设计是否正确与合理,是直接衡量勘探设计人员业务素质高低的重要标志,也是关系到能否按计划高质量完成勘探任务的关键。勘探设计根据其性质、任务与范围的不同,一般可分为矿区勘探的总体设计和局部地段的具体勘探工程项目的单项设计。

矿区勘探总体设计是指整个矿区勘探的基本方略。虽然大型矿区由于矿床规模大,往往矿体数量多、分布范围较广,或者地质条件较复杂,应当分清主次矿体及地段,采取分期分段分批勘探,分期提交储量,以满足矿山分期建设的需要;但仍应强调整体与系统的观点,用矿区勘探总体设计确定勘探工作的方向和工作顺序,使勘探工作在预定的时间内按计划、有步骤地进行。矿区勘探总体设计书的内容一般包括:①区域自然经济与地理概况;②区域及矿区地质特征;③矿区勘探工程的总体布置方式及工程间距;④采用的主要勘探手段与工作量;⑤预计勘探投资费用;⑥预期储量及各级储量的年增长计划;⑦提交勘探报告的性质及期限等;⑧附有地形地质图、勘查研究程度图、勘探工程总体布置图、主要矿体勘探设计剖面图;⑨有关勘探设计工程和施工顺序、成本核算表格等。

局部地段的勘探工程单项设计是指具体的单项勘探技术或工程的地质与技术设计。地质设计是基础,说明施工目的、任务和要求;技术设计是手段与必需的相应措施和步骤。如果不顾总体设计,任何单项工程设计的意义都大打折扣,其施工无疑是"冒险"。单项设计内容包括说明书和图表资料两部分。设计说明书应力求简明扼要、说明问题,其具体内容包括:设计的指导思想,地质目的任务,设计依据,工程布置及工作量,主要技术措施和技术经济指标,所需人力、物力、财力概算及预期成果等。所附图表资料应根据对该地段地质情况、任务要求等具体确定。

设计编制好后,应按规定上报申批。

需要强调指出的是:

(1)矿床勘探计划与设计可以看作是矿区勘探项目详细可行性研究的重要组成部分。成功的勘探计划与设计的编制必须:①符合可预见到的国内外市场与矿山建设的需要,充分发挥地质观察研究的主导和枢纽作用,努力提高地质效果;②体现国家有关勘探方面的方针与政策;③贯彻为矿山生产建设服务及综合勘探、综合研究评价与综合利用原则;④坚持从实际出发、实事求是的科学态度;⑤遵循合理工作程序,合理选择、综合使用有效的勘探技术手段与方法,协调与优化勘探工作方案;⑥尽力采用与推广先进技术;⑦要明确规定各项工作和工程的质量要求及保证质量的技术措施,使其达到规范与合同所要求的质量标准;⑧严格实行经济核算,在保证勘探程度要求的情况下,力争以较短的勘探周期、较经济的技术手段和较少的工作量,取得较多较好的地质成果和社会经济效益,并以此保证矿床勘探与矿建可行性研究评价的顺利进行。

(2)随着科学技术的进步,尤其是计算机数据处理与模拟技术的推广应用,应强调勘探计划与设计的科学化,即尽量采用运筹学与计算机相结合的系统工程学方法编制勘探计划与设计。这也是矿床勘探与开发的系统设计与管理的发展方向。

(3)由于矿体埋藏于地下,不确定因素很多,勘探计划与设计的地质依据往往带有预测和推断的性质,所以,勘探设计不同于其他工业的工程(如建筑与机械等)设计,具有很大探索性和风险性,允许有一定的探索工作量。对于勘探计划与设计则既不能被看作不可更动的教条,也不能看作可随意变更的草案,应予以动态的科学管理。在设计工程施工过程中随实际资料信息的积累,在综合研究发现的重要新情况、新问题并产生经济有效的新设想时,应允许及时地修改计划和补充设计,并报上级主管部门批准。

(三)勘查施工与管理

勘探施工是在勘探设计的基础上,根据设计的任务与方案的要求,组织进行各项工作的技术活动,使之成为一个互相衔接有机配合的整体。

在多工种综合应用的情况下,必须加强组织和领导,使各工种之间有机地配合和衔接,实施项目管理,并注意工作效率与质量的统一,地质效果与经济效果的统一。在施工过程中,应当做好日常的"三边"工作(边施工,边观测编录,边整理研究),以便及时发现问题,调整或修改设计,并报负责部门批准,正确指导下一步的工程施工。

在勘探施工阶段,其主要工作内容有:矿区大比例尺地质测量、地形测量,物探化探工作,组织各项探矿工程的施工与管理,进行编录、取样、化验、鉴定与试验工作,开展对矿床、矿体地质的综合研究等。

矿区大比例尺地质测量是对矿区地表地质研究的基本方法。其比例尺一般为1∶10 000～1∶1000之间。大比例尺地质测量的任务是通过矿床的天然和人工露头观测取样,进一步进行矿床的地表地质研究,查明勘探地段的地质构造特点和矿体分布规律,以便指导对矿床深部勘探工作的进行。

有效的物探化探工作对加深认识矿床的各种地质特点和提高勘探成果的质量与效果具有很大作用,应合理使用并充分发挥其效能。但在施工过程中必须注意与地质和其他手段密切配合,要在共同分析资料的基础上制定工作方案,在统一规划下发挥各种手段的特长,在分别整理资料的基础上,加强综合研究,以提高对矿区地质问题的研究程度和整个工作的合理性。

探矿工程是取得地下地质构造、矿产情况(取样)的直接手段和可靠依据。在施工中,应加强质量检查与验收工作;要摆正手段与目的关系;要在有地质依据条件下,合理布置工程;在满足地质观察与取样研究要求的前提下,提高效率、降低成本;控矿工程及其质量应按设计及规程要求进行,不得任意变更。

地质编录(包括原始及综合地质编录)是施工过程中一项经常性工作,其好坏将直接影响勘探工作的进展和勘探成果质量。原始编录是搞好勘探工作的基础,综合编录是取得对矿床正确认识的关键。因此,凡在野外进行的地质、测量、物探化探、各项工程及一切测试工作所取得的各种原始资料与数据,都应及时进行编录。在原始编录的基础上,对所获得的原始资料及时地进行综合研究,通过编制综合图件资料,深化对矿床规律性的认识,指导各项工程的进一步施工。

取样是研究矿产质量的重要方法,也是评价矿床经济价值、圈定矿体、划分矿石类型的基础工作。为此,在勘探工程施工过程中必须随着各项工程的进展,及时进行采样、化验、鉴定和测试工作。

除上述一些工作之外,在勘探施工过程中,还要进行阶段性的储量计算及有关矿体开采技术条件、矿石加工技术条件和矿床水文地质条件等方面的研究工作。

(四)勘查报告的编写

勘查报告是矿床经过勘探工作之后,对地质矿产情况详细调查研究的总结。它集中体现了勘探工作阶段所取得的全部地质成果。

勘探报告一般应按工作阶段的不同,分别提交,即每一个阶段工作结束后,一般都要提交相应的阶段勘探报告。

地质勘探报告是进行深一步勘探工作、可行性研究、矿区总体规划或矿山建设设计的依据。它的质量好坏和能否按时提交,不仅是考核勘探队完成勘探计划任务的主要指标,而且关系到矿山建设和国家经济计划的安排。为此,必须树立"实事求是、质量第一"的思想,切实把好地质勘探报告质量关,为可行性研究、矿山建设提供可靠的地质、技术经济资料和矿产储量。

在编写地质勘探报告前,要做好日常的地质成果资料的检查验收工作。在野外工作结束前,必须对工作程度和主要工作成果进行全面检查或现场验收,并严格履行质量检查手续。只有经过检查合格的资料,才能作为编写地质勘探报告的基础资料。编写报告前要根据经过检验质量合格的原始资料,用一般工业指标或结合当时实际经方案对比择优选择的工业指标,圈定矿体,计算矿产储量,确定各类储量和各种矿石类型的空间分布。

勘探报告尽可能做到真实反映地质矿产的客观实际情况和工作阶段的全部地质成果,做出合乎实际的评价。在编写中,既要避免繁琐,又要防止简单草率;既要全面完整,又要层次清楚;章节安排要合理,文、图、表内容要对应相符。报告的具体编制按 DZ/T 0033—2002《固体矿产勘查/矿山闭坑地质报告编写规范》进行,并应由上一级主管单位检查验收。

勘探报告,主要由报告的文字报告书和附图及附表两部分组成。

**1. 文字报告书**

文字报告是勘探报告的重要组成部分。其内容一般包括绪论、区域地质、矿区地质、矿床特征、矿石加工技术性能、水文地质、矿床开采技术条件、环境地质、勘探工作及其质量评述、储量计算和结论等。

**2. 附图、附表及附件**

综合反映勘探成果的各种图件及表格,是勘探报告的组成部分,也是矿山建设设计的主要依据。具体的图件、表格及与报告有关的附件种类很多,此不冗述。

以上勘探的基本程序与内容,只是对勘探的过程与内容提供一个轮廓。实际工作中,既要遵守这个基本工序,又要结合具体情况,合理组织、交叉进行,以提高勘探成效,保证勘探任务的完成。

## 第三节 优度评价与勘查决策

### 一、优度评价的概念及意义

优度评价即可行性评价或称可行性研究,是西方国家在第二次世界大战以后发展起来的一种分析、评价各种建设方案和生产经营决策的科学方法。它通过对以上项目建成后或实施后可能取得的技术经济效果进行预测,从而提出该项目是否值得投资和怎样进行建设的意见,为项目决策提供可靠的依据。为了避免和减少决策的失误,可行性评价目前已成为各种建设、经济活动前期的一项必不可少的工作内容。

在矿产勘查开发领域内,矿床(点)的可行性评价贯穿于自矿产普查—矿产开发的各个阶段之中。可行性评价在我国矿产勘查开发工作决策中的应用始于1999年新的《固体矿产资源/储量分类》国家标准颁布以后。在此之前,相类似的工作是矿床技术经济评价,但两者在具体研究内容范围、作用以及从业人员要求方面都有所不同。

可行性评价的意义首先在于保证矿产勘查工作和后续的矿产开发的经济效益。在市场经济的社会生产活动中,我国矿产勘查的投资来源已由单一计划经济时期的事业费拨款而转变为企业法人或私人投资,矿产勘查的根本目的是查明具有商品属性的工业矿床,并通过转让或直接出售矿产品而获取投资收益。因此,矿产勘查活动必须追求经济效益。但是,矿产资源在自然界的产出条件及特征是复杂多样的,矿床的质及量相差悬殊,所处的经济地理条件也是千差万别,矿种本身的经济价值及矿产品市场供需关系、价格波动等都对勘查、开发投资收益有着较大的影响。另外,矿床一旦进入高一级别的勘查阶段,由于需要动用相对更多的探矿技术手段对矿床进行揭露,与其前一勘查阶段相比,投资额巨增,为了降低投资的风险性,保证获得经济效益,就必须通过可行性评价对矿床的经济价值及转入下一勘查阶段或开发的必要性进行分析,以保证投资在经济上的合理性,减少投资的盲目性,为勘查、开发基地的筛选提供依据。

### 二、矿产勘查优度评价阶段的划分

根据1999年新的《固体矿产资源/储量分类》国家标准,矿产勘查优度评价据其目的、任务可分为概略研究、预可行性研究和可行性研究。

**1. 概略研究**

它是指对矿床开发经济意义的概略评价。通常是在收集分析该矿产资源国内外总的趋势和市场供需关系的基础上,分析已取得的普查或详查、勘探资料,类比已知矿床,推测矿床规模、矿产质量和开采利用的技术条件,结合矿区的自然经济条件、环境保护等,以我国类似企业经验的技术经济指标或按扩大指标对矿床做出技术经济评价,从而为矿床开发有无投资机会,是否进行详查阶段工作,制定长远规划或工程建设规划的决策提供依据。

普查基础上的概略研究中所采用的矿石品位、矿体厚度、埋藏深度等指标通常是我国矿山几十年来的经验数据,采矿成本是根据同类矿山生产估计的,其目的是为了由此确定投资机会。由于概略研究一般缺乏准确参数和评价所需的详细资料,所估算的资源量只具内蕴经济意义。

概略研究一般在普查阶段工作结束之后进行,有时在详查或勘探阶段之后也会进行。概略研究评价工作一般可由完成普查工作的地质勘查单位承担,工作结束后应提交概略研究评价报告。

概略研究在进行经济分析时,可采用类比法进行静态的经济评价。其经济评价指标可采用总利润、投资利润率、投资收益率和投资回收期等。

**2. 预可行性研究**

它是指对矿床开发经济意义的初步评价。在我国目前的基本建设程序中,预可行性研究属于前期工作,与项目建议书属于同一工作阶段。预可行性研究需要比较系统地对国内外该种矿产资源、储量、生产、消费进行调查和初步分析,还需对国内外市场的需要量、产品品种、质量要求和价格趋势做出初步预测。根据矿床规模和矿床地质特征及矿区地形地貌,借鉴类似企业的实践经验,初步研究并提出项目建设规模、产品种类、矿区建设轮廓和工艺技术的原则方案;参照类似企业选择合适评价当时市场价格的技术经济指标,初步提出建设总投资、主要工程量和主要设备以及生产成本等,进行初步经济分析,圈定并估算不同的矿产资源储量类别。

通过国内外市场调查和预测资料,综合矿区资源条件、工艺技术、建设条件、环境保护及项目建设的经济效益等因素,从总体上、宏观上对项目建设必要性、建设条件的可行性及经济效益的合理性做出评价,为是否进行勘探阶段地质工作以及推荐矿山建设项目和编制矿山建设总体规划提供依据。

预可行性研究应是在详查工作的基础上进行。预可行性研究工作一般应由设计、研究部门或有一定资质的中介咨询机构完成。

预可行性研究在进行经济评价时,可直接选用经过调查了解后的有关参数进行动态的经济评价。其经济评价指标为内部收益率和净现值动态的投资回收期等。

**3. 可行性研究**

它是对矿床开发经济意义的详细评价。可行性研究首先需要认真对国内外该矿种资源、储量、生产和消费进行调查、统计和分析;对国内外市场的需求量、产品品种、质量要求、价格、竞争能力进行分析研究和预测。工作中对资源条件要认真进行分析研究;充分考虑地质、工程、环境、法律和政府的经济政策的影响,对企业生产规模、开采方式、开拓方案、选冶工艺流程、产品方案、主要设备的选择、供水供电、总体布局和环境保护等方面,进行深入细致的调查研究、分析计算和多方案比较,并依据评价当时的市场价格,确定投资、生产经营成本、销售收入、利润和现金流入、流出等。项目的技术经济数据能满足投资有关各方的审查、评价需要,从而得出拟建矿山是否应该建设以及如何建设的基本认识。

通过可行性研究的论证和评价,可以为上级机关或主管部门以及社会法人的投资决策,确定矿山项目建设计划等提供依据。

可行性研究应在勘探工作的基础上进行。可行性研究工作一般应由设计、研究部门或有一定资质的中介咨询机构完成。

在进行可行性研究经济分析时,要根据矿山建设的方案确定评价参数,并进行动态的技术经济评价。其经济评价指标为内部收益率、净现值、动态的投资回收期等,对大型规模以上的矿区还应作国民经济评价。

### 三、影响矿产勘查优度评价的有关因素

影响矿产勘查优度评价的因素主要有矿床地质因素、自然经济地理因素、政治经济因素、技术因素、矿产品价格及经贸因素、地租因素、环境保护因素等方面。

**1. 矿床地质因素**

矿床地质因素主要包括矿产储量或矿床规模,矿床地质构造,矿体形状、产状、规模、埋藏深度和分布范围,矿石的矿物成分、结构、构造,矿石类型、品级、品位和伴生有益、有害组分的含量,赋存状态和分布规律,以及矿床水文地质和工程地质条件,等等。

(1)矿床规模大小或矿产储量的多少,决定着未来矿山企业的生产规模、服务年限等,甚至影响未来企业的经济效益(生产规模的大小等)。因此,这是矿床地质因素中的重要因素,对矿床经济价值的评判具有重要意义。

(2)矿床地质构造直接控制着矿体的分布及形态、产状等,它的复杂程度对矿山开采影响极大,有时关系到井田的划分和开采境界的确定。对于构造比较复杂的矿床,在勘探阶段受施工手段的限制,使矿床的可控制程度受到较大的影响,并且由于工程量的增加,而使勘探投资增加,影响勘查工作的经济效益。

(3)矿床内矿体的个数、各矿体之间的相互关系、集中分散程度,单个矿床的规模、形态、产状、埋深及其空间分布变化规律等矿体外部特征是未来矿山确定开拓方案、开采方法的主要依据,而这些对未来矿山的经营效益有着重大的影响。

(4)矿石质量的好坏直接决定了矿床的经济价值及未来矿山的经济效益。矿石质量的具体内容包括类型、矿石中有益及有害组分含量等,这些是评定矿床工业利用价值的重要质量指标,也是正确确定矿山产品方案与矿石选冶工艺流程的主要依据。

在充分考虑主要有用组分的同时,矿石中伴生的有益组分能否综合利用,对于降低未来矿山的开采成本,提高矿山经济效益,同时对于充分利用矿产资源,以及对矿山环境保护等方面都有很大的意义。有的矿床单从主要有用组分评价,很可能是没有进一步勘探的必要性,但结合伴生有益组分评价,则可能由一矿变多矿,矿床的经济价值也剧增数倍。

对于建筑材料类、压电石英、云母、耐火黏土、金刚石等一类的矿产,其物理性质决定着矿产的质量和加工性能等。

(5)矿床水文地质和工程地质条件的复杂程度,如矿体及围岩的含水性、岩溶发育情况、地下水与地表水的联系情况、地下水位、地表水系的洪水情况等,决定着开采时井筒、坑道的布置,排水方法,排水设备的动力大小及开采成本的大小。假如水文地质条件特别复杂,当前技术水平又难以解决,或者解决措施的技术要求高而使开采成本大增,可以导致矿床不能被开采利用。矿床的工程地质条件,如矿石的围岩的物理机械性质,对确定矿床开采的支护方式和支

护密度、爆破效率和炸药消耗量，露天开采场的边坡角，地下开采时的回采方法等，都有重要意义。

**2. 自然地理因素**

自然地理因素牵涉的内容较多，其主要是与经济有关的矿床的一些外部条件，在进行论证时，要作周到的考虑。

(1) 矿床所处地理位置，对矿床能否被投入开发建设关系极大，即使其他各方面条件都很优越，只要矿床所处位置不合适，也可能导致整个矿床没有利用价值。矿床所处的地理位置一般要适合工农业建设的需要及合理布局，有的矿床要求靠近企业或用户，以便就地取材。一般来说，位于边陲和人烟稀少地区的矿床，对开发都是不利的，在进行可行性论证时应特别注意。

对处于国家划定的自然保护区、重要风景区、国家重点保护的不能移动的历史文物和名胜古迹所在地、港口、机场、国防工程设施圈定地段之内，大型水利工程设施、城镇市政工程设施附近、铁路、重要公路两侧、重要河流、堤坝两侧一定距离内的矿床均不得开采。

(2) 矿床所在地的交通运输条件好坏，对矿床的开发利用影响很大，它是某些黑色金属及贱金属大型矿床成为"呆矿"的重要因素之一。一般要求靠近铁路、公路及通航水路，以便于修筑矿区与交通干线之间的铁路或公路支线，这样才能节省基建投资，降低运输费用。对于大型矿床以及价廉而开采和运输量都较大的非金属矿产，如建筑材料，更是要求缩短运输线路，以降低矿石成本。

(3) 动力供应与辅助材料的来源与供需满足程度对未来矿山的经营也有着较大的影响。电站及辅助材料(建筑材料、坑木等)应就地提供且供应充足，否则将影响生产及加大生产成本。

(4) 水源情况，包括工业及生活用水的满足程度，对于某些地区，如干旱、半干旱地区，可能成为制约矿床开发的重要因素。

(5) 地形、气候及地震活动情况也应给予慎重的考虑。地形、气候条件可引起生产成本的增加，地震的活动强弱影响到未来矿山的安全与否。

(6) 劳动力来源是否充足，在可行性论证中也是一个不可忽视的因素。长期以来，我国一直处于劳动力供需过剩的状况，所以这个问题很容易被人们忽视。但随着计划生育国策的稳步执行，劳动力供需过剩的状况将会发生逆转，从而对矿床的开发建设带来一定的影响。

**3. 政治经济因素**

政治经济因素主要是与国家的资源政策有关，国家的资源政策是国家和社会对某种矿产的需求程度的体现，它对矿产的开发利用起着决定性的作用，在进行可行性论证时必须给予高度的重视。国家根据一定时期内国内外的政治经济发展趋势而导致的对各种矿产的需求程度，利用资源政策作为调节手段，对矿产品的生产进行调节，从而影响到矿产是否具有现行利用价值及其开采效益。如国家对欲扶持的矿种，可以在有关税收、收购价格、贷款条件等方面给予优惠，具体如我国的金矿在相当长一段时期内就是如此。在我国正逐步有计划地放活市场，逐步实现与国际市场接轨的今天，在进行可行性论证时必须预估国家未来的资源政策的调整对有关矿产开采价值的影响。

**4. 技术经济因素**

这主要是从技术角度来考虑有关矿床开发利用的经济指标，如矿石的边界品位、工业品位，拟建矿山的服务年限和生产能力，矿山的开拓方案及开采方法，采矿回收率和贫化率，矿石的可选性及选矿方法、流程、选矿回收率等,矿山基建投资费用及矿床开采利润、投资回收指标、单位勘探成本等。在普查阶段主要是据已查明的矿石类型论证矿石在现行技术水平条件下,选、冶的技术可行性及参考同类、同规模矿山有关采、选、冶的有关经济指标下开采的经济合理性。

**5. 矿产品价格及经贸因素**

这主要是从市场经济角度考虑矿产品的供求关系变化可能对矿产品价格及销售状况所产生的影响而对矿床开采价值所进行的评价。在市场调节的情况下,矿产品的销售状况随时都会产生变化,而矿床从转入勘探到进入开发尚需经过一段时间。因此,对矿产品价格的预估必须要有预测性。

**6. 地租因素**

地租在土地私有化的国家内对欲开发矿床的可利用价值有着重大的影响。在我国土地资源为国家、集体二级所有,但土地资源的使用也属有偿占用,在矿山开采期间,必须有偿征用一定的土地资源。这种因征用土地而付出的租地费用随所处的地理位置、土地资源的质量不同而不同。一些位于经济发达地区的矿床可能会因昂贵的地租而使矿床难以开发。因此在可行性论证时,对地租因素对矿床利用价值的影响必须给予足够的重视。

**7. 环境保护因素**

环境保护的难易程度及相应的投资费用的大小也直接影响到矿床能否开发及可能的经济效益。环境保护的重要性已被人们普遍接受,并以法律的形式规定任何建设项目必须采取相应的环境保护措施。矿床所处的自然地理条件对环境保护的难度及费用有较大的影响,如地形的陡缓对于采矿废石堆放的影响,是否有适宜贮存排放选矿废水、尾砂的地形地貌等;采矿过程中对地表植被、草地及自然景观的破坏等;采矿完毕后对土地资源的复原费用投资等。可行性论证中必须对矿山开采能否达到环境保护的要求以及因环境保护的费用支出对矿产开采的效益影响进行充分的研究评价,才能正确地评价矿床的开发利用价值。

## 四、关于优度论证报告的内容要求

关于针对矿产勘查成果的可行性评价报告的编写内容要求,迄今尚无正式标准。国家质量技术监督局 1999 年颁布的《固体矿产资源/储量分类》(GB/T 17766—1999)中以附录的形式提供了一般工业项目可行性研究的主要内容及报告编写提纲供参考:

1 总论
1.1 项目提出的背景(改扩建项目要说明企业现有概况)、投资的必要性和经济意义。
1.2 研究工作的依据和范围。
2 需求预测和拟建规模
2.1 国内外需求情况的预测。
2.2 国内现有工厂生产能力的估计。
2.3 销售预测、价格分析、产品竞争能力、进入国际市场的前景。
2.4 拟建项目的规模、产品方案和发展方向的技术经济比较和分析。
3 资源、原材料、燃料及公用设施情况
3.1 经过储量委员会正式批准的储量、品位、成分以及开采、利用条件的评述。

3.2 原料、辅助材料、燃料的种类、数量、来源和供应可能。
3.3 所需公用设施的数量、供应方式和供应条件。
4 建厂条件和厂址方案
4.1 建厂的地理位置、气象、水文、地质、地形条件和社会经济现状。
4.2 交通、运输及水、电、气的现状和发展趋势。
4.3 厂址比较与选择意见。
5 设计方案
5.1 项目的构成范围(所包括的主要单项工程)、技术来源和生产方法,主要技术工艺和设备选型方案的比较,引进技术、设备的来源、国别,或与外商合作制造的设想。
改扩建项目要说明对原有固定资产的利用情况。
5.2 全厂布置方案的初步选择和土建工程量估算。
5.3 公用辅助设施和厂内外交通运输方式的比较和初步选择。
6 环境保护
调查环境现状,预测项目对环境的影响,提出环境保护和三废治理的初步方案。
7 企业组织、劳动定员和人员培训(估算数)
8 实施进度的建议
9 投资估算和资金筹措
9.1 主体工程和协作配套工程所需的投资。
9.2 生产流动资金的估算。
9.3 资金来源、筹措方式和贷款的偿付方式。
10 社会及经济效果评价
根据矿产勘查可行性研究的具体情况,提出以下的报告编写提纲供参考:

**1. 可行性研究编制依据和原则**

论述开展可行性研究工作的依据、委托人或上级部门对研究工作的具体要求和设计中所依据的原则。

**2. 项目建设条件**

说明建设项目所依据的勘查地质报告、选冶试验报告、地形测量、水源勘察、工程地质基础资料的主要概况;阐述水电供应、交通运输、原料及燃料供应、建筑材料来源及其他外部协作配合条件的概况。

**3. 项目研究概况**

1)矿区交通位置及区域经济概况

简要说明矿区所处的地理位置、行政区划、离主要城市(镇)的交通状况及距离;矿区所处区域的工业、农业、牧业等经济状况。

2)工程范围和内容

说明按设计委托书的要求所确定的矿山工程所包括的范围和内容,采选生产工程和供电、供水等辅助生产工程所包括的内容。

3)建设方案和工程概要

(1)简要说明可行性研究所推荐的建设规模及产品方案;

(2)简要说明可行性研究所推荐的工程布局及厂址方案;

(3)简要说明可行性研究所推荐的主要工艺方案、公用辅助设施方案、主要设备及建设工程量;

(4)设计建设工程进度,主要包括基建期、投产年限、达产年限、矿山基建工程量、投产规模、达产规模等内容。

4)项目建设经济效果

(1)简要说明建设项目估算的总投资、建设投资、基建期利息、流动资金、资金来源及偿还方式;

(2)要说明建设项目的企业经济效益和社会效益;

(3)对建设项目进行评价,说明建设项目的可行性、合理性;

(4)附表——综合技术经济指标表。

综合技术经济指标应反映设计企业在技术上、经济上的特点与水平。其内容一般包括:地质储量、设计储量、生产规模、产品品种、产量、基建时间、服务年限、采选冶工艺主要技术指标、主要设备数量及效率、主要原材料及燃料年消耗量、用水量、综合能耗、设备安装容量、计算负荷、用电量、占地面积、外部运输量、基建三材用量、年工作天数、劳动定员、劳动生产率、基建投资、流动资金、销售收入、产品成本、税金、利润、贷款偿还年限、投资回收期、净现值、投资收益率。

### 4. 社会及经济效果评价

### 5. 存在问题和建议

指出可行性研究中存在的问题并提出建议。

## 第四节 成矿系统与勘查系统

### 一、成矿系统

#### (一)成矿系统的定义

什么是成矿系统?在1979年版的《英文地质辞典》中没有这个术语,在《俄文地质辞典》(1973,卷2)中,成矿系统被解释为"由成矿物质来源、运移通道和矿化堆积场所组成的一个自然系统"。

М. П. 马祖洛夫(1985)提出:"成矿系统是导致矿床形成的地质体、地质现象和地质作用的总和。"

В. И. 森雅克夫(1986)认为:"成矿系统是下列因素的总和:能量和物质的来源、搬运介质、矿质运移的机理和通道、矿石堆积场以及矿石堆积作用,这些因素的相互作用导致矿床形成。"

Б. М. 契克夫(1987)指出:"成矿系统是在一定空间(现在的或地质历史时期的)导致成矿物质高度浓集的构造物质因素和流体因素相互作用的总和。"

上述学者对成矿系统的定义是大同小异的,比较强调的两个方面是:①矿源、运移和矿石堆积的作用过程;②构造、物质、能量、流体等控矿因素及其相互联系。这两个方面都是成矿系统的基本内容。

西方文献中对成矿系统一词或类似名词常有运用,但很少见到对成矿系统的定义。澳大利亚的 A.L.贾奎斯(1994)提出:"成矿系统可定义为控制矿床的形成和保存的全部地质要素,着重在以下作用:成矿物质从源区的活化、运移,并以高度富集的形式堆积,以及在以后地质历史中将它们保存下来的作用。"这一定义增加了将矿床保存下来的作用,体现了历史演化的思路,对找矿有实际意义。

在我国,於崇文(1994,1998)从复杂性科学的角度,探讨成矿动力系统的自组织临界性,他提出:"成矿系统是一个多组成耦合和多过程耦合的动力学系统,多组成包括"多组分"和"多个体"的双重涵义。许多成矿作用又是两种或两种以上过程耦合的多重耦合过程。""成矿系统总体上是远离平衡、时空延展的复杂耗散系统。"於崇文从成矿作用动力学的深度来分析成矿系统的形成过程和机理,对从本质上探讨和认识成矿规律有指导意义。

李人澍(1996)认为:"成矿系统可以定义为特定时空域中从矿源生成到矿质定位全过程所形成的工业与非工业矿化,与矿体生成有联系的中间产物,反映成矿作用的各种指示物,以及卷入成矿系统空间的自然体系的总和。"李人澍在成矿系统的内涵中强调了非工业矿化以及反映成矿作用的各种指示物。工业矿化与非工业矿化是相对的,二者并提体现了作者的一个整体的思路。

翟裕生(1998)提出:"成矿系统是在一定时空域中由控制成矿诸要素结合成的、具有成矿功能的统一整体。它包括成矿物质由分散到富集的制约因素、作用过程及各种地质矿化产物。"在本文中,又针对成矿系统的特殊性,即成矿作用过程的有关信息被保存在现存矿床及有关地质异常中的特点,补充了矿床形成后保存作用的内容,将成矿系统定义为"成矿系统是指在一定的时空域中,控制矿床形成和保存的全部地质要素和成矿作用动力过程,以及所形成的矿床系列、异常系列构成的整体,是具有成矿功能的一个自然系统"。

由上述可见,成矿系统概念中包括了控矿要素、成矿作用过程、形成的矿床系列和异常系列,以及成矿后变化和保存4个方面基本内容,体现了矿床形成有关的物质、运动、时间、空间、形成、演化的统一性、整体性和历史观。

(二)成矿系统的结构

成矿系统是由相互作用和相互依存的若干部分(要素)结合成的有机整体。系统中各要素间的相互关联和相互作用即成矿系统的结构。科学地分析一个成矿系统的结构有着重要的理论和实际意义。概括地说,一个成矿系统的内部结构一般包括4个部分:①控制成矿因素,有风化、沉积、构造、岩浆、变质、流体、生物、大气、地貌、热动力等作用因素;②成矿要素,有矿源、流体、能量、空间、时间等;③成矿作用过程,包括成矿发生、持续、终结以及成矿后的变化和保存等;④成矿产物,包括矿床系列和异常系列。成矿系统基本结构可表示如图3-1。

(三)成矿系统的特性

成矿系统研究是在对一般矿床成因研究的基础上进行的,与局部的矿床成因研究不同,它是从成矿的时间、空间、物质、运动与区域构造背景的结合上,着重探讨区域尺度的成矿规律。成矿系统的一些特性可概括为:①它是地史演化的自然产物,是地球物质系统的一个组成部分;②它是产在一定地质构造环境中的开放系统,与所在环境之间进行着成岩成矿物质、流体和能量的交换,以达到成矿物质的高度浓集;③具有非线性反馈的动力学机制和自组织力,从而能自发排除作用过程中的各种干扰,保持成矿作用的持续进行,实现其成矿功能;④成矿系统具有层次性,全球性的有超成矿系统,基本的是区域成矿系统;⑤成矿系统具有一定的时空

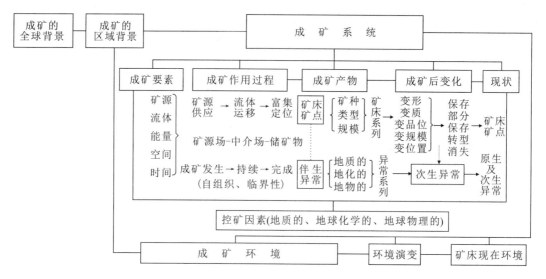

图 3-1 成矿系统结构图
(据翟裕生,1999)

范畴。在时间上一个成矿系统从产生、发展到消亡,一般需要 $10^4 \sim 10^6$ a;在空间上,一个成矿系统可占地几千甚至上万平方千米,大体相当于成矿带的范围;⑥成矿系统具有四维属性,它是动态的,它的内部结构、组成和与外部环境的相互作用,都随时间而变化(或显著,或轻微,或突变,或渐变);⑦成矿系统在时间和空间上的分布是不均匀的。在地质历史上,成矿系统的演化是不可逆的。成矿系统的类型、数量随时间而增长并有复杂化的趋势。例如,在前寒武纪的控矿因素和矿床类型比较简单,而显生宙的控矿因素和矿床类型明显增加,如普遍而强烈的生物成矿作用和风化成矿作用等。

## 二、矿产勘查系统

### (一)矿产勘查系统的定义

矿产勘查系统是指以地质成矿理论为指导,以已有的地质、矿产、物探化探、遥感资料和信息为基础,应用 GIS 等技术进行矿产资源的预测、评价、优选靶区,进而实施钻探、坑探等工程,以发现矿床并查明其数量、质量及开发利用条件,从而满足国家建设和市场需求的全部地质勘查工作。

### (二)矿产勘查系统的结构

矿产勘查是矿床的普查与勘探的总称。矿产勘查学是研究矿床的寻找条件和阐明最有效地查明及评价工业矿床的理论与方法的,涉及面广、探索性和综合性很强的一门交叉学科。这一学科是在构造地质学、沉积学、地层学、岩石学、矿床学、地球物理学、地球化学、遥感地质学及数学地质等学科的有机结合中产生的。因此,矿产勘查系统既属于开放系统、动态系统,又是复杂系统。它由矿产勘查的对象、矿产勘查阶段、矿产勘查的方法手段和矿产勘查的理论等子系统组成,各子系统又由若干要素组成(图 3-2)。

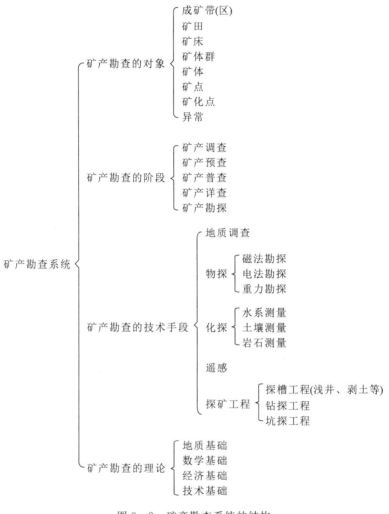

图 3-2　矿产勘查系统的结构
（据燕长海等，1996）

### （三）矿产勘查系统的特性

矿产勘查系统是系统科学与矿产勘查相结合的产物，属于系统工程学范畴，是以系统论、信息论、控制论和认识论为指导，以传统矿产勘查为基础，以电子计算机为工具，以相关的数学方法为手段，对勘查对象进行结构分析，确定不同层次等级成矿单元的勘查准则和信息标志，选定适合不同层次等级成矿单元的勘查方法手段组合，利用决策分析方法，确定最佳地质找矿和社会经济效益的勘查方法手段组合，建立矿产勘查系统模型，以达到对矿床（体）预测研究或查明矿床各种特征，为矿床开发利用提供充分信息的目的。

### （四）矿产勘查系统的工作流程、对象与任务

**1. 矿产勘查工作流程**

矿产勘查系统工作涉及科技、经济、市场、管理、法律、环保等诸多方面。此处只讨论与地

质矿产科技有关的内容。矿产勘查系统工作流程包括：①成矿环境、成矿条件和成矿信息分析；②建立矿床模型；③GIS综合分析；④矿产资源预测；⑤建立找矿模型；⑥优选找矿靶区；⑦实施勘查工程；⑧发现矿床并进行资源-环境评价。

**2. 勘查对象与成矿单元**

勘查对象是勘查工作与研究的目标物的统称，既可以是不同空间的某种矿产，又可以是不同时代的含矿地层、不同方向的含矿断裂构造、不同种类的勘查信息和异常等。

成矿单元是矿产在空间上产出的一定区域，受不同的地质构造背景所制约，其规模可大可小，如由大到小分为成矿带（区）→矿田→矿床→矿体群→矿体，形态各异，成因千差万别。

**3. 勘查任务勘查标志**

矿产勘查的任务是研究并查明各种控矿地质因素在时间上、空间上和物质来源方面与矿产的联系。

矿产勘查标志，是指证明被评价地区地下存在矿产的任何地质、地球化学、地球物理或其他因素。这些因素之间具有必然的内在联系，可以分为直接勘查标志和间接勘查标志。

### （五）矿产勘查系统的基本原则

**1. 整体性原则**

矿产勘查系统的整体性主要表现在系统的功能是由系统整体表现出来的且是一个对外部环境作用的过程。在进行矿产勘查时必须放眼于系统整体，把握系统的整体规律，使系统的整体功能大于各子系统的功能之和。对勘查对象的研究，就应进行成矿单元的划分、控矿地质条件的分析和矿化信息的提取。如在河南汝阳南部地区矿产勘查时，是从不同尺度上分析、总结不同层次等级成矿单元的时空结构和信息结构，从而把握了勘查对象（铅锌矿）的整体变化规律，为铅锌矿产勘查提供了系统的依据。

**2. 有序性原则**

矿产勘查系统具有层次性，层次间存在着递阶流动性，并依据一定的规律变化发展，这是系统的有序性原则，主要反映了系统的组织结构、层次关系、运动过程和演化规律的联系与转化，表现为矿产勘查系统的结构有序性和信息交流的秩序性。结构有序性包括空间结构有序性（如河南汝阳南部铅锌矿在空间结构上可以划分为矿田、矿床、矿体群、矿体等不同层次的成矿单元）和时间结构的有序性（如河南汝阳南部铅锌矿在时间形成上可以划分为若干地质构造和成矿演化阶段）。信息交流的秩序性则表现在勘查阶段由矿产调查→预查→普查→详查→勘探，勘查步骤从提出问题开始，经过系统分析、模型优化到预测评价再提出新问题这样的秩序流动。因此，矿产勘查系统的有序性是决定其不可逆行的基本原则。

**3. 相关性原则**

矿产勘查系统内部各要素间是相互作用、相互联系、相互制约的。因此，在进行矿产系统勘查时要充分注意各要素间的相互影响和它们对整体的贡献。一定的勘查阶段是与一定的勘查对象相联系的规律已被越来越多的人们所认识。同时，人们还越来越重视勘查对象与控矿地质条件和矿化信息之间的相关性研究。几年来，在河南汝阳南部进行铅锌矿产勘查的过程中，不仅注意研究了该区铅锌矿产不同层次等级成矿单元与控矿地质条件和矿化信息标志之间的相关关系，而且还根据它们对铅锌成矿的贡献大小，区分出重要、必要、辅助的控矿地质条件和矿化信息标志及对成矿起负作用的因素,从而提出了近东西向断裂构造岩浆岩带是成矿的重要控制因素的新认识,从不同的尺度上把握了勘查对象的内部结构及成矿规律。

**4. 最优化原则**

矿产勘查系统要求在进行矿产勘查工作的多种可能途径中选择出最优方案,通过信息、能量、物质流的不停转化,在动态中协调整个系统及其内部组成各子系统之间的关系,使其始终处于最佳状态,达到最佳效果。

**5. 尺度对等原则**

矿产勘查系统的尺度对等原则表现在两个方面,即系统内部各构成要素的相关性研究和系统外部环境的研究。前者要求一定的勘查阶段与一定的勘查对象相对应,并要求通过控矿地质因素、找矿标志的分析,反映成矿相关程度和勘查的标志信息以及建立的勘查准则和模型要与勘查对象尺度对等。后者则要求环境与系统具有一致性,即不同层次的勘查对象对应不同层次的环境,宏观环境→成矿区(带)、中观环境→矿田(床)、微观环境→矿体群、矿体。

(六)矿产勘查系统的基本工作方法

矿产勘查系统的基本工作方法主要有结构分析法、信息分析法和功能模拟法。

**1. 结构分析法**

结构分析法是深入了解和掌握矿产勘查系统内部要素和外部环境之间的相互关系,使对成矿规律的研究更加直观化、简易化、客观化和系统化。该方法从地质矿产的客观结构出发,运用系统的思想及其结构法则,在结构层次划分的基础上,对勘查对象的内部组成、外部环境进行解剖分析,考查诸要素与成矿的相互关系,揭示与成矿有关的异常结构,进而达到矿产预测的目的。

(1)勘查对象结构分析的研究内容

A. 横向分析

由于成矿规律研究要解决的核心问题是矿化分布的不均一规律,即矿化在时间上、空间上及信息上的不均一性,为此,在横向上,对勘查对象应该进行空间结构、时间结构和信息结构三大方面的分析,从而使勘查对象有序化。

空间结构分析,主要是分析解剖不同层次等级成矿单元的外部地质构造环境,及对成矿的空间控制作用、特征以及组成该层次等级成矿单元的高一层次成矿单元的规模、形态、产状及相互关系,总结出矿产的空间展布特点及其规律。

时间结构分析,主要是沿着不同的成矿演化阶段去考察不同的地质构造事件的相互关系及其对成矿的贡献大小,再现不同地质历史时期成矿的景象,系统和深刻地揭示成矿的演化规律,以便更深刻地指导矿产勘查工作。

信息结构分析,主要是对各种与矿化有关的信息(如地质、地球物理、地球化学、遥感地质及数学地质信息)进行可靠性和代表性分析评价与提取,达到矿化信息的系统化、定量化和矿化系统(勘查对象)的信息化。

B. 纵向分析

如所有的系统一样,矿产勘查系统从纵向上看亦有元素、环境、组织、功能等。

设系统 $S=\{元素\ Q_i\}$;$S$ 是大系统 $E$ 的子系统,则大系统 $E$ 称为子系统 $S$ 的环境;系统 $S$

的元素 $Q_i$ 之间的相互关系总称为 $S$ 的组织,用 $R$ 表示;系统 $S$ 与环境 $E$ 之间的相互关系的总合称为 $S$ 系统的功能,用 $B$ 表示。那么,系统 $S$ 的纵向分析的内容可表示为:

$$S \sim \{Q_i, E, R, B\}$$

(2)勘查对象结构分析的方法流程

据矿产勘查对象结构分析的研究内容,可将其工作方法流程确定为图3-3所示:

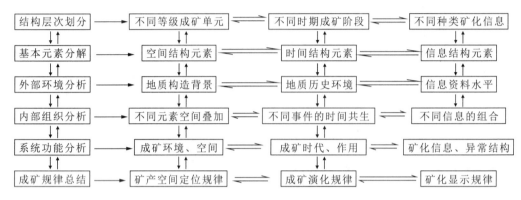

图3-3 矿产勘查系统结构分析法流程图
(据岑博雄等,1991)

(3)勘查对象结构分析的意义

可以较客观地揭示勘查对象的成矿规律,较少受矿床成因争论的影响,从而客观地确定不同层次等级勘查对象的勘查准则,符合矿产勘查的基本要求;可以直观地将勘查对象及其要素分门别类地展现于勘查者面前,使勘查的目的更为明确;为成矿规律研究提供了简单、易懂、有效的方法,便于推广;是建立矿产系统勘查模型的基础,使勘查阶段、任务、方法手段与勘查对象有机地结合起来。

**2. 信息分析法**

矿产勘查的本质属性之一是它的信息特征——勘查信息。矿产勘查系统具有不同层次的结构水平和与之相应的勘查信息系统,因此,矿产勘查系统可以应用信息分析方法研究。

所谓信息分析法,就是运用信息的观点,把系统看作是借助于信息的获取、传输、处理、输出以实现有目的运动的一种研究方法。

勘查信息分析法是在矿产勘查对象结构分析的基础上进行的。不同层次等级的勘查对象具有不同的勘查信息组合(地质、物探化探、遥感)或综合勘查信息,不同的勘查信息则反映勘查对象不同的侧面。勘查信息分析方法的目的是定量研究不同层次等级成矿单元的重要、必要、辅助的控矿地质条件和信息标志,以确定不同层次等级成矿单元的勘查准则,对勘查对象进行预测评价。

**3. 功能模拟法**

以某种功能和行为的相似性为基础,对矿产勘查系统进行模仿或模拟(建立相应的模型)的方法。由于矿产勘查系统本身有大量的已知勘查信息,也有未知的或非确知的信息,实际上矿产勘查系统是一个复杂的灰色系统。其灰色系统理论为解决矿产系统勘查中的建模、预测等问题提供了可能性。

功能模拟法是在对矿产勘查系统进行结构分析、信息分析研究的基础上，利用灰色系统理论中的灰色局势决策分析方法，在不同层次等级成矿单元的所有勘查方法手段组合、方案中，根据地质找矿和社会经济综合效益最佳的原则，确定最优勘查方法手段组合，建立矿产系统勘查模型，并用此模型进行矿产预测评价，以实现地质找矿的重大突破。

### 三、成矿系统与矿产勘查系统

#### （一）成矿系统的研究将指导矿产勘查工作

成矿系统分析从事物的联系性和整体性出发，将复杂万千的成矿作用以系统思路贯穿起来，将成矿的环境、背景、要素、作用、过程、动力、产物、异常和演变等作为一个自然作用整体加以研究，这有利于全面认识成矿动力学机制、矿床形成演变历史过程和矿床的时空分布规律，从而推动矿床学研究进一步从现象到机理，从静态到动态，从定性到定量，从局部到整体，因而是提高矿床学科学水平的一个重要途径。

成矿系统不是孤立的，它是整个地球系统的一个组成部分，其特定功能是成矿物质的高度浓集。这种浓集显示了自然作用的神奇，高度成熟的有机质集中在人体大脑中使人类成了万物之灵，而金属、非金属元素的高度富集产生有用性质而变成了贵重的宝藏。可以认为，成矿系统的发生、演变到终结是更大尺度、更高层次的地质系统（地球系统、岩石圈系统、地壳系统等）的直接或间接控制的结果。每一个成矿系统都发生在一定地质时代和特定的地质环境，因而，在一定程度上可以起到"化石""地质记录"的作用，可以将某类矿床或成矿系统的出现作为当时的地质环境特征和地质事件性质的"指示剂"。例如，南非古元古代含金铀砾岩矿石中碎屑状黄铁矿的出现可以作为当时大气圈中缺氧的证据。又如，Sedex型矿床的发育说明成矿时当地处在拉张构造环境（裂谷、裂陷槽等）。但在过去，非常丰富的有关矿床和成矿作用的信息和观点多只限于应用在找矿勘探和矿山地质工作，而忽视了将这些有用信息应用到地学的其他分支学科的研究中去，也即忽视了成矿系统与其他地质系统（如构造、沉积、变质、大气、流体）的联系和相互影响，这对于整个地球科学的发展是不利的。相信靠矿床学家和其他学科专家的共同努力，上述现象将能有所改变。而加强成矿系统研究有助于辩证认识成矿系统与其他地质系统的关系，有利于矿床学和其他学科的互相影响、渗透和促进。

成矿系统的研究将全面、有效地指导矿产勘查工作，提高成矿预测的精度。建立了成矿系统的概念，认识了某一个成矿系统的全局，对于可能产生在这个系统中的有关矿床类型、矿床形成过程和控矿因素等有一个整体的观念，这对于找矿勘探工作可以起到举一反三、由此及彼、驾驭全局的作用。

以大象为例，如果将大象全身比作一个矿床组合或矿床系列，则认识其全身结构，可了解矿床组合的全貌。而成矿系统不只研究矿床组合，还包括成矿环境、控矿因素和矿化异常等内容，犹如不仅研究大象的全身结构，还要了解象的生理机能、生命过程、活动迹象（粪便、气味、足迹、活动路径和范围……）以及象群的生活环境和活动规律，进一步还要研究它们生活在这个环境的原因。有了类似的整体思路再去找矿，视野就比较开阔，信息就更加丰富，找矿方向就容易明确，找矿路子就比较宽广，因而找矿就较易获得成效。

有关成矿系统的规律性认识不只对找矿有用，对于区域资源潜力评估和区域经济发展规划以及改善矿业环境等都有参考价值。

## (二)矿产勘查工作将深化成矿系统的认识

不同的成矿系统和矿床类型需采用不同的勘查技术系统,在不同地质环境及地貌景观条件下也需要不同的勘查技术系统。但总体上是由全局分析到局部优选,由已知到未知,由浅部到深部的循序渐进过程。

成矿系统研究作为勘查系统的理论基础和工作思路,有助于减少风险,提高找矿效果。矿产勘查工作是一个调查研究过程,它以发现矿床为目的;同时,它揭露出的各种地质矿化现象,又能对已有成矿系统和矿床理论认识加以检验、补充和修正,从而将深化对已有成矿系统和矿床理论认识的研究。矿产勘查工作与成矿系统的关系是一个由实践—理论—再实践—再理论的辩证的认识过程。

## 主要参考文献

侯德义.找矿勘探地质学[M].北京:地质出版社,1984.

李守义,叶松青.矿产勘查学[M].北京:地质出版社,2003.

国家质量技术监督局.固体矿产资源/储量(GB/T 17766—1999)[S].北京:中国标准出版社,1999.

国家质量监督检验检疫总局.固体矿产地质勘查规范总则(GB/T 13908—2002)[S].北京:中国标准出版社,2002.

赵鹏大,李万亨.矿床勘查与评价[M].北京:地质出版社,1988.

翟裕生.论成矿系统[J].地学前缘,1999,6(1):13-27.

翟裕生.地球系统、成矿系统到勘查系统[J].地学前缘,2007,14(1):172-181.

燕长海,刘国印.矿产系统勘查的基本原则和工作方法[J].河南地质,1996,14(4):310-316.

池顺都.矿产勘查系统分析的理论和方法[J].地质科技情报,1990,3(1):67-73.

# 第四章 成矿预测与矿产普查

## 第一节 成矿预测与科学找矿

### 一、成矿预测

成矿预测是在系统科学预测理论的指导下,运用现代地质成矿理论和科学方法综合研究地质、地球物理、地球化学和遥感地质等方面的地质找矿信息,剖析成矿地质条件,总结成矿规律,建立成矿模式,圈定不同级别的成矿预测区或三维空间内的找矿靶区,正确指导不同层次、阶段找矿工作的布局,提出勘查工作的重点区段或布置具体的勘查工程,达到提高找矿工作的科学性、有效性和提高成矿地质研究程度的一项综合性工作。在矿产勘查系统中,成矿预测可视为一个动态的子系统。由于勘查对象——成矿系统的"灰色"特性,决定了找矿信息在一定阶段或一定程度上的"灰色"特征。因此,成矿预测必须随地质研究程度的提高及勘查工作的深入而不断地验证、修正已有的认识和结论,不断地提高预测的精度和可靠程度,以满足不同的勘查阶段和勘查工作种类的要求。

成矿预测是一项贯穿矿产勘查全过程的工作,即从普查前期的矿产查证工作开始,直到勘探、矿山开采,都应开展与工作阶段相应的不同要求和不同比例尺的成矿预测工作。原地质矿产部在1990年曾专门发文将成矿预测列为普查的前期工作,其成果纳入普查设计的内容,并要求在全国普遍推广中大比例尺的成矿预测,为普查找矿提供最佳方案,再次说明了开展成矿预测工作的必要性和普遍性。

(一)成矿预测工作分类、一般程序

**1. 成矿预测工作分类**

原地质矿产部20世纪90年代下发的有关成矿预测工作指导性文件中按预测图件的比例尺进行的预测工作分类,将成矿预测工作分为小比例尺、中比例尺和大比例尺成矿预测3类(表4-1)。随着成矿预测工作的不断深入及勘查工作的实际需要,特别是当前在资源危急矿山内所开展的成矿预测工作中盛行立体预测或定位预测,这实质上是大比例尺成矿预测工作的深化和发展。

**2. 成矿预测工作的一般程序**

成矿预测工作的一般程序可以大致归纳如下:
(1)确定预测要求。确定预测的目的任务、预测区范围、预测的资源种类、具体的比例尺等。
(2)全面收集地质资料。全面搜集研究地区的各种地质报告和图件、物探化探、重砂测量等工作成果及有关专著,并尽可能进行矿产预测所必需的地层、构造、岩浆岩、矿床等各项地质资料的系统整理,使之条理化和图表化,对研究区成矿地质条件和成矿潜力做出初步判断,为进一步研究成矿规律和成矿预测打下基础。

表4-1 不同比例尺成矿预测任务要求简表

| 比例尺<br>工作内容 | 小比例尺成矿预测<br>1:50万～1:100万 | 中比例尺成矿预测<br>1:20(25)万～1:10万 | 大比例尺成矿预测 | |
| --- | --- | --- | --- | --- |
| | | | 1:5万 | 1:2.5万～1:1万 |
| 主要工作任务 | 分析区域成矿地质条件和含矿建造。总结区域矿产分布规律或成矿规律;划分次级成矿区、带至Ⅲ、Ⅳ级;有条件时建立区域成矿模式或矿床成矿系列;指出区域找矿方向,在资料信息具备的前提下,圈出不同类别的预测区带。 | 在Ⅳ级成矿区、带或小比例预测成果的基础上,对区内四、五级构造单元(地质单元)进行区域成矿分析,总结成矿规律和矿产分布规律;有条件时建立区域成矿模式或矿床成矿亚系列;圈出不同类别的预测带,或指出找矿方向。 | 在中比例尺预测成果的基础上,利用地质、物探化探等找矿方法,综合分析各类控矿因素和找矿信息,总结成矿规律,确定矿化范围内控矿因素类型和各类找矿信息特征,建立初步的成矿模式和综合找矿模型,确定有利的找矿预测区。 | 在1:5万预测成果的基础上,选择成矿条件有利、矿化信息(各种异常)明显的有利成矿预测区。在完成大比例尺的各种找矿技术手段方法的基础上,圈定找矿靶区,并进行适当的地表轻型山地工程查证,为下一步矿产勘查工作提供较为可靠的各类依据和信息。一般情况下只作平面预测,有条件时可进行立体预测。 |
| 应提交的主要图件 | 研究程度图,构造建造图,地质矿产图,成矿规律图,成矿预测图,地质工作部署建议图 | 研究程度图,构造建造图,地质矿产图,化探综合异常图,成矿规律图,成矿预测图,地质工作部署建议图 | 研究程度图,构造建造图,地质矿产图,物探化探异常综合成果图,矿田成矿规律及预测图,找矿工作部署建议图 | 基岩地质图,构造岩浆岩图(构造岩相图),物探化探异常综合成果图,成矿预测图,找矿工作部署建议图 |
| 立项要求 | 单独立项 | 单独立项 | 单独立项,承担任务以地勘单位为主 | 单独立项,承担任务以地勘单位为主 |
| 预测区说明 | 不同比例尺的预测所圈定的预测区、靶区要求的精度(图件比例尺)和面积,一般针对内生有色金属矿产而言;涉及沉积矿产预测所圈定的相应预测地区要求的精度,可根据具体矿种在满足预测要求前提下适当放宽。小、中比例尺成矿预测工作区内原有工作和研究程度很好的地区,对圈出预测区的范围应有依据地缩小。 | | | |

(3)根据任务要求编写实施设计。根据相关单位下达的目标任务和研究区资料水平编写研究设计,主要内容有:研究区的地质调查程度和矿产勘查程度综述;研究区成矿地质条件分析;本次研究的内容、技术路线和工作方法;解决的成矿预测问题等主要的工作环节、费用预算以及质量监控等,研究设计是完成研究工作、达到研究目的的工作程序,是完成研究任务的保障。

(4)进行系统的野外矿产地质调查。以研究设计为野外工作依据,在深入研究区域地质背景的分析基础上,完成设计书中的一系列成矿预测研究任务。通过对区域控矿条件的分析,系统研究典型矿床的控矿因素和成矿机制,发现矿产在时、空和物质来源方面控制因素和分布的规律,结合物探化探以及可能的遥感信息资料,根据不同比例尺成矿预测工作的需要,建立区域成矿模式、矿床成因模式、找矿模型等一些综合分析成果。

(5)编制预测图。通常以成矿规律图为底图,要突出各种控矿地质因素和矿化信息。在综合分析控矿因素和矿化信息的基础上,确定预测评价的准则,圈出矿产预测区,划分远景区级别,以反映预测的可靠程度,可能的情况下进行相应的预测资源量估算。

(6)重点工程验证。对复杂地质体的评价预测,必然有实践—认识—再实践—再认识的不断深化过程。地质现象常常具有多解性,相互干扰很大,造成分辨"矿"与"非矿"的重重困难。因此必须用信息论的观点,把预测找矿过程看成是一个多因素影响的不断修正、不断调整的动态过程。因此,在预测方案拟定以后,应当选择典型地段,布置少量探矿工程(一般以钻探为主)予以揭露,及时验证预测矿产的可靠性。

(7)编写报告。成矿预测报告应根据不同比例尺预测的主要任务,以能说明情况、问题和预测成果为原则进行编写。其内容一般应包括:概况、工作和研究程度、地质背景、成矿规律与成矿预测、对地质工作部署建议等部分。

概况部分应简要说明任务、工作范围及其划定的依据、地质工作简史、研究程度、已取得的成果;对边远交通不便的地区应说明自然经济地理情况。

成矿规律与成矿预测部分是报告的重点,应说明:①区域地质,地质建造,地球物理和地球化学等特征;②已知典型矿床的矿化特征、控矿因素、成矿规律、矿床成矿模式、进一步找矿的可能性、成矿区(带)的划分及预测地区,资源量预测方法选择及预测结果。

(二)成矿预测的基本理论与准则

**1. 成矿预测的基本理论**

赵鹏大(1990)认为成矿预测的基本理论可以概括为以下3个方面:

(1)相似类比理论。相似类比理论赖以提出的假设前提是在相似地质环境下,应该有相似的成矿系列和矿床产出;相同的(足够大)地区范围内应该有相似的矿产资源量。根据这一理论,建立矿床模型以指导预测就成为首要的工作,这也是进行地质类比的基本工具。矿床模型是对矿床所处三维地质环境的描述。对大比例尺成矿预测来说,尤其要加强深部地质环境的描述和地球物理特征的概括,因此,有人提出建立矿床的"物理-地质模型"的概念。矿床模型法实质上是成矿地质环境相似类比法。用于矿床统计预测的聚类分析法也是依据预测区与已知矿床地质特征的相似程度来判断预测区成矿远景大小的。

(2)求异理论。物探化探异常作为矿床预测的重要依据是人们所熟知的,但"地质异常"的概念和意义却较少论及。应指出,地质异常是一种与周围地质环境迥然不同的地质结构。地质异常是可能产生特殊类型矿床或产出前所未有的新类型或新规模矿床的必要条件。根据目前已知矿床所建立的模型,只能预测与之类型相同和规模相似或更小的矿床,而不可能预测出尚未发现过的新类型矿床或迄今未曾发现过的规模巨大的矿床。因此,不能只注意与已知类型的成矿环境类比,还要注意"求异"。当我们对一个地区进行地质环境分类时,可能有个别地段或单元不能归入任何一类。这种地质异常地段是不应轻易放过的,要对其进行成矿可能性分析并认真进行野外实地检验。

这里要着重强调的是近年来深受国内外地质界重视的巨型、超巨型(或称超大型)矿床的成矿条件研究和找矿问题。加拿大地质学家 P. 拉兹尼卡(1989)提出:巨型矿床是一种金属的异常地球化学富集,其储量富集指数[矿床中工业金属总量与该金属在地壳中平均含量($10^{-6}$)之比值]大于$10^{11}$,而超巨型矿床富集指数大于$10^{12}$。据 P. 拉兹尼卡(1999)的资料,在大陆壳范围内,目前已知有41个超巨型及486个巨型的不同金属矿床,它们在全球相应金属的矿产资源总量中占有很大的比例。一种意见认为,超大型矿床具有唯一性,它没有"尾部"或后继者。这是由于超大型矿床是由唯一的地质过程、营力或成矿条件所形成的,如地球外的营力或陨石来源,下地壳某种异常富集的金属沿深大断裂流出等的特殊物质来源和成矿条件。这类到目前为止尚无后继的超大型矿床有我国白云鄂博的铁、稀土及铌矿床、澳大利亚奥林匹克坝铜铀矿床及西班牙阿尔马登汞矿床等。这些超大型矿床是一种地质异常产物,它一般也必然伴随有地球物理场和地球化学场的重大异常。因此,根据求异理论找寻特殊异常的地质环境有很大意义。

(3)定量组合控矿理论。成矿不是靠单一因素,也不是靠任意个因素的组合,而是靠"必要和充分"因素的组合。我们现在尚不能对其充分认识和查明。这样,成矿和找矿就成了非确定性事件。我们的任务是,最大限度地提高找矿概率。这就要求我们必须最大限度地查明"控矿因素定量组合",这也是矿床预测必须提取、构置、优化各种成矿信息,并加以综合定量处理的依据。此外,还必须研究各种因素在成矿中所起作用的大小、性质和方向;研究各种成矿因素在成矿中的参与程度或合理"剂量"。也就是说,必须尽可能定量地研究成矿因素组合,而不仅限于定性分析和判断。往往在地质条件相似情况下,一些地区有矿,而另一些地区无矿,这是因为"相似的地质条件"并不一定是成矿的"充分条件"。一般地说,一个地区成矿概率的大小与有利因素组合程度有关,也与关键因素是否存在相关。

上述三理论中,相似类比理论是矿床预测的基础,它要求我们详细了解和大量占有国内外已知各类矿床的成矿条件、矿床特征和找矿标志;求异理论是成矿预测的核心,它要求在相似类比的基础上注意发现不同层次或不同尺度水平、不同类型的异常;定量组合控矿理论是成矿预测的依据,它要求我们把握一切与矿床有成因联系的地质、化学、物理和生物作用,掌握一切与成矿有关的因素及其特征。相似类比理论指导我们进行成矿环境的对比,从而使有可能在广泛的地壳范围内选择所要寻找和预测的最可能成矿环境,或者在指定的地段内,根据其地质环境判断可能寻找和预测的矿产,进行成矿条件、成矿控制因素分析对比。求异理论指导我们进行成矿背景场和地质、物探化探及遥感等异常的分析,从而使有可能在确定的有利成矿环境或地段内进行预测靶区的选择;定量组合控矿理论指导我们进行成矿概率大小和成矿优劣程度的分析,从而使有可能在圈定的成矿远景区中评价和优选最可能成矿地段或优选可能成矿的最佳地段。三理论之间的关系及作用可根据如图4-1所示加以概略说明。

**2. 成矿预测的准则**

赵鹏大(1990)和朱裕生(1997)等人都曾对成矿预测的准则进行过较深入的总结,具体可概括为以下5个方面:

1)最小风险最大含矿率准则

该准则对提交的预测成果要求在最小漏失隐伏矿床可能性的前提下,以最小的面积圈定找矿靶区的空间位置。成矿预测常称是风险评价,提交的预测成果要包含最小的风险、最大的可靠性。实际上,圈定的找矿靶区会出现两类常见的错误:①漏圈有矿地段;②将无矿地段误圈为找矿靶区。此准则是避免此两类错误产生的基本原则。凡遵循此准则提交的预测成果最大可能避免过于冒险和过于保守的两种极端错误的倾向。

在小比例尺成矿预测提交的成果中,用成矿远景区及相应的A、B、C 3类表达,以表明该区、该类矿床成矿条件的优劣,或者在该区、该类属性范围内有可能发现当前尚未发现的矿床的总概率,预测成果应当具有较高的风险性。而在中比例尺成矿预测中提交的成矿远景区段和对这些远景区段做出相应的A、B、C 3类属性的划分,其中的A类远景区段常称为"找矿靶

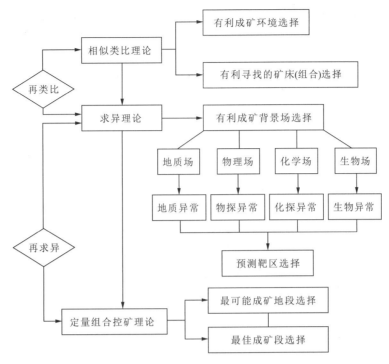

图 4-1 成矿预测理论、作用及相互关系概图
(据赵鹏大,1990)

区",其能否见矿的风险问题成为能否发现矿床的核心问题。这一预测成果包含的风险已是大家关心的中心问题,所以中比例尺提交的预测成果中含矿率要最高,否则承担的风险太大。在大比例尺预测圈定的找矿靶区中,人们常常不是以一个面积来验证找矿靶区中包含的风险,而是用一个点(钻孔位置)或一个工程(地表槽探、坑探或钻探)来检验成果的可靠程度。这一准则在不同比例尺的成矿预测工作中的要求相差悬殊。因此,在实际工作中,应视预测比例尺的不同,将其原则性和使用的灵活性结合起来,提交可靠性较高的预测成果。

2) 优化评价准则

由于地质、物探化探、遥感资料中包含的成矿信息具有一定的随机性和模糊性,其预测成果是在不确定条件下做出的带有某种风险的决策,但地质找矿工作则要求提交目前地质资料水平和研究水平相当的前提下的确定性成果。为使两者统一,对圈定的成矿远景区需作可靠性评价,通常称"优化评价"。

优化评价是指预测人员根据成矿规律和成矿控制因素的认识,有意识地干预模型的构成,对模型做有利成矿(或强化成矿信息)的定向转换(但要在不改变模型预测目标的前提下),使模型突出其中一些有重要预测标志(或控矿因素)的信息,抑制某些成矿意义不明显或干扰较强的信息,迫使模型向成矿有利方向浓缩信息,突出找矿标志,逐步逼近潜在矿床,实现模型的定量转换,最后提出最优越的普查区和最优找矿靶区。

优化是一项预测原则,尤其在大比例尺预测中是一项重要的原则。实施时,需要应用一些方法,它可以是地质的,也可以是数学的,选准优化的方法是优化准则实施的关键。

3)综合预测评价准则

该准则包括两方面内容:对潜在矿床自身作综合评价;在预测和找矿中,要使用综合技术方法。

(1)潜在矿床自身价值的综合评价。内容包括:①共生矿床的成矿共生同体和共生异体的预测评价;②成矿伴生元素的预测评价;③预测区范围内除导向矿种以外矿产的预测评价。

(2)预测、找矿使用的综合方法。内容包括:①预测工作中使用地质、物探化探、遥感的综合信息,预测潜在矿床;②找矿过程中使用地质、物探化探、航卫的综合方法发现矿床,并要指明使用的方法种类、方法配置和方法作用时的先后次序,也就是找矿方法的优化应用。

该准则要求使用最少的方法、手段,最短的时间,最高的效益进行预测和发现矿床。

4)尺度对等准则

成矿预测成果一般要求采用不同层次比例尺的成果表达,据此准则,其原始资料都应与不同层次的比例尺相对应,若用大于该层次比例尺的原始资料是允许的,相反则不符合此准则。据此,在成矿预测工作中尺度对等准则包括以下内容:

(1)成矿预测成果比例尺与使用的地质、物探化探、航卫资料的比例尺一致;

(2)在已知区建立预测模型使用的地质、物探化探、航卫变量在预测区上均可获取;

(3)提交统一规定的预测成果,且其比例尺要一致;

(4)数据处理需使用统一规定的程序,在提交的成果中,凡涉及到计算机数据处理、绘图等工作所使用的软件都是正式鉴定通过(或验收)的程序,否则将是无效的。

5)定量预测准则

定量预测是成矿预测的重要内容之一,也是成矿预测现代化标志之一。成矿预测要计算机化、人工智能化,都必须以预测工作的定量化为基础。同时,定量化也是现代成矿预测所追求的目标,即预测成果形式应包括"四定":定成矿远景区空间位置,定矿产资源种类,定矿产质量和定矿产资源量。有时,为了更加完善,还应要求定找矿概率及定控矿地质因素和找矿标志最有利成矿和找矿的数值区间。这样就达到了"六定"。要做到这一点显然比单纯地定性预测具有更大优越性。当然,定量预测要求比较高的数据水平,这一般在大比例尺成矿预测中是可以得到满足的。此外,利用遥感数据也使定量预测不仅具有充足的数据源,而且数据水平一致性和数据的客观性能增加定量预测的可靠性。定量预测具有双重不确定性,即在预测的远景区中矿床是否存在,如存在,资源量是否为所预测的那么多。显然,随着预测比例尺的增大,这两种不确定性都将逐步减少。成矿预测中的误差演化本身就需进行定量研究。

(三)成矿预测方法的分类

### 1. 成矿预测方法的理论基础

成矿预测是对发生在过去成矿事件的未知特征进行的估计或推断。预测的过程实质上是一种严密的科学逻辑思维过程,包括观察、分析、归纳、演绎及推理等认识环节。成矿预测方法则既是对这种思维过程的一种具体体现及反映,又是保证这种思维过程得以顺利完成的有效途径,是在一定的理论基础上,结合成矿预测的具体特点而发展起来的。这种理论基础就是在客观事物的发展变化过程中所具有的普遍规律:惯性原理、相关原理和相似原理。

(1)惯性原理。是指客观事物在发展变化过程中常常表现出的延续性,通常称其为惯性现象。成矿事件及其产物——矿床的惯性现象表现为在时间、空间上具有稳定的变化趋势。这种变化趋势越稳定,即惯性越强,则越不易受外界因素的干扰而改变本身的变化趋势。例如一些大的成矿带和脉状矿体的规模及延伸方向在空间上一般都比较稳定。成矿预测中常用的行之有效的各种趋势外推法就是依据地质体的有关特征在时空上的惯性现象而发展起来的。

(2)相关原理。是指任何成矿事件的发生、变化都不是孤立的,而是在与其他地质作用的相互影响下发展的,并且这种相互影响常常表现为一种因果关系。例如成矿预测的研究对象——工业矿床通常和各种岩石及构造有着密切的联系,一定类型的矿床是特定的地质作用的特殊产物。相关原理有助于预测者深入、全面地分析与成矿有关的各种地质因素,从而正确地认识矿床的有关特征及总结成矿规律,进而进行正确的预测。依据相关原理,成矿预测发展的初期就广泛地使用了归纳法。独联体国家广泛使用的系统分析方法及预测-普查组合方法也是建立在相关原理基础上,属归纳法的一种具体形式。

(3)相似原理。是指特性相近的客观事物的变化常有相似之处。在成矿预测研究中可以将其理解为在相似的地质环境中应该有相似的矿床产出(如矿床的种类、类型、规模、储量等)。依据客观事物发展、变化的相似性,由已知事物的变化特征可以类推具有相似特征的预测对象的未知状态,即由已知区类推地质环境相似的未知区的成矿特性,由已知矿床类推未知矿床的有关特征。成矿预测的类比法就是依据于相似原理而提出并迅速得到普及与推广的。

**2. 成矿预测方法的分类**

具体的成矿预测方法目前已达数十种,国内外众多的学者和有关单位曾从不同的侧面对预测方法进行过一定的分类探讨(表4-2)。曹新志(1993)依据各种方法所依据的基本原理,将成矿预测方法分为4类基本方法、20个方法组(表4-3)。每个方法组据所研究的与成矿有关的参数的不同又可包括数个具体的方法。以下对所划分的4类基本方法作一简要的说明。

表4-2 国内外有关学者的成矿预测方法分类

| 序号 | 姓　名 | 方　法　分　类 |
| --- | --- | --- |
| 1 | 秋也夫(Чуев,苏联) | (1)启发式预测(专家预测);(2)数学模型预测 |
| 2 | 沙利文(Sullivan,美国);克雷康贝(Claycombe,美国) | (1)定性预测法;(2)时间序列预测法;(3)因果模型预测法 |
| 3 | 道勃罗夫(Добров,苏联) | 预测方法分3类8组19种,3类是:(1)专家评估法;(2)趋势外推法;(3)模型法 |
| 4 | 琼斯(Jones美国);特维斯(Twiss美国) | (1)定性预测;(2)定量预测;(3)时间预测;(4)概率预测 |
| 5 | 哈里斯(Harris,美国) | (1)多元统计预测法;(2)主观评价法 |
| 6 | 赵鹏大(1983) | (1)矿产资源潜力评价方法;(2)成矿远景区定量预测方法;(3)地质标志预测方法和含矿性评价方法 |
| 7 | 朱裕生(1984) | (1)非地质标志评价方法;(2)主观评价方法;(3)简单地质标志评价方法;(4)成矿地质标志评价方法;(5)定性地质标志评价方法;(6)成因地质模型评价法 |
| 8 | 王世称(1986) | 按预测目的分5类,每类又按离散型、连续型和混合型分3种,共分15种 |
| 9 | 中国地质科学院成矿远景区划室(1991) | 经验预测方法;理论预测方法;综合方法预测法 |
| 10 | 卢作祥、范永香、刘辅臣(1989) | 归纳法;近似法;统计分析方法;综合方法 |

(表内序号1~8据中国地质科学成矿远景区划室,1991)

(1)趋势外推法。是成矿预测工作中应用最早的一类较成熟的方法。本类方法立足于矿床(体)的已知特征,据矿床(体)有关特征的自然变化趋势从已知地段外推相邻未知地段内的有关特征。在一般情况下,所得结论是可信的。该类方法既简便、直观,效果又较好,目前在矿区深部及外围的成矿预测工作中取得了较广泛的应用。在具体应用中,根据所依据的外推参数的不同,可至少进一步分为6种方法组(表4-3),因此,方法选择的自由度较大。使用本类方法须注意的事项是:①必须是在起点真实的基础上,严格地按照变化趋势进行有限的外推;②外推时应考虑到后期地质作用改造的影响,如后期断裂活动对先成矿体的错失,岩浆活动对先成矿体的破坏等。

表4-3 成矿预测方法分类表

| 方法原理 | 基本方法 | 方法组举例 |
| --- | --- | --- |
| 惯性原理 | 趋势外推法 | 矿体外部特征变化趋势外推法;矿体内部特征变化趋势外推法;成矿物化条件变化趋势外推法;控矿因素变化趋势外推法;预测标志变化趋势外推法;成矿规律趋势外推法等 |
| 相关原理 | 归纳法 | 地质归纳法;系统分析法;预测-普查组合方法;建造分析法;求异法;统计分析法等 |
| 相似原理 | 类比法 | 矿床类型类比法;矿化信息类比法;控矿因素类比法;地质模型法;数学模型法等 |
| 上列三原理的组合或全部 | 综合方法 | 地质-物探化探信息综合法;地质-物探化探、遥感-数学地质信息综合法;专家系统评估法等 |

(2)归纳法。建立在相关原理基础上的归纳法是预测工作中经常要用到的一类方法。它立足于对具体对象作深入细致、具体的分析,并且往往必须从最基础的工作做起,通过对本地区成矿地质条件的深入研究,总结成矿规律,进而对成矿前景做出科学的评价。在工作全面深入、细致、分析合理的前提下,所得结论往往比较正确,并可导致提出新的成矿理论及发现新的矿床类型。本类方法无论是在地质研究程度较高的老区或研究程度较低的新区都有其广泛的使用前景,是应用类比法的基础,类比中所用的各种模式都是通过对已知区成矿特征的归纳、总结才建立起来的。归纳法进一步分6种方法组,如表4-3所示。应用归纳法时必须重视已有成矿理论的指导作用,并注意总结新的成矿理论及建立相应的预测模式以指导相似地区的预测工作。

(3)类比法。类比法是4类预测基本方法中使用简便、易行、见效快的一种方法,目前在成矿预测领域中得到较高的重视及较广泛的应用。P.鲁蒂埃(1979)认为预测是从矿床类比中发展起来的。我国甚至有人认为"类比法是成矿预测首要的或主要的方法,其他成矿预测方法都是建立在这一方法的基础之上"。这种看法虽然值得商榷,但从一个侧面反映了类比法在成矿预测领域内的重要性。类比法实质上是一种经验性的比较方法,其主要是利用通过对已知区的深入解剖研究所取得的有关认识,从而类比成矿地质条件相似的未知区的成矿前景。本类方法特别适用于地质研究程度较低的地区及受技术条件限制而研究难度较大的深部的成矿预测。由于类比法是建立在相似原理基础上的一种推断,受预测者的经验及主观因素影响较大。在具体应用中,类比的内容可以是多方面的,如成矿地质特征、物理化学环境、矿床类型、矿化信息等,但为了提高类比的可靠性,应尽可能采用综合的类比,即用模式类比。另外,要注意分析预测区的具体地质特征,注意分析建模区(已知区)和预测区地质特征上的差别对预测精度的可能影响,并通过预测实践,修正已有的成矿理论和模式。需特别指出的是目前运用成矿模式进行类比较为盛行,而直接运用预测模式进行类比则比较薄弱,而预测模式强调的是矿化体、控矿因素、找矿标志、矿化信息的空间关联,这是类比法研究中亟待解决的问题之一。

(4)综合方法。是前述3类基本方法中的有关具体方法的不同最佳组合。由于运用该类方法时分析问题是从多方位出发,对同一地区强调运用不同的方法进行互相验证对比,因而得出的结论可信度较高。综合方法是针对成矿预测工作不断深入和难度不断加大的局面而提出的,也是成矿预测方法今后相当长一段时间内重点发展的方向。

## 二、科学找矿

找矿又称矿产普查,是指在一定的地区内为寻找和评价国民经济需要的矿产而进行的矿产地质调查以及通过工程进行查证综合勘查工作。所谓科学找矿则是以现代成矿理论和矿产勘查理论作指导,以成矿地质条件研究为基础,并采用各种先进的科学技术方法的矿产普查工作。科学找矿是针对找矿难度越来越大,找矿对象由地表露头矿、浅部矿、易识别矿转化为深部隐伏矿、难识别矿和新类型矿,找矿费用不断增大,而矿床的发现率不断降低的找矿工作新局面而提出的。赵鹏大认为,科学找矿的具体内容可以概括为理论找矿、综合找矿、立体找矿、定量找矿和智能找矿5个方面。

### (一)理论找矿

理论找矿是指在先进的地质成矿理论和矿产勘查理论指导下进行的找矿工作。

这是相对过去长期进行的"经验找矿"和"技术找矿"而言的。在找矿难度日益增大的情况下,既不能单凭经验,也不能仅靠技术,而必须以先进的地质成矿理论为指导,布置找矿工作,才能更好地达到预期的找矿目的。

理论找矿的重要途径是建立"成矿模式"(或"矿床模型"),就是通过揭示控制矿床形成的最本质的地质因素或形成某种类型矿床的典型成矿环境,然后再根据相似类比原则寻找类似的地质环境或成矿条件,从而达到更有效地发现矿床的目的。成矿模式是研究一类矿床的成矿背景、成矿控制、成矿作用、矿种组合、矿化特征等与成矿有关的一系列综合因素。这些成矿综合因素的总结成果对理论找矿有着积极的指导意义。

例如,与大地构造背景有关的成矿环境:板块汇聚边缘的造山带型金矿,陆缘及克拉通内部的卡林型至类卡林型金矿,与岛弧有关的浅成低温热液型金矿等。对IOCG矿床来说,主要发育于非造山的大陆地块内部(如奥林匹克坝矿床),另外大陆边缘的伸展构造体系有关的高分异的岩浆流体为成矿提供了重要的载体。大量研究表明,斑岩型矿床产于板块俯冲的上盘和陆内造山带,一般发育于与洋-陆俯冲和陆-陆碰撞有关的汇聚板块边缘,也可以形成走滑断裂带。特定的成矿背景控制着特定的成矿作用、矿种类型、岩性组合和典型的矿化特征。因此不同成矿背景下的成矿模式都有指导找矿的理论意义。1986年,美国的D. P. 科克斯、D. A. 辛格在总结了世界上4000多个矿床地质特征的基础上编写了《矿床模式》一书。他们把矿床分成4个大类(火山的、沉积的、区域变质的及地表的),再按地质环境分为14类。在每一类环境下,都建立了数量不等的矿床模型,总共有39种矿床模型。这里要注意区分两种矿床模型:①一般"矿床模型"。这种模型是在相近地质条件下受共同成矿控制因素制约而形成的矿物成分相似而又相对稳定的一组矿床的共同特征的概括。它含有深刻的成因意义,并不是单个矿床的具体描述。如斑岩铜矿模型、黄铁矿型铜矿模型、沉积变质铁矿模型、花岗岩铀矿模型等。②具体矿床的"矿床模型"。这是为了提取所研究的具体矿床的最本质的成矿控制因素和各种矿化信息而总结出来的成矿模型。它对指导本地区及邻近地区找矿有重要意义。矿床模型是对控矿因素、矿化特征及其变化规律、矿化标志及成因特征等进行高度的综合与归纳的结果。模型成分越精炼越能反映成矿的本质因素，其指导找矿意义也就越大。

理论找矿的另一重要途径是建立"矿化系列"或"成矿系列"。程裕淇等提出的"成矿系列"是指"在一定的地质环境中，在统一的地质成矿作用下形成的，在时间上、空间上和成因上有密切联系的一组矿床类型"。在一个成矿系列中可以包括不同成因类型、不同矿种等具有亲缘关系的矿床。成矿系列的意义是：在同一成矿系列中发现一种矿床类型，就可能预见另一种矿床类型，还可以在两个端元矿床之间发现过渡性矿床。一个成矿系列可构成一个带，也可能在空间上被隔绝为不同矿带，还可能构成一个矿田。因此，成矿系列的建立有利于"矿带成矿模式""矿田成矿模式""矿床成矿模式"的建立。

### (二) 综合找矿

综合找矿有多重涵义，包括综合手段、综合信息和综合矿种，特别要注意综合信息的间接找矿作用(查明地质体、追索地质界线的作用)。

根据不同找矿阶段的目的及任务，应注意不同尺度水平和不同范围的综合信息。例如，研究全球构造和地壳深部构造状况，进行地壳结构类型划分所需的综合信息；研究地区大地构造发育类型，进行构造分区，确定深部与浅部构造联系的综合信息；发现矿化带、矿床、矿体所需要的综合信息等。值得强调的是，无论什么层次的综合找矿，都必须统一到最终的成果要求上，各种找矿手段都要把自己的最终成果统一到解决地质问题上和找矿预测问题上。

根据地质环境和找矿对象的不同，以及找矿范围和比例尺的不同，可以采用各种不同的合理综合找矿模式。例如：

**1. 地质-地球物理法**

以成矿条件、控矿因素和矿化特征研究为基础，研究成矿控制因素以及矿化体与围岩的物理性质，选择合适的地球物理方法，查明矿化体与围岩的物性差异，进而解决找矿问题。我国最近几年的大比例尺矿产勘查中地质调查和有效物探方法的结合发挥了重要的作用。在南非维沃特斯兰德金铀砾岩型矿床隐伏矿体的找寻过程中，地质-地球物理(重-磁)法发挥了重大的作用。

**2. 地质-地球化学法**

以成矿条件、控矿因素和矿化特征研究为基础，研究成矿控制因素以及成矿元素和相关元素时空结构特征，进一步确定成矿元素与相关元素空间关系，以及对成矿的指示意义，达到为找矿提供重要信息的目的。1:5万分散流成果和1:1万土壤化探成果在我国大比例尺金属矿的勘查实践中起到了重要的指导作用，精细化探剖面在某种程度上可以解决含矿构造的展布、走向和规模，在大比例尺找矿中也发挥着重要的作用，尤其在找金矿的实践中发挥了极显著的作用。如新疆阿尔泰地区，通过化探扫面和地质-地球化学重点地区研究，发现了萨尔布拉克、多拉纳萨依等重要金矿床。

**3. 地质-地球化学-地球物理法**

地质、物探、化探综合找矿是最常用的找矿方法组合，特别是在进行1:5万以至更大比例尺的矿产预-普查工作中应用十分普遍。大比例尺地质矿产填图是矿产勘查的基础,以及相应比例尺的物探化探方法配合找矿往往可以获得较好的找矿效果,尤其是深部找矿物探能最大程度地提供深部不同地质体物性特征,提供必要的找矿信息。地质与物探化探结合,有时可以协助进行地层分层,发现和追索隐伏断裂,发现和圈定隐伏岩体等。因此,应重视其间接找矿作用。

**4. 地质-地球物理-地球化学-遥感法**

它是很有前途的一种高度综合的找矿方法。在地质-物探-化探综合信息的基础上,通过遥感地质解译可以提供构造信息、与成矿有关的岩浆岩信息、各种围岩蚀变信息和岩性地层信息等。遥感可以提供充分的、研究程度一致的和分布均匀的找矿信息。

**5. 地质-物探-化探-遥感-数学地质法**

它是近年来找矿方法日趋完善、由定性找矿向定量找矿过渡的集中表现。地质、物探、化探、遥感多种找矿方法同时获得了不同类型的找矿信息。这些找矿信息属性差别较大,找矿指示的可信度差别也较大,只有通过数学地质方法才能获取更有价值的综合信息。国内外已高度重视并已开始广泛实践。

(三)立体找矿

随着地表矿、浅部矿日趋减少,找矿难度和深度明显加大,这就要求加大找矿深度,因此必须进行控矿因素和找矿信息的立体化研究,其目的是查明矿化在三维空间的变化,查明深部的控矿因素变化规律,解决立体找矿的关键问题,进而达到立体找矿的目的。现在国内外都很重视在立体地质填图基础上的立体找矿工作。以苏联为例,有关地质测量方法指南的书已出版3个世代:

1969—1973 出版了 1~13 册方法指南;

1974—1978 出版了 1∶5 万地质测量方法手册;

1985—现在出版了 1∶5 万地质测量方法参考书 1~15 册,其中包括第 8 册《稀有金属矿区立体地质填图》(杜霍夫斯基等)和第 7 册《深部地质填图》(П. 立特文等)。杜霍夫斯基认为:"深部地质填图是用以编绘沉积岩系或火山岩系盖层下褶皱杂岩表面地质图的,而立体填图则是用以查明一定空间每个点上的地质体、断裂、不整合面和地质结构等其他几何要素的位置的。其可靠性和精度要与地表该比例尺工作的精度相适应,还应研究地质体的物质成分特性及其含有某种矿产的可能性。要完成这样的系统成果是一件很复杂的事,这是将来要达到的目标。现在只能完成有限的任务,即建立并研究有控制意义和引起物理场异常的地质客体的立体构造模型。在勘探程度很高的矿区,根据开采勘探资料,有可能建立精度稍高的三维立体地质矿产模型,并以此为根据进行立体找矿。

立体地质填图时,地球物理调查深度不应限于矿床工业开采的深度,而应照顾到能在立体上充分表达出每个有意义的地质体,这种深度可以达到 10~15km。自然,随着调查深度的增加,填图的比例尺要相应缩小。

立体找矿与立体填图及深部地质填图密切联系,其主要对象是查明深部隐伏成矿控制因素,如隐伏褶皱和断裂、深部成矿地质体、含矿层的深部变化规律,以及不同级别断裂之间深部产状变化的规律和矿化的深部变化规律以及其控制因素变化特点。这些内容都是立体找矿必须要研究分析的内容。

### (四)定量找矿

定量找矿是定量地质学的一个分支,也是找矿工作向现代化方向发展的重要体现。定量找矿是通过建立矿床成因、时空分布、质量数量评价的数学模型的途径来达到预测和评价矿床的目的。具体地说,就是要查明矿床形成和分布的数量规律性;建立定量的成因和空间分布数学模型;查明各种控矿因素和找矿标志的找矿信息量;查明地区找矿远景或成矿的概率大小及查明远景地区可能的矿产资源量。

研究表明,各类矿床的形成确实存在明显的数量规律性。例如,某种矿产的资源总量,最大矿床中的金属总量与该成矿元素的丰度成正比。据 В. И. 克拉斯尼柯夫资料,大型矿床占全部矿床的 7%,但其总储量占全部储量的 65%,占开采量的 55%;中型矿床占全部矿床的 23%,占储量的 26%,占开采量的 30%;小型矿床占全部矿床的 70%,占储量 9%,占开采量 15%。据 А. П. 索洛沃夫资料,在研究程度很高的成矿区内,平均每 10 000km$^2$ 范围内有一巨型矿床。在"含矿体"中,85% 为矿化显示(或矿点),12% 为小型矿床,2% 为中型矿床,大型或是特大型矿床小于 1%。但是,总储量的一半产于大型矿床,约 1/3 产于中型矿床,只有 1/5 的储量与小型矿床有关。因此,在有 400 个矿化显示的成矿区中,应该有大约 50 个小型矿、7 个中型矿,而大矿仅仅只有 1 个。

### (五)智能找矿

智能找矿是人工智能技术应用于矿床普查工作中的尝试性实践活动,目前在找矿领域内研究及应用较多的主要是找矿专家系统。专家系统是人工智能技术的一个重要分支,是一个在计算机技术支持下的集某一领域内众多专家知识于一体的咨询、决策系统。在地质找矿领域,自 1976 年由美国斯坦福大学国际研究所人工智能中心推出 Prospector 找矿专家系统以来,国内在石油、金属,特别是金矿找矿等方面不断研制出新的专家系统,并在找矿实践中不断地深化提高。

研制和推广专家系统的意义是:

(1)专家系统能存贮大量信息和知识,有利于找矿咨询。在当今知识爆炸、信息量激增的形势下,作为专家个体,已有力不从心之感。面对众多的找矿信息,专家个体很难一一存入自己的大脑。虽然随着专家所研究的矿床不断增加,经验也不断积累,大脑中模型化了的知识也越来越多,用模型化推理类比方法判断一个未知区找矿前景的水平也越来越高,但在知识量和记忆的准确度上,却是无法与计算机相比的。另一方面,现今一个地区的找矿,都是地质、物探化探、遥感综合方法取得信息,然后再作综合分析判断的。要求某位专家同时具有这四方面的专长是很困难的。专家系统却可以融合多方面知识领域专家的知识,并把它们构成一个统一的整体。因此,虽然在某一单一知识领域中,专家系统不会超过这一知识的专家水平,但在知识量、应用知识的准确性、综合各种专业知识的能力这几方面,却可以大大超过某位专家个体的水平。

(2)专家系统是矿产勘查工作的辅助决策。由于我国目前在找矿第一线工作的人员,普遍存在知识量不足的问题,少数人甚至不知道面对一个新区应该开展哪些最必需的工作。因此,工作部署不当,不能获得找矿必需的基本信息,是找矿效果不够理想的一个重要原因。专家系统能够根据专家的意见,综合出在某种矿床类型的某一工作阶段的找矿工作中必须获取的资料及为进一步深入工作而能获得的最好的资料。这样,就能为找矿工作的管理人员提供规范管理的一些建议。

## 第二节 控矿因素与找矿标志

### 一、控矿因素

#### (一)概述

控矿因素一般是指控制矿床形成和分布的各种地质因素,如构造、岩浆活动、地层、岩相、古地理、区域地球化学因素、变质因素、岩性、古水文、风化因素等。一个矿床的形成往往是多种控矿因素共同作用的结果,但针对具体的某一类矿床则控矿因素对成矿的贡献是有主次之分的。例如,内生矿床主要受到岩浆岩、构造和岩性的控制,外生矿床则主要与地层、岩相、古地理、构造等有关,变质矿床则主要受到变质因素的制约。在预测、找矿工作中必须首先查明欲找寻对象的主要控矿因素,才能取得事半功倍的效果。

控矿因素研究是预测、找矿工作中最基本的工作内容之一。通过控矿因素剖析,把握矿床成矿机制和时空上的产出及分布特征,在此基础上总结矿床成矿规律,进而利用成矿规律指导预测、找矿工作。随着矿床学研究及矿产勘查工作的不断深入,控矿因素的内涵正在不断地扩大:如随着生物成矿作用研究的深入,生物活动对成矿的控制的重要性正逐渐得到认同;由于非传统矿产资源勘查、开发工作的提出及进行,"人工矿床"的概念已普遍被人们所接受,分析、研究人为因素对"人工矿床"的制约已成为一种理所当然的工作内容。另外,迄今为止,控矿因素研究已经历了一个一般→特殊→综合的研究过程,即由 20 世纪 80 年代及其以前重视在众多的控矿因素中抓主要的控矿因素,强调主要控矿因素对成矿的主导作用,直到目前重视多种控矿因素的共同耦合致矿,强调成矿环境对成矿的控制作用。这种变化是与传统的矿床分类逐渐淡化(如内生、外生矿床的界定发生模糊,像热水成因矿床的归类问题)及因找矿工作难度不断加大而强调综合找矿、找大矿的局面相匹配的。因此,控矿因素的研究应是一个发展、变化的动态过程。

#### (二)构造因素分析

构造因素是控制矿床形成和分布的重要因素之一。就构造在成矿过程中的作用而言,可以分为导矿、散矿和容矿构造;从构造运动与矿化的时间关系而言,可以分为成矿前、成矿时和成矿后构造,它们对成矿物质的集散起着不同的作用;就构造发育的规模而言,可以分为全球性构造、区域性构造及矿田、矿床、矿体构造。不同级别、不同规模的构造,对成矿起着不同的控制作用,它们分别控制了矿带、矿田、矿床及矿体的产出和展布。

**1. 大地构造对成矿的控制**

大量的资料表明,大地构造与大范围的成矿区(带)之间有某种固定的联系。大地构造控制了大的成矿带(或成矿区域)的形成和展布。人们进行区域成矿分析时,即以不同的大地构造单元和不同的区域地质构造特点为基础。因此大地构造的研究,对指导战略性的区域成矿预测及找矿具有重要意义。

由于不同的大地构造学说对地质构造形成发展历史和运动机制的认识不同,目前区域成矿分析还不能用一个统一的模式进行。因篇幅所限,下面笔者对部分主要大地构造学派有关成矿分析理论分别作扼要介绍。

1)地槽、地台、地洼对成矿的控制

(1)地槽区的控矿和成矿特征。国内外学者在总结大量资料的基础上,认为主要成矿带(巨型)的空间分布往往与地槽带相一致,并进一步认识到,一定类型的矿带与一定的构造-岩浆带相适应。苏联学者 Ю. А. 毕里宾和 В. И. 斯米尔诺夫将地槽的发展演化和有关成矿作用分为3个主要阶段(表4-4):

**表4-4 地槽发育早、中、晚阶段岩石建造和标型矿床**

| 建造组 | 建造 | 矿床类型 |
|---|---|---|
| 早 阶 段 | | |
| 岩浆组 | 海底火山细碧-角斑岩;<br>橄榄岩;辉长岩-纯橄榄岩;斜长花岗岩-正长岩 | Fe 和 Mn 的黄铁矿型硫化物和氧化物矿床<br>铬铁矿、Os 和 Ir 的岩浆矿床<br>钛磁铁矿、Pt 和 Pd 的岩浆矿床<br>Fe 和 Cu 的矽卡岩矿床 |
| 沉积组 | 碎屑<br>碳酸盐<br>鲕绿泥石<br>硅质<br>沥青质 | 砾岩,砂岩,黏土<br>Fe、Mn 的氧化物和碳酸盐矿床,磷块岩,石灰岩<br>Fe 和 Mn 的硅酸盐矿石<br>Fe 和 Cu 的贫矿石<br>分散的有机物质,Fe、Cu、Zn、Mo 的分散的硫化物,U、V 的氧化物 |
| 中 阶 段 | | |
| 岩浆组 | 花岗闪长岩<br>花岗岩 | 矽卡岩矿床,主要是钨的矽卡岩矿床,Au、Cu 和 Mn、Pb 和 Zn 的热液矿床<br>Sn、W、Ta、Li 和 Be 的伟晶岩矿床,钠长石-云英岩矿床和石英共生热液矿床 |
| 沉积组 | 复理石<br>可燃有机岩 | 沉积建筑材料;可燃页岩 |
| 晚 阶 段 | | |
| 岩浆组 | 各种成分的小侵入体,地表火山 | 深成矿液矿床,主要是硫化物共生组合,复杂的矽卡岩矿床,火山热液矿床 |
| 沉积组 | 磨拉石<br>杂色<br>含盐<br>含碳氢化合物 | 沉积建筑材料<br>Fe、Cu、V、U 的沉积-淋积矿床<br>盐类、石膏的蒸发岩矿床<br>石油、天然气和煤 |

(据 В. И. 斯米尔诺夫,1956)

a. 早期阶段。地槽开始剧烈下沉,中心部分伴随海底火山的强烈喷发,形成细碧角斑岩系、火山-碳酸盐沉积岩系和火山-硅质沉积岩系。典型的矿床是含铜黄铁矿矿床(如苏联乌拉尔和我国祁连山地槽)。继而在地槽边缘地带发生褶皱断裂,沿断裂有基性、超基性岩的侵入,伴随出现 Pt、Cr、Cu-Ni 和 V、Ti 磁铁矿矿床,还有派生的斜长花岗岩、正长岩及 Cu-Fe 矽卡岩型矿床的形成。

b. 中期阶段。为主要褶皱阶段,轴部多因花岗岩基的侵入而隆起,边缘相对下降。主要矿床是:产于碳酸盐岩系与花岗岩接触带的矽卡岩型白钨矿,热液型 Au、Mo、Pb、Zn 矿化;侵入于硅铝质岩层的花岗岩,则有伟晶岩型和云英岩型 W、Sn、Ta、Li、Be 矿的形成;外生矿床则有煤、石油、可燃有机岩的形成。

c. 晚期阶段。为主要褶皱运动结束、逐步向年轻地台转化阶段。地槽的边部和接合部断块发育，伴随中酸性小侵入体的侵入，有热液型 Sn、Ag、Au、Hg、Sb、As 等矿床的形成，此外有与晚期的安山岩、英安岩有关的火山热液矿床的形成。沉积岩为杂色建造（黏土-砂互层），有 Fe、Cu、V、U 的沉积矿床和膏盐、油、气、煤的沉积矿床出现。最后趋向稳定而过渡为年轻的地台。在向地台过渡时有 Pb、Zn、萤石、重晶石等低温热液和层控型矿床形成。

需指出的是，这种地槽发展的三阶段成矿模式并不能概括世界上所有地槽区的成矿特征。我国著名地质学家黄汲清提出地槽发展的多旋回性理论，并由此而导致矿化发育的多次叠加理论，应引起深入探索和研究。此外，也存在着不同地槽各阶段发育不完整的问题。因此，世界各地所显示的成矿作用的区域性特点、各个大地构造单元内地质构造特点和地史千差万别，难以用一个固定模式生硬地概括。

(2)地台区的控矿和成矿特征。地台区的成矿受变质基底、沉积盖层和岩浆活动所控制。变质基底主要产出各类变质矿床，其中包括沉积变质矿床、火山沉积变质矿床及岩浆变质矿床等，矿种有 Fe、Mn、Au、U、Cu、Pb、Zn、Cr、Ni 等，还包括混合岩化和花岗岩化及与其有关的矿产的形成。其中变质基底中古老的岩层，如太古宙的绿岩带，蕴藏着丰富的矿产，尤应引起重视。地台盖层中的矿产以各类沉积矿床具有重要意义。地台区与岩浆活动有关的内生矿化受各类断裂控制很明显，分析其控矿因素时要注意矿化与断裂、岩浆、火山活动的关系。

(3)地洼对成矿的控制。我国著名地质学家陈国达提出地洼学说，指出地洼与地槽、地台并列为第三大地构造单元，由地槽演化为地台，地台又演化为地洼，它既继承了地台发展的某些特点，又具有本身发展演化的特点，造成成矿物质的多来源、成矿作用的多阶段叠加。在空间上，出现多种矿床类型在一个构造单元内复杂共生，如我国东部地洼区就存在着地槽型、地台型、地洼型的各种类型铁矿，它们均在同一个构造单元内共生。地洼学说已引起国内外学者的广泛重视。

2)板块构造对成矿的控制

20 世纪 70 年代以来，世界上地学界最主要成就之一就是板块构造学说的发展及其对成矿控制的理论的建立，并成功地运用在斑岩铜矿等矿产的预测方面。

板块构造的基本概念是认为地球的壳-幔可以分为性质不同的 3 层，即刚性的岩石圈、上地幔和软流圈。在板块不同性质的边界，往往分布着不同类型岩石组合和有关矿床（图 4-2）。与板块构造有关的次一级构造单元，可以分为海岭(中脊)、转换断层、岛弧、海沟、俯冲带和地缝合线等。板块与成矿关系最主要的是大陆板块边缘成矿理论，它包括增长和消亡两类性质的板块边缘成矿。板块构造对成矿的控制，首先是通过对岩浆活动、沉积作用和变质作用的控制，从而进一步控制矿产的分布。板块构造与成矿关系比较富有成效的研究，是对中生代以后形成的一些矿床，其中俯冲带控矿和与其有关的块状硫化物矿床和斑岩型矿床最为典型。俯冲带控矿是指消亡(消缩)板块边缘(毕乌夫带)对成矿的控制。当洋壳板块从中脊分开后，一般是大洋板块向大陆板块俯冲消亡，在俯冲带形成复杂的构造运动和岩浆活动，并伴随多种内生与外生成矿作用，并沿消缩(消亡)板块边缘形成各种矿带。大洋板块向大陆板块之下俯冲有两种情况：①直接俯冲到陆壳之下，沿着接触线生成一条深海沟，如南美安底斯山属之，其成矿主要与钙-碱系列岩浆活动有关，并以与深成岩浆作用有关的矿床最重要。其总的分带特点为平行海岸线，从西向东依次发育为 Fe、Cu(含 Au)—Pb、Zn(含 Ag)—Sn 三大矿带，但从北美到南美均有不同的变化;②大洋板块与大陆板块相距一定距离俯冲,当它向下俯冲时形成岛弧链。岛弧型板块俯冲带成矿特点主要表现为与火山活动相联系的各种块状硫化物矿床,其中以日本黑矿最为典型。另外,斑岩型 Cu-Mo-Au 矿床受板块构造的时空控制,具有全球性的广泛一致。在岛弧与大陆之间常有边缘海盆地,如亚洲东部的日本海、鄂霍茨克海等属之,其中有丰富的石油和各种外生沉积矿床。此外,还有一种情况是两个陆壳互相碰撞,形成地缝合线型板块边缘。与地缝合线有关的典型矿床,是超基性岩中的铬铁矿矿床,它们大都集中分布于阿尔卑斯山带,如我国西藏雅鲁藏布江河谷带即为亚洲与印度两板块的地缝合线。除与超基性岩有关的铬铁矿外,与中酸性岩有关的斑岩型矿化和各种热液矿化在地缝合线型板块边缘也都有一定程度的发育。

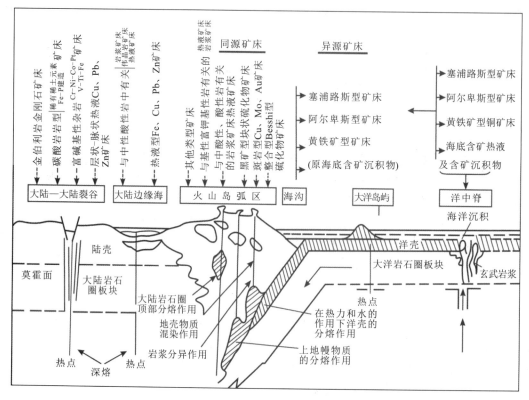

图 4-2　板块构造-内生矿床组合示意图
(王润民据 R.H.西利托修改,1980)

在矿床学领域板块构造理论的成功之处还表现在近 50 年提出的重要成矿模式,如斑岩铜矿成矿模式、铜镍硫化物矿床构造成矿模式、绿岩带成矿模式、海底喷流成矿模式、造山型金矿的增生成矿模式,都是运用板块构造理论而获得的结果(陈衍景等,2008;Pirajno,2009)。

**2. 断裂构造对成矿的控制**

断裂构造是地壳中最常见的构造型式之一,与成矿的关系极为密切:①大的断裂构造往往是岩浆和矿液活动的通道,起着既控岩又控矿的作用,因而沿大的断裂带常出现岩浆岩带及矿带;②次一级的断裂构造则直接控制了矿床、矿体的产出和分布;③对外生矿产,断裂构造影响到沉积环境及后期的保存、改造条件。深入研究控矿的断裂构造,对预测找矿工作有着十分重要的现实意义。

1)断裂规模、性质与矿化的关系

断裂构造的规模包括断裂沿走向、倾向的延伸距离、下切深度、断距、断裂宽度等。规模大的断裂构造常常是导矿构造,而规模小的断裂构造通常是配矿、容矿构造。延长较大、下切深度达上地幔的深大断裂通常控制了一定区域内的岩浆、沉积建造的发育、矿化类型及矿种组合,如郯城-庐江断裂控制了我国东部已知的金伯利岩及与其有关的金刚石矿床的分布,同时也控制了该断裂东、西两侧重要的黄金矿床,山东的胶东金矿集中区和鲁西的火山热液型金矿明显地受郯庐断裂系统控制。

据断裂的力学性质的不同,可分为张性、压性和扭性三大类。3类断裂的成矿特征如表4-5所示。在实际工作中,从断层结构特点和伴生构造岩的性质,可以对断裂主要力学性质做出判断。有时在断裂构造活动过程中出现力学性质的改变,产生极为复杂的情况,所以要具体分析。在张性、压性断裂活动过程中,常常都伴有扭应力作用,形成压扭性或张扭性断裂。压扭性结构面常常是不透水面,在成矿过程中起着"屏蔽"作用,如贵州某汞矿即产于逆断层下盘分支断裂中,华北一些油田也常在压扭性断裂的下盘聚积。不同性质的断裂有着不同的物理化学特点,如压扭性断裂,封闭性较好,温度、压力下降缓慢,故金伯利岩中金刚石矿床一般在压扭性断裂中含矿性较好,而在张性断裂中含矿性很差。对一个断裂系统还要详细分析其局部应力的变化,如在压性或压扭性断裂的剖面上产状变化的部位,往往产生局部应力状态变化,从而造成矿化的局部富集。在同一矿区,不同性质的断裂其物理化学环境有差异,因而矿物共生组合也有差异。如在广西某W、Sn矿,在扭性断裂中有结晶好的黑钨矿、锡石、萤石、电气石等共生,而在背斜轴部的纵张裂隙中则为低温的辉锑矿和石英脉等组合,结晶很差。一般纯张性断裂中矿化不是最好的,而张扭性断裂中矿化意义较大。研究不同力学性质断裂派生构造的不同特点,有助于查明受控矿脉的尖灭再现、侧现、侧伏等规律。图4-3是浙江某一钼矿含矿断裂构造的展布特点,图中从方向来划分表现了3组断裂:近东西向一组延长最长,倾角上陡下缓,舒缓波状断层面表现出压性到压扭性变形特点,其中矿体连续稳定;北东向和北西向两组的特点相似,延长中等,倾角中等到偏陡,断层面的力学性质表现出了剪性或扭性的特点,矿体连续性较好,厚度变化不大,空间上表现了尖灭侧现的展布特点;图的中间位置还反映了近南北方向的一组构造,延长短,延深浅,倾角陡,矿体连续性差,厚度变化大。矿体的这

表4-5 3类断裂的不同特点的比较表

| 断裂性质 | 围岩受力情况 | 成矿特点 |
| --- | --- | --- |
| 张性 | 围岩处于膨胀状态,孔隙度较高 | 结构面呈不规则状,延深较小,矿液易于通过。温压下降快,形成相对开放系统,以充填成矿为主。主要发生在浅部,受控的矿体呈脉状或向下尖灭的透镜状 |
| 压性 | 围岩处于压缩状态,孔隙度渗透率都小 | 结构面呈舒缓波状,沿走向、倾向延伸大,有尖灭再现的特点,温压下降慢,形成相对封闭系统,以交代成矿为主。完全压性断裂对成矿相对不利 |
| 扭性 | 兼具张性和压性的特点(压扭接近压性,张扭接近张性),孔隙度、渗透率也介于二者之间 | 结构面产状平直,延伸大,有次级断层与主断裂共生,对成矿有利,充填交代作用可成矿 |

(据卢作祥等,1989)

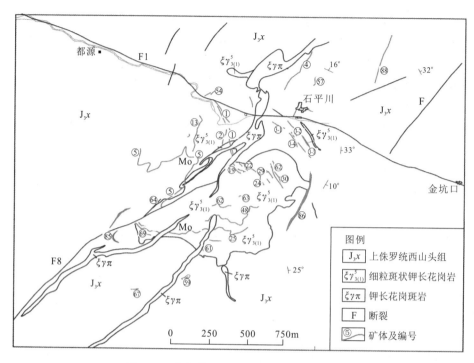

图 4-3 浙江某钼矿断裂构造控矿展布特征

些变化特点均反映了其构造的变形特点和力学性质,总结分析断裂的展布、力学性质可知,几组不同的含矿断裂是同一个应力场的产物。因此总结这些构造的变形规律和展布规律对找矿有重要的指导意义。

2)断裂活动的时间和期次与矿化的关系

在一个地区往往存在不同时期的断裂构造,而矿化只与其中某一期或几期断裂构造有关,至于成矿后的断裂对矿体主要是改造和破坏。同一条断裂的不同活动期,其力学性质可能发生变化。前期构造与后期构造互相影响。构造的多期活动可以导致多期矿化的叠加,这些情况在金属矿区极为常见。一个矿床划分成矿阶段的主要依据之一,就是矿区的构造活动期次。不同时间和期次的断裂活动对成矿具有不同的控制作用。

成矿前断裂常常具有控岩、控矿的作用,经常控制了矿田、矿床、矿体的总体展布格局及成矿期断裂活动的范围及特性。但由于成矿前构造常因后期构造的叠加改造而面貌全非,因此在实际工作中要注意对成矿前断裂构造的正确辨认及确定,以便较好地指导预测找矿工作。

成矿期断裂是控制矿化富集的主导因素,通常控制了内生矿床的矿体的具体空间产出部位,并且由于成矿期断裂构造活动的脉动性决定了内生热液矿床成矿的多阶段性。成矿前断裂和成矿期断裂在野外往往很难通过肉眼辨别,但一般来讲,成矿前和成矿期的断裂有一个共同的特点,就是含有成矿期流体活动印记。多数流体活动的特点表现为硅化和不同类型、不同产状硫化物产出。如果野外很难分出成矿前和成矿期的断裂,将其粗略定为成矿期断裂,对成矿预测也不会有明显的影响。

成矿后断裂活动常常是使先成矿体破坏错失,并且由于断裂两盘的相对运动,使矿体上升地表遭受剥蚀或深埋地下成为盲矿体。例如美国圣马纽埃-卡拉马祖斑岩铜矿床即是被圣马纽埃断裂错断为两部分,位于上盘的卡拉马祖部分被错失于深部而成为盲矿体。通过对圣马纽埃断层活动性质的正确分析,配合少量的钻探和化探,找到了价值 $6.7 \times 10^9$ 美元的卡拉马祖铜矿(图 4-4)。

3)断裂构造的有利成矿部位

断裂控矿现象极为常见,但成矿毕竟只是在断裂中某些局部地段。广大地质工作者积累了不少断裂控矿的实际资料,下列有利的成矿部位,对预测选区选点极为重要:

(1)不同方向断裂交叉处(对贵金属矿种这类构造位置还值得讨论),主干断裂与次级断裂交会处。

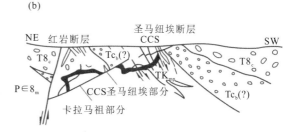

图 4-4 圣马纽埃-卡拉马祖矿床构造示意图

a.岩体侵位时期;b.墙群的伞状张开部分和辉铜矿次生富集带(CCS)

$P \in 8_m$.前寒武纪石英二长岩;$TK_{mp}$.拉拉米期二长斑岩;$Tc_b$.沉积砾岩和火山岩;$T8_c$.中第三纪吉拉砾岩

(2)断裂产状变化处,在平面上断层走向发生变化扭曲转弯等处。在剖面上张性断层倾角由缓变陡处,压性断层由陡变缓处。

(3)断裂中局部圈闭好的部位,如压扭性的下盘,断层泥和蚀变构造岩起圈闭作用。

(4)断裂构造与有利岩层(脉)交会或其他构造交切处等。

结合不同矿床的特点,可以划分出多种矿化局部富集的有利部位,划分多种控制矿化局部富集的构造类型。

4)断裂构造分带对成矿分带的控制

受断裂构造控制的一些内生矿床,在断裂构造的不同部位,由于边界条件的不同,在垂直方向和水平方向,往往显示一定的构造分带。通常在近地表,断裂破碎带较窄,有时表现为细脉带、网脉带,张性特征明显。有时候表现为低序次配套分支断裂发育,而向断裂的深部,变为细脉带、中脉带和大脉带。我国赣南地区岩体内顶部构造分带规律十分明显,这些构造裂隙控制了高温岩浆热液矿床的垂向矿化分带,很少发育次级断裂,构造岩带变得很窄。如在胶东的招(远)-掖(县)金矿带具含金石英脉型(玲珑式)和断裂破碎带蚀变岩型(焦家式)两种类型矿化。前者主要产出于主断裂带的次级断裂中,以充填成矿为主,而焦家式矿化相对出露标高较低,且矿化主要赋存在主断裂带中。两种矿化类型的垂直分带与控矿的断裂构造分带关系密切。青海大场金矿是近年来青海金矿找矿突破的重要案例,是在造山带环境中定位的受破碎带控制的典型金矿床,其控矿因素主体是大致和区域构造线一致的破碎带控矿,矿体沿北西向展布,和构造线展布方向一致,但在平面展布特点上明显表现了构造分带与矿化分带一致特点,以 M2 为代表的主矿带延长近 2000m,矿体延深 300m,矿体连续性较好,矿化比较稳定。相反,主矿带上、下盘次级脉带(如 N10、N13、S13、S45 等)延长短,延深浅,矿体的连续性较差,因此构造变形分带控制着矿化分带,控制矿体规模、数量和连续性,所以大场金矿主体储量集中在主矿带中(图 4-5)。

**3. 褶皱构造对成矿的控制**

褶皱构造是地壳表层岩石中一种常见的构造型式,对内生金属矿产,外生的煤、油气等矿

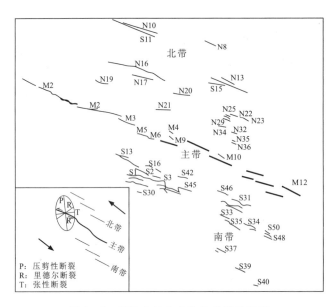

图 4-5 青海大场金矿构造分带示意图

产均具有明显的控制作用。在具体工作中应注意查明褶皱的类型、与矿化的时间关系等。成矿前和成矿过程中形成的褶皱及其伴生构造可以成为内生及外生矿床的有利的成矿空间,成矿后的褶皱可以使先成的层状矿体(如煤、盐类)因褶皱过程中的塑性流动而发生明显的改造,有时与褶皱过程中相伴的变质作用使矿化局部变富或变贫。

(1) 背斜构造。背斜构造对形成内生矿产比向斜有利,特别是在成矿前及成矿过程中形成的背斜构造,在背斜轴部由于应力集中易形成剥离空间,两翼则产生层间破碎,形成有利于岩浆和矿液运移和充填的构造条件,多见鞍状矿体或似层状矿体产出(图4-6)。除此之外,背斜中有利的成矿构造部位还有:倾伏背斜的倾伏端,倒转背斜的翼部,背斜轴线沿走向转折处,以及与背斜伴生的断裂和裂隙构造。另外,背斜构造还是油气矿产的聚集场所,特别是当顶部岩层为渗透性差的泥质岩石时有利于形成油气聚集和保存的构造圈闭条件。石油在生油盆地中形成后,常沿断裂构造向储油构造(背斜、穹隆等)集中。

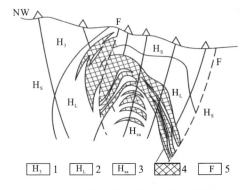

图 4-6 某铁矿床鞍状矿体剖面图
(据陈国达,1978)
1.碳质板岩;2.泥质白云岩;3.紫红色矿岩;
4.铁矿体;5.断层

(2) 向斜构造。由于在构造变形时所处位置较深,所受围压较大,伴生构造不及背斜发育,因而对内生矿床的控矿作用相对背斜较差。但向斜构造对沉积(包括火山沉积)矿床的形成较为重要,有利于沉积作用的进行及成矿物质的集中。世界上大型的风化壳富铁矿床均产于向斜构造的中心部位。向斜构造中有利于形成外生矿床的部位是向斜轴部、向斜中的洼陷部位(盆中盆);有利于形成内生矿床的部位是复合向斜中的次一级背斜、向斜构造的扬起端及转折端、向斜与断裂构造的交切部位等。

**4. 裂隙构造对成矿的控制**

各种节理和劈理,属于小型构造,它们常和断裂、褶皱等紧密相伴生。节理与劈理是不同岩性的不同形变,节理常见于脆性岩石,而劈理常见于塑性岩石中。节理裂隙分布很广,对各种脉状矿床的控制尤为重要,有时构成裂隙带控制了矿化的空间分布和矿石的结构构造等,如我国赣南部分钨矿即是受节理裂隙控制的。

节理是重要的容矿构造,它们在一个地区往往有一定的方向性,成群成组地作为断裂和褶皱配套的伴生构造出现。研究节理的性质、产状、含矿性及和断裂、褶皱的关系,进行应力场的恢复和力学性质的分析,从而可以指导对矿床的预测。因此,大量统计分析节理的性质、产状、发育程度、频率及与矿化的时空关系具有重要意义。

**(三)岩浆岩因素分析**

岩浆活动是地壳运动的主要形式之一,许多内生矿床的形成和分布都不同程度地受岩浆活动因素控制。预测找矿工作中的岩浆岩因素分析可概括为以下5个方面:

**1. 岩浆岩的成矿专属性**

岩浆岩的成矿专属性是指一定类型的岩浆建造形成一定类型的矿床,两者存在着专属性的内在联系。岩浆岩成矿专属性的研究包括岩浆岩类型、成分和地球化学特征的研究。

1)岩浆岩类型和岩石化学特征

(1)基性、超基性岩类。成矿专属性最强,有关的矿产主要有岩浆型 Cr-Pt 矿床、Cu-Ni 硫化物矿床、V-Ti 磁铁矿矿床及产于金伯利岩中的金刚石矿床等。

基性、超基性岩类可进一步根据岩石化学指标划分不同的岩类和岩相带,并用岩石化学特征分析其含矿性。例如,可用 MgO 和 FeO 的含量及比值评价基性、超基性岩的含矿性,一般具有工业价值的铬铁矿床和铂矿床多与镁质超基性岩,特别是其中的纯橄榄岩、斜辉橄榄岩有关($m/f > 6.5$ 或 $MgO/(FeO+Fe_2O_3) \geqslant 3$);铜镍(钴)硫化物矿床、铂钯硫砷化物矿床则产于铁质超基性岩和基性岩中($m/f = 2 \sim 6.5$)。

(2)碱性岩。成矿属性也较强,有关矿化主要是稀有和稀土元素矿床,如:①铌。烧绿石、钙铌钛铈矿、铌铁矿等;②锆。锆石、异性石;③钍。钍石类、独居石;④稀土。氟碳铈矿、氟碳钙铈矿、烧绿石、磷灰石、钍石;⑤铀。铀钍石、烧绿石等。

钠质火成岩类和云霞正长岩类具有不同的成矿类型。钠质火成岩常常伴有很富的 Ce-Th-U-Be-Nb-Zr 的岩浆和气化-热液矿床。矿化普遍见于岩体的任何部位,因而本类型矿床规模巨大。

过渡型的霞石正长岩常伴有含磷灰石-霞石-钛铁矿矿床。

云霞正长岩类具有 Nb 和 Zr 的矿化,但岩体本身矿化微弱,最有工业意义的矿化往往是在不同类型碱性岩的接触带上。

磷霞岩-霓霞岩系含霞石-磷灰石和钛铁矿。此外,霞石正长岩中的长石也是含铝的工业原料。

近年来在碱性煌斑岩中还发现大型金刚石矿床。

(3)中酸性岩。成矿专属性较复杂。中酸性岩成因类型多,因此有关矿产类型也多,范围广,主要有 W、Sn、Li、Be、U、Th、Fe、Cu、Pb、Zn 等有色金属矿产,稀有、稀土元素矿产和放射性矿产。据徐克勤和涂光炽(1982)研究,花岗岩成因类型有4种,其成矿专属性亦有所不同:

a. 陆壳改造花岗岩。相当于 S 型花岗岩，多分布于地槽褶皱带早期，原地、半原地形成。岩石含 $SiO_2$ 高，$SiO_2$ 的含量大于 65%，$Al/(K+Na+2Ca)>1.05$，$K_2O$ 的含量比 $Na_2O$ 大，$^{87}Sr/^{86}Sr>0.71$，占壳源型花岗岩的 70%。该类型花岗岩常见 W、Sn 矿化组合。

b. 陆壳重熔型花岗岩。相当于 I 型花岗岩，形成于造山期或造山期后，多属被动侵位，少数为底辟构造主动侵位，常与 S 型花岗岩形成杂岩体，并且多处于杂岩体的中心部位，具多期、复式侵入及高侵位特点。岩石中 $SiO_2$ 的含量 65%～72%，铝过饱和，$Al_2O_3$ 的含量大于 12%，$Al/(K+Na+2Ca)<1.05$，$^{87}Sr/^{86}Sr=0.703\sim0.71$，常形成二长花岗岩、白云母花岗岩。该类花岗岩为金属矿的主要来源，早期产物有 Be、Li、Nb、稀土矿产组合；较晚期有矽卡岩型及脉状 W、Sn、Bi、Mo 矿产组合；更晚期则有含 Au 组合和 Cu、Pb、Zn 矿产组合。

c. 幔源型（M 型）花岗岩。多分布于独立地块边缘或内部，受深部基底构造控制，产于稳定造山期后；空间上往往与基性、中基性岩体共生，常呈分异过渡，分布范围较小，常呈岩株、岩盆产出；岩石化学成分 $SiO_2$ 为 62%～65%，$Al/(Na+K+2Ca)<1.0$，$^{87}Sr/^{86}Sr<0.703$。有关矿化主要是小而富的 Cu、Ni 等矿产。

d. 碱质花岗岩（A 型）。形成于造山期后，多分布于大陆边缘断裂带，呈脉状、岩墙状产出并常呈多期次复式岩脉（体）。岩石中 $SiO_2$ 含量为 65%，$K_2O+Na_2O$ 的含量大于 4%，$Al/(K+Na+2Ca)>1.1$，$^{87}Sr/^{86}Sr$ 为 $0.703\sim0.712$。有关矿化主要有 Sn、Ta、Nb、稀土元素等。

国内外地质学者还注意到中酸性岩浆岩的碱度变化，特别是 $K_2O$、$Na_2O$ 的含量及其比值的变化，对指示岩体成矿专属性有重要意义，如岩浆岩富钠成铁，富钾成铜，华南与钨锡矿化有关的花岗岩往往富钾而贫钙铝铁。此外，岩浆自变质作用和晚期碱质交代作用有利于 Nb、Ta 的富集。在南北美洲和东南亚环太平洋地带，钙-碱性系列岩浆岩酸度和碱度的变化关系已成为斑岩铜矿、铜钼矿、金矿的预测准则之一。

2）岩浆岩挥发分和微量元素地球化学特征

（1）岩浆岩内挥发成分的研究。岩浆岩内挥发成分 F、Cl、B、$H_2O$、$CO_2$ 等对促使岩浆分异和矿化集中有重要作用，而且初步研究表明，这些挥发分的含量与有关矿产规模具有正相关关系。例如，我国个旧含锡花岗岩中 F 含量与有关的锡矿储量成正相关，锡矿化好的岩体，含 F 量大于 $2000\times10^{-6}$，如矿化较好的老卡岩体含 F 量达 $(2450\sim3750)\times10^{-6}$，其次为马松岩体含 F 量为 $(2040\sim2260)\times10^{-6}$，含矿差的岩体含 F 量小于 $1500\times10^{-6}$。

（2）成矿元素及相关微量元素在岩体中的含量，一般认为，岩体中成矿元素的背景含量高是有利于成矿的，可作为岩体含矿性的标志之一。例如赣南与钨矿有关的花岗岩含钨量为 $(2.2\sim212)\times10^{-6}$，高出正常平均含量 $1.5\times10^{-6}$ 的半倍至 140 倍。不仅我国的钨、锡矿，还有东南亚和澳大利亚的锡矿，其有关的花岗岩体均显示 W、Sn 背景含量大大高于正常岩体的 W、Sn 含量。同样，一些指示元素平均值异常亦是这类岩体重要的地球化学特征之一。例如钨锡矿化花岗岩中的 Li、Rb、Be 等。

3）岩浆岩矿物的标型特征

岩浆岩矿物和一些矿物的标型特征的研究，对指示岩体的成矿专属性有重要意义。矿物的标型特征内容广泛，例如：岩浆岩造岩矿物中成矿元素和伴生元素特征可以作为岩体含矿性评价标志之一。在我国江西、湖北等地的斑岩铜矿中的黑云母富铜，云南个旧锡矿的含锡花岗岩中的黑云母、角闪石和白云母均含锡很高。岩体和造岩矿物中某些元素比值特征亦具有重要指示意义，如锡石中的 $In/(Nb+Ta)$ 比值、黄铁矿中的 $Co/Ni$ 比值等，利用它们可以评价含矿岩体及可能的矿床类型。岩浆岩中的一些标型矿物对指示岩体成因及成矿专属性有重要意义，如世界上 77 个含铜斑岩中，含金红石、磷灰石都较高，两者可作为标型矿物。

**2. 岩浆岩对成矿的空间控制**

岩浆岩与有关矿化的空间关系十分密切。一定类型的矿床受岩浆岩条件的制约而通常产出于岩体的特定部位，具体可归纳为：

(1)产于岩浆岩体内部的矿床。这类矿床有：大多数与基性、超基性岩有关的 Cr、Pt、Cu、Ni、Ti、V、Fe 等岩浆矿床；碱性岩中的 Nb、Ta、Zr、稀土元素等矿床；一部分中基性火山岩的 Fe、Cu 矿床等。这类矿床的含矿岩体越大，形成的矿床可能越大。岩体形态以分离完善的岩盆及缓倾斜层状侵入体对成矿更有利。侵入体的底部、分异完善最终形成的残浆冷凝而成的相带最富集矿产。

(2)产于中酸性岩体的内外接触带及围岩中的矿床。这类矿床包括各类岩浆自交代矿床、伟晶岩矿床、接触交代矿床及与岩浆有关的热液矿床。这类矿床类型及矿种繁多，主要有 Sn、W、Li、Be、Fe、Cu、Pb、Zn 等有色、稀有金属矿床，矿化往往与晚期小侵入体有关，并且常围绕侵入体形成矿化分带：一般在岩体内部或顶部形成岩浆交代型 Nb、Ta、W、Sn 矿床；内部接触带形成矽卡岩型或高温热液型 W、Sn、Mo、Bi、Be 等矿床；再外则形成 Cu、Pb、Zn 等中温热液矿床；远离岩体有时有 Sb、Hg、Au、U 等浅成低温热液矿床。不过近年来研究表明，许多远离中酸性岩体的 Cu、Pb、Zn、Sb、Hg、Au、U 等矿床的成矿物质大部分或部分是由围岩提供的，岩浆岩体仅提供热源或同时提供部分成矿物质。图 4-7 是湖北某铜矿的剖面图，反映了成矿岩体定位于复杂的背斜构造区，该岩体为一岩株，有角砾岩产出，铜矿化主要集中在接触带附近，成矿受岩体、接触带和围岩岩性控制，空间关系明确。接触带有矽卡岩型矿化，而岩体上部(浅部)产出斑岩型铜矿化，不难看出同一成矿地质体在不同的位置可以形成不同的成矿类型和不同的矿种类型。

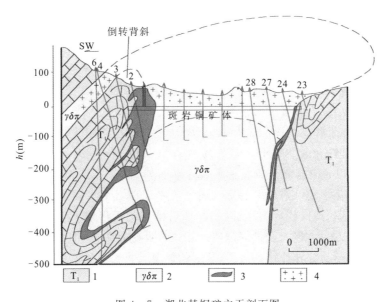

图 4-7 湖北某铜矿主干剖面图
1.下三叠统灰岩；2.花岗闪长斑岩；3.铜矿体(SK)；4.斑岩铜矿体

**3. 岩浆活动对成矿的时间控制**

(1)不同时代的岩浆活动成矿特点。不同时代的岩浆活动具有不同的成矿特色,从而可划分出不同的成矿期。在漫长的地质历史和地壳活动中,相应的岩浆活动具有多期次旋回的特点。总的来看:①我国前震旦纪的岩浆岩经历了多次变质改造,其主要矿化是与火山活动有关的 Fe、Cu 矿床,绿岩带金矿及部分伟晶岩矿床。这些矿床发育于长期隆起的地质老基底中,其中元古宙与裂谷火山活动有关的 Fe、Cu 矿床尤其重要,在我国昆阳裂谷中的 Fe、Cu 矿床,太行-中条裂谷中的 Cu、Au 等矿床即属此例。②古生代与岩浆活动有关的矿化有 Cr、Ni、Cu、Pb、Zn 等,主要发育于我国西北部和北部地区。③中生代及以后大量的中酸性岩浆活动,主要分布于我国东部,形成大量的有色、稀有金属矿床。④新生代仅见 Au、Cu、Sn、U 等矿化,集中分布于我国西南和东南沿海地区。

(2)同期岩浆活动的不同阶段,富集的元素及矿化强度也往往有所差异。成矿往往与岩浆分异作用的最后阶段或临近晚阶段有关。例如华南地区燕山期花岗岩,早期富 W,晚期富 Sn,而在燕山晚期花岗岩的第Ⅱ、Ⅲ阶段岩体,含锡最高。同样与基性、超基性岩有关的矿化,如苏联堪培萨的含铬深成超基性岩,富矿是在岩浆分异的最后残浆侵入阶段形成的。

**4. 岩浆活动的物理化学条件**

岩浆活动的物理化学条件,主要指岩浆岩体的形成深度、侵位和冷凝深度、分异程度、内部结构构造和接触带构造等。岩浆岩的形成和分布除受岩浆源成因制约外,还受周围地质环境和物理化学条件(如温度、压力、深度等)影响,形成了不同的侵入深度和冷凝深度的岩浆岩,不同岩体的空间分布规律又控制了不同类型矿产的空间分布。苏联地质学家 В. И. 斯米尔诺夫(1976)总结了各类火成岩建造与矿化成因类型按深度的分布规律,按岩浆侵位深度分为 4 个带(图 4-8):

(1)超深成带。此带位于地表下 10~15km(大洋 5~8km)。据目前所知,此带只有少数超变质矿床(蓝晶石、夕线石、刚玉等)。

(2)深成带。此带距地表 3~5km 至 10~15km。此带成分均一,有地槽早期基性、超基性岩中 Fe、Cr、Pt、Ti 岩浆分异矿床,中酸性岩中部分云英岩和矽卡岩矿床。

(3)浅成带。此带深度为 1~1.5km 至 3.5km。此带岩浆成分复杂,各种蚀变及交代作用发育,有与基性岩有关的熔离型 Cu、Ni、Ti、Fe 矿床,与斜长花岗岩、正长岩伴生的矽卡岩 Fe-Cu 矿床,以及与晚期小侵入体有关的各类热液型有色、稀有、贵金属(Au)和放射性矿床。

(4)近地表带。此带深度为 1~1.5km。有碱性岩中稀有碳酸盐矿床;与细碧角斑岩有关的含黄铁矿矿床;与基性和酸性喷出岩有关的 Au、Ag、Hg、Cu 等火山热液矿床,次火山斑岩型 Cu、Mo、Au 矿床,以及含金刚石的金伯利岩等。

岩浆活动的物理化学条件对成矿的影响还直接表现在岩浆岩形态、大小对成矿的控制方面:一般说来,形态简单、规模较大的基性、超基性岩体有利于形成 Cr、Cu-Ni 硫化物类的岩浆矿床,特别是岩体形态呈岩盆、岩盘等近似球状体时更易成矿,原因是球体表面积最小,容积最大,散热慢,有利于结晶分异作用的进行,著名的加拿大肖德贝里岩体就呈一岩盘产出;形态复杂、规模较小的中酸性岩体有利于矽卡岩型矿床的形成,特别是岩体形态变化大、规模小于 $10km^2$ 时更易成矿,原因在于岩体和围岩接触面积相对较大,有利于接触交代作用的充分进行。

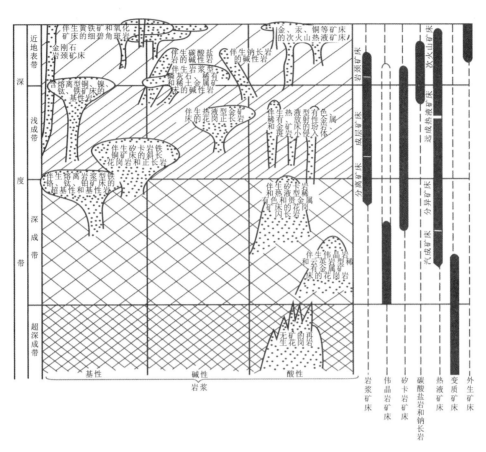

图 4-8 火成岩建造——矿床成因类型按生成深度的分布图

(据 В. И. 斯米尔诺夫,1976)

**5. 岩浆岩与矿产的成因联系**

正确地判断已知的岩浆岩与已知的矿产之间的成因联系对一定地区范围内的进一步预测找矿工作具有重要的指导作用。在各类岩浆岩中,基性、超基性岩及碱性岩的成矿专属性较强,岩体和矿产的成因关系比较明确,但中酸性岩类与矿产的成因联系则比较复杂,在实际工作中难以正确判定,许多以前被认为属于岩浆岩成因的矿床,近些年来经研究证实,属于层控矿床或多因复成矿床。例如内蒙古白云鄂博的铁-稀土-铌矿床,自 20 世纪初发现以来,一直认为是内生成因的,20 世纪 50 年代,苏联学者进一步认为是特种高温热液矿床,陈国达(1976)研究认为属多因复成矿床。湖南香花岭锡多金属矿,经研究也属于多因复成层控矿床。这类实例不胜枚举。卢作祥和范永香等(1989)认为下列几方面可以作为岩浆岩与矿产成因联系的类比准则:

(1)一定的矿床和矿床类型与一定的岩浆建造空间关系密切,表现为矿床和岩体受同一局部构造(矿田的或矿床的)控制。

(2)矿床和岩体形成的地质时代接近,矿床与岩体同时或者稍晚形成。

(3)岩浆岩体对矿床具有特定的专属性或专属性较强,两者有相似的地球化学特点(表现在组成矿物、成矿元素和微量元素等),一定的矿石建造产于一定的岩浆岩建造中,矿石中所含矿物在岩石中呈造岩矿物或副矿物存在,造岩矿物与矿石矿物中某些微量元素相同。

(4)矿化围绕岩体呈带状分带(水平及垂直分带),包括矿床类型、矿化类型、结构构造、成矿温度、矿物包裹体特征诸方面的递变。

(5)矿床规模和分布与岩体顶面形态和大小有某种依从关系,矿床类型、成矿元素、矿物共生组合与岩体形成深度存在一定的联系。

总之,岩浆岩与矿产的成因联系反映在两者的时间、空间、物质成分和成矿专属性等诸方面。

**6. 岩浆岩被剥蚀程度的研究**

岩浆岩被剥蚀程度影响到与其有关的矿床形成后的保存条件。一般来说,岩浆岩被剥蚀程度与矿床的保存程度成反比,即岩体剥蚀程度越高,则发现矿床的可能性越小。但具体到不同类型的岩浆岩,岩体的剥蚀程度对矿床的找寻则有着不同的影响:对基性、超基性岩体,由于与其有关的岩浆矿床通常位于岩体的偏下部位,当岩体经受一定程度的剥蚀时,各种矿化显示增多,物探化探异常增强,这种情况下对找矿反而有利。对于中酸性侵入体,由于与其有关的各种岩浆期后矿床分布于岩体的顶部及其附近围岩中,岩体的剥蚀程度对矿床的保存具有较大的影响:当剥蚀程度较低,未及岩体顶部时,围岩的蚀变现象及脉岩分布区可作为找寻 Pb、Zn、Hg、Sb 等中低温矿床的标志及有希望的地区;当剥蚀程度中等,刚刚达到岩体顶部,侵入体呈岛状出露,各种蚀变较强时,是找寻各种热液矿床和矽卡岩矿床很有希望的地区;当剥蚀程度很高,中酸性岩体大面积出露时,一般对找矿不利,因为在成因上与该岩体有关的矿床数量将大为减少,但当侵入体为多次侵入的复式岩体时,情况更为复杂,要针对具体情况进行深入的研究工作。

岩体被剥蚀深度的确定,主要根据岩体本身的产出地质特征、岩体形态、岩相变化、捕虏体分布、岩石化学、地球化学(一些特征元素的含量变化及其有关元素比例的变化,如 Nb/V、K/Na、Zn/Pb 等)、副矿物的分布、蚀变强弱及组合等特征综合分析而定。以与斑岩铜矿有关的斑岩体为例,确定岩体根部和顶部的主要标志如表 4-6 所列。

表 4-6  与斑岩铜矿有关的斑岩体根部及顶部特征对比表

| 斑岩体根部特征 | 斑岩体顶部特征 |
| --- | --- |
| 岩性均一 | 呈斑状 |
| 蚀变弱,以钾化为主 | 蚀变强,有青磐岩化、泥化、石英绢云母化等系列蚀变 |
| 长石具碱性反应边 | 碱性长石呈细脉状产出 |
| 硫化物少,小于 3%,呈浸染状 | 硫化物多,7%~10%,呈细脉状 |
| $FeS_2/CuFeS_2 = 1:1 \sim 1:5$ | $FeS_2/CuFeS_2$ 大于 10:1 |
| 铜含量低 | 铜含量高 |
| $Fe_3O_4$ 交代 $FeS_2$ | $FeS_2$ 交代 $Fe_3O_4$ |
| 无 Pb、Zn、Au、Ag 的分带 | 有 Pb、Zn、Au、Ag 分带 |
| 角砾岩筒少见 | 角砾岩筒常见 |
| 氧化系数 $Fe^{3+}/Fe^{2+}$ 较小 | 氧化系数 $Fe^{3+}/Fe^{2+}$ 较大 |
| 磷灰石、锆英石量较少 | 磷灰石、锆英石量较多 |
| 找矿远景较小 | 找矿远景较大 |

### (四)地层、岩相、古地理因素

地层、岩相、古地理因素对各种外生矿产及部分的内生矿产都具有十分明显的控制作用。地球上有意义的成矿作用主要发生在地壳岩石圈的上部地层及水圈、气圈和生物圈中；成矿作用的能源主要来自太阳辐射,部分来自生物化学和火山活动等；成矿物质主要来自暴露地表的岩石、矿床、火山喷发物及生物有机体的分解,部分成矿物质可能来自星际陨石。风化作用和沉积作用对成矿起着主导作用,但它们的作用是通过地层、岩相、古地理而体现的。因此,在预测找矿工作中只有通过对地层、岩相、古地理因素的深入综合分析研究,才有可能取得事半功倍的效果。

**1. 地层因素**

地层是指一定时代、具一定岩相特征的沉积物。地层因素对成矿的控制主要表现在地层时代控矿和地层岩性控矿两个方面。

(1)地层时代对成矿的控制。外生矿床常形成于一定时代的地层中,呈现出外生矿床在时间上的不均匀分布特征。例如,外生铁矿虽然几乎每个时代都有,但最有意义的是前寒武纪地层,其储量占世界铁矿总储量的60%以上；前寒武纪和第三纪(古近纪+新近纪)地层还集中了全世界锰矿储量的50%以上；铝土矿主要形成于石炭纪—二叠纪地层；磷主要形成于前震旦纪、震旦纪—寒武纪、二叠纪和第三纪地层；我国煤矿主要集中在石炭纪—二叠纪、三叠纪—侏罗纪和第三纪地层；沉积铜矿主要集中于前震旦纪、二叠纪—三叠纪和侏罗—白垩纪地层；世界上盐类集中于泥盆纪、二叠纪和第三纪地层；世界上石油总储量的90%以上形成于中、新生代地层中。

从整个地史发展进程的角度考察外生矿产在不同时代的地层中的分布特征,可以发现外生矿产在时间上的这种不均匀分布也是非常明显的,可以用成矿期来表述,并且不同种类的矿产在成矿期内是有序出现的,构成了所谓的成矿序列。叶连俊(1976)认为我国沉积矿床可以划分为4个成矿期,在每个成矿期中,主要沉积矿床形成规律的成矿序列(图4-9),自老而新大致以Fe→Mn→P→Al→煤→Cu→盐类顺序出现。有些成矿期内的成矿序列是不完整的。各个成矿期并不完全相同,如第Ⅰ成矿期和第Ⅱ成矿期的成矿序列只有其前期的矿床形成,第Ⅳ成矿期的成矿序列则只有其后期矿床形成,唯独第Ⅲ成矿期的成矿序列才是完整的。不但在成矿序列的完整程度上各成矿期有所不同,在同一种矿床的矿床类型上各成矿期亦有所差异,如2000Ma前的铁矿以条带状磁铁石英岩为主；而2000Ma以后,包括古元古代和古生代,则主要以鲕粒赤铁矿为主；到了中生代变为以菱铁矿为主。可见成矿的周期性只是成矿作用前进发展的一个侧面。某种矿产都集中在某一个或某几个时代,各种矿产均有自己特定的成矿期和演化方向。这种时间分布规律有时带有全球的一致性,如前寒武纪变质铁矿的形成规律往往具有世界的一致性,而往后则区域性特征明显,这与整个地壳演化规律相一致。

上述成矿序列明显地反映了气候条件的规律演变,大致反映了从温湿的气候条件向干燥气候条件演化,即从Fe、Mn、P、Al、煤到Cu、盐类沉积矿床形成而告终。另一方面,这一序列也反映了与地壳运动和海水进退的密切关系,即Fe、Mn、P等形成于海侵阶段,形成以海相为主的沉积矿床,而Al、煤、Cu、盐类矿床则常形成于海退阶段,形成以陆相沉积为主的矿床。整个成矿序列可分为两个大的阶段：早期海侵阶段成矿序列,其主要矿床产于海侵岩系的底部,矿层距底部不整合面一般不超过几十米,矿层稳定,分布于广阔的滨海到浅海地带。晚期海退

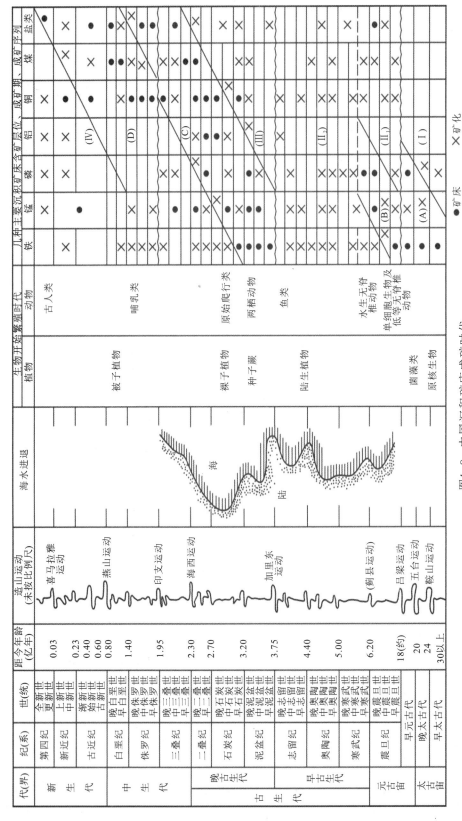

图4-9 中国沉积矿床成矿时代
(据叶连俊,1976)

阶段成矿序列是在造陆运动过程中形成的,地壳构造趋于不稳定,沉积物分选性差,古气候愈来愈干燥,首先形成煤及铝土矿,这时气候仍为温湿的气候条件。实际上煤和Al是处于海进、海退的转折部位,处于整个成矿序列过渡位置。往后即为含铜砂页岩和膏盐矿床,它们常产于一套类磨拉石同生盆地红色建造中。

在预测找矿工作中,针对地层时代控矿特征,应把注意力集中在某些特定时代的地层中,按层位缩小工作靶区。另外据不同种类矿产在同一成矿期内的有序分布特征,从已知到未知、由此及彼地指导预测找矿工作。

(2)地层岩性对成矿的控制。地层岩性条件不仅对外生矿床而且对部分内生矿床均有较明显的控制作用。①对于外生矿床而言,由于地层与矿床两者具有共同的物质来源和共同的沉积环境,因而外生矿床常与一定的沉积组合共生,如前寒武纪沉积变质铁矿,常产于含铁石英岩中,含铜砂岩多受浅色含钙长石石英砂岩控制。②对风化矿床和砂矿床,其形成都必须在具有以提供矿质来源的一定岩石类型的基础上,由于有利的气候和地貌条件,才使有用矿物和元素富集,如风化壳型镍矿床和铁矿床都是在富镍或富铁的超基性岩基础上风化而成。③对于层控矿床,一方面一定岩性的地层为层控矿床提供了部分或全部成矿物质来源,这些岩性层现在常称为矿源层,元素的渗透作用是沿着某一个或若干个矿源层直到矿床的途径而发生的,这种渗透作用产生垂直和横向分带性;第二方面是一定岩石类型和岩性所反映的岩相,代表着沉积环境对层控矿床的控制和影响,如礁灰岩相为层控铅锌矿床有利富集的岩性和岩相因素之一;第三方面是岩石的孔隙度、渗透性,碎屑物的胶结性质、结构,岩层中的砂泥比值等物理化学和机械性质,对形成层控矿床的矿液的迁移和富集起明显的作用。一般而言,岩石的孔隙度大,可透性好,化学性活泼及易于破碎的岩石性质对地下热卤水的迁移和聚积起积极作用。特别当不同机械强度的岩层、不同渗透性质的岩层、不同化学性质的岩层相互组合时,可形成有利于矿液运移的剥离破碎空间,或由不透水层隔挡的容矿层位,或有利于集中交代的特定条件,有的地层岩性兼具上述组合,则可兼具多种有利条件而集中成矿。

**2. 岩相古地理因素**

上述各类沉积矿床分布在一定的地层之中,但在同一地层中矿床富集的具体空间部位及富集程度又受到一定的岩相古地理条件控制。岩相古地理对各种沉积矿床的控制具体表现在:

(1)岩相标志反映当时的海陆分布、海水深浅、海水进退方向等及有关沉积矿产的空间分布、特征,其基本规律是:主要外生矿产均分布在沉积区和剥蚀区的中间地带(古陆的边缘、滨海、浅海、潟湖、三角洲等),如我国震旦系下部的宣龙式沉积铁矿和瓦房子锰矿主要分布于内蒙地轴的南缘[图4-10(a)],中南地区泥盆系的宁乡式沉积铁矿主要产于江南古陆的边缘[图4-10(b)],西南地区的Fe、Cu、Al等沉积矿床,主要产于康滇地轴的东缘。

(2)主要的外生沉积矿床的形成可分海侵和海退两个序列。海侵阶段形成的矿床有Fe、Mn、P等,多分布于海侵岩系的底部,海退阶段形成的矿床有铜和膏盐等。铝和煤等为海陆交互相和滨海沼泽相产物。

(3)各种外生矿床受特定的古地理环境控制。其中Fe、Mn、P、Al主要形成于温湿气候下的古陆边缘、滨海、浅海地带和淡水湖泊中;膏盐矿床(包括石膏、岩盐、钾盐、硼砂、天然碱等)形成于干旱气候条件下的古内陆盐湖和潟湖;煤形成于潮湿气候条件下的内陆盆地和滨海沼泽;含铜砂页岩和油气矿产则形成于三角洲和内陆大型盆地;古河谷、阶地、海滨及部分坡积和冲积层是各类砂矿形成的有利场所,重要的砂矿床有金、铂、锆英石、铌钽、钨、锡、钛铁矿、金刚

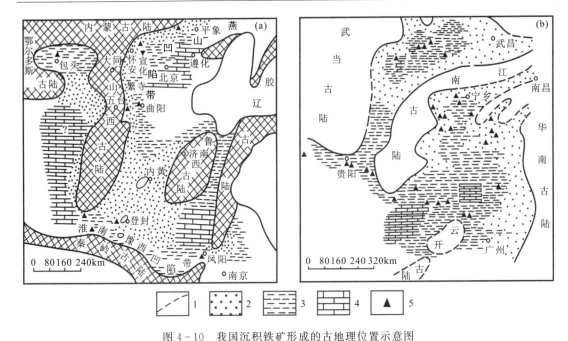

图 4-10 我国沉积铁矿形成的古地理位置示意图

(据侯德义,1984,略改)

a.北方震旦系宣龙式铁矿;b.南方泥盆系宁乡式铁矿

1.古陆界线;2.碎屑沉积区;3.泥质沉积区;4.碳酸盐沉积区;5.铁矿

石等;炎热潮湿气候及地形平缓条件,是风化淋滤矿床和风化壳矿床形成的有利环境。

(4)受沉积岩相、古地理的控制,许多沉积矿床常形成特有的相变分带,如沉积铁、锰矿床的相变分带,一般由海岸→大陆斜坡,可分为3个相带:①高价铁锰氧化物相,形成于古海水波动面之下,充分氧化环境,以高价铁锰氧化物和氢氧化物为主,如赤铁矿、褐铁矿、软锰矿、硬锰矿等;②低价氧化物及硅酸盐相,在浅海环境及不充分氧化条件下,形成鲕绿泥石和菱铁矿,以及水锰矿和蛋白石等;③碳酸盐及硫化物相,在浅海→陆棚地带,含氧不足趋向还原环境中,形成含铁碳酸盐、菱锰矿、黄铁矿、白铁矿、含锰黄铁矿及含锰方解石等(图4-11)。上述相变分带在预测找矿中的指导意义在于当首先发现了某一相带时,应该考虑到其他相带可能出现的方向和位置。有时开始发现的可能不一定具有多少工业意义,但却可导致其后更重要的发现,如第二次世界大战期间,А.Г.别捷赫琴在奇阿图拉进行锰矿勘查时,首先发现了菱锰矿,然后据相变规律向海岸方向找到了含锰更高的水锰矿床和软锰矿相带。

(五)区域地球化学因素

区域地球化学因素是控制内、外生成矿的重要因素,在矿产勘查工作中正日益被重视和强调。某一地区的区域地球化学特征是决定某地区内成矿特征的内在因素,它提供了成矿的矿质来源,决定了成矿的元素种类及共生组合特征。

区域地球化学特征是指一定区域中化学元素的分布和分配情况,以及迁移活动历史。即一个区域的地球化学背景,包括区域内元素(首先是主要成矿元素)的丰度、元素在空间分布上的区域性特点、元素的共生规律等,也包括不同地质作用和成矿作用过程中元素的迁移规律。与成矿预测和矿床普查直接有关的区域地球化学因素分析,应特别重视以下3个方面:

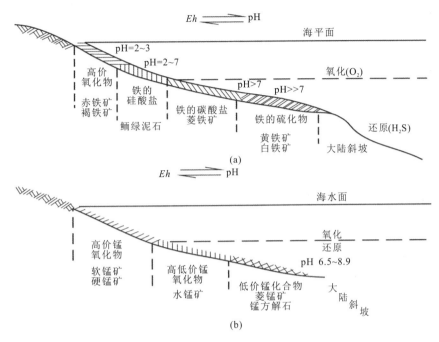

图 4-11 沉积铁、锰矿相变规律示意图
(据袁见齐等,1979)
a.沉积铁矿相变规律;b.沉积锰矿相变规律

## 1.元素的丰度

化学元素在地壳各个部分分布是不均匀的,首先反映在元素区域克拉克值与地壳克拉克值对比上,表现在某一元素或一组元素在某一地区或某个地质体中相对集中,往往是地球化学性质相近的一组元素相对集中,构成特定的地球化学区(又称地球化学省)。这取决于区域岩石类型和地质发展历史。根据元素丰度资料,联系区域地质构造特点和成矿作用分析,可以进行地球化学分区,这对区域成矿分析和类比具有重要意义。一般在一个成矿区中,主要的成矿元素在围岩或有关岩浆岩中的丰度都比较高,如我国华南钨锡稀有金属成矿区,各时代的花岗岩侵入体的 W、Sn、Be、Nb、Ta 等元素的平均含量,普遍高于地壳中的酸性岩的平均含量。各时代花岗岩中,以与成矿有关的燕山早期花岗岩含量最高(图 4-12)。

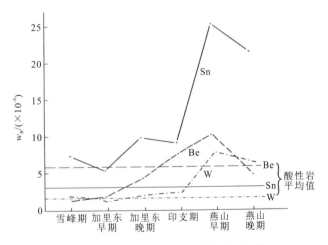

图 4-12 我国华南各时代花岗岩的 W、Sn、Be 含量分布曲线图
(据卢作祥等,1989)

为了研究一个地区的元素丰度和划分不同的地球化学区,需要系统的区域化探资料。从主要的地球化学异常或地球化学剖面,可以初步分析主要成矿元素的丰度及其变化,分析矿化与主要地质因素的联系。据元素含量的变化,从正常场→低异常区→高异常区→浓集中心→工业矿化,分析元素多阶段逐步富集的趋势,直观地指出找矿远景区,还可以分析矿质的来源及主要的矿源层和矿带的空间展布特点。主要矿带和矿源层往往与主要的区域异常带相一致。应该强调指出,分析元素丰度变化的同时,要结合元素分配富集的基础理论,深入进行元素迁移富集的地球化学机制研究。

元素丰度分析,是许多新矿床类型发现的重要途径。根据元素的丰度变化和富集趋势,可以估价区域相对成矿远景和潜在矿产。如我国中南地区寒武系底部和志留系底部黑色页岩(有的已成石煤)中,普遍富含 Ni、Mo、V、U、P 等多种元素,是很有意义的潜在矿产之一,已经引起有关方面的重视。

**2. 元素分布的区域性**

元素分布具区域性特点,往往一些元素集中于这个区域,另一些元素集中于另一区域,这与区域地质构造特点和地质发展历史密切相关。众所周知,在我国南岭地区有大片花岗岩分布,集中了大量的 W、Sn、Be、Li、Nb、Ta 等矿床;而到湘中、湘南一带,酸性侵入体侵入于巨厚碳酸盐岩中,形成 W、Sn、Pb、Zn 等元素的富集;向西到湘西、黔东一带,大片碳酸盐岩分布,则是 Hg、Sb 的富集区。在国外亦有许多类似的例子。有人认为元素在地壳中分布的不均匀性,可能与上地幔元素分布的不均匀性有关系。

据陈国达对不同的大地构造单元地球化学特点与成矿关系的分析,认为地槽区、地台区、地洼区不同地化特点和成矿特点与不同的岩浆活动和沉积建造有关。

地槽区岩浆活动强烈,早期以富镁质基性、超基性岩为特征,中晚期以花岗岩类活动为主。元素的迁移特点表现为比较集中的造矿元素是 Pt、Cr、Co、Ti、V、Fe、Mg、Mn、P、Au 等,Sb、W、Sn、Mo、Pb、Zn 也有一定富集,C、H 等气圈元素也有集中。

地台区岩浆活动以暗色岩建造为主,岩浆活动不强烈。风化沉积作用对元素的迁移分异起重要作用。气圈元素较地槽、地洼区更为发育。

地洼区作为一种过渡类型,有各种岩浆活动。花岗岩类以浅色矿物多,暗色矿物少,钾长石含量多,斜长石偏碱性,富含多种挥发分,从而形成丰富的 W、Sn、Bi、Mo、Cu、Pb、Zn、Li、Be、Nb、Ta、Th、TR 为主的多种矿床。

我国华南不同的地区表现出了许多成矿元素具有丛聚性富集特点。如黔滇桂邻区是我国卡林型金矿集中分布区,从元素分布特点可以看出,元素分布范围大,局部富集程度高,许多重要的金矿产出与金元素异常展布相一致,这些金矿可能有着统一的成矿背景和成矿作用,反映了区域上成矿元素背景明显较高的特点(图 4-13)。

**3. 元素的共生组合**

元素的迁移富集常常是成群出现,表现为特定的共生组合规律(从元素到矿物、矿床的共生),这在找矿预测、矿床综合评价、确定矿化标志、化探选择指示元素等方面都有重要意义。造成元素共生的原因很多,主要归结为元素地球化学性质相近,它们有相似的离子半径、化学键型等,经历的地质作用和形成的物理-化学环境近似、叠加改造作用相似等。

区域元素组合与区域的主要岩石类型密切相关。如内生成矿过程中,与基性、超基性岩等

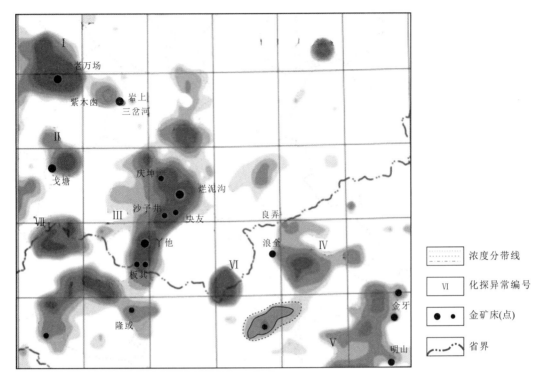

图 4-13 滇黔桂及邻区区域化探异常背景与金矿分布示意图
(据王学求,2014)

有关的是 Cr、Ni、Co、Pt、V、Ti 等经常共生;与中酸性岩活动有关的则是 W、Sn、Mo、Bi、Li、Be、Nb、Ta、Fe、Cu、Pb、Zn 等元素经常共生。在外生成矿过程中,在温湿气候条件下,则形成 Fe、Mn、P、Al 的共生;在干旱气候条件下则是各种膏盐和 Cu、U 的共生,彼此存在特定的相变规律。除上述主要成矿元素共生外,各类矿床中还有多种稀散元素的伴生。元素共生组合规律,在预测评价中主要应用在下列诸方面:

(1)作为预测找矿的一种标志。当我们发现某种元素成矿,则应该注意可能有另一些共生元素矿床的出现,如 Cu-Mo、Ni-Co、W-Sn-Mo、Hg-Sb-萤石等。

(2)有些共生组分对成矿元素富集起着特殊的作用。如超基性岩中的镁对铬富集;中酸性岩的碱质和挥发分对 W、Sn、Bi、Mo 等的富集都起重要作用。

(3)利用共生规律进行矿床综合评价。多数矿床是多组分的综合矿床,随着采冶技术水平的提高,应注意可以综合利用的伴生组分的查定和评价,其中包括对氧化露头的评价。

(4)利用共生的指示元素,扩大化探效果和异常评价。

(5)利用共生元素及其比值的变化,用于研究矿化富集规律、成矿作用和矿床成因等多种目的。

(六)变质作用因素

在地球上,前震旦纪古陆、地盾、地块都由区域变质岩系组成。震旦纪以后的区域变质岩系都和各个时代的造山带有关。它们的分布很广,与变质作用有关的矿产具有相当大的工业经济意义。因此在变质岩系分布的和受变质作用影响的地区进行矿产勘查,必须注意变质条件的研究。

与区域变质作用有关的受变质矿床主要是受变质前原生矿床的形成条件所控制。因此对变质岩原岩的恢复及变质前的矿床形成的各种成矿地质条件(如地层、岩相-古地理、构造或岩浆岩等)的分析研究是主要的。此外,区域变质作用使矿床发生变化,因而也需要对变质条件进行分析。变成矿床是经受区域变质作用才形成的矿床,因此变质作用、变质相就决定了变成矿床的富集和分布规律。为寻找这类矿床必须在恢复原岩的条件下,深入地研究变质程度、变质作用和变质相。矿床总是分布在特定的变质相中,并与它们有成因联系。

影响变质作用及与之有关的成矿作用的主要因素是温度、压力和具化学活动性的流体。要注意这些因素在各个不同地区的区域变质作用、混合岩化和花岗岩化中所起的作用。由于这些作用的结果,一方面形成了一系列的含矿变质建造,另一方面也决定了变质程度的深浅、变质相带和变质矿床的类型和分布。因此分析变质条件应注意以下3个方面:

**1. 以岩石学、岩石化学、地球化学和变质作用研究为基础,恢复原岩及建造类型**

查明变质建造的含矿特征和有用组分的原始分布,从而可以深入掌握变质矿床的分布规律,如对变质火山岩系中的黄铁矿型铜矿床的含矿岩系研究,恢复其原岩类型和建造为一套特殊的火山沉积岩,即细碧岩-石英角斑岩及相应成分的凝灰岩互层。这样就可确定其海底喷发的成因,而矿床的形成与火山岩基部硫质喷气孔活动有关。进一步再根据其变质深浅可确定其所属类型,同时结合分析其所处大地构造位置的特征,便可较快地查明其原岩和矿产分布规律。如国内外许多变质的细碧角斑岩系中的含铜黄铁矿床分布规律都有许多共同特征。这类矿床中未受变质的代表为日本等地与年轻火山活动有关的硫化物矿床。它们的分布是受板块俯冲带构造和特定的海相火山岩系控制。我国浙江省中部元古宙双溪坞群可能为区域变质绿片岩相,其原岩为一套细碧-石英角斑岩系及相应成分的凝灰岩互层为主的海相火山喷出岩系,它不仅与黄铁矿型铜矿有关,并且也同金矿有成因联系。

**2. 注意分析区域变质程度,划分变质相带**

在进行矿产勘查时,不仅要划分出浅、深变质带,还应更进一步根据各地区特点对变质相带进行详细的划分。一般来说,浅变质区主要是形成受变质矿床,深变质区往往形成变成矿床。它们还往往与混合岩化作用和变质热液作用有关,如我国东北前震旦纪绿片岩相和含铁建造中的富铁矿。对于多数矿床来说,随着区域变质作用的加强,元素组分的重新组合和矿物重结晶,矿石质量向好的方向发展,例如结晶程度差的磷矿,经区域变质可以变成易选的磷灰石晶体,铁矿经区域变质晶体加大后,也利于磁选,等等。总之详细划分变质相,可以辨别在不同相带内可能具有的各种不同类型矿床分布,这对预测和找寻变质矿床是有很大作用的。

**3. 变质建造及有关的变质矿床**

苏联地质学家将在时空上彼此密切联系的各种岩石天然组合称为建造,包括岩浆建造、沉积建造、变质建造等。其中变质建造是指一定的构造发展阶段变质岩石的天然组合。不同的变质建造往往具有不同的变质矿床,构成所谓的含矿变质建造。在变质因素的成矿分析中,要注意总结和发现新的含矿变质建造。

已知主要的含矿变质建造有下列几类:

(1)含铁变质建造。有:①基鲁那型,是产于变粒岩中的磁铁矿-磷灰石型;②鞍山型,与绿片岩相有关,属磁铁石英岩型;③大红山型,属变钠长岩型铁铜矿床;④哈姆斯利型,属碧玉磁铁石英岩等。

(2)含硫化物变质建造。有:①黄铁矿型铜矿(白银厂型),产于变质火山岩中;②黝铜矿型(挪威),产于黑云母片岩或片麻岩中;③铅锌多金属型(澳大利亚布罗肯山),产于变质火山岩中。

(3)含磷变质建造。有:①含磷金云母-透辉石型,产于片麻岩中(黑龙江、内蒙古);②含磷变质白云母型,产于片岩、白云岩、大理岩建造中(如海州磷矿)。

(4)含硼、钠长石型变粒岩建造。有电气石变粒岩型和钠长石变粒岩型两类。

(5)含金-铀变质砾岩建造。有著名的南非维特型,产于云母片岩-石英岩系中。

(6)富铝变质建造。有河北灵寿刚玉矿床,产于富铝片麻岩中。

(七)人为因素

人为因素对人工矿床的形成起着重要的控制作用。随着人工矿床概念的普及及其在矿业可持续发展中的重要地位的确立,对控制人工矿床形成的人为因素的研究也正被人们逐渐所重视。所谓人为因素是指有利于人工矿床形成的全部人类活动。由于人工矿床主要是在技术经济相对落后的年代里人类进行矿业生产活动时所遗留下来的废弃堆积物,如选矿尾砂或采矿的废石等,因此人类活动的时间长短及当时进行矿业生产时的科学技术水平高低对人工矿床的规模及价值都有着较大的影响。一般说来,人类活动的时间越长,当时所依赖的科学技术水平越高,则形成的人工矿床规模越大。但当时的科学技术水平越高,形成的人工矿床的价值则相对较小。以金矿为例,早期采用单一的机械分选(重选)所抛弃的尾砂含金可达$n\times 10^{-6}\sim 10n\times 10^{-6}$,而现今采用氰化法的尾砂含金仅$0.n\times 10^{-6}$。对于一些经历了长期的尾砂、废石堆放而形成的人工矿床,因科学技术水平的不断提高,特别是选矿技术的不断改进和更新,人工矿床中的有用组分的含量从下部→上部常具有由高→低的变化及可利用的有用组分的种类常具有多→少的变化。

总的来看,人为因素的研究程度目前非常有限,但随着人工矿床的逐步开发,人为因素的研究水平将会不断提高。

## 二、找矿标志与找矿信息

找矿标志是指能够直接和间接地指示矿床存在或可能存在的一切自然的或人工的实体地质标志特征和标志线索。找矿标志按与矿化的联系一般可分为直接找矿标志和间接找矿标志两类,前者如矿体露头、铁帽、矿砾、有用矿物重砂、采矿遗迹、煤层露头、油苗、气苗、石沥青、碳沥青;后者如蚀变围岩、特殊颜色的岩石、特殊地形、特殊植物、特殊地名等。找矿信息是指通过对不能直接反映矿化存在的各种标识信息,或通过找矿方法或技术手段获得的数据,经过数据信息处理后反映矿化可能存在的有效信息总称(如物探信息、化探信息、遥感信息等)。

通过对找矿标志和找矿信息的发现和研究,可以迅速有效地缩小找矿工作靶区,发现矿床、矿体的具体产出位置,并为后续的勘查工作的决策及方法手段的合理选择提供依据。现今矿产普查工作中应用的各种找矿方法实质上就是通过对找矿标志和信息的研究而达到找矿的目的。找矿标志按其成因分类,可分为地质标志、生物标志、人工标志等。找矿信息可分为地球化学信息、地球物理信息、遥感找矿信息以及综合信息。以下对各类找矿标志分别叙述如下。

## (一)找矿标志

### 1. 地质标志

地质标志是指能够指示矿产存在或可能存在的各种地质作用产物,它包括矿产露头、近矿围岩蚀变、特殊矿物及矿物标型特征、特殊的地形等。

1)矿产露头

矿产露头可以直接指示矿产的种类、可能的规模大小、存在的空间位置及产出特征等,是最重要的找矿标志。由于矿产露头在地表常经受风化作用的改造,因此据其经受风化作用改造的程度,可分为原生露头和氧化露头两类。

原生露头是指出露在地表,但未经或经微弱的风化作用改造的矿化露头。其矿石的物质成分和结构构造基本保持原来状态。一般来说,物理化学性质稳定、矿石和脉石较坚硬的矿体在地表易保存其原生露头。例如鞍山式含铁石英岩,其矿石矿物和脉石矿物基本上全是氧化物:磁铁矿、赤铁矿、石英等,因此不会再氧化,至多磁铁矿氧化为赤铁矿,故地表露头基本上反映深部矿体的特征。此外,铝土矿,含金石英脉,各种钨、锡石英脉型矿体和矿脉在地表同样稳定,其中主要矿物皆为氧化物。这类露头一般能形成突起的正地形,易于发现,并且还可以根据野外肉眼观察鉴定确定其矿床类型,目估矿石的有用矿物含量,初步评定矿石质量。

但是,多数的矿体的露头,例如各种金属硫化物的矿体露头,在地表均遭受不同程度的氧化,使矿体的矿物成分、矿石结构构造均发生不同程度的破坏和变化,这种露头称为矿体的氧化露头。由于原生硫化矿物经受氧化而各种元素形成具有鲜艳色彩引人注目的氧化物或含氧盐类,如铜矿体氧化露头中的孔雀石、蓝铜矿等次生矿物呈现美丽的蓝绿斑杂色,镍华呈现苹果绿色、鲜绿色,钴华呈鲜艳的红色,钼华呈现出橙黄色斑点,这样就分别指示了有铜、镍、钴、钼矿的存在。在对金属氧化露头的野外评价中,要注意寻找残留的原生矿物以判断原生矿的种类及质量,另外也可以据次生矿物特征判断原生矿的特征(表 4-7)。对能源类矿产,如石油,在地表随氧化程度增高,常发生由石油→软沥青→地沥青→石沥青→碳质沥青→碳沥青的变化。因此,由油矿物可判断石油的存在。

某些种类矿产的氧化露头如果受到极为强烈的表生作用改造,则会变得原始面貌全非,难以辨认原生矿的种类及类型,给深部原生矿的判断和查明带来较大的困难。如上述的金属硫化物矿体的氧化露头最终常在地表形成所谓的"铁帽"。铁帽是指各种金属硫化物矿床经受较为彻底的氧化、风化作用改造后,在地表形成的以 Fe、Mn 氧化物和氢氧化物为主及硅质、黏质混杂的帽状堆积物。铁帽是寻找金属硫化物矿床的重要标志,国内外许多有色金属矿床就是据铁帽发现的。如果铁帽规模巨大,还可作铁矿开采。在预测找矿工作中对铁帽首先须区分是硫化物矿床形成的真铁帽或是由富铁质岩石和菱铁矿氧化而成的假铁帽,其次对铁帽要进一步判断其原生矿的具体种类和矿床类型,具体可由以下 3 个方面入手:

(1)研究铁帽中的残余物和次生矿物及颜色。残余硫化物,如铁帽中的黄铁矿、黄铜矿、方铅矿、闪锌矿等及与其有关的次生氧化矿物是确定铁帽的硫化物矿体露头生成的重要依据之一。由岩石风化铁质生成的假铁帽矿物成分简单,除铁的氧化物和氢氧化物之外,很少有上述具指示意义的原生和次生矿物。其次颜色也是一种鉴别标志,真铁帽含有各种次生金属矿物而具有多种色彩,假铁帽则呈单调的暗褐色。

表 4-7 某些矿床氧化露头常见次生矿物及其颜色特征表

| 矿种 | 原生矿物 | 次生矿物 | 次生矿物颜色特征 |
|---|---|---|---|
| 铜 | 黄铜矿、斑铜矿、辉铜矿等 | 孔雀石 | 翠绿色 |
| | | 硅孔雀石 | 绿色 |
| | | 蓝铜矿 | 蓝色 |
| | | 赤铜矿 | 红色—铅灰色 |
| | | 黑铜矿 | 黑色 |
| 锌 | 闪锌矿 | 菱锌矿 | 灰色或浅灰褐色;白色、浅蓝色或无色(不含铁的) |
| | | | 黄褐色或无色 |
| | | 异极矿 | 绿色(有氧化锰混入) |
| 铅 | 方铅矿 | 白铅矿 | 白色及浅灰、浅褐色 |
| | | 硫酸铅矿 | 浅黄色、褐色 |
| | | 磷氯铅矿 | 深浅不一的绿色、黄色及褐色 |
| 镍 | 针镍矿、镍黄铁矿、红砷镍矿 | 镍华 | 苹果绿色 |
| 砷 | 毒砂 | 臭葱石 | 葱绿色、白色 |
| 锑 | 辉锑矿 | 锑华 | 淡黄色 |
| 钼 | 辉钼矿 | 钼华 | 姜黄色 |
| 钨 | 黑钨矿、白钨矿 | 钨华 | 姜黄色 |
| 硫 | 黄铁矿、磁黄铁矿 | 褐铁矿 | 黄褐色—砖红色 |
| 锰 | 菱锰矿 | 软锰矿、水锰矿、硬锰矿 | 黑色 |

(据长春地质学院找矿教研室编《找矿方法》,1979)

(2)研究铁帽中的微量元素特征。根据微量元素的组合和含量特征,可以有效地推断深部原生矿种和矿床类型。例如,李文达通过对长江中下游地区铁帽中微量元素研究发现:含 Cu 量在 0.2% 以上者,多为铜矿床;含 Cu 0.1%~0.2% 者,可能为黄铁矿或含铜黄铁矿;含 Cu 小于 0.1% 者,一般为黄铁矿或铅锌矿床的铁帽;铁帽中 Pb、Zn 含量大于 1% 者,一般为铅锌矿床。另外,铁帽中不同的元素组合一般可指示不同的原生矿石类型,如当主要微量元素组合为 Cu、Ni、Mo、Ag、Au,次要微量元素组合为 Pb、Zn、As 时,下部多为原生铜矿石。当主要微量元素组合为 Co、As、V、Ti,次要微量元素组合为 Cu、Pb、Zn 时,原生矿石多为黄铁矿。澳洲西部地区铜镍硫化物矿床的铁帽以 Ni、Cu、Pt 含量高和 Cr、Mn、Zn、Pb 含量低为特征。南部非洲某些火山成因的块状铜锌矿床的铁帽,以 Cu、Pb、Ba 含量高和 Mn、Ni、Co、Cr 含量低为特点。

(3)研究铁帽的结构构造。当硫化物风化时,首先沿硫化物晶面和解理微细裂隙发生氧化淋滤,同时由于铁、硅质的交代作用,形成一些特征的再生结构构造,这些再生的结构构造对判断原生的矿物成分有一定的指示作用,如蜂窝状指示原生的方铅矿和黄铜矿,细胞状、海绵状指示闪锌矿等。

2)近矿围岩蚀变

在内生成矿作用过程中,矿体围岩在热液作用下常发生矿物成分、化学组分及物理性质等诸方面的变化,即围岩蚀变。由于蚀变岩石的分布范围比矿体大,容易被发现,更为重要的是蚀变围岩常常比矿体先暴露于地表,因而可以指示盲矿体的可能存在和分布范围。

围岩的性质和热液的性质是影响蚀变种类的主要因素。不同的蚀变种类常对应一定的矿产种类,根据蚀变岩石特征可以对可能存在的盲矿的矿化类型做出推断。主要的围岩蚀变类型及其有关矿产如表 4-8 所列。需指出的是,并非有围岩蚀变一定有矿产形成,为了准确、充分地应用围岩蚀变在找矿中的指示作用,预测找矿工作中对围岩蚀变一般需进行以下 4 个方面的研究:

表 4-8 主要围岩蚀变类型及其有关矿产

| 含矿溶液温度 | 围岩蚀变类型 | 围岩条件 | | | | | 矿产种类 | |
|---|---|---|---|---|---|---|---|---|
| | | 沉积岩和变质岩 | | 岩浆岩 | | | 金属 | 非金属 |
| | | 碳酸盐类 | 硅酸质 | 超基性、基性 | 中性 | 酸性 | | |
| 气化-高温热液 | 云英岩化 | | ++ | | | +++ | 钨、锡、钼、铋 | |
| | 钠长石化 | | | | | +++ | 锂、铍、铌、钽 | |
| | 矽卡岩化 | +++ | | | ++ | ++ | 铁、铜、铅、锌、钼、锡、钨 | |
| | 方柱石化 | ++ | | | | ++ | | |
| | 电气石化 | | | | | ++ | 锡 | 金云母 |
| 中低温热液 | 次生石英岩化 | | | | ++ | +++ | 铜、钼、金 | 明矾石,叶蜡石 |
| | 黄铁绢英岩化 | | | | | +++ | 金、铜、铅、锌 | |
| | 硅化 | ++ | ++ | | ++ | ++ | 铜、金、汞、锑 | |
| | 绢云母化 | | +++ | | ++ | ++ | 铜、钼、金、铅、锌、砷 | |
| | 绿泥石化 | | ++ | ++ | +++ | + | 金、铜、铅、锌、锡、铬 | |
| | 蛇纹石化 | ++ | | +++ | | | 铬 | 石棉 |
| | 碳酸盐化 | | ++ | +++ | ++ | + | 金、铜、铅锌、铌钽、稀土 | |
| | 青盘岩化 | | + | ++ | +++ | | 金、银、砷、锑、铜 | |
| | 滑石菱镁岩化 | | | | | | 镍、钴 | 滑石 |
| | 重晶石化 | ++ | | | | | 铅、锌 | 重晶石 |

注:+++最常见,++常见,+少见。(据侯德义等,1984)

(1)研究蚀变岩的成因及其与矿化的关系。有的蚀变类型是多种成因,有的成因具有找矿指示意义,有的则无或只有次要意义。因此,对蚀变岩石必须查明其成因及其与找矿的关系。例如,动力变质作用和热液作用皆可形成绿泥石化,前者基本无找矿意义,而后者则是找寻 Cu、Au、多金属矿产的重要标志。另外,由无水硅酸盐矿物(如石榴石、辉石、硅灰石、符山石等)组成的矽卡岩,与硫化物矿床的关系并不密切,但由绿帘石、阳起石等含水硅酸盐构成的矽卡岩则与硫化物矿床关系密切。

(2)研究蚀变的时空分布与矿化的关系。与成矿有关的围岩蚀变的时空分布有重要的找矿指示意义,特别是蚀变的空间分带常常和一定的矿化分带相对应。通过对蚀变分带的深入研究,建立蚀变模型(图 4-14),可以较好地指导同类矿产的勘查工作。

(3)研究蚀变的强度和规模与工业矿体的关系。蚀变的强弱与矿化的强弱常具直接的对应关系,蚀变的规模越大,则有关的工业矿体的规模一般也相应较大。这种情况在我国胶东的蚀变岩型金矿中表现得最为典型。因此,在找矿工作中,通过研究蚀变的强度及规模特征,可以对欲找寻的矿产的相应特征进行判断。

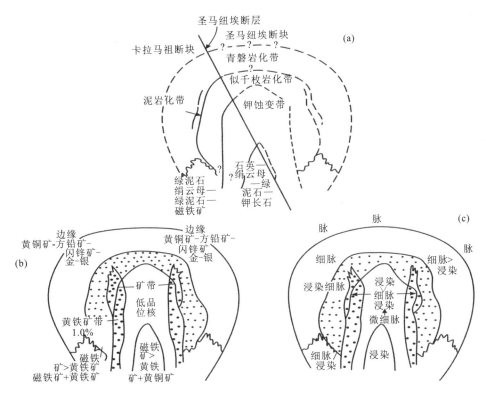

图 4-14 圣马纽埃-卡拉马祖圆心状蚀变-矿化带略图
(据 J.D.劳维尔等,1970)
a.蚀变分带;b.矿化分带;c.硫化物产状分布

(4)研究不同的蚀变种类与矿化的关系。围岩蚀变的种类很多,其中有的种类没有明确的指示找矿意义,但有的种类则与一定种类的矿产具有较密切的联系(见表 4-8)。因此,必须查明不同种类的蚀变与矿化的对应关系,即围岩蚀变的成矿专属性问题。这其中即包括对已知的围岩蚀变成矿专属性的总结,也包括要重视发掘尚未认识到的围岩蚀变成矿专属性方面。例如人们对野外能够直接鉴别的蚀变种类及其与有关矿产之间的关系比较明确,但对于肉眼难以鉴别的低温及超低温蚀变则研究程度较低。美国 E.I.布卢姆斯坦(1986)在卡林型金矿带西北端艾文霍地区发现的铵蚀变(水铵长石和铵云母)是卡林型金矿的一个重要找矿标志。

3)矿物学标志

矿物学标志是指能够为预测找矿工作提供信息的矿物特征。它包括了特殊种类的矿物和矿物标型两方面的内容。前者已形成了传统的重砂找矿方法;后者是近 20 年来随着现代测试技术水平的提高,使大量存在于矿物中的地质找矿信息能得以充分揭示而逐步发展起来的,并取得了较大的进展,20 世纪 80 年代已形成矿物学的分支学科——找矿矿物学。

特殊种类的矿物的指示找矿作用体现在由于某些种类的矿物本身就是重要的矿石矿物,或者常与一些矿产之间具有密切的共生关系,因而对于寻找有关的矿产常起到重要的指示作用。例如,水系沉积物中的砂金常指示物源地有原生金矿的存在,镁铝榴石、铬透辉石、含镁钛铁矿因常与金刚石共生而对找寻金刚石矿产具指示意义。

矿物标型是指同种矿物因生成条件的不同而在物理、化学特征方面所表现出的差异性。通过矿物标型特征研究可以提供以下几方面的找矿信息：

(1) 对地质体进行含矿性评价。利用矿物标型可以较简捷地判断地质体是否有矿。例如，金伯利岩中的紫色镁铝榴石含 $Cr_2O_3 \geqslant 2.5\%$ 时，可以判断该岩体为含金刚石的成矿岩体；铬尖晶石中的 $FeO>22\%$，其所在的超基性岩体通常具铂、钯矿化；再如金矿床中石英呈烟灰色时，其所在的石英脉含金性一般较好。

(2) 指示可能发现的矿化类型及具体矿种。预测工作区发育的可能矿化类型，在评价矿点和圈定预测远景区时具有重要意义。矿物的不同标型反映矿床成因特点已积累了许多资料。不同成因类型的矿床具有不同的工业意义，这是矿床工业类型划分的基础，也是类比预测很重要的一个方面。例如，不同成因类型矿床中的磁铁矿，其化学组分差别很大，与基性、超基性岩有关的岩浆矿床中，磁铁矿一般含 $TiO_2$ 很高，而其他类型的则含 $TiO_2$ 很低，同一矿床从早期→晚期也呈现规律性变化；从锡石的标型特征（晶形和含微量元素）可以区分伟晶岩型、石英脉型、锡石硫化物型等不同类型的矿化；从辉钼矿中铼的含量，可以为区分斑岩铜矿与斑岩钼矿提供资料。利用矿物的标型特征判别不同的矿床类型，是目前应用很广的一个方法。利用矿物标型特征和矿物共生组合特点，可以提供更好的矿床类型信息。例如，含锌尖晶石作为多金属矿床出现的标志；电气石的标型变化作为不同成因的锡石矿床的标志；伟晶岩中玫瑰色和紫色矿物（云母、电气石、绿柱石等）的出现是锂、铯矿化的标志；花岗岩中绿色天河石、褐绿色锂云母的出现，说明可能有锂矿化的存在；在变质岩地区见蓝晶石、石榴石，是含云母伟晶岩存在的标志。

(3) 反映成矿的物理、化学条件。目前在大比例尺成矿预测及生产矿区的"探边摸底"找矿工作中应用较多。利用矿物标型特征的空间变化，推测矿物形成时的物、化条件及空间变化特征，进行矿床分带，指导盲矿找寻。例如，在反映成矿温度方面，锡石从高温→低温，晶形由简单的四方双锥→四方双锥及短柱状→长柱状、针状；闪锌矿从高温→低温，含铁量由高→低、颜色由黑→淡黄。王燕(1979)在胶东玲珑金矿对第一阶段石英进行系统的测温，绘制出温度梯度等值线图(图4-15)，清楚地反映了矿液是从北东深部向南西方向斜向运移的，从而较好地指导了深部矿体的找寻工作。

(4) 指示矿床剥蚀深度。矿床被剥蚀深度的分析，对深部找矿前景评价具有重要意义。矿床形成时在垂直方向上存在着温度、压差、挥发分逸出度、成矿介质的酸碱度、氧化还原电位等规律性的变化，这些变化可以从矿物的结晶形态变化、混入杂质的组成及含量变化、有关元素的比值变化、挥发分的含量变化、不同价态的阳离子比值的变化（如 $Fe^{2+}/Fe^{3+}$ 的变化），以及气液包裹体成分、形成温度及温度梯度等诸方面得到一定程度的反映，从而对矿床剥蚀深度做出判断。

**2. 生物标志**

生物的生存状况受环境条件影响较大，一些特殊生物的存在可以在一定的程度上反映地下的地质特征及可能的矿化特征，因而可以作为指示找矿的标志。生物标志中以植物的应用较多，动物则因其活动性及微量的金属元素就会导致其中毒和死亡而难以利用。

应用植物作为找矿标志的依据是植物的生长受土壤及地下水中微量元素成分的影响。当地下的金属盲矿体经表生作用改造及地下水的溶解作用后常使表层的土壤中也富含此类金属元素，这些一般会在植物的生长状况上反映出来，特别是一些特殊的植物具有在富含某种金属

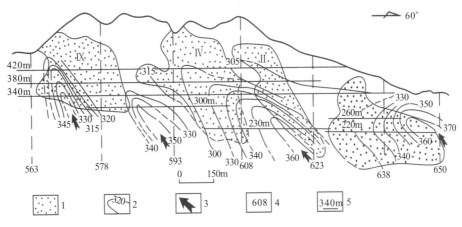

图 4-15 成矿温度梯度与矿柱关系图
(据王燕,1979)

1.矿柱及编号;2.温度等值线;3.矿液流动方向;4.勘探线编号;5.坑道水平标高

元素的土壤中生长的特殊习性,因而对找矿可以起到较好的指示作用。例如,我国长江中下游的铜矿区内一般都有海州香薷(铜草)生长,目前是公认的本地区内找铜的一种指示植物。另外,有些植物因含某种元素而产生生态变异现象而具有间接的指示找矿意义。例如,含 Th 0.1%的白杨树可高于一般树的数倍,高度可达百余米;含锰高,可使石松属和紫苑属植物的颜色加深,使扁桃花冠颜色由白色变粉红色。植物群的发育特征也常具有指示找矿的意义。例如,硫化物矿区内因地下水酸度过大而使植物枯萎;盐类和石膏矿床上植物一般也比较矮小;磷矿区内植物往往生长得特别茂盛。

目前,生物标志的研究趋势是:由宏观生物向微体生物,如向藻类、细菌、真菌类发展;由现代生物向已绝迹并已成为化石的古生物发展。在研究、揭示生物标志的指示找矿机理方面,一改过去的把生物视为环境的被动产物的片面看法,而是更多地注意对环境的主动改造作用,即把生物本身视为一种重要的致矿因素,在此基础上总结、发掘新的生物找矿标志。这主要是近20年来生物成矿研究所取得的巨大进展,使人们认识到生物通过自身或因其活动而改变了环境的物理化学条件,使成矿元素发生迁移、沉淀和富集,从而形成上规模的工业矿床。生物致矿作用的揭示给生物找矿标志的研究开拓了新的广阔空间,但目前这方面的研究程度还非常有限。

### 3. 人工标志

人工标志主要指旧采炼遗迹、特殊的地名等。例如老矿坑、旧矿硐、炼碴、废石堆等,它们是指示矿产分布的可靠标志。我国古代采冶事业发达,旧采炼遗迹遍及各地。古代开采放弃的矿山,或者是由于当时技术落后不能继续开采,或是由于对矿产共生组合缺乏识别能力,用现代的技术及经济条件重新评价,有时会发现非常有工业价值的矿床。我国不少矿区是在此基础上发现和开发的。此外,更多的是以这些旧采炼遗迹为线索,通过成矿规律、找矿地质条件的研究而找到更为重要的新矿体。特殊地名标志是指某些地名是古代采矿者根据当地矿产性质、颜色、用途等而命名的,对选择找矿地区(段)有参考意义。有的地名直接说明当地存在什么矿产,如安徽的铜官山、湖北大冶的铁山、河北迁西的金厂峪、浙江平阳的矾山、甘肃玉门的石油河等。有些地名因古代人对矿产认识的局限性,其地名与主要矿产类型有差别,但仍然指示有矿存在的可能性,例如江西德兴银山实际上是铅锌矿,湖南锡矿山实际上是锑矿,甘肃白银厂实际上是铜矿等。

### (二)找矿信息

**1. 地球化学信息**

地球化学信息或称地球化学异常主要是指各种地球化学元素分散晕,它们是围绕矿体周围的某些元素的局部高含量带。这些分散晕据调查介质的不同可分为原生晕、次生晕(分散流、水晕、气晕、生物晕)等。从研究、分析地球化学元素的途径入手而达到提取找矿信息的目的,目前已形成了较为成熟的各种专门性的地球化学找矿方法。通过化探方法所圈出的各种分散晕常称为化探异常。

地球化学信息在金属、能源矿产勘查工作中应用非常广泛,与其他找矿信息(或标志)相比,具有独特的优点:首先是找矿深度大,是找寻各类矿产,特别是盲矿床(体)的重要信息,找矿深度可以达到100m甚至数百米;其次,应用于指导找矿比较简便,利用不同尺度、种类的化探信息进行不同比例尺的预测找矿工作。具体如区域化探异常可反映区域地球化学场特征,区域内的主要异常及其形态展布,反映主要成矿带和矿化集中区或主要矿源层的展布及主要控矿因素与矿化的内在联系,从而有助于提高勘查人员的识别能力,为评价区域总的成矿前景和矿产潜力指明方向。另外,地球化学信息是发现新类型矿床及难识别矿床的唯一途径或重要途径。对于以成矿元素作指示元素而圈定的地化异常是一种直接的找矿信息,其不同级别的地化异常反映了成矿元素逐步地富集趋势,在找矿工作中从正常场→低异常区→高异常区→浓集中心→工业矿床,可以直接进行矿产的勘查与评价工作。因此,一些新类型的金属矿产就是通过对不同级别的化探异常的逐步评价而发现的。这方面比较典型的如卡林型金矿床和红土型金矿床的发现及勘查评价工作。最后需指出的是,地球化学信息的内涵丰富,获取途径之多也是其一大特点。地球化学异常除了上述的以众多的成矿元素作为指示元素外,还可以根据与成矿元素具相关联系的非成矿元素作为指示元素进行异常的提取及评价工作,如在金矿的勘查工作中常选用Cu、Pb、Zn、As、Sb、Hg等元素作为指示元素。在异常的获取途径方面可以是从基岩中提取的原生晕,也可以是从水、土壤、空气、生物中提取的次生晕。目前,地球化学信息正在向非成矿元素、新的获取途径等方面不断深入、扩大。

**2. 地球物理信息**

地球物理信息或地球物理异常主要是指各类物探异常,如磁异常、电性异常、重力异常、放射性异常等。地球物理信息对各种金属矿产、能源矿产的勘查工作具有广泛的指示作用,其主要反映地表以下至深部的不同地质体物性特征,来推断深部可能的矿化地质体特征,对地表以下的地质体具有"透视"的功能,因而是预测、找寻盲矿床(体)的重要途径之一。研究地球物理信息的地球物理探矿方法发展迅速,在矿产勘查工作中作为一种重要的勘查手段正发挥着日益重要的作用。

物探异常的实质是反映地质体的物性差异。因此,地球物理信息是一种间接的找矿信息,其本身往往具有多解性。另外,物探异常的强度受地质体的埋深大小及地形地貌特征影响较大。在应用地球物理信息时,必须结合地质、地貌等多方面的具体特征进行分析,以求对物探异常所反映的信息做出正确的解释。有关地球物理信息的获取途径及在找矿工作中的具体应用详见有关的专门课程及"找矿方法与信息提取"一节。

**3. 遥感找矿信息**

遥感是利用遥感器从空中(飞机、卫星等)通过探测物体与特定谱段电磁波的相互作用(辐射、反射、散射、极化等)特性,识别地物及其物、化性质的技术。遥感是在航空摄影的基础上发展起来的,1972 年美国搭载多光谱扫描仪(MSS)的陆地卫星(LANDSAT)发射成功,标志着遥感作为一门新型技术学科的确立。目前遥感常用的谱段为可见—短波红外($0.38\sim2.50\mu m$)、中红外($3\sim5\mu m$)、热红外($8\sim14\mu m$)和微波($0.8\sim30cm$)谱段。

目前民用卫星图像的空间分辨率已达到厘米级。空间分辨率不断提高使地物精细的空间特征,包括地物的大小、形状、阴影、空间分布、纹理结构、与其他地物的空间关系等,在遥感图像上一览无余。地物的空间特征在地物识别中越来越占据主导的地位。

高光谱技术的兴起与发展,使遥感可以依据获得和重建的像元光谱,直接识别地物类型、地物组成,以及地物的成分,反演地物的物理、化学参量,使遥感发生了由宏观到微观探测的质的飞跃。高光谱、高分辨率、热红外多/高光谱、雷达干涉(InSAR)、激光雷达(Lidar)等技术的兴起和发展,使遥感地质学继表层遥感应用领域之后,逐渐步入了定量化发展阶段。

遥感地质找矿是从遥感图像或遥感数据中发现和提取有关的成矿、控矿和找矿信息,建立遥感找矿模型。五要素找矿预测法将遥感地质信息归纳为"线"——控矿、导矿、容矿等构造信息;"环"——火山机构、侵入体等信息;"带"——矿源层信息;"块"——构造岩块信息;"色"——色块、色晕、色斑、色带等热液蚀变信息。通过对这些信息的提取、分析及其相互关系的研究,优选找矿靶区。遥感信息异常包括遥感色调异常以及线、环构造。综合信息找矿预测则是将遥感提取和解译出的遥感地质特征和遥感异常作为独立的特征变量,与地质、地球物理、地球化学等变量一起作为模型输入,根据地质成矿理论或对已知矿床(点)特征的分析和统计,确定各个变量的权重,圈定找矿有利地段或找矿靶区。

## 第三节 成矿规律与矿床谱系

成矿规律是指矿床形成和分布的时间分布、空间定位、物质来源及共生关系诸方面的高度概括和总结。成矿规律既是进行成矿分析的基础,又是成矿分析的总结,它对预测找矿工作具有重要的指导作用。自从 1892 年法国的 L. 德洛内提出成矿规律的概念以后,В. И. 斯米尔诺夫、P. 鲁蒂埃等都从不同的方面进行了卓有成效的研究,形成了全球成矿规律、区域成矿规律、矿区成矿规律及单矿种为主的专门性成矿规律等不同的分支,我国广大的地学工作者在上述方面也进行了大量的研究和总结工作。但由于地学本身的高度探索性、成矿理论的假设性,人们对成矿规律的认识仍是较肤浅的,已总结的成矿规律也有待勘查实践的进一步检验和修正。

矿床谱系是成矿规律在时间、空间和成因演化上的具体体现,是矿床在时间、空间和成因上的有规律的系列,同时也是不同的矿种类型在时空、成矿作用上的系统表现。在找矿过程中,注意建立不同的矿床谱系对找矿具有预测和指导意义。

### 一、矿床时间分布规律

矿床在时间上的分布是不均匀的,某些矿种或矿床常在某一地区的某一地质时代内集中出现。例如,世界上70%的金矿、62%的镍和钴、60%以上的铁矿形成于前寒武纪;80%的钨矿形成于中生代;85%以上的钼矿形成于中、新生代;50%的锡矿形成于中生代末;40%以上的铜矿形成于新生代等。外生矿床中,世界范围内的煤主要形成于石炭纪—二叠纪;石油主要形成于新生代;世界上的盐类矿产主要形成于二叠纪。矿产在时间分布上的不均匀性通常用划分成矿期的方式来表述:凡产生特定矿产组合的一段地质时期(代)就称为成矿期。一定种类的矿产形成于某些特定的地质时期的原因比较复杂,既与地球在历史上不同时期的演化和地壳厚度有关,又与不同时期和地域的成矿条件的差异和变化有关。

### (一)我国主要的成矿期

划分成矿期是研究矿床在时间上的发展、演化和分布规律性的有效途径。地史中一定类型的矿床及其组合的出现往往和一定的大地构造发展阶段有关。据我国地壳发展的主要构造运动及成矿特征,将我国的成矿期划分如下:

**1. 前寒武纪成矿期**

该成矿期是我国一个重要的成矿期,持续时间最长,可进一步细分为如下3期:

(1)古太古代成矿期(泰山期)(3800~2500Ma)。这时地壳开始形成,薄而不稳固,故有大量来自上地幔的超基性、基性岩浆活动,形成重要的绿岩带及有关矿床。本期末发生阜平运动,有广泛的火山和火山沉积作用、花岗岩化和混合岩化作用,并伴随着一系列矿床的形成,重要者有Fe、Au、Cu、P、滑石、菱镁矿、石墨、云母等。

(2)新太古代—古元古代成矿期(中条期或吕梁期)(2500~1800Ma)。本期地壳已经形成并相对稳定下来,火山作用、花岗岩化、混合岩化仍较普遍和强烈。火山和火山沉积建造,各种碎屑沉积建造及化学沉积建造大量出现,生物沉积建造开始出现。在这种地质环境中形成的矿产有Cr、Ni、Pt、Fe、Ti、金刚石、铜铅锌硫化物、稀土、硼、滑石、菱镁矿、云母等。

(3)中元古代—新元古代成矿期(1800~600Ma)。本期属晋宁、澄江、扬子构造旋回成矿期。这时稳定区与活动带区别明显,大气中$CO_2$占优势,海水中$CO_2$逐渐减少而变成硫酸盐型,主要矿产有Fe、Cu、P、石棉、石墨等,在北方产于长城纪、蓟县纪、青白口纪地层中,在南方则产于板溪群、会理群、昆阳群、神农架群、南沱砂岩层及相应地层中。

**2. 加里东成矿期**

此时我国地壳进入了一个新的发展阶段,华北、西南进入相对稳定的地台时期,矿产以产在浅海地带和古陆边缘海进层序底部的Fe、Mn、P、U等外生矿床为主,如宣龙式铁矿、瓦房子锰矿、湘潭式锰矿、昆阳式和襄阳式磷矿等。中期海侵范围扩大,普遍出现大量钙质沉积,形成灰岩、白云岩矿床。晚期在海退环境下形成潟湖相石膏和盐类矿床。祁连山、龙门山、南岭以地槽演化为特点,矿产为内生的Cr、Ni、Fe、Cu、石棉,如镜铁山铁矿床、白银厂黄铁矿型铜矿床等。

**3. 海西成矿期**

与加里东期相似,我国东部处在地台阶段,以稳定的浅海相、海陆交互相、潟湖相及陆相沉积为主,相应形成一系列重要的外生矿产,如南方泥盆纪的宁乡式铁矿、二叠纪的潟湖相Mn、Fe、煤等矿床,北方石炭纪、二叠纪的铁、Al、煤、黏土矿等矿产;我国西北部地区仍处于地槽发展阶段,以内生金属矿产为主,有秦岭和内蒙古的铬、镍矿床,内蒙古白云鄂博式稀土-铁矿床,阿尔泰、天山地区的稀有金属伟晶岩矿产,与花岗岩有关的W、Sn、Pb、Zn,南祁连的有色金属,川滇等地的 Cu、Pb、Zn 及力马河 Cu-Ni 硫化物矿床。

**4. 印支成矿期**

印支运动结束了我国大部分地区的海侵状态,使之上升为陆地,出现一系列内陆盆地,形成许多重要的外生矿床,有铜、石膏、盐类、石油、油页岩等。西部地区尚有三江地槽褶皱系、松潘-甘孜地槽褶皱系、秦岭地槽褶皱系及海南岛地槽褶皱系,其中形成众多的内生矿床,如 Fe、Cu、Cr、Ni、稀有金属、云母、石棉等。

**5. 燕山成矿期**

燕山运动是我国最重要的内生成矿期。此时我国西部地区大都结束了地槽阶段,进入地台发展阶段。东部地台区进入地洼阶段,构造活动、岩浆活动和火山活动相当强烈,出现多期岩浆活动和火山喷溢,造成丰富多样的内生矿床。岩浆活动以酸性、中酸性岩浆侵入和喷溢为特征,早期以广泛分布的大规模岩浆活动为代表,形成一系列 W、Sn、Mo、Bi、Fe、Cu、Pb、Zn 矿床,晚期以广泛分布的小规模岩浆活动为代表,形成一系列重要的 Fe、Pb、Zn、Hg、Sb、Au、稀有金属、萤石、胆矾石等矿床。而山东地区金矿主体成矿时代为燕山成矿期。喜马拉雅山地区及台湾仍处在地槽发展时期,有超基性、基性岩浆活动,伴随有 Cr、Ni、Cu、Pb、Ag 等矿床。本期外生矿床不及内生矿床重要,在小型内陆盆地中有 Fe、Cu、U、煤、盐类、油页岩等矿床产出。

**6. 喜马拉雅成矿期**

此期我国东部各个地洼区的发展均进入了余动期,构造活动较弱。但台湾地槽和喜马拉雅地槽仍在强烈活动,产出有伴随基性-超基性岩浆活动的 Cr-Pt 矿床(西藏)、Cu-Ni 矿床及火山岩中的 Cu、Au 矿床(台湾)等,以及 Pb、Zn、S 矿床(新疆西南部)。云南三江地区的 Cu、Au、Zn、Pb 等多类矿种主要成矿时代也为喜马拉雅成矿期。本期内生矿产虽较局限,但外生矿产比较发育,以风化淋滤和沉积矿床为主,主要的有:塔里木盆地和柴达木盆地边缘地带的层状铜矿床,各地的砂金、砂锡矿床,风化淋滤型镍矿,风化壳型铝土矿,西北许多地区的硼矿和盐类矿床,西南地区的钾盐和岩盐及第三纪的煤炭和石油等。

由上可知,我国各类矿床在时间上分布很不均匀,其中 Fe、Au 等矿早期比较富集,Hg、Sb、As、稀有金属等矿晚期相对集中。我国地壳演化早期,成矿作用比较简单,随着时间的推移,地壳加厚,岩浆活动、火山作用、沉积变质作用的多次重演,大气中游离氧增多,生物的出现和大量繁殖,成矿作用愈来愈复杂,到中、新生代达到最高峰。

**(二) 全球主要的成矿期**

根据构造作用、岩浆作用、沉积作用和成矿作用的一系列特征,Г.А.特瓦尔奇列利哲将全球分为 7 个最主要的成矿期(表 4-9)。表 4-9 归纳了世界上最主要的矿产,但对比我国及世界上一些地区的矿产发育情况看,尚存在着以下两方面值得进一步探讨的问题:

(1) Г.А.特瓦尔奇列利哲把所有的矿产仅归因于地槽和地台型,忽视了地洼区的出现及其成矿的意义。对太平洋周边地区及中、新生代成矿期的强度估计不够充分。地洼区实际上是中国东部中生代构造岩浆活动地区,现代成矿理论认为是中生代地幔上侵、岩石圈减薄、走滑拉分的地质背景产物。事实上中、新生代成矿期所形成的 W、Sn、Cu、Mo、Cr 等矿产的矿化强度很大,受板块构造控制的环太平洋成矿带、阿尔卑斯成矿带规模巨大,在我国和全球都具有十分重大的意义。

表 4-9　全球最主要成矿期及有关矿床表

| 最主要的成矿期 | 主要褶皱作用的地台形成期 | 出现金属矿化作用的强度 | 最主要的矿石建造 地槽型 | 最主要的矿石建造 地台型 |
|---|---|---|---|---|
| 中生代—新生代成矿期<150Ma | 阿尔卑斯期（50Ma） | 中等 | 含铜黄铁矿，黄铁矿-多金属，铬铁矿，矽卡岩-磁铁矿，硫化物锡石，石英-锡石-黑钨矿，Cu-Mo，脉状金-碲，青磐岩Au-Ag，Hg-Sb | 碳酸盐岩中的铅、锌、含铜砂岩，五元素(Au，Ag，Co，Se，Te)碳酸岩，金伯利岩，Cu-Ni |
| 古生代成矿期 | 海西期（200Ma） | 强 | 含铜黄铁矿，黄铁矿-多金属，铬铁矿，钛磁铁矿，铂，矽卡岩-磁铁矿，云英岩，Sn-W，矽卡岩的Pb-Zn，Sb-Hg | 碳酸盐岩的Pb-Zn，含铜砂岩，五元素 |
| 晚里菲成矿期（500~150Ma） | 贝加尔期（700~500Ma） | 很强 | 含铜黄铁矿，磁铁矿-钛铁矿，铬铁矿，脉状石英金矿，伟晶岩 | 碳酸盐岩中的Pb-Zn，含铜砂岩和页岩（常伴生钴和铀），伴生铀的伟晶岩，云英岩的Sn-W，金伯利岩 |
| 早里菲成矿期（1650~900Ma） | 哥达期（1000~900Ma） | 弱 | 碧玉铁质岩，伴生铀的铁-硫化物，脉状石英-稀有金属（W、Sn、Au、Ta-Nb），伟晶岩，Fe-Mn，Fe-Ti | Cu-Ni，Cu-Ni-Ag-Co（肖德贝里-德卢思型） |
| 中元古代成矿期（1800~1650Ma） | 赫德森期（1700~1650Ma） | 中等 | 黄铁矿-多金属，碧玉铁质岩，伟晶岩，铬铁矿 | 金铀砾岩，热液铀矿 |
| 古元古代成矿期（2500~1800Ma） | 白海期（2000~1800Ma） | 很强 | 碧玉铁质岩，铬铁矿，Fe-Mn，脉状石英-金矿，Cu（变质岩中的透镜体） | 含Au和含U砾岩，含Cu砂岩，伴生Pt、V、Sn、Au的铬铁矿-Cu-Ni（布什维尔德型） |
| 太古宙成矿期（3500~2500Ma） | 南罗得西亚期（2700~2500Ma） | 弱 | 磁铁矿-紫苏辉石，磁铁矿-角闪石，伴生Ta-Nb的伟晶岩，脉状石英-金矿 | |

（据 Г.А.特瓦尔奇列利哲，1970）

（2）全球成矿期中，前寒武纪的金矿的矿化强度较大，矿化类型也较多，但对比我国前寒武纪成矿期，则金的矿化强度较小，矿化类型也较少，其原因有待进一步探讨。

（三）地壳成矿演化的若干特点

上述许多矿种和矿床类型在地史中都有具优势的成矿时期，通过对比我国和世界主要的成矿期特征可以指导我们在某一地质时代的某一地区预测、找寻某些特定的矿种和矿床。但纵观整个的地壳成矿演化过程，许多矿产的形成虽然都具主要的成矿时代，但绝大部分又不止一个年代,成矿演化具有多旋回性、继承性、长期性和方向性等特点。研究和总结成矿在时间上的演化规律,可以更好地指导矿产勘查工作。

**1. 成矿的多旋回(多阶段)性**

成矿的多旋回,指的是在地壳发展过程中,相同的矿床类型或类似的矿产组合在前后构造旋回中周期性地重复出现;但这决不是简单的重复,而是有方向性的螺旋式发展。成矿的多旋回与大地构造演化的多旋回相对应,并受其制约,是后者特殊的物质体现。

在地壳演化过程中,地槽和地台是多旋回、螺旋式、对立统一地向前发展的。地台比较稳定,一般缺乏造山运动(但中国几个地台,造山运动均十分重要),其多旋回发展主要表现在隆起和坳陷的发生和发展上;地槽比较活动,具有多旋回造山运动,多旋回发展表现十分突出,特别是在优地槽中,与多旋回造山运动紧密伴随的还有多旋回的沉积作用、多旋回的岩浆活动、多旋回的变质作用及多旋回的成矿作用。我国天山、祁连、秦岭和唐古拉等地槽褶皱带多旋回发展很是典型,国外一些著名的地槽系,如阿帕拉契、科迪勒拉、乌拉尔、高加索、塔斯满等,也都有同样的特点。例如高加索地槽褶皱带,在加里东、海西、基米里和阿尔卑斯4个构造旋回内都属地槽环境,相应地伴随一系列内生金属矿床(黄铁矿型矿床,岩浆型铬、钛-磁铁矿床,花岗岩类有关的岩浆期后矿床及与小侵入体有关的热液矿床),在上述4个构造旋回中多次重复(图4-16)。从时空结合来看,随着地槽自北往南逐渐退缩,自早期→晚期的岩浆活动和成矿作用也沿同一方向顺序发展,空间上表现出有规律的向南移动现象(带状分布)。

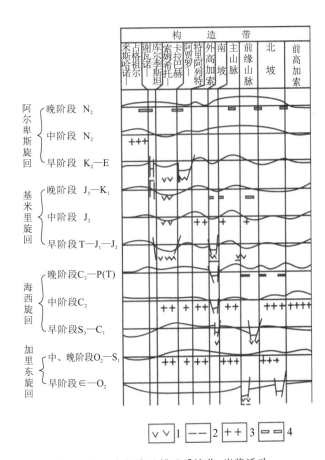

图 4-16 高加索地槽地质演化、岩浆活动和成矿作用略图

(据 В. И. 斯米尔诺夫,1976)

1. 细碧角斑岩和辉绿岩及与其有成因关系的黄铁矿型矿床带;2. 早期阶段橄榄岩和辉长岩及与其有成因关系的岩浆型铬铁矿床和钛铁矿床带;3. 中阶段花岗岩类侵入体及与其有成因关系的岩浆期后成矿带;4. 晚阶段小侵入体及与其有成因关系的热液矿床带

外生沉积矿床的成矿演化,正如叶连俊指出,在我国地史发展过程中存在着4个沉积成矿周期,每个成矿周期内,一般有类似的矿产组合 Fe-Mn-P-Al-煤-Cu-盐顺序出现。但前

寒武纪以前所形成的Ⅰ、Ⅱ成矿期的成矿序列只有前期的矿床（Fe、Mn、P、Al）形成,晚古生代及中生代所形成的第Ⅲ成矿周期的成矿序列是完整的,中生代末—新生代所形成的第Ⅳ成矿序列只有后期矿床（P、Al、Cu、煤、盐）发育。这种成矿演化的多旋回性与方向性特点明显反映了地壳发展的多旋回性和气候条件变化的规律性及变化的方向性。

**2. 成矿的继承性**

成矿的继承性指的是区域内同一成矿元素或一组成矿元素,在不同时代以相同或不同形式相继成矿。成矿继承性的具体表现是在某一特定的地球化学区内,在各种地质作用下,一些成矿元素以相同或不同的矿床类型辗转成矿、自成系统。

我国川南滇北铁铜成矿继承性非常典型。西昌—新平一带是铁铜矿化集中区,也是铁铜的地球化学区（场）。从老到新铁铜成矿继承性表现很明显,从老基底古元古代大红山群与细碧角斑岩建造有关的大红山铁铜矿（磁铁矿、黄铜矿为主）和拉拉厂式铜矿,继之为满银沟式、鲁奎山式铁矿和东川式铜矿,稍晚为受南北向深断裂控制的与基性、超基性岩有关的岩浆型钛钒磁铁矿和铜镍硫化物矿床（攀枝花、力马河）,再晚则为在盖层中形成的沉积铁矿,在陆相盆地中形成的含铜砂页岩型铜矿。总之这一不大的区域范围内,铁铜以不同矿床类型反复再现,相继成矿、自成系统,集中了许多重要工业矿床,形成了规模巨大的铁铜成矿带,构成了我国重要的矿产基地之一。此外,长江中下游的铁铜成矿,粤桂钨锡石英脉与砂矿,湘桂脉型、交代型辉锑矿与第三纪红土中的结核状红锑矿（锑赭石、黄锑矿）等也都是继承性成矿的例子。

由于成矿的继承性,启示我们在预测找矿时应注意矿床类型可随不同时期成矿条件的变化而变化,特别是在地质作用复杂、某种矿化较强的地区,不能死守一个类型,要注意同一矿种、多种类型继承性共存的可能性,据此可顺藤摸瓜,溯本追源,由小找大,由贫找富,努力发现新的成矿层位和新的矿床类型。

**3. 成矿的长期性**

成矿的长期性已为大量的地质事实所证实,具体可表述为下列两个方面：

（1）许多矿种或成矿元素是在长期的地质演化过程中逐步富集成矿的。例如,山东招—掖地区金矿的形成史长达十几亿年,太古宙海底火山喷发形成富金的蓬夼组含铁镁硅酸盐建造,平均含金 $0.07×10^{-6}$,成为本区金成矿的初始矿源层；元古宙的区域变质作用中,胶东群遭受褶皱、变形、变质及部分混合岩化,金进一步活化迁移；进入中生代,随着构造、岩浆活动,混合花岗岩部分重熔,金再次活化迁移,集中至重熔花岗岩的边缘及断裂中形成含金石英脉型和破碎带蚀变岩型矿床。

（2）与花岗岩有关的矿床的形成,也常常可延续很长时间,相对造山运动长得多。例如,华南燕山期花岗岩的成矿史表明：在 185～160Ma,形成漂塘、西华山、大吉山、瑶岗仙等岩体,以及大量黑钨石英脉、矽卡岩型白钨矿床及稀土矿床；110～90Ma,形成大厂、个旧、德兴等岩体,主要形成锡石硫化物和多金属矿床。可见华南钨锡花岗岩的成矿史是较长的,成矿演化也是长期的,在每一期岩浆演化和成矿演化中,大量工业矿化总是与较晚期花岗岩有关。

**4. 成矿的方向性**

成矿演化的方向性是指成矿特征随时间的变化以一定的趋势向前发展的不可逆性。上述成矿演化虽然具有多旋回性和继承性,但并不是相同的重现,而是以螺旋式发展,具体表现为下述四方面：

(1) 在地壳的演化中,地槽的面积逐渐缩小,但成矿作用的规模并没有相应缩小,反而随着时间的推移还有增大趋势。从太古宙—元古宙,从早里菲成矿期—晚里菲成矿期,从加里东期—海西期,矿化强度都是由弱到强,弱强交替。欧洲和亚洲海西期金属成矿省广泛发育,非、美、澳三洲也有部分发育,环太平洋构造带和特提斯构造带则中、新生代成矿期广泛发育。

(2) 每一时代地槽系的发展,开始是亲玄武岩类矿化占优势,晚期是亲花岗岩类矿化占优势。这种成矿演化的方向性是由岩浆活动演化的方向性所决定的。但地洼区的岩浆演化顺序在大多数情况下和地槽区相反,一般趋势是由酸性到基性,并控制了相应的成矿演化的方向。

(3) 在继承成矿中同一种元素的成矿特点随时间演化而有所变化,亦表现了成矿演化的方向性。如 $SiO_2$ 成矿,太古宙时主要形成火山沉积型碧玉矿床,古生代则主要形成化学沉积型燧石矿床,到新生代则由生物作用而形成硅藻土。又如铁的成矿,2000Ma 前以条带状含铁石英岩为主,2000Ma 年后,以鲕状赤铁矿为主,到中生代则以菱铁矿为主。以上说明成矿演化的方向性与构造活动、岩浆活动及沉积环境和岩相古地理环境的演化方向性相关。

(4) 在地史演化中不同元素成矿演化亦具有方向性,表现在亲铁元素一般倾向早期富集,而亲硫元素以晚期富集为特征(表 4-10)。

表 4-10 主要金属矿产在各地质时代所占的比例　　　　　　单位:%

| 成矿时代＼主要金属 | Au | Fe | Ni | Ti | U | Hg | Mo | Mn | Cu | Pb-Zn |
|---|---|---|---|---|---|---|---|---|---|---|
| 前寒武纪 | 70 | 75 | 70 | 80 | 60 | — | ? | 25 | 25 | 10 |
| 加里东期—海西期 | 5 | 5 | 10 | 20 | 15 | ? | 5 | | 10 | 30 |
| 基米里时期 | 15 | 15 | 20 | — | 15 | 5 | 5 | 5 | 5 | 30 |
| 阿尔卑斯期 | 10 | 5 | — | | 10 | 95 | 90 | 70 | 60 | 30 |

(据卢作祥等,1989)

Д.B. 龙德克维斯特从元素浓度克拉值的角度研究了成矿元素的时间分布的方向性规律。他指出某一金属元素明显富集形成矿床的时代顺序,与该元素浓度克拉克值 $C_c$ ($C_c$ = 工业矿石中某元素的平均含量/该元素克拉克值)的大小有关系:前寒武纪和早古生代明显富集成矿的是 $C_c=10\sim100$ 的元素(Fe、Ti、Ni、Co 等);晚古生代—中生代明显富集成矿的是 $C_c=100\sim1000$ 的元素(Cu、Pb、Zn 等);而中生代明显富集的是 $C_c=1000\sim10\,000$ 的元素(W、Sn、Be 等);中生代中期—新生代明显富集成矿的是 $C_c=10\,000\sim100\,000$ 及以上的元素(Sb、Hg、Ag、Bi、As 等)。这种成矿演化的方向性对预测找矿具有重要意义。但也要注意,这种演化只是一种总体发展趋势而已,要结合时间演化的其他特点分析。

## 二、矿床空间分布规律

矿床在空间上主要表现为不均匀分布,具体表现为丛聚性分布、带状分布等,但在特殊的地质条件下,也可表现出均匀分布特征,即在空间上的等距性分布。研究和总结矿床空间分布的样式及其形成原因,可以在一定地质条件的地区内有的放矢地进行找矿工作。

## (一)矿床的丛聚性分布

矿床的丛聚性分布是指矿床在平面的分布上往往在一定范围内集中出现,构成矿化集中区或特定的成矿区域。

### 1. 矿化集中区

矿化集中区是指在一个不太大的范围内,某些矿产或矿产组合特别丰富,形成具有一套固定的标型矿产或矿床组合的地区,有人称之为"大型矿集区"。这种矿化集中区国内外实例很多,如我国南岭地区是钨、锡、稀有、稀土的矿化集中区,川南滇北是铁铜的矿化集中区,湘黔交界地区是汞锑的矿化集中区,长江中下游地区是铜铁矿化集中区,鞍本、冀东是铁的矿化集中区,辽西冀北是钼和铅锌的矿化集中区,胶东半岛是金的矿化集中区,东秦岭是 Mo 和 Au 的矿化集中区,邯邢、莱芜是铁的矿化集中区等。国外,如美国上湖地区的铁,亚利桑那的铜,密西西比的铅锌,克莱麦克斯的钼,苏联乌拉尔土尔盖的 Fe、Cu,库尔斯克的 Fe,科拉半岛的磷-稀土,南非阿扎尼亚的 Au、Pt、Cr、金刚石等。

矿化集中区内的矿床具以下特点:①矿床数量多,规模大,特别是有大型、超大型矿床的存在,如我国鞍本地区在 $100km \times 10km$ 范围内发育有 700 余个铁矿床,总储量达 $5 \times 10^9$ t 以上;②矿种可以是单矿种,也可以是多矿种,矿床成因可以是同期多成因,也可以是多期多成因;③矿化集中区的形成原因推测与地壳和上地幔中元素分布不均匀性有关,与地质经历复杂、保存条件良好及矿源层的存在有关。

对矿化集中区的认识及研究意义在于指导"就矿找矿"工作的开展。长期以来我国地勘工作者进行的行之有效的"就矿找矿"工作的理论依据就是矿化集中区的存在的这一自然现象。

### 2. 成矿区域

成矿区域是指某种或某些矿床类型特别发育,地质发展历史相近,成矿作用上具有一定的共性的地区。成矿区域的范围常与一定的大地构造单元、一定的构造-岩浆带或一定的构造-岩相带相符合。在一定的构造-岩浆带中常产出某些内生矿床,在一定的构造-岩相带中常赋存某些外生矿床或变质矿床。成矿区域还和区域地球化学场有着密切的联系,地壳中矿产的不均匀分布主要是由于元素的不均匀分布造成的。因此,一定的成矿区域也都有着自己的区域地球化学场特征。

成矿区域是人们为了研究矿产空间分布规律而进行成矿区划的,从有关矿产的区域性分布特征入手,结合区域内构造、地球化学场特征而划分、总结的。成矿区域可以划分不同规模、不同的尺度来研究分析,主要是依据不同地区的成矿地质条件、矿种类型的划分和空间分布以及不同矿种之间的成矿联系。如:山东地区金主要集中在胶东地区,但同时在鲁西地区也有火山热液型和矽卡岩型金矿的分布,由于地质结构和成矿条件的差别形成了两个规模大小不同、成矿控制条件不同的金成矿区域。王成辉较好地总结了我国不同地区金矿化的类型和基本特征(表 4-11),其中岩浆热液型与火山岩型金矿在我国分布最广。

## (二)矿床的带状分布

矿床的带状分布是指不同的矿种、矿床类型或矿床的矿石物质组成、结构构造、矿物组合等在一定的空间范围内呈现出有规律的交替变化。矿床带状分布现象普遍存在,广为见及,大至全球,小至矿床、矿体甚至微观领域。根据规模级别,矿床的带状分布可分为全球成矿带、区域分带、矿区分带和矿体分带等。

表 4-11 中国金矿类型及分布

| 金矿预测类型 | 西北区 | 华北区 | 东北区 | 西南区 | 中南区 | 华东区 | 占全国百分比(%) |
|---|---|---|---|---|---|---|---|
| 花岗-绿岩型 | | 金厂峪式 | 小佟家堡子式、东风山式、夹皮沟式 | | | | 10.32 |
| 火山岩型（陆相+海相） | 阿希式、阿舍勒式、白银厂式 | 陈家杖子式、四五牧场式 | 团结沟式、二道沟式、柏杖子式 | 腾冲式 | 银山式、龙头山式 | 金瓜石式、紫金山式、铜井式、治岭头式 | 17.68 |
| 岩浆热液（包括斑岩、基性—超基性岩、中酸性岩及矽卡岩、破碎蚀变岩、石英脉型） | 金川式、煎茶岭式、尼玛式、望峰式 | 焦家式、玲珑式、三山岛式、峪耳崖式、下双台式、东坪式、金厂沟梁式 | 多宝山式、四道沟式、老柞山式、五龙式 | 玉龙式、驱龙式、墨江式、三硐式 | 抱伦式、河台式 | 德兴式、城门山式、铜官山式、马山式 | 37.96 |
| 微细浸染型 | 八卦庙式、崖湾式、金场子式、满丈沟式、棺材山式 | 泰山庙式 | | 东北寨式、水银洞式、白羊乡式、板其式 | 凤山式、高龙式 | | 20.1 |
| 变质碎屑岩中温热液型 | 滩涧山式、原柳沟式、大场式 | 朱拉扎嘎式、东升庙式、铜矿峪式 | 猫岭式 | 大岩窝式 | 沃溪式、戈枕式 | 金山式、齐村式 | 3.75 |
| 古砾岩型 | | | 黄松甸子式、金盆式 | | | | 0.16 |
| 砂金型 | 西岔河式、柯尔咱程式、嘉陵江式 | 金盆式、恩河式 | 桦甸式、呼玛式、柳树河式 | 崩纳藏布式、嘉陵江式、红河源式 | 汉江式、高都川式、湘江式 | 臧湾式、辛安河式 | 9.27 |
| 风化壳型（包括淋滤及土型、铁帽） | | 宝力格式、三合式 | | 老万场式、两河式 | 蛇屋山式、象山式、七宝山式 | 黄狮涝山式、铁门坎式、吴家山式 | 0.76 |

## 1. 全球成矿带（域）

全球成矿带是受全球性构造系统控制的成矿带，如全球性的裂谷或板块缝合带、贯通性深大断裂带等。最著名的有环太平洋成矿带，古地中海-喜马拉雅成矿带等。

（1）环太平洋成矿带（域）。即环绕太平洋的中、新生代构造-岩浆成矿带，在构造上属于岛弧型或安第斯型板块俯冲带。它自南美洲南端起，沿美洲西海岸，经白令海峡转亚洲东部及东南部，延长4万多千米，规模十分巨大。整个成矿带又可分为内、外两带。①内带。属新生代成矿带，在美洲西海岸沿滨海断裂发育，主产铜、金矿床；在亚洲东部沿岛弧分布，主要发育第三纪的与火山岩有关的块状硫化物（Cu、Zn等）及Au、Ag矿床；沿断裂带有基性、超基性岩及有关的Cr、Ni、Pt矿床。②外带。位于大陆部分，属中生代成矿带，主产W、Sn、Mo、Bi、Pb、Zn、Sb、Hg、Cu、Ag、Fe等矿产，在我国还可进一步分出3个亚带：钨锡亚带，从赣南→粤北→滇东，有东钨西锡的特点；汞锑亚带，湘、黔交界；铅锌亚带，与钨锡亚带交叉及部分重叠。

(2) 古地中海-喜马拉雅成矿带（域）。特提斯成矿域横亘于地球中部，地跨北美洲、欧洲、非洲、亚洲四大洲，连接劳亚、冈瓦纳两大成矿域，构成地球的"腰带"，是世界著名的成矿域。特提斯成矿域以锡、钾盐、铅锌、铝土矿、铜钼等的大规模成矿作用为特色，成矿时代以中新生代占绝对优势。该成矿域可进一步划分为加勒比成矿带、地中海成矿带、西亚成矿带、喜马拉雅成矿带、中南半岛成矿带5个巨型成矿区带。经我国西藏、川西、云南，属于缝合线型消亡板块边界，沿这一成矿带广泛发育有斑岩铜矿、块状黄铁矿、铬铁矿、钒钛磁铁矿及铅、锌等矿床（图4-17）。

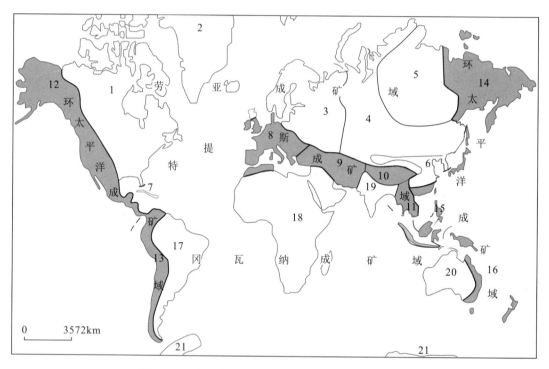

图4-17 全球成矿单元划分略图（据梅艳雄等，2009）

成矿区带编号及名称：1.北美成矿区；2.格陵兰成矿区；3.欧洲成矿区；4.乌拉尔-蒙古成矿带；5.西伯利亚成矿区；6.中朝成矿区；7.加勒比成矿带；8.地中海成矿带；9.西亚成矿带；10.喜马拉雅成矿带；11.中南半岛成矿带；12.北科迪勒拉成矿带；13.安第斯成矿带；14.楚科奇-鄂霍茨克成矿带；15.东亚成矿带；16.伊里安-新西兰成矿带；17.南美成矿区；18.非洲-阿拉伯成矿区；19.印度成矿区；20.澳大利亚成矿区；21.南极成矿区

## 2. 区域分带

它指区域性的矿床分带，一般以矿种和矿种组合或矿床类型作为分带标志，如赣南钨锡矿床的区域性带状分布：诸广山锡、钨、稀土成矿带，于山钽、铍、钨成矿带，武夷山铌、钽、钨成矿带。

在中亚成矿域，大型和超大型斑岩铜矿床主要出露于哈萨克斯坦、乌兹别克斯坦、塔吉克斯坦、蒙古国和我国北方地区，包括哈萨克斯坦的波谢库尔、努尔卡斯甘、博尔雷、科翁腊德、阿克都卡和科克赛，乌兹别克斯坦阿尔马雷克，塔吉克斯坦的Taldy Bulak，中国新疆的包古图、土屋-延东，蒙古国的欧玉陶勒盖、额尔登特、查干苏布尔加，中国内蒙古的乌奴格吐山和多宝山等（图4-18）。

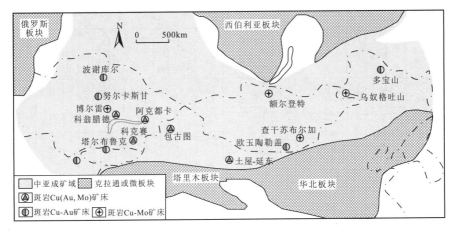

图 4-18 中亚成矿域构造简图和主要斑岩铜矿床分布图（据申萍修改，2015）

### 3. 矿区分带

矿区内，不同类型矿床在空间上呈规律性的分布。其分带标志除了矿种和矿床类型外，也可用有用矿物组合作为分带标志。这类矿产分带，以热液型内生矿床的原生分带表现最多。例如南岭构造成矿带上的香花岭矿区和柿竹园矿区，显示了两种类型的矿区分带（图 4-19）。香花岭矿区围绕癞子岭花岗岩体向外，出现花岗岩型钽铌矿床→云英岩型钨锡矿床、矽卡岩和气成热液型锂铍硼矿床→似层状锡铅锌矿床→脉状铅锌矿床的分带。柿竹园式的矿床与花岗岩凹部有关，自岩体顶凹部矿化中心向上，依次出现细网脉云英岩、矽卡岩钨钼铋矿床→矽卡岩钨铋矿床→大理岩型锡铋矿床、铍锡矿床等。

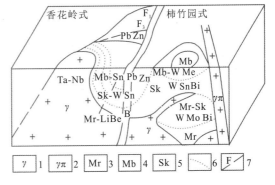

图 4-19 香花岭矿区和柿竹园矿区矿床带状分布示意图

（据刘石年，1993）

1.花岗岩；2.花岗斑岩；3.云英岩；4.大理岩；
5.矽卡岩；6.矿化分带界线；7.断裂

### 4. 矿体分带

指矿体内沿矿体走向或倾向，矿石物质成分、结构构造等方面呈规律的变化，这种变化构成的分带又可分几种类型：

1）矿化形态和结构构造分带

这种分带在我国赣南—粤北一带黑钨-石英脉矿床中十分明显，形成著名的"五层楼"模式，即矿化从隐伏岩浆岩穹隆向上直至地表可分为大脉带、薄脉带、细脉-薄脉带、细脉带、线脉带等 5 个带。每一带有一定的深度范围，称为一层楼，工业矿化主要产于前 3～4 带中。地表线脉带一般不具工业价值，但具找矿意义，称为标志带。矿物成分下部富钼→中部富钨→上部富锡（图 4-20）。这种矿化形态和结构构造分带对深部矿化预测有重要作用，赣南—粤北一带用这种标志带找矿成功的例证不少。在苏联的一些铅锌矿床和锡石硫化物矿床，上部是从网脉状开始，深部逐渐汇集成大脉。

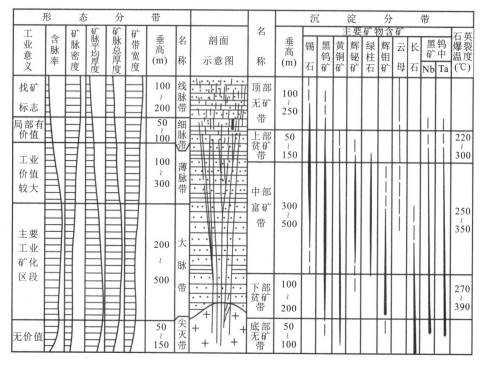

图 4-20 石英脉型钨矿床垂直分带示意图

(据古菊云,1981)

2) 矿石类型分带及相变分带

(1) 内生矿床中矿石类型分带。常表现明显。一般特点是最下部多为形成温度较高的、较还原性质的矿石类型,上部多为形成温度较低的偏氧化性质矿石类型。例如云南个旧锡矿,深部为接触带矽卡岩型透镜状锡石-铜多金属,往上为锡石-硫化物矿体,再往上为锡石-石英脉矿体。大厂锡石多金属矿的最下部为接触带矽卡岩中似层状、透镜状闪锌矿、黄铜矿,往上为锡石-石英脉,再上过渡为似层状和脉状锡石硫化物和方解石等。

(2) 外生矿床的矿石类型相变分带。如沉积铁锰矿床在近海岸充分氧化环境下形成高价铁锰氧化物,而在远海岸还原环境下多形成铁锰的碳酸盐相和硫化物相。若是平缓的盆地地形,上述各相可展布数千米。

磷块岩的相变分带是从海岸→深海,由碳酸盐相→燧石岩→磷块岩→暗色碳质灰岩。

含铜砂页岩的相变分带是从岸→海,由碎屑岩相→碳酸盐相,成矿元素亦出现 Cu-Pb、Zn 分带。

盐类矿床的相变分带是从湖岸→湖心,由石膏→岩盐→钾盐。

3) 矿物及元素分带

矿物及元素分带在矿床中表现十分普遍,特别在中酸性岩体与碳酸盐围岩接触带所形成的矿床中,不同的矿物、元素或组合类型围绕岩体或矿体呈水平或垂直的带状分布。例如河南某热液交代型磁铁矿多金属矿床的矿物及元素分带:

花岗斑岩体内──→接触带矽卡岩──→外接触带白云岩

辉钼矿化──→磁铁矿、菱铁矿化──→铅、锌矿化

元素、Cu、Mo ⟶ Fe、Cu ⟶ Pb、Zn、(Ag)

矿床分带的原因较多,众多的学者从多方面进行了探讨与解释。最早有 W. H. 艾孟斯的温度分带理论,C. C. 斯米尔诺夫的脉动分带学说,郭文魁的沉淀序列分带及柳志青的浓度分带等。近年来多数学者认为单一的分带学说不能概括错综复杂的矿床分带现象。矿床分带机制虽有待进一步的深入研究,但矿床带状分布作为一种普遍的自然现象的认识,对于预测找矿工作具有较重要的指导意义。

(三) 矿床的等距性分布

上述矿床在空间分布上的普通现象是诸如丛聚性、带状分布等样式的不均匀分布特征,但在特殊的地质条件下,也可呈现出相对的均匀分布特征,即等距性分布。所谓等距性分布,指矿体、矿床、矿田、矿带等在空间分布上大致以相等的距离有规律地出现。这种等距性可以表现为直线等距,也可表现为弧线等距。

成矿带的等距分布是很特征的,如北半球的 6 条巨型纬向构造成矿带,每相邻两条带之间大致保持相等的距离,间距约为纬度 8°左右。李四光生前指出,我国境内有 3 条纬向构造成矿带:阴山-天山构造成矿带位于北纬 40°—43°,以盛产 Fe、Cr、Ni 矿床为特征,其次 V、Ti、Cu、Pb、Zn 等矿床也占重要地位;秦岭-昆仑构造成矿带位于北伟 32°31′—34°30′,主要矿床有 Cr、Ni、Cu、Mo、Fe 及 Pb、Zn 等;南岭构造带位于北纬 23°30′—25°30′,为多种构造体系复合的地带,主要产出 W 和 Sn 矿床,有色金属、稀有-稀土金属矿床的分布也很普遍。

在一些矿带、矿田中,矿床等距分布也表现得很明显,例如赣南漂塘-西华山矿带(图 4-21)受 NNE 及 EW 向构造复合控制,矿带内斜列展布 5 个已知矿床,其间距一般约为 5~6km,唯独矿带中部大龙山与荡坪之间出现空当,距离较大,约为其他矿床间距的 2 倍。经这一分析,联系露头上云母、石英线密集和深部隐伏花岗岩穹隆等有利成矿条件的存在,经施工 2 个钻孔

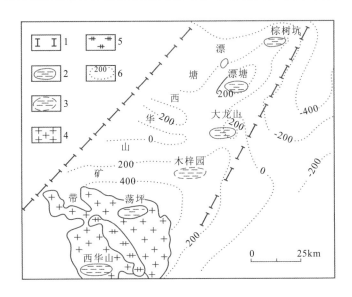

图 4-21 漂塘-西华山钨矿带示意图

(据江西地质局 908 队,1966)

1.矿带范围;2.已知矿化位置;3.推测矿床位置;4.燕山早期花岗岩;
5.燕山早期花岗斑岩;6.隐伏花岗岩顶板等高线

验证,终于找到了木梓园隐伏大脉型钨钼矿床,填补了矿带中部的空当。

对有关等距分布的原因和机制,目前研究不够。按地质力学观点,可能是由于构造形迹多级别、多序次控矿的结果。而构造形迹往往呈等距出现,这种等距性与应力的均布和岩块的均质性等因素有关。当均质的岩块在应力作用下,应力的传播具有波动性质,在出现驻波的地段便发生断裂,这些断裂平行而等距分布,因而受其控制的岩体和矿床也相应地呈平行和等距产出。

## 三、成矿物质来源规律

成矿物质来源问题是成矿规律研究必须要回答的基本问题。在进行预测找矿工作时,只有把握了欲找寻矿产的来龙去脉,才能较好地指导相似地区、相同类型矿床的找寻工作。对成矿物质来源的认识,经历了一个从过去的"水""火"之争到现在的多来源的变化过程。迄今为止,在对一些具体矿床的矿质来源的认识上仍常存在不同的认识及争论,争论的重点主要集中在对内生成矿物质来源的认识方面。目前国内外普遍公认,内生成矿物质主要有三大来源,即上地幔源、地壳同化源、地表渗滤源;此外,少部分矿床可能属于宇宙源。大量矿床的成矿物质并非单一来源,而是混合的多来源。不同来源的矿床类型如表 4-11 所列。

表 4-11 矿物质来源和矿床类型及分布一览表

| 成矿物质来源 | 搬运介质 | 主要矿床类型 | 时空分布 |
|---|---|---|---|
| 宇宙源 | "岩浆" | 肖德贝里型 Cu-Ni 硫化物矿床 | |
| 上地幔源 | 原始岩浆 | 含 Cr-Pt 矿床的镁质基性、超基性岩建造<br>含 Cu-Ni 矿床的铁质基性、超基性建造<br>含 V-Ti 磁铁矿的辉长岩建造<br>含矽卡岩型 Fe-Cu 矿床的斜长花岗岩建造<br>含黄铁矿型铜矿的细碧角斑岩建造 | 地槽阶段早期 |
| | | 含 Fe-Cu 矿床的玄武岩建造<br>含钛铁矿床的基性、超基性杂岩建造 | 地台阶段 |
| | | 含金刚石的金伯利岩建造<br>含 Nb、Th、TR 矿床的火成碳酸岩建造<br>含岩浆型 Cu-Ni 硫化物矿床的暗色岩建造 | 地洼阶段 |
| 地壳同化源 | 重熔岩浆、岩浆热液 | 含 W、Sn、Mo、Be 的花岗岩-花岗闪长岩建造 | 地槽中期 |
| | | 含矽卡岩和热液型 Cu、Pb、Zn 的花岗岩建造<br>含金石英脉的中酸性斑岩建造<br>斑岩型 Cu-Mo 矿床建造<br>玢岩型 Fe-Cu 矿床的陆相火山岩建造<br>含 W、Sn、Mo、Bi、萤石矿床的花岗岩建造 | 地槽晚期<br><br><br><br>地洼阶段 |
| 地表渗滤源 | 地表水 | 灰岩白云岩中的铅锌矿床<br>层状铜矿<br>碳酸盐岩中的微细粒浸染金矿床<br>砂岩钒铀矿床<br>热液似层状及脉状汞、锑矿床 | 地台阶段<br><br><br><br>地洼阶段 |
| 多来源 | 多介质 | 多成因复成矿床 | 地洼阶段 |

(据刘石年,1993)

已有的研究(表 4-11,图 4-22)表明,内生成矿物质在地壳历史演化过程中具如下的演变趋势:

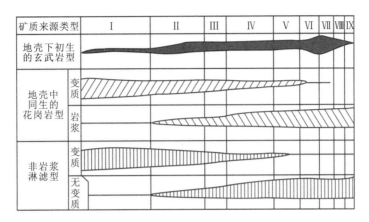

图 4-22 地壳历史发展过程中内生成矿 3 种矿质来源的相对比例
(据 B. И. 斯米尔诺夫,1976)

Ⅰ.太古庙(35～25Ga);Ⅱ.古元古代(25～18Ga);Ⅲ.中元古代(18～16.5Ga);
Ⅳ.新元古代(16.5～9Ga);Ⅴ.里菲期(9～6Ga);Ⅵ.加里东期(6～4Ga);
Ⅶ.海西期(4～2.25Ga);Ⅷ.基米里期(2.25～1Ga);Ⅸ.阿尔卑斯期(小于 1Ga)

(1)地壳发展早期(太古庙—元古庙),壳下玄武岩浆分异较弱,区域变质作用及混合岩化、花岗岩化作用强烈,所成矿床以变质渗滤源及变质同化源为主,并主要分布于古元古代结晶基底中。

(2)新元古代以后,壳下源(上地幔源)比例逐渐增大,特别是加里东期和海西期地槽发育,与壳下玄武岩浆来源有关的矿床迅速增多;但到海西期以后又逐渐减少,所形成的矿床主要分布于地槽及褶皱带区。

(3)来自地壳深部与重熔岩浆有关的矿源比例从古元古代开始逐渐增加,有关的成矿活动在我国燕山期(基米期)及喜马拉雅期(阿尔卑斯期)特别强烈,其原因与世界范围的中新生代构造岩浆活化有关,所成矿床主要分布于地洼区(或活化区)。

(4)渗滤源的地史发展的早期阶段以变质渗滤源为主,晚期阶段则以非变质渗滤源为主,地下热卤水渗滤过各种岩石从中淬取成矿物质,形成了大量层控矿床。

(5)随着地壳由早期到晚期的演化发展,成矿物质来源渐趋复杂,多成因复成矿床比例增加。由于矿产的继承性、叠加和改造作用,愈晚的构造单元构造层次愈多,因而这类矿床多分布于地洼区,并且具多成矿阶段、多物质来源、多成因类型的特点。

### 四、矿床共生规律

矿床共生是指不同矿种或不同类型的矿床在空间上集中在一起产出的自然现象。大量的勘查实践揭示,矿床共生是一种普遍现象。研究和总结矿床共生规律,对于综合找矿、综合评价和综合利用都具有重要指导意义。

对矿床共生规律的认识经历了一个较长的过程。如我国一些矿区,铅锌矿与萤石矿共生、铅锌矿与菱铁矿共生、铜矿与金矿共生等都是地质工作深入以后才认识的。国外钾盐矿床

20%是从石油深井中偶然发现的,如美国新墨西哥州、犹他州的钾盐矿床的发现,都与石油深井钻探有关。这些发现反映了油盐共生的规律性和油盐兼探的重要性。当人们没有认识这种共生规律时,难免单打一地找矿,就不可能自觉地运用这一共生规律更有效地找寻共生的综合矿种,从而推迟了某些共生矿床的发现。

矿床共生,基础在矿物共生和元素共生。关于造成矿床共生的原因,大体上是由于:①元素的地球化学性质相近或相似;②一定的物理化学平衡因素起重要作用,促使相近的元素可以同时晶出,可以类质同像置换,也可以形成固溶体;③矿质来源、围岩岩性及成矿作用的综合影响;④叠加矿化作用,包括同生作用和后生作用的重叠矿化。后两者对区域矿床共生而言,比较重要。

## (一)矿床共生组合

卢作祥等(1989)根据矿种组合和矿床成因类型把矿床共生组合分为 4 类:①单矿种同类型矿床组合,如鞍本、冀东许多沉积变质型铁矿床组合;②单矿种不同类型矿床组合,如湖南瑶岗仙黑钨矿床与白钨矿床共生组合等;③多矿种同类型矿床组合,如辽宁矽卡岩型钼矿与铅锌矿床共生等;④多矿种不同类型矿床共生组合,如长江中下游一系列火山岩浆、火山沉积、火山热液及矽卡岩型 Fe、Cu 矿床共生。

孟宪民(1963)据形成环境的不同把矿床组合分为下列 5 类:①大洋组合。多为玄武岩组成,其中以矿化 Ni、Cr 等为主。处于热带、亚热带大洋中的岛屿一般可能有铝土矿的富集,并有锰矿或其他残积矿床产生。②大陆组合。碎屑岩、蒸发岩、白云岩、火山岩等均有发育,矿产主要有 W、Sn、Nb、Ta 砂矿、Au-U 砾岩、宁乡式铁矿、宣龙式铁矿、红层铜矿、密西西比式铅锌矿、膏盐矿等。③陆缘组合。主要由三角洲沉积物、礁灰岩或大陆冰川的冰碛组成,其中以三角洲和礁灰岩岩相最为重要。矿产主要为油气、锰、钴、铜、镍、铅、锌等,在陆棚的沉积物中呈结核状聚积。④岛弧组合。产出岩石以安山岩为主,其次为杂砂岩与玄武岩,沿深断裂常有超基性岩体呈线状排列。矿产主要是 Pb、Zn、Cu、Au、石膏、重晶石、油气及一些风化残余矿床(如铝土矿)。⑤原生山脉组合。主要岩石为花岗岩、花岗闪长岩,酸性与较基性的片麻岩互层。矿床有条带状铁矿、布鲁肯式铅锌矿、兰德式金铀矿等。

此外,李春昱(1990)把与板块构造有关的矿床分为与蛇绿岩、钙碱性-中酸性岩浆岩、酸性岩浆岩及与碱性和偏碱性岩浆有关的矿床组合等。

## (二)成矿系列

成矿系列是矿床共生组合研究的进一步深入和发展。上述的矿床共生组合分类主要是侧重于总结矿床共生组合的自然现象,而对矿床共生组合的深层次及相互之间的时空关系重视不够,而成矿系列可以说是针对上述问题而提出的。所谓成矿系列,是指具有统一成矿过程、时空上有密切联系、成因上有成生联系的矿床组合。程裕淇(1980)将内生成矿系列初步划分为 14 类,沉积矿床分为 6 类(表 4-12)。

成矿系列概念的提出,改变了矿床研究中分门别类、彼此孤立割裂的倾向,而以成矿演化、联系发展观点作指导,既重视成矿演化谱系、成矿作用过程的共同特征,又注意地质条件局部变化对成矿的影响。在一个成矿区内掌握了成矿系列特征,可以由此及彼指导预测找矿工作,提高矿产勘查工作的成效。

表 4-12 与沉积作用有关的成矿系列简表

| 系列类型 | 常见的(或可能的)矿种(元素) | 矿床实例 |
|---|---|---|
| 1.海相陆源碎屑岩、近岸硅质岩、碳酸盐岩组合的成矿系列<br>①正常沉积的 Fe、Mn 亚系列<br>②沉积磷块岩亚系列<br>③沉积磷块岩亚系列<br>④黄铜矿-黄铁矿亚系列 | Fe、Mn 矿<br>磷灰石矿或磷灰石-细晶磷灰石矿(或含 F、Cl 等)<br>镜铁矿-方铅矿、闪锌矿(或含 Sb、Hg、Ag 等)、菱铁矿(或含 Pb、Zn、Cu、Sb、Au、U、Mn 等)<br>东川铜矿 | 云南鱼子甸,广东乐昌,四川什坊,贵州<br>陕西大西沟 |
| 2.海相黑色页岩、石煤、硅质岩组合 P、V、Mo、Ni 等元素的成矿系列 | 黑页岩(或含 U、V、Mo、Ni、Co、Cu)-磷结核、石煤(或含 V、Mo、Ni 等)、硅质岩(或含 U、V)、黑页岩-黄铁矿 | 湖南牛蹄塘组<br>华南孤峰组 |
| 3.海陆过渡相或陆相碎屑岩组合含 Fe、Al、煤、石油的成矿系列<br>①Fe、Al、煤亚系列<br>②石油、天然气、油页岩(自然硫)亚系列 | 褐铁矿(或相变为黄铁矿)、铝土矿(或相变为耐火黏土)、煤层(常包含 Ge、Ga 等元素)<br>石油、天然气矿藏(油田水常伴生 K、Na、Li、B、I 元素)及(或)油页岩(常伴生 U、V、Cu 元素)及(或)自然硫矿(伴生石膏、硬石膏) | 华北(C)褐铁矿,黔桂(C—P)的铝土矿,华北(C—P、T—J、K)的煤田<br>松辽(K)油田,茂名(E)油页岩,山东(E)自然硫 |
| 4.海相碳酸盐岩、蒸发岩组合的成矿系列 | 石膏矿(石盐)、石盐矿(钾石盐)、石盐矿(光卤石) | 山西(O)石膏矿,四川(T)石盐矿,苏联(E)喀尔巴阡钾盐矿床 |
| 5.陆相碎屑岩、蒸发岩组合的成矿系列<br>①夹海相层的亚系列<br>②单纯陆相亚系列 | 石膏矿-石盐矿、石盐矿-杂卤石矿、石盐矿-钾芒硝矿<br>芒硝、天然碱矿-石膏、石盐矿、硼砂矿、石盐-光卤石矿<br>含铜砂岩、含铜砂砾岩矿(或含 U、V 等) | 大汶口(E)石盐,杂卤石矿床,江汉(E)石盐钾芒硝矿床,桐柏(E)天然碱矿,察尔汁光卤石矿,班戈湖硼砂矿滇粤(K—E)含铜砂岩矿 |
| 6.陆相表生风化残积带的成矿系列中、酸性火成岩表生风化带亚系列 | 高岭土、(红土型)铝土矿、富稀土元素黏土矿 | 苏州高岭土矿床,海南岛红土型铝土矿,赣南含稀土元素的风化壳矿床 |

(据程裕淇等,1980)

(三)成矿模式

成矿模式是以简明的图件、表格、文字或数学公式对矿床组(或某一类矿床)的成矿地质背景、成矿地质特征、成矿作用类型、控矿因素、矿化标志等相关信息进行高度综合和理论概括。成矿模式从形式上中可分为概念模式、图表模式和数学模式,从性质可分为矿床成因模式、矿体产状模式、矿床数量模式(吨-品位模型)等。矿床模式,特别是图类模式可以形象、直观地表述矿床组相互之间的内在成因联系及形成、分布的时空特征,从这个角度来说,它比成矿系列更前进了一步。但成矿模式绝不是仅反映矿床共生组合方面,它可以是对成矿规律的高度概括。据成矿模式指导预测找矿实践,在世界范围内影响较大,并且已取得良好效果的成矿模式有斑岩铜矿热液蚀变模式、密西西比河流域古含水层模式、沉积型铜矿的萨布哈模式及日本的块状硫化物火山成因模式等。

目前成矿模式越来越多,应用得也非常广泛,但这些模型还存在完善性、有效性和适用性等问题。比较成熟成矿模式有斑岩铜矿成矿模式、玢岩铁矿成矿模式、IOCG 成矿模式等、火山热液成矿模式(图 4-23)。我国东南地区与火山热液有关有色金属、贵金属矿产十分丰富。图 4-23 系统地反映了不同矿种类型、不同成矿环境的空间产出的系列矿床空间位置。

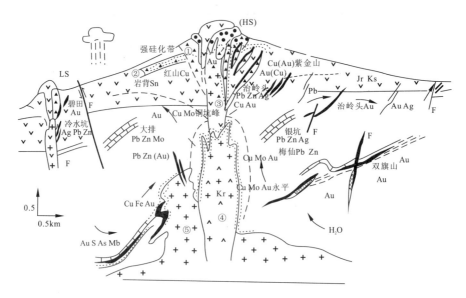

图 4-23 我国东南地区火山-次火山热液矿床区域成矿模式
(据陈世忠修改,2010)
①火山角砾岩;②火山凝灰岩;③管道火山角砾岩;④花岗质次火山岩;⑤花岗斑岩

**1. 模式的完善性和有效性**

成矿模式的完善性取决于人们对矿床类型及组合的成矿背景、控矿因素、矿床成因的认识水平。由于人们的认识是逐步深化及提高的,相应所建立的模式也需要经历一个不断修正、提高的过程。只有本身较完善、能够较客观地反映矿床的有关特征的模型,在指导预测找矿工作中才能取得较好的实效。所以模型本身的完善性及应用中的有效性是密不可分的,也是建立模式的基本要求。

**2. 模式的适用性**

成矿模式的适用范围越大,则对预测找矿的指导意义越大。但成矿模式的适用范围客观上受限于矿床类型分布的广泛程度,主观上取决于对这些矿床类型和矿床组合的概括程度。有的模式与全球性构造成矿环境有关,经过高度概括,应用范围也具有全球性,如上述的斑岩铜矿蚀变分带模式等。有的模式则只适用于某一区域,与该区域特殊的环境和条件有关。

成矿模式的发展趋势是由单项模式(如蚀变模式、构造控矿模式等)向综合模式发展;由单一模式(如概念或表格单一类型)向多种模式发展;由二维模式向四维模式发展;由单源信息模式向多源信息模式发展。总之,随着对成矿规律认识的深化,高新技术在矿产勘查领域内的不断普及,成矿模式的完善性、综合性及代表性将不断地提高,对预测找矿工作的指导意义将越来越大。

由矿床共生组合→成矿序列→成矿模式的发展,反映了矿床共生规律研究的深化。其重要意义在于查明矿床组合特征和时空分布,开阔视域,统观全局,由此及彼,举一反三,提高预测找矿的成效。

## 第四节 找矿技术方法与信息提取

找矿技术方法是泛指为了寻找矿产所采用的工作方法和技术手段的总称。找矿技术方法实施的首要目的是获取矿化信息,并通过对矿化信息的评价研究最终发现欲找寻的矿产。

### 一、找矿技术方法

找矿技术方法按其原理可分为地质方法、地球化学方法、地球物理方法、遥感方法、工程技术方法五大类。各类方法对地质体从不同的侧面进行研究,提取矿产可能存在的有关信息,并相互验证,以提高矿产的发现概率。

(一)地质方法

地质方法包括传统的地质填图法、砾石找矿法、重砂找矿法等。以下对各种具体方法分别简述之。

**1. 地质填图法**

地质填图法是运用地质理论和基础地质调查的有关方法,全面系统地进行综合性的地质矿产调查和研究,查明工作区内的地层、岩石、构造与矿产的基本地质特征,研究成矿规律和利用各种找矿信息进行找矿。它的工作过程是将地质特征填绘在比例尺相适应的地形图上,故称为地质填图法。因为本法所反映的地质矿产内容全面而系统,所以是最基本的找矿方法。无论在什么地质环境下,寻找什么矿产,都要进行地质填图,因此,地质填图是一项综合性的、很重要的地质勘查工作。地质填图成果的准确性与可靠性直接关系到找矿工作的效果。如有些矿区由于地质填图工作的质量不高,对某些地质特征未调查清楚,因此使找矿工作失误。国内外都有实例,应引以为戒。同时,也有很多实例,通过地质填图而取得可观的找矿效果。如弓长岭铁矿区的独木-八盘岭铁矿,分布在独木、哑巴岭、八盘岭的混合岩中,地表有3个孤立的矿体露头,通过地质填图并结合物探磁力异常解译,推测它们可能是一个向斜的局部出露。后经钻探验证,确实是彼此相连的向斜构造,是一个总储量超过数亿吨的大铁矿。

随着高新技术和计算机技术在矿产勘查工作中的普及应用,地质填图正由过去单一的人工野外现场填制向采用遥感技术、野外地质信息数字化、计算机直接成图方面发展,由单一的二维制图向三维、立体制图方向发展。

**2. 砾石找矿法**

砾石找矿法是根据矿体露头被风化后所产生的矿砾(或与矿化有关的岩石砾岩),在重力、水流、冰川的搬运下,其散布的范围大于矿床的范围,利用这种原理,沿山坡、水系或冰川活动地带追索矿砾,进而达到寻找矿床目的的方法。砾石法是一种较原始的找矿方法,其简便易行,特别适用于地形切割程度较高的深山密林地区及勘查程度较低的边远地区的固体矿产的找寻工作。砾石找矿法按矿砾的形成和搬运方式可分为河流碎屑法和冰川漂砾法,以前者的应用相对比较普遍。

(1)河流碎屑法。该方法是以各级水系中的冲积砾石、岩块、粗砂为主要观测对象,从中发现矿砾或与矿化有关的岩石砾石,然后逆流而上进行追索,连续地观察其形态、大小及磨圆度,并研究其物质成分和碎屑数量的变化情况。当遇到两条河流的汇合处,要判别碎屑来源,一直逆流追索到砾石不再在河谷中出现,直至发现含矿砾石发源的山坡,继而在山坡上布置较密集的路线网,详细研究坡积、残积层。对发现的含矿碎屑或矿化碎块,应做标志,并填绘在地质图上,圈定其分布范围,进而推断原生矿床的位置。

(2)冰川漂砾法。该方法是以冰川搬运的砾石、岩块为主要观察对象,其原理与河流碎屑法类似。由于冰川堆积一般很厚,冰川运动的方向又并非始终如一,并且后一次冰川往往对前一次冰川沉积物有较大的破坏,因而冰川沉积规律难以掌握,故利用冰川漂砾寻找原生矿的效果欠佳。

**3. 重砂找矿方法**

重砂找矿方法(简称重砂法)是以各种疏松沉积物中的自然重砂矿物为主要研究对象,以实现追索寻找砂矿和原生矿为主要目的的一种地质找矿方法。重砂法的找矿过程是沿水系、山坡或海滨对疏松沉积物(冲积物、洪积物、坡积物、残积物、滨海沉积物、冰积物以及风积物等)系统取样,经室内重砂分析和资料综合整理,并结合工作区的地质、地貌特征,重砂矿物的机械分散晕或分散流和其他找矿标志等来圈定重砂异常区(地段),从而进一步发现砂矿床,追索寻找原生矿床。

重砂法是一种具有悠久历史的找矿方法,我们的祖先远在公元前 2000 年就用以寻找砂金。由于重砂法应用简便、经济而有效,因此现今仍是一种重要的找矿方法。重砂法主要适用于物理化学性质相对稳定的金属、非金属等固体矿产的寻找工作,具体如自然金、自然铂、黑钨矿、白钨矿、锡石、辰砂、钛铁矿、金红石、铬铁矿、钽铁矿、铌铁矿、绿柱石、锆石、独居石、磷钇矿等金属、贵金属和稀有、稀土元素矿产和金刚石、刚玉、黄玉、磷灰石等非金属矿产。我国一些重要的固体矿产地的发现,如夹皮沟金矿,赣南的钨矿,山东的金刚石,湖北、广东、广西的汞矿,云南、四川的锆石等都是用重砂法首先发现的。

应用重砂矿物进行找矿的依据是重砂机械分散晕(流)(图 4-24)的存在:矿源母体(矿体或其他含有用矿物地质体)暴露地表因表生风化作用改造而不断地受到破坏,在此过程中化学性质不稳定的矿物由于风化而分解,而化学性质相对稳定的矿物则成单矿物颗粒或矿物碎屑

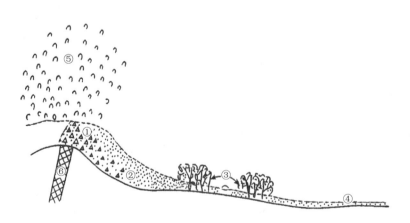

图 4-24 矿床次生分散示意图
(据侯德义,1984,有改动)
①机械分散晕;②残、坡积重砂矿物分散晕;③生物晕;④分散流;⑤气晕;⑥矿体

得以保留而成为砂矿物,当砂矿物相对密度大于 3 时则称为重砂矿物。这些重砂矿物除少部分保留在原地外,大部分在重力及地表水流的作用下,以机械搬运的方式沿地形坡度迁移到坡积层,形成重砂矿物的相对高含量带,并与原地残积层中的高含量带一起构成重砂矿物的机械分散晕。有些矿物颗粒进一步迁移到沟谷水系中,由于水流的搬运和沉积作用使之在冲积层中富集为相对高含量带,构成所谓的机械分散流。重砂机械分散晕(流)的形成,是矿源母体遭受风化剥蚀的结果,重砂矿物经历了搬运、分选、沉积等综合作用,其分布范围较矿源母体大得多,故成为较易发现的找矿标志,经追本溯源,就可找到原生矿体。

重砂法除了可单独用于找矿外,更多的是在区域矿产普查工作中配合地质填图工作和物探化探、遥感等不同的找矿方法一起共同使用进行综合性的找矿工作。重砂法传统的取样研究对象是自然重砂,但目前人工重砂的研究及应用正日益受到人们的高度重视,故重砂法按采样对象的不同可分为自然重砂法和人工重砂法两种。后者是直接从基岩及某些新鲜岩石或风化壳采取样品,以人工方法将样品破碎,从而获取其中的重砂矿物进行研究。人工重砂法是在自然重砂法的基础上发展起来的,并代表了重砂法的发展方向。通过对人工重砂矿物的研究,重砂法不仅用于直接找矿工作中,提供有用的矿化信息,而且可以进行地层划分、岩体对比,研究矿床成因,总结成矿规律,配合有关资料进行成矿预测等。

(二)地球化学找矿法

地球化学找矿法(又称地球化学探矿法,简称化探)是以地球化学和矿床学为理论基础,以地球化学分散晕(流)为主要研究对象,通过调查有关元素在地壳中的分布、分散及集中的规律达到发现矿床或矿体的目的。由于成矿元素的原生晕和次生晕的规模比矿体大得多,因而可以给找矿提供较大的目标。并且由于成矿元素分散的介质种类很多及迁移的距离可以很大,因此通过地球化学晕的研究能发现难识别、新类型的矿床和埋藏很深的矿体。例如水化学法找矿深度可达几百米,所以地球化学找矿法对寻找隐伏矿床或盲矿体非常有效。

地球化学找矿法于 20 世纪 30 年代在苏联首先使用,后传到美洲等地。美国发明了原子吸收光谱分析法等先进的分析技术,促进了本方法的飞速发展。近几十年来,世界各国广泛采用,取得了较好的地质找矿效果。如美国内华达州金矿、赞比亚卡伦亚富铜矿、我国胶东仓上金矿和广东河台金矿的发现,化探都起了重要的作用。此外,利用化探对岩体含矿性进行评价、进行地层对比、研究矿床成因等方面都有较大的进展。地球化学找矿法可找寻的矿产涉及金属、非金属、油气等众多的矿种及不同的矿床类型,地球化学方法本身也从单一的土壤测量发展为分散流、岩石地球化学测量、水化学、气体测量等,方法的应用途径也从单一的地面发展到空中、地下、水中等。具体各种化探方法的种类及应用如表 4-13 所列。各种化探方法的具体应用和方法的有效性,取决于是否有相应的采样对象和形成相当的成矿元素分散晕的地球化学前提,如岩石测量法要求有足够的能够采样的岩石露头和形成原生晕的地质条件。因此,在找矿工作中对各种化探方法的选择必须结合研究区的具体地质条件进行。

目前我国在矿产调查或勘查方面,化探找矿根据目标任务的不同(比例尺精度不同),常用的化探方法有:水系沉积物(分散流)测量,主要用于 1:25 万或 1:5 万的化探扫面(普查),结合成矿地质条件,指明找矿方向或有利地段;土壤(次生晕)测量,主要用于 1:1 万或更大比例尺的矿产预查-普查工作;基岩地球化学(原生晕)测量,主要用于基岩露头较好、土壤层不发育的荒漠地区或钻孔原生晕、巷道原生晕测量,寻找原生矿或矿山深部盲矿体。

表 4-13 化探方法的应用及地质效果表

| 方法 | 研究寻找的矿种 | 采样对象 | 应用范围 | 应用效果和实例 |
|---|---|---|---|---|
| 岩石测量法（原生晕） | 铜、铅、锌、锡、钨、钼、汞、锑、金、银、铬、镍、铀、锂、铌、钽等，铁、非金属开展了试验 | 岩石、古废石堆、断裂碎屑物等 | 区域地质测量、矿产普查、含矿区评价、矿床勘探、矿山开采 | 研究地球化学省元素分布特征，指导探矿工作掘进，找寻盲矿体或追索矿体，评价地质体的含矿性均取得良好效果。如青城子铅矿 |
| 土壤测量法 | 能寻找的矿种较多，对有色和稀有金属铜、铅、锌、砷、锑、汞、钨、锡、钼、镍、钴和贵金属金、银，黑色金属铬、锰、钒及某些非金属（磷）等矿种均可采用 | 残坡积层土壤、矿帽 | 矿产普查、含矿区普查都广泛应用。配合1:5万、1:1万、1:2000地质填图进行 | 对寻找松散层覆盖下的矿体是一种有效的方法，有时寻找盲矿体也有效，查明覆盖区断裂构造展布。广西某队应用此法发现一个大型钼钒矿床 |
| 水系沉积物测量（分散流） | 铜、铅、锌、钨、锡、钼、汞锑、金、银、铬、镍、钴、锂铷、铯、磷等，也可寻找铌、钽、铍等稀有金属矿床 | 水系沉积物、淤泥等 | 配合1:20万～1:2.5万区域地质填图或进行区域化探。方法简单、效率高，是目前区域化探的主要方法 | 近年来应用于区域地质填图和矿区外围找矿，取得显著成绩。广东河台金矿就是此法发现的 |
| 水化学测量法（水化学） | 迄今仅限于寻找硫化物多金属矿床，如铜、铅、锌、钼、镍、钴、汞、盐类矿床，石油、天然气及铀矿床 | 水（泉水、地下水、井水等） | 在气候比较潮湿，地下水露头条件良好，水文网密度大而水量小的地区最适用 | 能指示埋藏较深的盲矿床，在切割强烈的山区，找矿深度可达200m。如江西省钾盐矿床普查中水化学测量法起了特别重要的作用 |
| 生物测量 | 含铜、铅、锌、钴、钼、镍、钒、铀、锶、钡等元素的矿床 | 以草木植物或木本植物的叶为主 | 适用于大比例尺普查找矿 | 能发现的矿化深度较大，通常能发现深11～15m的矿体，在特别有利的条件下能发现深50m的矿体 |
| 气体测量 | 寻找石油、天然气、放射性元素矿床及含挥发性组分的各类矿床，如汞、金、铜、铅、锌、锑、铋、钛、铀、钾盐、硝酸盐等矿床 | 地面空气、土壤中气体、空气中微尘 | 地面空气测量对大、中比例尺普查找矿均可采用，土壤中气体测量在含矿区找矿可广泛采用 | 地面空气测量对大、中比例尺普查找矿反映出矿床或矿带。土壤中气体测量能圈出矿体大致位置，如白银厂黄铁矿型铜矿 |

（据侯德义等，1984，有改动）

### （三）地球物理找矿方法

地球物理找矿方法又称地球物理探矿方法（简称物探），是通过研究地球物理场或某些物理现象，如地磁场、地电场、重力场等，以推测、确定欲调查的地质体的物性特征及其与周围地质体之间的物性差异（即物探异常），进而推断调查对象的地质属性，结合地质资料分析，实现发现矿床（体）的目的。根据地质体的物性特征、电磁原理，可将物探方法划分为电法、磁法、重力、放射性、电磁法等（表4-14）。物探方法与地质学方法有着本质上的不同，它不是直接研究岩石或矿石矿物、化学成分、结构构造，而是通过不同地质体的物理场的研究分析，推测地下的地质体的地质特征，其理论基础是物理学，是把物理学的理论应用于地质找矿。因此，物探具有以下的特点和工作前提：

表 4-14 物探方法的应用及地质效果简表

| 方法种类 | 优缺点 | 应用条件 | 应用范围及地质效果 |
|---|---|---|---|
| 放射性测量法 | 方法简便,效率高 | 探测对象要具有放射性 | 寻找放射性矿床和与放射性有关的矿床,以及配合其他方法进行地质填图、圈定某些岩体等。对放射性矿床能直接找矿 |
| 磁法（磁力测量） | 效率高,成本低,效果好,航空磁测在短期内能进行大面积测量 | 探测对象应略具磁性或显著的磁性差异 | 主要用于找磁铁矿和铜、铅、锌、铬、镍、铝土矿、金刚石、石棉、硼矿床,圈定基性、超基性岩体,进行大地构造分区、地质填图、成矿区划分的研究及水文地质勘测。如南京市梅山铁矿的发现,北京市沙厂铁矿远景的扩大,甘肃省某铜镍矿、西藏某铬矿床、辽宁省某硼矿床应用此法找矿,地质效果显著 |
| 自然电场法 | 装备简便,测量仪器简单,轻便快速,成本低 | 探测对象是能形成天然电场的硫化物矿体或低阻地质体 | 用于进行大面积快速普查硫化物金属矿床、石墨矿床;水文地质、工程地质调查;黄铁矿化、石墨化岩石分布区的地质填图。如辽宁省红透山铜矿、陕西省小河口铜矿及寻找黄铁矿矿床方面,应用此法地质效果显著 |
| 中间梯度法（电阻率法） | | 探测对象应为电阻率较高的地质体 | 主要用于找陡立、高阻的脉状地质体。如寻找和追索陡立高阻的含矿石英脉、伟晶岩脉及铬铁矿、赤铁矿等效果良好,而对陡立低阻的地质体如低阻硫化多金属矿则无效 |
| 中间梯度法（激发极化法） | 不论其电阻率与围岩差异如何均有明显反映,对其他电法难于找寻的对象应用它更能发挥其独特的优点 | 在寻找硫化矿时石墨和黄铁矿化是主要的干扰因素,应尽量回避 | 主要用于寻找良导金属矿和浸染状金属矿床,尤其是用于那些电阻率与围岩没有明显差异的金属矿床和浸染状矿体效果良好。如某地产在石英脉中的铅锌矿床及河北省延庆某铜矿地质效果显著 |
| 电剖面法按装置的不同分为: | | | 在普查勘探金属和非金属矿产及进行水文地质、工程地质调查中应用相当广泛,并在许多地区的不同地电条件下取得了良好的地质效果 |
| 联合剖面法 | 装置不易移动,工作效率低 | 探测对象应为陡立较薄的良导体 | 主要用于详查和勘探阶段,是寻找和追索陡立而薄的良导体的有效方法。如某铜镍矿床应用效果良好。当矿脉与围岩的导电性无明显差别时,利用极化率 $\eta_s(\rho_s)$ 曲线也能取得好的效果 |
| 对称四极剖面法 | 对金属矿床不如中间梯度和联合剖面法的异常明显 | | 主要用于地质填图,研究覆盖层下基岩起伏和对水文、工程地质提供有关疏松层中的电性不均匀分布特征,以及疏松层下的地质构造等。如用它圈定古河道取得良好的效果 |
| 偶极剖面法 | 主要缺点在于一个矿体可出现两个异常,使曲线变得复杂 | | 一般在各种金属矿上的异常反映都相当明显,也能有效地用于地质填图划分岩石的分界面。在金属矿区,当围岩电阻率很低、电磁感应明显,且开展交流激电法普查找矿时往往采用。如我国某铜矿床用此法找到了纵向叠加的透镜状铜矿体 |
| 电测深法 | 可以了解地质断面随深度的变化,求得观测点各电性层的厚度 | 探测对象应为产状较平缓、电阻率不同的地质体,且地形起伏不大 | 电阻率电测深用于成层岩石的地区,如解决比较平缓的不同电阻率地层的分布,探查油、气田和煤田地质构造,以及用于水文地质工程地质调查中。它在金属矿区侧重解决覆盖层下基岩深度变化、表土厚度等,为间接找矿。而激发极化电测深主要用于金属矿区的详查工作,借以确定矿体顶部埋深及了解矿体的空间赋存情况等。如个旧锡矿采用此法研究花岗岩体顶面起伏,进行矿产预测起到了良好找矿效果 |

(据侯德义等,1984)

**1. 物探的特点**

（1）必须实行两个转化才能完成找矿任务。先将地质问题转化成地球物理探矿的问题，才能使用物探方法去观测。在取得观测数据之后（所得异常），只能推断具有某种或某几种物理性质的地质体，然后通过综合研究，并根据地质体与物理现象间存在的特定关系，把物探的结果转化为地质的语言和图表，从而去推断矿产的埋藏情况及与成矿有关的地质问题，最后通过探矿工作的验证，肯定其地质效果。

（2）物探异常具有多解性。产生物探异常现象的原因往往是多种多样的。这是由于不同的地质体可以有相同的物理场，故造成物探异常推断的多解性。如磁铁矿、磁黄铁矿、超基性岩，都可引起磁异常。所以工作中采用单一的物探方法，往往不易得到较客观的地质结论。一般情况应合理地综合运用几种物探方法，并与地质研究紧密结合，才能得到较为客观的结论。

（3）每种物探方法都有要求严格的应用条件和使用范围。因为矿床地质、地球物理特征及自然地理条件因地而异，都影响物探方法的有效性。

**2. 物探工作的前提**

在确定物探任务时，除地质研究的需要外，还必须具备物探工作前提，才能达到预期的目的。物探工作前提主要有下列几方面：

（1）物性差异。被调查研究的地质体与周围地质体之间，要有某种物理性质上的差异。

（2）被调查的地质体要具有一定的规模和合适的深度，用现有的技术方法能发现它所引起的异常。若规模很小、埋藏又深的矿体，则不能发现其异常；有时虽地质体埋藏较深，但规模很大，也可能发现异常。故找矿效果应根据具体情况而定。

（3）能区分异常，即从各种干扰因素的异常中，区分所调查的地质体的异常。如铬铁矿和纯橄榄岩都可引起重力异常，蛇纹石化等岩性变化也可引起异常，能否从干扰异常中找出矿异常，是方法应用的重要条件之一。

物探方法的适用面非常广泛，几乎可应用于所有的金属、非金属、煤、油气、地下水等矿产资源的勘查工作中。与其他找矿方法相比，物探方法的一大特长是能有效、经济地寻找隐伏矿床和盲矿体，追索矿体的地下延伸，圈定矿体的空间位置等。在大多数情况下，物探方法并不能直接进行找矿，仅能提供间接的深部地质体的物理信息供勘查人员分析、参考，但在某些特殊的情况下，如在地质研究程度较高的地区用磁法寻找磁铁矿床，用放射性测量找寻放射性矿床时，可以作为直接的找矿手段进行此类矿产的勘查工作，甚至进行储量估算工作。

在当前找矿对象主要为地下隐伏矿床及盲矿体的局面下，物探方法的应用日益受到人们的重视，促使了物探方法的迅速发展。据地质体的物性特征发展了众多具体的物探方法，物探的实施途径也从单一的地面物探发展到航空物探、地下（井中）物探、水中物探等，探测深度也从几十米发展到目前几千米（如大地电磁法）。具体各类物探方法的种类、应用条件及适用对象等均列于表 4-14 中，以供方法选择时参考。

**（四）遥感找矿法**

遥感找矿法是指通过遥感途径对工作区的控矿因素、找矿标志及矿床的成矿规律进行研究，从中提取矿化信息而实现找矿目的的一种技术手段。遥感找矿是一种高度综合性的找矿方法，必须与地质学原理和野外地质工作紧密结合，才能获得丰富可靠的资料和正确的结论。

遥感找矿的技术路线是以成矿理论为指导，以遥感物理为基础，通过遥感图像处理、解译及遥感信息地面成矿模式的研究,同时配合野外地质调查、验证和室内样品分析,以保证遥感找矿的有效性。

遥感找矿具有视域开阔、经济快速、易于正确认识地质体全貌、对地下及深部成矿地质特征具一定的"透视"能力的特点,并能多层次(地表、地下)、多方面(地质、矿产)获取成矿信息。遥感找矿法是现代高新技术在矿产勘查领域内应用的直接体现:从地质体物理信息的获取、数据处理和判译,直到最后形成各种专门性的成果性图件,整个过程涉及到了现代光学、电学、航天技术、计算机技术和地学领域内的最新科技成果。因此,与传统的找矿方法相比,遥感找矿法具有明显的优势和发展前景。但需要强调指出的是,迄今为止遥感方法并不是一种直接的找矿方法,获取的信息多是间接的矿化信息,在矿产勘查工作中,必须与其他找矿方法相配合,才能最终发现欲找寻的矿产。遥感方法在矿产勘查工作中的具体应用主要有以下3个方面:

**1. 进行地质填图**

遥感地质填图可以通过两个途径来实现:①利用高精度摄影机或电视传真机直接摄制遥感图像;②利用扫描器或传感器获取信息,并经专门的技术处理成图。通过遥感填图可以较准确地了解各类地质体的宏观特征,校正地面勾绘时因野外观察路线之间人眼可视范围的局限性而造成地质界线推断的错误,并为常规地质填图提供重要的成矿地质信息;应用雷达波束在常规地质填图难以实现的冰雪覆盖的高山区和沙漠地区填绘基岩地质图;利用红外技术填制不同种类的岩石分布的专门性图件;尤其是随着遥感配套技术的不断改进和提高,从不同的高度(航天、航空)、不同的方面(地质、物探化探)进行多层次、全信息的立体地质填图。目前,遥感地质填图已成为地质填图的重要组成部分,并有取而代之的趋势。现今我国正开展的新一轮国土资源大调查工作中就广泛地应用了遥感填图技术。

**2. 研究区域控矿构造格架,总结成矿规律**

遥感解译使用的卫星像片覆盖的范围大、概括性强,为人们宏观地研究区域控矿构造格架、总结成矿规律提供了有利的条件。如通过卫片解译进行区域地质分析,其中包括大型构造单元的研究、区域断裂系统及基底构造的分析、局部构造控矿特征研究等。遥感图像对于环形、线性构造及隐伏构造的判译尤为简捷准确,环形构造在遥感影像上常表现为圆形、椭圆形色环、色像等,结合地质特征分析可反映不同类型的成矿信息。例如,与大型基底隆起有关的环形构造可能为油气聚集的地区,与隐伏断陷盆地有关的环形构造可能具有煤炭资源,一些小的环形构造常是侵入岩体或火山喷发中心的反映;线性构造在遥感图像上表现为一系列线状色调和同色调的界面,本身有深浅、粗细、长短、隐显之分,是不同类型的断裂构造、不同

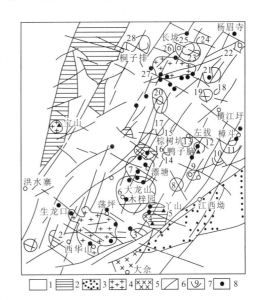

图4-25 西华山—杨眉寺地区环形影像、
线性断裂解译略图
(据钟南昌等,1981)

1.震旦系—寒武系;2.泥盆系—二叠系;3.第三系;
4.燕山期花岗岩;5.海西期花岗岩;6.断裂(线性影像);7.环形影像及编号;8.脉状钨矿床(点)

的地质界面、呈线状分布的地质体的判别标志。通过研究区环形、线性构造的充分判译，可以较好地掌握本地区内的控矿构造格架和矿床分布规律。如赣南西华山—杨眉寺地区，通过遥感图像解译发现区内的构造型式主要为一系列的线性及环形构造，并有规律地控制了区内与成矿有关的岩体及矿床的分布(图 4-25)。

**3. 编制成矿预测图、确定找矿远景区**

这是遥感技术应用于找矿的直接例证。应用遥感技术进行成矿预测的关键是建立遥感信息地质成矿模型，即根据遥感影像特征和成矿规律研究程度较高的地区的成矿地质特征的研究，分析主要控矿因素和各种矿化标志，建立矿化信息数据库和遥感地质成矿模式，然后推广至工作程度较差的地区，通过类比，编制成矿预测图，圈定找矿靶区，指导矿产勘查工作。例如美国科罗拉多州中部贵金属和贱金属试验区，应用卫星影像分析了线性构造和环形构造后，确定了 10 个找矿远景区，并按成矿条件的优劣分为三级，经地面资料证实，有 5 个与已知矿区相符(图 4-26)。

图 4-26 美国科罗拉多地区卫星影像的线性构造和环形构造及
根据卫星影像圈定的 10 个找矿远景区
(据 S.M. 尼科拉斯，1990)
数字表示远景区优先顺序

## （五）工程技术方法

找矿的工程技术方法主要指地表坑道工程及浅进尺的钻探工程等一类的探矿工程。地表坑道工程包括剥土、探槽及浅井等。在找矿工作中，工程技术手段主要用来验证有关的地质认识，揭露、追索矿体或与成矿有关的地质体，调查矿体的产出特征及进行必要的矿产取样等。在矿产普查阶段，配合其他找矿方法，通过有限的探矿工程的揭露，可以快速、准确地解决一些关键的找矿问题，如矿体的规模、质量等。因此，在必要的情况下，还需使用极少量的地下坑道工程和较深进尺的钻探工程。

### 1. 地表坑道工程

1）剥土（BT）

剥土是用来剥离、清除矿体及其围岩上浮土层的一种工程。剥土工程无一定的形状，一般在浮土层不超过 0.5～1m 时应用，其剥离面积大小及深度应据具体情况而定。剥土工程主要用于追索固体矿产矿体边界及其他地质界线，确定矿体厚度，采集样品等。

2）探槽（TC）

探槽是从地表向下挖掘的一种槽形坑道，其横断面通常为倒梯形，槽的深度一般不超过 3～5m。探槽的断面规格视浮土性质及探槽深度而定。探槽一般要求垂直矿体走向布置，挖掘深度应尽可能揭露出基岩。探槽是揭露、追索和圈定残坡积覆盖层下地表矿体及其他地质界线的主要技术手段。

3）浅井（QJ）

浅井是从地面向下掘进的垂直坑道，深度一般不超过 30m，断面多为矩形，规格较小。浅井主要用于浮土厚度在 3～5m 之间的近地表矿体揭露、追索，物探化探异常的检查验证工作，也是埋藏较浅、产状平缓的风化矿床、砂矿床的主要勘探技术手段。

### 2. 浅钻

浅钻是一种适用于覆盖层较厚的地区，用以采取疏松土样或岩矿样品的手摇钻、汽车钻或其他动力钻机。浅钻具有设备简单、机动灵活、效率高等特点。在地下涌水量较大的情况下，浅钻可代替槽探、井探等工程。浅钻的取样深度一般在 100m 之内，多用于取样、物探化探异常检查验证、矿体及重要地质界线的揭露和追索等方面。

## （六）找矿技术方法的综合应用

从上述各种找矿方法的简单介绍中可以看出，各种找矿方法各有其自己的具体研究对象及应用前提，各有所长及不足，多数方法只能从某一方面去研究地质体的特征，从某一方面反映找矿信息。如物探是研究地质体的某种物性异常，化探是研究成矿元素的地球化学分散晕等，但矿床则是各种特征密切联系的统一整体，只有合理地选择、综合运用不同的找矿方法，使其相互补充、验证，才能去粗取精、去伪存真，全面客观地认识各种地质现象，更有效地找寻和评价矿床。

找矿方法的综合应用，应是在地质研究的基础上，根据具体的地质条件和自然景观，并结合各种方法的应用前提，正确地配合使用各种方法，从不同的侧面提取各种成矿信息，提高地质研究程度，以达到经济有效地发现矿床的目的。需强调指出的是，找矿方法的综合应用并不是在同一地区使用的找矿方法越多越好，而是应因地制宜地正确选择合适的找矿方法进行组合。一般来说，找矿方法的选择搭配应从以下 3 个方面进行考虑：

**1. 勘查工作阶段及任务**

不同的勘查工作阶段在研究区范围大小、具体的工作任务、比例尺选择和精度要求等方面均有所不同,这些不同直接影响到有关方法的选择。例如,区域地质调查阶段是以范围较大的地域为研究区,以成矿带或矿田的确定为目标,工作范围大,地质测量的比例尺较小,工作精度要求低,因此适于采用效率高、费用低的遥感技术、航空物探化探、分散流等找矿方法;矿床普查阶段是以确定矿点是否具有工业意义、能否转入详查为主要任务,工作范围较小,工作的比例尺大,工作精度要求较高,宜于采用大比例尺的地质测量,有针对性的中、大比例尺的地面物探化探工作,少量的地表坑道或浅钻揭露等。

**2. 研究区地质条件和矿产特征**

地质条件主要指控矿地质因素,矿产特征指矿产种类、矿床类型、规模、矿体形态、矿石物化性质及其矿物和化学组分等。上述这些方面对找矿方法的选择有着至关重要的影响。例如,对于与基性、超基性岩体有关的铬铁矿床,可以用磁法首先查明隐伏岩体的空间位置、形态、大小等,在成矿规律研究的基础上,进而用重力测量圈出矿异常,最后用少量的钻探进行验证、揭露及取样;对于受断裂构造控制的金属硫化物矿床,首先用地质及遥感的方法进行断裂控矿格架的研究,进而用岩石测量、土壤测量、地气测量等化探方法及物探的电法进行矿异常的圈定,最后辅以少量的坑探或钻探进行验证揭露。

**3. 研究区内自然条件**

这里的自然条件主要指地形、气候、植被及第四系覆盖情况等。地形切割强烈的高山区,一般机械风化作用强烈,通行困难,宜用遥感方法、航空物探、航空化探、自然重砂、水系沉积物测量等,配合地质填图,一般能收到较好的找矿效果,重力法则不宜采用。对于地形平缓的丘陵地区,一般残坡积发育,基岩出露条件差,化学风化作用强烈,物探化探方法的作用显著,并可采用遥感方法分析控矿的隐伏断裂。气候条件对找矿方法的选择也有着较大的影响,在潮湿多雨的气候条件下,一般化学风化较为强烈,化探方法中的水系沉积物测量、水化学和土壤地球化学测量等效果较佳,物探的磁法、重力和放射性测量也可视具体情况而采用,但电法则因潮湿容易漏电而很少使用;植被发育的森林区和第四系大面积覆盖的平原地区,地面地质调查通常无能为力,但遥感方法能发挥其独特的作用,化探中的水化学方法和物探中的有关方法可据工作需求而选用,另外,还必须使用一定的钻探工程。

## 二、矿化信息提取

上述的各种找矿技术方法都是通过获取地质体不同方面的矿化信息而最终达到发现矿产的目的。但是,各种找矿方法通过具体的实施首先得到的通常为地质信息,而并非为矿化信息。正如矿床(体)是地质体的特殊组成部分一样,矿化信息是地质信息的一部分或蕴藏于地质信息中,大多是通过对地质、物探化探、遥感等资料、数据所反映的地质信息的进一步分析研究而从中提取出来的。所谓矿化信息提取,即从地质信息中区分矿与非矿信息,这项工作的正确与否是找矿工作能否取得实效的关键所在。

(一)基本概念

**1. 地质信息**

地质信息是指地质体所显示的特征或利用某种技术手段对地质体的具体度量、推断的结果。地质信息按其获得的认知途径可分为事实性信息和推测性信息两类。

1)事实性信息

事实性信息反映的是地质体(包括矿体)存在的客观属性和特征,进一步又可分为：

(1)描述型。仅是对地质体的客观描述性记录,是进一步从中发掘、获取其他信息的源泉,具体如地质体的形态、规模、产状等。

(2)加工型。是应用科学的分析、类比、综合、归纳等逻辑推理对描述型信息进行加工后获得的比描述型层次更深的信息,具体如据地层岩性及古生物组合特征对原始沉积环境的恢复、在地球化学分散晕基础上圈定的化探异常等。

2)推测性信息

推测性信息是指尚未观察到(或未揭露到),而是根据描述型和加工型信息推断的某些地质体可能存在及其相应属性、特征的信息。例如,根据地表观察所见地质体(矿体)的产状、规模形态(描述型信息)推测其地下的产状、延深特征,据磁法测量的磁异常(加工型信息)推测地下具有的隐伏基性—超基性岩体或矿体等,据遥感图像数据所做的地质解译成果等。

**2. 矿化信息**

矿化信息是指从地质信息中提取出来的,能够指示、识别矿产存在或可能存在的事实性信息和推测性信息的总和。它可以是有关的资料、数据及对有关数据经深加工后的成果。矿化信息据其信息来源可分为描述型、加工型和推测性矿化信息;据其信息的纯化程度(可靠性)可分为直接的矿化信息和间接的矿化信息。前者如矿产露头、有用矿物重砂,后者如大多数的物探异常、围岩蚀变、遥感资料等。一般来说,事实性信息中的描述型信息和直接矿化信息相对应,加工型、推测性信息和间接矿化信息相对应。因此,矿化信息提取工作的主要研究对象应是具有多解性的加工型和推测性地质信息。

(二)各种矿化信息的提取及评价

**1. 描述型矿化信息**

在各种找矿技术手段所获取的大量的描述型地质信息中,有的不需经过进一步的分析、加工本身就具有直接表明矿产存在与否的信息功能,则称之为描述型矿化信息,如野外地质调查、地质测量工作中发现的矿产露头、采矿遗迹、通过探矿工程揭露出的矿体等。

描述型矿化信息也可称为直接的矿化信息。地质信息中的描述型矿化信息的识别、获取比较直观、简单,这项工作主要取决于找矿者所具有的知识结构与技术水平。例如,找矿者只要认识、了解某种矿产的基本特征,就能从众多的野外地质现象中将其矿产露头识别出来。

对描述型矿化信息应做进一步的评价研究工作,以确定有关矿产的成矿类型、空间分布、规模及工业价值大小等。具体分析、评价内容类同有关的直接找矿标志的分析内容,其研究内容这里不再赘述。

**2. 加工型矿化信息**

加工型矿化信息是从加工型地质信息中提取出来的,其基本的信息基础是描述型地质信息。从地质体→描述型地质信息→加工型地质信息,已经历了多个信息获取、转换的中间环节,不可避免地已渗杂了一定的干扰信号或假信息,使信息的纯度降低,造成了加工型地质信息的多解性。加工型矿化信息的提取就是从具多解性的加工型地质信息中区分出矿与非矿信息。一般来说,人们熟悉的物探化探、重砂异常等都是加工型地质信息,在应用于指导找矿工作时都必须首先进行异常的分析评价工作,从中区分矿与非矿异常,即提取矿化信息。

加工型矿化信息的提取,必须以地质研究为基础,针对不同的加工型信息的特点,结合研究区内的成矿地质特征及成矿规律进行分析。以下对重砂异常、化探异常、物探异常等加工型地质信息的分析评价工作分别叙述之。

1)重砂异常的分析评价

(1)对重砂异常的研究,首先要重视异常地区地质背景的分析,同时注意影响重砂矿物分散晕(流)形成的因素,判断含矿岩体、地层、构造或原生矿床(体)存在的可能性。

(2)对重砂异常本身,则要分析重砂异常的范围和强度,有用矿物种类和含量等。一般来说,异常的范围大,有用矿物含量高,则反映原生矿床存在的可能性也大,进一步联系地质地貌特点,则可以判断异常的可能来源。

(3)分析重砂异常矿物的共生组合和标型特征。重砂矿物的共生组合和标型特征可反映可能的矿化类型。如锡石-黄玉-电气石-萤石-黑钨矿-白钨矿组合,反映与云英岩化有关的石英脉型锡石矿床的特点;锡石-铌铁矿-钽铁矿-锂辉石-独居石组合,则是伟晶岩型矿床的特征。常见重砂矿物的组合及可能的矿化类型如表4-15所列。矿物标型特征研究意义参见上述"找矿标志"一节。

表4-15 常见典型重砂矿物共生组合及有关的矿床类型表

| 有用矿物及成因类型 | | 共生组合 | 含有用矿物的岩石 | 附注 |
|---|---|---|---|---|
| 金刚石(金伯利岩) | | 含铬镁铝榴石、镁铬尖晶石、锐钛矿、含铬金红石、铬透辉石、钛铁矿、铬铁矿、铂、金、磁铁矿、铱锇矿 | 角砾云母橄榄岩 | |
| 铂及铂族矿物(岩浆型) | | 铬铁矿、钛铁矿、磁铁矿、铬磁铁矿、橄榄石、镁铝榴石、铬尖晶石、紫苏辉石、镁铁尖晶石、蛇纹石、镍黄铁矿 | 超基性岩(纯橄榄岩、橄榄岩、蛇纹岩、辉石岩)、基性岩(辉长岩) | |
| 锡石 | 伟晶岩型 | 铌铁矿、钽铁矿、锂云母、锂辉石、电气石、钨锰铁矿、辉钼矿 | 伟岩晶脉 | |
| | 石英锡石型 | 黑钨矿、白钨矿、黄玉、电气石、萤石、绿帘石、泡铋矿、铋钨酸钙矿 | 石英脉、云英岩脉 | |
| | 硫化物锡石型 | 黄铁矿、电气石、铁绿泥石、磁铁矿、石榴石、磁黄铁矿、褐铁矿 | 石英脉、矽卡岩 | |
| | 矽卡岩型 | 石榴石、辉石、角闪石、符山石、辉钼矿等硫化物 | 矽卡岩 | |
| 黑钨矿(热液型) 辰砂(热液型) | | 锡石、白钨矿、黄玉、电气石、萤石、辉钼矿、方铅矿、辉铋石、萤石、自然金、辉铋矿、黄铜矿等硫化物 | 石英脉 石英脉、碳酸盐岩 | 仅见于某些金汞矿中共生 |
| 铌钽矿 | | 磷铝矿、磷钇矿、锆石、钛铁矿、独居石、锡石、金红石、锂辉石、锂云母、锐钛矿、曲晶石、黄玉、铌铁矿、钽铁矿、烧绿石、褐钇铌矿、黑稀金矿 | 花岗岩,花岗伟晶岩,钠长石化、云英岩化花岗岩 | |
| 独居石 | | 磷钇矿、褐钇铌矿、金红石、钛铁矿、石榴石、十字石、蓝晶石、锆石、电气石、铌钽铁矿 | 花岗伟晶岩、碱性岩、片麻岩 | |
| 绿柱石 | | 萤石、锂云母、锂辉石、电气石、黄玉、刚玉、铌钽铁矿、锡石、硅铍矿、黑钨矿、铌铁矿、细晶石、辉钼矿、辉铋矿、金绿宝石 | 花岗伟晶岩、云英岩化花岗岩 | 绿柱石本身在重砂中少见 |

(据卢作祥等,1989)

2) 化探异常的分析评价

地球化学异常是指某些地区的地质体或自然介质(岩石、土壤、水、生物、空气等)中,指示元素的含量明显地偏离(高于或低于)正常含量的现象。化探异常可以是因矿床的存在而产生,也可以仅是指示元素含量的波动变化的反映。因此,只有通过对异常的解释评价,才能从中发掘出异常所提供的矿化信息。异常的分析评价一般从以下5个方面进行:

(1) 异常地质背景的分析。从分析异常的空间分布与地质因素的联系入手,在此基础上进一步判断形成异常的可能原因。各类异常的出现都与一定的地质背景有关。

(2) 异常形态、规模和展布。异常的形态往往与产生异常的地质体形态有关,如与断裂构造带有关的异常,往往呈带状分布,与岩浆岩有关的化探异常往往成片状分布。所以,据异常的形态,结合地质背景,可对引起异常的源体进行判译。异常规模,通常用规格化的面金属量(NAP值)衡量,其取决于异常面积和异常强度。异常面积相对异常强度是比较稳定的参数,一般来说,化探异常的面积越大,则越属于矿异常,找到大矿的概率越大。

(3) 异常元素组合特征。异常元素组合特征常可反映可能发现的矿化类型的矿化信息。例如,$Sb-Hg-As-Au(Ag)$的元素组合异常可能是热液型金矿床的前缘晕的显示。长江中下游一带的矽卡岩型矿床分布区内,$Cu、Ag、Mo$元素组合为铜钼矿化的显示,$Cu、Ag、Bi$为铜矿床的指示元素,$Cu、Ag、As、Zn、Mo、Mn$元素组合则指示铜铁矿床的存在。

(4) 异常的强度和浓度分带特征。在判断矿与非矿异常时,一定要注意异常的结构。凡异常强度高、浓度分带明显、具有清楚的浓集中心的异常,多属具有工业意义的矿异常,否则多属与某个地质体有关。

矿致异常的浓度分带明显时,据分带特征可以进一步发掘,提取一些深层次的矿化信息,如确定元素的水平或垂向分带,判断矿液运移方向,划分前缘晕和尾晕,判断剥蚀深度,追索盲矿体等。

(5) 异常有关参数的统计分析。为了消除干扰,获得定量信息,对异常还可以进行各种统计分析,从中提取有关的深层次的矿化信息。常用的统计分析方法包括趋势分析、回归分析、判别分析、点群分析、因子分析等。

3) 物探异常的分析评价

物探异常是地质体物性特征的反映,物探异常具有更复杂的多解性。物探异常分析评价的中心任务是区分出矿与非矿异常,为此首先要结合地质资料,将异常分类、分区、分带,对研究区内所有异常的分布、强度及组合特征有概略的了解,在此基础上筛选出与矿有关的矿致异常。一般来说,具备以下条件的异常可能属矿异常。

(1) 异常本身的特征,包括异常强度、形态和产状等与已知的矿异常相似,则可认为为地下矿体引起,有必要考虑做进一步的异常查证工作。

(2) 异常群的分布排列具一定的规律性,特别是与一定的成矿地质条件有一定的空间联系。例如,在宽缓磁异常的边缘或背景上,有次级异常呈串珠状"规则"地排列,很可能反映了侵入体接触带上的矽卡岩型铁矿床的分布。

(3) 异常所处的位置具优越的成矿地质条件,例如,位于基性、超基性岩带的磁异常是岩浆矿床存在的反映;中酸性侵入体与碳酸盐岩层接触带及其附近的磁异常是矽卡岩型铁铜矿床的显示。

在异常的评价中,还应特别注意对弱缓异常的研究工作。当矿体埋深较大时,往往表现为弱缓异常,而这正是当前找寻埋深较大的盲矿体的重要线索。我国从低缓异常的分析、研究中已取得了较好的找矿实效,在淮北、邯邢和莱芜等地新增了大量的铁矿储量。

**3. 推测性矿化信息**

推测性矿化信息来源比较广泛,它可以是从推测性地质信息中进一步推测提取矿化信息,也可以是从描述型、加工型矿化信息中进一步推测、提取深层次的矿化信息,甚至对于已有的全部地质信息、矿化信息经进一步的综合、加工处理后,从中提取复合性的合成信息。例如,遥感地质解译图所具有的有关地质内容就是一种典型的推测性地质信息,通过对遥感地质解译图的进一步分析,就可以从中提取出感兴趣的矿化信息;已确定的物探化探异常中的矿致异常是一种加工型矿化信息,经进一步的分析还可以从这些矿致异常中提取出可能发现的矿种、矿体规模、可能的赋存位置、产出特征等更深层次的矿化信息等。

推测性矿化信息是在推断所得的有关信息的基础上,经进一步的加工、分析而得到的相对较深层次的矿化信息。因此,如何识别出信息及保证所获取的信息的客观性则成为推测性矿化信息提取的基本要求。为了满足上述两方面的要求,推测性矿化信息的提取必须首先考虑所依据的信息的真实性,如上述的遥感地质解译图是否正确,已确定的物探化探矿致异常是否真实等,进而结合已知的成矿地质背景和成矿规律,通过慎重、周密的分析、类比和归纳,进行科学的推理,提取深层次的矿化信息。

推测性矿化信息的提取还必须综合各有关方面的信息,通过专门的技术性手段及途径,对已获取的有关数据进行分解、提取、加强、合成等处理,进行数据、资料信息的深加工,从中提取综合性的、新的、深层次的矿化信息,这其实已属于信息合成的研究范畴,具体方法参见下节内容。

## 三、找矿模型的建立

找矿模型是在矿床成矿模式研究的基础上,针对发现某类具体矿床所必须具备的有利地质条件、关键控矿因素、有效的找矿技术手段及各种直接或间接的矿化信息的高度概括和总结。找矿模型应尽量反映关键控矿因素、主要矿体的三维空间特征,这样有助于探矿工程设计和提高找矿模型的有效性和实战性。找矿模型是上述找矿技术方法及矿化信息提取研究内容的综合性研究成果的体现,这也是科学找矿的基本内容之一。

**(一)建立找矿模型的意义**

(1)矿产勘查工作已进入"攻深找盲查新"阶段,找矿工作已从过去直接观察矿化标志的直接找矿途径转变为地质、物探化探、遥感等间接途径为主的信息综合和多种方法有机组合识别隐、盲、新类型矿床的找矿阶段。在这种情况下,找矿模型可以为矿产勘查提供理论依据,拓宽找矿思路,从而制订出较佳的勘查计划。

(2)随着找矿技术方法的不断更新和测试手段的现代化,用于找矿的各类数据越来越多,这些数据中蕴含的成矿信息需用有效的方法进行处理,从中提取有关的矿化信息,提炼综合找矿标志,并用找矿模式的形式加以推广,以指导同类矿床的找矿工作。

(3)通过找矿模型的建立,可以总结有效的找矿技术措施及具体的方法手段,提出合理的勘查顺序,促进科学找矿的发展。

(4)找矿模型可以生动形象地展示(图的形式)矿床的产出特征、有关的矿化信息与矿床(体)之间的联系,有关的信息模式(如物探化探异常)与欲找寻对象之间的空间对应关系,从而为找矿人员提供直观的对比样式。

(二)找矿模型的基本内容及建模程序

找矿模型是在成矿规律研究的基础上,通过对矿床(体)的地质、物探化探、遥感诸方面信息显示特征的充分发掘及综合分析,从中优选出那些有效的、具单解性的信息作为找矿标志,并在确定了找矿标志和找矿方法的最佳组合后才建立起来的。因此,建立找矿模型需要全面系统的地质研究成果性资料,具体包括地质、物探化探、遥感等方面资料,推断解释的各种理论和数据处理方法等。朱裕生等(1997)认为找矿模型应包括以下两大方面的内容:

**1. 基本图件**

(1)与找矿模型相匹配的矿床成矿模式图;
(2)代表矿床(体)不同埋深赋存地质环境的综合剖面图(包括物探化探资料);
(3)典型剖面的物性分层图和综合平面图;
(4)找矿模型图。

**2. 找矿模型的描述内容**

1)矿床(矿田)地球物理场特征
(1)勘查目标物和目的物的地质特征(若与成矿模式重复可以不描述);
(2)矿床(矿田)内岩石物性参数的分级(一般据物性参数分高、中、低、甚低等);
(3)物理场及物探异常特征(强度及形态等);
(4)干扰因素及其影响;
(5)与成矿有密切联系的岩石在覆盖条件下呈现的地球物理场解释和推断(对其产状)。

2)矿床(矿田)地球化学场特征
(1)成矿元素和指示元素种类;
(2)化探原生晕或次生晕的组合关系及其元素分带性(或分带序列);
(3)矿床(体)的头晕、矿体晕和尾晕元素的种类、组合及空间变化特征;
(4)同类矿体(床)在同埋深条件下成矿元素或指示元素的分布特征及其变化规律;
(5)同类矿床的地化元素在覆盖和出露条件下的推断解释;
(6)化探数据中包含的干扰成分。

3)地球物理、地球化学模型
(1)物探化探参数的空间分布特征,可用几何尺度及物性分层图表示;
(2)与目的物相对应地质体的模拟特征。

4)矿床(或矿田)不同剥蚀面上的物探化探场的变化特征

5)矿床(或矿田)上压制或消除干扰场情况下的地球物理场、地球化学场的特征

6)找矿的地球物理、地球化学场和遥感影像特征或信息

7)找矿适用的方法类别、使用的先后次序及其配制

8)找矿的关键标志

找矿模型的建模程序需经过成矿模式的构置,地质数据的处理,矿与非矿信息的区分、提取、优化和组合,有效找矿标志及找矿方法的确定等步骤,具体如图 4-27 所示。

(三)找矿模型的分类

据建立找矿模式所使用的资料和种类、找矿的方法手段及当前的地质找矿理论研究现状,

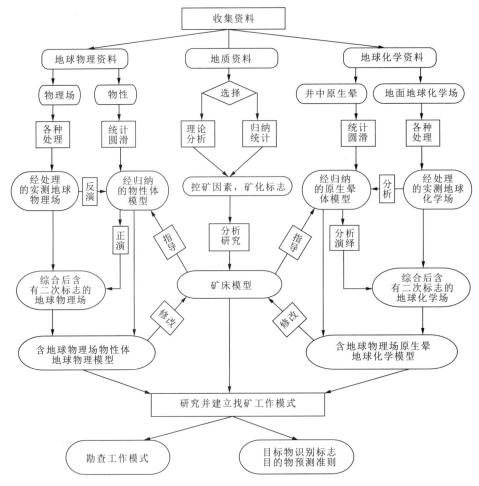

图 4-27 找矿模型建模流程图
(据孙文珂,1990)

找矿模型通常可分为以下 5 类:

**1. 经验找矿模型**

这是目前地质勘查工作中普遍使用的找矿模型。这是在地质概念的基础上通过进一步加强对找矿标志及找矿方法的经验总结而建立的。在地质找矿中,人们其实有意或无意地在运用这种模式,一般常采用文字或表格(表4-16)的形式来表示。

**2. 地质-地球物理找矿模型**

地质-地球物理找矿模型是勘查目标物及其周围地质、地球物理现象综合在一体的结果,常以图表的形式表示。它仅对地质体及其相应的地球物理场之间的关系进行描述和综合,一般涉及地质体形成的内在机制和成因上的相互关系。地质-地球物理找矿模型发挥了地球物理探矿的优势,把地球物理和地质模型结合为一体,以解决成矿预测和普查找矿中的矿与非矿异常和矿床定量物性参数的推断和估算问题,从而减少物探异常的多解性,提高找矿效果。

表 4-16  多宝山斑岩型铜钼矿床经验找矿模型

| 标志分类 | | | 信息显示 | |
|---|---|---|---|---|
| | | | 露头矿 | 隐伏矿 |
| 地质 | 赋矿岩体特征 | 岩石分类 | 以花岗闪长岩、花岗闪长斑岩为主,其他尚有少量斜长花岗岩、斜长花岗斑岩 | |
| | | 岩体时代 | 海西中期,同位素年龄值为 292~283Ma | |
| | | 岩体规模 | 面积小,小于 0.01km² | |
| | | 侵位方式 | 被动侵位 | |
| | | 岩石化学成分 | $SiO_2$ 65%~70%,$Na_2O+K_2O$ 7.42%~7.49% | |
| | | 微量元素 | 富含 Cu、Mo、Ag | |
| | | 后期蚀变破裂 | 后期蚀变、碎裂、片理化发育 | |
| | | 成矿部位 | 矿化多分布在距岩体接触带 0~50m 范围内,以 50~150m 内最富集,同时岩体上盘优于下盘 | |
| | 构造 | 矿体所处构造位置 | 区域北东向深断裂隆起一侧具多期活动的北西向构造-岩浆活动带上,矿床(点)呈间距 4.0km 左右等距分布 | |
| | | 控制矿床构造 | 矿带产于北西向次级背斜近核部或倾伏端,北西向断裂与北东向(或近东西向)断裂交叉部位,北西向断裂转折部位 | |
| | 地层 | 时代岩性 | 有中奥陶统多宝山组一、二段安山岩、安山质凝灰岩出露 | |
| | | 后期蚀变碎裂 | 后期蚀变、碎裂、片理化发育 | |
| | | 围岩蚀变 | 出现分布广的面型蚀变分带,即以斑岩体及北西向构造为中心,向西侧依次出现钾硅化带、绢云母化带、青盘岩化带,矿化主要产于绢云母化带中 | 多数可见青盘岩化 |
| | | 矿化 | 具铜的氧化矿孔雀石、蓝铜矿及黄铁矿风化的褐铁矿 | |
| 地球物理 | 探测目的物 | 矿体 物性 | $\eta$:4.9%~14%;$\kappa$:$(n \cdot 10^2) \times (4\pi \cdot 10^{-6}SI)$;$\sigma$:$273 \times 10^3 kg/m^3$ | |
| | | 矿体 地面异常特征 | $\eta$:10%~15% 中激电异常;$\rho_z$:数千 $\Omega \cdot m$ 高激电率异常;$\Delta Z$:数十至数百 nT 弱磁异常;$\Delta g$:弱重力异常 | $\eta$:6%~7% 低激电异常;$\Delta Z$:数十 nT 弱异常;$\Delta g$:弱重力异常 |
| | 探测目标物 | 含矿岩体 物性 | $\eta$:1.2%~2.4%;$\kappa$:$(n \cdot 10^3) \times (4\pi \cdot 10^{-6}SI)$;$\sigma$:$2.68 \times 10^3 kg/m^3$ | |
| | | 含矿岩体 地面异常特征 | $\eta$:1.5%~4.0% 弱激化率异常;$\Delta Z$:数十至数百 nT 弱磁异常;$\Delta g$:重力低异常 | 无电磁异常,弱重力异常 |
| | | 地层 物性 | $\eta$:1.2%~2.1%;$\kappa$:$(n \cdot 10^2) \times (4\pi \times 10^{-6}SI)$;$\sigma$:$(2.70~2.72) \times 10^3 kg/m^3$ | |
| | | 地层 地面异常特征 | $\eta$:弱极化率异常;$\Delta Z$ 平静负场;$\Delta g$ 与岩体相比,相对重力高可识别异常 | |

(据朱裕生等,1997,改编)

图 4-28 为南京紫金山与燕山晚期火山-潜火山活动有关的浅成低温热液铜金矿床的地质-地球物理找矿模型。矿田位于低重力区,局部异常也以负值为主,轴向 NE,另有 EW 和 NW 向。但磁异常较强,属强异常区,达 $-100\sim 200\text{nT}$,局部异常也以正值为主,有时伴有负异常,异常轴方向大体与重力场的方向一致。视电阻率在矿体富集部位反映明显。而视频散率在次火山岩部位反映明显的低值,矿化富集部位有所升高。找矿模型的这些基本特征反映和浓缩了成矿信息,成为区分矿与非矿异常的找矿指标,并在矿田南西方向的五子骑龙和矿田西部江西境内的红山、小照起到较好的找矿效益。

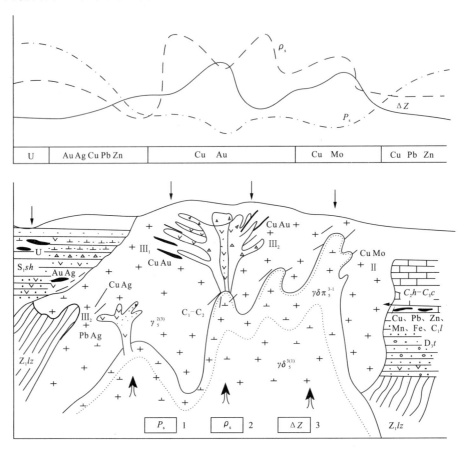

图 4-28 南京紫金山矿田地质-地球物理模型示意图
(据苗树屏等,1993)
1.视频散率;2.视电阻率;3.航磁异常曲线

### 3. 地质-地球化学找矿模型

地质-地球化学找矿模型是将已总结的地球化学异常信息与矿床地质特征融为一体,并用图表或文字表达出来。地质-地球化学找矿模型应突出矿体不同部位的指示元素分带特征及其与地质体之间的联系,以指导同类矿床的勘查工作。

图 4-29 为鄂东南阳新岩体矽卡岩型铁铜矿床的地质-地球化学找矿模型,其地球化学异常特点是:

(1)前缘晕 Cu-Ag-W-As-Zn-Hg 组合;

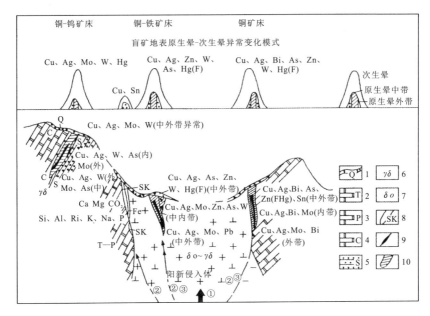

图 4-29 鄂东南矽卡岩型铜矿床地质-地球化学模型

(引自有色总公司北京矿产地质研究所编制的《有色及贵金属矿田(床)地球化学异常模式》,1998)

1.残坡积覆盖层;2.三叠系灰岩;3.二叠系砂页岩;4.石炭系灰岩;5.志留系砂页岩;6.花岗闪长岩;7.石英闪长岩;8.矽卡岩;9.矿体;10.异常范围;①岩浆阶段;②矽卡岩阶段;③热液阶段

(2) 矿体晕 Cu-Ag-Bi-Mo,个别为 As-W-Sn 等组合;

(3) 尾晕 Cu-Ag-Mo 组合;

(4) 总体分带序列从上→下为:Cu(Hg)-Ag-W-As-Zn-Bi-Mo-Pb。

该模型用于预测和找矿工作,预测了 20 个矽卡岩体,有 4 个已验证见矿,获得了较好的找矿效益。

**4. 综合信息找矿模型**

上述的地质-地球物理找矿模型及地质-地球化学找矿模型都是单一的找矿方法和地质相结合的产物,不可避免地都有一定的局限性及片面性,只有将各种找矿方法与地质研究进行综合的结合,才能更好地区分矿与非矿信息,推断和识别隐伏矿床或盲矿床的存在与否,更好地指导预测找矿工作。

综合信息找矿模型是将各种找矿方法获取的矿化信息及其与矿体之间的对应关系用图表或文字的形式进行形象的表述,可以是地质、物探化探、遥感等所有信息的综合,也可以是地质、物探化探等信息的综合(图 4-30)。

综合信息找矿模型的建模难度较大,常常受到资料丰富程度的限制,但本类模型符合当前地质找矿工作的实际需要,应是大力提倡、重点发展的一种找矿模型。

**5. 流程式找矿模型**

本类找矿模型以系统论作指导,把整个勘查工作视为一个包含众多子系统的大系统,既强调勘查大系统的完整性,又重视勘查子系统(不同勘查阶段、不同勘查技术方法的途径等)的相对独立性及相互依赖性,既重视勘查工作的循序渐进性,又充分考虑到找矿工作不同阶段在控

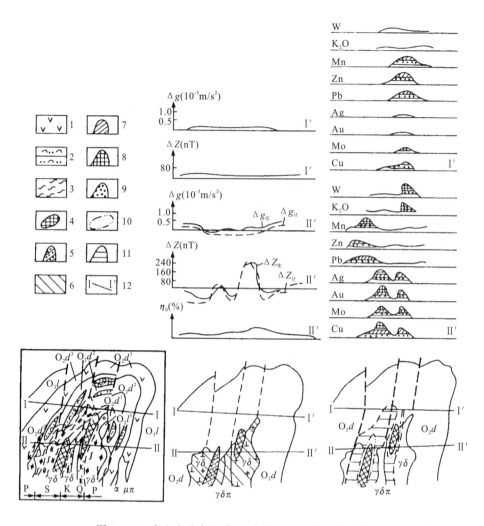

图 4-30 多宝山矿床地质-地球物理-地球化学找矿模型
(据朱裕生等,1997)

$O_3l$.裸河组;$O_2d^3$、$O_2d^2$、$O_2d^1$.多宝山组三、二、一段;$O_2t^3$.铜山组三段;$γδπ$.花岗闪长斑岩;$γδ$.花岗闪长岩;$αμπ$.大斑安山玢岩;K—Q.钾-硅化;S.绢云母化;P.青磐岩化;1.安山岩;2.凝灰砂岩;3.片理化带;4.矿体;5.中极化、弱磁性体;6.中低密度、微、弱磁性体;7.外带异常;8.中带异常;9.内带异常;10.富Cu、Mo、Au、Ag含量带;11.低Cu含量带;12.侵蚀面位置

矿因素、找矿标志、找矿方法上的差异性及特殊性。目前国内外有关这方面已建立的较有影响的具体有赵鹏大的"5P"地段逐步逼近法、苏联的"预测普查组合"和美国的"三部式"找矿模式等。

(1)"5P"地段逐步逼近法。这是赵鹏大于 1998 年提出的。它以系统论思想作指导,以地质异常找矿思路为出发点,从总结不同尺度、不同种类的地质异常指示找矿的作用而提出的。由于这些不同找矿信息水平的地质异常可以分别用 5 个英文译名首写字母"P"加以表示,故简称为"5P"地段逐步逼近法。其具体的内容据赵鹏大等(1998)的介绍可表述为:在找矿工作中,从总结、研究、查明各种地质异常入手,进而指导找矿工作。在工作的早期阶段,通过各种方法和途径圈定出的与成矿有关的地质异常可称为"致矿地质异常",其可作为圈定"成矿可能地段"(Probable ore forming area)的依据;在此基础上从"致矿地质异常"中进一步筛选出可指示找到特定的矿种、矿床类型的"专属致矿地质异常"以用于圈定出"找矿可行地段"(Permissive ore finding area);进而结合更多的找矿信息,如物探化探异常、典型围岩蚀变等,圈定"综合地质异常"以确定出更有希望找到预期类型矿床的"找矿有利地段"(Preferable ore finding area);再结合地表矿产勘查工程取样及地质、物探化探及遥感的综合研究可查明"矿化显示地质异常",用以圈定"矿产资源体地段"(Potential mineral resources area);在经过深部勘查工程控制进一步获取有关信息后,可发现"工业矿化地质异常"以指导圈定"工业矿体地段"(Perspective ore body area),最终确定工业矿体,达到找矿的最终目标。

(2) 预测普查组合。这是以苏联中央有色金属和贵金属地质勘探科学研究所 A.И. 克里夫佐夫为首的一批地质学家经过多年的研究和试验于1982年创立的。所谓"预测普查组合",指的是在系统分析的基础上,按照地质勘查过程循序渐进的原则,把确定找矿对象模型的原理同地质勘查工作的阶段性、不同阶段的任务、工作种类和最佳方法结合成一体的最优方案,其实质是实施地质勘查工作的一种先进工艺流程(图4-31)。预测普查组合强调据系统分析原理,勘查工作必须遵守循序渐进的原则,即勘查按工作阶段从地质测量→普查→初勘→详勘逐步缩小目标,提高工作研究程度。并且,就每一阶段工作而言,必须遵守工作阶段(亚阶段)和查明对象一致的原则。对于每一级别的勘查对象,如矿田或矿床,都有一套根据成矿分析和矿床分布规律研究得出的确定标志。为了保证发现勘查对象某一种标志或某一组标志,必须在

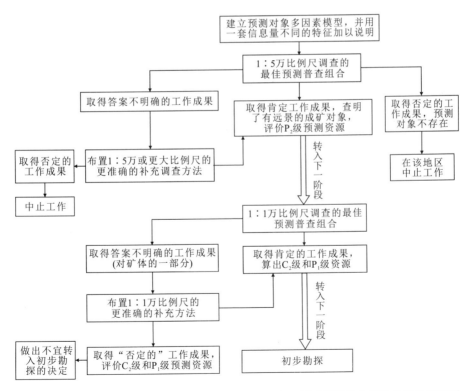

图 4-31  钼-钨矿石建造网脉型、脉-网脉型矿床的大比例尺预测普查评价系统的流程图
(据 A.A. 弗罗洛夫等,1988)

相应的勘查工作阶段中采用一定的工作方法,并根据所发现的这些勘查对象的标志查明勘查对象,即有"方法-标志"及"标志-对象"两个环节,这就是每一阶段勘查的主要内容。一般情况下,预测普查组合按顺序进行。但是,当某些方法具有很高的分辨率,不仅能保证达到相应阶段的目的,而且还能查明以后各阶段对象的标志时,可按简缩的方案进行,以缩短勘查进程,节约资金和时间,取得更好的经济效益。这在我国由计划经济向市场经济逐渐过渡的现阶段,尤为重要。

(3)"三部式"找矿模式。这是美国从1975年开始在矿产资源定量评价工作中普遍推广使用的。第一步是根据所要寻找的矿床类型在研究区圈定地质可行地段;第二步是应用所要寻找矿床类型的吨-品位模型估计可能发现矿床的矿量及某些矿石特征;第三步是估计所圈定范围内可能存在的矿床个数。可行地段边界范围大小的确定是以不漏失某类或某几类矿床或漏失的概率最小为原则,可行地段圈定要与矿床模型相一致,吨-品位模型要与区内已知矿床相一致,估计可发现矿床个数则应按类型与吨-品位模型相一致。

裴荣富(1999)在《金属成矿省等级体制与矿产勘查评价》一文中,提出了类似的看法,所谓等级体制成矿是指成矿"背景"、控矿"场"、成矿"相"和结构-构造"矿床",即"景、场、相、床"4个等级体制的耦合。研究它们的耦合程度和机制是科学地解决矿产评价和勘查程度的最关键问题。

## 第五节 信息合成与靶区优选

在找矿难度不断加大、新的找矿技术手段不断引入勘查领域的今天,单一的找矿手段所获取的单方面的矿化信息已远远不能满足现代找矿工作的需要。综合使用各种有效的找矿方法获取多源地学信息,并通过一定的技术手段和途径进行信息的合成,从而获取深层次的隐蔽信息,已成为当前矿化信息研究的一种必然发展趋势。与信息的合成相匹配,地学信息的原始收集已由过去的以定性描述为主,而转化为大量的定量地学数据。然而,如何从大量的地学数据揭示出反映研究对象本质特征的数量规律性,这就是研究数据模型的基本任务。

### 一、信息合成

目前,原始地学信息的收集已由过去的定性描述为主,而转化为大量的定量地学数据。因此,在进行信息合成时,只有采取一定的数据模型对各类浩瀚的无直观规律的数据集进行整理、分析,把握数据分布规律性,才能进而进行不同种类的信息合成工作。

(一)数据模型的选择

赵鹏大等早些时候提出的地质体数学特征研究实质上也就是研究地质数据的数学模型或简称数据模型。利用数据模型可以反映地质体的几何特征、统计特征、空间特征和结构特征,还可以查明可能存在的分形、混沌等非线性特征。这是一种基础性工作,是十分重要的。例如,只有选用或构置适当的数据模型对原始数据进行加工、处理,查明数据分布特征及其规律性,才能在此基础上进一步借助有关的模型对有关数据进行信息合成所必需的数据预处理、噪音信息的剔除、矿化信息的强化等工作。数据模型在广泛采用计算机技术的信息合成的各个环节中都起着不可替代的作用,而且,数据模型是选用各种数据处理方法的依据。

一般来说,用于查明原始地质数据分布律的数学模型有正态分布模型、对数正态分布模型、二项分布、负二项分布、普阿松分布、超几何分布及指数分布等；用于原始数据处理的数学模型有磁法资料的化极、求导、延拓、求假重力异常、视磁化率、正演反演方法，重力资料的求导、延拓、各种计算密度界面的方法，遥感资料的边缘增强、线性体增强及环形影像增强方法，化探、重砂资料的趋势分析、因子分析、聚类分析、回归分析等；可用于信息提取及合成的因子分析、典型相关分析、信息量法、成矿有利度模型等。具体有关数据模型的建立及应用可参阅赵鹏大等(1983)编著的《矿床统计预测》等书籍。

(二)信息合成方法

**1. 概述**

信息合成也可称信息综合，是指把反映地质体各方面的有关信息(数据、资料、图像等)通过一定的技术手段，加工成为一种与源信息具相互关联的新的复合型信息，即由直接信息转换为间接信息。这种复合型信息具有反映地质体总体特征及所具有的隐蔽特征的功能。用于信息合成的源信息的形式可以是各种原始的地质数据，如各种物探化探原始观测数据，也可以是经过一定的专门性加工、处理、整理而成的有关资料、图像等。源信息的类别可以是事实性信息，也可以是推测性信息。源信息的要素可以是矿化信息，也可以是有关的控矿因素。

信息合成是勘查工作发展的需要。地质数据的野外提取技术，借助于计算机的不同类型空间数据的采集、分析、合成、成图技术都为信息合成提供了必需的技术支撑(如GIS技术)。赵鹏大(1992)曾指出："数字化资料合成技术可帮助勘查者把先进的传统方法与非传统方法结合起来，以减少后者的不确定性。地质、地球物理、遥感图像及其他数据如能在一个广泛的空间数据库内进行管理，并在一个具有产生和显示再造数据功能(如资源卫星数据的波段比值与空间滤波、航磁数据二阶导数的综合等)和分析数据集相关性的计算机系统中时，将更为有用。"所以，信息合成也是高新技术在地勘工作中应用的直接体现。

迄今为止的信息合成结果有两种：①各种单独的矿化信息在同一空间上的简单叠加定位；②在通过分析各种单独信息的相互关系的基础上提取出来的(定量)，是以第一种信息合成为基础进行的。后一种的工作难度较大，但有人认为这才是真正的信息合成，是信息合成的发展方向。

**2. 信息合成的基本步骤**

信息合成一般需进行以下4个方面的工作：

1)建立地质概念模型

地质研究是信息合成的基础，只有在全面研究的基础上，才能对矿床的地质条件及成矿特征有深刻的了解，在此基础上才能正确地总结控矿因素及找矿标志，确定选用于信息合成的各种原始资料。

2)各种原始信息的预处理工作

预处理是把各种格式、比例尺、分辨率的原始资料[图形、图像、数据、磁盘(带)数据等]编辑转换为适合计算机图像处理的统一格式及数据类型等。参与预处理的原始资料可以是有关的控矿因素方面的信息，也可以是各个侧面的矿化信息，如与成矿有关的地层、构造、岩浆岩或已知的矿床(点)、物探化探、遥感信息等。

3)信息的关联和提取

各类成矿信息都不是孤立存在的，而是本身就有机地联系在一起的。只有通过信息彼此之间的关联,才能正确、全面地提取有用信息,排除与研究对象无关的"干扰"信息。信息的关联可分为同类信息的关联,如物探信息中的航磁平剖解释信息与化极、求异、延拓解译信息的关联,以及不同类信息之间的关联,如物探异常信息与化探异常信息之间的关联等。

信息关联和提取的地质意义是清楚的。一般成矿作用通常理解为多种地质作用相互叠加的结果。各种地质作用常常具有不同的地球物理和地球化学信息标志特征。通过信息关联而确定的有用信息的叠合部位或信息浓集区,则被认为是成矿可能性最大的空间地段。这种成矿可能性最大的空间地段的认识的得出即是信息提取的一种物化表现。

4)信息的综合和转换

信息的综合和转换,即信息合成,是指在各种单信息相互关联和提取的基础上,将提取出来的有用矿化信息作进一步的加工、优化和综合提取,最终完成直接矿化信息向间接矿化信息的转换。信息合成后的物化形式,一般多为直观的图件,如成矿有利度图、矿化信息量图、综合信息找矿模型等。

**3. 以鲁西归来庄矿化信息合成为例**

赵鹏大、陈永清等(1999)以地质异常致矿理论作指导,在对鲁西归来庄金矿成矿地质条件深入剖析并建立了金矿致矿地质异常概念模型的基础上,对矿区内的1∶1万地质图、1∶1万高精度磁测数据和1∶1万 Au、Ag、Cu、Pb、Zn 等元素土壤地球化学信息等方面的矿化信息进行了定性及定量的信息合成研究工作。

1)矿化信息的定性合成(叠加)

在对矿区内地质、高精度磁测和土壤地球化学数据按一定的要求进行加工处理的基础上,将获取的地质、地球物理、地球化学信息按空间坐标用不同的符号综合表达在一幅图上,则形成了定性合成的综合异常图(图4-32、图4-33)。

2)矿化信息的定量合成

(1)控矿地质异常信息的提取及定量合成。在上述定性合成的基础上,考虑到具体控制就位的地质异常是断裂构造和不同地质体的接触面构造。单位面积内断裂的规模、不同方向断裂的交点数和岩性数反映了控矿地质异常的复杂程度。因此,以单位面积内断裂交点数及岩性数的和为权系数乘以相应单位面积中各方向断裂的总长度,将其乘积作为度量控矿地质异常复杂度的参数。其计算公式为:

$$C_x = 1/2(n_1 + n_2)l_f$$

式中:$C_x$——复杂度;

$n_1$——单位面积内断裂交点数;

$n_2$——单位面积内岩性数;

$l_f$——单位面积内各方向断裂的总长度。

据 $C_x$ 值绘制定量地质异常图(图4-34)。

(2)成矿元素组合异常信息的提取及定量合成。将单位面积内成矿元素组合异常的最高值与其相应异常面积的乘积作为度量异常强度的参数。其计算公式为:

$$M_I = y_{max} \times S$$

式中:$M_I$——异常强度;

$y_{max}$——单位面积内异常最大值;

$S$——单位面积内的异常范围。

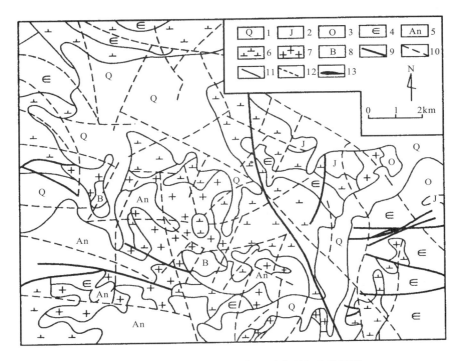

图 4-32 归来庄金矿区地质-地球物理构造格架图

(据赵鹏大等,1999)

1.第四系;2.侏罗系;3.奥陶系;4.寒武系;5.泰山岩群;6.燕山期闪长玢岩;7.燕山期正长斑岩;
8.隐爆角砾岩;9.深断裂;10.深磁性断裂;11.浅断裂;12.浅磁性断裂;13.金矿体

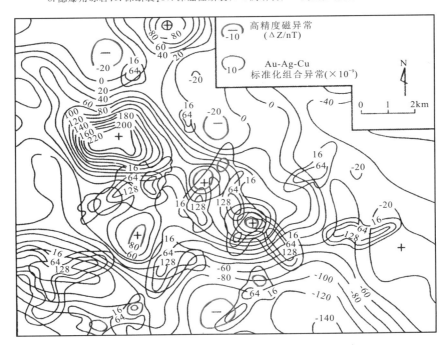

图 4-33 归来庄金矿区地球物理、地球化学异常图

(据赵鹏大等,1999)

图 4-34 归来庄金矿区定量地质异常图
(据赵鹏大等,1999)

据 $M_I$ 值绘制组合元素异常强度图(图 4-35)。

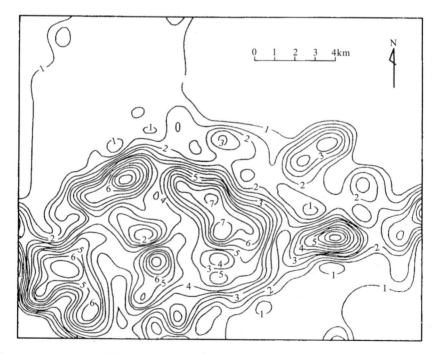

图 4-35 归来庄金矿区组合元素异常强度图
(据赵鹏大等,1999)

(3)综合致矿地质异常的提取及定量合成。在进行了上述有关方面矿化信息定量提取及合成的基础上,构置综合致矿地质异常的计算公式为:

$$O_f = \ln(C_x + 1) + \ln(M_l + 1)$$

式中:$O_f$—致矿地质异常强度;

$C_x$—控矿地质异常复杂度;

$M_l$—成矿元素组合异常强度。

据 $O_f$ 值编制出综合致矿地质异常图(图 4-35)。在致矿地质异常图上,选择等值线由疏变密的临界值作为异常下限,则可圈定出致矿异常单元,进行成矿远景地段圈定。图 4-36 中以 7 为异常下限,圈定出 5 处找矿远景地段,其中Ⅴ号地段是已知的归来庄矿床所在地段,从而从一个侧面验证了矿化信息提取及合成的有效性。

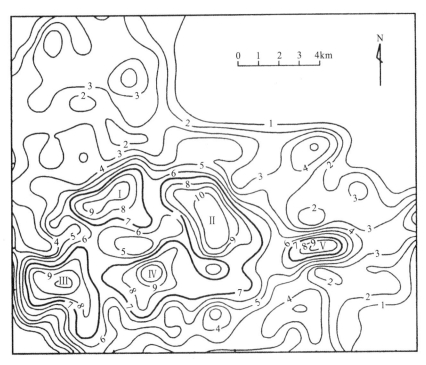

图 4-36 归来庄金矿区含矿地质异常图

(据赵鹏大,1999)

## 二、找矿靶区优选

找矿靶区优选是成矿预测工作一项必不可少的工作内容,也是体现成矿预测研究成果的直接物化形式。靶区优选的正确与否对后续找矿工作的成败起着关键性的作用,直接影响着预测阶段与找矿(普查)阶段的衔接和过渡。

### (一)找矿靶区优选的概念

找矿靶区优选是在找矿靶区(找矿远景区、找矿有利地段)已圈定的前提下,应用经验的、数学的或计算机方法,据相对的成矿可能性大小(成矿有利度),结合经济、地理、交通、市场供需关系等诸方面因素的综合比较,对找矿靶区所进行的评价和优劣排序,即找矿靶区的分级。找矿靶区一般分为 A、B、C 3 级。

对靶区优选过程中应考虑的因素,人们一般仅考虑成矿可能性的大小。如王世称等(1993)认为,所谓靶区优选是指在一定的预测准则条件下,将靶区按成矿有利度或含矿概率进行排序的过程;朱裕生等(1997)认为,找矿靶区优选是在找矿靶区已圈定的前提下,对发现矿床的可能性大小做出判断和排序。有必要指出,上述看法是不够全面的。在市场经济体制的条件下,找矿靶区优选必须适当考虑诸如矿产品经济贸易、交通、地理等诸因素对可能的矿产品开发的预期经济效益的影响。

找矿靶区优选是成矿预测体系中一个不可分割的组成部分,其最基本的任务是完成已圈定靶区的分级,属于成矿预测体系中靶区圈定之后的一个工作程序,也是联系成矿预测工作阶段之后的找矿工作阶段的中介,为找矿工作的决策提供资料。找矿靶区优选对有关的变量(因素)的选择及取值与靶区圈定有明显的差别:前者除了要考虑经济、地理、矿产品经贸等方面的影响外,在考虑有关地质条件及矿化信息时,是以对矿床成矿的贡献大小(即不等权)为选取变量的出发点;后者一般仅考虑致矿因素,凡是包含有成矿信息的地质、物探化探、遥感变量都可等权地选作圈定找矿靶区的依据。

(二)找矿靶区优选的原则

**1. 系统优化原则**

找矿靶区优选的目的是对找矿靶区进行选优弃劣,实现由面到点、面中求点,从而使靶区见矿概率和潜在社会经济价值大小分明。因此,优选过程中所涉及的各方面信息、标志、工作程序和方法的选择都应该是优化的,才能从整体上保证系统优化的实施,保证所划分的高级别远景区具有最小的面积、最大的见矿概率和潜在利用价值。

**2. 综合评判原则**

优化过程中必须结合各方面的影响因素进行全面的综合对比,具体包括成矿的有利地质条件、已知的各种矿化信息的可靠程度、可能具有的矿床规模,以及经济价值、社会需求程度、自然经济地理条件、预期的经济回报等。必须时刻清醒地认识到现阶段矿产资源的勘查与开发是社会经济生产活动的一部分,其最终提交给社会的矿产品是一种特殊的商品。因此,靶区优选中不仅要考虑成矿有利度的大小,还必须考虑到可能影响勘查及开发效益的所有因素,以尽可能地降低勘查工作的风险性。

(三)影响找矿靶区优选的因素

找矿靶区优选是对有利的找矿远景地段的进一步筛选和优化,与找矿靶区的初步确定相比,它更强调深层次信息发掘及各方面因素的综合对比评价。

**1. 地质矿产因素**

地质矿产因素是影响靶区优选的首要因素,决定了靶区内的成矿有利度,其他的影响因素都是在此基础上才起作用的,这也是前述有人认为靶区优选仅取决于成矿有利度的原因所在。

(1)靶区内成矿地质条件有利程度,如所处的地质构造位置及在已知成矿带中的部位,区域地球化学场特征,地层、构造、岩浆岩等控矿因素特征及其有利程度,成矿规律特点及研究程度等。

(2)已知的矿化信息的有利程度,如已发现的矿床及矿点的数量与空间分布,矿产种类、矿床类型及工业意义,围岩蚀变种类及发育强度,已确认的物探化探矿致异常的强度及分布特征,已知的遥感信息的有利程度等。

对地质矿产因素的成矿有利度的对比确认,除了考虑上述有关的内容外,还应该从中发掘一些深层次的隐蔽信息和综合性的间接信息来进行对比确认,即前述的信息提取和信息合成工作。这需要首先对已知的地质、矿化信息进行信息可靠性的分析工作,区分出矿与非矿信息,进而通过一定的技术手段和途径进行不同信息的空间叠合及转化合成,由分散的直接信息转换为相互关联的、统一量纲的间接信息来进行对比确认。

**2. 经济地理因素**

(1)国民经济需求程度和世界市场供需情况,如本类矿产在国内的资源总量、布局及需求状况,国际市场供求情况,市场价格及发展趋势预测等。

(2)交通及经济地理,如可能发现的矿产地所处的交通及地理位置对矿业开发是否有利,已有工业基础及能源、原材料、劳动力情况是否有利等。

(3)经粗略的投资效益评估,经济上是否可行。

经济地理因素是在地质矿产因素有利的条件下,进一步比较评价靶区优劣的重要内容。经济地理因素是影响可能发现的矿床是否具备现行开采经济价值及投入开采时经济上是否可行的主要因素。因此,在评价比较时,对所选定的具体参数要预估其一定时期内的变化趋势。

(四)找矿靶区优选的工作方法

找矿靶区优选工作方法一般有经验类比法、综合信息法和数学模型等。在具体工作中,这3种方法通常结合在一起使用。

**1. 经验类比法**

靶区优选总体上讲属于被优选靶区与已知的矿床之间的相似类比和被选靶区相互之间的优劣对比排序,这种优选在很大程度上是以已有的找矿经验为基础的,人的主观认识在整个优选过程中起着重要的作用。找矿经验是人们在长期找矿实践中知识的一种自然积累,它虽然形式上是一种思维上的直觉认识,但实质上在一定程度上却是客观规律在人的头脑中的反映。因此,利用经验类比法对找矿靶区进行筛选和优劣排序具有一定的可靠性及可行性。

经验类比法可分为地质类比法和人工智能法两种:

(1)地质类比法。这是地质人员据不同靶区内的成矿地质条件、各种矿化信息的发育程度和所处的经济地理位置等方面的综合分析,结合与已知的矿床类比,对靶区进行相对的优劣分级排序,地质类比法也可以是直接借用已有的、比较成熟的成矿模式对靶区的成矿有利度进行类比,并在结合考虑其他有关因素(如交通、地理等)的基础上完成靶区的优劣性对比及分类。

(2)人工智能法。这是在地质类比法和模型法应用的基础上,结合计算机技术,将已有的专家经验和一定的矿床模型输入计算机,建立起专门性的专家系统,进而将欲研究地区的有关信息资料输入,进行对比评判,在此基础上对欲选靶区的优劣做出评价。人工智能法是一种典型的经验类比,建模时所选择的专家经验和矿床模型对所建立起的专家系统的应用有效性具有至关重要的影响。国外已建立用于靶区评价和优选的专家系统,如美国斯坦福大学的 Prospector、美国地质调查所的 mu.PROSPECTOR 系统等,国内的有段中会研制的阿舍勒型多金属矿床预测评价专家系统、王世称的综合信息金矿预测专家系统、赵鹏大的大中比例尺矿床统计预测专家系统等。

**2. 综合信息法**

综合信息法是将地质、遥感、地球物理、地球化学等不同方面获取的多源地学信息经进一步的优化、加工处理后,转化为相互关联的间接信息,进而对靶区的优劣性做出评判的方法。我国王世称等在这方面进行了卓有成效的研究和实践尝试。

综合信息法的提出和应用是基于成矿作用是一个极其复杂的地质过程,矿床的形成则是这一过程中多种地质因素共同作用的最终结果,因而对未知矿床的预测本身就是一项综合性很强、难度很大的技术工作,依靠单一的找矿方法而获取的信息对成矿前景的评价往往是片面的。再者,矿床这种特殊地质体本身就是一个和谐的统一体,不同找矿方法获取的地学信息,如地质、物探化探、遥感等,仅是其不同侧面的有关特征的反映。因此,只有综合各方面的信息资料,才能对靶区的优劣性做出正确的评估。

综合信息法的具体应用应是在对成矿地质条件深入了解的基础上,尽可能全面地收集各方面的信息资料,在此基础上进行前述的有关信息的相互关联、转换和合成工作,由直接信息转化为新的、具有机联系的间接信息,最后进行优劣性对比评价。综合信息法的应用成效如何取决于源信息的纯化及占有程度,信息的关联、提取、转换与合成是否合理、正确等环节。综合信息法对有关信息的研究成果形式,一般是建立起综合找矿模型,然后以此作为信息提取、评判标准对待选地段进行对比。

**3. 数学模型法**

数学模型法是指在地质特征及成矿规律研究的基础上,通过对有关的地质变量、矿化信息特征与矿床成矿可能性大小及成矿规模在量值上的内在关系的分析,构置或选择一定的数学模型,进而利用数学模型对靶区(单元内)内可能形成的矿床数量及成矿的规模大小进行定量的估计,从而达到靶区优选的目的的方法。本类方法是以地质、成矿规律研究为基础,以数学为工具,以计算机为手段。数学模型法据其依据的数学原理和方法可分为矿床统计预测方法、灰色关联分析法、模糊数学方法、分形几何方法、地质统计方法、模式识别方法等。上述方法中以矿床统计预测方法发展最为成熟,实际应用最为普遍,包括众多的具体方法,如找矿信息量分析法、回归分析法、判别分析法、条件概率分析法等。赵鹏大等在这方面进行了大量卓有成效的研究及实践工作,具体有关方法的应用可参见赵鹏大等(1983)编著的《矿床统计预测》一书。

## 三、找矿目标定位

找矿目标定位或称为找矿对象的确定,是在找矿靶区优选的基础上,对优选出的 A 级靶区(高级别靶区)经靶区查证及有关的地质研究工作,最终确定值得展开进一步找矿工作的具体地段及具体对象(找寻的矿种、矿床类型等)的评价工作。本项工作在整个矿产勘查系统中属于普查评价阶段中的前期工作内容,即初步普查阶段,其工作成果是决定已确定的对象能否转入详细普查的重要依据。其工作目标是发现和初步了解成矿控制因素、矿化特征等一般性的矿产地质特征,有时可用一些简单的物探化探方法(如物探化探剖面)了解矿化的基本情况,为下一步矿产勘查工作安排提供依据,或对勘查对象的找矿风险做出初步评估。以下对找矿目标定位中的靶区查证及初步普查评价分别叙述之。

## (一)靶区查证

靶区查证是针对优选出的 A 级靶区进行的初步找矿工作,其基本目的是对靶区优选中的关键性认识进行验证,实地发现或揭露矿化地质体,用实体地质特征证实矿产的存在与否。靶区查证属成矿预测工作中一个必不可少的工作内容,但也属于普查工作的一部分。靶区查证通常需进行以下的工作:

(1)野外踏勘检查,其目的是检查优选靶区的依据是否合乎客观实际,靶区空间位置和范围的确定是否合理,从而进行一些必要的地质调研及物探化探工作,如地质剖面的测制、物探化探工作的具体实施及必需的地质样品的采集等。

(2)针对已知的矿点及重要的物探化探异常进行必要的地质探矿工程揭露,如一定量的槽、井探工作,必要时还需施工一定量的钻探工程等。

(3)进行大比例尺的地形、地质草图的测制工作,以进一步掌握重点地段内的地质特征及有关矿产的分布、产状及规模等特征,并对矿产的成因及工业类型、矿石质量有一定的了解。

## (二)初步普查评价

初步普查评价是矿产普查评价的一个阶段性内容,是指在一系列地质工作的基础上,综合考虑地质、经济、技术诸方面的因素,对已经过野外现场查证的找矿靶区是否具有开展进一步的找矿工作的必要性做出明确的回答的一项综合性的地质工作,一般包括地质评价和经济评价两方面的内容。

地质评价方面实际上是已有勘查成果的地质效果分析、对比工作,是通过对地质矿产评价因素的分析,依据成矿地质条件的有利程度、矿化信息的发育情况和已发现的矿床类型、规模、质量等,对已经过现场查证的靶区做出是否具有成矿前景的一种估计工作。地质评价的内容和尺度一般随着工作程度的深入及工作对象、观测尺度的改变而变化。在矿产普查的早期阶段,评价内容侧重于成矿地质条件和成矿远景的分析、对比;在矿产普查的后期阶段,成矿的大致规模和矿产质量则成为决定勘查对象取舍的主要依据。在进行地质评价时,必须重视矿床工业价值(或指标)的概念及其应用。在勘查的初期阶段,勘查的主要目标任务是发现具有工业意义的矿床,而矿床工业类型则提供了进行分析、类比的基础和标准。在评价中要特别注意与大型、超大型矿床的形成条件作对比,以寻找和发现相类似的大型、超大型矿床。

经济评价是以矿产潜在资源量、价值、预期的经济收益等不同的计量形式来估价勘查对象开发利用经济意义的一项研究内容,如不同等级的预测储量估算及其价值估计等,一般是在已确定靶区具有良好的成矿前景,特别是已发现工业矿床存在的前提下进行的。矿产资源勘查的中心问题是社会生产的经济效益问题,也就是以最少的消耗取得最大的经济成果问题。因此,在评价时,必须进行勘查成本的估计,分析单位投资成本的收益率大小。由于本阶段用以估计经济效益的资料不够充分,并且可靠性较差,因而估计结果一般较为粗略,并且也是不确切的,仅能供一般性的参考。但是,有必要指出,在整个矿产勘查过程中,必须时刻具有经济观念,一定要把地质成果与经济效果,普查选点与可能的矿床规模,投入的工作量与预期获得的储量,勘查投资和采选冶、销售费用与最后获得的产品价值,市场供求关系与可能的价格波动趋势等联系在一起来估算矿产的可能经济价值。凡是预估收益不佳或在国内外市场没有竞争能力,或在现阶段因技术、地理交通等不能利用的,一定不能转入下一步的勘查工作。

## 第六节 可行论证与基地确定

可行性论证与勘探基地的确定是详细普查结束时所进行的分析评价的基本内容和任务,也可以说是详细普查阶段的最终工作成果。在详细普查阶段,通过对有关的矿点或物探化探异常所开展的勘查工作,最终查明工作区内有无工业矿床的存在,并通过可行性论证,做出是否可以转入勘探的评价结论,即确定勘探基地,这是连接矿产普查和勘探的重要环节。

可行性论证与勘探基地的确定是以详细普查阶段所查明的以下的矿床地质特征为基本前提条件的:

(1)矿区地质特征和控矿地质条件已基本查明;

(2)已查明地表矿体的空间分布,初步了解矿体延深和矿床的大致规模,已计算矿床的远景储量;

(3)已查明矿石的矿物组成、结构构造特征、有益和有害组分的种类及含量,初步了解矿石的技术加工性能;

(4)初步调查了矿床开采条件和水文地质条件及其对矿床开采的影响。

具体进行可行性论证及勘探基地的确定时,除了要分析上述的矿床地质特征外,还要结合经济、地理、加工条件等方面进行综合分析。

### 一、可行性论证

#### (一)可行性论证的概念

可行性论证或称可行性研究,是西方国家在第二次世界大战以后发展起来的一种分析、评价各种建设方案和生产经营决策的科学方法。它通过对欲上项目建成后或实施后可能取得的技术经济效果进行预测,从而提出该项目是否值得投资和怎样进行建设的意见,为项目决策提供可靠的依据。为了避免和减少决策的失误,可行性论证目前已成为各种建设、经济活动前期的一项必不可少的工作内容。

可行性论证贯穿于矿产勘查与开发的各个不同阶段。可行性论证据其目的、任务及与地勘工作阶段的对应性分为概略研究(普查阶段)、预可行性研究(详查阶段)和可行性研究(勘探阶段)。

**1. 概略研究**

概略研究是对矿床开发经济意义的概略评价。通常是在收集分析该矿产资源国内外总的趋势和市场供需情况的基础上,分析已取得的普查或详查、勘探地质资料,类比已知矿床,推测矿床规模、矿产质量和开采利用的技术条件,结合矿区的自然经济条件、环境保护等,以我国类似企业经验的技术经济指标或按扩大指标对矿床做出技术经济评价,从而为矿床开发有无投资机会,是否进行详查阶段工作,制定长远规划或工程建设规划的决策提供依据。

**2. 预可行性研究**

预可行性研究是对矿产勘查开发意义的初步评价。在我国目前的基本建设程序中,预可行性研究属于前期工作,与项目建议书为同一工作阶段。预可行性研究需要比较系统地对国内外该种矿产资源、储量、生产、消费进行调查和初步分析;还需对国内外市场的需要量,产品品种、质量要求和价格趋势做出初步预测。根据矿床规模和矿床地质特征及矿区地形地貌,借鉴类似企业的实践经验,初步研究并提出项目建设规模、产品种类、矿区建设轮廓和工艺技术的原则方案;参照类似企业选择合适评价当时市场价格的技术经济指标,初步提出建设总投资、主要工程量和主要设备以及生产成本等,进行初步经济分析,圈定并估算不同的矿产资源储量类别。

通过国内外市场调查和预测资料,综合矿区资源条件、工艺技术、建设条件、环境保护及项目建设的经济效益等因素,从总体上、宏观上对项目建设必要性、建设条件的可行性及经济效益的合理性做出评价,为是否进行勘探阶段地质工作及推荐项目和编制项目建设书提供依据。

(二)可行性论证的意义

可行性论证的意义首先在于保证矿产勘查工作和后续的矿产开发的经济效益。在市场经济的社会生产活动中,我国矿产勘查的投资来源已由单一计划经济时期的事业费拨款而转变为企业法人或私人投资,矿产勘查的根本目的是查明具有商品属性的工业矿床,并通过转让或直接出售矿产品而获取投资收益。因此,矿产勘查活动必须追求经济效益。但是,矿产资源在自然界的产出条件及特征是复杂多样的,矿床的质及量相差悬殊,所处的经济地理条件也是千差万别,矿种本身的经济价值及矿产品市场供需关系、价格波动等都对勘查投资收益有着较大的影响。另外,矿床一旦进入勘探阶段,由于需要动用大量的探矿技术手段对矿床进行揭露,与普查阶段相比,投资额巨增。为了降低投资的风险性,保证获得经济效益,就必须通过可行性论证对矿床的经济价值及转入勘探工作的必要性进行分析,以保证勘探投资在经济上的合理性,减少勘探投资的盲目性,为勘探基地的筛选提供依据。

在我国矿产储量实行有偿占用、矿产储量成为有价商品正逐步推向市场的今天,矿床可行性论证被赋予了新的应用价值,只有通过论证知道了欲勘探矿床的经济价值,才能真正从经济意义上预估地质勘探工作的经济效果,才能为矿产储量的有偿占用或普查阶段工作成果的转让估价提供依据。

(三)可行性论证的考虑因素

可行性论证要考虑的因素主要有矿床地质因素、自然经济地理因素、政治经济因素、技术经济因素、矿产品价格及经贸因素、地租因素、环境保护因素7个方面。

**1. 矿床地质因素**

矿床地质因素主要包括:①矿产储量或矿床规模;②矿床地质构造;③矿体形状、产状、规模、埋藏深度和分布范围;④矿石的矿物成分、结构、构造,矿石类型、品级、品位和伴生有益、有害组分的含量,赋存状态和分布规律;⑤矿床水文地质和工程地质条件;等等。

**2. 自然经济地理因素**

自然经济地理因素牵涉的内容较多,主要是与经济有关的一些矿床外部条件,在进行论证时,要作周到的考虑。

(1)矿床所处地理位置对矿床能否被投入开发建设关系极大,即使其他各方面条件都很优越,只要矿床所处位置不合适,也可能导致整个矿床没有利用价值。矿床所处的地理位置一般要适合工农业建设的需要及合理布局,有的矿床要求靠近企业或用户,以便就地取材。一般来说,位于边陲和人烟稀少地区的矿床,对开发都是不利的,在进行可行性论证时应特别注意。对处于国家划定的自然保护区、重要风景区,国家重点保护的不能移动的历史文物和名胜古迹所在地、港口、机场、国防工程设施圈定地段之内,大型水利工程设施、城镇市政工程设施附近,铁路、重要公路两侧,重要河流、提坝两侧一定距离内的矿床均不得开采。

(2)矿床所在地的交通运输条件好坏对矿床的开发利用影响很大,它是某些黑色金属及贱金属大型矿床成为"呆矿"的重要因素之一。一般要求靠近铁路、公路及通航水路,以便于修筑矿区与交通干线之间的铁路或公路支线,这样才能节省基建投资,降低运输费用。对于大型矿床及价廉而开采和运输量都较大的非金属矿产,如建筑材料,更是要求缩短运输线路,以降低矿石成本。

(3)动力供应与辅助材料的来源与供需满足程度对未来矿山的经营也有着较大的影响。电站及辅助材料(建筑材料、坑木等)应就地提供且供应充足,否则就将影响生产及加大生产成本。

(4)水源情况,包括工业及生活用水的满足程度,对于某些地区,如干旱、半干旱地区,可能成为制约矿床开发的重要因素。

(5)地形、气候及地震活动情况也应给予慎重的考虑。地形、气候条件可引起生产成本的增加,地震的活动强弱影响到未来矿山的安全与否。

(6)劳动力来源是否充足,在可行性论证中也是一个不可忽视的因素。长期以来,我国一直处于劳动力供需过剩的状况,所以这个问题很容易被人们忽视。但随着计划生育国策的稳步执行,劳动力供需过剩的状况将会发生逆转,从而对矿床的开发建设带来一定的影响。

**3. 政治经济因素**

政治经济因素主要是与国家的资源政策有关,国家的资源政策是国家和社会对某种矿产的需求程度的体现,它对矿产的开发利用起着决定性的作用,在进行可行性论证时必须给予高度的重视。

国家根据一定时期内国内外的政治经济发展趋势而导致的对各种矿产的需求程度,利用资源政策作为调节手段,而对矿产品的生产进行调节,从而影响到矿产是否具有现行利用价值及其开采效益。如国家对欲扶持的矿种,可以在有关税收、收购价格、贷款条件等方面给予优惠,如金矿。

在我国正逐步有计划地放活市场、逐步实现与国际市场接轨的今天,在进行可行性证时,必须预估国家未来的资源政策的调整对有关矿床开采价值的影响。具体如我国的石油生产,现在的生产成本大大高于国际上的平均水平,长期以来石油的生产及销售一直靠国家的政策扶持而得以维持,这种与经济运作的基本准则相背离的做法虽然有特定国情、特定时期内的基本要求作支撑,但其持久性显而易见是值得怀疑的。

**4. 技术经济因素**

这主要是从技术角度来考虑有关矿床开发利用的经济指标,如矿石的边界品位、工业品位,拟建矿山的服务年限和生产能力,矿山的开拓方案及开采方法,采矿回收率和贫化率,矿石的可选性及选矿方法、流程、选矿回收率等,矿山基建投资费用及矿床开采利润、投资回收指标、单位勘探成本等。在普查阶段主要是据已查明的矿石类型论证矿石在现行技术水平条件下选冶的技术可行性及参考同类、同规模矿山有关采、选、冶经济指标下开采的经济合理性。

**5. 矿产品价格及经贸因素**

这主要是从市场经济角度考虑矿产品的供求关系变化可能对矿产品价格及销售状况所产生的影响而对矿床开采价值所进行的评价。在市场调节的情况下,矿产品的销售状况随时都会产生变化,而矿床从转入勘探到进入开发尚需经过一段时间。因此,对矿产品价格的预估必须要有预测性。

### 6. 地租因素

地租在土地私有化的国家对欲开发矿床的可利用价值有着重大的影响。在我国土地资源为国家、集体二级所有,但土地资源的使用也属有偿占用,在矿山开采期间,必须有偿征用一定的土地资源。这种因征用土地而付出的租地费用随所处的地理位置、土地资源的质量不同而不同。一些位于经济发达地区的矿床可能会因昂贵的的地租而使矿床难以开发。因此在可行性论证时,对地租因素对矿床利用价值的影响必须给予足够的重视。

### 7. 环境保护因素

环境保护的难易程度及相应的投资费用的大小也直接影响到矿床能否开发及可能的经济效益。环境保护的重要性已被人们普遍所接受,并以法律的形式规定任何建设项目必须采取相应的环境保护措施。矿床所处的自然地理条件对环境保护的难度及费用有较大的影响,如地形的陡缓对于采矿废石堆放的影响,是否有适宜贮存排放选矿废水、尾砂的地形地貌等;采矿过程中对地表植被、草地及自然景观的破坏等;采矿完毕后对土地资源的复原费用投资等。可行性论证中必须对矿山开采能否达到环境保护的要求、因环境保护的费用支出对矿产开采的效益影响进行充分的研究评价,才能正确地评价矿床的开发利用价值。

## 二、勘探基地的最终确定

在上述对已发现的工业矿床进行了认真的可行性论证后,据可行性论证的研究结论就可以对勘探基地进行最终的筛选工作。对于那些矿床地质条件有利,采、选、冶技术上可行,自然经济地理条件适宜,综合评价认为经济上合理(投资效果好),即矿床具有明显的经济价值的矿区在理论上都可以确定为勘探基地,勘查工作由详查转入勘探阶段,以进一步确切查明矿床的质与量、空间分布特征、产出的地质环境等。对那些经可行性综合论证认为在经济上不具开采利用价值的矿床,则应坚决弃之,切不可因顾及已有的阶段性找矿成果而追加无效的投资。

对于经筛选已确定的勘探基地还应根据可能的人力、物力条件进一步考虑是直接转入下一阶段勘探工作,以获得最终的勘查成果,还是直接出售部分阶段性的探矿成果(出售勘探基地),以获得已有的勘查投资收益。

**主要参考文献**

曹新志,王燕.成矿预测方法的理论基础及分类研究[J].地质科技情报,1993,12(1):69-72.
侯德义.找矿勘探地质学[M].北京:地质出版社,1984.
蒋干清.生物成矿研究的现状与进展[J].地质科技情报,1992,11(3):45-50.
裴荣富,熊群尧.金属成矿省等级体制与矿产勘查评价[M]//陈毓川编.当代矿产资源勘查评价的理论和方法.北京:地震出版社,1999:134-141.
刘石年.成矿预测学[M].长沙:中南工业大学出版社,1993.
刘燕君.遥感找矿的原理和方法[M].北京:冶金工业出版社,1991.
卢作祥,范永香,刘辅臣.成矿规律及成矿预测学[M].武汉:中国地质大学出版社,1989.
王世称.内生矿产中比例尺预测方法研究[M].北京:地质出版社,1993.
王钟,邵孟林,肖树建.隐伏有色金属矿产综合找矿模型[M].北京:地质出版社,1996.

赵鹏大.科学找矿及矿床预测基本理论和准则:矿产勘查[M].武汉:中国地质大学出版社,1990.
赵鹏大,陈永清,刘吉平,等.地质异常成矿预测理论与实践[M].武汉:中国地质大学出版社,1999.
赵鹏大,池顺都.当今矿产勘探问题的思考[J].地球科学——中国地质大学学报,1998,23(1):70-74.
赵鹏大,李万亨.矿床勘查与评价[M].北京:地质出版社,1988.
赵鹏大.矿床统计预测[M].北京:地质出版社,1983.
朱裕生,肖克炎.成矿预测方法[M].北京:地质出版社,1997.
Laznieka P. Quantitative relationships among Giaut Deposits of metals[J]. Economic Geology,1999,94(4):455-474.

# 第五章 矿床勘探与探采结合

## 第一节 矿体变异与勘查类型

### 一、矿体特性研究

矿体地质始终是矿床勘查与开采理论与实践研究的重要内容。矿体地质以矿体为研究对象，一般包括矿体的形态、产状、规模、物质成分、内部结构（不同类型、品级矿石及夹石等在矿体中的分布）等方面特点的变化情况，以及控制这些变化的地质因素。人们把表征矿体本身固有的地质特点、特性和标志统称为矿体地质特征，概括为矿体外部形态特征与内部质量特征。总体上控制矿体特性、标志及其变化的地质条件、成矿过程、成矿规律等也被称作矿床勘查与开采必要的前提条件和研究内容。所有这些矿体标志、特性及其控制因素又受到勘查与开发工程控制程度、与技术经济条件相适应的矿床工业指标及研究程度等的制约，总处在变化之中。所以，人们总在试图运用多种方法和手段，力求从定性推断到定量、定位，从静态到动态地研究掌握矿体地质特征的变化性及其相对的规律性（稳定性），并为深入的矿产勘查与开发实践服务。

矿体的特性包括矿体变化性（不均一性或非均质性）、矿体变化的规律性（相对稳定性）和矿产的共生性，及其影响因素。其研究的基本方法是通过对大量系统工程控制所获资料信息的深入对比与统计分析来完成的。反过来，合理的勘查方法选择和加密的系统工程布置又是以对矿体主要标志变异的阶段认识为根据的。

矿体变化性又称矿体变异性，是指矿体地质特征（矿体特性与标志）在矿体的不同空间部位（或各矿体之间）所表现出的差异及变化特点。

**1. 矿体变化性**

由于各种地质条件的影响及成矿过程的复杂性，反映矿体特征的各种标志具有各向异性，如矿体规模、形状、产状、内部结构及矿石质量、矿物组合、结构构造等，在矿体的不同延展方向和不同的空间部位都显示不同的特点，即矿体各标志都是变化的，这是矿体的最基本特征之一。如矿石品位分布的不均匀性、矿体形态的不稳定性和不连续性等，就是这种变化性的宏观表现。

矿体绝对的变化性和相对的稳定性或规律性，是勘查方法的理论基础，是划分矿床勘查类型的依据，是决定每个具体矿床勘查难易程度、勘查精确程度和勘查经济效果的基本客观条件。

矿体变化性包括变化性质、变化程度和控制矿体变化的地质因素3个不可分割的基本要素。

变化性质是指矿体各种标志在空间上的变化是随机型变化，还是确定型变化，是有规律变化，还是无规律变化等特征。

Д. А. 晋可夫曾将矿体各种标志的变化性质分为 4 种类型：①逐渐的、连续的有规则的变化；②逐渐的、连续的不规则的变化；③跳跃式的、断续的有规则的变化；④跳跃式的、断续的不规则变化。一般地说，矿体形态标志的变化多属前两类，而质量标志的变化则常属后两类。

П. Л. 卡里斯托夫在研究矿石品位性质时，提出了品位的方向性变化的概念。他认为，矿石品位变化虽然有时似乎是不规则的，但往往可以看到沿矿体某一方向在一定范围内品位数值有总体升高或总体下降的现象。这种近于波浪式的"方向性变化"并不是沿整个矿体都存在，有时它只存在于矿体的某一部分，相反，跳跃式的、不连续的随机变化却存在于矿体的全部范围内。赵鹏大(1964)将其称为"局部不相依，但总体相依"的情况，即相邻两点观测值虽无数值依赖关系，但在矿体某一定范围或一定方向上，变量数值具有总体升高或总体降低的趋势。

地质统计学将几乎所有的地质变量，包括矿体质量标志和形态标志，都看作是区域化变量，即它们都是以空间坐标为自变量的随机场的函数。

半变异函数是研究区域化变量空间变化特征和变化程度的基本工具。所谓半变异函数就是区域化变量增量平方的数学期望之半。在实际应用中计算的是实验半变异函数，其表达式为：

$$r^*(h) = \frac{1}{2N(h)} \sum_{i=1}^{N(h)} [Z(x_i+h) - Z(x_i)]^2$$

式中：$r^*(h)$——实验半变异函数；

$h$——步长，即在一定方向上，距离为$|h|$的矢量；

$N(h)$——步长为$h$的样品对数；

$Z(x_i)$、$Z(x_i+h)$——某变量(品位、厚度等)的测定值。

根据取不同的$h$值用上式计算的结果，可做出变差图(图 5-1)。$r^*(h)$随$h$的增大而增大。当$h \geq a$($a$称为变程)时，$Z(x_i)$与$Z(x_i+h)$不存在相关性，即是随机的；当$h<a$时，$Z(x_i)$与$Z(x_i+h)$具相关性，且$h$值越小，相关性越强。

从矿床勘查角度来说，矿体某标志的不同变化性质对于勘查工作的影响是不相同的。如对于具有偶然变化特征的品位来说，品位数值不能进行简单的线性内插或外推，样品的总体代表性——平均品位的代表性与工程数量有关，而与具体工程的位置无关，即工程可以随机布置，但必须具有一定数量。对于具有逐渐的、连续的变化的形态标志来说，可以

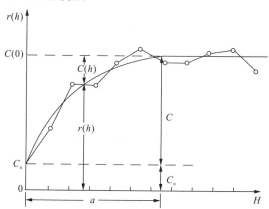

图 5-1 实验半变异函数及相应理论曲线(或称变差)图
$a$. 变程；$C(0)$. 有限方差或基台值；$h$. 样品间距或滞后；
$C_0$. 块金常数；$C$. 拱高，或结构随机最大值；
$r(h)$. 在$h$点上的半异函数值；$C(h)$. 在$h$点上的方差

根据不连续的工程，对矿体进行内插或外推，其总体特征除与工程数量有一定关系外，更与工程位置有密切关系，如图 5-2 所示。同理，随着勘查程度的提高，控制工程加密或研究层次深度与范围及研究方法不同等，都会造成对矿体某标志变化性质的不同认识和理解，这就反映出对矿体标志变化性认识的动态性和相对性。

变化程度包括至少 3 个方面的含义，即变化幅度(大小)、变化速度及变化范围。它们既相

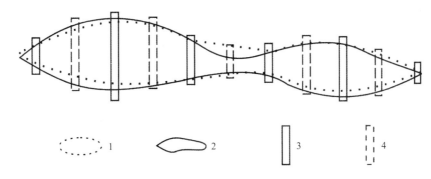

图 5-2 探槽加密前后矿体形态变化图
1.矿体边界轮廓;2.加密后矿体边界轮廓;3.原有探槽;4.加密探槽

互联系又有区别。①变化幅度是指矿体某标志观测值偏离其平均值的离散程度。②变化速度是指矿体某标志相邻观测值在一定范围内的变化快慢,即变化梯度大小。③变化范围是指从计算矿体某标志的变化幅度特征的观测值的空间域大小。一般情况下,在工程间距或工程数量相等时,变化程度越大,勘查精度越低。为获得相同精度,则变化程度大的矿体比变化小的矿体勘查工程间距要小,数量要多。

一般认为,矿体不同标志具有不同的变化性质,而相同标志却可以具有不同的变化程度。对某些类型矿床来说,矿体质量标志的变化程度大于形态标志的变化程度,如金、银、钨、锡、钼、铜、铝、锌、金刚石、水晶、云母等矿床;另一些类型的矿床,矿体形态标志变化程度大于质量标志的变化,如大多数铁、锰、磷、铝等矿床。其中,内生及变质矿床的变化程度往往大于外生矿床;而内生矿床中,简单的裂隙充填矿床的变化程度又低于交代成因的矿床。因此,在选择合理的勘查方法评价矿床勘查程度及勘查精确度时,必须注意查明矿体的最大变化标志和变化程度,同时,绝不能忽视对其控制与影响的地质因素。

就同一标志来说,不同矿床的变化程度是不相同的,如矿石品位,内生矿床大于沉积矿床。因此,为求得相同储量级别,内生矿床的间距小于沉积矿床,而且采用的手段也不尽相同。变化过大的矿床,因钻探手段的可靠性比坑探差,故宜采用坑探。

**2.矿体变化的规律性**

由于矿体各标志的变化与一定地质因素有关,因此,它们的变化必然因受有关地质因素变化规律的制约而呈现出一定的变化趋势。如前面所讲的,矿石品位数值有时在一定范围内,沿一定方向具有总体上升或总体下降的变化趋势,或称某种周期性变化,因而,显现出品位变化的方向性特征。矿体形状、厚度等,一般说来,这种方向性变化就更为突出。趋势变化或方向性变化是矿体的又一重要特征。查明趋势特征是我们合理确定工程间距、正确布置勘查工程的重要依据。我们在研究不同标志的变化规律性时,除应查明矿体各标志沿走向、倾斜和厚度的趋势变化外,尤其应注意查明矿体最大变化标志的最大变化方向,勘查工程通常是沿矿体的最大变化方向布置,这是勘查工程布置的一条重要原则。

大多数矿床通常是由在两度空间延长,一个方向短的层状、似层状、透镜状、脉状等形态的矿体组成。这类矿体在一般情况下,矿石品位和形态等的变化最大方向是厚度方向。因此,大多数矿床勘查工程均垂直矿体走向布置,沿厚度方向穿过矿体。

另外,我们还经常发现在同一矿床内,矿体往往成群成带、丛集等距出现,它们的分布大都具有一定的规律。例如,漂塘钨矿系由 7 组大小不等的矿脉带组成,脉带大致呈平行侧列等间距分布。又如大冶铜绿山矽卡岩型铁铜矿,也由大小不等的多个矿体组成,沿 NNE 和 NE 方向尖灭再现作等距分布。

在这种情况下,即在由若干矿体组成的同一矿床内,不同矿体乃至同一矿体的不同部位变化程度也不尽相同。这时,应以影响全局的规模最大的矿体作为主要勘查对象,将其标志特征作为部署整个勘查工作的主要依据,并兼顾查明其他矿体。但对于矿体上下盘,尤其是上盘小矿体应予探明。

矿体空间分布及其各标志变化的规律性,虽受多种随机因素的干扰,但随勘查资料的增加和地质研究工作的深入,应用统计分析的方法,有助于它的查明。

**3. 矿产的共生性**

在同一矿床内,矿石物质组成通常不是单一的,而是由多种元素和多种矿物共生或伴生;有时也不仅一种元素,而可能是多种元素均达到工业要求,可以分矿种进行圈定矿体。对于该类矿床无疑必须进行综合勘查和综合评价。

不同元素在矿体内的不均匀分布及地质条件的影响而导致不同元素品位贫富差别和元素、矿物组合的不同,使在统一的矿体内部呈现出一幅矿石贫富相间、类型成带或交错并与夹石共存的复杂图像,这就是所谓的矿体内部结构。查明矿体内部的结构是开采对于勘查工作提出的一项重要要求和任务,它直接影响勘查与开采工作的正常进行。

对于同一矿床内那些不够工业要求的元素,其中有些是有益的组分,有些元素是有害的杂质,它们直接影响着矿床的评价和利用的可能性。查明它们的赋存形式、含量及其变化是勘查工作的一项重要内容。

就主要成矿元素而言,其赋存形式是应予以充分注意的,呈矿物形式存在的元素则便于利用,呈分散状态存在的元素则将对选矿和冶炼工艺及其矿产品带来严重影响,在勘查工作中必须给予高度重视。

## 二、矿床勘查类型

**(一)概念和意义**

分类法与类比法是矿床勘查研究中经常用到的最基本方法。由定性到定量是现代这种研究方法发展的必然趋势。

根据矿床地质特点,尤其按矿体主要地质特征及其变化的复杂程度对勘查工作难易程度的影响,将相似特点的矿床加以归并而划分的类型,称为矿床勘查类型。这是在积累了大量已开采矿床的资料和已勘查矿床经验的基础上,进行详细探采资料对比研究和总结后,为规范矿床勘查的目的对矿床进行的归纳分类。

矿床勘查的大量实践证明,只有适应矿床地质特点的勘查方法才是正确的、合理的。因此,矿床勘查工作与具体勘查程度的确定、工程技术手段的选择及工程间距的确定等都首先取决于矿体地质特征的复杂程度。所以,矿床勘查类型的划分为勘查人员提供了类比、借鉴、参考应用类似矿床勘查经验的基础和可能。先行正确划分矿床勘查类型是手段,后继类比应用其勘查经验是目的。也就是说,划分勘查类型是为了正确选择勘查方法和手段、合理确定工程间距、对矿体进行有效控制的重要步骤。但是,对于具体矿床应具体分析,因为自然界并不存在两个特点完全一致的矿床,所以,坚持从实际出发的原则,理应灵活运用和借鉴同类型矿床勘查的经验,切忌生搬硬套。在新矿床勘查初期可运用类比推理的方法,按其所归属的勘查类型,初步确定应采用的勘查方法,随着勘查工作的深入开展和新的资料信息的不断积累,重新深化认识和修正其原来所属勘查类型,避免因原来类比推断的不正确而造成勘查不足(原勘查类型过低时)或勘查过头(原勘查类型过高时)的错误给勘查工作带来不应有的损失。

(二)矿床勘查类型划分的依据

在划分勘查类型和确定工程间距时,遵循以最少的投入获得最大效益,从实际出发,突出重点抓主要矛盾、以主矿体为主的原则。因此应依据矿体规模、主要矿体形态及内部结构、矿床构造影响程度、主矿体厚度稳定程度和有用组分分布均匀程度5个主要地质因素来确定。以往的划分依据也基本如此,其中,分别采用变化系数(厚度、品位)、含矿系数等数量指标以作参考。为了量化这些因素的影响大小,例如在《铜、铅、锌、银、镍、钼矿床勘查规范》(DZ/T 0214—2002)中,提出了类型系数的概念,即对每个因素都赋予一定的值,用矿床相对应的5个地质因素类型系数之和确定勘查类型。在影响勘查类型的5个因素中,主矿体的规模大小比较重要,所赋予的类型系数要大些,约占30%;构造对矿体形状有影响,与矿体规模间有联系,所赋予的值要小些,约占10%;其他3个因素各占20%。

**1. 按矿体规模划分**

矿体规模分为大、中、小3类,其具体划分如表5-1所列。

表 5-1 矿体规模

| 矿体规模 | 类型系数 | 矿产种类 | 矿体长度(m) | 延深或宽(m) |
|---|---|---|---|---|
| 大 | 0.9 | Cu、Mo | >1000 | >500 |
| | | Pb、Zn | | >500 |
| | | Ag | >800 | >300 |
| | | Ni | | >400 |
| 中 | 0.6 (0.3~0.6) | Cu、Mo | 300~1000 | 300~500 |
| | | Pb、Zn | | 200~500 |
| | | Ag | 300~800 | 150~300 |
| | | Ni | | 200~400 |
| 小 | 0.3 (0.1~0.3) | Cu、Mo | <300 | <300 |
| | | Pb、Zn | | <200 |
| | | Ag | | <150 |
| | | Ni | | <200 |

注:小型矿体长度<150m 赋值0.1,150~200m 赋值0.2,>200m 赋值0.3;中型矿体300~500m 赋值0.3~0.4,500~700m 赋值0.5,>700m 赋值0.6。

**2. 按矿体形态复杂程度划分**

矿体形态复杂程度分为3类。

(1)简单。类型系数 0.6。矿体形态为层状、似层状、大透镜状、大脉状、长柱状及筒状,内部无夹石或很少夹石,基本无分支复合或分支复合有规律。

(2)较简单。复杂程度为中等,类型系数 0.4。矿体形态为似层状、透镜体、脉状、柱状,内部有夹石,有分支复合。

(3)复杂。类型系数 0.2。矿体形态主要为不规整的脉状、复脉状、小透镜状、扁豆状、豆荚状、囊状、鞍状、钩状、小圆柱状,内部夹石多,分支复合多且无规律。

### 3. 按构造影响程度划分

构造影响程度分为 3 类。

(1)小。类型系数 0.3。矿体基本无断层破坏或岩脉穿插,构造对矿体形状影响很小。

(2)中。类型系数 0.2。有断层破坏或岩脉穿插,构造对矿体形状影响明显。

(3)大。类型系数 0.1。有多条断层破坏或岩脉穿插,对矿体错动距离大,严重影响矿体形态。

### 4. 按矿体厚度稳定程度划分

矿体厚度稳定程度大致分为稳定、较稳定和不稳定 3 类。各矿种不同稳定程度的厚度变化系数及类型系数如表 5-2 所列。

表 5-2 矿体厚度稳定程度

| 矿产种类 | 稳定程度 | 厚度变化系数(%) | 类型系数 |
|---|---|---|---|
| 铜 | 稳定 | <60 | 0.6 |
| | 较稳定 | 60~130 | 0.4 |
| | 不稳定 | >130 | 0.2 |
| 铅锌 | 稳定 | <50 | 0.6 |
| | 较稳定 | 80~130 | 0.4 |
| | 不稳定 | >130 | 0.2 |
| 银 | 稳定 | <80 | 0.6 |
| | 较稳定 | 80~130 | 0.4 |
| | 不稳定 | >130 | 0.2 |
| 镍 | 稳定 | <80 | 0.6 |
| | 较稳定 | 80~130 | 0.4 |
| | 不稳定 | >130 | 0.2 |
| 钼 | 稳定 | <60 | 0.6 |
| | 较稳定 | 60~100 | 0.4 |
| | 不稳定 | >100 | 0.2 |

### 5. 按有用组分分布均匀程度划分

可根据主元素品位变化系数划分为均匀、较均匀、不均匀 3 类。各矿种有用组分均匀程度具体划分及相应的类型系数值如表 5-3 所列。

表 5-3 有用组分分布均匀程度

| 矿产种类 | 均匀程度 | 品位变化系数(%) | 类型系数 |
| --- | --- | --- | --- |
| 铜 | 均匀 | <60 | 0.6 |
| 铜 | 较均匀 | 60~150 | 0.4 |
| 铜 | 不均匀 | >150 | 0.2 |
| 铅锌 | 均匀 | <80 | 0.6 |
| 铅锌 | 较均匀 | 80~180 | 0.4 |
| 铅锌 | 不均匀 | >180 | 0.2 |
| 银 | 均匀 | <100 | 0.6 |
| 银 | 较均匀 | 100~160 | 0.4 |
| 银 | 不均匀 | >160 | 0.2 |
| 镍 | 均匀 | <40 | 0.6 |
| 镍 | 较均匀 | 40~80 | 0.4 |
| 镍 | 不均匀 | >80 | 0.2 |
| 钼 | 均匀 | <80 | 0.6 |
| 钼 | 较均匀 | 80~150 | 0.4 |
| 钼 | 不均匀 | >150 | 0.2 |

(三)勘查类型划分

建国初期,由于我国大规模的矿床勘查工作刚刚开始,对矿床勘查理论研究和勘查经验都比较缺乏,所以主要是采用苏联 20 世纪 50 年代对有关矿床的勘查分类。

1959 年全国矿产储量委员会在总结我国勘查工作经验的基础上,陆续制定了铁、有色金属矿床、铝土矿等矿种的勘查规范。在规范中分别对有色金属、铝土矿、铁等矿床勘查类型作了划分,其中,将有色金属(铜、铅锌、钨、锡、钼)分为 4 类,铝土矿分为 4 类,铁矿床分为 5 类等。1962 年全国矿产储量委员会又制定了我国铜及磷块岩矿床的勘探规范,相应对其勘探类型作了明确规定。

1978 年至今,在大量探采资料对比分析的基础上,重新制定适合我国国情又与国际接轨的新规范。作为中华人民共和国国家标准,中国标准出版社于 1999 年 8 月出版了《固体矿产资源/储量分类》(GB/T 17766—1999)。2002 年 12 月出版了《固体地质矿产勘查规范总则》(GB/T 13908—2002)。作为中华人民共和国地质矿产行业标准,2004 年 3 月地质出版社出版了一系列地质勘查规范,其中包括:铁、锰、铬矿,铜、铅、锌、银、镍、钼矿,钨、锡、汞、锑矿,岩金矿,砂矿(金属矿产),稀有金属矿产,稀土矿产,铀矿,煤、泥炭、煤层气,硫铁矿,重晶石,毒重石,萤石,硼矿,盐湖和盐类矿产,冶金、化工石灰岩及白云岩,水泥原料矿产,铝土矿,冶菱镁矿,高岭土、膨润土、耐火黏土矿产,玻璃硅质原料、饰面石材、石膏、温石棉、硅灰石、滑石、石墨矿产等。

总结我国几十年来的矿产勘查经验,新规范将勘查类型划分为简单(Ⅰ类型)、中等(Ⅱ类型)、复杂(Ⅲ类型)3 个类型。原划分的 4~5 类,出现工程间距严重交叉、类型重叠、难以区分的问题。当然，由于地质因素的复杂性，允许有过渡类型存在。如铜、铅、锌、银、镍、钼矿的勘查类型划分主要根据上述 5 个地质因素及其类型系数来确定，具体划分为 3 种勘查类型（表 5-4）。

表 5-4　矿床勘查类型实例

| 矿种 | 勘查类型 | 矿床实例 |
| --- | --- | --- |
| 铜矿 | 第Ⅰ勘查类型 | 江西德兴、永平，西藏玉龙，云南易门三家厂 |
| | 第Ⅱ勘查类型 | 江西银山九区，安徽安庆、花树坡 |
| | 第Ⅲ勘查类型 | 安徽狮子山，辽宁华铜 |
| 铅锌矿 | 第Ⅰ勘查类型 | 云南金顶，湖南桃林 |
| | 第Ⅱ勘查类型 | 甘肃小铁山，云南老厂，江西银山 |
| | 第Ⅲ勘查类型 | 湖南水口山，辽宁关门山 |
| 银矿 | 第Ⅰ勘查类型 | 吉林山门，四川呷村，内蒙古甲乌拉，陕西银洞子 |
| | 第Ⅱ勘查类型 | 浙江大岭口，江西银露岭，湖北银洞沟 |
| | 第Ⅲ勘查类型 | 浙江后岸，山东十里堡 |
| 镍矿 | 第Ⅰ勘查类型 | 甘肃白家嘴，吉林红旗岭 7 号岩体 |
| | 第Ⅱ勘查类型 | 四川力马河 |
| | 第Ⅲ勘查类型 | 云南白马寨 |
| 钼矿 | 第Ⅰ勘查类型 | 陕西金堆城，河南上房沟 |
| | 第Ⅱ勘查类型 | 辽宁杨家杖子，黑龙江五道岭 |
| | 第Ⅲ勘查类型 | 吉林石人沟，北京东三岔 |

**1. 第Ⅰ勘查类型**

该类型为简单型，5 个地质因素类型系数之和为 2.5～3.0。主矿体规模大—巨大，形态简单—较简单，厚度稳定—较稳定，主要有用组分分布均匀—较均匀，构造对矿体影响小或明显。

**2. 第Ⅱ勘查类型**

该类型为中等型，5 个地质因素类型系数之和为 1.7～2.4。主矿体规模中等—大，形态复杂—较复杂，厚度不稳定，主要有用组分分布较均匀—不均匀，构造对矿体形态影响明显、小或无影响。

**3. 第Ⅲ勘查类型**

该类型为复杂型，5 个地质因素类型系数之和为 1.0～1.6。主矿体规模小—中等，形态复杂，厚度不稳定，主要有用组分较均匀—不均匀，构造对矿体影响严重、明显或影响很小。又如对铁、锰、铬矿以主矿体为主要对象，以变化最大的地质因素为主要依据，划分的矿床勘查类型如表 5-5 所列。

**（四）对勘查类型划分的讨论**

（1）在确定矿床勘查类型时，应在全面综合研究各种因素的基础上抓住主要因素。对某一矿床来说，并不是所有因素在确定矿床勘查类型时都有同等作用，往往只是某一种或几种因素起主要作用。但是，这只有在全面分析上述诸因素后，才能加以判定。一般来说，在确定矿床勘查类型时,高品位矿种如铁、铝土矿、磷块岩等,形态、规模比品位变化更重要;而低品位矿种如金、钨、锡等矿种往往品位变化更为重要。

表 5-5 铁、锰、铬矿矿床勘查类型

| 勘查类型 | 划分类型依据 | | | 勘查类型实例 |
|---|---|---|---|---|
| | 矿体规模 | 矿体形态 | 组分均匀性 | |
| 第Ⅰ类<br>(简单型) | 大—中型 | 简单 | 均匀 | Fe:辽宁本溪南芬铁矿床(铁山、黄柏峪矿段)<br>河北宣化庞家堡铁矿床(10~36线)<br>Mn:贵州遵义锰矿床(南翼矿体) |
| 第Ⅱ类<br>(中等型) | 中—大型 | 中等 | 较均匀 | Fe:江苏南京梅山铁矿床<br>海南昌江石碌铁矿床<br>内蒙古白云鄂博铁矿床(主、东矿体)<br>安徽凹山铁矿床<br>Mn:广西宜州龙头锰矿床<br>广西荔浦平乐锰矿床 |
| 第Ⅲ类<br>(复杂型) | 小—中型 | 复杂 | 不均匀 | Fe:湖北黄石铁山铁矿床<br>江苏南京凤凰山铁矿床<br>河北承德大庙铁矿床<br>吉林浑江大栗子铁矿床<br>Mn:广西来宾八一锰矿床<br>湖南湘潭锰矿床<br>辽宁朝阳瓦房子锰矿床<br>Cr:西藏曲松罗布莎铬矿床<br>内蒙古锡林浩特贺根山铬矿床<br>西藏安多东巧铬矿床<br>新疆托里"鲸鱼"铬矿床 |

(2)勘查类型的划分一般是对矿床而言,而作为划分主要依据的是主要矿体有关标志的变化程度。我们知道一个矿床很少只有一个矿体,更常见的是一个矿床是由若干大小不等、变化各异的矿体所组成,而且可能是多种有用元素相伴产出。这时,应以占储量最多(70%)的主矿体为准,以矿体中主要组分为准,次要矿体、次要组分可在勘查过程中附带解决;在可以分段勘查的情况下,也可区别对待。在勘查进程中,或随勘查程度和开采深度的改变,应对已确定的矿床勘查类型进行验证,应注意主次矿体与矿体标志的变异;当发现变化较大,有较大偏差时,应及时修正勘查类型,也即某种程度上,应以动态的观点对待勘查类型的划分。

(3)"工业指标"对勘查类型的确定也有相当大的影响。众所周知,"工业指标"是圈定矿体的依据,它的任何改变都将对矿体的规模、形状、有用组分分布的均匀程度和矿化连续性等产生影响,尤其是当矿体与围岩的界限不清时更是如此。

(4)探索能够反映矿体标志综合特征的合理数值指标体系用于划分矿床勘查类型,是一个值得注意的动向。在这方面,关于地质体数学特征概念的提出和论述,无疑是这种努力的一种尝试。如上述勘查类型系数的提出与应用,又是一种向定量化的进步。但也不能生搬硬套,必须与地质观察研究相结合,否则容易得出错误的结论。

(5)目前,矿床勘查类型具体的划分应以主矿体的自身特征为依据,但往往忽视了对矿床产出自身规律的研究和专家主观能动性的发挥,也往往忽视了矿床开拓、开采方法对矿床开采技术条件(包括水文地质、工程地质、环境地质)的基本特征和复杂程度亦应查明的要求。若结合可能的采矿方式、方法,还考虑将矿床工业类型与勘查类型结合起来,加上应合理选择的快速而有定量效果的勘查方法和手段,以及适宜的工程间距等,综合考虑以上诸因素,并将大量类似矿床的勘查开采资料进行系统全面详细的对比、分析、归纳分类,这样划分的矿床综合勘查类型才能真正实现以最适宜的投入获取最大经济效益的结果,也理应成为正确选择与确定矿床勘查方法的指南。

## 第二节 勘查精度与勘查程度

勘查精度与勘查程度是两个具有紧密联系而又有区别的重要概念,也是历来受到人们的普遍重视,然而至今也未完全解决和认识统一的争论课题。它们共同直接影响着对矿床勘查成果的质量评价以及勘查效益,影响到矿床勘查与矿床开发设计间的合理衔接;甚至影响到矿山建设与生产的方方面面;某种程度上,还影响到对矿床地质概念的认识和矿床工业价值的正确评价。所以,矿床勘查精度与勘查程度研究成为矿床勘查始终都应予以特别重视的关键问题。

### 一、勘查精度

#### (一)概念

勘查精度,简言之,是指通过矿床勘查工作所获得的资料(如矿床地质构造,矿体形态、产状、厚度、品位、储量等)与实际(真实)情况相比的差异程度。差异越大,即误差越大,则精度越低;反之,则勘查精度越高。

矿床勘查与矿床开采是一个统一的连续的国民经济活动过程。虽然矿床勘查不是终极目的,成功地矿床开采与提供合格矿产品才是最终目标,但是,矿山建设与生产设计所依据的足够数量和必要精度的资料信息一般是依靠矿床勘查工作提供的。所以,勘查资料越完整和充分,精度越高,可靠性越大,则矿山建设与开发的风险性越小,成功的把握越大;反之,则矿山设计与开发便失去了前提和根据,要冒失败的极大风险,削减决策者的信心,可能吓跑投资者,如此事例不在少数。同时,矿床勘查资料也只有在对矿床勘查效果与矿床技术经济评价,以及供矿山开发利用中体现其价值。所以,取得足够精度和数量的勘查资料是正确评价矿床勘查质量、提交勘查成果和矿山合理开发设计的必备资料和基础依据。

严格地讲,对于矿床真实情况完全准确地把握是做不到的,这在众多矿床的探采资料中可以得到证实。主要是因为:①矿床(体)地质构造变化的复杂性与勘查工作的局限性(抽样性)是不可能完全解决的矛盾;②在矿床开采过程中,若有意在矿体的局部地段取得相当准确的资料或许是可以做到的,但在技术与经济上未必允许;③对低于矿床工业指标的矿体,某些边部、端部和小分支,盲矿体等则实际上未予开采(避免得不偿失),诸如此类原因,造成甚至到矿山闭坑,都不可能在严格意义上获得矿床和矿体全部真实而完备的情况,而只可能获得在相对意义上实际可靠和充分必要的抽样控制资料和信息。

所以,从整体上讲,勘查精度只是个相对概念,勘查资料与真实情况间的误差是绝对的,并始终存在着,只是因误差的种类、性质与大小不同,对矿床勘查评价与开发利用的影响大小也不同。一般情况下,不同勘查类型的矿床最终的地质勘查精度应不同;同一矿床的勘查精度随勘查阶段的进展和勘查程度的提高而提高：开发勘查较地质勘查的精度高，勘查程度也高。所以，在某种意义上，勘查精度属于勘查程度研究范畴。人们往往将矿体某些主要标志的勘查成果界定出一些"允许误差"范围，作为合理勘查精度评价的定量指标，也作为衡量勘查程度高低的重要研究内容。

(二)影响勘查精度的因素

影响勘查精度的因素很多，概括起来，可以归纳为两个大的方面：

**1. 自然的客观因素**

自然的客观因素即矿床地质构造及其变化的复杂程度，尤其矿体各种地质特征变化的复杂程度是具体划分矿床勘查类型的根据，也在某种程度上决定着其勘查精度。例如，对于属Ⅰ类的大型、特大型矿床，往往其地质构造相对简单，矿体规模大，各种特征标志相对较稳定，或说其变化相对较缓慢，变化幅度与范围较小，变化规律较易掌握，即使用较稀、较少的工程控制，以较简单的内插、外推方法，也较易获得误差较小、精度较高的资料与信息提供矿山建设与开发设计用。而对于Ⅲ类地质构造极复杂的小型矿床，则往往与前者相反，甚至看来十分密集的系统工程也不可能获得提供满足矿山建设与生产设计需要的充分且可靠的勘查资料依据，用以减少因误差过大而造成的风险损失，不得不采取边探边采、探采结合的方式也可能是唯一正确合理的决定。

**2. 人为的因素**

人为因素是人与技术方法因素的综合，它是贯穿于勘查工作始终全过程影响勘查精度的最积极主动的因素。换句话说，即勘查精度又取决于勘查方法是否正确，所选择的勘查工程技术手段及其数量、间距和分布是否合理，探矿工程施工质量及矿产取样、地质编录、储量估算等各项工作的质量是否符合要求，经济条件是否允许，对所获得资料进行综合分析的理论和经验水平，等等。

同时，根据最高精度要求与最大可靠程度的统一、最优地质效果与经济效果统一的原则要求，针对矿床的具体地质条件和勘查技术与经济条件，预先正确确定勘查类型和可能达到的合理地质勘查程度，并分清地质勘查与开发勘查资料所分别要求达到的误差范围，使之既不应过高，也不能过低。这理应成为衡量矿床勘查专家业务水平与评价合理勘查方法、勘查程度和勘查成果质量的重要标志。然而，由于种种因素的限制，这便成为人们历来关注，而又未能完全解决、取得统一认识的研究课题。

(三)勘查误差的分类

勘查误差是勘查精度的一种具体表征和度量。它可产生于整个勘查过程中的各个环节，表现出多种多样的特点和性质，对矿山建设与生产的影响程度也不同，所以也是个复杂的系统概念。可以将其概略分类如下：

**1. 按勘查误差的归属分类**

(1)矿床地质构造的勘查误差类。包括对矿区地层、岩性、岩相、控矿断裂、褶皱构造、围岩蚀变、矿化强度等的控制与研究方面的误差。这些误差影响到对矿床成因、工业类型、成矿潜力、开发前景与可行性的总体评价，也影响到对矿床勘查方法选择合理性的评价。

(2)矿体形位的勘查误差类。包括对矿体形态、产状、埋深、厚度、面积、体积内部结构与储量等的工程控制、测定与统计计算方面的误差。这些误差严重影响着矿山开发总体规划及矿床开采工程设计,乃至矿山长远效益。

(3)矿石质量的勘查误差类。包括对矿石成分、品位、杂质含量及其赋存状态,矿石结构构造、品级、类型分布、物化性质及选冶加工工艺指标等的取样测试、分析、鉴定试验及统计计算误差。这些直接关系到矿山采、选、冶加工利用途径、方法的可行性研究评价及其工艺技术流程的合理性评价。

(4)矿床开采技术条件勘查误差类。包括矿石与围岩机械物理(力学)性质、破坏矿体的断裂破碎带、工程与水文地质情况等的控制与测算误差。这些误差将影响到矿床开采技术可行性、设备材料的选型与供应,以及保证生产安全等问题的正确解决。环境地质调查资料的误差也属其列。

**2. 按勘查误差的来源或产生原因分类**

如储量误差有：

(1)地质误差或称类比误差。如由于勘查工程控制不足(质量不高或数量不够),地质研究程度不高,或类比确定的工业指标不当,利用某些资料的不正确内插和外推方法圈定矿体以及错误的地质构造推断造成的误差。这类误差往往较大,影响也大。

(2)技术误差。又称测定误差,如由于勘查与取样技术选择不当,测试设备与条件不完善,管理与检查不严格等造成的误差。这类误差也往往成为勘查储量不能通过审查的主要原因。

(3)方法误差。如由于勘查与取样工程布置的方式方法、地质编录方法、储量估算方法(包括计算参数的计算方法)等不当而造成的误差。这类误差只要按经过论证的原则要求进行处理,除了其中由地质误差因素影响者外,一般能保证精度要求。

**3. 按勘查误差的性质和特点分类**

(1)依误差变化性可分为：随机性的或偶然误差；方向性(坐标性)或趋势性的系统误差。后者往往因会造成较严重的负面消极影响,故备受重视。

(2)依误差的可度量性分为：定性的与定量的误差。前者往往属总体性笼统的,也可以是否能引起严重问题的误差性质范围归类；后者往往属局部性的,可用较准确数值表示,如品位、厚度指标值等。

(3)依误差值表示方式不同可分为：绝对误差与相对误差。前者往往为与实际定量、定位的差值,如矿体边界位移,具体品位、厚度测定误差值等；后者则往往以百分数表示某标志的对比误差等。

(4)依误差的影响范围又可分为：可靠性误差与代表性误差。前者属样品的实际技术误差,后者属取样资料外推影响范围造成的类比误差,类似于数理统计中的抽样统计误差。

**4. 按勘查误差发生的时间序列和特点分类**

事前的勘查工作计划或设计预测中蕴含的误差；勘查工作中(事中)实际发生(施工、观测、测定等)的误差；事后的编录、统计计算的误差与检查处理(否)的勘查误差；等等。

所有这些勘查误差,因其对矿山建设和生产的可行性与设计影响程度不同,各矿床又具有各自不同的特点。所以,一般情况下,矿山设计与基建生产部门较多注重那些可能会带来严重负面不利影响的实际的超出允许误差的部分。而勘查工作者则不仅如此,既要尽量查明勘查误差的种类与大小,还要重视研究产生误差的原因、性质及误差变化的规律性,同时要设法避免和消减产生较大勘查误差,从而研究探讨科学的勘查工作方法、合理的勘查精度与勘查程度,规范矿床勘查工作。

(四)勘查精度的研究方法

勘查精度的最终检验标准只能是矿床充分开采的实践,其最根本、最确切的检查评价方法也应该是具回顾性的探采资料对比评价方法。但如前所述,在矿床勘查工作自始至终的各个步骤或环节中都可能产生误差,故实行勘查项目全过程的全面质量管理与控制就成为研究与保证勘查精度的实际而有效的措施。针对影响勘查精度的因素,系统分析产生勘查误差的原因,查明勘查误差的性质、大小与影响程度,以预防为主,及时对勘查工程和工作质量进行监督指导与检查评价,对勘查误差进行校正和适当处理。条件允许时,配合运用计算机的某些数理统计方法、现代地质统计学方法等,以适当程序达到预防、计算、控制与减少勘查误差的目的。建立与健全勘查工作质量标准和质量保证体系,是矿床勘查与评价走向现代化、科学化、系统化与规范化的基本措施。

矿床地质勘查工作计划与设计编制阶段,由于矿床地质资料数量有限并局限于地表和浅部,往往主要是凭借勘查工作者的知识和经验,采用类比法推断矿床(体)地质构造向深部的变化趋势,初步确定矿床勘查类型,选择勘查方法,编制勘查工作计划与工程设计,因其未必正确与合理而可能埋下产生较大勘查误差的"祸根"。所以,一般应在勘查项目审批阶段,采用专家检查评价的方法,由多位具有较高矿床理论水平和丰富勘查经验的专家,根据该类工业矿床的成矿规律与勘查规范的原则要求,并结合具体矿床地质构造特征的实际及已有勘查工作成果,对勘查计划与设计的地质依据、技术经济条件和设计方案等进行综合的定性或定量研究(可行性评价),提出肯定或应修改的意见与建议,这或许是减少勘查误差、保证勘查精度的首要预防措施。

在矿床勘查工作进行过程中,要严格按照相关规定和要求,保证勘查工程施工质量与取样、编录等工作质量;为确保原始资料真实可靠,必须随着勘查工作的进行不间断地对各个环节工作过程和成果开展技术指导与监督检查,按规定适时进行专门的质量检查工作。例如:钻探工程的测斜、测深,以坑探检查钻探;取样的内检、外检;相邻勘查工程及相邻剖面的对比分析;阶段储量估算参数与估算方法的误差对比分析;等等。由于勘查精度还与工程间距、数量关系密切,一般情况下,在取得一定工程控制的原始数据后,便可以运用一些数理统计(或地质统计学)研究抽样误差的方法,对某些地质特征标志(如矿体品位、厚度等)值的误差性质、大小等进行统计分析,作为查明其产生勘查误差规律性的手段。同时,加强矿床(体)地质特征的综合研究,根据具体情况,补充与修正原勘查设计,使之更趋切实可行、经济合理并满足勘查精度要求。

在矿床地质勘查结束及开发勘查过程中,获得了丰富的勘查资料,有利于进行有关矿床地质概念的重新认识,有利于全面系统地查明勘查精度或误差性质、大小、产生原因及其演化特点,总结经验教训,并利用探采资料对比方法,结合稀空法和某些数理统计方法研究与评价勘查精度,获得符合规定勘查精度要求的勘查(包括储量)报告与相关附图、附表资料。生产勘查与采矿过程中,系统而密集的探采工程为提高勘查精度与勘查程度创造了极为有利的条件,为查明实际的矿体形态、结构和矿石质量均衡控制与管理提供了资料依据。

## 二、勘查程度

### (一)概述

勘查程度通常是矿床地质勘查程度的简称,是指矿山设计与建设前,对整个矿床的地质和开采技术条件控制研究的详细程度,实质上是包括勘查工程控制程度与地质研究程度的综合概念。

勘查程度的高低,直接影响到矿床勘查工作的部署、期限、投资,勘查与矿山设计、基建生产间的正常衔接,以及勘查结果与技术经济效益的正确评价。裴荣富、丁志忠等(1988)认为,合理的矿产勘查与开发程序应受地质和技术经济控制,其合理的勘查程度也在地质和技术经济研究程度互为约束的"合理域"内。勘查程度过高,将造成过早支出与积压浪费勘查资金,勘查周期过长,推迟矿山设计与建设;反之,则所提供资料不能满足可行性评价及矿山设计与基建的需要,"欲速则不达",增加矿山投资风险,造成矿山设计方案的失误及矿山建设和生产的被动,甚至严重损失。所以,勘查不足或过度勘查都是不合理的。

衡量勘查程度高低应综合考察与评价如下因素:

(1)对矿床地质、矿体分布规律和对矿山建设设计具有决定意义的主要矿体的外部形态特征及内部结构特征的研究与控制程度。

(2)对矿石的物质成分、结构构造等质量特征和各类型、品级矿石选冶加工的技术性能,以及各种可供综合开发利用的共生矿产和伴生有用组分的研究与查明程度。

(3)对水文地质条件与开采技术条件的研究控制程度。

(4)已探明的矿产储量总量及其中不同类别储量的比例和空间分布情况(包括勘查深度),往往综合体现了上述诸因素,同时也从总体上反映了矿床勘查工作的地质和经济效果,并应与可行性评价紧密结合起来。

对固体矿产的矿床勘查程度基本要求的规定,请查阅新颁布的《固体矿产地质勘查规范总则》及具体矿种的地质勘查规范。

应该指出,矿床开发勘探,尤其是矿山生产勘探同样具有勘查程度问题,根据采矿生产的要求,生产勘探程度要比地质勘探程度高得多。但其基本要求是在规定的有限范围内,实行探采结合和探矿适当超前的原则,为保证矿山生产阶段的正常衔接,提供采矿生产设计所需的地质构造与储量资料。合理勘查程度始终是矿床勘查研究的重要问题。

### (二)合理勘查程度的确定

合理勘查程度的确定是个复杂问题,在某种意义上,也是矿床勘查研究的核心问题。它直接反映在矿床勘查与矿山基建生产的正常衔接问题上。如前所述,一方面,矿山建设与生产设计要求勘查提供的资料尽可能充足、全面与准确可靠,使设计有把握而风险最小;另一方面,勘查工作则要求用最少的工程量和最少的时间消耗查明矿床与矿体特征的变化性与规律性。将两者间的关系辩证地、恰如其分地处理好,取得最好的地质和经济效果,既要满足矿山设计对地质资料信息和矿产储量的需要,又不能把矿山建设和生产过程中要做的开发勘查与研究工作提早到地质勘查阶段进行,这时的勘查程度被称为合理的勘查程度。

(1)矿床合理勘查程度的确定取决于国家与市场对该类矿产的需求程度。一般情况下,对于国家与国内外市场急需的紧缺矿产种类,往往意义较大。该类矿床的勘查与基建生产投资资金较易筹集,则勘查程度可略低些,即不必全面展开勘查工程,可在首采地段满足一定储量规模和地质技术资料需要的前提下,经可行性研究证明矿山开发技术上可行,经济上合理,所冒风险不太大,即可筹资转入设计和基建;甚或采取边探边采、探采结合的形式,目的是尽快投产。对于首采地段的勘查程度不足及其余范围的地质勘查工作,以基建勘查弥补与投产后进行补充地质勘查满足后期扩大生产的需要。如此方式的优点是勘查周期短,资金流动快,勘查效果较好;其缺点是基建生产设计与投资所冒风险较大,往往会因勘查程度不足造成后期基建生产的被动等。实质上,这种方式也是西方诸国比较强调的,值得借鉴。

(2)矿床合理勘查程度取决于矿山建设与生产设计的要求,体现矿床勘查为矿山开发服务的基本原则。一个稳妥而兼顾长期发展要求的矿山设计与规划,需要以对矿床进行全面系统的勘查研究作为基础。所以,在正常情况下,一般应保证勘查对矿山基建有一个合理的超前期:一方面,要求勘查对矿床全面控制,提交矿山设计服务年限内所需要的控制资源储量和推断的资源量,以及相关的技术资料;另一方面,又要求在先期开采地段提交一定的探明储量。这是我国、苏联与东欧诸国现行的、比较强调的一种方式。其缺点往往是勘查周期较长,易造成勘查资金过早支出和积压,并易造成过度勘查,地质勘查经济效益有待讨论。最大优点是矿山企业基建生产的设计与其投资风险相对较小,近期与长远规划方案较稳妥。

所以,一个矿床合理的勘查程度,一般应按国家规定,由投资者与地质勘查、矿山设计及基建生产部门共同研究、妥善协商决定。如对矿产储量则应以保证首期(探明的可采储量的数量应满足矿山返本付息的需求)、储备后期(控制的矿产资源/储量应达到矿山最低服务年限的要求,如有色金属与贵金属大型矿山 30 年,中型矿山为 20 年,小型为 10~15 年;推断的资源量可作为矿山远景规划的依据)、以矿养矿、持续滚动发展的原则为适用。若矿床规模很大,可考虑分期、分段建设矿山时,应在获得矿床全貌信息的基础上,以相应的分期分段勘查为合理。

(3)矿床合理勘查程度取决于矿床地质构造的复杂程度。勘查程度、勘查精度与勘查方式三者密切相关,均是勘查方法研究的重要内容。勘查精度是勘查程度和勘查工作质量评价的重要依据和定量表征,勘查方式是决定勘查程度与精度的基础。归根结底,勘查方法与方式必须适应矿床地质构造特征才是正确合理的,即矿床地质构造的复杂程度决定了其合理的勘查程度。具体表现在:地质构造复杂程度不同的矿床,其地质研究程度往往不同;不同勘查类型的矿床,勘查工程技术手段与工程密度不同,要求探明的储量级别及其比例和分布也不同。原则上,在保证各项勘查工作质量的前提下,以满足矿山设计合理规模和开采顺序基本需要的矿产储量、矿石质量及开采技术资料为合理。人们往往又以主要矿体的某些主要指标(如形态圈定误差和平均品位误差)作为评价勘查程度合理性的定量指标,则矿床勘查类型划分的正确与否也成为影响勘查程度合理性的重要因素。

(4)矿床合理勘查程度还取决于矿床(区)的自然经济地理条件和勘查深度等。因为矿床勘查程度的合理性,除了要求勘查方法与矿床地质构造变化特征相适应外,必须强调技术的可行性与经济上的合理性,注重勘查效果与经济效果的统一评价。这就要求因矿区施工的实际自然经济条件与具有的技术设备条件进行综合优化,争取采用自然经济条件下允许使用的最有效的技术手段组合,以最短的时间、最少的成本费用,完成勘查任务,达到勘查程度的要求。

勘查深度是指经过矿床勘查所查明的矿产储量,主要是提供矿山建设设计作依据的资源储量的分布深度。这是衡量勘查程度的因素之一。合理的勘查深度,还取决于工业部门对这类矿产的需要情况,当前开采的技术与经济水平,即技术可行性与经济合理性,未来矿山的生产规模、服务年限和逐年采矿的下降深度（采矿强度），以及矿床的地质与技术特点等。一般对矿体延深不大的矿床，最好一次勘查完毕。对矿体延深很大的矿床，勘查深度应与未来矿山的首期工业开采深度一致或相当为合理。我国规定矿床勘查深度一般在300～500m。在此深度以下，可由有限深孔取样资料并根据地质成矿规律等推断矿产资源量，为矿山远景规划提供资料，对其详细查明留待矿山企业在一定时期后的补充地质勘查工作来完成。

(5)《固体矿产地质勘查规范总则》(GB/T 13908—2002)在矿床勘查程度方面，强调了为可行性研究或矿山建设设计提供依据的目的任务，故对工程控制程度和各项勘查工作内容及其质量都提出了原则性明确的技术要求，较以前有所调整，某些方面有所提高。例如，对勘查工程控制，首先应系统控制勘查范围内矿体的总体分布范围、相互关系；对出露地表的矿体边界应用加密工程控制，其工程间距应比深部工程加密一倍或更多；对基底起伏较大的矿体、无矿带、破碎矿体，影响开采的构造、岩脉、岩溶、盐溶、泥垄、泥柱应控制其产状和规模等；对主矿体及能同时开采的周围小矿体应适当加密控制。对拟地下开采的矿床，要注重详细控制主要矿体的两端、上下的界线和延伸情况；对拟露天开采的矿床要注重系统控制矿体四周的边界和采场底部矿体的边界。

零星分散小矿的勘查控制程度应视规模及预期的经济效益而定，可适当放宽。

## 第三节 矿体取样与质量评定

矿床勘查工作中的矿体取样是一项十分重要的基础工作内容。其主要取样目标是矿体，其次是近矿围岩。其基本目的是研究与评定矿石质量、矿石加工及矿体开采技术条件，为矿体的圈定、储量估算及采矿、选矿等提供资料依据。同时，由于任何取样都可能带来误差，影响到对矿体的正确评价及其合理开发利用，所以，还应对取样质量进行检查与评定。

### 一、矿体取样的概念与分类

矿体取样是指从矿体或近矿围岩采集一部分有代表性的样品，经过加工处理，用以进行各种分析、测试、鉴定与试验，研究确定矿产质量、物化性质及开采加工技术条件的专门性工作。

严格地讲，此为材料(样品)取样。随着现代测试技术的发展，不必采集样品而在现场测定矿石质量的非材料取样方法有着广阔的应用前景。

材料取样中，根据具体采样位置不同可分为自然露头、钻探工程、坑探工程及矿石堆、矿车取样等；根据矿种不同、用处不同，则各类样品的采集和加工方法等也往往不同；根据取样目的任务不同可分为化学取样、岩矿鉴定取样、加工技术取样和开采技术取样等。

取样的一般程序是：样品的采集→加工处理→化学分析、测试鉴定、试验等→结果的检查与评定。

非材料取样中，以地球物理取样最重要。

### 二、化学取样

化学取样是指通过对采集来的有代表性样品的化学分析，测定矿石与近矿围岩中的化学成分及其含量的工作。其结果用于圈定矿体边界和估算储量，确定矿石中主要有用组分、伴生有益组分、有害杂质的种类、含量、分布状态与变化规律，为解决地质、采矿与选矿加工等方面问题提供资料依据。化学取样是最基本最经常进行的取样种类,所以,也常被人们称为"普通取样"。矿山开发勘查中的化学取样还具有间距更密、数量更多、更及时、快速的特点,起着更准确圈定矿体与矿块,估算储量与生产矿量,指导矿山采掘生产作业与控制管理矿石质量等作用,所以属矿山继承性基本地质工作范畴。

(一) 样品的采集

勘查工程施工的首要目的是取样。样品的采集,即采样是决定取样结果的质量、评价矿床储量和工业价值可靠性的最具决定性的首要作业。人们习惯上也称之为"取样"。

对采样的基本要求是要保证样品的可靠性,否则,因"先天不足",而丧失了取样代表性和取样工作的全部意义。为此,对勘查工程的矿体取样应遵循以下原则:①总体上,取样的方式方法首先应根据矿床(矿体)地质特点,并通过试验证实其有足够可靠性的前提下,做出正确选择与决定;其次,兼顾其取样效率与经济效益,严禁选择性采样。②取样间距应保持相对均匀一致的原则,便于取样结果的利用和正确评价。③取样应该遵循矿体研究的完整性原则,样品必须沿矿化变化性最大的方向采取,即在矿体厚度方向上连续布样,而且应向围岩中延伸一定距离,尤其对于没有明显边界线的矿体,要在穿过矿化带的整个勘查工程上取样。④对于不同类型、品级的矿石与夹石,应视其厚度与工业指标,系统地连续分段采样,以满足分别开采的需要;若有必要或混采时可按比例进行适当的样品组合。

**1. 钻探取样**

岩芯钻孔的岩(矿)芯取样,对于较大口径者常采用劈半法,即沿岩(矿)芯轴面用手工劈开或用机械劈(锯)开成同样的两部分,一半作为样品,一半留存或作他用。对小口径(45mm 或 59mm)钻孔,尤其是坑内小口径金刚石钻孔,则需将整个岩(矿)芯作为样品,以保证有足够的可靠质量。

在岩(矿)芯取样时,应注意以下问题:

(1) 岩(矿)芯采取率应达到规定要求。矿体及其顶底板 3~5m 内的岩矿芯采取率不低于 80%,当厚矿体矿芯采取率连续 5m 低于要求时,要查明原因,并采取补救措施。围岩岩芯的分层采取率一般不得低于 65%。否则,应将该取样孔段(回次)的全部岩(矿)粉、泥补充收集起来,与岩芯归并后进行加权计算取样。

(2) 联系矿化特点确定有无选择性磨损现象。选择性磨损常见于含脆性或软弱矿物的钼、锑、汞、钨矿床,在钻进过程中,此类矿石矿物磨损,则品位会系统偏低;否则(脉石矿物磨损),品位会系统偏高,都将会造成对矿床(矿石质量)的错误评价。若经检验(同位置的坑道取样、岩芯、岩粉分别取样,或用经证实可靠的地球物理取样资料对比分析等)证实有选择性磨损存在,则即使岩芯采取率远大于规定要求,也往往会产生极大的取样误差,故应采取补救措施,如同时采集同段(无混进其他段)的岩芯与岩粉(泥)合并作为样品。

(3) 分回次采样。当矿体很厚,矿化均匀,岩芯采取率差别不大时,可将相邻回次样品合并为一个样品,但不超过样品最大允许长度;若矿体内部结构复杂时,应连续分段采样。

(4) 样品长度随矿化均匀程度而不同,同时兼顾规定的工业指标(夹石剔除厚度和可采厚度),一般 1~3m,有色金属矿床一般 1~2m,黑色金属矿床一般 2~3m,以不大于可采厚度为宜。注意岩(矿)芯样品实际长度与所代表的厚度换算。

冲击钻勘查砂矿时,要按回次将全部掏出来的物质收集起来作为一个样品。为保证样品的可靠性,一是要将该回次物质收集完全(减少损失),二是防止孔壁塌落混入其他物质"污染",故要用套管加固孔壁,严禁超管采样。样品长度要根据矿层厚度和预计的采矿方法确定。

在无岩芯钻进的钻孔中,要对岩屑和粉尘取样,用专门的岩粉采集器收集。

**2. 自然露头与坑探工程中取样**

常用的采样方法有刻槽法、剥层法、打眼法、方格法、拣块法和全巷法。

1)刻槽法

一般是沿矿体厚度方向(或沿矿石质量变化最大的方向)按一定断面规格和长度刻凿一条长槽,把从槽中凿下的全部矿石块作为样品。刻槽样应按矿石类型与夹石、蚀变围岩等不同分段取样。经试验,对大多数矿床,刻槽样品具有较好的可靠性和代表性,故其应用广泛。但刻槽时,由于目前多靠锤子与凿子手工操作,预先需仔细整平,在露出的新鲜面上取样;样槽中矿石不允许散失,也不准被混入物"污染",故效率低;粉尘对人体有害,急需采用结构简单、操作简便的切割式采样机代替手工采样。

在探槽中,多在槽底垂直矿体走向取样,也可在槽壁取样,视具体情况而定。

在探矿浅井、天井中,矿化均匀者一壁取样;矿化不均匀或变化甚大者,应两壁取样,将对应位置的样品合并为一,保证其可靠性。

在水平坑道中,对穿脉或石门工程,多在腰切平面位置(距坑道底 1.0~1.4m 高处)沿矿体厚度方向一壁或两壁连续分段取样。对沿矿体走向掘进的探矿沿脉工程,多在一定间距的掌子面或顶板沿矿体厚度方向取样。

样槽断面形状有矩形、三角形等,常用前者。

样槽断面规格用宽(cm)×深(cm)表示。确定其大小的影响因素首先是样品的可靠性,包括考虑矿化的均匀程度、矿体厚度大小、矿石硬度等,其次是取样效率。在保证样品可靠性的前提下,选取断面规格小、取样效率高者为合理。可用经验类比法与试验法确定。

经验类比法是参考应用同类型矿体取样的断面规格数据,一般为 5cm×2cm~10cm×5cm,极少数(如脉金、铍、铌、钽矿体取样)扩大到 15cm×3cm~20cm×5cm;确定风化矿含矿率,断面规格一般不小于 20cm×15cm。对于金属矿床,可参考表 5-6。

表 5-6 金属矿床样槽断面规格参考表

| 矿体厚度(m)<br>矿化均匀程度 | 2.5~2.0 | 2.0~0.8 | 0.8~0.5 |
| --- | --- | --- | --- |
| 矿化均匀 | 5cm×2cm | 6cm×2cm | 10cm×2cm |
| 矿化不均匀 | 8cm×2.5cm | 10cm×2.5cm | 12cm×2.5cm |
| 矿化极不均匀 | 10cm×3cm | 12cm×3cm | 15cm×3cm |

试验法是在同一取样点用不同的规格分别采样,对比其取样结果,在保证可靠性的前提下,选择最小的断面规格。试验方法是重叠刻取,如图 5-3 所示,先分别刻取①、②、③、④部分矿石,然后分别按面积比将副样合并,以最大规模(15cm×5cm)样品化验结果为对比标准。

样槽长度是指单个样品沿取样线的长度。样长过短会增加样品数量,增加大量化验、测试工作量和费用;过长可能会影响对矿石类型与品级的正确圈定及分采工作。一般样长为0.5~3m,常用1~2m,最长者可达4~5m。对于矿体边界清楚、矿体厚度大、矿化均匀、矿石类型简单者,样槽可长些,反之则应短些。据我国地质勘查矿体取样实践经验,一般采用的样槽长度如表5-7。

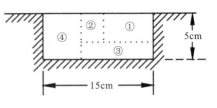

图5-3 试验法样槽剖面图

表5-7 各主要矿种一般样品长度

| 矿 种 | 取样长度(m) | 矿 种 | 取样长度(m) |
|---|---|---|---|
| 铁、锰 | 1~2 | 磷 | 0.5~2 |
| 铬、铜、铅、锌、钨、钼、锡、镍 | 1~2 | 硫 | 1~2 |
| 铜、钼细脉浸染型大型矿床 | 4 | 硼、石墨、滑石 | 0.5~1 |
| 铝土矿 | 0.5~2 | 黏土 | 0.5~1 |
| 锑、汞 | 小于0.5 | 萤石 | 0.25~1 |
| 脉金 | 小于2 | 石膏 | 0.5~2 |
| 铌、钽 | 1~2 | 盐类矿床 | 0.5~2 |
| 铍 | 0.5~2 | 石灰岩 | 2~5 |

取样间距是指沿矿体走向和倾斜方向上样品间的距离。它受探矿工程和矿化均匀程度控制。一般常以类比法或稀空法的实验资料对比确定,较少应用数学分析的方法。合理取样间距是在类比的基础上结合实验资料的对比论证,选择在允许误差范围内的较稀取样间距。在探矿脉内沿脉、天井、上山工程中,取样间距一般为5~10m。如果矿化不均匀、变化性很大时,取样间距不得超过4m。取样间距参考数据如表5-8所列。

表5-8 取样间距参考表

| 原矿床类型 | 有用组分分布的均匀程度 | | 取样间距(m) | 矿床举例 |
|---|---|---|---|---|
| | 特 征 | 品位变化系数 | | |
| Ⅰ | 极均匀 | 20 | 50~15 | 最稳定的铁、锰沉积、沉积变质矿床,岩浆型钛磁铁矿、铬铁矿矿床 |
| Ⅱ | 均匀 | 20~40 | 15~4 | 铁、锰沉积变质矿床,风化铁矿床,铝土矿床,某些硅酸盐及硫化镍矿床 |
| Ⅲ | 不均匀 | 40~100 | 4.0~2.5 | 矽卡岩型矿床,热液脉状矿床,硅酸盐及硫化镍矿床,金、砷、锡、钨、钼、铜的热液矿床 |
| Ⅳ | 很不均匀 | 100~150 | 2.5~1.5 | 不稳定的多金属、金、锡、钨、钼等矿床 |
| Ⅴ | 极不均匀 | >150 | 1.5~1.0 | 某些稀有金属矿床,铂原生矿床 |

2) 剥层法

它是在矿体上连续或间隔地均匀剥下一薄层矿石作为样品的采样方法。剥层法一般用于：①矿化极不均匀，有用矿物颗粒粗大，用其他采样方法（如刻槽法）不能获得可靠结果的矿床；②其他采样方法不能得到足够质量样品的薄矿体；③检查其他采样方法的可靠程度。剥层深度一般为 5～15cm。

3) 方格法

这是在矿体出露部分划分一定网格（或铺以绳网），然后在网格各交点上均匀地凿取一定数量和大小一致的矿石块，将它们合并成一个样品的采样方法。每个样品由 15～20 个点样组成，总质量约 2～3kg。该法通常只用于矿化比较均匀、矿体厚度较大的矿体取样。

4) 拣块法

又称攫取法，是将绳网铺在矿石（或废石）堆上，从每个网格中随机拣取块度大致相等的小块矿石（岩石）碎块，合并成一个样品的采样方法。样品总质量一般不少于几千克，由矿化均匀程度而定（表 5-9）。试验证明，这种取样方法简单，工效高，只要是坑道在矿体中掘进，并且不是人为有意偏富或偏贫地采集，则该法有相当高的可靠性和代表性，所以，经常用在矿车、矿石堆或废石堆、皮带运输机上取样。在矿山还常用于检查矿石质量、计算采矿贫化率和矿石质量管理的生产取样。

表 5-9 拣块法取样规格

| 矿化性质 | 坑道中每放一次炮，矿堆上小块份样的个数（个） | 每个小块份样的质量（kg） | 样品的总质量（kg） |
|---|---|---|---|
| 极均匀和均匀 | 12～16 | 0.05 | 0.6～0.8 |
| 不均匀 | 20～25 | 0.10 | 2.0～2.5 |
| 极不均匀 | 36～50 | 0.20 | 7.2～10 |

在大型矿石堆、废石堆上往往在其坡面上布置较大间距（如 10m）的取样线，在线上设小间距（如 1m）的取样点，用拣块法在点上取样，按线合并作为一个样品，用于检查其质量。

5) 打眼法

又称炮眼法，是在坑道掘进过程中，用一定设备收集钻凿炮眼所产生的岩矿粉、泥作为样品的采样方法。一般多用于厚度较大、矿化均匀的矿体取样。其优点是取样与掘进同时进行，对矿体未被坑道揭露的部分取样，不另费工时，样品颗粒细。缺点是往往不能按厚度方向取样，仅能凭矿粉（泥）颜色分辨矿石与围岩，对于矿石类型复杂者或薄矿层不能分段取样，所以不常用。

6) 全巷法

这是坑道在矿体内掘进时，随即将一定长度内采出的全部矿石（或就地缩减后的一部分）作为样品的取样方法。采样长度一般为 1～2m，可连续或间隔取样。虽然取样可靠性最大，但由于样品质量大（数吨至数十吨），运输与加工费用高，故不常用。一般只在下述情况下采用：

(1) 研究与测试矿产选、冶或其他加工技术性能时所需要的大质量试验样品；

(2) 检查其他取样方法的可靠程度；

(3) 用别的取样方法不能确定矿产性质的某些物理取样，或为确定其有用组分含量、品级的特殊矿床,如云母、石棉、水晶、宝石、光学原料、金刚石和部分金、铂等矿床的矿体取样。

(二)样品加工

样品在送去进行化学分析前必须先进行加工,某些步骤可在野外进行,但多数样品制备是在实验室进行的。其基本目的有两个:使每个样品均匀地磨细并缩减到送化验分析必需的粒度[颗粒直径0.097mm(160目)~0.074mm(200目)]与质量(一般50~200g)。为此,首先应将样品破碎研磨到较小的粒度,因为大块样品的均匀化简直是不可能的,任何缩减都会带来缩减误差。只有将样品粉碎到任一有用矿物(组分)完全被解离的粒度,即样品颗粒直径小于或等于有用矿物直径时,才可能期望通过搅拌使有用矿物在样品中分布完全均匀;再通过缩减,使送去化验的少量样品保证具有充分的代表性,不影响分析结果的精度。

目前可采用两种方法加工样品。要求在样品加工全过程中总损失率不得大于5%,样品的缩分误差不得大于3%。一种加工方法为机械联动线加工:经过一次破碎、缩分,直接达到要求的粒度与质量。必须严格按照确定的加工方法和操作规范,样品的缩分均匀性要进行试验。若将几千克到几十千克的原始样品一次粉碎到化验分析所需粒度(选矿厂有此能力)并防止污染,经全部过筛拌匀,再一次缩减到化分样品质量,则无样品代表性之忧。但一般实验室无此条件和能力,尤其原始样品规模巨大时,按规定加工流程破碎,分段缩减更为经济合理。

另一种常用的样品加工方法为分步缩分加工法。样品加工流程,又称样品加工程序,是为正确进行样品加工工作,保证各加工阶段工效和缩减后样品都能保持原始样品的代表性,而按照实际条件和加工公式所设计的程序和技术要求,将碾碎、过筛、拌匀、缩减4个步骤称为一个阶段,分阶段循环缩分加工,直至样品达到规定要求。

碾碎是为了减小样品颗粒的直径,增加金属矿物的颗粒数,以便达到减少最小可靠质量,缩减样品的目的。碾碎方法一般是机械破碎。机械破碎可分为粗碎(一般用颚式碎矿机)、中碎(一般用轧辊机)及细碎(一般用盘式细碎机)。

过筛是为了保证破碎后的颗粒直径能完全符合各阶段预定的要求,从这个意义来说,过筛只是碾碎的辅助性检查步骤。

拌匀是为了在缩分前使金属矿物颗粒在样品中尽可能地均匀分布,使样品缩减时减少缩减误差,可以说拌匀是改变样品均匀程度的一个步骤。拌匀的方法有铲翻法及帆布滚动法。

缩减是将拌匀样品逐步缩减到最小可靠质量。常用的缩减方法为圆锥状4分法、庄氏分样法。每次缩减1/2。

样品最小可靠质量,指在一定条件下,为保证样品的代表性所需要的样品最小质量。在样品加工过程中,矿化越不均匀,样品粒度越粗,缩减后所需要的样品可靠质量越大。在实际工作中,用以确定样品最小可靠质量的经验公式有若干种,其中应用最广的样品加工公式是切乔特(Чечотт)公式。

切乔特公式表示为:
$$Q = Kd^2$$

式中:$Q$—样品最小可靠质量(kg);

$K$—样品缩分系数;

$d$—样品最大颗粒直径(mm)。

$K$值大小取决于矿石的性质和矿化的均匀程度,据试验一般为0.05~0.80(表5-10)。具体矿石样品加工的经验$K$值为:铁、锰矿为0.1~0.2;铬矿一般为0.25~0.30;铜、铅、锌矿为 0.1～0.2,若伴生有贵金属时取 0.3～0.5;银矿石为 0.2～0.8;钼矿石为 0.1～0.5,多用 0.2。对新类型矿床的矿石,或认为必要时,应进行 $K$ 值确定试验。该公式说明,样品的可靠质量与其中最大颗粒直径的平方成正比。矿化越不均匀,样品的颗粒越粗,则要求的可靠质量越大,所以,该式的计算应用简便,并能保证样品加工所必需的精度,故被广泛采用。

表 5-10  $K$ 值的经验数据表

| 矿石类型简述 | $K$ |
| --- | --- |
| 均匀的 | 0.05 |
| 不均匀的(各种不同的矿物原料) | 0.10 |
| 极不均匀的 | 0.20～0.30 |
| 特别不均匀的 | 0.40～0.50 |
| 具有粗粒(>0.6mm)金的特别不均匀的金矿石 | 0.80～1.00 |

(据 H. B. 巴雷舍夫,1996;B. M. 克列特尔,1990,作了修改)

### (三)化学分析

化学分析是研究矿石质量最基本的方法,分析结果可用于圈定矿体、计算矿石储量、评价矿石质量等。该分析方法灵敏度低,但精度高,所需样品质量为 50～100g。根据分析的目的和要求,化学分析又可分为全分析、普通分析、组合分析及物相分析。

**1. 全分析**

全分析的目的是为全面了解矿石各类型中所含的全部化学成分与含量。一般要求分析结果之总和应接近 100%。全分析之前,一般先作光谱全分析,除痕迹元素外,其他元素都应作为全分析的项目。全分析的样品必须是有代表性的样品,也可用组合样品。由于全分析费工费钱,一般每种矿石类型或品级做 1～2 个。全分析最好在勘查的初期进行,以便于全面了解矿石的物质成分及含量,指导勘查工作。

**2. 普通分析**

普通分析又叫基本分析,分析目的是了解矿石中主要有用组分的含量,当其他有用组分达到工业要求时,也应列入基本分析项目,以作为圈定矿体、估算储量之用,因而必须系统地对每个样品都进行分析。

**3. 组合分析**

组合分析的目的是系统了解矿石中伴生有益组分及有害杂质的含量及其分布状况,以便于计算伴生有益组分的储量及了解有害杂质对矿石质量的影响。组合分析的项目根据全分析或多素分析的结果确定。组合分析所用的组合样品由普通分析的副样提取,一般由同一探矿工程中连续 5～10 个普通分析样品组合成一个,样重 100～200g。样品组合时,必须遵从的原则一般是:

(1)必须按各样品的原始质量或取样长度成比例地组合;
(2)必须是矿石类型、矿石品级相同时才能组合;
(3)原始样品的取样方法应相同。

### 4. 物相分析

物相分析又叫合理分析,目的是查明有用组分在矿床自然分带矿石中的赋存状态和矿物相,以区分不同的矿石类型。以某铜矿为例,Cu元素以氧化铜及硫化铜的形式赋存于矿石中,根据它们的不同比例便可以确定不同的矿石类型及其分带,如表5-11所列。

物相分析样品的采集是根据对矿石的矿物学研究结果,在两类矿石的分界处附近专门采取,也可利用组合样,样品数可根据需要确定,一般为5~20个。采样与分析必须及时进行,以免样品氧化影响分析质量。

表 5-11  铜矿石自然类型划分

| 矿石类型 | 氧化铜比例(%) | 硫化铜比例(%) |
|---|---|---|
| 氧化矿(带) | 30~100 | 70~0 |
| 混合矿(带) | 10~30 | 90~70 |
| 原生矿(带) | <10 | >90 |

应当指出,根据探采结合和保护环境的原则,无论是在矿床地质勘查,还是在矿山开发勘探阶段,对化学分析所取得的资料信息的重新发掘和充分利用,勘查人员最具优势和机会,也应当在新形势下,在找矿、增储、充分合理利用矿产资源和环境保护等方面做出有意义的工作。

### (四) 取样检查与质量评定

化学取样检查是为了评定取样结果的可靠程度而对取样工作的3个基本环节,即采样、样品加工及分析所进行的检查工作。其目的是要发现上述过程中可能产生的误差,查明误差的性质和产生误差的原因,以便及时采取措施,保证取样结果的质量能符合规定的允许误差要求。

随机的偶然性误差是由许多偶然因素引起的,其符号有正有负,通常其值不大,不超过一定的范围,在样品数量较大的情况下,可以接近于相互抵消,对平均品位的计算影响不大。但若将具体的误差值过大的单个样品用于具体圈定矿体,将可能大大地歪曲矿体的局部形态及其平均品位,必须注意避免这种错误的发生。

系统误差是指观测结果系统地偏向某一方向,误差具有一定的符号优势。这种误差的产生,常常有某种固定的因素在起作用,如方法不完善,试剂与仪器设备不好,测量者个人的某种不良习惯(如读数时习惯性的偏高或偏低)等。系统误差对测量结果的精度有很大的影响,应予以及时检查,在储量估算时,必须加以校正。

取样精度(或误差)是勘查精度(或误差)的重要组成部分。此处仅就化学取样的技术误差检查(可靠性评价)和代表性误差的评价作一简要介绍。

### 1. 取样技术误差的检查——取样可靠性评价

取样可靠性主要是指单个样品取样结果的准确性。其可靠程度的数值表示就是取样的技术误差(或测定误差),即单个样品测定值与该样品实际值之差,分为绝对误差与相对误差。这种误差越小,取样的可靠性或可靠程度越高。

取样的技术误差在采样、加工、分析的各个环节都会产生。在采样时,可能有杂质的混入,脆性有用矿物的崩散,采样方法可能选择不当,如用全巷法在薄层矿脉中采样等。在加工时,有用组分可能在破碎过程中散失,缩分前样品可能拌得不匀,加工程序不合理等。在分析过程中,可能方法不完善,仪器设备和试剂不理想,操作技术与工作态度不正确等。所以,在整个取样过程的各个环节中,应严格按规定的原则和操作程序进行,实行全过程质量管理,尽力保证样品"始终如一"的可靠性和代表性,预防技术误差尤其是系统误差的产生。

取样技术误差的查明,对于改进取样工作和评价储量估算的精度都有很重要的意义。

取样技术误差的查明方法主要是用检查测量:同矿体截面同位置用同方法重复取样,或用可靠性与代表性更高的方法取样资料对比验证法。譬如:用坑道及钻孔的共轭样品来检查岩芯取样的精度;用全巷法或剥层法取样来检查坑道中其他取样方法的精度;用大规格的样品来检查小规格样品的取样精度;用加工时的残余样品来检查加工过程的精度;用副样的检查分析来检查基本分析的精度等。

化验分析结果的检查分为内部质量检查及外部质量检查分析。

内部检查分析是从基本分析样品中抽取一部分样品的副样,密码编号,和基本分析样品一样送往同一化验室分析;或将基本分析样品不同编号分析两份,比较分析的结果,以检查分析中的偶然误差。内部检查分析的数量一般为原分析样品总量的5%~10%,内部检查分析应分期、分批进行,对各品级、各类型的样品,以及边界品位附近的样品都应检查;组合分析、物相分析类同。

外部检查分析是将检查分析样品(是从原分析样品的正样或副样中抽取)编密码(附原分析方法说明)后,送往具有较高水平的指定化验室去分析,以便检查原分析结果是否有系统误差存在。外部检查样品的数量一般为原分析样品总数的5%。当矿床样品总数较少时,外检样也不得少于30个。

在外部检查分析结果与基本分析结果相差很大时,应查明其原因,或请更有权威的第三个化验室作仲裁分析。

**2. 检查分析结果的评价与处理**

若内部检查分析查明了基本分析存在偶然误差时,应评价其误差的大小。其评价往往借助统计分析的方法:

(1)以基本分析样的超差率来评价。超差率是指被检查的样品中误差超过允许误差的样品数占检查样品总数的比率。

在矿产勘查规范中规定:化学分析质量及内、外部检查分析结果误差处理办法按《地质矿产实验室测试质量管理规范》(DZ/T 0130—94)执行。规范确定的矿石允许误差计算公式如下:

$$Y = \begin{cases} C \times 20 x^{-0.60} & x \geqslant 3.08 \\ C \times 12.5 x^{-0.182} & x < 3.08 \end{cases}$$

式中:$Y$—计算相对误差(%);

$C$—修正系数:Fe、Mn、Cr、Ni 取 0.67,Cu、Pb、Mo 为 1.00,Zn 为 1.50,Ag 为 0.40;

$x$—测定结果浓度值(%)

超差率的计算则是先计算单个样品的相对误差:

$$Z = \frac{x - y}{x} \times 100\%$$

式中:$Z$—单个样品的相对误差;

$x$—基本分析结果;

$y$—检查分析结果。

然后,统计超差的样品数,计算超差率。鉴于单样的误差对于圈定矿体影响较大,以超差率作为评价指标是很有用的。若超差率>30%,说明基本分析的质量是很差的、不合格的,必须复检或返工。

(2)以平均误差来评价。一般来说,偶然误差的平均误差是很小的,但仍然可以作为一个评价指标,当平均误差也超过允许误差的标准时,那就说明基本分析的质量是很不好的。对于平均误差的计算,有人主张以误差的代数和求平均值,有人主张以绝对值之和求平均值,这两种计算方法各有各的意义及用处。如果是为了考查偶然误差对求均值的影响,则以代数和求平均误差为宜。

对于外部检查分析结果,则需先确定是否有系统误差存在,然后确定其误差的大小。系统误差的检查除了以误差是否有系统的"+、一"号优势简单判断系统误差的存在外,目前常用的方法是 $t$ 值检验法。$t$ 值计算式为:

$$t = \frac{|\bar{x} - \bar{y}|}{\sqrt{\frac{\sigma_x^2 + \sigma_y^2 - 2\gamma\sigma_x\sigma_y}{n}}}$$

式中:$\bar{x}$ ——原基本分析的平均品位;

$\bar{y}$ ——检查分析的平均品位;

$\sigma_x$ ——原基本分析的标准差;

$\sigma_y$ ——检查分析的标准差;

$\gamma$ ——相关系数;

$n$ ——样品对数目;

$t$ ——概率系数。

评价的准则是:当 $t>2$ 时,则说明有系统误差存在。

而其误差的大小则以比值 $f$ 来表征:

$$f = \bar{y}/\bar{x}$$

(3)误差处理。在储量估算时,在不得已的极少情况下,允许根据 $f$ 值对基本分析结果进行校正,但往往需要降低原储量类别。

**3. 取样代表性**

取样的代表性是指抽取的样品或样本代表被取样的地点或矿体单元(或总体)的程度。它在数量上的表示是类比误差或代表性误差。

样品的代表性分为总体(或整体)代表性、分级或局部代表性及个体代表性 3 类。总体代表性是指样本的平均值与总体平均值的符合程度,即根据取样所得的矿体(或矿床)品位平均值与矿体(或矿床)真实品位平均值的符合程度。分级代表性是指样本的概率分布与总体概率分布的符合程度,也即各级品位的比例与实际比例的符合程度。各级品位所占的比例是矿床的固有特征之一,如果取样结果仅仅能满足总体代表性,而不能满足分级代表性,就不能认为取样的代表性是好的。一般来说,如果各分级代表性能满足,则总体代表性也大致能满足。个体代表性是指每个具体样品是否能代表所影响范围的实际情况。

取样代表性及可靠性无疑是取样的核心问题,经济而有效地获得具有一定代表性及可靠性的样品,是选择和评价取样方法、取样措施、方案的依据和准则。

影响取样代表性的因素很多,除矿石质量本身的变化性以外,从采样工作的角度分析,则样品的数量、样品间距、样品的几何特征是其主要的影响因素,同时,明显受供采样的探矿工程制约。

样品数量对取样结果的影响表现为:对同一矿体(矿段)采集样品的数量越多,其取样代表性越好;反之,样品数量越少,其代表性越差。

样品间距的影响表现为:①在品位的变化为随机性变化时,若取样范围一定,样品间距越密,则取样数量越多,其代表性越好,反之,代表性越差;②在品位变化为方向性变化时,样品间距越密,代表性越好,即越能反映矿石质量自然变化性。这时用较稀疏取样工程,内插与外推也能取得较好的代表性。

样品几何特征的影响是指样品布置的方向、规模、规格、形状等对取样结果的影响。从理论和实践可知,一般情况下,单个样品总是沿着矿体的厚度方向布置;样品的体积越大,取样结果的离散程度越小,也即观测变化性越小。

从图 5-4 可见,随着样品的规格(几何尺寸)的变小,观测变化性将变大;反之,样品的规格越大,变化越均匀。

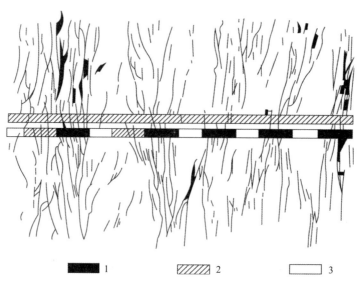

图 5-4 样槽规格对品位变化影响
(据 A. Б. 卡日丹,1984)
1.高品位样;2.中品位样;3.无矿样

在矿化特征一定的条件下,样品体积相同而几何形状不同时,其取样结果也将不同。从图 5-5 中可见,对这类特征的矿化,"线状"样品的观测结果显然比正方形样品的观测结果变化要均匀,更能反映矿石质量的总体变化特点。

若品位值是独立的随机变量,则:

$$\delta = \frac{\sigma}{\sqrt{n}}$$

$$\tau = \frac{V}{\sqrt{n}}$$

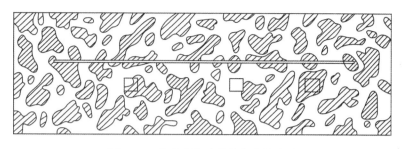

图 5-5　样品形状对品位变化的影响
(据 A. Б. 卡日丹,1984)

式中：$\delta$——平均值的绝对误差；

　　　$\sigma$——品位观测值的标准差；

　　　$\tau$——平均值的相对误差；

　　　$V$——品位变化系数；

　　　$n$——观测值的个数。

分级代表性的评价可以建立各级品位频率的置信区间。如果已知矿床品位的分布律，也可进行分布律的检验。

个体代表性的评价可用单个样品影响范围内的加密取样，或利用更可靠（如规格更大）的相同或不同取样方法进行误差评定。

需要指出的是，地质统计学中的克立格（Kriging）法，就是根据一个块段内外的若干信息样品的某特征值数据（如品位值），对该块段某特征值（品位）做出一种线性、无偏和最小估计方差（估计误差的方差）的估计方法。也即在考虑了信息样品的形状、大小及其与待估块段相互之间的空间分布位置等几何特征，以及品位的空间结构信息（以变异函数或协方差函数来反映）后，为了达到线性、无偏和最小估计误差的方差的要求，而对每个样品值分别赋予一定的权系数，再进行加权平均估计该块段平均品位的方法。该法既保证给出一个最正确的估计，尽可能避免误差，还能提供估计误差（精度）的概念。关于整体和局部的平均品位估计及其估计误差的方差计算，以及作为基础的具体样品（点）的品位估算的具体方法和步骤，请参阅有关资料。

### 三、岩矿鉴定取样

矿床勘探阶段的岩矿鉴定取样，更注重对矿石的质量及其加工技术性能的研究。首先，根据需要系统地分类型、品级采集矿石标本；然后，运用矿物学、矿相学及岩石学的方法，目前仍以显微镜下光片、薄片的研究为主，辅以电子探针、化学分析等各种测试手段进行研究。研究内容有：

(1) 研究矿石的矿物成分与共生组合，矿石结构构造，矿物次生变化及其含量等，配合物相分析，用以确定矿石氧化程度，划分矿石类型，掌握其分布规律；编制矿床或矿体的矿物及矿石类型分布图。

(2) 确定矿石中各矿物组分种类与含量，除了较粗略的目估法外，可用较精确的点、线、面统计法及已知标准比较法较快地求出该矿物含量。而且某种情况下，如矿石矿物简单到只有一种（如黄铜矿），则可通过换算即能有一定可靠性地求出 Cu 含量或黄铜矿含量。

（3）结合测定矿物的晶形、粒度、硬度、磁性、导电性等物理性质，解决有关矿石选矿加工方法流程和合理技术指标等问题，为提高选矿回收率和矿石的综合利用提供较可靠的资料依据。

砂矿取样，是为查明稀散或贵金属砂矿床中有用矿物（元素）的含量、分布特点、圈定矿体、估算储量、确定砂矿的回收工艺性能等而进行的取样工作。

由于砂矿矿石是由粗细不同的松散沉积物（或坡、残积物）组成，有用矿物含量变化较大，故要求的原始样品的体积和质量较大（一般不少于50kg）。故除用较大直径砂钻取样外，在浅井中，常用大断面规格的刻槽法、剥层法，甚至全巷法采集样品。原始样品在野外现场或在实验室经过淘洗（洗选）和重选来缩减样品，获取重矿物精矿，然后送去鉴定分析。由于砂矿的可回收品位是重矿物的密度和粒度的直接函数，故此洗选与重选方法和流程常是工业开发利用时的依据。分析时，主要是用重砂分析的方法确定有用矿物含量，单矿物（2～20g）或人工精矿（30～50g）化学分析作为辅助手段。重砂取样鉴定结果的质量要通过适当的内检、外检后，方能酌情处理和利用。

### 四、加工技术取样

矿石加工技术取样又称工艺取样，指为研究矿石的加工技术性能，确定其选矿、冶炼或其他加工方法、生产过程和合理的技术经济指针，为建矿可行性研究和矿床技术经济评价提供可靠资料的取样工作。不同种类或用途的矿石，其加工技术取样的任务和研究内容也不同。对绝大多数金属矿产和部分非金属矿产，主要是确定矿石的可选性及选矿方法和工艺流程，其中一部分矿石还需要研究冶炼性能和其他加工性能。随着采、选、冶工业科技的发展，例如某些可就地溶浸或堆浸的金、铜、铀矿、盐矿或就地气化的煤矿等，或省却简化了矿床开采与选矿工程，或选冶加工合二为一等，则必须注重研究其矿体赋存的有利地质构造条件、矿石与围岩的各种矿物物理-化学性能及其可能的采、选、冶联合工艺过程中的行为差异和规律等。这是已经积累了一定实践经验的极有意义和前途的课题。

对于绝大多数非金属矿产，则必须采用各种专门的取样试验方法或测试手段，查明与其工业用途有关的技术和物理性能。

矿石选冶性质是指矿石的可选性及可冶炼性能。在矿床勘查工作中研究矿石选冶性质的重要性在于：①矿石的选冶性质是矿床技术经济评价的重要因素，尤其是对新的矿石类型、品位低贫、颗粒细小、杂质较多和难选的矿石，具有决定的意义；②是制定矿床工业指标的重要基础；③是综合利用矿产资源，开发矿产资源新品种、新用途的重要依据。

矿石选冶性质的研究，除应进行矿石物质组分、结构、构造、赋存状态等研究外，还要进行不同程度的选冶试验。

根据矿石选冶试验的目的、要求和特征，技术经济指标在生产现实中的可靠性，选冶试验的规模及模拟度的高低等，原全国储委"矿石选冶试验程度"专题研究组将选冶试验程度分为5个层次，即"可选（冶）试验""实验室流程试验""实验室扩大连续试验""半工业试验"和"工业试验"。矿石加工技术试验研究程度由矿产勘查投资人决定。

可选（冶）试验是为了确定试验对象是否可作为工业原料，在勘查的早期阶段进行，模拟度较低，试验是在对矿石物质组成的初步研究基础上，用物理的或化学的方法获得技术指标。样品质量一般要求100～200kg。

实验室流程试验是进一步深入研究矿石在什么样的流程条件下能充分合理地被选冶回

收,或者说是以获得较好的技术指标要求进行流程结构及条件的多方案比较试验。其试验规模仍是以实验室小型的非连续的试验设备来实现。试验结果可作为矿床开发预可行性研究和制定工业指标的基础,对易选矿石,也可作为矿山设计的依据。样品质量一般为300~500kg。

实验室扩大连续试验是将实验室流程试验所推荐的流程串组为连续性的类似生产状态的操作条件下的试验,具有一定的模拟度,成果是可靠的。其结果一般可作为矿山设计的依据。试验样品质量根据试验设备规模和工艺流程的复杂程度而定,一般多为300~2000kg。

半工业试验是在专门的试验车间或实验工厂进行的矿石选冶工业的模拟试验,是在生产型的设备上,按"生产操作状态"所做的试验。这种试验主要用于矿石选冶工艺复杂而在实验室试验中难以充分查明其工艺特性及设备的某些关键环节、有必要提高试验模拟程度的情况。其试验结果无疑可作为矿山设计的依据。试验样品质量一般为5~25t。

工业试验是建厂前的一项准备工作,主要在矿床规模很大、矿石性质复杂,或采矿贫化率高,或采用先进技术措施,在工业生产中缺乏经验,或因技术经济指标需要在工业试验中得到可靠的验证等时才进行。试验结果可作为矿山设计建厂和生产操作的基础和依据。这种试验由生产部门和设计部门合作进行。试验样品一般质量极大。

试样必须按能分采的不同类型矿石分别采集,否则可采混合样。试验种类、规模和试验项目需要,由地质、试验、设计、建设单位共同研究确定,具体采样工作由地质勘查部门负责。详查与勘探阶段,一般需进行实验室流程试验;当矿石组分复杂,综合利用价值又高时,还需做实验室扩大连续试验。采样方法多用矿芯劈半法、刻槽法、剥层法和全巷法等。矿石类型的划分可根据下列标志:

(1)矿石的致密程度,可分为致密的、不致密的、疏松的矿石;

(2)矿石中有用组分的种类,如多金属矿石可分为铅矿石、铅锌矿石、锌矿石等,对具体矿床应具体划分;

(3)矿石中有用组分的含量,可分为贫矿石、中等矿石、富矿石;

(4)矿石的结构构造,如块状矿石、浸染状矿石、角砾状矿石等;

(5)矿石的氧化程度,如硫化物矿床中的氧化矿石、混合矿石、硫化矿石。

不同类型矿石的采集与合并,一定要考虑技术加工的特点同时注意与矿床中矿石自然产出特征一致,以及采矿技术指标,如采矿贫化率、废石混入率等,以保证样品具有充分的代表性。

### 五、技术取样

技术取样又称物理取样,或矿床开采技术取样,指为了研究矿石和近矿围岩的物理力学性质而进行的取样工作。一般矿产技术取样的具体任务主要是测定矿石和围岩的物理机械性能,如矿石的体重、湿度、块度、孔隙度,矿石与顶底板围岩的松散系数、稳定性、抗压、抗剪、抗张强度、硬度、安息角、沙性及黏性土的土工试验,为矿产储量估算和矿山设计提供必要的参数资料。对一部分借助化学取样还不足以确定质量的矿产,主要是测定与矿产用途有关的物理和技术性质,例如石棉的含棉率、纤维长度、抗张强度和耐热性等,建筑石材的孔隙率、吸水率、抗压强度、抗冻性、耐磨性等,宝石的晶体大小、晶形、颜色等,耐火黏土的耐火度等,从而为矿床评价、确定矿石质量和工业用途提供资料依据。

**1. 矿石体重的测定**

矿石体重又称矿石容重,是矿石储量估算的重要参数之一,指自然状态下单位体积矿石的质量,以矿石质量与其体积之比表示。按测定方法,可分为小体重和大体重。

小体重是按阿基米德原理,以小块($60\sim120\text{cm}^3$)矿石用封蜡排水法测定,其体重计算公式为:

$$D = \frac{W}{V_1 - V_2}, \text{其中} V_2 = \frac{W_1 - W}{0.93}$$

式中:$D$——矿石体重;

$W$——矿石质量;

$V_1$——矿石封蜡后的体积,即封蜡矿石放入水中所排水之体积;

$V_2$——矿石上所封蜡的体积;

$W_1$——矿石封蜡后的质量;

0.93——蜡的密度($\text{g/cm}^3$)。

小体重需按类型或品级矿石取 30~50 块标本,在空间分布上应有代表性;应在野外封蜡,进行测定,然后取其平均值。因其取样与测定简单方便,故仍是基本方法。但由于小块矿石中不包括矿体中所存在的一些较大裂隙和孔隙(洞),故测定结果往往比实际的矿石体重值要大,可视为矿石密度,往往需用大体重来检查或校正。

大体重是在野外用全巷法取大样品,称其质量为 $W$,再细致地测其体积为 $V$,则体重为 $D = W/V$。其体积可以用塑料或砂子充填的办法测得,不小于 $0.125\text{m}^3$。

虽然大体重样品体积大,工作量大,成本高,但对疏松或多裂隙孔洞的矿石(如氧化矿石、风化壳型镍矿石等),每类型或品级矿石还需测大体重样 25 个。又因大体重样品基本代表矿体自然状态,故其可靠性与代表性高,可用于校正小体重或直接用于储量估算。测定矿石体重的同时,要测定它的主元素品位、湿度和孔隙度(氧化矿石)。

**2. 矿石湿度的测定**

矿石湿度指自然状态下,单位质量矿石中所含的水分,以含水量与湿矿石的质量百分比表示。因为化学分析的品位是干矿石的品位,而矿石体重是在自然状态下测定的,估算储量时,应使两者统一,所以必须用矿石湿度加以校正。矿石湿度($B$)计算公式为:

$$B = \frac{W_1 - W_2}{W_1} \times 100\%$$

式中:$W_1$——湿矿石的质量;

$W_2$——干矿石的质量。

湿度的大小主要取决于矿石孔隙度、裂隙度、地下水面与取样深度等。一般每类型矿石湿度测定样品不少于 15 个。

**3. 矿石及近矿围岩抗压强度的测定**

测定抗压强度是为开采设计提供依据,一般是在专门的实验室进行。

测定抗压强度所需的样品通常是在矿层及顶、底板围岩中采取,或按不同硬度的矿石及围岩采取,每种采 2~3 个,规格为 $5\text{cm}\times5\text{cm}\times5\text{cm}$,每个样取两块,分别进行平行层面及垂直层面的施压试验。

**4. 松散系数的测定**

松散系数又称碎胀系数,是指爆破后呈松散状态矿石的体积与爆破前的矿石自然状态下原有体积之比。测定的目的是为矿山开采设计和确定矿车、吊车、矿仓等的容积提供资料。其计算公式为：
$$K = V_2/V_1$$
式中：$K$——松散系数；

$V_2$——爆破后矿石的体积；

$V_1$——爆破前矿石的体积。

## 六、确定矿产质量的地球物理方法取样

地球物理取样，或称为确定矿产质量的地球物理方法，是指根据矿石与围岩、夹石间的物性差异，利用合适的方法和仪器设备，在露头和工程中现场测定相关数据资料，用以研究与确定矿产质量的工作过程。美国、俄罗斯、加拿大等国在地球物理取样方法与仪器设备的研制与应用方面处于领先地位，我国也已积累了一定的经验。

通过地球物理取样，目前可以确定许多种矿石的物质成分、含量、密度(体重)、含水量、孔隙度等物性，所得资料多用于研究矿化程度的差异，用于补充推断钻孔、坑道工程间矿体界线的连结与圈定，验证与提高地质取样资料的可靠性，以及勘查工程所在剖面的含矿性评价，并可以及时指导勘查工程施工作业。因为它可以利用连续工作面或不限制岩芯采取率快速地打一部分钻孔，可大大弥补钻探技术误差对确定矿体埋深、厚度、有用与有害组分含量、内部结构以及矿石自然类型和品级可靠性的影响，减少采样与样品分析工作中的劳动量和费用，提高取样效率和勘查效果。此外，由于还可以在 $5\sim20cm$ 范围内获得矿化(如品位)差异的资料，所以，可以用于采场到选矿车间的矿石皮带运输过程中对矿石和废石的自动化扫描分选，其可行性已得到技术论证。

据苏联资料，在评价矿石质量采用的地球物理方法中，最有远景的是核物理法和磁法。二者分别以核辐射与物质相互作用的效应，以及矿石磁化率与磁铁矿的相互关系为基础。某些方法的基本特征见表5-12。在实际工作中，目前起主导作用的是X射线放射性测量法。它的应用面广，施工简单，同时测定多种元素。在铁矿勘查中磁法或电磁法测井占主导地位；其次是中子活化法在含氟矿床及锰、铝矿床中应用最有效。能谱中子伽马法主要用于汞矿床勘查；伽马中子法用于铍矿床勘查；伽马-伽马法用于确定矿石体重等。

地球物理取样的有效性与可靠程度评价应预先进行试验论证。运用大量已知矿石的质量与物性特征同仪器测试的物理参数间的相关关系计算出基础标准，并用配套的方法尽量修正某些干扰因素(湿度、温度、孔隙度、测试面不平整、孔洞与泥浆、油剂等杂物污染、吸收中子的元素等)的影响，合理选择与适时检查仪器设备及其操作情况，评价与提高方法的可靠性，提高地质解释的质量，满足勘查工作的要求。

核物理取样设备一般由三部分组成：激发源、探测器和资料收集处理设备。仪器设备所具有的操作简便、效率高、灵敏度高以及测定速度快等优点是其他取样方法所不及的。近些年来，由于核物理技术与电子计算机技术的进步很快，将会研制出新的测定元素更多、质量更可靠的仪器设备和完善适用的自动化测试技术方法，用以代替费工费时的材料取样方法，这是矿床勘查和矿山生产中矿石质量测定与管理的发展方向。

表 5-12　一些地球物理取样方法基本特征

| 方法 | 作为方法基础的物理过程 | 所用的放射性核源 | 所测定的元素、参数 | 检出限（%） | | | 取样深度 (cm) |
|---|---|---|---|---|---|---|---|
| | | | | 松散沉积物 | 露头 | 钻孔 | |
| 密度伽马-伽马法 | 伽马射线的康普顿散距离 | $^{127}Cs$ | 岩石和矿石密度 (g/cm³) | $n\times10^{-2}$ | $n\times10^{-2}$ | $n\times10^{-2}$ | 5~10 |
| 选择伽马-伽马法 | 伽马射线的光电吸收 | $^{75}Se, ^{57}Co, ^{241}Am$ | Pb, Hg, Ba, Sb, Fe<br>Pb, Hg, W | —<br>0.01~0.05 | $n\times10^{-1}$<br>0.05~0.1 | $n\times10^{-1}$<br>1~2 | 3~5<br>1~2 |
| X射线放射性测量法 | X射线荧光 | $^{57}Co, ^{75}Se, ^{153}Gd$<br>$^{241}Am, ^{145}Sm, ^{109}Cd, ^{119}Sn$<br>$^{238}Pu, ^{55}Fe$ | Zn, Ca, Ni, Sb<br>Sn, Mo, Nb, Zr<br>Sr, As, Pb, Fe<br>Fe, Mn, Cr, Ti | $n\times10^{-3}$<br>0.05~0.1 | 0.01~0.03<br>0.05~0.1 | 0.02~0.2<br>— | 0.1~0.2<br>0.05~0.1 |
| 伽马中子法 | 核光电效应 | $^{124}Sb$ | Be | $n\times10^{-4}$ | $n\times10^{-4}$ | $n\times10^{-2}\sim n\times10^{-3}$ | 10~15 |
| 中子法 | 中子被元素核减速和捕获 | Po-Be, Po-B, $^{252}Cf$ | Be, Li, Cd 等 | — | 0.01~0.05 | 0.01~0.05 | 15~20 |
| 中子活化法 | 中子被元素核捕获后产生的放射性同位素蜕变 | Po-Be, Po-B, $^{252}Cf$ | F, Al, Si, Cu, Mn 等 | 0.05 | 0.06 | 0.01~0.5 | 5~20 |
| 中子伽马法 | 在中子辐射捕获过程中元素核放出伽马射线 | Po-Be, Po-B, $^{252}Cf$ | Fe, Hg, Cu, Ni, S 等 | — | — | 0.1~0.5 | 10~15 |
| 磁化率法或电磁法 | 磁化率与磁铁矿体积浓度的关系 | | Fe, 磁铁矿 | — | 0.5~1 | 0.5~1 | 10~15 |

## 第四节　矿体构形与勘查设计

### 一、矿体构形

(一) 矿体构形及其特征标志

矿体构形是指矿体各部分组合构成的形态特征,即通常所讲的矿体空间形态特征,包括矿体外部形态、内部结构及其变化特点,属矿体形态学研究范畴,可用一些形态特征标志或几何要素和参数来描述。

矿体外部形态主要是指矿体规模、形状、空间位态及其某些影响因素。

(1) 矿体规模大小一般用矿体在三度空间的延长或长度、延深或宽度与厚度的几何尺寸参数(一般取平均值)来度量,可用与之相关的矿石(或有用组分)储量大小来表示,总体上反映阶段勘查成果。人们按矿产种类或矿床种类的不同规定了不同的特大、大、中、小型矿床划分标准。

(2) 矿体形状一般是指矿体外部边界的线与面要素组合成的轮廓。其边界复杂程度及延伸和尖灭特征应是矿体形态分类的基本依据。一般常是按矿体长度、宽度、厚度三者比例关系来分类。B. M. 克列特尔划分出 3 种基本类型:①一向延长的筒状、管状、柱状、条状矿体;②二向延长的层状、似层状、透镜状及其他扁平脉状矿体;③三向延长的等轴状、囊状、巢状、瘤状矿体。

(3) 矿体空间位态则是指矿体产状和埋藏状况。

矿体产状:一般常以其总体走向、倾向、倾角三要素表示,故其实质往往是具有代表性的平均值;而要反映矿体产状在局部地段的细节变化,则必须进行详细的加密测量。对于一向延长(如管状、柱状)和某些二向延长(如透镜状)矿体,当延深方向与倾向不一致时,还必须考虑矿体的侧伏方向及倾伏角大小,以便准确确定矿体空间位置和正确有效地布置勘查工程。

矿体埋藏状况:①矿体埋藏深度分为出露的或覆盖的、隐伏的或深埋的等。②矿体与其他地质体(如围岩)的关系,即同生或后生,包裹或并列,界限渐变或截然,整合或非整合等。③与地质构造的关系,包括与断裂、褶皱、层理、片理等构造的空间位置关系。④矿体间的空间关系,如排列形式有平行、侧列、尖灭再现及间距有大小,或各种交叉、复合的等等。总体构成大小不等的矿段、矿带、矿床、矿田等不同成矿单元。

(4) 矿体内部结构是指矿体边界范围内的各组成部分在三度空间的搭配与排列分布特点,即包括矿化连续性、工业矿化与非工业矿化地段的空间关系、夹石层或无矿天窗的特征、矿石自然类型、工业品级的种类和分布特征等。矿体内部结构既反映了矿体内部物质成分的宏观组合形式,也在某种程度上影响矿体形态的复杂程度,矿体外部形态与内部结构之间存在着矛盾的对立统一关系。

(二) 矿体形态变化特点分析

矿体形态变化往往以某些形态标志(参数)的变化具体表现。分析其变化特点一般注重于其变化性质与变化程度两个方面。

矿体形态变化性质一般是指矿体形态标志(如厚度)在不同空间位置上相互之间的联系和具体变化的各种规律。实际上,矿体外部形态与内部结构均具有各向异性,在完全与严格意义上的查明是做不到的。勘查工作是通过在有限空间范围内,对矿体加密系统取样工程抽样获取某些标志有限而大量的数值,然后运用与实际对比或统计分析的方法研究发现其某些变化特点和规律性。国内外许多学者对矿体形态标志的变化性质都有大同小异的分类研究,总体上分属于坐标性(方向性)连续的规则变化和偶然性的不规则变化。多数情况下,矿体形态在沿走向和倾斜方向上,以坐标性、连续的规则变化为主。如图5-6所示,矿体厚度在一定方向上表现出逐渐增大和减少的坐标性变化性质。这正是可以利用不连续的勘查工程所获得的资料、运用内插与外推的方法圈定矿体边界而不致于产生太大误差的理论依据。

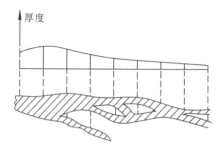

图5-6 矿体厚度呈方向性变化示意图

矿体形态变化程度是指矿体形态变化的急剧程度或复杂程度,包括变化的幅度大小与变化速度快慢。它既影响着矿床勘查的难易程度和勘查精度,也严重影响到矿床开发阶段矿山设计与采掘工程布置的合理性和技术经济效果。一般情况下,矿体的边界形态、厚度、产状与规模之间的变化具有密切的相互联系,也往往与矿化的富集程度(含矿系数与品位)有关,并总是随矿床工业指标和勘查工程间距的改变而改变。如图5-7所示,该细网脉浸染状金矿带中矿体边界形态随地质勘查与生产勘查巷道工程间距的改变而发生较大变化。

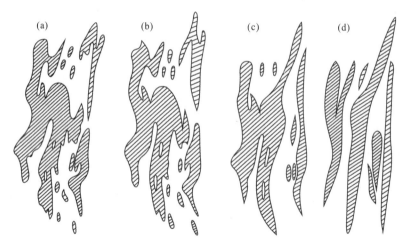

图5-7 矿化带中矿体形态随勘查网度变化略图

巷道间距:a.5m;b.10m;c.25m;d.50m

(据 B.A.维肯契耶夫等,1990)

在分析矿体形态变化复杂程度方面,以往常以定性描述为主。近些年来,人们力图用定量指标探讨对其分类的方法。其中包括如下一些主要指标:

**1. 矿体厚度变化系数($V_m$)**

$V_m$又称厚度变异系数,它是指矿体厚度的一批观测值 $m_1, m_2, \cdots, m_n$ 的标准差($S_m$,又称均方差)与这批数据的算术平均厚度值($\overline{M}$)之比值,通常以百分数表示:

$$V_m = \frac{S_m}{\overline{M}} \times 100\%$$

$$S_m = \sqrt{\frac{1}{n-1}\sum_{i=1}^{n}(m_i - \overline{M})^2}$$

厚度标准差是反映一批数据对其平均数的离散程度大小的一个特征数。其中$(m_i - \overline{M})$叫离差。一般认为厚度标准差及方差$(S_m^2)$反映着这批数据对平均值的绝对离散程度;而变化系数则反映着这批数据的相对离散程度。若两批数据,即使标准差相同,但平均厚度不同时,则不能认为两者变化程度相同。一般认为平均厚度大者,其变化程度小;平均值小者,变化程度大。尽管厚度变化系数不考虑这些观测数据的空间排列关系,随矿体不同延伸方向和数据多少等具体情况而不同,但仍有人主张用厚度变化系数$(V_m)$对矿体形态的复杂程度进行分级,如:

变化很小的,$V_m = 5\% \sim 50\%$;
变化中等的,$V_m = 30\% \sim 80\%$;
变化很大的,$V_m = 50\% \sim 100\%$;
变化极大的,$V_m = 80\% \sim 100\%$。

**2. 含矿系数$(K_p)$或含矿率**

它是指矿床或矿体、矿段、块段中工业可采部分与整个矿床或矿体、矿段、块段之比。其计算式为:

$$K_p = \frac{V_p}{V_0} \text{ 或 } K_p = \frac{S_p}{S_0} \text{ 或 } K_p = \frac{L_p}{L_0}$$

式中:$V_p$、$S_p$、$L_p$——分别为工业矿化部分的体积、面积、长度;

$V_0$、$S_0$、$L_0$——分别为整个矿化体(包括工业可采部分与非工业可采部分)的总体积、面积、长度。

含矿系数可表示矿化带中工业矿化的连续性与矿化强度;在储量估算中,为除去无矿地段,可用作核正系数。矿体含矿率越大,则表示矿化越连续;含矿率越小,则矿化越不连续,无矿窗洞所占比例越大,矿化强度也越小。在实际工作中,由于测定工业矿体部分体积与总体积比较困难,故常用其相应面积或长度之比来表征。根据含矿率大小可将矿体连续性分为4级:

矿化连续或微间断的矿体　　$K_p = 0.8 \sim 1.0$;
矿化间断的矿体　　　　　　$K_p = 0.6 \sim 0.8$;
矿化最间断的矿体　　　　　$K_p = 0.4 \sim 0.6$;
矿化极间断的矿体　　　　　$K_p < 0.4$。

**3. 矿化不连续性系数$(K_{np})$**

由于含矿系数只是考虑了矿体内无矿窗洞所占的比例,而不反映无矿窗洞的形状和分布规律,也没考虑间断的次数,因而有人提出矿化不连续性系数$(K_{np})$。其计算式为:

$$K_{np} = \frac{i}{K_p}$$

式中:$i$——矿体内无矿间断的次数;

$K_p$——含矿系数。

不连续性系数越大,矿化越不连续。根据不连续性系数可将矿体分为:

连续矿体　　$K_{np} = 0 \sim 10$;
间断矿体　　$K_{np} = 10 \sim 70$;
最间断的矿体　$K_{np} > 70$。

### (三)矿体形态特征的影响因素和勘查研究

通过对矿体形态特征及其变化规律的研究,人们认识到其控制与影响因素很多。宏观的区域成矿地质条件控制着矿田、矿床的时空分布。矿床具体的地质构造因素控制着矿体的产出方式、规模大小、形态及产状变化的复杂程度。进而研究矿床成因、成矿规律与成矿模式,划分矿床成因类型,为同类型矿床的预测提供地质类比的依据,并根据工业意义大小进一步划分矿床工业类型,为矿床勘查指明方向。由于矿体是综合成矿地质作用的结果,所以需要全面地综合分析与研究矿床千差万别的具体地质构造条件,尤其是控制具体矿体空间形态的主要地质构造特征。

除了影响矿体形态特征的客观地质构造因素外,矿床勘查与开发过程中人为的技术经济因素,也是影响对矿体形态特征正确认识和评价的重要因素。这些因素主要反映在勘查方法及其勘查与研究工作的质量上,并始终在发挥着作用。

研究与掌握矿体形态特征的变化规律及其影响因素,是建立正确的矿床勘查模式的根据,是有效地指导矿床勘查与矿山开发设计的基础。矿体空间形态特征极大地影响和决定着矿山企业总体规划、开采境界、开拓方式、开采顺序、采矿方法设计、采矿损失率与贫化率的确定,乃至矿山生产勘查及生产效益指标等一系列宏观到微观的矿床技术经济评价问题。所以,矿体形态特征的查明与研究始终是矿床勘查与开发过程中极其重要的基本内容。

矿体空间形态特征的勘查研究,是指伴随着矿床勘查工作从地表到深部的展开,对矿体从初步研究到详细的模拟研究过程。通常在地表的矿床勘查初期,人们依靠大比例尺地质测量(填图),配合物探化探测量、轻型山地工程揭露、取样研究、地质编录,以及数学地质方法,完成矿体形态特征变化规律及其影响因素的初步研究。往深部,人们依靠正确布置的钻探和重型山地工程(井巷)有规律地直接揭露矿体,通过地质观察、取样、编录等收集系统资料,补充利用物探化探信息资料,运用有关成矿规律的地质理论进行综合方法研究和科学的预测与推断。时常运用图解模拟的方法进行矿体几何学研究,或借助计算机数据处理技术以及地质统计学方法等对矿化规律、矿体形态和结构变化进行定性和定量的详细研究,最终获得一系列综合地质编录的文字报告、图件和表格等勘查研究成果,满足矿山设计的需要,并为系统的探采资料对比研究、数理统计分析和进一步开发勘查所利用。其中,用以获得矿体系统剖面资料的勘查剖面法,被人们称为矿体形态特征勘查研究的最基本方法。需要指出的是,在矿床开发阶段,人们已在将计算机应用技术和矿山开拓、采矿方法优化设计与管理相结合方面积累了较好的经验。

### 二、勘查剖面及其作用

任何一个矿床都是由矿体与围岩按照一定的地质构造特点和规律构成的非均质成矿单元。任何一个矿体都是由多种有用和无用元素或矿物、矿石与夹石物质组成的非均质结构的地质体。在空间几何形态上,任何一个矿体都是由无数的"点、线、面、段"按一定结构规律组合构成的几何体。矿体切面(或断面)则在其"点、线、面、段、体"结构系统中起着承上启下的关键与枢纽作用。

勘查剖面,或称勘查断面,就是为了正确地圈定矿体,了解和基本查明矿体不同部位(矿段)的形态、产状和内部结构,使勘查资料更好地为矿山设计所利用,通常在矿床勘查阶段,将勘查工程沿一定的切面加密系统布置和施工,这些由勘查工程及其所揭露的地质现象构成的切面即勘查剖面。所获得的反映勘查剖面成果的基本图件是勘查剖面图。只要按一定系统和规律设置勘查剖面,用一定勘查工程技术手段揭露与查明单个勘查剖面上必要的"点、线"地质构造和矿化特征,就能获得足够精度的矿体勘查剖面资料;然后,综合对比研究各相邻剖面资料,按其间的联系与区别研究推断矿段地质构造特点,就能达到在三度空间从整体上控制与基本探明矿体形态特征的目的。

在矿床勘查实际工作中,人们根据矿床(体)地质构造特征和勘查工程手段的特点往往选择一组平行或垂直的或水平的勘查剖面系统作为基本的总体工程布置方式。前者称为勘查线法,有时也采用两组相交勘查线构成勘查网;后者称为水平勘查。生产勘探中还常利用坑、钻工程将勘查线法与水平勘查结合起来,构成各式坑道或(与)钻孔组合的格架系统。勘查网与各式工程格架系统,其目的是为了获得多组较准确的系统勘查剖面资料(尤其是勘查剖面图件),更好地满足矿山建设与生产设计需要。

### 三、勘查技术手段选择与应用

由于矿床勘探是矿产详查评价的继续与深化,所以原则上详查阶段的技术手段都还适用于勘探阶段。但是,根据矿床地质特点和勘探任务要求,则地表轻型山地工程(探槽、剥土、浅井等)仅配合完成矿区地表地质填图任务阶段使用;矿床勘探阶段则多偏重于重型山地工程(地下坑道)的使用(尤其是在开发勘探阶段);钻探工程使用最多,可采用浅钻(深度小于200m)和深钻、地表钻或坑内钻等,对矿体从浅部到深部进行加密系统控制。物探化探技术方法在矿床勘探阶段仍被采用,尤其是坑道与钻井中的地球物理方法大有发展前途;但往往因干扰因素太多并存在多解性,限制着其结果的准确性和在实际应用中推广,这是值得格外重视的研究课题。

#### (一)坑探

地下坑探工程是指为揭露、追索和圈定深部矿体而挖掘的地下巷道。它是矿床勘探阶段所采用的仅次于钻探的主要技术手段之一,主要用于提高矿床勘查程度,尤其是首采地段的勘查精度,检查评价钻探结果,采取大规格的技术加工样品,以及用于复杂类型矿床的勘查。由于坑探工程一般多是在地下深处的岩石或矿体中进行,施工技术复杂,需要较大的动力和各种特殊设备,故其效率较低,费用较高。然而,其最大优点是地质人员可以直接进入其内对地质现象进行观测和采样,所得结果较其他任何手段都可靠和精确,同时勘查坑道还可为开采所利用,便于实行探采结合,从而大大节约开采成本。随着新的凿岩爆破机械技术的采用,其效率和成本均有较大改进。

坑探工程按其掘进方位和探矿作用可分为水平坑道、垂直坑道和倾斜坑道等。

**1. 水平坑道**

(1)平硐。具有直接地面出口的水平坑道,往往具有探采结合作用。

(2)石门。无直接地面出口,垂直于矿体走向,主要是在围岩内向矿体掘进的水平坑道,起联络作用,无直接探矿意义。

(3)穿脉。无地面直接出口,垂直于矿体走向,主要为在矿体内掘进的水平坑道,是主探矿水平巷道之一。

(4)沿脉。无地面直接出口,在矿体内沿矿体走向掘进的水平坑道,又称脉内沿脉,主探矿巷道之一。

(5)石巷。无地面直接出口,为平行矿体走向一般在矿体下盘围岩内掘进的水平坑道,又称脉外沿脉,无探矿作用。

(6)盲中段辐穿。在天井或上山中开口,沿矿体厚度方向掘进的水平探矿穿脉。

**2.垂直坑道**

(1)竖井。具有直接地面出口的大型铅直坑道,为控制性主体基建工程,无探矿作用。

(2)暗井。无直接地面出口,在水平巷道内,由上向下开凿的铅直坑道,为探矿工程之一。

(3)天井。无直接地面出口,由下向上开凿的铅直或陡倾斜坑道,分为揭露矿体的探矿天井与无探矿作用的联络、溜矿、通风天井。

**3.倾斜坑道**

(1)斜井。具有直接地面出口的大型倾斜坑道,为控制性主体基建工程。其中,在矿体下盘围岩中掘进者,无探矿作用。

(2)上山。无直接地面出口,由下向上开凿的缓倾斜坑道。脉内上山具探矿作用。

(3)下山。无直接地面出口,由上向下开凿的缓倾斜坑道。成巷是"下山"的别名。起探矿作用的坑道工程及其使用情况如图5-8所示。

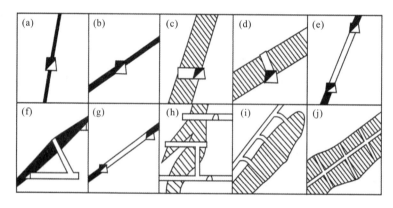

图5-8 勘查坑道探矿综合示意图

a~h.剖面图;i,j.平面图

a.急倾斜薄矿脉,沿脉探矿;b.缓倾斜薄矿层,沿脉探矿;c.急倾斜中厚矿体,沿脉带穿脉;d.缓倾斜中厚矿体,沿脉带小天井;e.急倾斜薄矿脉,天井探矿;f.缓及中等倾斜,薄及中厚矿体,斜天井探矿;g.缓倾斜薄矿脉,上山探矿;h.不规则矿体,盲中段辐穿探矿;i.厚大矿体,脉外沿脉带穿脉;j.厚大矿体,脉内沿脉带穿脉

## (二)钻探

钻探是一种依靠钻具回转切割或冲击钻切岩石的动力机械手段,是揭露、追索和圈定深部矿体、评价矿床经济价值的主要勘查技术手段之一,多用于物探化探异常与矿点的检查验证评价及矿床详查、勘探阶段。

钻探按其钻进原理有冲击、回转钻之分,按钻进取芯与否分为无岩芯与取岩芯(粉)钻进等等。在固体矿产勘查中,一般多用后者,尤以岩芯钻探最为常用。钻探和坑探相比,具有效率高、操作简便、较为经济的优点,和物探化探相比则较之准确可靠。随着工业技术的进步,我国钻机得到不断革新,金刚石小口径液压式钻机得到全面采用,其他新技术(如绳索取芯、分支、定向技术等)也正在推广之中,钻探效率和质量普遍提高,大大改善了矿床勘查的效果。

坑内钻在生产勘探阶段广泛用于探矿、探水、探构造,比坑探更具快速、方便、安全、成本低等优点。按取样物质可分为岩芯钻和岩粉(泥)凿眼钻;按钻进方位分为水平钻和剖面钻,并多使用扇形钻。其作用如图 5-9 所示,可代替穿脉、天井、上山等探矿;寻找小、盲、分支矿体,断层错失矿体,探老窿残矿、采空区、暗河、含水层,并作超前放水孔等用,另外也可用于铺设管线,开采液、气态矿产资源等。

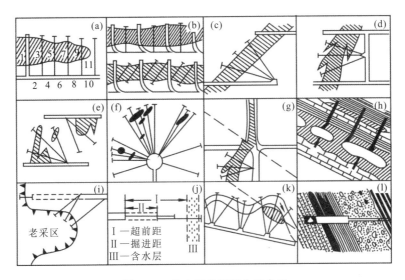

图 5-9　坑内钻作用综合示意图

a、b、f、i、k. 平面图;c、d、e、g、h、j、l. 剖面图。其中:a. 指导坑道掘进;b. 代替穿脉探矿;c、d. 代替上山、
天井、穿脉等探矿;e. 探矿体的上延和下垂部分;f. 寻找小、盲、分支矿体;g. 寻找断层错失矿体;
h. 探老窿残矿;i. 探采空区;j. 探含水层的超前钻;k. 探地下暗河、溶洞;l. 作放水孔

### (三) 井中化探

在钻孔中同时进行岩石地球化学采样,已受到普遍的重视。它不仅是建立已知矿床原生晕模式、了解矿体蚀变带特征的基础,而且也是预测和评价深部盲矿体十分重要的依据。经验表明,它是矿区外围和深部盲矿预测找矿行之有效的一种重要勘查手段。

### (四) 钻井地球物理勘探

钻井地球物理勘探是 20 世纪 50 年代提出和发展起来的一种技术手段,在煤田和油田勘查中应用较为成熟。根据目前发展的趋势,广义的井中物探可分成三大类:①测定钻孔之间或附近矿体在钻孔中所产生物理场的方法,主要有充电法、多频感应电磁法、自然电场法、激发极化法、磁法、电磁波法、压电法、声波法等;②测定井壁及其附近岩、矿石物理性质的方法,如磁化率测井、密度测井及电阻率测井等;③测定钻孔所见矿体的矿物成分及大致含量的方法,如接触极化曲线法、核测井技术等。前者(①)称作井中物探;后两种(②、③)又称为地球物理测井或地球物理取样。

**1. 井中物探**

井中物探的作用是发现井周或井底深部盲矿,确定矿体相对于钻孔的位置、大小、形状、产状,追索和圈定矿体范围,以及研究井间空间矿体的连续性等。这不仅加大和补充了地面物探方法的勘查深度,同时也扩大了钻孔的有效作用半径,可更合理地布置钻孔,及时指导钻进或停钻,提高勘查速度和见矿率。

**2. 地球物理测井**

主要用于研究井壁地质情况,其具体任务是:划分和校验钻孔地质剖面,查明矿层位置并确定其深度和厚度;直接测岩矿石物性参数;研究和确定矿石成分及含量,以实现局部不取岩芯或无岩芯钻进。测井方法目前已由单一电测井发展到磁、电磁、放射性等多种参数综合测井。在研究和确定矿石成分及含量方面,核物理测井($\gamma$能谱测量、选择性$\gamma$-$\gamma$测井、核磁共振、中子活化法及X萤光测井等)技术将成为一种主要手段,已引起国内外重视。

主要井中物探方法及其用途列于表5-13中。

表5-13  主要井中物探和地球物理测井方法及其用途

| 方法名称 | 用途 | 使用条件—孔径(mm) | 探测距离(m) |
|---|---|---|---|
| 充电法 | 探测良导硫化矿、磁铁矿,定位置、规模和矿体相关性 | 单、双孔  孔径36 | 500 |
| 多频感应电磁法 | 探测致密、脉状硫化矿,定位置和产状要素 | 单、双孔  孔径46 | 单孔50~80,双孔120 |
| 自然电场法 | 探测致密、脉状硫化矿,定位置和延深 | 单、多孔  孔径36 | 100 |
| 激发极化法 | 探测硫化矿(包括浸染型),定位置,可估算规模 | 单、多孔  孔径36 | 100(如用充电方式,可达500) |
| 磁法 | 探测磁性体,定位置、大小和产状 | 单、多孔  孔径36 | 150~250 |
| 电磁波法(无线电波法) | 探测良导体,定矿体位置、规模和形态 | 双孔为主,单孔少用,孔径36 | 50~400 |
| 压电法 | 探测石英脉型、伟晶岩型矿床及硅化带,定位置、规模和形状 | 单、多孔  孔径36 | 50~120 |
| 声波法 | 探测铬铁矿、多金属矿、煤矿等,定位置、规模和形状 | 单、多孔  孔径59 | 80~400 |
| 接触极化曲线法 | 定硫化矿矿物组分,估算致密和脉状矿规模,定矿段相关性 | 单、多孔  孔径46 | |
| 核测井法 | 定硫化矿、氧化矿矿物成分及含量 | 单孔  孔径36 | |

**3. 小结**

(1)不同勘查技术手段的作用和应用范围是有限的,各有所长和不足;

(2)各种勘查技术手段虽然由于科学技术的进步有很大发展和改进,但仍然因为技术原因和地质现象复杂等,某些技术成果常常具有多解性,因而使其应用受到某种局限;

(3)不同勘查技术手段的应用实际上是揭示、研究和利用控矿条件及矿化信息的某一方面的特性,而矿床是所有这些方面都具有密切内在联系的统一整体。

因此,在矿床勘查及评价工作中,人们只有综合、合理、有效地采用不同技术手段才能取得更多的信息,使其互相补充、验证,才能变多解为单一解,达到多快好省地发现、认识和评价矿床的目的。采用多种手段联合勘查矿床,是提高矿床勘查及评价的效果与速度、提高经济效益的重要方向和途径。

### 四、矿区地质填图

大比例尺地质图的测制是矿床勘查初期必须进行的一项基本地质工作,常需辅以矿区地表探矿工程和物探化探技术资料完成。矿区地质图或矿床地形地质图,是详细表示矿区地形、地层、岩浆岩、构造、矿体、矿化带等基本地质特征及相互关系的图件。目的在于为详细研究矿体赋存地段的地质构造特点和控制矿化的地质因素,查明矿面及深部勘查工程提供地质依据;也是进行矿床正确评价、储量估算和编制矿床开采设计的重要依据。它是勘查矿区最基本的图件之一,也是编制其他地质图件的基础。

矿区地质图一般采用的比例尺是 1:5000～1:2000,必要时可用 1:500,以适应圈矿和采矿的需要。地质构造的复杂程度、矿体规模大小及形态复杂程度是选择比例尺的决定性因素,此外,地质研究的任务与要求,以及矿区基岩出露情况等也是选择比例尺应该考虑的因素。

**1. 编制大比例尺矿区地质图的基本特点和要求**

(1)测区面积大小和范围常常是根据矿床的大小来确定的,并兼顾与矿有关的岩石与构造等条件,以便使全部矿体及各种控矿因素都能表示在测区面积之内。测区面积一般不超过几平方千米,甚至小于 $1km^2$。图纸上的测区范围不一定要限制其左右界线平行经线、上下界线平行纬线而成矩形或正方形,而以便于表明整个矿床地段的地质结构为原则。

(2)由于大比例尺地质测量是对有工业价值的含矿地段进行全面深入的地表地质调查,深入研究矿区地表地质构造及矿体特点,指导进一步的勘查工作和对矿床的工业评价,因而要求对地表各种地质现象作细致深入的观察和描述,其详细程度是很高的。它要求查明所有出露于地表的矿体露头,确定矿体的边界和规模,研究矿体所赋存的地层、岩石、构造特点以及它们在空间和成因上的联系,并要求将上述内容按比例尺要求尽可能地反映在地质图上。

(3)为了保证地质图的精度,所有观测点都应采用仪器测量。

(4)为了详细查明地表地质构造及矿体地质特征,必须以地质观察为基础,保证应有的详细程度和精确度,必须有足够的天然露头。如天然露头不足,还需补充必要的人工露头。这样,常常要投入相当数量系统加密的轻型山地工程,因此观测点的数目和密度也较大,其具体数目可参考有关规范。

(5)矿体地段地表地质测量不但要依靠地表观察,还要依据钻孔和物探化探提供的资料,这样有助于编制更详细精确的地表地质图。对于薄矿体(层)、标志层及其他有特殊意义的地质现象必要时应扩大表示。

**2. 大比例尺地质编测程序**

大比例尺地质图编测程序一般可分为踏勘、地层剖面研究和地质填图 3 个阶段。填图基本方法是剖面法和追索法,必要时辅以其他技术方法。

(1)剖面法。它是通过测制许多横穿矿体或矿区主要构造线的地质剖面而进行地质填图的方法。先是平行矿体走向或构造线方向用仪器测出一条(或几条)基线,又垂直基线测出一系列平行的剖面线。剖面线间距根据矿区地质构造的复杂程度来具体研究确定,原则上要使相邻剖面线上地质体可以对比连接。一般情况下,剖面线间距在相应比例尺的图纸上为3～5cm。地质人员沿剖面线作地质观察,绘制地质剖面图。地质体分界的观测点,用仪器测定位置并精确地标在地形图上。在剖面观测的基础上,进行剖面之间矿体和其他各种地质体的连接,以完成地质填图。剖面法适用于地质构造简单、矿体和岩层沿走向变化不很大的矿区,在植被覆盖面积大的矿区也可考虑采用此法。

(2)追索法。它是通过追索矿层、标志层、主要岩层分界线和构造线进行地质填图和矿区地质构造研究的方法。应用此法,要求先查明岩层层序和岩体的岩相分带,找出标志层和主要的岩层界线、岩体界线及构造线的位置,然后沿着走向进行追索。在追索过程中,每隔适当距离,或在地质体发生变化的位置,布置观测点,作描述记录,并用仪器测定其位置,标在地形图上,最后连接地质界线完成地质图。这种方法适用于基岩出露较好、地质体接触界线一般比较清楚、并有良好标志层的矿区。应用追索法经常需有剖面法的补充,以检查主要地质体界线之间的其他地质界线的变化和有无界线遗漏,故矿区地质填图常可理解为上述两种方法的联合使用。

在松散沉积物覆盖普遍的矿区,地质现象的直接观测受到很大的限制,因此选择有效的物探化探方法,适当加密布置系统的轻型山地工程或浅钻,用以揭示、追索松散层下岩层、岩体、矿体和断裂构造的分布,是保证地质图编测精度的一项重要措施。

通过矿区大比例尺地质图的编测和部分地表工程的揭露,对矿区地表地质构造情况较详查阶段有了更加全面深入的了解,初步建立矿床地质模型,这就为勘查工程的进一步正确布置提供了重要的依据。

### 五、勘查工程的总体布置

(一)勘查工程布置的原则

为了多快好省地对矿床进行勘查,布置勘查工程时,必须遵循以下原则:

(1)各种勘查工程必须按一定的加密剖面系统布置,以使各工程之间相互联系有利于制作系统的加密勘查剖面和获得各种参数,便于综合对比和进行地质分析与推断。

(2)勘查剖面的方向应该根据矿体属性特征变化最大的方向来确定,而矿体属性特征变化最大的方向往往与其厚度方向一致,所以勘查工程应尽量垂直矿体走向或构造线方面布置,并保证沿厚度方向穿过整个矿体或含矿带。只有这样,才有可能反映矿体及其他地质体属性特征的最大变化程度及变化性质。试验研究证明,当勘查剖面间距一定、其方向与矿体走向夹角小于$30°\sim 45°$时,几何误差急剧增加。

(3)如采用坑道勘查,则应保持穿脉相对均匀,并穿透整个矿体或含矿带,若使用脉内沿脉探矿,也必须保证等间距均匀揭露矿脉的全厚,而对较厚矿体往往需配合用穿脉或坑内钻探矿,以保证矿体的完整性,还应使坑探工程尽可能为将来开采所利用。

(4)在曾经进行过部分勘查工作的矿区内,布置勘查工程时,要充分利用原有的工程。

总之,勘查工程布置应力求贯彻以最少的工程量、最少的投资和最短的时间,获取全面、完整、系统、准确和数量尽可能多的地质资料信息和成果的地质勘查工作总原则。

(二)勘查工程的总体布置方式

根据上述原则,勘查工程的总体布置方式有3种:

**1. 勘查线**

勘查线是垂直于矿体总体走向的铅垂勘查剖面与地表的交线。勘查工程布置在一组地表相互平行的勘查线所在铅垂剖面内的一种工程总体布置方式,称之为勘查线法。勘查线的布置几乎总是垂直于矿层、含矿带,或者主要矿体的走向,以保证各勘查工程沿厚度方向截穿矿体或含矿带,且各条勘查线应尽量相互平行,以便各勘查线剖面的资料进行对比,减少误差,也便于正确估算储量。当矿层或含矿带走向有强烈变化时,勘查线的方向也需作相应的改变,一般可先作基线代表其总体走向,然后垂直基线布置勘查线(图 5-10)。

各勘查线之间往往是平行和等距的,勘查线剖面上各工程截穿矿体点之间的距离也往往是等距的。故应尽量使勘查工程从地表到地下按一定间距沿勘查线布置,以便获得系统且均匀控制的地质勘查剖面资料。

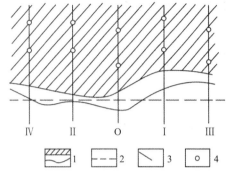

图 5-10 勘探线分布示意图
1.矿体;2.基线;3.勘探线及编号;4.钻孔

勘查线是勘查工程布置的一种最基本的形式,尤其适用于沿两个方向(走向及倾向)延伸,产状较陡的层状、似层状、透镜状、脉状等矿体。它一般不受地形及工程种类的影响,各线工程的位置可根据地质和地形情况灵活布置,因此应用最为广泛。

**2. 勘查网**

勘查工程布置在两组不同方向勘查线的交点上,构成网状的工程总体布置方式,称为勘查网。这种工程布置方式,要求所有的勘查手段是以垂直设计方式向地下施工,如直钻、浅井等。

勘查网的形状决定于网格各边长的比例关系,应与矿体的各向异性相符合,其基本类型有正方形、矩形、菱形(或三角形)3 种勘查网(图 5-11)。

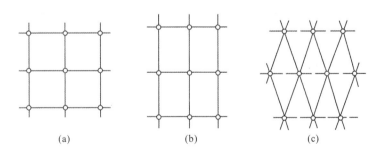

图 5-11 勘查网的基本类型
a.正方形网状;b.长方形网;c.菱形网(三角形网)

(1)正方形勘查网。适用于勘查在平面上形状近于等轴状,矿化品位变化也在各方向无明显差别的矿体,如斑岩型矿床、产状极缓或近水平的沉积矿床等。

(2)矩形勘查网。适用于平面上沿一个方向延伸较长,另一方向延伸较短的产状平缓的层状、似层状矿体;或矿体某些特征标志沿一个方面变化大、沿另一个方面变化较小的矿体。矩形勘查网的短边(即工程较密)的方向,应是矿体某些特征标志变化较大的方向。

(3)菱形勘查网。将矩形勘查网各线之勘查工程相互错开工程间距的二分之一,则构成菱形网,也就是勘查工程布置在两组斜交勘查线所组成的菱形网格的交点上。其特点在于沿矿体长轴方向和垂直长轴方向,每组勘查工程相间地控制矿体,并可节省部分勘查工程。对那些矿体规模很大,而沿某一方向变化较小的矿床可采用菱形网。从另一角度来看,菱形勘查网也可视为三角形勘查网。

采用勘查网的形式布置工程,还要求矿区地形起伏不大,一般可获得两组到四组不同方向较高精度的垂直剖面,故其可提高勘查程度,并为完善与优化采矿工程布置提供基础。由于勘查网适用条件限制较多,在金属矿床勘查中远不如勘查线方式应用广泛。

**3. 水平勘查**

当主要采用水平坑探工程及坑内水平钻,勘查产状为陡倾斜矿体或地形切割有利的矿床时,要求各工程沿不同标高水平(中段)揭露矿体,以获得一系列不同标高水平的勘查断面,这种勘查工程布置形式叫做水平勘查(图5-12)。它尤其适用于陡倾斜的矿体,特别是柱状、筒状、管状矿体,采用水平勘查地质效果更好。

必须指出,所谓按线按网布置工程都是指勘查工程对矿体的截穿点成线或成网,而不是指工程在地表的位置成线或成网,但两者在一定程度上相关。许多情况下两者往往是一致的,即不仅工程在

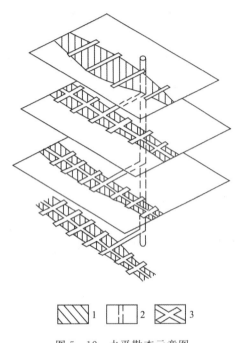

图5-12 水平勘查示意图
1.矿体;2.竖井;3.水平轨道

矿体上成线成网,在地表勘查工程也成线成网。勘查工程应当按线或按网布置,原因在于:

(1)为了能获得较多的高精度的地质勘查剖面,便于更详细地研究矿体的形态、产状、内部结构等特征。

(2)在矿体属性特征具有方向性变化而又了解不够的情况下,若工程的数量一定,按规则的线、网均匀地布置工程,能够最大限度地获得信息,满足抽样代表性的要求,试验表明不均匀网的矿体几何误差总是高于均匀网的误差。

(3)能更好地圈定矿体,使相邻勘查剖面以及工程之间有较好的可比性。

(4)便于信息资料的计算机自动处理,规则网点要比不规则网点的处理容易得多,精度也高。

如果地表施工条件受限制,可以通过具体设计加以调整,如改变钻孔的倾角等。当然强调按线按网布置工程,也不是毫无灵活性,一般来说,在技术条件达不到时,也可以在一定容许范围内挪动工程的位置,但这种灵活性以不超过影响地质效果的限度为前提。

**六、勘查工程间距的确定**

**(一)勘查工程间距的含义**

为了圈定矿体和查明矿体各标志的变化特征,需要足够数量的系统勘查工程对矿体加以

控制。勘查工程间距通常是指沿矿体走向和倾斜方向相邻工程截矿点之间的实际距离乘积,也称"勘查网度"或工程密度。勘查工程沿矿体走向的间距系指水平距,也即勘查线之间的距离;勘查工程沿矿体倾向的间距,一般是指工程穿过矿体底板的斜距(薄矿体)或穿过矿体中心线(厚矿体)的斜距(图5-13)。当矿体为陡倾斜而用坑道勘查时,以相邻标高(不同水平)坑道的垂直距离(又称中段高度)与中段平面上穿脉间的距离乘积表示。

勘查工程间距的另一种表示方式即单个截穿矿体的勘查工程所控制的矿体面积。

$$S_0 = \frac{S}{n}$$

式中:$S_0$——单个工程所控制的矿体面积;

$n$——勘查工程数;

$S$——勘查矿体的总面积。

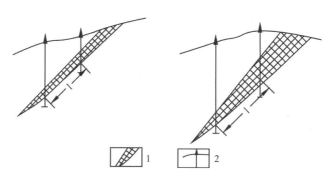

图5-13 勘探工程沿矿体倾斜方向的间距示意图
1.矿体;2.钻孔

该式表明:在勘查总面积一定时,勘查工程密度和工程数量成反比关系,即在勘查总面积一定时,勘查工程数量的多少反映了勘查工程密度的大小,即反映了勘查工程间距大小。

按一定间距布置工程,实际上是对矿体进行系统的等间距均匀抽样观测的一种方法。由于矿体埋于地下,事先预测矿体变化比较困难,而且推断其各标志变化时常常有多种可能性,按等间距抽样观测,相对来说还比较客观。对于同一个矿床,选择的勘查工程间距大小不同,所取得的地质效果和经济效果有较大差异。如工程间距过大则控制不住矿床地质构造及矿体变化特点,满足不了给定精度的要求;工程间距过小则超过给定精度的要求,增加了勘查工作量和勘查费用,积压或浪费了资金,并拖延了勘查工作的完成时间。因此,在矿床勘查工作中存在着确定合理勘查工程间距的问题。

(二)影响确定合理勘查工程间距的主要因素

合理的勘查工程间距应是在满足给定精度条件下的最稀网度,可简单理解为以不漏掉工业矿体为限度的最大"网眼"尺寸为合理工程间距。通过理论计算和实践说明,勘查精度随工程数量的变化具有一定规律。在矿体变化性一定的条件下,随勘查工程数量的增加,勘查精度越来越高,表现为勘查误差越来越小。从曲线梯度变化来看,精度提高的速度是不一样的:在工程数量比较少时,随工程数量的增加勘查精度提高较快,而当工程数量增加到一定数量时,勘查精度提高的速度显著减慢,并逐渐趋于稳定。此时,再增加工程数量勘查精度提高很少或并不提高。这说明,过量的增加工程数量(加密工程)是不必要的,它不仅得不到更好的地质效果,而且还增加大量勘查经费,这在经济上也是不合理的。从地质效果和经济效果统一的观点来看,存在一个极限工程数量,即与曲线梯度变化最大的拐点相对应的工程数量。虽然,这个工程数量对不同的矿床是不同的,但客观上却都存在着这样一个极限值。超过这个工程数量,在经济上是不合理的。然而是否一定要勘查到极限精度则视需要而定。

在实际工作中,影响勘查工程间距确定的因素是很多的,主要包括以下几方面。

(1)地质因素。即指不同矿种及其矿床勘查类型高低,包括矿床地质构造复杂程度、矿体规模大小、形状、厚度和产状的稳定性、有用组分分布的连续性和均匀程度等。不同矿种的地质因素不同,具体划分矿床勘查类型的主要地质依据也有显著差别。即使同矿种,其矿床地质构造复杂、矿体各标志变化程度越大,勘查类型越高,为了获得一定的勘查精度,则勘查工程间距要小些(即工程密度大);反之工程间距则应大些(即工程密度小)。

(2)矿床勘查工作阶段以及勘查任务所要求的储量类别。勘查程度要求高则工程间距要小,反之工程间距则较大。同理,地质可靠程度为探明的、控制的、推断的矿产资源/储量要求的工程间距应依次显著变大。

(3)勘查技术手段的类型。有的勘查技术手段如钻探所获取的地质资料精度较坑探差,对于同一个矿床来说,同等勘查程度要求下,前者工程间距小一些,后者则可考虑大一些。

(4)矿石内部结构及水文地质条件的复杂程度,对工程间距也有一定的影响。

应当注意,在确定工程间距时,要充分考虑地质特征,尽量做到不漏掉一个有工业价值的矿体,同时,也要足以使相邻的勘查工程或相邻的勘查剖面的资料可以互相联系与对比。对于重点勘查地段与一般概略了解地段应注意区别对待,可考虑用不同的工程间距进行勘查。然而,勘查投资者具有对勘查程度、工程量及投资额的决定权。所以,不能忘记必须保证技术上的可行和经济上的合理,即要进行充分的地质技术经济多方案对比论证,试验确定合理的工程间距。

### (三)确定合理勘查工程间距的方法

目前确定勘查工程间距的方法比较多,但都还不很完善,下面主要介绍几种常用的方法。

**1. 类比法**

其实质是根据总结和积累的矿床勘查经验和资料,通过对比研究选用同类型矿床已行之有效的工程间距。

具体对比又存在两种情况:①与邻近地区的同类型矿床类比。此法多用于老区,如对已开采矿区外围或已进行过详细勘查矿区外围的同类型矿床的勘查。②根据规范所划分的勘查类型,采用相应的工程间距。"规范"是在大量总结该类矿床勘查和开采资料基础上制定的,一般是可供参考的。这种类比方法多用于新的勘查矿区或勘查初期。不同矿种、不同矿床勘查类型、不同地质可靠程度的矿产资源/储量按类比法确定的工程间距也不同。

例如,我国在总结大量不同类型铜、铁矿床勘查经验基础上,提出不同类型铜、铁矿床的勘查工程间距,如表5-14、表5-15所列。

类比法在目前仍是确定工程间距的常用方法之一。因为此法比较简便,也能充分利用地质人员的知识和经验,且有一定的可靠性。存在的主要问题是:①自然界地质特征完全相同的矿床是没有的,其间的差异,往往造成具体进行类比时的困难,而且也常受人为因素的影响。

② 从表中可以看出：当储量类别提高一类、工程间距则加密一倍，而实际的工程数目和费用却需增加数倍，而获得的效果（勘查精度）却未必成倍增加。

表 5-14　铜矿床勘查间距

| 勘查类型 | 勘查工程间距(m) | | | |
| --- | --- | --- | --- | --- |
| | 探明的 | | 控制的 | |
| | 沿走向 | 沿倾向 | 沿走向 | 沿倾向 |
| Ⅰ | 100～120 | 100 | 200～240 | 100～200 |
| Ⅱ | 60～80 | 50～60 | 120～160 | 100～120 |
| Ⅲ | 40～50 | 30～40 | 80～100 | 60～80 |

说明：表中所列工程间距，是钻孔或坑道实际控制矿体的距离。同一勘查类型中，工程间距视矿床规模及复杂程度择优选用。当矿体倾向变化较稳定时，工程间距沿矿体走向可密于倾斜。

表 5-15　铁矿床勘查间距

| 勘查类型 | 勘查工程间距(m) | | | | | |
| --- | --- | --- | --- | --- | --- | --- |
| | 探明的 | | 控制的 | | 推断的 | |
| | 沿走向 | 沿倾向 | 沿走向 | 沿倾向 | 沿走向 | 沿倾向 |
| Ⅰ | 200 | 100～200 | 400 | 200～400 | 800 | 400～800 |
| Ⅱ | 100 | 50～100 | 200 | 100～200 | 400 | 200～400 |
| Ⅲ | 50 | 50 | 100 | 50～100 | 200 | 100～200 |

**2. 加密法**

加密法是在矿床勘查开始时，在详查阶段已用较稀的网度系统控制的基础上，再用较小的工程间距加密布置工程。施工后，根据工程对矿床实际控制情况，如肯定矿体连续性、排除其多解性的需要，再决定加密工程多少以及在何处加密工程，即采取逐步加密的办法，一直加密到为满足一定精度要求而不需要再加密工程为止时的工程间距为合理。这实质上是一种最优的地质分析过程，也是地质精度的一种分析方法。

工程加密到何种程度为止要视勘查对象和任务而定。如果勘查的对象是含矿带，则可根据相邻剖面或相邻工程之间所揭露的含矿带的空间位置、产状、形状、内部结构等的协调程度而定。如果是协调的即可认为已满足要求。如勘查对象是单个矿体，则必须相邻剖面、相邻工程上矿体的位置、产状、形态，以及赋存矿体的地质背景（如围岩、控矿构造等）能协调起来才算满足要求。如图 5-14，以矿带为勘查对象，对矿带来说，勘查工程所揭露的矿带（包括某些地质背景）在工程之间是协调的，即主要的地质界线能合理地连接起来。这就表明满足要求，而不能以含矿带中的单个小矿体为标准。含矿带中小矿体的查明留待生产勘探阶段完成。

又如图 5-15(a)表明，在现有工程控制下工程之间矿体不协调，矿体界线不能合理地连接。图 5-15(b)说明在原有工程基础上加密部分工程后，工程之间矿体协调，连接比较合理，能满足要求。

从以上论述可以看出加密法的结果，工程之间的距离是不等的。很显然，在矿体或矿带变

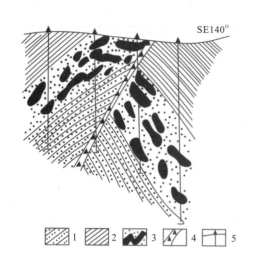

图 5-14 含矿带勘查剖面图
1. 砂岩；2. 页岩；3. 含矿带；
4. 断层破碎带；5. 钻孔

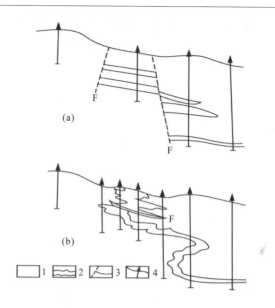

图 5-15 江西某铁矿剖面图
a. 原勘查剖面；b. 补勘后修改的剖面。1. 浅变质砂页岩；
2. 矿体；3. 推测及实测断层；4. 钻孔

化简单的地段，工程间距较大；而在变化复杂的地段，工程间距则较小。这是此法优点之一，优点之二是简便易行。不足之处是目前尚缺乏一套完整的评价协调程度的方法。

**3. 数理统计法**

这类方法比较多，常用的有：

(1) 根据矿体标志值的变化系数及给定精度确定合理的工程数量，也就是根据数理统计中关于抽样误差的原理确定工程的间距，其公式为：

$$n = \frac{V^2}{P^2} \text{ 或 } n = \frac{t^2 V^2}{P^2}$$

式中：$n$——必需的勘查工程总数；

$V$——矿体标志值的变化系数；

$P$——确定标志平均值的相对密度（给定平均值的相对允许误差），在本式中根据勘查的要求给定；

$t$——为概率系数，决定于对结论所要求的可靠程度。

常用的 $t$ 值见下表（表 5-16）。

表 5-16 概率系数 $t$ 值

| 概率(%) | $t$ | 概率(%) | $t$ | 概率(%) | $t$ |
|---|---|---|---|---|---|
| 99 | 2.85 | 85 | 1.44 | 70 | 1.04 |
| 95 | 1.96 | 80 | 1.29 | 65 | 0.94 |
| 90 | 1.65 | 75 | 1.16 | 60 | 0.85 |

通常取 $t=1.96$(或 $t=2$),所对应的概率为 0.95。

应用该式计算时,必须注意以下几点。

(1)矿体有多种标志(如厚度、面积等),而各种标志的变化程度是不一样的。在这种情况下,一般需要用总变化系数 $V_0$ 参加计算,总变化系数 $V_0$ 按下式计算:

$$V_0 = \sqrt{V_1^2 + V_2^2 + \cdots + V_k^2}$$

式中:$V_1, V_2, \cdots, V_k$——各标志的变化系数。

有时为了简便,也可用诸标志中变化最大的标志的变化系数参加计算。

(2)计算变化系数所用观测值的观测尺度必须与所要确定的工程尺度相对应,如确定工程的数量,则必须用穿透样的观测值计算变化系数。

(3)用该式计算的工程数量,只能保证平均值具有给定的精度,而对于地质误差(如对地质构造的错误认识等)则未加考虑。所以,在应用计算时必须结合地质情况考虑。

另外,该式所计算的 $n$ 值是指见矿钻孔数,若考虑到落空钻孔,实际钻孔数应大于该值。其他确定工程间距的数学方法还有从控制矿体空间变化规律出发的数学方法,如利用标志值周期性变化的半波长、自相关函数的相关范围、地质统计学中变异函数的变程等来作为确定工程间距的依据。由于这些方法目前尚处于试验阶段,在此不一一介绍。

**4. 稀空法**

其实质就是对于已按一定加密网度勘查的矿床抽去部分工程后,用较稀的网度的资料重新作图计算,与原有图件及成果进行对比,以考查是否可用较稀网度达到原网度的精度,即研究原网度是否可以放稀。其结论主要用于同一矿床尚未进行勘查的地段,或供类似矿床勘查时参考。此法只有在详细勘探期间或勘探工作后期才有条件应用,属"事后"总结性质。

作为一种验算和研究对比的方法,稀空法也是对已开采矿床进行研究的基本方法之一。所以,这一方法常作为地质勘探后期或开发勘探中研究和确定网度的方法。实践证明,如果在地质研究的基础上,充分考虑可能出现的各种情况,这种方法的效果还是令人满意的。

上述各种方法在确定合理勘查工程间距中存在一定的问题,我们的目的是力求所布置的勘查工程既能满足所要求的勘查程度,又能保证在经济上的合理,两者之间客观上存在一个最合理的"度"——最佳勘查网度。如何能实现这个最合理的"度",实质上就是勘查网度最优化的问题。

最佳勘查网度不可能在勘查设计时就能完全确定下来,而只能在勘查过程中逐步达到,也就是说勘查网度的最优化是一个动态过程。如勘查初期用模拟法确定的勘查网度,只是对被勘查矿床在有限资料分析研究基础上与类似矿床对比后确定的,不一定就是最优的勘查网度。随着勘查工作的开展,而不断提供了有关矿床及矿体各标志值新的信息,在掌握和分析新的资料基础上对原有勘查网度作必要的适当调整,使之趋近于或达到最佳勘查网度。目前不同学者从不同角度提出了实现最佳勘查网度的某些方法,前面所介绍的确定合理勘查工程间距的方法可视为其中的一部分。

### 七、勘查剖面资料的获取

**(一)勘查剖面图件的资料内容**

勘查线剖面图和中段地质平面图是最基本的两种勘查剖面(断面)图件。按其编制时依据资料的真实程度和作用可分为设计(预测)勘查剖面图和实际勘查剖面图。其基本内容可归纳为如下4类：

**1. 控制性测量内容**

包括坐标线、网,控制点及地质测点、地形地物等。

**2. 地质构造内容**

地层、岩性、岩体、岩相界线、各类构造线及其产状;矿体、夹石,矿石类型、品级边界及其分布等。

**3. 勘查工作及工程类**

包括勘查线、基线、探(采)矿工程、取样工程位置、编号及测试结果等。

**4. 专门性内容**

指某些专门用途需要的特殊内容,如储量估算用的有关参数内容,数学特征分析的等值线,水文地质、工程地质研究所用的某些专门测试项目内容,其他规定内容,如图例、比例尺、责任表等。

(二)勘查设计剖面图的编制

在矿区(床)地形地质图测制完成、勘查工程总体布置方式和勘查工程间距确定之后,具体的勘查工程设计首先是需要在勘查剖面图上完成,然后转绘到其他设计图件(如矿床地质图、矿体纵投影图)上,并保持其一致。所以,第一步根据已有资料编制理想(预测)的勘查线地质剖面图或中段(一定标高)地质平面图;第二步在该图上逐步完成勘查工程单项设计,即编制成勘查设计剖面图,这便成为矿床勘查工作者首要的基本技能。

**1. 勘查线设计地质剖面图的编制**

编制勘查线理想的或预测(设计)的地质剖面图所依据的资料有:矿区大比例尺地形地质图,反映勘查线位置从地表到深部地质构造的已有探矿取样工程及物探化探成果的编录资料,或已有的相邻勘查线剖面图、中段地质平面图等。

勘查线地质剖面图的比例尺一般大于或等于1:5000,视需要而定。其编制方法一般是依据矿区地形地质图和剖面上已有工程揭露资料编制;但在开发勘查阶段则多依据已有若干中段地质平面图、相邻勘查线剖面图等切制、转切或通过适当的内插、外推计算作图方法编制。

设计勘查线地质剖面图的一般编制方法与步骤如下：

(1)根据矿床地形地质图上勘查线所在平面位置和预计勘查深度范围,在方格纸上绘制坐标网线:一般选择与勘查线交角最大的一组平面坐标($x$或$y$)和高度坐标($z$)绘成控制网。

(2)将勘查线剖面上地表地形线、两端点位置和勘查线方位的仪器实测结果(或在矿区地形图上切制)标绘在格纸上。

(3)根据矿床地质图和地质测量资料,将地表探矿工程(探槽、浅井等)、矿体与地质构造界线按其位置、产状(用换算过的假倾角)标绘于地形线上。

(4)将已有勘查工程(钻探、坑道)及其揭露的矿体与地质构造界线,据工程地质编录和取样数据转绘于相应位置上。

(5)根据对矿床地质构造特点和成矿规律的认识,从地表向深部,依次将相邻工程揭露的对应矿体边界点、地质构造点连接成线,并按其地质规律变化趋势向深部做出合理的预测和推断,用虚线表示。若有相邻已知剖面图件资料,则应作参照对比推断。

(6)按所选定的勘查工程种类和间距,将各单项设计工程标绘在地质剖面图上(详见于后的单项工程设计),并标明编号。然后补充上剖面线平面位置图、取样结果表及图例、责任表等规定内容,最后清绘整理成图。

**2. 设计中段地质平面图的切制**

在矿床地质勘探或开发勘探工作中,尤其是后者,根据工程设计需要往往要切制中段设计(或预测)地质平面图,或称为××m(标高)水平断面图。

所需资料依据往往有:矿床地质图及对矿床地质构造特点和成矿规律的研究成果,一系列勘查线剖面图,或已有中段(尤其是相邻中段)地质平面图等。可利用直接切制或各种转切的方法完成。比例尺一般 1:500～1:2000,按矿体规模与地质构造复杂程度而定。现将具有一系列勘查线剖面图切制中段设计地质平面图的方法与步骤介绍如下(见图 5-16):

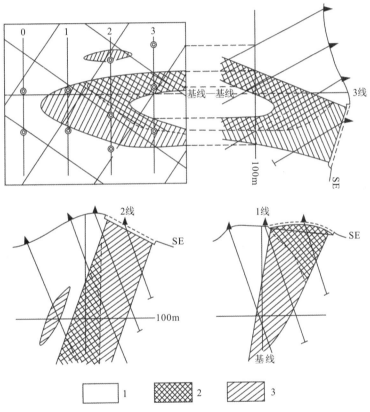

图 5-16 据勘查线剖面切制中段预测地质平面图
1.围岩;2.铁矿石;3.铜矿石(切图标高为 100m)

(1)按设计需要确定切图标高(如 100m)。
(2)绘平面坐标网,要求对角线误差小于 1mm,同时画上各勘查线及编号。
(3)从各勘查线剖面图的切图标高线上切取各类工程及地质界线点,并转绘到平面图各相应勘查线上。

(4)将各相邻勘查线上的对应地质界线点连接起来,注意地质构造线的性质、产状变化趋势;一般应按照先新后老,先外后内,先主后次,先含矿层(带)后矿体、再矿石类型的顺序联图;若有相邻中段地质平面图,要参照对比修改,并根据对某些规律变化的趋势性认识,尤其对那些属内插外推界线的预测内容作必要修正。

(5)按所选定设计的勘查工程种类(沿脉、穿脉、坑内钻等)和间距,作单项工程设计,并编号,以完成预定的矿床勘查任务。

(6)清绘成图,并按规定注明图名、比例尺、图例、责任表、图框等。

(三)单项勘查工程设计

单项勘查工程的布置与设计,应以查明矿床(体)地质特征、工程总体布置和勘查剖面设计的整体需要为出发点和归宿,否则,任何孤立的单个钻探或坑探工程设计都将成为"冒险"。

**1. 勘查剖面上钻探设计的方法和步骤**

(1)在勘查线设计地质剖面图上,按照已确定的工程间距,沿矿体中心线(厚矿体)或矿体底板线(薄矿体),由浅入深确定设计钻孔穿过矿体的截穿点位置。

(2)确定钻探类型,常用直钻与斜钻(或定向钻)两类,主要是根据矿体产状、地表地形地物情况、钻探设备条件和工人技术水平等确定。定向斜钻比直钻的技术要求高,施工难度较大,近些年来同钻位(机台)打分支定向钻,即利用造斜工艺打剖面扇形钻孔,可多点位截穿矿体,其技术要求更高,但其优点是显见的。直钻多用于产状较缓的矿体;斜钻多用于陡倾斜矿体,并尽可能沿矿体厚度方向从上盘钻进,少数情况下允许从底板截穿矿体。一般要求钻孔轴线尽可能与矿体表面垂直,其间夹角不得小于 30°,否则容易发生走滑或孔斜超差;钻孔倾角不宜小于 65°～70°,否则尤其打深孔时,技术难度较大。

(3)地表孔位的确定:根据矿体上预计的钻孔截穿点和选定的钻探类型反推到地表,即可确定设计钻孔地表开孔位置。若遇陡崖、河塘或建筑物等,允许适当移动位置。

(4)确定孔深:对于矿体边界清楚者,一般要求钻探穿过矿体后 3～5m 即可停钻。对于边界不清的矿体或矿化带,一般要求穿过矿体(或矿化带)10～20m 停钻;但必须注意决不允许在矿化带(或含矿带)中停钻,避免漏掉工业矿体。所以,加强地质研究与钻探过程中及时的地质指导工作十分重要。

(5)编制钻孔设计书,做出设计钻孔理想柱状图,简要说明钻孔位置、钻进方位、倾角(或天顶角)、预计穿过的矿体、地层、岩石种类、产状和物理性质(硬度、孔隙度等)、断裂破碎带、流砂层、水文地质情况及终孔深度等,并附上对钻探质量的技术要求和注意事项,必要时还需要提出地质、钻探、测量、物探测井人员配合工作的建议。

钻探质量要求一般有以下几个方面:

(1)岩、矿芯采取率。即指岩芯钻探回次或分层中所采取的岩、矿芯实际长度与其进尺的百分比。一般在确定无选择性磨损时,要求围岩岩芯分层平均采取率不少于 65%,矿体及其顶底板 3～5m 内的岩、矿芯采取率不小于 80%。当厚大矿体连续 5m 低于要求时应立即采取补救措施,否则工程报废。在地层岩性复杂时,应研究采取措施,力求设法保证岩、矿芯采取率的需要,否则应配合确实有效可靠的地球物理测井工作,或补采岩矿粉(泥)予以弥补。

(2)进行系统的孔斜测量。孔斜又称钻孔弯曲,是指在钻进过程中,由于某些原因钻孔偏离了原设计方位和倾角(天顶角的余角),不能按设计要求位置截穿矿体,易给资料的利用造成误差和错误。故一般要求每钻进50m测斜一次,在100m深度内的直孔,孔斜不得超过2°,斜孔不超过3°。若发现孔斜超差,应实时采取纠正措施。钻孔实际出矿点偏离设计出矿点的垂直勘查线距离,不得超过勘查线间距的1/5。

(3)孔深测量与校正。要求每隔一定深度(如100m)测深一次,尤其是在钻孔见矿、出矿和通过重要地质界线位置时,要验证孔深。若发现误差,要求立即采取递推的办法(因回次误差累积造成)进行平差校正,以保证所获得地质资料的准确性。

(4)简易水文观测。主要是按格式专门记录孔内水位的变化,漏水、涌水情况等,起到一孔多用的作用,有助于帮助完成矿床水文地质与工程地质的勘查任务。

**2. 坑探工程设计**

地表轻型山地工程因其施工容易、简便且花费又少,故其设计比较简单,按工程布置一般原则在矿床地形地质图和勘查线剖面图上直接确定。如探槽设计要求系统揭穿覆盖层小于3m的整个矿体或矿化带厚度,尽可能布置在勘查线上,常需用若干长的揭露矿化带整个宽度的主干探槽,与短的揭露局部矿体和构造的辅助探槽配合使用。探槽断面宽度以保证安全和方便观测地质现象为原则,深度应挖进新鲜基岩0.3~0.5m后终止。探槽或浅井工程间距往往要比给定的密得多,如加密一倍。当氧化带过深时,须用浅钻代替。工程施工结束后应及时取样与编录。

重型山地工程即地下坑探工程,由于其掘进技术复杂、速度较慢、劳动强度大、物资消耗与投资费用多,故其设计必须慎重,要有明确目的和充分的理论依据,一般用于矿床首采区或主要储量区,往往需优选地质效果和经济效果都比较合理的方案,并兼顾矿山基建与开发时能够利用,即便于探采结合。

探矿坑道依据矿体地质特征、探矿坑道的目的与作用,应首先在设计的中段地质平面图上完成水平坑道设计,在设计勘查线剖面图上完成垂直与倾斜坑道设计,然后转绘到矿体投影(纵或水平)图、矿床地质图和其他图件上。设计坑道一般以虚线表示,已施工的实际坑道以实线表示,并注明编号。

探矿坑道设计中,一般要求坑口位置应有利,避开断裂破碎带、流沙层等不利因素;根据需要以尽可能短的距离接近矿体,确定掘进方位;坡度在0.3%~0.5%之间;断面规格为1.5~2.0m(宽)×1.8~2.0m(高);终止深度要求穿过矿体2~3m;计算了进尺,并说明坑道穿过地段预计的地质构造现象,尤其是对不利的稳定性差的岩层、断裂破碎带、溶洞、流砂层等现象应予特别说明,以利于采取措施保证掘进施工安全和坑道使用安全。

坑道设计通过批准方可施工。施工过程中要加强现场地质指导和取样、编录工作。达到目的及时验收,然后下达停工通知书。

**(四)勘查工程的施工**

探矿工程的施工顺序一般应遵循由浅入深、由表及里、由稀到密、由已知到未知循序渐进的原则。基准孔、参数孔、沿走向和倾向的主导剖面应优先施工。其施工安排分为依次或并列两种基本方式,而常采用的是依次、并列相结合的分批施工方式。除特殊情况,如急需的特大型矿床勘查大会战外,罕见勘查工程同时全面展开的方式。合理安排施工顺序,科学组织施工说到底是个运筹学的问题。一般应根据所掌握的矿床(体)地质资料和技术设备条件,先选择最有把握的地段,如主矿体中部(浅表)最具希望部分所设计的勘查剖面工程作为第一批优先施工的工程;然后,依据其所获资料信息,再向深部与外围扩展,逐步安排其后几批工程依次施工。这种施工方式克服了逐个工程依次施工的勘查速度过慢和并列施工的工程落空风险过大的缺点,能够取得理想的勘查效果。

应当指出,一个新区勘查开局的主勘查剖面、第一个(批)勘查工程见矿的成功施工,无疑还具有增强信心、鼓舞士气的重要作用。在老区或危机矿山的第一个设计勘查工程见矿,更带来别样的惊喜。

在各单项工程开工前,要做好必要的准备工作,地质人员要向施工人员交底,施工人员按照工程地质与技术设计,在接到施工通知书后即可正式开工。

在工程施工过程中,地质与测量人员要经常及时地进行地质指导并按照设计要求检查测量,确保工程质量。必须同时进行矿产取样和地质编录工作,达到目的,通过检查验收后,即下达停工通知书,结束施工。

(五)勘查工程的原始地质编录

**1. 勘查工程原始地质编录的基本要求**

勘查工程原始地质编录是指对探矿工程所揭露的地质现象,通过地质观察、取样、记录素描、测度及相关其他工作,以取得有关实物和图件、表格和文字记录第一性原始地质资料的过程。原始编录成果,如工程、采样、测试过程与结果的资料等,均属实际材料范畴,是进行矿床综合地质研究与评价的基础资料。它的质量优劣关系到资料是否可以利用,并将直接影响到综合编录与综合研究成果的质量。所以,原始编录必须客观、及时、齐全、完整、系统与准确地进行。为保证地质编录的质量,必须满足的基本要求是:①真实性。保证地质编录资料的真实准确与可靠,这是最基本的要求;②及时性。随着探矿工程和地质工作的进展不间断地及时进行;③统一性。统一规定标准和要求等,保证资料的共享性,也便于对编录工作质量的检查与管理,原始地质编录只有经检查验收合格后才准于使用;④针对性。突出重点,方便于综合整理,有效地为完成勘查任务服务。凡能用计算机成图、成表的资料,应按标准化表格内容的要求填写。原始地质编录应尽可能及时采用新的方法和手段。

**2. 坑探工程的地质编录方法**

原始地质编录的手段和方法较以前有所改进,有的借助于录音、录像设备减轻了劳动强度,也是应提倡与鼓励的;但最基本的、常采用的还是现场地质素描编录法。图件比例尺一般采用 $1:50 \sim 1:200$,视需要而定。一般情况下,穿脉作两壁一顶平行展开图;沿脉与倾斜坑道作顶板或一壁加局部掌子面素描图;垂直坑道作四壁展开图。编录方法有:

1)导线法

用于所有较规则的探矿井巷工程的地质编录。其基本步骤如下:

(1)踏勘准备。观察地质现象,判断素描对象,统一认识,划分地质界线等。若坑道被污染,应清理干净。

(2)设置导线。测定导线方位角、倾角,导线为皮尺或测绳,应挂在井巷工程测点上。水平坑道素描一般应挂设在顶板中线上,也常有挂设在壁顶或腰线上的;倾斜或竖直井巷编录时,应沿主边壁(角)挂设导线,亦有挂设于中心线的。

(3)测绘。沿导线按一定间距(如 $1 \sim 2m$),用钢卷尺或木尺作支距,测绘井巷(素描部位)轮廓;同时将地质界线点及所有地质现象标绘在图纸(方格纸)上。

(4) 徒手勾画地质界线,注明花纹、颜色、符号。

(5) 标测取样点、采标本点位置及岩层、矿体、构造产状等。

(6) 作简要文字描述。

(7) 经现场检查无误,注明编录日期、地点、编录者姓名等。室内及时整理资料与清绘图件。

2) 平板仪法或支矩法

对于规格较大且不规则的探矿巷道、硐室,以及露天采场,用导线法编录工作量大,准确度低,故往往用小平板仪法(或放射状导线的支矩法)编录。其步骤为:

(1) 准备设备。小平板仪一台,标尺或标杆、皮尺、铅笔、原工程底图或方格纸、橡皮等。

(2) 架设平板仪。选择适当位置架设平板仪。

(3) 选择测量地质点。测量和地质人员根据工程形态变化点和地质构造特点(界线点)布设观测点。

(4) 测图和描述。将选好的测量点和地质观察点测绘于图上,圈定地质界线;标注各取样、采集标本位置及编号等;现场作文字描述。

(5) 室内整理。及时进行资料整理和图件清绘。

3) "十字"型控制法

适用于某些井巷工程(如斜井、上山、沿脉),要求随着工作面的推进,每间隔一定距离需准确快速地编制掌子面素描图。其具体做法是:首先从掌子面顶部中点向下画垂线,在距巷道底面一定高度(如1m高)位置画水平线,即构成"十字型"控制基线;然后以钢卷尺或丁字尺为支矩测量掌子面轮廓和所有地质界线点位置;最后对应连接界线,清绘整理成图。

**3. 钻探地质编录**

又称钻孔地质编录,指为取得钻孔的原始地质资料而进行的工作。

岩芯钻探编录,又称岩芯编录。一般分为两步进行:①钻探现场按回次检查整理岩(矿)芯,量取长度,按顺序编号,记录残留长度、回次进尺,计算回次与岩性分层采取率;进行地质观察和描述记录;按规定记录测深、测斜和取样资料;必要时,要求重测、纠偏,以及采取物探测井或补采岩矿粉(泥)样品用以弥补岩芯采取率的不足。②室内整理根据现场记录和取样资料计算岩矿层厚度,研究岩矿石特征,编制岩芯柱状图,这是钻孔原始编录的主要成果。若钻孔发生了倾角与方位角的偏移,则需以计算或投影作图方法进行钻孔弯曲校正,做出钻孔轴线的剖面与平面图,以供编制勘查线剖面图时利用。钻探结束时,汇总整理钻孔有关资料,以备存档和检查利用。

例如,根据某钻孔测量资料(表5-17)用正投影法作图步骤如下(图5-17):

表5-17 某钻孔测量资料

| 测点编号 | 测量深度(m) | 倾斜角(°) | 方位角(°) | 控制深度(m) |
|---|---|---|---|---|
| 1 | 0 | 70 | 90 | 0～60 |
| 2 | 120 | 65 | 110 | 60～160 |
| 3 | 200 | 58 | 118 | 160～240 |
| 4 | 280 | 50 | 126 | 240～330 |
| 5 | 380 | 40 | 135 | 330～430 |
| 6 | 480 | 32 | 142 | 430～480 |

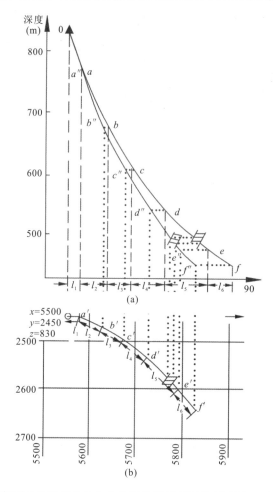

图 5-17 根据测量钻孔倾角及方位角弯曲资料编制的剖面图(a)和平面图(b)

(1)以钻孔测点和测量深度,依次计算各测点的控制长度(深度)(表 5-17)。每个测点资料的控制长度等于上、下相邻测点间一半距离之和。因钻杆是逐渐弯曲的,故各测点弯曲资料表示开始发生于其与上测点间距之半的位置,终止于其与下测点间距之半的位置。此"开始"至"终止"的长度,为测点资料的控制长度。这些开始点与终止点为转换点,或称作图控制点。自地表孔口位置向深部依次在各控制点以其倾角和控制长度做出 $o$、$a$、$b$、$c$、$d$、$e$、$f$ 各点连续的折线图。若将其以平滑曲线连接起来,则得仅是倾角发生变化了的钻孔轴线剖面图。

(2)将各控制点投影到横坐标轴上依次得:$l_1$、$l_2$、$l_3$、$l_4$、$l_5$、$l_6$ 线段,它们分别为各相邻控制点间线段未发生方位角偏移时在原设计方位上(此图为 90°)的水平投影长度。

(3)自钻孔平面投影位置 $o'$ 开始,依次分别用各测点方位角与对应的水平投影线段($l_1$,$l_2$,…,$l_6$)长度画出 $o'a'b'c'd'e'f'$ 折线,为该钻孔轴线的水平平面实际投影图。

(4)将 $a'b'c'd'e'f'$ 作剖面方向(90°为原设计剖面线方位)正投影,将其与 $a$、$b$、$c$、$d$、$e$、$f$ 点的水平线的交点平滑连接起来得 $oa''b''c''d''e''f''$ 曲线,即该钻孔轴线在勘查线剖面上的剖面(投影)图。

(5)将岩芯柱状图上的地质界线(分层)先标画在 $oabcdef$ 线上,再如上法投影转绘,即编绘出为编制勘查线剖面图所利用的钻孔轴线剖面图与平面图。

钻孔弯曲校正还有其他计算法和量板法等,但以此作图法较简便易行。

## 八、综合地质编录及其图件

综合地质编录又称"地质资料综合整理",指根据各种原始地质资料进行的系统整理和综合研究的工作总称,也即在原始地质编录的基础上,对所取得的分散零乱的地质资料,运用新理论、新方法,进行全面的整理、归纳、概括,深入地综合研究和科学分析,编制出各种必要的、说明工作地区的地质及矿产规律性的图表和地质报告等。其主要的目的是为指导下阶段的矿床勘查、矿床评价、矿山或其他工程设计等提供依据。所以,综合地质编录既是野外地质工作的继续和"升华",也是贯穿于整个矿床勘查过程中,为多快好省地完成勘查任务,正确查明矿床地质特征与成矿规律必备的重要环节。

综合编录图件是综合编录的重要成果,是地质勘查报告中的重要组成部分。根据矿床地质特征、勘查工程布置方式不同和研究任务要求的差别,需要编制不同种类和内容的综合图件。其中除了区域与矿区地形地质图类外,最基本的仍然是勘查剖面图类、矿体投影图类,以及其他一些专门性图件。简要介绍如下:

(一)勘查剖面图类

勘查线剖面图与中段(或水平断面)地质平面图仍是最基本的两种勘查剖面图件。

实际勘查剖面图与设计勘查剖面图的编制方法基本相同。其区别仅在于前者的勘查工程是实际完成的,数量较多;后者是设计的,数量往往较少。其编制的目的和作用不同。将原设计剖面上设计工程施工所获得的原始编录资料正确反映在勘查剖面上,根据各相邻工程所揭露的地质构造现象和矿化取样资料,经过合乎地质规律的综合分析与对比研究,再将所有地质构造和矿体界线点对应连接与合理推断,从而编制出相应的勘查剖面图。

勘查剖面图的主要作用和用途在于:单个勘查剖面较准确反映该断面(垂直或水平)上地质构造特点和矿体赋存情况;一系列勘查剖面图则反映矿床(体)总体地质构造特征及其变化特点,反映勘查程度和精度,是进一步勘查和矿山建设与采掘工程设计的依据,是编制其他综合性图件和断面法估算储量的基本图件。

勘查剖面图用于储量估算时,称为储量估算剖面(或断面)图。属于这一类重要的专门性图件,还要求将矿体划分出各类储量估算块段,并分别标注其储量值、类别,矿石类型、储量估算参数及块段编号等。为了增加储量估算结果的可信度,一般要求相邻工程上对应矿体边界点以直线相连,也可用自然趋势法连接,但其间所圈定矿体厚度不能大于相邻工程的见矿厚度。

除了勘查线剖面(或称横剖面)图和水平断面图两种勘查剖面图外,时常还编制沿矿体总体走向、在矿体上盘一定位置的铅垂剖面图,称为纵剖面图(也可用矿体纵投影图代替),用以反映矿体走向上的总体边界形态、产状变化情况及其地质构造特点。其编制的依据主要是矿区地形地质图和在该纵剖面线上及其附近的勘查工程的原始编录资料。其具体编制,总体上类同于勘查线剖面图的编制方法和步骤,只是应注意改变了的作图方位。

在地下开采的生产勘查过程中,以采矿块段或采场为单元,将提供的反映该块段或采场矿体细部特征的各两个以上横剖面图、水平地质平面图和一个纵剖面图(或纵投影图)合称为"三面图",是采矿设计与生产管理的基本资料依据。

## (二)矿体投影图类

一般用正投影方法,将矿体边界线及其他有关内容投影到某一理想平面上而构成的一类综合图件,称为矿体投影图。按投影面的空间位置,常采用矿体纵投影图和水平投影图两种基本图件,较少采用将矿体边界线正投影到矿体平均倾斜平面上的投影方法编制的矿体倾斜平面投影图。若将矿区或矿化带中所有矿体(群)投影到与其总的走向平行的理想平面上而构成复合投影图,作为研究矿体分布规律、进行矿区总体基建工程布置及制订矿山长远规划等方面的重要依据。一般情况下,当矿床具有两个或多个矿体,为醒目起见常需按单个矿体分别编制矿体投影图。其作用和用途是表示矿体的整体分布轮廓和侧状方向,可看出对矿体的研究与控制程度,表明不同类别储量及不同类型或不同品级矿石的大致分布范围;开发勘查阶段还常用来表示采掘进度,是矿体勘查与开采工程布置的总体性图件,并常是开采块段法、地质块段法储量估算的基本图件。

采用何种投影方式编制图件,主要取决于矿体产状的陡缓。当矿体总体倾角较陡,大于45°时,一般常采用垂直投影面,作矿体纵投影图;当矿体倾角较缓,小于45°,尤其是极缓倾斜、近于水平的矿体,则多作矿体水平投影图。其比例尺视矿体规模和要求而定,一般为1∶500~1∶1000。

矿体纵投影图与矿体水平投影图的作图方法基本相似:前者是先将勘查工程与揭露矿体的中心线交切点投影到一个平行矿体总体走向的铅垂平面上,再圈定矿体范围与各种界线;而后者则主要将矿体出露边界绘出,再将勘查工程与矿体中心面的交切点投影到一理想水平面上,再圈定矿体范围与各种边界线。其区别仅在于:①理想投影面的方位不同(相互垂直);②若矿体有出露地表部分,则有绘出矿体中心线与绘出矿体出露边界线的不同。编图依据资料主要有:矿区地形地质图、勘查线剖面图、中段地质平面图、勘查工程分布图及各取样工程与分析结果等。

这里仅将矿体纵投影图的编制步骤介绍如下:

(1)确定投影面。原则上是平行于矿体总体走向即矿区布置勘查线时设置的基线方位理想的铅垂平面。然而在矿体走向变化较大时,会由于资料计算与作图困难,易产生较大麻烦和错误,故可在矿体走向线与原投影面交角大于15°时,采取改变投影面方位分段投影的方式,并注明其所改变的方位,但应考虑矿段间在展开后的衔接关系,减少误差和错觉。

(2)绘制控制(线)网。标高线的间距,当编图比例尺为1∶500则定为50m,若比例尺为1∶1000,则定为100m。勘查线即按基线上的线间垂直距离绘制;平面坐标则选与矿体走向交角最大的一组($x$或$y$),并依其交点在投影面上作垂线,绘成控制网。

(3)矿体出露(地形)线的绘制。将矿区地形地质图上矿体各露头(或探槽揭露)的中心点依其标高位置投影,并将各剖面上地表矿体中心投影点连接起来即得矿体露头线;或将投影基与地形等高线交点连接起来,即得投影面上的地形线。若为盲矿体,则无须切地形线。

(4)根据各勘查线剖面图,将各勘查工程与矿体中心线(面)的交点位置投影标绘到图上。连接起边缘见矿工程中心点,得矿体内边界线;将各勘查线上矿体尖灭点投影到图上,并连接起来,则得矿体外边界线。同法绘制其他破坏矿体的各地质体与构造界线。

(5)按照勘查工程控制程度及所采用的储量估算方法和工业指标,划分储量估算所需的地质块段、开采块段,并标注各块段矿体的储量类别、矿石类型、面积、平均厚度、矿石储量、金属储量等。

(6)绘制图名、比例尺、图例及图签等。

(三)其他综合编录图件

该大类图件是根据不同的专门研究目的需要而编制的,种类繁多。现仅介绍常用的两种等值线图:

**1. 矿层底(顶)板等高线图**

这是表示矿层底(或顶)板在矿区不同部位的埋藏深度和变化趋势的一种综合图件,可按顶、底板标高分别制图,也可用不同线条表示于同一图上。一般多用于倾角中等或较缓、厚度较稳定、勘查工程较密的层状矿床,尤其是表示缓倾斜层状沉积矿产,如煤矿、磷矿、铝土矿等矿层的赋存状态和底(顶)板的起伏变化情况,是矿山开采设计,特别是露天开采设计时用于确定开采范围、计算剥离量(或剥采比)等所必备的重要资料,也常用于储量估算等。比例尺一般不大于1:500。

图件内容包括坐标线、断层线、矿层露头线、勘查线及其编号,全部揭露或穿过本矿层的勘查工程位置及其编号,截穿矿层底(顶)板标高及等高线等。如用此图作储量估算时,图内尚需绘制生产井的位置及其采掘边界、废井的位置及采空区,在每个见矿工程点旁边,标明估算储量所采用的矿层厚度、矿芯采取率、化验分析结果主要指标及矿层小柱状图。此外,应根据勘查工程结合矿层情况用不同线条分别圈定储量类别,划分块段,并标明编号。编制方法:首先在投影平面图上绘制坐标网;根据测量成果将见矿工程位置标于图上,并标明见矿底(顶)板标高及矿芯采取率、见矿厚度;绘制矿体地表露头界线;用插入法或垂直剖面法按一定的等高距求出各个等高点;将各相同等高点连接成圆滑曲线,即为矿层底(顶)板等高线。连线时要注意走向变化——实质上,矿层底(顶)板等高线即该层面上不同高度的走向线。若用作储量估算时,还需根据勘查研究程度圈定储量类别边界线,划分储量估算块段等。

**2. 矿层等厚线图(或称厚度等值线图)**

矿层厚度等值线图是反映矿层厚度变化规律的一种图件,是开采设计,特别是露采设计时计算剥采比和圈定开采范围所依据的基本地质图件。其编制通常是以铅垂厚度,即来自勘查工程穿过矿层面上某定点垂直向下至下层面的距离来绘制。在图上应绘出坐标网、勘查线与勘查工程、矿区边界线、断层、矿层等厚线。在见矿工程旁除注明编号外,还应写明矿层厚度、底板标高与品位。如有必要,可附绘有代表性的剖面图与厚度变化曲线图。

(四)计算机在地质制图中的应用

由于计算机具有超常的存储信息、加工分析、处理和编图功能,能将各种地质信息资料、研究成果以适当的算法语言和程序自动处理,迅速、准确地将各种图形显示出来,并能检验评价其质量等,所以电子计算机在地质制图中尤显威力。

计算机从地质调查的原始地质编录到综合成图,构成一套较完整的自动化体系,其基本步骤为:调查、探测、取样等测试资料→信息传输和记录→数据处理→图件输出。

计算机可编制的地质图件包括钻孔柱状图、垂直或水平断面图、各种等值线图、各种储量估算图、矿床综合地形地质图乃至矿床立体图等。

目前,计算机逐步普及,也逐步建立了各式各样的勘查数据库,研制了不少成熟的软件。随着计算机技术的迅速推广,必将把地质工作者从长时间繁重的资料计算、分析解释和编图工作中解放出来,并提高地质图件的质量,大大加快了矿产地质勘查的现代化进程。

## 第五节 储量估算与比较评价

矿产储量,简称储量,一般是指具有一定地质研究与控制程度的已查明的矿产资源。它是国家和地方合理规划工业布局,制订国民经济计划与资源政策的重要依据,是优化市场资源配置,实施资源宏观调控,安排矿产勘查计划、矿山开发与生产计划和管理的重要依据。所以,国家为了掌握各种资源现状及其变动情况,要求定期填制专门的统计报表(矿产储量统计表,曾称之为矿产储量平衡表),而这是建立在储量估算基础上的。

储量估算是矿产勘查各阶段的重要工作内容。只是由于各阶段工作的任务要求和勘查程度不同,故计算结果的精度(可靠程度)和用途也不同。矿床勘查阶段的储量估算是根据勘查工作对矿床地质、矿体地质的地质研究和工程控制所获得的资料和数据,运用一定的方法,具体确定矿床(或矿体)各部分有用矿产的数量、质量、空间分布、技术条件及研究精度(或可靠程度)的过程。所得结果是矿床勘查的主要成果,是建矿可行性研究评价与矿山设计的主要依据。实质上,矿床勘查的实际工作过程正是对矿床(体)地质特征,矿体产出的形态、产状、规模、分布位置,内部结构与矿石质量,以及最终开发利用(采、选、冶)的技术可行性、经济合理性等的综合研究与评价过程,所以,勘查所提交的矿产储量报告是勘查成果的综合体现。

但是,无论哪个勘查阶段,也无论采用何种所谓先进与准确的储量估算方法,储量估算误差总是客观存在的。它既属于矿床地质勘查的质量问题,又属于时间性很强的矿床技术经济评价问题。由于具体矿床的储量估算及其误差是个牵涉面极广的复杂概念,故对其具有实际意义的评价研究,历来强调的是相对的比较评价方法。实际上,人们对储量具体的分类、储量估算方法的选择等,均是比较评价的结果。常用的诸多"类比法"也属于比较评价的范畴。而最重要、最根本的比较评价方法,应是探采资料的对比评价法。故本节在介绍了储量估算过程与方法之后,重点介绍探采资料对比评价方法。

### 一、矿产资源/储量分类及类型条件

矿产资源/储量的分类分级研究一直是国内外共同关心的课题。我国的"规范"经多次修订后与俄罗斯(苏联)的基本一致。西方国家(美、英、加拿大等)将矿产资源分为查明的和未经发现的两大类;按地质可靠程度分为实测的(确定的)、推定的、推测的和假设的、假想的;按技术经济可行性分为经济的、边界经济的、次经济的等。联合国1997年建议的"国际储量/资源分类框架"是以地质、经济和可行性三轴联合作为分类方案。国内外分级系统概略对比如表5-18所示。我国近年来为了适应国内外市场经济和国际对比交流的需要,已研究制定了既便于与国外协调对比,又符合我国国情的《固体矿产资源/储量分类》(GB/T 17766—1999)标准。

(1)资源和储量分类的依据

**1. 地质可靠程度**

地质可靠程度反映了矿产勘查阶段工作成果的不同精度,分别为探明的、控制的、推断的和预测的4种。

预测的:是指对具有较大矿化潜力的地区经过预查得出的结果。在有足够数据并能与地质特征相似的矿床类比时,才能估算出预测的资源量。

推断的:是指对普查区按照普查的精度大致查明矿产的地质特征以及矿体的展布特征、品

位、质量,也包括那些由地质可靠程度较高的基础储量或资源量外推的部分。由于信息有限,不确定因素多,矿体的连续性是推断的,矿产资源量估计所依据的数据有限,可信度较低。

控制的:是指对矿区的勘查范围依照详查的精度详细查明了矿床的地质特征、矿体的形态、产状、规模、矿石质量、品位及开采技术条件,矿体的连续性基本确定,矿产资源量估计所依据的数据较多,可信度高。

探明的:是指对矿区的勘查范围依照勘探的精度详细查明了矿床的地质特征、矿体的形态、产状、规模、矿石质量、品位及开采技术条件,矿体的连续性已经确定,矿产资源量估计所依据的数据详尽,可信度高。

联合国1997年提出的《国际矿产储量/资源分类框架》(简称为《框架》)把整个矿床的调查阶段分为详勘、初勘、普查及踏勘,相应的地质可靠程度为确定的、推定的、推测的和踏勘的。

### 2. 可行性评价

《固体矿产资源/储量分类》(GB/T 17766—1999)标准中,依其可行性研究与评价程度深浅分为概略研究、预可行性研究和可行性研究。

概略研究:指对矿床开发经济意义的概略评价。所采用的矿石品位、矿体厚度、埋藏深度等指标常是我国矿山几十年来的经验数据,采矿成本是根据同类矿山生产估计的。其目的是为了由此确定投资机会。由于概略研究一般缺乏准确参数和评价所必需的详细资料,所估算的资料量只有内蕴的经济意义。

预可行性研究:是指对矿床的开发经济意义的初步评价。其结果可以为该矿床是否进行勘探或者可行性研究提供决策依据。进行这类研究通常应有详查或勘探后采用参考工业指标求得的矿产资源/储量数、实验室规模的加工选冶资料,以及通过价目表或类似矿山开采对比所获得数据估算的成本。预可行性研究的内容可与可行性研究的内容相同,但详细程度次之。当投资者为选择拟建项目而进行预可行性研究时,应选择适合当时市场价格的指标及各项参数,且论证尽可能齐全。

可行性研究:是指对矿床开发经济意义的详细评价。其结果可以详细评价拟建项目的技术经济可靠性,可作为投资决策的依据。研究所采用的成本数据精确度高,通常依据勘探所获的储量数据及相应的加工选冶试验结果,其成本和设备报价所需各项参数受当时的市场价格并充分考虑了地质、工程、环境、法律和政府的经济决策等各种因素的影响,具有很强的时效性。

### 3. 经济意义

对地质可靠程度不同的查明矿产资源,经过不同阶段的可行性评价,按照评价当时经济上的合理性可划分为经济的、边际经济的、次边际经济的和内蕴经济的。

经济的:其数量和质量是符合市场价格确定的生产指标计算的。在可行性研究或预可行性研究当时的市场条件下开采,技术上可行,经济上合理,环境等其他条件允许,即每年开采矿产品的平均价值能满足投资回报的要求,或在政府补贴和(或)其他扶持措施条件下,开发是可能的。

边际经济的:在可行性研究或预可行性研究当时,其开采是不经济的,但接近盈亏边界,只有将来由于技术、经济、环境等条件的改善,或政府给予其他扶持的条件下变成经济的。

次边际经济的:在可行性研究或预可行性研究当时,开采是不经济的或技术上不可行,需大幅度提高矿产品价格或技术进步,使成本降低后方能变为经济的。

表 5-18  国内外矿产资源主要分级系统概略对比表

| | | | | | | | | | | |
|---|---|---|---|---|---|---|---|---|---|---|
| 国内对比 | 《总则》1992 | 矿产储量 | | | | | | | | |
| | | A | B | C | D | | E | | | |
| | 《铀矿》1991 | 可靠资源 | | | | 远景资源 | | 预测资源 | | |
| | | A | B | C | D | | E | F | | G |
| | 《总则》1977 | 探明储量 | | | | | | 预测资源 | | |
| | | A | B | C | D | | | E | F | G |
| | | | | | C级降级 | C级外推 | 异常验证 | 稀疏工程 | | | |
| | 《总则》1959 | 探明储量 | | | | | | 预测资源 | | |
| | | 工业储量 | | | | 远景储量 | | 地质储量 | | |
| | | $A_1$ | $A_2$ | B | $C_1$ | | $C_2$ | | | |
| 国际对比 | 苏联 1981 | 勘查储量 | | | | 初步评价储量 | | 预测储量 | | |
| | | A | B | $C_1$ | | | $C_2$ | $P_1$ | $P_2$ | $P_3$ |
| | 美国 1980 | 矿产资源(total resources) | | | | | | | | |
| | | 查明资源(identified resources) | | | | | | 未经发现资源(undiscovered resources) | | |
| | | 实测的(measure) | | 推定的(indicated) | | 推测的(inferred) | | 假定的(hypothetical) | | 假想的(speculative) |
| | | 经济的储量基础(economic reserve base) | | | | | | 资源(latent resources) | | |
| | | 边界经济的储量基础(marginally economic reserve base) | | | | | | | | |
| | | 次经济资源(subeconomic resources) | | | | | | | | |
| | 英美工业界 | 证实矿量(proved ore) | | 概略矿量(probable ore) | | 可能矿量(possible ore) | | 潜在资源(latent resources) | | |
| | 联合国 1979 | R 今后几十年中具有经济意义的原地资源 | | | | | | | | |
| | | R-1 | | | | R-2 | | R-3 | | |
| | | R-1-E 经济可开采(economic) | | | | R-2-E 经济上可开采的(economic) | | 未发现的资源(undiscovered resources) | | |
| | | R-1-M 边界经济(marginal) | | | | | | | | |
| | | R-1-S 次经济的(subeconomic) | | | | R-2-S 次经济的(subeconomic) | | | | |
| | 联合国 1997 | 矿产资源总量 | | | | | | | | |
| | | 证实的储量 概略的储量 | | 可行性资源 预可行性资源 确定的资源 | | 推定的资源 推测的资源 | | 踏勘资源 | | |

注：1.《总则》1992，是指 1992 年 GB 13908—92《固体矿产勘查规范总则》。
   2.《铀矿》1991，是指 1991 年 EF/511—91《铀矿资源评价规范》。
   3.《总则》1977，是指 1977 年制定的《金属矿床地质勘查规范总则》和《非金属矿床地质勘查规范总则》；预测资源量，是根据地质矿产部 1990 年制定的《固体矿产成矿预测基本要求(试行)》。
   4.《总则》1959，是指 1959 年制定的《矿产储量暂行规范(总则)》。
   5.苏联 1981，是指苏联 1981 年公布的《固体矿产储量和预测的分类》。
   6.美国 1980，是指美国内政部和地质调查所 1980 年签发的《813 号地质调查通告》公布的《矿产资源和储量分类原则》，其中储量基础为原地资源。
   7.联合国 1979，是指联合国 1979 年制定的《矿产资源国际分类系统》。
   8.联合国 1997，是指联合国 1997 年制定的《国际矿产储量/资源分类框架》。

内蕴经济的:仅通过概略研究作了相应的投资机会评价,未作预可行性研究或可行性研究。由于不确定性因素多,无法区分是经济的、边际经济的,还是次边际经济的。

经济意义未定的:仅指预查后预测的资源量,属于潜在资源,无法确定其经济意义。

(二)矿产资源/储量分类

新《固体矿产资源储量分类标准》中,根据各勘查阶段获得的矿产资源储量开发的经济意义、可行性研究程度与地质可靠程度,将分为资源量、基础储量和储量3个大类,细分为16个类型,分别用三维形式(图5-18)和矩阵形式(表5-19)表示。

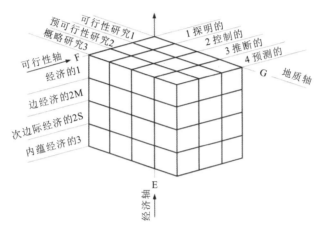

图5-18 固体矿产资源/储量分类框架图

编码采用(EFG)三维编码,E、F、G分别代表经济轴、可行性轴和地质轴。

编码的第1位数代表经济意义:1代表经济的,2M代表边际经济的,2S代表次边际经济的,3代表内蕴经济的。第2位数表示可行性评价阶段:1代表可行性研究,2代表预可行性研究,3代表概略研究。第3位表示地质可靠程度:1代表探明的,2代表控制的,3代表推断的,4代表预测的。变成可采储量的那部分基础储量,在其编码后加英文字母"b"以示区别于可采储量。

对照表5-19将矿产资源储量分类简介如下:

**1. 资源量(resources)**

指所有查明与潜在(预测)的矿产资源中,具有一定可行性研究程度,但经济意义仍不确定或属次边际经济的原地矿产资源量。可分为3个部分:

(1)内蕴经济资源量。矿产资源勘查工作自普查至勘探,地质可靠程度达到了推断的至探明的,但可行性评价工作只进行了概略研究,由于技术经济参数取值于经验数据,未与市场挂钩,区分不出其真实的经济意义,统归为内蕴经济资源量。可细分为3个类型:探明的内蕴经济资源量(331)、控制的内蕴经济资源量(332)、推断的内蕴经济资源量(333)。

(2)次边际经济资源量。据详查、勘探成果进行预可行性、可行性研究后,其内部收益率呈负值,在当时开采是不经济的,只有在技术上有了很大进步,能大幅度降低成本时,才能使其变为经济的那部分资源量。细分为3个类型:探明的(可研)次边际经济资源量(2S11)、探明的(预可研)次边际经济资源量(2S21)、控制的(预可研)次边际经济资源量(2S22)。

表 5-19 矿产资源储量类别与勘查各阶段对比表

| 地质可靠程度 / 经济意义 | | 查明资源 | | | | | 潜在资源 | |
|---|---|---|---|---|---|---|---|---|
| | | 探明的(001) | | 控制的(002) | | 推断的(003) | | 预测的(004) |
| | 可研程度 | 可行性研究(010) | 预可行性研究(020) | 概略研究(030) | 预可行性研究(020) | 概略研究(030) | 概略研究(030) | 概略研究(030) |
| 经济的(100) | 扣除设计采矿损失 | 可采储量(111) | 预可采储量(121) | | 预可采储量(122) | | | |
| | 未扣除设计采矿损失(b) | 基础储量(111b) | 基础储量(121b) | | 基础储量(122b) | | | |
| 边际经济的(2M00) | | 基础储量(2M11) | 基础储量(2M21) | | 基础储量(2M22) | | | |
| 次边际经济的(2S00) | | 资源量(2S11) | 资源量(2S21) | | 资源量(2S22) | | | |
| 内蕴经济的(300) | | | | 资源量(331) | | 资源量(332) | 资源量(333) | 资源量(334)？ |
| 相当于原储量级别 | | B | | C | | D | | E+F |
| 探求相应储量类别的各勘查阶段 | | 勘探 | | | | | | |
| | | | | 详查 | | | | |
| | | | | | | 普查 | | |
| | | | | | | | | 预查 |

(3)预测资源量(334)?。依据成矿地质分析、航空、遥感、地球物理、地球化学等异常或极少量工程资料,确定具有矿化潜力的地段,并和已知矿床类比而估计的资源量,属于潜在矿产资源。有无经济意义尚不确定,属潜在矿产资源,可作为区域远景宏观决策的依据。

**2. 基础储量(basic reserve)**

经过详查或勘探,地质可靠程度达到控制的和探明的矿产资源,在进行了预可行性或可行性研究后,经济意义属于经济的或边际经济的,也就是在生产期内,每年的平均内部收益率在 0 以上的那部分矿产资源。基础储量又可分为两部分:

(1)经济基础储量。是每年的内部收益率大于国家或行业的基准收益率,即经预可行性或可行性研究属于经济的,未扣除设计和采矿损失的那部分(扣除之后为储量)。结合其地质可靠程度和可行性研究程度的不同,又可分为 3 个类型:探明的(可研)经济基础储量(111b)、探明的(预可研)经济基础储量(121b)、控制的(预可研)经济基础储量(122b)。

(2)边际经济基础储量。内部收益率介于国家或行业基准收益率与 0 之间未扣除设计和采矿损失的那部分,也有 3 个类型:探明的(可研)边际经济基础储量(2M11)、探明的(预可研)边际经济基础储量(2M21)、控制的(预可研)边际经济基础储量(2M22)。

**3. 储量(extractable reserve)**

经过详查或勘查,地质可靠程度达到了控制或探明的矿产资源,在进行了预可行性研究或可行性研究,扣除了设计和采矿损失,能实际采出的数量,经济上表现为在生产期内每年平均的内部收益率高于国家或行业的基准收益率。储量是基础储量中的经济可采部分。

根据矿产勘查阶段和可行性评价阶段的不同,储量又可分为可采储量(proved extractable reserve)(111)、预可采储量(probable extractable reserve)(121)及预可采储量(122)3 个类型。

## 二、几何图形法储量估算的原理和一般过程

几何图形法储量估算的一般过程是：
(1)确定矿床工业指标。
(2)圈定矿体边界或划分储量估算块段。
(3)根据选择的计算方法,测算求得相应的资源储量估算参数：矿体(或矿段)面积 $S$,平均厚度 $M$,矿石平均体重 $\bar{D}$,平均品位 $\bar{C}$,等等。
(4)计算矿体或矿块的体积 $V$ 和矿石资源量/储量 $Q$：
$$Q = V \cdot \bar{D}$$
或金属量 $P$：
$$P = Q \cdot \bar{C}$$
(5)统计计算各矿体或块段的资源量/储量之和,即得矿床的总资源量/储量。

## 三、矿床工业指标的确定

### (一)矿床工业指标的概念和内容

**1. 矿床工业指标的概念**

矿床工业指标,简称工业指标,是指在现行的技术经济条件下,工业部门对矿石原料质量和矿床开采条件所提出的要求,即衡量矿体能否为工业开采利用的规定标准。它常被用于圈定矿体和计算资源储量所依据的标准,也是评价矿床工业价值、确定可采范围的重要依据。工业指标或表述为：是依据资源开发与节约并重、保护和合理利用矿产资源的方针及国家经济政策、科技水平和经济效益所确定的常用于圈定矿体、计算矿产资源储量的技术经济参数。工业指标的高低取决于矿床地质构造特征,矿产资源方针,经济政策和矿石采、选、冶的技术水平等。反过来,矿床工业指标直接影响着所圈定矿体的形态复杂程度、规模大小、储量的多少、采出矿石质量的高低及对矿床地质特征、成矿规律的正确认识,进而影响到确定矿床开采范围、生产规模、采矿方案和选矿工艺,开采中的损失与贫化率、选矿回收率等技术参数的确定,最终影响到矿山生产经营的技术经济效果、矿产资源的回收利用程度和矿山服务年限等。所以,工业指标是地质与技术经济联合研究的主要课题之一。

**2. 工业指标内容**

矿床工业指标的内容很多,构成一个复杂的工业指标体系。大体上可分为矿石质量和开采技术条件两部分或归纳为如下 3 类。

第一类：与矿石质量有关的,如边界品位、最低工业(可采)品位、有害杂质最大允许含量、有用伴生组分的最低综合品位、矿石自然类型和工业品级的划分标准及出矿品位或入选品位等。

第二类：与地质体厚度有关的,如最小可采厚度、夹石剔除厚度或夹石最大允许厚度等。

第三类：其他的,如最低工业米百分率(或工业米克吨值)、含矿系数一些综合指标；还有个别矿种所需规定的特殊标准,如铬铁矿的铬铁比,铝土矿的硅铝比,煤矿的挥发分、灰分、发热

量,耐火材料矿产的耐火度、灼减量,与采矿条件有关的采剥比、开采深度等。

其中最重要、最常用的几项工业指标是:

(1)边界品位。指在圈定矿体时,对单个样品有用组分含量的最低要求。作为区分矿与非矿的分界标准,它直接影响着矿体形态的复杂程度、矿石平均品位的高低、矿石与金属储量的多少。一般界于尾矿品位与最低工业品位之间。

(2)最低工业品位。或称为最低可采品位,是指工业可采矿体、块段或单个工程中有用组分平均含量的最低限,亦即矿物原料回收价值与所付出费用平衡、利润率为零的有用组分平均含量。它是划分矿石品级,区分工业矿体(地段)与非工业矿体(地段)的分界标准之一,直接关系到工业矿体边界特征和储量的多少。它常高于边界品位,在圈定矿体时,往往与边界品位联合使用。

(3)最低可采厚度。是指在一定技术经济条件下,对具有开采价值矿体(矿层、矿脉等)的最小厚度(真厚度)要求,原是区分能利用储量与暂不能利用储量的标准之一。

(4)夹石剔除厚度。是指矿体内可以圈出并在开采时可以剔除的夹石(非工业矿石)的最低厚度标准。若夹石小于此指标,则不予剔除而和矿石一样对待,否则,此夹石应单独圈定处理:留于原地不予开采或选别开采(分采、分运),估算储量时,则不能参与计算。

(5)有害杂质最大允许含量。是指块段或单个工程中对矿产品质量或加工过程起不良影响的有害组分的最大允许含量要求。

(6)最低工业米百分率。是对矿体厚度(m)与品位(%)乘积要求的综合指标。当品位值为 g/t(贵金属)时,称为最低工业米克吨值。它只用于圈定厚度小于最小可采厚度,而对于品位远高于最低工业品位的薄而富矿体(矿脉、矿层),当其厚度与平均品位乘积等于或大于此指标时,则圈为工业可采矿体,所估算储量为表内储量,否则划入表外储量。

(7)含矿系数。是指各工业可采部分与相应整个矿床或矿体、矿段、块段的体积比,时常用其面积比(面含矿系数)或长度比(线含矿系数)代替。当有用组分分布极不均匀,夹石(层)太发育,不能确定工业矿体可靠边界的含矿带时,为除去无矿部分,提高储量估算精度,用它作校正系数参与储量估算。其指标根据最佳采矿方法下的选别开采和经济合理性确定(苏联)。

(8)剥采比。或称剥离系数,是指露天开采时需剥离的废石量(上覆岩层、夹石)与开采的矿石量之比值的一项重要技术经济指标。一般规定其上限(即合理剥采比),大于此指标者,则不宜露天开采,应考虑地下开采。

(9)共(伴)生组分综合利用指标。与主有用组分共(伴)生的,具有综合利用工业价值的其他有用组分的最低含量标准。

(二)确定工业指标的依据

矿床工业指标依矿床勘查阶段的时间序列构成如下系统:普查阶段的参考性工业指标→详查阶段为矿山规划的暂定工业指标→地质勘探阶段由勘查、矿山设计和基建生产部门共同制定的计划工业指标→矿山生产初期经试生产验证核实的实际生产正式工业指标→矿山生产发展过程中,由矿山企业计划、矿山地质和采选冶生产部门,根据变化了的情况,往往重新研究修订的扩大工业指标。根据勘查程度高低确定的这一工业指标系统,反映随着勘查程度的提高,工业指标也在逐渐趋向于合理可靠和切实可行。在矿产预查、普查、详查阶段,资源量与储量估算可参照《矿产工业要求参考标准》中的一般标准确定。例如,铜矿床一般工业指标及伴生有益组分评价参考指标如表 5-20 及表 5-21 所列。

表 5-20 铜矿床工业指标一般要求

| 项目 | 硫化矿石 | | 氧化矿石 |
|---|---|---|---|
| | 坑采 | 露采 | |
| 边界品位(%) | 0.2~0.3 | 0.2 | 0.5 |
| 最低工业品位(%) | 0.4~0.5 | 0.4 | 0.7 |
| 矿床平均品位(%) | 0.7~1.0 | 0.4~0.6 | |
| 最小可采厚度(m) | 1~2 | 2~4 | 1 |
| 夹石剔除厚度(m) | 2~4 | 4~8 | 2 |

表 5-21 铜矿床伴生有益组分评价参考表

| 元素 | Pb | Zn | Mo | Co | WO₃ | Sn | Ni | S | Bi | Au | Ag | Cd、Se、Te、Ga、Ge、Re、In、Tl |
|---|---|---|---|---|---|---|---|---|---|---|---|---|
| 含量(%) | 0.2 | 0.4 | 0.01 | 0.01 | 0.05 | 0.05 | 0.1 | 1 | 0.05 | 0.1g/t | 1g/t | >0.001 |

正确确定最佳工业指标是一项经济性强、时间性强、政策性强,且往往因具体情况而变化、技术复杂的综合性工作,所依据的基础资料包括:国家有关矿产开发的方针政策,矿床地质构造资料,矿石最佳采、选、冶技术方案及工艺试验资料,近期与长远的市场需求,各矿产品方案及经济核算资料等。因工业指标的数值随矿种不同、矿床地质特征及上述资料的影响作用不同而不同,并应具有动态的性质,故具体矿床的工业指标应具体制订。只有依据当时的实际资料,经过地质技术经济的综合对比论证后,才能获得最佳的矿床工业指标。

(三)综合品位指标的确定

在贯彻执行综合勘查、综合评价、综合利用矿产资源方针时,对具有工业利用价值、具有一定社会效益和经济效益的共、伴生组分的综合性矿石,其综合品位就是主要有用组分(标准组分)品位与伴生有用组分含量等价折算为主组分品位后的总和。公式为:

$$\alpha_{综} = \alpha_{主} + \sum_{n=1}^{n} K_i \cdot \alpha_{i伴}$$

式中:$\alpha_{综}$—以主组分表示的综合品位(%);

$\alpha_{主}$—主组分品位(%);

$\alpha_{i伴}$—第 $i$ 个伴生有用组分含量(%);

$K_i$—第 $i$ 个伴生有用组分的换算系数(或称等值系数)。

其中的 $K$ 值有以下求法:

1)价格法

$$K = \frac{\varepsilon_{伴}}{\varepsilon_{主}} \frac{P_{伴}}{P_{主}} \frac{\beta_{主}}{\beta_{伴}}$$

式中:$\varepsilon_{主}$、$\varepsilon_{伴}$—主组分与伴生组分的选矿回收率(%);

$P_{主}$、$P_{伴}$—主组分与伴生组分的精矿价格(元/t);

$\beta_{主}$、$\beta_{伴}$—主组分与伴生组分的精矿品位(%)。

2)产值法
$$K = \frac{P_{伴}\ \varepsilon_{伴}}{P_{主}\ \varepsilon_{主}}$$

3)赢利法
$$K = \frac{E_{伴}\ \varepsilon_{伴}\ \beta_{主}\ V_{伴}}{E_{主}\ \varepsilon_{主}\ \beta_{伴}\ V_{主}}$$

式中:$E_{主}$、$E_{伴}$——主组分与伴生组分的采矿回收率(%);

$V_{主}$、$V_{伴}$——主组分与伴生组分的单位产品赢利(元/t)(即价格减去生产成本之差值)。

综合品位同样应分为边界综合品位和最低工业综合品位指标,用以圈定同位或异体共、伴生矿产综合利用矿体的合理边界线。

### 四、矿体圈定

#### (一)矿体边界线种类

(1)零点边界线。矿体尖灭点的连线,一般情况下,它与矿体自然边界(矿体与围岩界线明显)或外边界线一致,表示各矿体大致分布范围。

(2)可采边界线。是指符合当前工业技术条件探明的可供开采利用的矿体(矿块或块段)边界线。

(3)内边界线。连接边缘见矿工程所形成的边界线,表示由勘查工程实际控制的那部分矿体分布范围。

(4)外边界线。用外推法确定的矿体边界线,表示矿体的可能分布范围。它与内边界线间的储量可靠程度要低于内边界线范围内的储量。

(5)资源储量类别边界线。以资源储量分类标准圈定,表示不同类别资源储量分布范围的边界线。

(6)自然(工业)类型边界线。以矿石自然(工业)类型划分标准确定的边界线。

(7)工业品级边界线。在能分采矿石工业类型边界线内,以工业品级划分标准确定的边界线。

#### (二)矿体边界线的圈定方法

在储量估算图上把矿体空间形态位置,即矿体边界线确定下来的工作,称为矿体圈定。矿体边界线的圈定一般是在勘查线剖面图、中段地质平面图或矿体投影图上,利用工程原始编录和矿产取样资料,根据确定的工业指标,结合矿床(体)地质构造特征、勘查工程分布及其见矿情况全面考虑进行的。其一般步骤是:先确定单个工程矿体各种边界线(基点)位置;然后,将相邻工程上对应边界点相连接,完成勘查剖面上的矿体边界圈定;再对矿体边缘两相邻工程(剖面)和全部工程所控制的矿体各种边界线的适当连接和圈定。

**1. 单个工程中矿体边界线的圈定**

(1)当矿体与围岩分界线清楚,有用组分分布相对均匀时,即矿体边界线与自然边界线相一致,肉眼易于辨认,则矿体边界基点位置与矿体产状,均可利用探矿工程或自然露头在剖面上的直接观察和测量确定。

(2)当矿体与围岩界线不清楚,即呈渐变过渡关系时,只能根据化学取样结果,利用现行工业指标确定矿体边界基点位置,其步骤是:①根据截穿矿体的单个工程中连续(分段)取样结果,首先将等于或大于边界品位的样品分布地段暂全部圈为矿体,矿体与顶、底板分界位置即矿体外边界线基点。②计算圈定矿体(边界基点)内全部样品的平均品位和厚度值。计算结果若大于或等于最低工业品位,而且真厚度也不小于最低可采厚度指标时,则应划为工业矿体,通过该基点的边界线为可采边界线。若计算结果低于最低工业品位,或真厚度也小于最低可采厚度,该圈定界线范围内矿体为非工业矿体。当矿体厚度小于最低可采厚度,但品位较高,其厚度与品位乘积达到米百分值(m·g/t 值)指标时,可圈为矿体。③当以边界品位圈定矿体范围内的平均品位低于最低工业品位,而厚度大于最小可采厚度时,则可从靠近矿体顶、底板处去掉几个品位较低的样品,再进行计算;若计算结果达到最低工业品位要求,厚度亦满足最小可采厚度要求,则这时圈定的矿体为工业可采矿体,该边界线为可采边界线;若计算结果仍低于最低工业品位,或厚度低于最小可采厚度时,则它仍为非工业矿体。若矿体一侧或两侧为厚大且成片分布的低品位矿时,应单独圈出。④在圈定矿体内,品位低于边界品位的样品,当其厚度小于夹石剔除厚度不能分采时,则不必圈出,仍作工业矿石对待,否则,必须圈出作夹石处理,不能参加平均品位和矿体厚度计算。

**2. 两相邻工程及全部工程中矿体边界线的圈定**

在储量估算图上,在完成单个工程中矿体边界线基点确定以后,沿矿体走向和倾斜方向上,矿体边界线的圈定常用以下方法完成。

1) 直接法

当相邻两工程均穿过符合工业指标要求的矿体边界基点,且地质条件又允许时,或由于矿体与围岩界线清楚,由工程地质编录直接测绘了边界基点位置,则相对应基点用直线连接,即得相应的矿体边界线。

2) 插入法

当相邻两见矿工程一个穿过符合工业指标要求的矿体,另一个工程所见为非工业矿化(低于工业指标要求)时,可采边界线(基点)在两个工程之间,可用内插法求得。插入方法视具体情况而定:当两工程间有破坏矿体的后期地质构造(如断层、岩脉)划隔开来,造成两工程所见矿化陡然变化时,即以该地质构造界面线划开(地质法)。当它们呈渐变规律时,如图 5-19 所示,$A$、$B$ 分别为低于、高于工业指标 $m_C$(代表最低工业品位或最小可采厚度)等的两相邻工程平面位置,已知其标志值为 $m_A$、$m_B$,且 $m_A < m_C < m_B$,所求符合工业指标要求的可采边界线基点 $C$ 的位置,可用以下内插法求得:

(1) 计算内插法。图 5-19(a) 所示:

$$X = \frac{m_C + m_A}{m_B - m_A} \cdot R$$

(2) 作图内插法。图 5-19(b) 所示,图中

$$AD = m_C - m_A$$
$$BE = m_B - m_C$$

(3) 平行线内插法。图 5-19(c) 所示,可移动透明方格纸,使纸上的一组等距平行线代表的矿体标志(品位、厚度或米百分值)值分别与 $A$、$B$ 位置的对应值相同,则 $A$、$B$ 线与最低工业指标(如 0.5)之交点即 $C$ 点位置。

3) 有限推断法

即在边缘见矿工程与未见矿工程之间划出矿体边界线的方法。首先确定矿体尖灭点的位

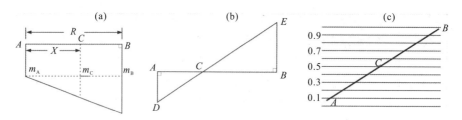

图 5-19 两工程间插入法
a. 计算内插法；b. 作图内插法；c. 平行线内插法

置：可采用形态的自然趋势尖灭法，或视具体情况，采用工程间距的 1/2、1/3、2/3、1/4、3/4 等几何方法，或采用平均尖灭角法。其次将矿体尖灭点与见矿工程中矿体顶、底板界线点以直线相连，得矿体零点边界线；或采用 1/4、1/3 平推法确定矿体外边界线，然后再以最小可采厚度与最低工业品位内插求得可采边界线。

4）无限推断法

若矿体边缘见矿工程以外没有工程控制，则此时矿体边界基点的确定方法为无限推断法。无限推断法主要是根据矿床地质特征、已揭露矿体部分的规模、矿体变化规律和物探化探资料，或采用地质法，或形态的自然趋势尖灭法，或几何法圈定矿体。当矿体特征参数（品位、厚度等）变化无规律可循时，则常以正常工程间距 1/2（中点法）或 1/4、1/3 平推法推断矿体零点边界线，然后，用内插法圈定可采边界线。深部矿体无限外推，应视矿体稳定程度和周围控制程度而定，最大外推距离不得超过勘查网度的工程间距。

在此必须指出，在圈定矿体边界时，绝不可简单机械地连接矿体，必须首先详细分析矿床地质构造条件、控矿因素、矿化特征、矿体空间赋存规律及成矿后的构造活动、岩浆活动、次生变化等对矿体边界的影响，即正确的地质认识是正确圈定矿体边界的基础。此外，往往还需要划分出各类块段（储量类别、矿石类型与品级、地质与开采地段等）。既应考虑开采方式、方法及其对矿床勘查程度的要求，根据勘查工程控制程度圈定并划分矿产资源量/储量类型，再结合经济意义、可行性研究程度详细划分并标定其各类型编码，还应同时注意所有图件间的对比分析和相互间的统一，尽量避免和减少因矿体圈定的不正确给估算储量带来的地质误差。

储量估算矿体边界线一般以直线圈定，不允许工程间推断部分矿体的厚度大于相邻见矿工程控制的实际厚度值，就是为了"保险"，增加储量估算结果的可靠程度，减少负面误差。在充分掌握矿体的形态特征时，也可用自然曲线连接。

## 五、储量估算基本参数的确定

储量估算基本参数包括：矿体面积、矿体平均厚度、矿石的平均体重和平均品位，有时还包括矿石湿度和含矿系数等。这些参数应是实际测定的，数据要准确可靠，经得起检查，不论在数量上，还是分布上，均应有代表性。

（一）矿体面积的测定

矿体面积的测定是在各类储量估算图纸上进行，如勘查线剖面图、中段地质平面图、矿体水平投影图或矿体纵投影图等图纸。测定面积的方法通常采用相关软件实现，传统的方法有求积仪法、透明方格纸法和几何图形法，较少采用质量类比法、曲线仪法、坐标计算法等。

在测定面积时,除了要求图纸的质量(精度)符合要求外,为减少测定的技术误差,用求积仪或透明方格纸法规定时,均要求认真地测定≥2次,相对误差值≤2%时,再求得其面积平均值参加储量估算。几何图形法要求图形尽可能简单,图件比例尺视矿体规模而定,一般为1:1000。

### (二)矿体厚度的确定

矿体的厚度是根据矿体自然露头、工程揭露的矿体厚度测量和地质编录资料量取"线"上矿体厚度值。

根据所选择的储量估算方法,是采用矿体(或矿块)的平均真厚度,还是平均铅垂厚度或平均水平厚度计算矿体体积,根据需要进行测定统计计算或适当的变换处理。

在计算矿体断面或矿段(矿块)平均厚度时,当矿体厚度变化较小,厚度测量工程点(线或面)分布均匀,或厚度测量点(线或面)密度大、数量很多,或矿体厚度变化无规律,测量点分布也不均匀时,均可采用算术平均法计算。但当矿体厚度变化较大,并有规律的情况下,而厚度测量点分布又不均匀时,通常以其影响长度或面积为权,运用加权平均法计算平均厚度。当矿体厚度变化很大,而遇到异常的特大厚度时,应先进行处理,然后再求平均厚度。

### (三)矿石平均体重的测定

矿石体重的测定分为大体重法(全巷法)与实验室的小体重法(封蜡法,又称假密度法)两种。致密块状矿石采集小体重样即可。裂隙较发育的块状矿石,或松散矿石,均需采大体重样。然而,由于工作量大、成本高,故每种矿石类型或品级一般只做2~3个。小体重法求矿石平均体重既需要测定样品的数量多(>30块),且往往须以大体重法进行检查校正。当矿石湿度较大(>3%)时,应将矿石平均体重值据湿度进行校正。

### (四)矿石平均品位的计算

矿石平均品位的计算程序,一般是先计算单个工程(线)的平均品位,再计算由若干工程控制的面平均品位,最后计算矿块(或矿体)的体平均品位和全矿区(矿床)的总平均品位。

传统的平均品位计算方法分为算术平均法和加权平均法两种。一般当某些样品品位所代表的试样长度、质量、矿体厚度、控制长度或矿石体重、断面面积等不相等,且有相关关系时,常采用以相应参数(1个)或几个参数(≥2个)乘积为权的加权平均法求其平均品位,否则,一般均采用算术平均法计算其平均品位。当有特高品位存在时,应先处理特高品位,再求平均品位。

有人认为,加权法求平均品位仅是一种形式(尤其是对脉状矿体)。求单个工程的线平均品位采用加权法,当样长不等时是必需的;而沿走向求块段平均品位时,就不宜用加权法,反而是算术平均法计算结果更接近其真实平均品位值。例如,当品位与厚度有相关(线性)关系时,得到下式:

$$\bar{C} = \frac{2}{3}C_p + \frac{1}{3}C_r$$

式中:$\bar{C}$——块段实际平均品位;

$C_p$——块段算术平均品位;

$C_r$——块段加权平均品位。

由此式并经验证得知,当矿体厚度与矿石品位呈正相关时,算术平均品位比实际平均品位值低,加权平均品位比实际平均品位值要高;当二者呈负相关时,结果正好相反。无论哪种情况加权平均品位的误差都是算术平均品位误差的两倍。故当品位与厚度有相关关系,且不需十分精确地按上式求块段平均品位时,用算术平均法将比用加权平均法有利得多,既简便些又准确些。

### (五) 特高品位的确定和处理

在计算矿石平均品位时,偶尔出现的个别样品的品位大大超过一般样品的品位,人们称之为特高品位。该样品被称为特高样品,或"风暴"样品(苏联)。有时,有害组分也有类似现象,应与特高样品品位一样对待。

如若特高品位不经处理直接参加平均品位计算,尤其当样品数目不多时,势必会大大提高其平均品位值,即严重影响平均品位及金属储量估算结果的代表性和准确性,给开采设计和储量管理造成不良后果。所以,首先必须查明产生特高品位的原因,若确实存在产生特高样品的地质现象(矿化局部富集),不是因取样产生的误差时,方可慎重地进行适当处理。经调查研究(如二次取样、二次内检分析)发现是因布样、采样、样品加工、化验分析过程中产生的错误,则必须进行改正、重新做过,该样品原品位值作废,不能作为特高品位对待。

**1. 特高品位的确定**

样品品位究竟高到什么程度才算特高品位,目前尚无统一的标准和确定方法。有人应用经验类比法,有人应用概率统计计算法进行确定。一般情况下,人们常是根据矿床类型与矿石品位变化特点,如有色金属矿床,将品位值高于矿体(床)平均品位6～8倍者定为特高品位。当矿体品位变化系数大时,取上限值;反之,取下限值。也可参考对比表5-22所列特高品位最低界限资料进行确定。

表5-22 特高品位最低界限参考表

| 矿床类型 | 品位变化系数(%) | 特高品位高出一般品位的倍数 |
| --- | --- | --- |
| 品位分布很均匀的沉积矿床 | ＜20 | 2～3 |
| 品位分布很均匀的沉积和变质矿床 | 20～40 | 4～5 |
| 品位分布不均匀的大部分有色金属矿床 | 40～100 | 8～10 |
| 品位分布很不均匀的有色、稀有、贵金属矿床 | 100～150 | 12～15 |
| 品位分布极不均匀的稀有、贵金属、放射性元素矿床 | ＞150 | ＞15 |

**2. 特高品位的处理方法**

特高品位的处理方法很多,地质工作者的意见也不大统一。实际工作中,特高品位的一般处理方法有:

(1) 特高品位不参加平均品位计算,即剔除法;
(2) 用包括特高品位在内的工程或块段的平均品位来代替特高品位参加计算;
(3) 用与特高品位相邻两个样品的平均品位值来代替特高品位;
(4) 用特高品位与相邻两样品品位的平均值来代替特高品位;
(5) 用该矿床一般样品的最高品位或用特高品位的下限值来代替特高品位。

以上(2)、(4)的代替法,是国内较常用的特高品位处理方法。若特高品位呈有规律分布,且可以圈出高品位带时,则可将高品位带单独圈出,分别估算储量,不再进行特高品位处理,也是一种实事求是的做法。

## 六、资源量与储量估算方法

储量(包括资源量,下同)计算方法的种类很多,有算术平均法、地质块段法、开采块段法、断面法、等高线法、线储量法、三角形法、最近地区法(多角形法)、距离加权法及地质统计学的克拉格法等等。但最常用、最基本的还是传统几何法,如地质块段法、开采块段法及断面法。

(一)地质块段法

首先,在矿体投影图上,把矿体划分为需要估算储量的各种地质块段,如根据勘查控制程度划分的储量类别块段,根据地质特点和开采条件划分的矿石自然(工业)类型或工业品级块段或被构造线、河流、交通线等分割成的块段等。然后,主要用算术平均法求得各块段储量估算基本参数,进而计算各块段的体积和储量。所有的块段储量之和即整个矿体(或矿床)的总储量。

地质块段法储量估算参数表格式如表 5-23 所列。

表 5-23 地质块段法储量估算

| 块段编号 | 资源储量级别 | 块段面积 ($m^2$) | 平均厚度 (m) | 块段体积 ($m^3$) | 矿石体重 ($t/m^3$) | 矿石储量 (资源量) | 平均品位 (%) | 金属储量 (t) | 备注 |
|---|---|---|---|---|---|---|---|---|---|
| 1 | 2 | 3 | 4 | 5 | 6 | 7 | 8 | 9 | 10 |
|  |  |  |  |  |  |  |  |  |  |

需要指出,块段面积是在投影图上测定。一般来讲,当用块段矿体平均真厚度计算体积时,块段矿体的真实面积 $S$ 需用其投影面积 $S'$ 及矿体平均倾斜面与投影面间的夹角 $\alpha$ 进行校正。

$$S = \frac{S'}{\cos\alpha}$$

块段体积为:

$$V = S \cdot \overline{M}$$

式中:$\overline{M}$—块段矿体平均(真)厚度。

块段矿石储量 $Q$ 为:

$$Q = V \cdot \overline{D}$$

式中:$\overline{D}$—块段矿石平均体重。

块段金属储量 $P$ 为:

$$P = Q \cdot \overline{C}$$

式中:$\overline{C}$—块段平均品味。

但是,在下述情况下,也可采用投影面积参加块段矿体的体积计算:①急倾斜矿体。储量估算在矿体垂直纵投影图上进行,可用投影面积与块段矿体平均水平(假)厚度的乘积求得块段矿体体积。②水平或缓倾斜矿体。在水平投影图上测定块段矿体的投影面积后,可用它与块段矿体的平均铅垂(假)厚度的乘积求得块段矿体体积。

地质块段法适用于任何产状、形态的矿体,它具有不需另作复杂图件、估算方法简单的优点,并能根据需要划分块段,所以广泛使用。当勘查工程分布不规则,或用断面法不能正确反映剖面间矿体的体积变化时,或厚度、品位变化不大的层状或脉状矿体,一般均可用地质块段法估算资源量和储量。但当工程控制不足,数量少,即对矿体产状、形态、内部构造、矿石质量等控制严重不足时,其地质块段划分的根据较少,估算结果误差较大。

### (二)开采块段法

开采块段主要是按探、采坑道工程的分布来划分的,如图 5-20 所示。可以为坑道四面、三面或两面包围形成矩形、三角形块段,也可为坑道和钻孔联合构成规则或不甚规则块段。同时,划分开采块段时,应与采矿方法规定的矿块构成参数相一致,与储量类别相适应。

该法的储量估算过程和要求与地质块段法基本相同。

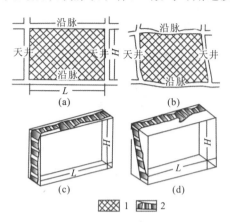

图 5-20 在矿体垂直投影图上划分开采块段
a,b.垂直平面纵投影图;c,d.立体图
1.矿体块段投影;2.矿体断面及取样位置

开采块段法常适用于以坑道工程系统控制的地下开采矿体,尤其是开采脉状、薄层状矿体的生产矿山使用最广。由于其制图容易、计算简单,能按矿体的控制程度和采矿生产准备程度分别圈定矿体,符合矿山生产设计及储量管理的要求,所以生产矿山常采用。但因为开采块段法对工程(主要为坑道)控制要求严格,故常与地质块段法结合使用。一般在开拓水平以上采用开采块段法或断面法,以下(深部)用地质块段法估算储量。

### (三)断面法

矿体被一系列勘查断面分为若干个矿段或称块段,先计算各断面上矿体面积,再计算各个矿段的体积和储量,然后将各个块段储量相加即得矿体的总储量,这种储量估算方法称为断面法或剖面法。根据断面间的空间位置关系分为水平断面法和垂直断面法,凡是用勘查(线)网法进行勘查的矿床,都可采用垂直断面法。对于按一定间距,以穿脉、沿脉坑道及坑内水平钻孔为主勘查的矿床,一般采用水平断面法估算矿床资源量/储量。根据断面间的关系分为平行断面法和不平行断面法。

**1. 平行断面法**

无论是垂直平行断面法还是水平平行断面法,均是把相邻两平行断面间的矿段,作为基本储量估算单元。首先在两断面图上分别测定矿体面积,然后计算块段的体积和储量。体积($V$)的计算有下述几种情况:

1)设两断面上矿体面积为 $S_1$、$S_2$,两断面间距为 $L$(图 5-21)则:

(1)当 $S_1$ 与 $S_2$ 形状相似,其面积相对差 $\dfrac{|S_1-S_2|}{S_1}<$

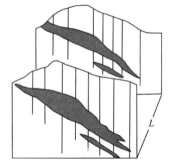

图 5-21 平行断面间的矿段

40%时,或有一对应边相等时,均可用梯形体计算公式计算矿段体积 $V$,即:

$$V = \frac{L}{2}(S_1 + S_2)$$

(2)当两断面矿体形态相似,面积相对差大于40%,用截锥体计算公式,即:

$$V = \frac{L}{3}(S_1 + S_2 + \sqrt{S_1 S_2})$$

(3)当两断面矿体形态不同,又无一边相当,应采用拟柱体(辛浦生)公式,即:

$$V = \frac{L}{6}(S_1 + 4S_m + S_2)$$

式中:$S_m$ — $\frac{L}{2}$ 处平行断面上的矿体面积。其求法如图5-22所示。

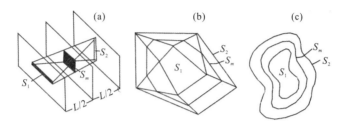

图5-22 断面间内插断面($S_m$)的3种求法示意图

2)矿体边缘矿块只有一个矿体断面控制

那么根据矿体形态及尖灭特点,用下述体积($V$)计算公式:

(1)层状、似层状、脉状、透镜状矿体呈楔形尖灭[图5-23(a)],采用楔形体公式:

$$V = \frac{L}{2}S$$

式中:$S$—矿体边缘断面面积;

$L$—断面到尖灭点的距离。

(2)囊状、巢状及其他等轴状矿体呈锥形尖灭[图5-23(b)]时,采用锥形体公式:

$$V = \frac{L}{3}S$$

图5-23 矿体端部块段形态

a.楔形体;b.锥形体

断面法,在平均品位计算时,若需使用加权平均法计算,则单工程内线平均品位可用不同样品长度加权;断面上的面平均品位可用各取样工程长度或工程控制距离加权;块段的体积平均品位可用各断面面积加权;同中段或矿体的平均品位可用块段体积或矿石储量加权求得等。储量估算表格式如表5-24所列。

**2. 不平行断面法**

当相邻两断面(往往是改变方向处的两勘查线剖面)不平行时,块段体积的计算比较复杂,常采用辅助线(中线)法(图5-24),其公式为:

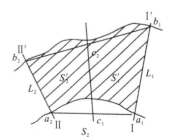

图5-24 不平行断面间矿块

$$V = S'_1 \frac{S_1}{L_1} + S'_2 \frac{S_2}{L_2}$$

或

$$V = S'_1 m_1 + S'_2 m_2$$

式中：$V$——不平行断面间块段矿体总体积；

$S_1$、$S_2$——两断面上矿体面积；

$S'_1$、$S'_2$——被中线 $c_1-c_2$ 分割的两块段矿体(水平)投影面积；

$L_1$、$L_2$——两断面上矿体宽度($a_1 b_1 = L_1, a_2 b_2 = L_2$)；

$m_1$、$m_2$——两断面上矿体平均厚度(平均垂直深度)。

表 5-24 断面法储量估算表

| 勘查线或中段、平台编号 | 矿体号 | 块段号 | 矿石品级、类型 | 储量级别 | 断面上矿体面积($m^2$) | 断面上平均品位(%) | 面积×品位 | | 块段平均品位(%) | | 断面间距(m) | 块段体积($m^3$) | 矿石体重($t/m^3$) | 矿石储量(t) | 金属储量(t) | | | 备注 |
|---|---|---|---|---|---|---|---|---|---|---|---|---|---|---|---|---|---|---|
| 1 | 2 | 3 | 4 | 5 | 6 | 7 | 8 | 9 | 10 | 11 | 12 | 13 | 14 | 15 | 16 | 17 | 18 | 19 | 20 | 21 | 22 | 23 |
| | | | | | | | | | | | | | | | | | | | | | | |

其他参数和块段矿石储量与金属储量估算同于平行断面法。

断面法在地质勘查和矿山地质工作中应用极为广泛。它原则上适用于各种形状、产状的矿体。其优点是：能保持矿体断面的真实形状和地质构造特点，反映矿体在三维地质空间沿走向及倾向的变化规律；能在断面上划分出矿石工业品级、类型和储量类别块段；不需另作图件，计算过程也不算复杂；计算结果具有足够的准确性。但缺点是：当工程未形成一定的剖面系统或矿体太薄、地质构造变化太复杂时，编制可靠的断面图较困难，品位的"外延"也会造成一定误差。

(四)克立格法

1)概述

克立格法也称克立金法(Kriging)，它是一种无偏的、误差最小的、最优化的储量估算方法。克立格法是由南非采矿工程师 D.C. 克立格 20 世纪 50 年代在研究金矿时首次提出，故得此名。法国数学家 C. 马特龙 20 世纪 60 年代针对克立格提出的方法提出了一套完整的理论和方法，进而形成了地质统计学。

普通克立格法是地质统计学中应用最广泛的方法。该方法以矿石品位及储量的精确估计为主要目的，以矿化的空间结构为基础，以区域化变量为核心，以变异函数为基本工具。方法要求在估计方差极小的条件下，通过对待估块段影响范围内所有样品品位值进行加权来估计待估块段的平均品位。

2)克立格法估算储量的步骤

(1)计算实验半变异函数。其计算公式见第一节。在工程较多的不同方向的代表性剖面上，选择不同的步长 $h$ 进行计算，并将计算结果绘制成如图 5-25 的实验半变异曲线。

(2)给实验半变异曲线配置相应的理论模型。这些模型将直接参与克立格法的资源/储量

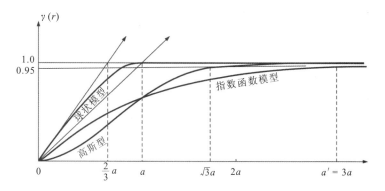

图 5-25 3 种有基台值的变差函数模型比较

估算及其他的估算。理论模型有两大类：有基台模型和无基台模型。前者可细分为球状模型、指数模型和高斯模型。

从图 5-25 可以看到，球状模型在原点附近呈线性，斜率较大，在 $r=a$ 处达到了自身的基台值。而指数模型斜率较小，其基台值 $a'=3a$。

就目前已有的资料和一些地质统计学家的认识，采矿及矿床勘查实践中用得最多的是球状模型，它几乎适用于各种类型的矿床。求半变异函数 $\gamma(r)$ 的球状模型的表达式为：

$$\gamma(r) = C_0 + C(\frac{3r}{2a} - \frac{1r^3}{2a^3}) \quad 对于 r \in [0, a] \tag{1}$$

$$\gamma(r) = C_0 + C（基台值）\quad 对于 r \geqslant a$$

式中：$C_0$—块金常数；

$C$—拱高；

$(C_0+C)$—基台值；

$a$—变程；

$r$—样品间距或滞后。

(3) 计算待估域的品位真实值的估值并估算克立格方差。

设在待估域 $V$ 的估计邻域内有一组有效信息值 $\{Z_\alpha, \alpha=1,2,3,\cdots,n\}$，待估域的品位真实值 $Z_V$ 的估值 $Z_V^*$ 是通过该等估块段影响范围内 $n$ 个有效样品值 $Z_\alpha(\alpha=1,2,3,\cdots,n)$ 的线性组合得到：

$$Z_V^* = \sum_{i=1}^{n} \lambda_i Z(x_i) \tag{2}$$

求出式(2)中 $n$ 个权系数 $\lambda_\alpha(\alpha=1,2,3,\cdots,n)$，以便保证估计值 $Z_V^*$ 无偏，且估计方差为最小。式(2)中 $n$ 个权系数 $\lambda_\alpha(\alpha=1,2,3,\cdots,n)$ 是通过解下列克立格方程组得到：

$$\sum_{j=1}^{n} \lambda_j \bar{\gamma}(x_i, x_j) + \mu = \bar{\gamma}(x_i, V) \tag{3}$$

$$\sum_{i=1}^{n} \lambda_i = 1 \quad i = 1, 2, \cdots, n$$

以上方程组中的点与点的变异函数值求解，块段与样品间的变异函数值计算，都是根据变异函数的理论模型进行。

克立格方差 $\sigma_K^2$ 表示如下：

$$\sigma_K^2 = \sum_{i=1}^{n} \lambda_i \bar{\gamma}(x_i, V) - \bar{\gamma}(V, V) + \mu \tag{4}$$

式(4)可用矩阵形式表示为：

$$\boldsymbol{K\lambda} = \boldsymbol{M} \tag{5}$$

式中：

$$\boldsymbol{K} = \begin{bmatrix} \bar{\gamma}(x_1, x_1) & \bar{\gamma}(x_1, x_2) & \cdots & \bar{\gamma}(x_1, x_n) & 1 \\ \bar{\gamma}(x_2, x_1) & \bar{\gamma}(x_2, x_2) & \cdots & \bar{\gamma}(x_2, x_n) & 1 \\ \vdots & \vdots & \vdots & \vdots & \vdots \\ \bar{\gamma}(x_n, x_1) & \bar{\gamma}(x_n, x_2) & \cdots & \bar{\gamma}(x_n, x_n) & 1 \end{bmatrix},$$

$$\boldsymbol{M} = \begin{bmatrix} \bar{\gamma}(x_1, V) \\ \bar{\gamma}(x_2, V) \\ \vdots \\ \bar{\gamma}(x_n, V) \end{bmatrix}, \boldsymbol{\lambda} = \begin{bmatrix} \lambda_1 \\ \lambda_2 \\ \vdots \\ \lambda_n \\ \mu \end{bmatrix}$$

(4) 计算待估域体积，并根据其品位及体重，计算矿石储量和金属储量。

3) 克立格法计算举例

为了加深对上述公式的理解，仅以点克立格法为例加以说明。

设有一层状矿床，在平面上 $S_1, S_2, S_3, S_4$ 处取了 4 个样品，其品位分别为 $Z_1, Z_2, Z_3, Z_4$。根据这些资料来估计 $S_0$ 处的品位 $Z_0$（图 5-26）。

设品位 $Z(x)$ 是二阶平衡的。在平面上的二维变差函数 $\gamma(r)$ 是各向同性的球状模型的变差函数。其参数为 $C_0 = 2, a = 200, C = 20$，即：

对于 $\gamma = 0$，

$$\gamma(0) = 0$$

对于 $r \in (0, 200]$，

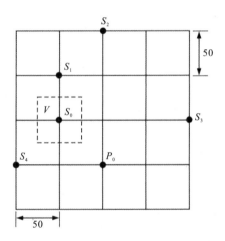

图 5-26  $S_0$ 处品位估算样品分布

$$\gamma(r) = 2 + 20\left(\frac{3r}{2 \times 200} - \frac{1r^3}{2 \times 200^3}\right)$$

对于 $r > 200$，

$$\gamma(r) = 2 + 20 = 22$$

克立格方程组的矩阵形式为：

$$\begin{bmatrix} \gamma_{11} & \gamma_{12} & \gamma_{13} & \gamma_{14} & 1 \\ \gamma_{21} & \gamma_{22} & \gamma_{23} & \gamma_{24} & 1 \\ \gamma_{31} & \gamma_{32} & \gamma_{33} & \gamma_{34} & 1 \\ \gamma_{41} & \gamma_{42} & \gamma_{43} & \gamma_{44} & 1 \\ 1 & 1 & 1 & 1 & 0 \end{bmatrix} \begin{bmatrix} \lambda_1 \\ \lambda_2 \\ \lambda_3 \\ \lambda_4 \\ \mu \end{bmatrix} = \begin{bmatrix} \gamma_{01} \\ \gamma_{02} \\ \gamma_{03} \\ \gamma_{04} \\ 1 \end{bmatrix} \tag{6}$$

根据式(5),计算出式(6)中的任意两样品点的变异函数值。例如:

$$\gamma_{12} = \gamma_{21} = \gamma_{04} = \gamma(50\sqrt{2}) = 2 + 20\left[\frac{3}{2}\left(\frac{50\sqrt{2}}{200}\right) - \frac{1}{2}\left(\frac{50\sqrt{2}}{200}\right)^3\right] = 12.16$$

计算出的数值代入式(6)为:

$$\begin{bmatrix} 0 & 12.16 & 20.78 & 17.02 & 1 \\ 12.16 & 0 & 19.68 & 21.72 & 1 \\ 20.78 & 19.68 & 0 & 22 & 1 \\ 17.02 & 21.72 & 22 & 0 & 1 \\ 1 & 1 & 1 & 1 & \end{bmatrix} \begin{bmatrix} \lambda_1 \\ \lambda_2 \\ \lambda_3 \\ \lambda_4 \\ \mu \end{bmatrix} = \begin{bmatrix} 9.34 \\ 17.02 \\ 20.28 \\ 12.16 \\ 1 \end{bmatrix}$$

经计算得:$\lambda_1 = 0.5248$,$\lambda_2 = 0.0233$,$\lambda_3 = 0.0583$,$\lambda_4 = 0.3936$。

$S_0$ 处的估算品位 $Z_0^* = 0.5248Z_1 + 0.0233Z_2 + 0.0583Z_3 + 0.3936Z_4$

4)克立格法的特点及应用条件

克立格法的优点在于能最科学、最大限度地利用勘查工程所提供的一切信息,使所计算的矿石品位和矿石储量精确得多。它可分别计算矿床中所有最小开采块段的品位和储量,从而更好地满足矿山设计要求。在估值的同时还给出了估计精度,而且是无偏的,估计方差最小的估值,为储量的评价和利用提供了依据。

克立格法的应用条件是对勘查资料,特别是沿一定方向布置的工程数量有较高要求,如工程数或取样点过少,运用此法信息量就不足,很难得到可靠的估计。

(五)SD 法

SD 法全称是最佳结构曲线断面积分储量估算及储量审定计算法。"SD"代表3种含义:①最佳结构曲线是由 Spline 函数(三次样条函数)拟合的,取 Spline 的第一个字母 S,取断面积分一词的汉语拼音的第一个字母 D;②SD 法计算过程主要采用搜索递进法,分别取"搜索"和"递进"一词的汉语拼音第一个字母 S 和 D;③SD 法具有从一定角度审定储量的功能,取"审定"一词汉语拼音声母的第一个字母。由此可见,"SD"具有原理、方法、功能几方面含义。SD 法的主要内容包括结构地质变量、断面构形理论、储量估算及 SD 精度法4部分。

1)结构地质变量

所谓结构地质变量是指仅反映出某种地质特征的空间结构及其规律性变化的地质变量,简称结构量。它既与所在的空间位置有关,亦与它周围的地质变量大小和距离有关,它们在一定空间范围相互影响。结构地质变量是 SD 法计算矿产储量及其精度的基础变量。

对地质变量进行具体统计分析时,SD 法不是去寻求统计规律,而是用数据稳健处理方法(权尺化)将原始数据处理成有规律数据,将离散型变量转换成连续型变量。可见,SD 法不是建立原始数据模型,而是建立权尺化处理后的数据模型。从这个意义上说,结构地质变量又是经过权尺化处理的地质变量。其数据模型即是结构量结构空间的表征,这样便有可能对地质变量进行统计分析。

结构地质变量的求得,仅仅为储量估算提供了可靠基础数据,SD 法储量估算还需要通过结构变量曲线来实现。所谓结构变量曲线就是在工程坐标或断面坐标上已知的以结构地质变量为点列所作的光滑曲线,简称结构量曲线。它们的形态反映了地质变量在空间的变化规律,可以采用三次样条函数(Spline)拟合,也可以人工绘制,一般用压铁法、打钉法,即将一批给定点固定在图板上用有机玻璃条、细钢条、竹条、木条等(统称样条),沿这些点连成一条光滑曲线。

2) 断面构形理论

众所周知地质体的空间构形均可用断面来表示,地质变量的空间结构也可用断面来表示。这种以断面构形代替空间构形的思想是 SD 法立足于传统法的核心思想,故 SD 法也是一种断面储量估算法。

在圈定矿体时,SD 法一般不考虑样品中是否有达到最低工业品位的样品,而笼统地只用边界品位、夹石剔除厚度和可采厚度为指标在断面上圈定矿体。另外考虑到矿体的连续性、完整性和计算的准确性,SD 法对那些不同于零值(无矿化)工程,而低于边界品位又高于背景值的工程圈出了矿化体(零值工程、矿化工程和矿体工程在储量估算中起着同等信息作用)。然后根据工程取样提供的数据信息经过处理,直接用数学模型估算储量,而不是根据图上绘成的矿体面积估算储量,即不是直接用它的形态,而是用几何变形后的形态(图 5-27)。研究者认为对矿体的不同认识可有不同的矿体连接,即出现不同矿体形态。不同矿体形态只反映作图人对矿体这一客观实体的认识深度,并不是矿体的真实形态。矿体矿化空间具有连续性,那么它的地质变量(厚度、品位)的变化就应满足一定的曲线关系,这样便可绘制适合 SD 法计算的矿体厚度坐标曲线图(进行几何形变后的形态)。

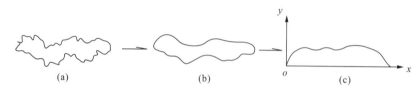

图 5-27 矿体形态的几何变形过程
a.矿体原始形态;b.边界圆滑后的形态;c.几何形变后的形态

SD 法确定矿体形态时不是从边界品位开始,而是从矿化就已经开始了。边界品位是人为确定的界限,而矿化是自然现象。矿化与矿体之间是连续的,它们之间的界线是由品位工业指标来确定的。

3) 储量估算

SD 法在对传统断面法改造时,仍沿用其基本公式,必须求取体积、体重和品位这 3 个参数(变量)。不过 SD 法的求取方式与传统法不同。对于矿体诸地质变量都可以转化为点、线、面、体结构量。对于点、线量,可沿用传统法的加权法求得,再将求得的结果处理成点、线结构变量。对结构变量曲线积分可得到面、体结构量。一次积分得到面结构量,二次积分得到体结构量。对矿体进行几何形变,即将矿体地质变量进行空间积分的直观表示,只是为了数学运算的需要和便于理解。参数积分表达式,除矿体厚度积分的面积、体积具有物理意义外,其他则无。

4) 参数积分表达式

如图 5-28,将矿体置于直角坐标系中分析,设垂直矿体厚度的投影面($LOl$)上矿体面积为 $S$,此投影面上有 $m$ 条断面线,每条线上有 $n$ 个工程。$L$ 为矿体长度方向,$l$ 为矿体宽度方向,矿体宽度函数为 $f(L)$,厚度函数为 $f(L,l)$,$F(L,l)$ 表示厚度和品位乘积的函数,$D$ 表示矿石体重。则矿体几何空间、矿石量、金属量、品位等参数的求取过程可用下列积分式表达。

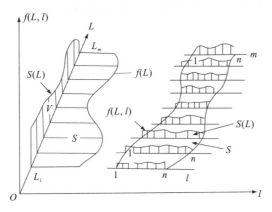

图 5-28 参数积分关系图

(1) 矿体几何空间。

断面面积 $S(L) = \int_{l_1}^{l_n} f(L,l) \mathrm{d}l$

投影面积 $S = \int_{L_1}^{L_m} f(L) \mathrm{d}L$

体积 $V = \int_{L_1}^{L_m} S(L) \mathrm{d}L$

断面平均厚度 $H_S = S(L)/(l_n - l_1)$

矿体平均厚度 $H_V = V/S$

(2) 矿石量。

$$Q = DV = D \int_{L_1}^{L_m} S(L) \mathrm{d}L$$

(3) 金属量。

面金属量 $P_S$

$$P(L) = \int_{l_1}^{l_n} F(L,l) \mathrm{d}l$$

$$P_S = DP(L)$$

矿体金属量 $P$

$$P = P_V = D \int_{L_1}^{L_m} P(L) \mathrm{d}L$$

(4) 品位。

面平均品位 $C_S$

$$C_S = P(L)/S(L)$$

矿体平均品位 $C$

$$C = C_V = P/Q$$

体重参数可用算术平均或数理统计方法求取。

分段连续的样条函数能恰当地给出结构地质变量曲线的函数表达式,故上述积分公式中函数完全可用三次样条函数代入进行积分。

以样条函数为主要数学工具对断面数值积分是 SD 储量估算法的基础,由此进行总体、分块、分级、台阶等多种形式的储量估算。具体的SD储量估算法有普通SD法、SD搜索法和SD递进法3种。

普通SD法，亦称样条函数储量估算法。它主要适用于形态简单、矿化连续性较好的矿体的总体储量估算。SD搜索法适用于矿化和矿体形态变化较大的不同网度的总体储量估算，它能满足几个工业指标条件灵活计算，能将其中满足工业指标的属于矿体部分的储量估算出来，而舍去非矿部分。SD递进法是随着观测点数递增利用依次提供的信息进行相应的储量估算，用众多的有序计算值做出科学估计，以便达到比较接近真量的效果。它适用于台阶储量和多品级动态储量以及为制定合理工业指标提供基础数据的计算。

5）SD精度法

SD法在解决储量精度这个问题时，引入了分数维的概念，对估算储量能做出成功的精度预测，定量表征了估算储量的精确程度和控制程度，为储量级别和勘查程度的定量确定提供了可靠依据。

6）SD法特点及应用条件

SD法具有动态审定一体化估算储量之功能，不仅灵活多用，而且计算结果精确可靠。所估算储量的实际精度要比其他一些方法高，且能做出成功的精度预测，在技术上有突破。只需勘查范围内取样的原始数据，便可准确计算任意形态、大小的块段储量。可同时在多种不同工业指标条件下，自动圈定矿体，计算表内、外储量。一套适用的SD法软件系统，使计算过程全部实现计算机化，从而实现了矿产储量估算的科学化和自动化。以上特点充分显示了SD法的优越性。

SD法适用性广，主要适用于内生、外生金属矿和一般非金属矿，不适于某些特殊非金属矿（如石棉、云母、冰洲石等）；适于以勘查线为主的矿区，勘查线平行与否均可，断面是垂直、是水平不限，但要求最少有两条勘查线，每条至少有两个工程，预测精度时则要加倍。与克立格法相比，SD法对工程数并不苛求，一般只要有数十个至百余个钻孔就能取得较好的效果，当工程数较多时，其效果更好，而且计算量不会增加很多，这一条件显然要比克立格法优越。可见，从详查到生产勘查以至矿山开采各个阶段，SD法均适用。

（六）储量估算方法的选择

估算方法的选择，要根据矿床自身的特点，并结合勘查工作实际，以有效、准确、简便、能满足要求为依据。估算矿产资源/储量的方法主要有几何图形法、地质统计学法和SD储量估算法（简称SD法）等。几何图形法：是将矿体空间几何形态分割成较简单的几何形态，将矿石组分均一化，估算矿体的体积、平均品位、矿石量、金属量等。这种方法对于形态简单、矿化均一的矿体还是很有效的。地质统计学法：是以区域化变量理论作为基础，以变异函数作为主要工具，对既具有随机性又有结构性的变量进行统计学研究，估算时能充分考虑品位的空间变异性和矿化强度在空间的分布特征，使估算结果更加符合地质规律，置信度高，但需以付出较多的样品个体为基础。勘查过程中针对矿床的地质特征，运用这种方法，还能制定或检验合理的勘查工程间距。SD法：以最佳结构地质变量为基础，以断面构型替代空间构型为核心，以Spline函数及分维几何学为工具的估算方法。它立足于传统的断面法，适用于不同矿床类型矿体规模、产状、不同矿产勘查阶段，还可对估算的成果作精度预测。我们提倡和鼓励运用新技术、新方法，但对于矿产资源/储量估算的新方法或新研制的软件，必须经国务院地质矿产主管部门组织专家鉴定、验收并认可后，方可使用。

## 七、探采资料对比评价

关于勘探质量问题,只有勘探结果与开采结果比较后才能得出最终的判断。在已投入开采或已开采完毕的矿山,选择有代表性的部分地段取得这些探采资料,并进行对比评价研究是十分重要的评价方法,对于总结经验、制定勘探规范、完善勘探方法和评价勘探程度,对于经济技术指标的核算及降低类似矿山开采设计和投资的经济风险等方面都有不可估量的作用。所以,它也属于对矿床的技术经济论证与综合评价的范畴。

### (一)对比地段的选择

对比地段的选择要注意其代表性、资料的可靠性和足够的数量。代表性是指该地段的地质结构应与该矿床其他大部分地段一样,便于对比结果的利用,同时要有足够大的体积,若在矿床开采结束时,应占总储量的15%~20%以上。从统计的角度看,至少需2~3个开采中段,要包含着足够数量的对比块段。勘探资料与开采资料首先应全面详细收集并进行可靠性评价。由于矿山开采资料的可靠性较难保证,所以常常利用矿山生产勘探资料和采准或回采坑道、炮孔取样结果代替开采资料作为对比评价的依据。一般情况下,应分别按块段、矿体和整个对比地段,并按地质勘探中的划分储量类别标准进行储量对比,也可考虑到批准边界外开发勘探新发现的储量。若是地质勘探划分出的几个小矿体在开采阶段合并成一个形态复杂的大矿体(层),或者相反,则需将这些矿体归并,并仍按地质勘探中采用的储量类别进行总体资料对比。

### (二)资料的可靠性评价

这是确定探采资料能否利用的基础性检查工作,先检查地质勘探与开采资料的误差来源、性质与大小,然后决定是否处理与利用。

地质勘探资料的误差可能有两类:矿体地质特征的定量标志如平均厚度、平均品位、平均体重等所决定的储量误差,以及与矿体形态、内部构造和埋藏条件等有关的误差。前者又分为偶然误差与系统误差。

矿体形态和埋藏条件的误差,往往是因对矿床地质构造特征认识不正确,或勘探网度不够密,或没有必要数量的探矿沿脉、穿脉等巷道追踪揭露矿体,致使将复杂形态矿体过于简单化,对矿体、矿化带内部构造的间断性估计不足,往往造成储量减少,损失率、贫化率增加,平均品位降低,或给开采设计造成误导带来严重的储量减少与矿山经济效益指标大幅度降低。

开采资料的误差往往是由矿山企业在生产经营管理方面的错误造成的,如矿山地质工作组织不好,检查指导与监督管理不严,工业指标不同,取样代表性和数量不够,生产勘探网度不够、不均匀,回采率低,违反开采顺序与设计,或违反选矿技术规定等。甚至于因开采资料可信度太差而失去利用价值,既无法纠正勘探错误,也不利于改进采矿技术方法和选矿工艺流程。

开采过程中过高的采矿损失与贫化除了施工技术管理不善与地质条件复杂外,还主要产生在矿床开采设计过程中,如违反开采顺序、采准块段划分及其底部结构失误等往往造成过高的设计损失。然而矿床开采设计是在矿山地质测量工作提交的资料基础上完成的,尤其矿体圈定资料出现的错误往往是其祸根,所以应特别重视生产勘探。在矿体圈定中常见的错误如:在矿体近接触带部分取样长度过大(2~3m),混入废石过多,致使品位降低到边界品位之下,或矿体端部、边部工程间内插、外推时,无根据地将矿体尖灭界线确定在不足其间距一半处,无根据地减少矿体厚度,或过大地圈出矿体中夹石面积,或将主矿体附近孤立见矿工程采取不合理的"压紧"或废除等。这些错误作法影响到矿石品位、面积、体积及储量估算的可靠性。所以应在检验、分析与批判的基础上重新圈定矿体,以保证用于对比开采资料的可靠程度。

总之,只有在对矿山情况详细调查和对矿床地质勘探与矿床开采(生产勘探)资料全面系统收集整理、研究分析保证其可靠性及客观真实性的基础上,才能在按选定的有代表性的一定数量的地段由地质勘探与开采部门共同进行卓有成效的探采资料对比。时常也根据具体情况将地质勘探、开发勘探与实际开采资料分别组合对比评价,探讨更合理的勘探方法、勘探程度和勘探工程间距等。

(三)探采资料对比的内容与要求

探采资料对比的全面内容应包括:①有关矿床(体)地质结构特征及其概念的对比;②各储量估算参数(厚度、面积、品位、体重)及计算结果(矿石与金属储量)的对比;③有关矿石工艺性质的对比;④关于矿床开采的水文地质与开采技术条件的对比。①、②资料的对比既密切相关,又往往成为主要的对比内容,主要是在一整套相关的地质编录图、表资料的对比中完成。其中,勘探剖面精度分析法就是在勘探过程中综合分析勘探剖面所反映的成果资料的精确程度,确定与检查原有网度是否合理的有效办法,也常和稀空法联合使用。

**1. 有关矿床(体)地质结构特征及其概念的对比**

首先决定于对比地段地质构造因素与矿体形态特征的复杂程度和变化性;其次要在采用统一的矿床工业指标圈定矿体的基础上,对比矿体产状和尖灭性质、矿体规模(沿走向与倾向长度、厚度)、矿体形态类型及其复杂性(矿体内无矿夹层或"天窗"分布特点、含矿系数)及矿体形状复杂程度(如边界模数、复杂性系数),在估算矿体厚度与品位变化系数的基础上确定其变化性,以及面积吻合程度等。

例如,图5-29为一稀有金属-磷矿床,地质勘探(钻探)结论为共生-沉积矿床,矿体呈与地层整合的层状。后经开发井巷工程揭露发现,仅有一层状矿体(层间断层F控制)符合勘探结论,其余所有矿体均为缓倾斜脉状。该矿床应属脉状-热液型成因,总储量减少了40%。

又如,图5-30所示,该矿床的矿体实际(开采资料)地质构造特征十分复杂。以同样的钻探工程网度资料,可用不同的矿体连接方案得到几个截然不同的勘探剖面,则勘探剖面精度低,探采资料对比误差大。在那些矿体没有明显边界,只能依靠探矿工程化学取样资料圈定矿体的热液浸染-脉状交代蚀变型矿化带的勘探中是常见的现象。这主要是由对地质构造规律研究不够和工程控制不足所造成的。

还需要指出:工业指标常常影响矿体形态的复杂性与连续性评价。以不同品位指标会圈

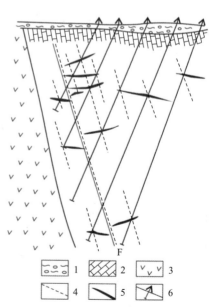

图5-29 根据勘探和开采资料对比剖面上矿脉
1.松散沉积层;2.石灰岩;3.安山玄武岩;4,5.根据资料确定的矿脉;4.勘探资料;5.开采资料;6.勘探钻孔

定出该勘探剖面上边界形态迥异的工业矿体。所以,探采资料对比前,须采用合理统一的矿床工业指标分别圈定矿体,然后,再进行具体内容的对比。

**2. 储量估算参数及储量的对比**

根据勘探与开采(或生产勘探)资料,对矿体的面积、厚度、品位、体重和储量的对比是依其储量估算方法不同在相应的成套剖面图、平面图与投影图上进行。尽量按各采矿单元块段,分别按储量类别的相应矿体边界内进行,按不同的控制工程网度计算。当然,这些是在前述资料可靠性分析与论证的基础上,利用所有原始资料,有时要针对各参数误差性质与大小,进行必要的修正(如引入校正系数)后再次进行计算与对比。

1)矿体面积对比

在主要中段地质平面图、勘探线剖面图和纵投影图上进行。主要指标有地质勘探圈定矿体面积与开采揭露(或生产勘探圈定)矿体面积的绝对误差和相对误差,矿体面积重合率,矿体形态歪曲率等。

2)矿体下盘倾角变化

一般可以在勘探线剖面图上用作图法量取求得,也可以用计算求取。一般要求矿体下盘倾角变化应小于10°。

3)矿体底板边界位移

因矿体底板位置在设计采掘工程时意义重大,故极应重视。有两种测算方法:

(1)按规定的勘探线间距,或沿矿体走向一定距离(如20~25m)量取勘探与开采矿体底板边界偏移距离,向顶板位移取正,向底板位移取负,分别计算平均位移距离和最大位移值。

(2)用勘探与开采矿体底板线所构成的误差面积,除以底板界线平均长度求得平均位移距离,并在图上测算出最大位移值。

4)矿石体重的对比

若按矿石类型在开采时改变了测定方法,

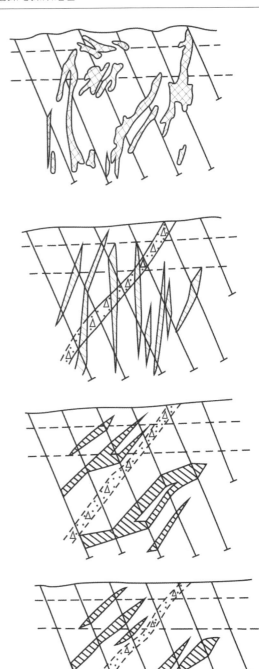

图5-30 按照不同方案连接矿体的形态剖面
1.实际矿体;2.勘探连接的矿体;3.破碎带

例如用全巷法又在工业试验中测定过,则以后者校正后的结果与原测定值对比计算其误差值。

5)其他参数和储量误差处理

对于矿体厚度、品位、含矿系数、矿石储量、金属储量均可按块段、矿体与整个对比块段分别计算出相应的绝对误差与相对误差。其计算同面积误差计算公式。"正值"意味着勘探减少或降低了这些参数和储量,"负值"则证明着勘探增加或提高了这些参数和储量。若误差过大,除了尽量查明其原因与性质外,还应评价它对矿山技术经济指标的影响。

若查明了勘探与开采资料间为系统误差,其大小与显著性已用统计方法计算出来,并查明产生误差的原因。若产生误差原因不能消除,或为消除误差所做补充工作经济上不合理,且开采资料是可靠的,则可引入校正系数以修正勘探所得资料。其实,各类储量和储量估算参数都应计算其校正系数。在各自差别不大时可借用一样的校正系数。校正系数($\gamma$)计算公式如下:

$$\gamma = Q_c/Q_k$$

式中:$Q_c$、$Q_k$——据开采与勘探资料计算的矿产储量估算参数或储量。

### 3. 矿石工艺指标的对比

如果根据勘探资料设计(计划)的矿石加工技术与工艺流程和矿山现行的不一致,则应对比如下工艺指标:矿石类型与品级及相应的划分标准,所采用的加工技术流程,回收率、精矿产率、原矿石、精矿和尾矿中金属平均含量等。必要时,要重新采集相应有代表性样品,在工业或半工业条件下,按标准加工方法进行试验,并按技术规程规定的参数进行分析,以证实勘探资料的可靠性。

造成设计和现行的工艺指标不一致的原因可能很多,应注重分析:是否严格遵守采样方法设计的参数,贫化率是否过高(混入围岩废石过多);是否遵守设计的矿石加工准备工艺流程(混匀、破碎、分级、装料、配料作业);是否违反测定矿石化学成分、粒度、含水量的标准方法等。由于需选矿加工矿石的开采与选矿是一个相对连续(分阶段)的作业过程,其目的是检查不同类型与品级矿石的可选程度和最佳(合理)工艺技术指标,以及成本-效益评价,决定是采用分采还是混采的采矿方法。

### 4. 对比矿床水文地质条件

根据勘探(计算的)和开采(实际的)资料进行对比:含水区位置,含水岩石(岩层)成分,厚度及其与地表水的关系,地下水(潜水面位置)的水动力特征,即注重于对矿床水文地质条件的总体评价。对岩石含水量偏高地段的位置、坑道涌水量、地下水的质量等参数作对比。一般情况下作定性评价即可。

对于水文地质条件复杂的矿床,主要对比对象是主开采中段含水量偏高地段。这些地段往往是勘探钻孔的水文地质编录中漏水、岩芯采取率过低、岩石物性差的岩层或断裂破碎带。

对比方法是将主采中段计算的与实际的年平均涌水量、最小与最大涌水量进行对比。对比水质是指水的化学成分、有益有害组分含量、总硬度、pH值等,并查明排放和利用的可能性。

### 5. 矿床开采技术条件的对比

将矿床勘探与开采有关对比地段得出的复杂程度结论与实际情况进行定性的对比,如工程地质条件属简单、中等、复杂;矿石与围岩的物理机械性质及稳定性、位移变形、地压现象、崩塌、顶板陷落工程地质事故等。若探采资料不一致,应评价它对采矿技术经济指标的影响。

## (四)探采资料对比结果评价

探采资料对比是手段,而不是目的。目的在于通过对具代表性地段探采资料的系统对比,提出勘探评价建议,把这些建议用在所研究的矿床和类似矿床上,用于研究制定合适的勘探规范,用于提高勘探资料(地质编录与取样成果等)的可靠性,改进矿床勘探方法和储量估算方法,完善圈定矿体的原则,完善矿山采选生产工艺和充分合理利用矿产资源等,也是对可行性研究成果的检验。

探采资料对比结果应以文、图、表的正规报告形式表示。文字应简洁,资料(包括原始、中间、验证资料)应齐全,格式应统一,文、图、表应一致,既便于审查,又使专题论证结论具有强的说服力。

对探采资料对比结果的评价,虽然目前尚未规定对其误差的统一衡量标准,但最终都应以勘探资料误差对矿床开采设计和实际开采实践所产生影响的性质(尤其是负面影响)与大小为标准。对其中一些对比结果可做出定性的评价,对另一些有关储量估算参数与储量误差,人们习惯上给出了一定的允许误差范围指标,凡未超出范围者即为合格或可靠。

允许误差范围的确定取决于许多因素。就矿体形位误差讲,除工业指标、地质构造及其研究程度外,主要取决于工程控制程度和实际需要,表现在:①勘探阶段。开发勘探较地质勘探要求为高;②储量类别。高类别比较低类别的允许误差要小,在开发勘探中更常常提高;③矿体边界位移。垂直位移较水平位移要求为高,一般底盘位移较顶盘位移要求为高;④矿体倾角。缓倾斜矿体较陡倾斜矿体要求为高,当矿体倾角接近自然安息角时,要求更严格些;⑤开采方式。地下开采较露天开采要求为高;⑥矿床开拓方案、采矿方法。当采用易于直接实施探采结合的脉内沿脉开拓,或易于生产管理,对矿体边界适应性较好、依赖性较小,并不会造成过大采矿损失与贫化者,其误差要求可低些;⑦露天开采的基建方式。分期扩建较一次基建到最终境界线和边坡者,对矿体边界位移的要求要低些。一般对于矿体边界位移允许误差的参考性指标如表 5-25 所列。

表 5-25 矿体边界位移允许误差参考指标

| 储量类型 | 矿体倾角 | 开拓方式 | 地下开采(m) 薄矿体(采场沿走向布置) | 地下开采(m) 厚矿体(采场垂直走向布置) | 开拓方式 | 露天开采(m) 一次基建 | 露天开采(m) 多期扩建 |
|---|---|---|---|---|---|---|---|
| 生产矿量 (A) | 急倾斜 >自然安息角 | 脉外 | — | — | 地表 | 10~15 | 15~20 |
| | | 脉内 | 10 | 15 | 溜井、平硐 | 5~10 | 10~15 |
| | 中等倾斜 <自然安息角 | 脉外 | 4(2) | 6(3) | 地表 | 5~10 | 10~15 |
| | | 脉内 | 8(4) | 10(8) | 溜井、平硐 | 4~6 | 5~10 |
| | 缓倾斜<30° | 脉外 | 2(1) | — | 地表 | — | — |
| | | 脉内 | 3(2) | | 溜井、平硐 | | |
| 探明的(B) | 急倾斜 >自然安息角 | 脉外 | — | — | 地表 | 15~20 | 20~25 |
| | | 脉内 | 15 | 20 | 溜井、平硐 | 10~15 | 15~20 |
| | 急倾斜 <自然安息角 | 脉外 | 6(3) | 8(4) | 地表 | 10~15 | 15~20 |
| | | 脉内 | 10(5) | 15(10) | 溜井、平硐 | 8~10 | 10~12 |
| | 缓倾斜<30° | 脉外 | 4(2) | — | 地表 | — | — |
| | | 脉内 | 5(3) | | 溜井、平硐 | | |

注:括号外示水平位移,括号内示垂直位移。

探采资料对比中提出用面积重叠率、形态歪曲率、面积总体误差衡量勘探对矿体形位的控制程度。一般来讲,除与储量类别有关外,面积重叠率高,似乎形态歪曲率会低,边界位移会不大,但这还与矿体厚度和边界复杂程度有关,尤其是前者,例如薄脉状矿体面积重叠率不高,而矿体位移不一定大,所以难于制定绝对统一的误差衡量标准。一般参考性指标如表5-26所列。

表5-26 矿体面积参数的误差参考标准

| 参数<br>矿体厚度 | 面积重叠率(%) | | | 形态歪曲率(%) | | | 面积总体误差(%) | | |
|---|---|---|---|---|---|---|---|---|---|
| | 采准储量<br>(A) | 探明的<br>(B) | 控制的<br>(C) | 采准储量<br>(A) | 探明的<br>(B) | 控制的<br>(C) | 采准储量<br>(A) | 探明的<br>(B) | 控制的<br>(C) |
| 厚矿体 | ≥90 | ≥75 | ≥50 | ≤30 | ≤60 | ≤90 | ≤15 | ≤30 | ≤45 |
| 中厚矿体 | ≥85 | ≥70 | ≥50 | ≤30 | ≤50 | ≤70 | ≤15 | ≤25 | ≤40 |
| 薄矿体 | ≥80 | ≥70 | ≥50 | ≤30 | ≤40 | ≤60 | ≤15 | ≤25 | ≤40 |

探采资料对比常以各类储量块段为对比单元,矿块储量与面积等的合格率($R$)计算为:

$$R = \frac{R_c}{R_0}$$

式中:$R_c$——合格矿块(或断面)数;

$R_0$——参与对比计算的矿块(或断面)总数。

某些指标,如矿石品位、储量等尚需计算其可靠程度($F$):

$$F = \frac{f_k}{f_c}$$

式中:$f_k$——用地质勘探资料计算的平均品位或储量值;

$f_c$——用开采或生产勘探资料计算的平均品位或储量值。

$F>1$示正误差,即用地质勘探资料比用开采资料计算者高;$F<1$示负误差;$F$近于1示误差小。

衡量合格率与可靠程度也无统一标准,某些单位采用的若干数据如表5-27所列。

表5-27 某些单位采用的合格率及可靠程度指标

| 矿块 | 面积合格率(%) | | | 储量合格率(%) | | | 品位可靠程度 | | 储量可靠程度 | |
|---|---|---|---|---|---|---|---|---|---|---|
| | 采准储量<br>(A) | 探明的<br>(B) | 控制的<br>(C) | 采准储量<br>(A) | 探明的<br>(B) | 控制的<br>(C) | 探明的<br>(B) | 控制的<br>(C) | 探明的<br>(B) | 控制的<br>(C) |
| 大矿块 | ≥85 | ≥80 | ≥65 | ≥90 | ≥80 | ≥70 | 0.85~1.2 | 0.8~1.2 | 0.8~1.2 | 0.7~1.5 |
| 小矿块 | ≥80 | ≥75 | ≥55 | | | | | | | (1.6) |

注:表中面积合格率引自GCL铁矿;储量合格率引自湖南省储量委员会;两项可靠程度指标引自昆明冶金设计院,其中储量一项包括矿石量及金属量(括号内为有差别的数值)。

## 第六节 矿山设计与探采结合

国家矿业主管部门主要根据国民经济建设和市场的需要及矿产资源现状，确定矿山建设项目，下达矿山设计任务。也就是说，国家新建矿山的设计或改、扩建设计是以国民经济建设计划与国内外矿产品市场的需要为前提，以矿床地质勘探总结报告所提供的资料和矿产储量为基础，依据矿山建设可行性研究成果和上级主管部门下达的矿山设计任务书，由矿山设计部门进行编制的。

为了加强对集体和私营矿山进行有效的宏观监控和规划指导，首先也必须严格执行国家有关矿业政策和法规，为满足国家和地方的需要，为求得矿山较好的资源效益、经济效益、社会效益和环境效益，也应进行建矿可行性讨论和周密的矿山设计，并报主管部门批准、备案后，方准予进入基建施工。

矿山设计是矿山基建的灵魂、根据和向导，即矿山基建是按照设计来具体组织实施的。矿山设计的质量是直接关系到矿山基建乃至企业生产的前途和命运的大问题，起着先导决定性、关键性的作用。矿山设计阶段是矿山基建生产的决策性阶段。矿山设计阶段的地质工作是矿山设计的基础之一，起着尖兵、桥梁和参谋的作用。设计地质工作一般是由设计部门的地质人员承担。以往矿山投产以前的设计地质人员则往往就是后继的矿山地质工作者。

矿山设计阶段，为保证矿山设计的质量，必须首先进行建矿可行性研究，在全面的、综合的地质技术经济调查和评价的基础上完成矿山的设计任务。时间长短按需要而定，一般需要 1～3 年，简单且急需的或许几个月就够了；规模大而牵涉问题复杂者，或许配合可行性研究需要 10 多年才能完成。设计费用将会占到基建费用的 0.5%～5% 不等。

### 一、矿山设计

国家新建矿山企业是以经批准的矿床地质勘探总结报告（包括储量报告）和可行性研究为基础，依照主管部门下达的设计任务书，一般是经过初步设计、技术设计、施工图设计 3 个阶段完成的。集体和私营的一些中小型矿山，或国家与地方急需，在条件允许时，亦可将初步设计与技术设计合并为扩大初步设计。一个好的矿建可行性研究报告，不仅为矿山主管部门领导和投资者进行投资决策提供科学依据，而且其内容和优选方案往往为矿山初步设计所沿用。最终的可行性研究大体等于完成设计工作量的 15% 左右。国外的可行性研究深度有时甚至超过我们的初步设计。所以，某种程度上可以说矿山初步设计属于建矿可行性研究的一个重要组成部分。

简言之，初步设计属总体设计性质，目的在于解决未来企业整体轮廓上主要的和原则性的设计问题，要求论证在指定地点和预定时间进行矿山建设在技术上的可能性、经济上的合理性。技术设计是在详细研究初步设计所采纳的总体方案的基础上，对方案规定的工艺流程和各项工程进行技术性的或分单体的具体设计与计算，并选择生产设备，进行工业及民用建筑工程等的技术设计。施工图设计是按技术设计的要求将各项建筑物结构和机械设备的安装施工等按比例绘制成施工图纸。施工图是指导矿山建设的主要依据。

矿山设计实质是一项复杂的系统工程，应该运用系统工程的方法和技术去完成。为保证设计质量，应始终做好以下各环节工作：

(1)设计准备工作和"事先指导"。根据任务要求、上级指示文件和原始资料,制定设计原则及技术经济指标——指导设计的基础。

(2)设计的关键是方案的比较、选择和确定。对可能的众多方案进行全面比较评价,只有方案所采用的新技术、新方法及投资确定得正确、合理、稳妥可靠,并在宏观上体现出设计项目整体上的协调性,才不致引起大的变化和返工,使整个设计顺利进行。

(3)设计审查。应贯穿于设计的全过程,包括事先控制、准备过程中的检查、中间检查与监督和最终审查。这是保证设计质量和确保设计文件符合建设要求的关键。要保证设计的完整性、可靠性,就要对地质资料可靠性、矿产品方案与要求、技术先进性、经济合理性、保护环境、充分利用和保护矿产资源及施工方便、可行等方面进行综合分析,并接受有关领导、专家及基建、计划、设备、投资等部门的严格审查,时常需根据所提出的意见和建议修正与完善设计,使其尽可能"令人满意"。

(4)信息反馈和总结。设计结束,应对全过程中的质量信息进行分析、总结、全面评价并积累经验。

施工图设计亦应抓好事先指导和设计过程中检查及最终的复核,确保方案、设备的落实,计算数据的准确等。

## 二、地质勘探总结报告在矿山设计中的作用

至于在矿床转入地质勘探阶段,即切实实行勘探、矿山设计和基建(生产)部门"三结合",其目的是为了理顺并协调三者间的衔接关系,共同协商,密切合作,多快好省地取得满足矿山设计所必需的地质资料,达到合理的勘探程度;同时进行矿山建设的可行性研究,以减少矿床勘探、矿山设计与建设及其投资的风险,并争取早日投产。所以,矿床地质勘探总结报告既是矿床地质勘探的最终成果,也是矿山可行性研究和设计的主要依据,还是此后矿山地质工作的基础资料。该报告必须通过上级主管部门审批和验收,否则,须根据审批意见要求进行补充地质勘探,直至达到可行性研究和矿山设计所需求的程度。在矿山设计及可行性研究中,矿床地质勘探总结报告的作用即主要反映在对其审查的标准上。

地质勘探总结报告的审查标准,主要是核查其能否满足矿山企业设计的下列基本需要,也是设计各阶段必须考虑解决的基本问题。

**1. 矿山生产规模和服务年限确定的需要**

确定设计矿山未来合理的生产规模(以年采矿量或选厂的年选矿能力表示)和服务年限,这是决定矿山企业建设规模、尔后的生产面貌和矿山生命周期的重要问题。影响因素很多,需要综合研究,多方案对比,现在可以运用电子计算机处理技术和决策论、运筹学等进行方案的优选。一般情况下,矿山生产规模应与国内外市场的需求程度相适应,与矿山的矿产资源储量规模相适应,当然还受制于矿山建设的内外环境条件、矿山设备及技术水平、矿山基建投资、预期投资效益、基建周期等因素。矿山服务年限主要取决于矿山生产规模和矿山的矿产资源储量规模及采矿技术指标,一般依据下式计算:

$$T = \frac{Q(1-\varphi)}{A(1-p)} = \frac{Q \cdot K_c}{A(1-p)}$$

式中:$T$—矿山设计服务年限,a;

$Q$—矿山设计依据的储量(一般以探明的与控制的总和为主),万 t;

$A$——矿山设计生产能力,万 t/a;
$\varphi$——设计矿石损失率,%;
$p$——设计采矿贫化率,%;
$K_c$——设计矿石采收率,%。

我国矿山一般生产规模和服务年限如表 5-28 所示。这就要求矿床地质勘探要求达到一定勘探程度,对矿体的圈定和储量估算要尽可能正确等。

表 5-28 我国矿山一般生产规模和服务年限

| 矿产种类 | 矿产规模(矿石产量)(万 t/a) | | 矿山服务年限(a) | 露天开采服务年限 |
|---|---|---|---|---|
| 黑色金属 | 大型 | >100 | >30 | |
| | 中型 | 100~30 | >20 | |
| | 小型 | <30 | >10~15 | |
| 有色金属 | 大型 | >100 | >25~30 | |
| | 中型 | 100~20 | >15~20 | |
| | 小型 | <20~10 | >10 | |
| 煤矿(坑采) | 井型 | 特大型 | ≥300 | ≥80 | >50 |
| | | 大型 | 240 | >70 | 40~50 |
| | | | 90,120,150,180 | 50~170 | 30~40 |
| | | 中型 | 30,60 | 30~40 | 20~30 |
| | | 小型 | 9,15,21 | 10~20 | 10~20 |

**2. 矿产品方案和矿石加工设备选型及技术流程确定的需要**

计划经济国家各矿山企业所产矿物原料的种类、质量和产量主要是根据国民经济的需要和矿山具体条件而进行统一规划、相互调济,按计划比例协调生产的。社会主义市场经济条件下与以往不同的是,国家制定有关矿业政策、法规,用以对矿业生产和矿产品市场进行宏观的监督、规范、调整与控制;矿山企业生产计划的制订主要直接取决于国内外市场对矿产品的需求。但是,这就要求矿床勘探阶段对矿石的类型、物质成分、结构构造及其选冶性能等进行较详细的、全面的地质技术经济调查研究,提供设计所需资料。

在矿山生产过程中,当然还要从实际出发,从充分合理利用矿产资源和提高矿山企业综合效益出发,要求超前综合利用研究,为修改和补充矿产品方案及矿石加工技术流程,及时、准确、全面地提供所需要的矿石质量和加工技术资料。

**3. 矿山开采方式、开拓方案和采矿方法选择的需要**

这是直接关系到矿山的基建周期长短、投资的多少、设备选型、采矿生产率大小、经营成本高低等的一系列重大问题。这是由矿区自然地理条件、矿体形态、规模、厚度、产状、埋深、围岩岩性、矿岩石稳固性、构造破坏程度,以及矿石质量、水文地质条件和采矿设备、开采技术经济条件等共同决定的。矿床勘探报告应充分提供这些基础资料。

#### 4. 矿区总体设计的需要

我国大中型矿山企业的总体设计,以往几乎可以说是一个矿山"小社会"的规划蓝图。主要包括:①主要工业生产场地。采矿生产场(露采的采场、地采的井巷等)、选矿厂、冶炼厂(大型矿山联合企业有之);②辅助生产场地与设施,如动力、运输、仓储场地,机修厂(车间),变电所,车库,废石场,储矿场,尾砂坝,等等;③其他服务配套设施,如职工宿舍、食堂、浴室等生活区和办公场所等。所有对这些地面工业建筑和辅助设施的全面规划布置称为矿区总体设计。总体设计既要照顾到矿山近期计划,又须兼顾矿山长远生产发展的需要;既要力避其压矿或尽量少压矿,还必须结合地质、地形、水文、气象等自然条件,符合安全、卫生和环保等有关规定,并使各组成部分间互相联系,彼此协调,构成一个综合的有机整体。所以,必须审查矿床勘探总结报告中,对矿区乃至矿田范围内矿床、矿体及矿带的总体分布特征和主矿体所处部位的控制和研究程度,检查其能否满足矿区总体设计的需要。

#### 5. 矿山首采地段基建生产的需要

主要是指地质勘探阶段所探求的可采储量多少,所占比例如何,空间分布是否合理——在首采地段,能否满足或缩短矿山基建周期,适应早期(2～3 年)采矿生产的需要,这是决定是否需要投入基建勘探及其工作量多少的依据,也是能否尽快还本付息的需要。

过去,对矿床开发设计所需不同级别的储量比例要求因矿床勘探类型不同而有区别。如今,勘探投资者(或业主)会根据各自对该矿床的认识和需要,提出对勘探程度、可采储量数量和比例的要求。一般更适用的原则应是"保证首期、储备后期、以矿养矿",按需而定,而国家将取消以往统一的储量比例要求。

此外,在矿山设计过程中,参与的地质人员在充分熟悉并善于利用地质勘探总结报告的基础上,除认真参与解决上述基本问题外,还应完成相关的多项地质工作内容,包括:野外进一步的矿区现场地质调查,提供所需的各种地质图件资料,必要的矿产储量重算与核算,有关基建阶段的地质工作设计,以及编写研究报告与矿山设计说明书中的有关地质部分内容等,以保证矿山设计的顺利进行。

### 三、探采结合

探采结合,顾名思义,"探"是指探矿,或称生产勘探,"采"指有关采矿生产活动,即简单地理解为一工程探采两用。因此,所谓探采结合是指在矿山长期生产实践中总结出来的一条必须遵循的重要原则,也是要求矿山(包括测量)与采矿技术部门间紧密配合、统筹规划、联合设计、统一施工,既要达到探矿要求,又能满足采矿生产需要的一体化组织活动。它是保证矿山基建生产能够安全、合理与顺利进行的重要措施,也是进行生产勘探经济合理与有效的正确途径。探采结合的优点在于:可以减少采掘与探矿工程量,缩短矿山基建生产周期,降低探矿与生产成本,提高工程质量与效率,尤其利于矿山生产安全和管理等。

实际上,探采结合贯穿于从矿山整体设计到局部采矿生产工程的具体设计、施工指导与管理,以及检查验收的整个过程中。既要强调探矿、探水、探构造工程对基建与采矿生产的先行指导与服务作用,又要尽量使探矿工程能够作为采矿工程用。反过来,有关采矿工程既要为采矿所用,又要尽量作为探矿工程用。所以,在实际探采结合的过程中,必须具有全局观念,要打破与采矿部门界限,同心协力,分工合作,在保证"探矿适当超前"的前提下,统筹优化与合理安排探采工程施工顺序等。

探采结合的具体实施方法,会因为采矿方式的不同而有差别。如露天采矿一般比地下开采来得简单;地下开采矿山,又会因采矿方法不同而异。一般情况下有底柱或二步回采方法比无底柱或一步回采的采矿方法要复杂得多。也会因为工程种类的不同,其探采结合的作用会不同等。

需强调指出,坑内钻探工程具有的快速、便捷、经济等诸多优点,不仅要用于查明矿体地质特征,保证采掘生产工程顺利施工和持续与均衡地完成生产任务,而更重要的是易于查明一切不利于生产安全的地质因素,避免与减少矿山生产中地质灾害事故的发生,这是值得格外重视的。

## 主要参考文献

国家质量技术监督局.固体矿产地质勘查规范总则(GB/T 13908—2002)[S].北京:中国标准出版社,2002.

国家质量技术监督局.固体矿产资源/储量分类(GB/T 17766—1999)[S].北京:中国标准出版社,1999.

国土资源部储量司.矿产资源储量计算方法汇编[M].北京:地质出版社,2000.

侯德义.找矿勘探地质学[M].北京:地质出版社,1984.

裴荣富,丁志忠,傅鸣珂,等.试论固体矿产普查、勘探与开发的合理程序[J].中国地质科学院院报,1983,1:1-16.

唐义,蓝运蓉.SD储量计算法[M].北京:地质出版社,1990.

张轸.矿山地质学[M].北京:冶金工业出版社,1985.

赵鹏大,李万亨,等.矿产勘查与评价[M].北京:地质出版社,1988.

赵鹏大,彭程电.矿床勘探中矿体地质研究的若干基本问题[J].地质与勘探,1964,2:7-16.

中华人民共和国国土资源部.铁、锰、铬矿地质勘查规范(DZ/T 0200—2002)[S].北京:地质出版社,2003.

中华人民共和国国土资源部.钨、锡、汞、锑矿产地质勘查规范(DZ/T 0201—2002)[S].北京:地质出版社,2003.

中华人民共和国国土资源部.岩金矿地质勘查规范(DZ/T 0205—2002)[S].北京:地质出版社,2003.

中华人民共和国国土资源部.铜、铅、锌、银、镍、钼矿地质勘查规范(DZ/T 0214—2002)[S].北京:地质出版社,2003.

# 第六章　矿产勘查与资源经济

在市场经济体制下,矿产地质就是经济地质,矿产勘查与评价就是一项经济活动。寻找、勘查和评价矿床、矿体的过程实质就是一个经济地质体评价的过程,它以明确的经济属性、财产属性和商品属性区别于其他地质体。所以,我们说,经济基础是矿产勘查与评价的四大基础之一,经济分析与评价贯穿于矿产勘查与评价的全过程。因此,了解矿产勘查与资源经济的关系,掌握矿产资源经济评价的基本原理与方法已成为市场经济下对资源勘查工程专业人才专业素养和知识结构的基本要求。

(1)在市场经济下矿产勘查项目与勘查方案的选择与实施必须考虑需求与供给、投入与产出、成本与利润、找矿效果最大化与经济效益最大化等经济学因素。从勘查项目选择、矿权地评估到勘查成果的技术经济评价,除了考虑勘查区的地质条件、开采技术条件和水文地质条件、矿区自然地理和经济地理等本身因素外,还需要了解矿产资源开发利用的现状和市场需求。只有这样才能做到正确合理地选择矿产勘查项目,取得良好的经济效益。

(2)在市场经济下矿产资源的勘查与开发绝不仅仅只是简单的地质和矿业生产活动,而是一项复杂的社会经济活动,具有明确的经济属性、财产属性和商业属性。

(3)在市场经济下矿产资源勘查属于经济地质和商业地质的范畴,矿产勘查活动属于一种经济活动,它始终受到后者的制约。具体表现为:①矿体的属性特征及工业指标受到矿业市场和矿产品价格的制约;②追求经济效益成为矿产勘查的最主要目标之一;③经济可行性论证成为矿产勘查的必要工作之一。因此,矿产资源勘查活动不仅需要追求地质找矿效果,而且必须讲究社会经济效益,实现地质找矿效果和社会经济效益的辩证统一。

## 第一节　经济发展与资源消费

### 一、全球经济增长与矿产资源消耗之间具有高度相关性

工业革命发生以来,人类社会已经消费了令人难以置信的巨大数量的矿产资源,与此同时,人类积累了庞大数量的社会物质财富。全球 GDP 的增长与矿产资源消耗之间具有高度相关性(图 6-1)。

1800—1900 年的 100 年间全球 GDP 增加了 7 倍,1900—2000 年的 100 年间增长了 18 倍;在两个 100 年间,全球粗钢消费分别增长了约 10 倍和 30 倍;金属铜消费增长了 1.15 倍和 28 倍,金属铝消费增长了 2.27 倍和 3600 倍。这种变化反映了随着全球经济增长方式的改变,矿产资源消费结构随之改变。巨量矿产资源的消费为近现代社会经济的快速发展奠定了坚实的基础(王安建等,2010)。

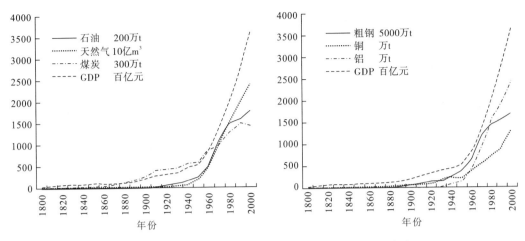

图 6-1 全球 GDP 增长与能源和重要矿产资源消费关系

## 二、工业化过程与矿产资源支撑

以英、法、德、美、日等国为代表的先期工业化国家的工业化历程表明,尽管工业化时段跨越 200 多年,各时期的科学技术条件和社会发展环境差异很大,但以矿产资源的大量消耗支撑工业化经济快速发展的基本规律没有发生变化(图 6-2、图 6-3)。

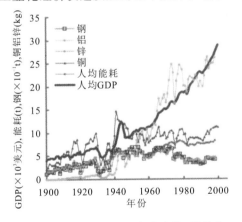

图 6-2 美国 100 年来人均 GDP 和重要资源人均消费量演变

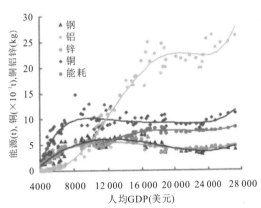

图 6-3 美国 100 年来人均 GDP 与人均资源消费量的关系(美国 1990 年)

## 三、矿产资源消费与经济快速增长

100 年来,美国 GDP 总量增加了 23 倍。钢消费量在 1972 年达到最大值 1.46 亿 t,比 1900 年的 924 万 t 增加了 14.8 倍,锌消费量在 1973 年达到最大值 136 万 t,比 1900 年增加了 14 倍,铜、铝消费量一直处于增长之中,100 年间分别增长了 17 倍和 3000 倍(图 6-4)。

人均能耗与人均国内生产总值(GDP)的相关分析结果显示,无论是工业化还是后工业化阶段,人均 GDP 与人均能耗二者之间均呈明显的线性关系(图 6-5)。

将人均国内生产总值(GDP)与人均金属消费量相比,二者表现为互动的"S"曲线增长模

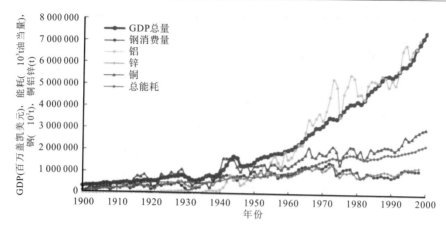

图 6-4 美国 100 年来经济发展和资源消费总量的关系图

式(图 5-6)。根据这种"S"形曲线关系,随着人均 GDP 增长可以推算出金属的消费总量。

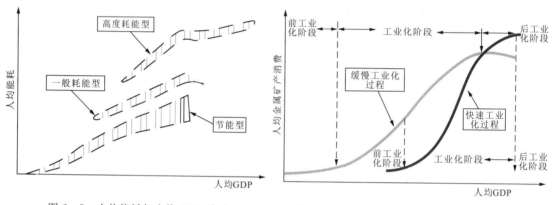

图 6-5 人均能耗与人均 GDP 关系    图 6-6 人均矿产金属消费与人均 GDP 关系

## 第二节 项目选择与市场竞争

竞争是市场的根本属性和基本特征。在市场经济体制下,矿产资源的勘查与评价绝不仅仅是简单的地质和矿业生产活动,而是一种复杂的经济社会活动,具有明确的政治、经济和社会属性和效应。勘查项目的选择除了市场上需要、地质上可能、技术上可行外,还必须经济上合理。例如普查找矿阶段的①找什么,②到哪儿找,③怎么找,④远景怎么样,⑤找矿技术方法的优化选择与综合应用,⑥找矿靶区的优选与评价,以及勘查与评价阶段的①矿床勘探类型与勘探工程总体布置,②勘探周期、勘探程度与勘探精度,③勘探技术手段的选择与勘探工程间距的确定,④矿体取样与分析方法,⑤储量的数量和质量及其分类分级等,无一不受到最优化原则(最少投入、最大效益、最小风险、最大概率)的约束。即矿产勘查中的经济学问题主要包括:①勘查对象的最优选择——矿种、类型、勘查地;②勘查方案的最优制定——找矿技术方法和勘查技术手段、矿床勘探类型与勘探工程总体布置、勘探工程间距与取样分析方法;③勘查过程的最优组织——勘探阶段、勘探方式、勘探程度、勘探精度等;④勘查成果的最优评价——

矿床的财务评价、国民经济评价和社会生态评价。

## 一、影响矿产勘查项目选择的因素与决策准则

矿产勘查工作的合理布置与矿产勘查项目的正确选择,是矿产勘查全过程的首要环节,也是最重要的环节。部署合理,选择正确,可以使投入的人、财、物很快产生良好的地质找矿效果和巨大的社会、经济效益,否则,不但会造成人、财、物的大量浪费与积压,而且还会影响其他急需矿产勘查工作的开展。

影响矿产勘查项目选择的因素与决策准则主要有以下几个方面:

**1. 市场供求因素与满足需求准则**

市场经济体制就是要使市场在国家宏观调控下对资源配置起导向性作用,使经济活动遵循价值规律的要求,适应供求关系的变化;通过价格杠杆和竞争机制的功能,把资源配置到效益较好的环节中去,并给企业以压力和动力,实现优胜劣汰;运用市场对各种经济信号反应比较灵敏的优点,促进生产和需求的及时协调。

矿产资源的勘查与开发应特别关注矿产的市场条件——供应、需求与价格等因素之间的关系。矿产供应过程是把矿产资源转换成可销售矿产品的一系列多层次经济活动。自然界中矿床的天然赋存以及市场对矿产品的需求是两个最基本的刺激因素。如果发现矿产赋存条件和市场需求之间的关系有利,则可循序进行多层次经济活动:普查、详查、勘探、采矿工程与选矿工艺建设。通过价格杠杆和竞争机制的功能,把资源配置到效益较好的勘查与开发环节中去,生产出更多更好的矿产品以满足市场需求。如果发现矿产赋存条件和市场需求之间的关系不利,则应延缓甚至停止进行矿产勘查与开发活动。因此,市场因素是影响矿产勘查项目选择的首要前提。

**2. 矿产地质因素与地质可靠性准则**

矿产地质因素是影响勘查项目选择的基础因素。地质工作者依据成矿地质条件的有利程度,即工作区所处地质构造位置及在已知成矿带中的部位,区域地球化学场特征,地层、构造、岩浆岩等控矿因素特征及有利程度,工作区成矿规律特点及矿床共生关系等,以及矿化信息的发育情况,即已发现矿点及矿床的空间分布与数量、围岩蚀变、物探化探异常等的分布与强度等和矿床类型、储量规模、矿石质量特征等筛选与确定勘查对象。

**3. 采选技术因素与技术可行性准则**

技术可行性准则是指矿石的加工技术性能、矿床水文地质条件和开采技术条件有利,适合矿山企业建设的要求,在当前的技术经济条件下可以开发利用。

以前,有的矿床在详细普查时不注意这方面的研究,甚至在勘探阶段也不予以重视,结果发现由于矿石加工技术性能不好,或者由于开采技术条件恶劣而成为"呆矿"。例如,某铁矿在勘探时未做充分的试验研究工作,便主观认为与相邻几个矿区的矿石性质相似,建设了年产$2 \times 10^6$ t的采选联合企业,投产后才发现矿石中铁矿物嵌布粒度极细,属难选矿石,用现有的工艺根本无法投产,而造成了巨大的浪费。因此,采选技术因素是影响矿产勘查项目选择的重要因素。

**4. 经济价值因素与经济合理性准则**

经济合理性准则是指把人力、物资、资金等资源配置到经济效益好的矿床上去,也就是说,

经济效益好的矿床应优先转入勘探和开发。对于那些勘查费用高昂，矿山开发中难以得到补偿的矿床，以及矿床开发经济效益低下的矿床应暂缓或停止地质勘查工作。

矿床勘查项目选择时，若忽视经济合理性准则，就会给国家和企业带来巨大损失。例如，在计划经济时代，我国有的矿床勘探时，不计成本，曾投入过大量的勘探费用，这样的勘探费用根本不可能在今后的开发中得到补偿。

综上所述，在进行矿产资源勘查项目选择时，必须遵循满足需求准则、地质可靠性准则、技术可行性准则、经济合理性准则。只有综合考虑这四者才可能有效地指导矿产勘查项目的选择。

### 二、矿产勘查项目的技术经济评价

矿产勘查工作实质上是一项淘汰无工业价值的矿点、矿化点，肯定有工业价值的矿床，不断筛选勘查项目的过程。为了搞好勘查项目的取舍，在市场需求前提下，除了进行地质评价外，还应进行技术经济评价。只有那些市场上需要、地质上可靠、技术上可行、经济上合理的矿床才能转入更高一级的地质勘查工作。矿床技术经济评价是今后矿床勘查中一项不可缺少的、极其重要的工作。

#### 1. 矿床技术经济评价的实质和内容

矿床技术经济评价是根据矿床地质勘查工作所获得的资料拟定采选方案，选取合理的技术经济参数，预估矿床未来开发利用的社会、经济效益，为矿产资源勘查项目的选择和矿山建设设计提供科学依据的工作。

矿床技术经济评价是矿产地质勘查单位的一项经常性工作。矿产地质勘查的各个阶段都须进行相应的矿床技术经济评价。

经济技术评价的实质在于进行投资决策，体现在投资项目经济效果评价上要解决两个问题：①什么样的投资项目可以接受；②有众多投资方案备选时哪个方案或方案组合最优。

#### 2. 矿床技术经济评价的基本因素

影响矿床未来开发经济效益的因素很多，且各因素的影响程度不同。为了正确、客观地计算矿床未来开发的经济效益，必须充分考虑各种影响因素，合理选取评价参数。矿床技术经济评价的基本因素和参数包括如下几个方面：(1)矿床地质因素和参数(主要指矿床围岩构造特征、矿体内部矿化特征和开采技术条件)；②自然经济地理因素和参数(主要指经济地理条件、气候与地形、附近有无矿山企业、环境地质情况等)；③矿山经营参数(主要指矿床工业指标、采矿损失率、矿石贫化率、选矿回收率、综合利用率和设计生产能力等)；④经济因素和参数(主要指矿产品价格、成本、投资、利率、贴现率、税率等)，它们是矿床技术经济评价中不可或缺的基本因素，对矿床未来开发利用的经济效益有重要影响。

### 三、矿产勘查项目的优选

一个地勘单位的技术工作可能有许多项目或方案。由于各种因素的约束，在某一时期不可能对所有的方案都进行实施。关键是如何从市场上需要、地质上可靠、技术上可行的方案中选择经济上最合理方案。

多方案的比较和优化就是通过对项目的技术经济评价分析，提出两个以上的备选方案，并进行比较分析各方案的优劣，选择最优的方案。多个方案的比较和优化是项目决策分析与评价的关键,尤其是在多目标决策时,往往形成各个方案各有千秋的局面,这时可以利用综合评分法、目标排序法、逐步淘汰法、两两比较法等进行选择。

综合评分法是先为每个目标的各个实现方案评定一定的优劣分数,然后按一定的算法规则给各方案算出一个综合总分,最后按此综合总分的高低选择方案。

目标排序法是在决策的全部目标按重要性大小排序的基础上,先根据最重要的目标从全部备选方案中选择出一部分方案,然后按第二位的目标从备选出的这部分方案中再作选择,从中选出更小的一部分方案,这样按目标的重要性一步一步地选择下去。

### 四、我国矿产资源总体供需形势与市场竞争

**1. 我国矿产资源总体供需形势**

矿产资源勘查与开发作为一种不确定条件下的风险投资具有高风险性、不确定性、不可逆性和时间性4个特点。投资项目的选择、资源勘查与开发成本、资源市场与贸易、价格、机会选择与机会成本等都受矿产资源供求形势影响。

经济高速发展导致需求剧增,我国现已成为矿产品第一消费大国,正处于工业化中期阶段,经济高速发展,需要大量的矿产品及相关的能源与原材料加工制品。近十几年来,我国大宗矿产的消耗量急剧攀升,尤其是在能源矿产、铁矿石、有色金属矿产消耗更是如此。如,2015年1—10月我国铁矿石原矿产量共11.38亿t。我国也是世界上其他大宗矿产最大的消费国,铝消费量430万t,铅消费量80万t(图6-7、图6-8)。

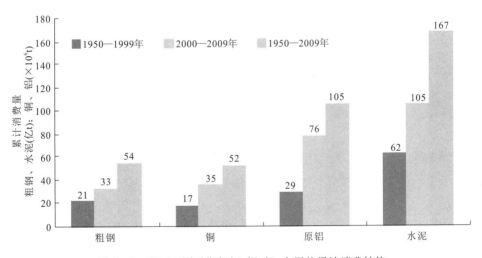

图6-7 我国不同时期粗钢、铜、铝、水泥的累计消费结构

按照2020年矿产品预测需求量,对45种矿产资源的可供能力分为4种:可以保证,可供能力≥100%;基本保证,可供能力≥70%-40%-<70%;严重短缺,可供能力<40%。论证结果是:

可以保证的矿产有:煤、天然气、钨、钼、银、稀土、菱镁矿、萤石、耐火黏土、磷、重晶石、水泥灰岩、玻璃硅质原料、石膏、高岭土、石材、硅藻土、钠盐、芒硝、膨润土、石墨、石棉、滑石、硅灰石共24种。

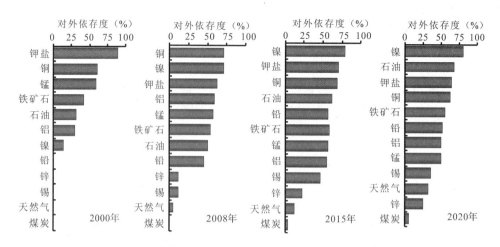

图 6-8 我国矿产资源对外依存从个别向全面发展，缺口不断增大

基本保证的矿产有：钛、硫 2 种。

短缺的矿产有：石油、铀、铁、锰、铝土矿、锡、铅、镍、锑、金 10 种。

严重短缺的矿产有：铬、铜、锌、钴、铂族金属、锶、钾、硼、金刚石 9 种。

**2. 矿产品国际贸易的发展趋势**

近年来，世界矿产品贸易发生了很大变化，了解这些变化趋势对于制定矿业发展政策和战略，确定矿产勘查项目和矿山开发项目，指导矿产品开发的产品方案和市场经营都有十分重要的现实意义。

(1)世界矿产品贸易额在世界商品贸易总额中的比重逐步下降。矿产品属初级原材料商品，在当前的世界贸易中，加工程度越高、越精细的商品越有利于占领世界市场，而属于初级产品的商品难以在市场上获得有利的价格，因此销售量日减。

(2)三大类矿产国际贸易的基本形势。①能源矿产。仍然是矿产品贸易的大户，其出口吨位占出口矿产品吨位的 70% 以上；但新能源矿产(如页岩气)的开发利用对传统能源矿产(如煤炭)市场形成了巨大冲击。②金属矿产。世界金属矿产品贸易量总的情况是增长缓慢，需求下降，价格疲软。需求下降的矿产品主要是黑色金属、重有色金属(铜、铅、锌、锡)等传统大宗金属矿产品；而轻金属(铝、镁、钛)、贵金属(铂族、金、银)等的需求在增加，贸易前景看好；某些稀散金属元素(镓、锗、铟、铌、钽、锆、铍、稀土等)是发展高技术工业的战略资源，需求坚挺，贸易增长率大大超过其他金属矿产品，是今后世界矿产品贸易中值得开发的重要产品。③非金属矿产。与能源矿产和金属矿产相比，非金属矿产的发展前景和市场情况要好很多。在矿产品贸易中非金属矿产贸易额增加较快，非金属矿产的前景看好是与现代科技的发展和经济的增长分不开的。如在高技术领域，传统的半导体金属锗已大量被价格低廉、性能更优越的硅所取代；超导材料的研制与应用方面，非金属矿产是重要原材料；航空工业传统上致力于轻质高强度合金研究，目前已转向非金属材料的研究；在建筑业领域，新兴非金属建材显示了优越的性能；在农业、轻工等领域也开发了非金属矿产的新用途。

## 第三节　紧缺矿产与两个市场

### 一、紧缺矿产与国家战略

国家对"紧缺矿产"的划定，主要是从全国矿产资源供需的角度来考虑，一般将进口依存度大于50%、对国民经济具有重要影响的大宗矿产资源列为"紧缺矿产"。例如2010年，铁、铜、铝、镍、铬、锰、钾盐7个矿种被列为国家紧缺矿产。所以，人们一般将进口依存度的高低作为矿产品紧缺与否的显著标志。

从国家层面考虑，紧缺矿产必要时会上升为国家战略资源储备。因此，如何划定紧缺矿产成为资源经济领域研究的重要课题。20世纪80年代，美国人索波娄维查为评价紧缺矿产和战略矿产，提出了一套标准，列出了"24个急缺危险点标志"。划定和调整紧缺矿产和战略矿产，在发达国家已相对成熟，在法国甚至将重要储备物资具体矿种内容保密。索氏这套标准中，将对外依存的状态分为几个层面考量，包括：供应是单一的或独有的、外国供应的位置、运输线情况、外国供应者持相对敌对的立场等。值得注意的是，它与外交局势、地缘政治关系很大，而不是仅注重进口量的单一数据。

另外，虽说进口依存度大于50%，就意味着在国际市场上的话语权相对处于弱势，但改善这一状况还有其他手段，可以从一些反例中寻求借鉴，譬如稀土在我国储量占世界30%，产量占95%，却没有相应的定价权，"稀土不稀"。这说明，即便国内储量和产量丰富，其直接效用也只是让我们"手中有粮，心里不慌"，在定价权上多些筹码；但是粮食能不能卖上好价钱，筹码能不能让我们在市场坐庄，操控紧缺度，显然还有很大的学问。索氏理论中，"国家研究程度和开发活动""严格的法规控制"等，也是评价矿产品紧缺的重要选项。我国稀土国内利用需求量不够大，没有法规控制而系统地经营，所以一直没有体现出它的"紧缺"价值。

从2003年世界性的资源涨价和争夺开始，定位紧缺矿产资源、建立矿产品国家战略储备就成为燃眉之急。国家只有对紧缺矿产和战略矿产建立更完整的评价机制，同时与商务、外交等部门一起，在更高层面形成合力，才能更好地增强应对突发事件和抵御国际市场风险的能力。

我国矿产资源总量虽然丰富，但人均占有量较低，同时部分地区的矿产质量禀赋不够理想。在今后相当长的一个时期内，我国经济建设对矿产资源的需求将继续处于中-高峰阶段。我国多数关系到国计民生的大宗矿产（如石油、富铁矿、铜矿、锰矿、铬铁矿、钾盐和工业用金刚石等）资源不足或严重短缺，国外资源均较丰富，而我国不少资源丰富的优势矿产，如钛、钨、锑、稀土等矿产，国外却又不足或短缺，这就为充分利用国内外两种资源和两种市场提供了必要的前提和可行性。

### 二、两个市场与矿产品进出口形势

解决紧缺矿产问题必须利用国内外两种资源和两个市场。其主要方式有两种：一是进行矿产品进出口贸易；二是境外合资合作勘查开发矿产资源。目的主要是为了保证矿产品（及其原材料）满足经济建设需要和最大程度地发挥矿产资源的经济效益。

改革开放以来，我国矿产品进出口贸易相当活跃，有了长足的发展，矿产品进出口贸易伙伴向着多元化方向发展。20种主要矿产品的进出口贸易涉及的国家有44个，其中既有发达国家,也有发展中国家。

2014年,我国开始构建并实施"一带一路"国家建设。很多专家分析认为,"一带一路"倡议向纵深推进,必将进一步拓展沿线各国矿业合作的空间,将各国在资源、市场、资金、产业、科技、人才等领域的互补优势充分激发出来。在当今矿业全球化大潮下,"一带一路"的建设前景,预示着沿线各国彼此之间的真诚合作,必将把各国的资源优势转化为经济增长新动力,从而为全球矿业发展带来前所未有的新机遇。

根据"一带一路"倡议,紧缺矿产资源将是沿线国家开展合作的重点领域之一。毫无疑问,"一带一路"倡议的实施,将为沿线各国的矿业合作提供新的平台。

"一带一路"沿线国家拥有丰富的矿产资源,是世界矿物原材料的主要供给基地,在全球经济和社会发展中的地位可以用"举足轻重"来形容。公开的数据显示,在全球成矿单元的四大成矿域中,"一带一路"地区内的成矿区带就有12个,各成矿区带中产出大—超大矿床总数达到326个。在这个区域内储藏的矿产资源有近200种,价值超过250万亿美元,占全球的61%。其中,世界上煤的蕴藏量最高的地区在中国和俄罗斯境内;乌兹别克斯坦被称为"黄金之国";东南亚诸国有长达2500km的锡矿带,也是全球最为著名的宝玉石产区;目前已探明的石油蕴藏量最多的地区是西亚诸国;印度和俄罗斯是钻石重要产区;俄罗斯库尔斯克分布有世界最大的产铁盆地等。更为重要的是,各国矿产资源合作具有很强的互补性。例如:中国紧缺的铜、镉、镍等矿产和战略性新兴矿产等,恰好是"一带一路"沿线另一些国家的优势资源;而油气资源丰富的中亚国家,勘探开发开采能力相对较弱,与我国合作前景广阔,潜力巨大。

"一带一路"沿线地区是全球经济发展最活跃的地区,也是全球最大的能源资源消费区。加大矿产资源勘探开发力度,实现资源优势向经济优势转变,是"一带一路"沿线国家共同的愿景。我国矿业目前面临的最大问题之一,是产能过剩。"如果我们的产能,以及技术、资金等能够转移,不但对沿线国家来说是有好处的,我们也可以抓住机会优化矿业的产业结构。"以钢铁产业为例,"一带一路"庞大的基础设施建设投资将推升钢铁需求,而沿线国家多是我国钢材出口的重要目标市场。这样的产能合作,无疑将加快我国钢厂走出去的步伐,不仅有利于缓解国内产能过剩的局面,还可以利用国外优越的矿产资源来进一步降低成本。

推进"一带一路"建设,坚持"引进来"与"走出去"相结合,大力发展外向型经济,需要充分利用"两种资源、两个市场",实现互利共赢。"引进来",不仅要扩大能源原材料特别是国内短缺原材料进口,更要吸收国外资金和先进技术,这有利于我国积极利用和参与国际分工,通过国际交换,扩大对外贸易,缩小发展差距。"走出去",意味着要支持有条件的企业有序到境外投资兴业。这有利于我国企业深化与俄罗斯、蒙古国的能源资源互利合作,扩大境外资源进口,抢占国际市场,带动出口。要明确"引进来""走出去"的重点领域、重点地区、重点产业、重点产品,促进沿边对外开放产业带形成、资源利用方式一体化、资源合作领域多元化。

实施"两种资源、两个市场"的开放带动战略取得明显成效。河池的有色金属企业与加拿大、澳大利亚、秘鲁、比利时、墨西哥、日本、东盟等10个国家和地区建立了紧密联系的矿产资源购销网络,形成了面向世界的开放格局。发展循环经济取得新成果,掌握并运用了冶炼废气回收制造硫酸,冶炼矿渣回收铋、镉、银等贵重金属,废渣生产水泥等资源回收循环技术,年烟气制酸能力已达到50万t,铋、镉等贵重金属回收能力分别达到60t和300t;河池的一些冶炼技术处于世界领先地位,研发并掌握了高纯度铟、硫酸锌、硫酸亚锡等一批高附加值产品的精深加工技术,有色金属高新技术产品年加工能力达到8000t。

## 三、我国若干紧缺矿产利用外国资源的可能性

### 1. 铜矿

利用国外铜矿资源,节省和保存自己有限的铜矿资源,是我国铜矿业发展的战略思想和措施。距离我国过远的国家不能作为稳定的供给来源。我国的周边近邻将是争取获得铜矿供应的主要矿源。

蒙古的额尔登特铜钼矿为大型硫化矿床,矿石储量达 3 亿 t,铜平均品位 0.85%,矿山采掘能力为 1.2 万 t 铜精矿。1994 年生产 34 万 t 铜精矿(11 万 t 金属铜)。

印度尼西亚的伊里安岛西部铜矿区,铜储量 11.2564 亿 t,矿石含铜 1.3%,还含有金、银。1994 年铜精矿产量 100 余万 t,金属铜为 33.88 万 t,开采规模大,成本低。

哈萨克斯坦的杰兹卡兹甘和巴尔喀什两大铜联合企业,拥有 48 个已探明的铜矿床,蕴藏量 28.4 亿 t,平均品位为 0.77%。1994 年生产平均品位为 0.98% 的铜矿石 2490 万 t,产铜精矿 53.3 万 t。

国际铜精矿的自由贸易量是有限的,路子将越走越窄,而我国最大限度地利用国际铜资源的最终最有效途径莫过于在境外投资办矿,以获取所需的铜冶炼原料。

### 2. 钾盐

全球钾盐资源分布极不均匀,俄罗斯、白俄罗斯、加拿大和德国钾盐储量占世界总储量的 92%。此外美国、泰国等近 10 个国家拥有少量钾盐资源。我国钾盐资源贫乏,仅占世界储量基础的 2.6%。我国钾盐长期依赖进口,1995 年进口量为 418 万 t($K_2O$),耗费 8.2 亿美元外汇。相关部门预测,我国钾盐需求量 2000 年为 525 万 t,2005 年为 614 万 t,2010 年为 686 万 t,2020 年为 961 万 t。按目前的市场价格,届时进口钾盐将年耗费外汇 6.2 亿~11.3 亿美元。

我国利用外国钾盐主要有如下几种方式:①发挥我国勘查技术和经济优势,到近邻国家投资开发钾盐资源,建立国外稳定的供矿基地。我国周边国家具有丰富的钾盐资源,其中,老挝万象平原钾盐储量约 7 亿 t,KCl 平均品位为 17%,易采选。泰国呵叻盆地钾盐储量大于 400 亿 t,KCl 平均品位为 14%。东盟六国和加拿大已进入该区开发钾盐。俄罗斯可供合作开发的 SOLIKAMSK-Ⅰ钾盐矿保有储量 1.4 亿 t,$K_2O$ 品位 15%~22%。②利用当前国际钾盐市场供过于求、价格相对稳定的有利形势,扩大从加拿大、独联体地区的钾盐进口量,增加钾盐原料储备。③利用我国西南地区丰富的磷矿产品以易货贸易或补偿贸易的方式从缺磷的泰国、老挝等国换回钾盐。

## 第四节 矿业市场与矿权评估

众所周知,矿产勘查业是一个投资大、风险高、长周期的行业,但它在西方竞争剧烈的市场经济中仍然得以快速发展,而且在矿业经济迅速全球化的进程中获得一次又一次发展机遇。其重要的原因在于西方的矿产勘查业已经完全市场化,并已进入资本市场的轨道,在运行中已经形成一种行之有效的市场机制来刺激、平衡和调节勘查投资。为了化解投资风险和运筹资金,勘查公司的上市融资、勘查项目的权益转让、合资经营及至勘查、矿产公司之间相互兼并融资频繁进行,形成了法律健全、竞争有序的矿产勘查业市场。在这些市场活动过程中,矿产勘

查地和矿产资源的经济评估及其权益转让已经形成一套可操作运行的并被市场所接受的办法和规程,这也是勘查业之所以能顺利进入资本市场、得以投资发展的重要原因。

## 一、世界经济进入新常态,全球矿业市场将持续低迷

2015年,世界经济持续处于深度转型调整期,主要矿产品需求疲软,并且与金融市场震荡共振,使得"矿价"平稳回落,矿业形势继续恶化。新常态下,我国经济结构调整深入推进,主要矿产品基本需求初步到位,并且价格在底部区间运行,投资矿业"捡钱"时代已经结束,投资者对矿业投资的兴趣和信心将逐步衰竭,矿业发展进入"洗牌"新阶段。

新兴经济体经济下行压力较大,资源需求增长减弱。2015年,全球经济增长乏力,IMF预计增速为3.1%,略低于上年水平。其中,美国经济复苏基础稳固,预计2015年增速为2.6%;欧洲经济有望实现微弱增长,预计增速为1.5%。多年实践表明,美国、欧洲等发达国家主要矿产品消费与经济发展状况关联度较弱,需求总体比较稳定,主要矿产品消费拉动还是依靠新兴经济体国家。2015年,新兴经济体经济下行压力较大,特别是中国、巴西、印度、俄罗斯、南非等"金砖国家",正面临艰巨的结构性调整等问题,直接约束主要矿产品消费规模扩张,使得以中国为首的资源需求增长拉动效应有所减弱。

主要矿产品供应过剩,大部分产品库存呈回升态势。油气方面,在欧佩克不减产、美国页岩油气产量迅猛增长等因素驱动下,世界原油供需较为宽松,库存明显增加。据Wind数据库(下同),2015年12月18日,仅美国商业原油库存就达到4.85亿桶,比年初增长27%。全球四大铁矿山产量增加,12月25日澳大利亚和巴西铁矿石库存分别为4575万t和2213万t,比二季度末分别增长约12%和82%。主要有色金属产品下游市场消费平淡,库存变化出现分异,12月24日,伦敦金属交易所(London Metal Exchange)铜、镍库存分别为23.5万t和44.5万t,比年初分别增长约33%和7%;铝、铅、锌库存分别为291万t、19万t、47万t,比年初分别减少约31%、14%、32%。

主要矿产品价格持续下跌,矿业公司业绩大幅回落。一是主要矿产品价格整体持续下跌。在需求疲软和金融市场震荡共振作用下,主要矿产品价格跌跌不休。2015年12月24日,布伦特原油现货价格37.08美元/桶,较年初下跌32.6%;澳大利亚BJ动力煤现货价格52.28美元/t,较年初下跌16.9%;铁矿石进口价格(天津港、澳大利亚、PB粉矿61.5%)322元/t,较年初下跌35.6%;伦敦金属交易所3个月期铜、期铝、期铅、期锌、期镍价格分别为4676美元/t、1542美元/t、1732美元/t、1554美元/t、8600美元/t,较年初分别下跌25.1%、16.6%、6.9%、29.3%、42.7%。二是矿业公司经营业绩大幅滑坡。2015年,埃克森美孚等5家国际石油公司上游经营利润亏损54.03亿美元,同比减少125.6%;力拓、必和必拓的利润同比也下跌了80%以上。

矿业金融市场颓废,投资热情全面消退。一是主要矿业公司股价受挫大跌。自2015年1月以来,嘉能可、英美资源集团股价跌幅均超过70%。二是矿业公司忙于处理债务问题。2015年12月10日,嘉能可宣布再次加大削减债务及开支的力度,拟在今年底将净债务降至180亿美元。三是矿业投资额大幅缩水。2015年全球非燃料固体矿产勘查预算92亿美元,同比减少18%,连续3年下滑;油气勘探投资预算则由2014年的峰值1000亿美元降至2015年的700亿美元,同比减少30%,全球被延期或搁置的油气项目约150个;铁矿石亦如此,澳大利亚2015年前三季度开采投资仅0.82亿美元,相当于上年同期水平的57.5%。

## 二、我国经济结构调整深入推进，国内矿业将进入新常态时代

短期需求减弱与中期结构调整叠加，经济下行压力加大。我国经济下行压力加大与通货紧缩风险上升并存，企业效益下滑和财政收入减缓碰头，形势较为复杂。从短期看，外需明显不足，投资大幅减速，房地产市场继续调整，以及工业企业去库存化等因素，直接约束资源消费规模扩张。从中期看，当前经济增速换挡的压力和结构调整的阵痛相互交织，新兴产业增长难以弥补传统产业下降的影响，要素投入支撑作用减弱，结构升级要求提高，化解前期过剩产能、强化生态环境保护等都会影响经济增速。

国内矿业市场进入了新常态发展阶段，主要矿产品基本需求初步到位，生产规模逼临峰值。以 2015 年为例，一是煤炭需求及产量峰值均提前来临。生态文明建设、水电核电等清洁能源快速发展和实施煤改气工程，以及煤炭价格大幅回落冲击，促使煤炭消费与产量峰值提前到来。1—11 月，全国原煤产量 33.7 亿 t，同比减少 3.7%；进口煤炭 1.86 亿 t，同比减少 29.4%；社会煤炭库存已持续 47 个月超过 3 亿 t。与原煤产供销持续全面回落同步，价格下行压力持续存在，煤炭供大于求的矛盾难以改观。二是我国基础设施建设日趋完善，传统领域粗钢需求已经基本到位，铁矿石消费强度减弱，市场竞争进入相持阶段。1—11 月，全国铁矿石原矿产量 12.5 亿 t，同比减少 9.7%；进口铁矿石 8.57 亿 t，同比增长 1.3%。未来不仅国内下游用钢行业对铁矿石需求的拉动作用有限，而且特别是在国际四大低成本矿山产量持续扩张的背景下，强化了铁矿石供应过剩的趋势，并与国内高成本矿山进入竞争的相持阶段。三是主要有色金属矿产基本需求增长速度放缓。与此同时，随着二次资源的累积与释放，以及环境问题使得部分污染严重的矿山或者不顾环境生产的矿山关停，主要有色金属矿产量将陆续回落。1—10 月，全国铜精矿、铅精矿、锌精矿、镍精矿金属产量分别为 144 万 t、197 万 t、398 万 t、7.6 万 t，同比分别减少 5.5%、9.7%、9.2%、1.0%，氧化铝产量 4735 万 t，同比增长 10.6%；1—11 月，全国进口铜精矿、铝矿砂、铅精矿、锌精矿、镍精矿实物量分别为 1184 万 t、4899 万 t、158 万 t、279 万 t、3343 万 t，同比分别增长 10.8%、增长 47.2%、下降 3.6%、增长 48.4%、下降 26.1%。四是主要非金属矿产品产量回落。1—11 月，萤石产量 350 万 t，同比减少 6.1%；天然鳞片石墨产量 55 万 t，同比减少 15.4%；滑石产量 180 万 t，同比减少 18.2%；石膏原矿产量 4260 万 t，同比减少 9.0%。五是油气作为优质能源，产供销继续全面扩张。1—11 月，全国原油和天然气产量分别为 1.96 亿 t、1190 亿 $m^3$，同比分别增长 2.0% 和 3.3%；进口量分别为 3.12 亿 t、544 亿 $m^3$，同比分别增长 8.7% 和 4.7%。

据统计，当前全国有效探矿权和登记面积同比分别下降 6% 和 10%，有效采矿权和登记面积同比分别下降 11% 和 1%。2015 年 1—11 月，特别是以申请在先方式出让的探矿权，同比减少 32.6%，采矿业固定资产投资持续减少。1—11 月，全国采矿业固定资产投资 11 521 亿元，同比减少 8.7%。其中，煤炭和黑色金属矿采选业全国固定资产投资分别只有 3599 亿元和 1277 亿元，同比分别减少 16.1% 和 19.9%。

## 三、矿业权评估的理论与方法

矿业权是指矿产资源使用权，包括探矿权和采矿权。前者是指在依法取得的勘查许可证规定的范围内勘查矿产资源的权利；后者是指在依法取得采矿许可证规定的范围内开采矿产资源和获得所开采矿产品的权利；根据《矿产资源法》及其配套法规，矿业权经依法批准，可以

转让他人。矿业权的价值是矿业权人在法定的范围内,经过资金和技术的投入而形成的,应当依法受到保护。

**1. 矿业权分类**

矿业权是一个比较复杂的概念,要弄清它的确切含义,有必要对其进行解析,其实矿业权是一个权利束,是由一系列相关权利组合而成的。西方国家对矿业权的理解是:澳大利亚将矿产权分为三类,即探矿权、采矿权和评价权;日本矿业权制度以许可证制度为主,可分为钻探权制度和采掘权制度,而且规定取得钻探权的企业在探明勘探区确有矿产并适于开采时,享有所探矿床的采掘优先权。综观中外学术界对矿业权概念的解析,会发现有些学者根本不分探矿权和采矿权,直接设定一个矿权;有的学者把探矿权分为排他性探矿权和非排他性探矿权,加上采矿权构成三类;还有的在两类探矿权和采矿权的基础上又加上一个矿产评议权,所以成为四分法。我国是采用了两分法,即把矿业权分为探矿权与采矿权,因此,我国的矿业权亦即探矿权和采矿权的合称。所谓探矿权,是指在依法取得的勘查许可证规定的范围内,勘查矿产资源并优先取得作业区矿产资源采矿权的权利。取得勘查许可证的单位和个人称为探矿权人。所谓采矿权,是指在依法取得的采矿许可证规定的范围内,开采矿产资源和获得所开采的矿产品的权利。取得采矿许可证的单位或个人称为采矿权人。

矿业的发展所带来的应该由法律来调整和规制的社会关系一共包括5种:①矿产资源所有法律关系;②矿产资源勘查法律关系;③矿产资源开采法律关系;④矿产资源转让法律关系;⑤矿产资源环境法律关系。而这5种法律关系的客体则是5种权利:矿业所有权、矿业勘查权、矿业开采权、矿业转让权、矿业环境权。

**2. 矿业权评估**

矿业权评估是对矿业权所依附的矿产地价值的判断。评估者根据所掌握的矿产地信息和市场信息,对现在的或未来的市场进行多因素分析,在此基础上对矿业权具有的市场价值量进行估算。矿业权评估在矿业权市场的全程运作中起着重要的作用,包括:在矿业权授予、转让、抵押时的矿业权评估,股票上市和交易时的矿业权评估,矿业公司及勘查公司之间重组、兼并、分设、收购时的矿业权评估,政府为加强对矿业权市场的宏观调控,对某些具有典型意义的矿业项目的矿业权评估,为公司董事层决策服务的矿业权评估等。矿业权评估是矿业权转让活动的有机组成部分。国家出资形成的矿业权转让,必须依法进行评估,并由国土资源主管部门对其评估结果进行确认;非国家出资形成的矿业权转让的评估,由当事人自主决定。

价值评估是一项动态化、市场化的社会活动,它是市场经济条件下客观存在的经济范畴。矿业权评估是选择适用的方法,根据评估对象的实际情况及经济社会环境条件,由专门机构和人员,依据国家规定和有关资料,根据特定目的,遵循适用的原则,选择适当的价值类型,按照法定的程序,运用科学的方法,对某一时点的矿业权经济价值进行评定估算,用统一货币值反映其价值量的过程。在正常情况下,矿业权评估是其收益的评定估算,因此,矿业权评估需要考虑的因素包括评估的目的、评估对象、资源的自然条件、勘探开发经营情况、政府、市场变化等,进而选取适当的矿业权评估方法。

矿业权评估通常由两部分组成,即技术评估和经济评估。技术评估的核心是资源储量、质量和勘查远景;经济评估必须以技术评估为基础和前提,其核心是资源未来可产生的效益在现时的价值。因此,评估不仅是正确判断矿产资源及其开发工程的技术课题,而且是一个将矿产资源置于多因素影响的市场经济中,判断究竟能产生多少收益的经济课题。

目前矿业权评估在西方矿业界中有两种趋向:一种是经典的技术经济测算原则,也是基本的趋势,以折扣现金流量/净现值法为测算基本方法,用资源、工程和经济等综合参数测算资源未来可实现的效益在现时的价值;另一种是趋向强调评估的市场原则,认为评估也是一种市场行为,以现实的市场成交价来估价勘查地或矿产资源,如以上市金矿公司目前的市场价值为基础计算出其所拥有的金矿资源单价,或以其他成交单价作为现时估价的基础。随着资本市场成为矿业投资的主渠道,这种趋势有所增强。

### 3. 矿业权评估的主要方法

新企业设立时,使用矿业权出资作价的,工商部门需要矿业权的评估报告。企业在出租国家出资形成的矿业权时,需要进行强制评估。企业将矿业权进行转让、抵押、信贷等处置时,需要进行矿业权评估。另外,非国家出资形成的矿业权在进行转让作价时,也需要对其公允的价值进行一个判断。评估可以为买卖双方提供一个基础的价格依据。

可以不进行评估的例外情形:原国有企业无偿占有的国家出资形成的探矿权、采矿权,因企业合并、分立、重组需变更民事主体而又未改变国有独资性质的,可以不进行探矿权、采矿权价值评估,但需依法办理主体变更手续。

矿业权评估方法都是在资产评估的客观性、公正性基本原则下提出和实际应用的,从理论上讲,是矿业权交易双方容易理解和接受的,但是实际情况是,国内外实现的矿业权交易价格大部分远远低于其评估值,或是出现我国矿业权一级市场的溜标局面,甚至有的评估结果几乎完全失去了参考意义。其原因是多方面的,包括矿业权交易双方认识评价上的误差,但更主要的源于矿业权评估方法的不完善、不成熟,以及参数的选择方面等还存在一些问题。当然,选择矿业权评估方法的影响因素是多方面的,但主要依据有以下几个方面:

矿业权评估目的是为矿业权交易或其他市场经济行为提供矿业权定价的参考意见或依据。同一矿业权因将发生的市场经济行为的不同,评估时选取参数的角度会有所不同,评估方法也往往不同,进而使评估价值也不相同。

不同类型和不同阶段的矿业权,适用不同的价值评估途径和方法。采矿权和勘查工作程度较高的探矿权应采用收益评估途径;勘查程度较低的探矿权,因进行开发的技术和经济参数无法取得,不适合采用收益途径,只能采用成本途径进行评估;对于在矿业权市场上进行交易的矿业权,评估的是资产的交换价格或公平市场价格,若市场上可以找到参照样本,且差异调整参数可搜集,则市场途径不失为一种简单有效的方法。

矿业权评估所需要的信息资料包括地质、矿产、矿山建设、开发方案、采选技术、财务、市场等。根据可得相关信息的数量和质量,评估人员要根据自己在矿产开发和评估等方面的经验和知识,对信息的可用性、可靠性、完整性、真实性、准确性等进行分析和评价,选择合理的评估途径和方法。在评估报告中要说明信息的来源,信息的质量,为什么选择这种评估途径和方法,说明可得信息与选择使用的评估途径是否匹配等。

评估方法的选择还受有关法律规章的约束。《探矿权采矿权评估管理暂行办法》第十三条规定,采矿权评估可以选用的评估方法有可比销售法和贴现现金流量法等,探矿权评估可视地质勘查程度选用重置成本法、地质要素评序法、联合风险勘查协议法、贴现现金流量法和地勘加和法等。

选择何种矿业权价值评估方法主要取决于以下5个方面的因素:①不同评估目的,其选择的评估方法可以是不同的;②矿业权类型或称之为矿业项目成熟度(工作程度)不同,采用不同的价值评估方法;③根据数据的可靠性不同,评估人可选择不同的评估方法;④矿业本身就是一个高风险的行业,对其中的风险因素分析和由此进行的灵敏度分析是决定评价方法的重要因素之一;⑤不同矿种及其不同的开采技术条件,其矿业权价值评估方法不同。

(1)探矿权评估方法。由于拟取得探矿权的地段勘查工作程度低,地质、采矿等方面的信息少,只能采取一些主观、定性的评估方法。西方矿业大国股票交易所认可并推荐的方法主要有如下4种:①地质工程法;②勘查费用倍数法(成本法);③可比销售法;④粗估法。

(2)采矿权评估方法。采矿权项目,一般基本完成了预可行性或可行性研究,已求得工业储量,有相对可靠的工程、生产、市场、经营成本等方面的数据。美国、加拿大、澳大利亚等矿业大国主要是运用贴现现金流方法(或称现值贴现法)。

**4. 矿权地评估的备忘录**

以下内容是进行新矿权地经济价值评估的备忘目录,也是矿产勘查与评价报告中必不可少的重要组成部分。

(1)计算矿石储量并指明各分类储量的品位或质量:探明储量和推测储量(这需要初步估算成本和确定矿山边界品位);

(2)估算可回收矿石储量,考虑采矿贫化、采矿损失,以及采矿成本等因素;

(3)通过选矿流程图和冶金试验研究,计算选矿损耗和冶金回收率;

(4)根据矿山潜力估算产量、销售前景,以及限制因素,如供电、供水、交通、生态环境等;

(5)根据年产量对储量进行分类,确定矿产地生产服务的年限;

(6)利用回收和选矿因素,计算可售出产品的总量,计算矿石或精矿,或可售出产品的"冶炼处理价值";

(7)估算年平均销售价格和总销售量以及总的年毛收入;

(8)估算销售额(每吨计)、劳动力、材料和供应以及日常开支费用;

(9)估算市场营销、管理和中心办公室费用;

(10)从销售收入中减去销售成本得到毛利润;

(11)从毛利润中减去营销和管理费用得到在计算耗竭补贴及任何的利息支付以前的利润;

(12)减去耗竭补贴和折旧得计算所得税的税基;

(13)确定所得税;

(14)估算征税后总的年净利润;

(15)建立预算的现金流动表,包括生产期间贷款本金、利息和税额减免等的支付额以及折旧和耗竭补贴后期初投资的偿还额;

(16)考虑生产遇到的特殊风险和灾害以及合理的投资效益率,或所使用的贴现率;

(17)估算除探明储量外有望获得的最大推测储量;

(18)确定折旧以前的净收入,并扣除流动资金的收益,矿山、选厂以及设施投资收益、非矿地投资利润,这样就得到属于矿地产生的剩余利润;

(19)对整个生产期内的总剩余收益进行贴现,得剩余收益的总现值;

(20)核算所有不可回收流动资金,如逐渐被废弃的零部件存货或应收账款;

(21)加上生产期末残值的现值;

(22)核算矿权地分期投资的所用费用以及探明矿石储量的所有费用;

(23)与那些目前可选择的企业进行投资收益的对比。

技术经济评价是我国20世纪80年代初由国外引进的一门新兴学科。经过20多年来的发展和应用,取得了很好的成效。技术经济评价在矿业经济领域也日益被广泛运用,特别是在矿业市场的法律体系初步建立后,矿业权交易日益活跃,矿业投资项目和投资规模增长较快,投资主体的多元化,使得矿业市场日益成熟,矿业经济呈现了前所未有的发展态势,矿业投资人越来越重视矿业投资项目的技术经济评价。

## 第五节 风险勘探与资金引进

众所周知,矿产勘查业是一个投资风险高、周期长的行业。但在西方竞争激烈的市场经济中它仍然得以投资发展,而且在矿业经济迅速全球化的进程中获得一次又一次发展机遇。其重要的原因在于西方的矿产勘查业已经完全市场化,并已进入资本市场的轨道,在运行中已经形成一种行之有效的市场机制来刺激、平衡和调节勘查投资,而且为了化解投资风险和运筹资金,勘查公司的上市融资、勘查项目的权益转让、合资经营及勘查、矿产公司之间相互兼并融资频繁进行,形成了法律健全、竞争有序的矿产勘查业市场。在这些市场活动过程中,矿产勘查地和矿产资源的经济评估及其权益转让已经形成一套可操作运行的并被市场所接受的办法和规程,这也是矿产勘查业得以顺利发展的重要原因。

### 一、风险勘探与风险投资

矿业活动的对象是埋藏在地下的矿产资源。由于地质环境的多样性和复杂性,造成了矿业具有不完全等同于其他工业门类的特殊性质,这些特殊性质既带来了问题——矿业活动的高风险性,也创造了机会——成功的矿业风险投资项目具有较高的投资回报。矿业活动的高风险性主要表现在:矿石储量的动态变化性,矿产储量的可耗竭性,矿床的固定位置及物理性质,矿业项目的巨额资本需求,相当长的投产准备期及投资偿还期,矿业活动对环境的明显影响,等等。在进行矿业项目投资时需要对此进行专门的考虑与研究,尽可能地防范风险,取得较高的投资收益。

人类矿业活动的实践证明,矿业投资的基本特点是难度大、成本高、周期长,勘探、开发的风险是一般工业企业不可比的。据统计,矿产勘查项目只有1%~2%可以最终成为矿业项目,绝大多数项目在预查、普查阶段终止。矿产勘查能否最终取得成功,主要取决于勘查地质人员选取靶区的创意,取决于他们对矿权区找矿潜力的独到见解,以及野外找矿的实际经验和他们所使用的找矿技术是否先进。所以,投资矿业是一种冒险,投入很大,血本无归,比比皆是;投入不多,收获甚丰,也不乏其例。正是因为这个特点,在市场经济国家,矿产勘查投资的主要来源就是风险投资。

矿业项目投资风险在矿业项目投资的筹划、实施过程中是客观存在的,它直接影响着矿业项目投资的成败。如何评估矿业项目投资风险高低,对有效进行矿业项目投资至关重要。风险投资作为一种新型的投融资体制,孕育着巨大的风险,因而采取的投资决策方法科学与否直接关系着风险投资的成败。

矿业项目投资的显著特点是矿业项目投资的建设期长、投资见效慢及矿业生产对象即矿体的属性复杂多变,不确定性强,因此矿业项目投资的风险大。为了控制风险,投资者在决定是否投资矿业项目之前,一般都要对矿业项目的投资风险进行评估,为此探讨一种系统科学的矿业项目投资风险综合评价方法,为矿业项目投资决策提供一定参考。

作为概率与后果的产物,风险已成为矿业中不可分割的组成部分。无论是评价优选目标,确定发现矿区的可能性,审查矿山的各组成部分,还是评估环境问题或闭坑问题,最大限度地减少风险已成为进行经济上合算、技术上合理的决策的核心问题。

国外风险勘探项目评价范围的发展,大致经历了3个阶段:

(1)风险投资项目的财务评价阶段。20世纪50年代以前,为微观效益分析时期。风险投资项目评价等同于项目财务可行性评价,实行的是风险投资项目财务评估:分析项目在财务上的获利能力和偿债能力,其特点是寻求风险投资项目带来最大的企业利润。在盈利能力分析上,从最初使用投资回收期和简单投资利润率等静态分析指标发展为采用财务净现值和内部收益率等动态指标作为项目取舍的判断依据。这一阶段的项目评价是分指标单列的逐项评价。

(2)风险投资项目的经济评价阶段。在财务评价基础上增加了国民经济评价,是项目经济学理论与方法的形成与完善阶段。以凯恩斯的经济理论为代表的福利经济学进行的是宏观效益分析,为项目经济评价体系的产生奠定了理论基础。

(3)风险投资项目的社会评价阶段。20世纪70年代以来风险投资项目的环境评价、社会评价等理论与方法逐步形成并得到发展。这一阶段对项目的综合评价提出了更高要求,客观上促使了环境影响评价的诞生

## 二、风险勘探项目的风险因素分析和风险控制对策

**1. 地质风险因素分析**

1)勘查风险

勘查风险是矿业项目所固有的,发现一座经济可采矿床的概率非常低(国际上统计,成功率只有0.1%~0.2%),并且从发现到探明一个经济可采矿床的平均成本相当高(如加拿大的贱金属矿床为3800万美元,金矿床为2500万美元;澳大利亚的贱金属矿床为1.11亿美元,金矿床为6300万美元),勘查与生产之间还存在着较长时间的准备期。投资勘查矿床,有限数量的勘查投资并不能保证成功地发现矿床,因此勘查投资具有极高的风险。

勘查投资高风险的存在意味着成功的勘查项目应能够获得超额的投资收益,对不愿承担勘查风险而又致力于矿业开发的投资者来说,直接购买采矿权是规避勘查风险的最好方式,但因此也要接受勘查投资者远高于该项目勘查投入的采矿权转让价格,这也导致了项目前期投入较高,增加了项目风险。

2)储量风险

从一定意义上讲,所有类型的矿业项目普遍都具有不确定性,但由于额外的地质风险,不确定性这一点在矿业领域更为突出。矿产资源赋存隐蔽,成分复杂多变,在自然界中绝无雷同的矿床,因而在对它的寻找、探明以至开发利用的过程中,必然伴随着不断地探索、研究,并总有不同程度的风险存在。

**2. 市场风险因素分析**

1)经济周期的影响

矿业活动的周期包括繁荣、衰退、萧条、复苏这4个阶段。矿业作为国民经济的基础性行

业,其发展直接受到国民经济运行状况的影响,经济发展的周期性特征决定了对矿产品的需求量和市场价格具有明显的周期性。同时,由于矿产品主要用于冶炼、发电和化工,行业的发展及周期性波动也将直接影响到矿业公司产品的销售量和销售价格。因此,经济周期的变化对矿业公司的经营业绩会造成明显的影响。

2) 市场发达程度的制约

目前我国铁矿石、有色金属矿和非金属矿产量均居世界第一,但是,矿产品市场的发育却尚未成熟,而且由于矿业开发的地域性强,许多地方仍然存在着严重的地方保护主义,矿产资源无序开采,恶性竞争,矿业综合利用水平低,以浪费资源、不顾安全和牺牲环境为代价来降低矿产品生产成本的现象普遍存在,这些都在很大程度上抑制了矿产品市场的正常发展,给正规开采的矿业企业带来了巨大的市场风险。

**3. 政策风险因素分析**

1) 产业政策的风险

矿业为国家重点扶持的基础产业,在我国国民经济的运行中处于重要的地位。国家对矿业的发展制定了一整套政策法规,对资源的开采、矿山的建设、产品的定价、运输等诸多方面形成了约束。随着我国经济体制改革的深化,国家未来对矿业行业政策的任何变化,都将对矿业公司的生产经营产生一定的影响。

2) 政府和投资者目标的协调

对于任一风险投资项目而言,政府和投资者的目标都是使其所产生的收入现值最大化,即最大限度地获取自身利益。但是,如何实现这一目标,政府和投资者的看法是不同的,政府的主要目标是:最大限度地增加税收,尽早取得税收收入,确保税收收入的稳定性和便于征收及管理,提供尽量多的就业机会;而投资者的主要要求是:足够的投资回报率,尽快回收投资资金。

矿业风险投资项目不同于其他工业项目之处就在于投资地域可选择性小。由于矿产资源赋存的地域性较强,矿床的位置是固定的,为了获取该地区紧缺的资源,有时不得不在投资前甚至在投资完成后接受当地政府提出的某些条件,这在一定程度上增加了项目风险。

3) 税收制度的风险

矿业税收制度是矿业投资环境的重要决定因素之一,是评价一个国家矿业投资环境及潜力的一个主要指标,同时还反映了一个国家矿业竞争力的水平。

目前我国矿山企业承担的主要税费种类有:增值税、资源税、营业税、土地使用税、车船税、房产税、印花税、城建税、资源补偿费、采矿权使用费、土地占用费、水资源费、水土保持费、育林基金、教育费附加、排污费、河道维护费,等等。根据原国家经贸委的调查统计,我国冶金矿山税费负担率为 15%~25%,有色金属矿山为 8.5%,钢铁企业为 6.6%,黄金行业为 6.5%,机械行业为 6%。可以看出,我国矿山企业税费负担率远高于其他工业企业。

**4. 环境风险因素分析**

矿业活动另一显著的特点是对环境和生态造成了一定的破坏。矿产资源与土地、水、森林、草原、动植物资源紧密相连。矿业开发本身就是对上述资源与环境的直接或间接破坏,加之矿山分布面广,所以对环境破坏表现为广泛性,是大范围的污染源。如露天开采的矿山,不仅产生对山体和水体的破坏,而且还要占据大量土地排弃废石,严重影响了自然景观;在矿产生产和加工过程中,大范围的地面塌陷、煤矸石和矿井水的外排以及选煤厂的污水,均对环保产生不利影响；选矿厂大量的尾矿也需要占据大量土地修建尾矿库堆存，而且对水系产生污染，修建的尾矿坝给下游工农业生产和人民生命财产带来一定的安全隐患。生态环境治理和恢复投入较高，难度大。国家环保法律法规的任何变化，对矿业公司的运营都可能会提出更高的环保要求，导致投资和经营成本增加，使项目收益减少。

**5. 项目建设风险分析**

矿业活动还具有长周期的特点，矿业风险投资项目建设周期长，建设资金需求大。发现1座矿床，一般需要2～5年；矿床的圈定和评价，一般需2～5年；矿山建设大型矿业企业一般需3～5年，中、小矿山企业需1～3年。矿业活动的长周期特点，使得矿业风险投资项目承担了巨大的资金成本，而且由于矿业活动的不确定性，投资总额不易控制。我国目前生产的大部分矿山，投资总额都超过预算投资，而且超过预算投资50%以上的矿山不在少数。可见，矿业风险投资项目投资额是不易控制的，同时与矿业风险投资项目有关的时间成本是巨大的，这就使得资本回收有关的风险增加了。

**6. 安全风险分析**

矿业活动的另外一个特点是容易发生各类安全事故。大部分矿山都需要爆破作业，使用大量的爆破器材，特别是矿产开采多为地下移动作业，存在有瓦斯、煤尘、水、火、顶板冒落等灾害，因此，矿产行业安全上的风险要远远高于其他行业。

随着我国经济的快速发展和人民生活水平的提高以及中央政府"以人为本"执政思想的贯彻，国家必将制定更加严格的安全法律法规，要求矿业企业配备先进的安全监测设备和设施，严格执行保安规定和安全措施，甚至有关部门制定了安全事故一票否决的严厉管理制度，同时为了防止安全事故的发生，使得矿业企业大幅度增加安全方面的资金投入，增加了生产运营成本。

### 三、引资勘查是地质找矿可持续发展的重要途径

矿产资源勘查是一种探索复杂和隐蔽目标的勘查实践活动。自然界地质客体的形成和分布虽然受一定的地质作用控制而具有某些规律性，但仍可将其视为受多种随机因素影响的随机事件。此外，矿产资源勘查工作还受社会需求、市场价格和科学技术进步等动态因素的影响。因此，矿产资源勘查不可避免地存在着风险性，并且其风险程度之高是其他行业所无法比拟的。

根据风险产生的原因，一般将其分为两大类。一类是经营风险，它是与社会经济条件有关的风险；另一类是自然风险，即超出人们驾驭能力而出现的风险。一般说来，矿产资源勘查过程中，自然风险比经营风险大得多，而且在不同时期、不同勘查阶段、不同地区进行矿产资源勘查时，其风险程度不同。例如，普查阶段的风险比勘探阶段的风险要大；成矿地质条件差的地区比成矿地质条件好的地区的风险要大。另外，对于不同的矿种，其找矿风险程度也不相同，难找矿产的风险性显然要大一些。

引进外资对于我国的经济发展的作用和意义十分重要，诸如可弥补国内建设资金的不足，有利于引进先进技术和吸收国外企业经营管理经验，有利于促进对外贸易和经济合作的发展，有利于社会主义市场经济的建立与完善，有利于创造更多的就业机会和增加国家的财税收入等。在国家财政支持地勘业的经费困难、国拨地勘费不能大幅度增长的情况下，要保证地质找矿可持续发展，重视并加强引资勘查工作是一条重要的途径。

近年来,在引资勘查开发矿产资源方面,已取得了可喜进展和一批成果。①国家已经和正在制定有关引资勘查开发矿产资源的政策和办法;制定和颁发了海洋和陆上开发石油天然气等矿产的两个条例;国家计委印发了关于外商在矿产勘查和开发方面的若干政策指南和产业导向的政策文本;我国有关部门正在着手制定外商在中国进行矿产资源勘查开发的方针政策;国家鼓励国内企业出资进行矿产资源勘查开发。②海洋石油开发已和境外300多家公司签订了合同,引资30多亿美元。③陆上石油开发,先后开放了南方11个省(区)和北方若干个省(区),已有多家境外石油公司在进行风险勘查。④国内各部门、地方与国外及香港特别行政区在油气普查、铌钽矿、金刚石、铅锌矿、金矿、铜矿等的勘查和真空制盐工程、煅烧高岭土、黄金等生产方面已有成功的合作。

在利用内资方面,许多地勘单位已开辟了与各部门、各企业按一定比例(地勘单位以矿权作股)联合勘查开发矿产资源的新局面。

### 四、全球矿业投资环境及形势分析

2013年以来,国际矿业投资市场振荡调整,大宗矿产品价格也在周期性调整下行,矿山企业普遍出现了利润下滑甚至亏损局面,扩张资金紧张。

**1. 矿业投资市场处于调整期**

矿业是资金密集型产业,需要大量的资本运作。世界83个主要矿业国家几乎都是中国的矿业投资国,其中1/3国家的境外投资额占到了中国境外投资总额的80%左右。

2013年,中国矿业联合会常务副会长王家华曾表示,中国企业海外矿业投资八成失败。但2014年前三季度,中国对外矿业投资出现了企稳反弹迹象,投资总额同比翻倍。目前,2015年以后,中国矿业对外投资在经历连续放缓后,进入了一个抄底时代。前三季度,中国企业境外矿业投资总额达到109.38亿美元,同比增加139.67%。其中,并购金额86.57亿美元,同比增加284.249%。

前三季度,中国企业境外矿业投资总额骤增的原因,一方面是因为市场低迷,矿产品价格较低,部分企业介入抄底,一方面是因为2013年的基数比较低,加之偶然因素,即五矿集团于4月收购秘鲁的拉斯邦巴斯铜矿,仅此一笔投资就近60亿美元,超过前三季度总投资额的五成。

据介绍,近年来中国企业境外矿业投资逐步从以权益投资为主转向以风险勘查为主。虽然勘探阶段风险大,时间长,成功率不高,但勘探项目数逐年增长。其中主要原因有:一是一些投资海外成熟矿山的企业因为矿产价格下跌等问题,导致投资额数倍增加,困难重重,给国内企业敲醒警钟。二是收购成熟项目所需资金庞大,地勘单位往往资金实力较弱,却拥有大量地质专家和设备为其优势。三是风险勘探一旦成功,找到有价值的矿藏即可通过资本市场或融资贷款筹得资金,或吸引投资者加入项目,收回成本。

事实上,2013年跨行业企业取代矿山企业成为境外矿业投资主力,而2014年矿山企业成为投资主要来源。其中,国有企业投资重新超过民营企业,矿山企业的并购出现反弹,一些企业投资开发的项目实现了正常生产和盈利。

中国矿业联合会国际与地矿金融项目部副主任常兴国认为:目前是矿业投资市场的深度调整期,尽管2014年矿产品价格在一直下滑,但不会像去年的下滑幅度那么大,已经进入筑底阶段,国际经验丰富的企业已经在此时出手抄底。未来一两年,中国境外矿业投资市场将处于调整期和投资抄底的窗口期。

**2. 全球矿业投资环境各异**

受经济形势的影响，全球矿业发展势头放缓，矿产品贸易和矿业投资规模收缩，矿业投资环境随之发生变化，及时更新全球矿业投资环境评价十分必要。国土资源部信息中心在2014年全球矿业投资环境评价项目中，把全球矿业投资环境分为5个星级，星级越高代表这个国家矿业投资环境就越好。

其中，矿业投资环境为五星级，代表该国资源潜力巨大，对外商矿业投资基本实行国民待遇，政局稳定，法律风险很低，公共设施完善，成本较低，有良好的收益预期。其中包括澳大利亚、加拿大、秘鲁、巴西、智利、墨西哥、美国等。

投资环境为四星级，代表该国资源潜力较大，对外商投资有一定的门槛，政局比较稳定，具有一定的矿业权、矿业用地等法律风险，但是在可控的水平。公共设施比较完善，具有比较好的预期。其中包括俄罗斯、阿根廷、土耳其、格陵兰、印度尼西亚、南非、蒙古等。

投资环境为三星级，代表该国资源潜力中等，在全球矿业投资环境中，准入、风险和成本处于中游水平。其中包括巴布亚新几内亚、刚果（金）、乌兹别克斯坦、缅甸、哥伦比亚等。

投资环境为二星级，代表该国资源潜力有限，对外商投资有比较实质性的限制，矿业权、矿业用地等风险较高，不易控制。基础设施条件比较差，未来企业矿业投资可能会涉及基础设施的投入。其中包括越南、几内亚、阿尔及利亚、加蓬、马来西亚、柬埔寨、安哥拉等。

投资环境为一星级，代表该国在全球矿业投资环境中处于最差的水平。资源潜力小，外商投资或有实质性的行业准入限制，或不允许控股，政治风险很高，基础设施不完善。在选择到这些国家投资时，投资者需要谨慎。其中包括乌克兰、马达加斯加、土库曼斯坦、吉尔吉斯斯坦、尼日尔、马里、塔吉克斯坦等。

**3. 全球矿业投资日益多元化**

当前，一方面是越来越多的国家对外开放，降低矿业投资的准入门槛；另一方面，资源民族主义、资源投资和贸易保护在很多国家盛行，资源政策随意改变，各国矿业领域的章程规范融合有待加强。国土资源部信息中心研究员陈丽萍表示，由发达国家引领的全球矿业投资禁区在不断减少，但宏观上更加开放，而且各个国家挖掘矿业的新增潜力意愿非常明显，投资的行政成本普遍下降。目前，发达国家矿业投资环境总体上是稳定的，发展中国家从大的方面来说是主权风险在下降。

当前全球矿业投资面临五大趋势。第一大趋势是全球矿业市场即将迎来缓慢复苏期。2008年经济危机至今，全球矿业可能走出变形的"W"形趋势。目前，美国经济开始走强，中国高速增长的经济实现软着陆，世界经济缓慢复苏，前期中国4万亿元投资、美国的复兴计划、欧洲的振兴计划等人为因素，刺激整个矿业市场快速发展，呈现"V"形。后期矿业市场可能是一个"U"形态势，并开始进行缓慢的结构调整过程。

第二大趋势是国际矿业投资多元化日益明确。矿业投资不仅在成熟国家进行，而且也在资源丰富但开发环境不利的"脆弱国家"进行，投资的矿种也呈现多元化。在这个过程中，资本选择余地更大，各国吸引投资的竞争也加剧，但地缘政治格局会更加微妙，矿业投资局势也会更加复杂，决策也会更加困难。

第三大趋势是海外投资正在从追求规模和速度向更加追求质量和效益转变。在"V+U"

的市场环境下,全球矿业从过去总体追求扩张和高速的发展,演变到目前更加注重投资质量、投资效益,这是矿业结构调整的必然结果。

第四大趋势是全球矿业投资的主体正在从国有企业向民营企业转变。全球矿业资本市场发生显著变化,即民营企业加快矿业国际化进程,在境外矿业投资领域中项目数量和投资额所占比重显著增长,为全球矿业投资市场注入新鲜的血液。

第五大趋势是矿业投资更加注重经济性。在矿业市场下行的过程中,投资者更加注重企业投资后的持续经营能力。但目前中国海外矿业并购项目普遍存在着20%～30%的溢价,项目启动时没有预料到资金超支,加上中国企业海外投资的经验不足,投资项目从价值链上讲,企业经济收益小于对东道主国家的经济社会贡献。

## 五、我国矿业投融资体制发展概况

矿业融资是指从事矿产经营的企业在矿产勘查、建设和生产的过程中进行筹集资金和运作资金的行为过程。在世界矿业经济全球化和信息化的今天,国际矿业资本流通已凌驾于矿产品市场之上,成为矿业经济发展的重要驱动力量。

**1. 我国矿业投融资现状**

矿业是现代工业体系的基础产业,在各国国民经济体系中居于重要地位。随着矿山企业的改革与发展,以及1998年开始的地勘经济体制改革,我国矿业融资也逐步由过去单一依靠财政计划投入的融资方式向多元化融资方式发展。目前,初步建立起了与社会主义市场经济要求相适应的投融资体制的基本框架,与传统体制相比,其资金筹建方式和运行机制都发生了深刻的变化:①矿业投资主体多元化。形成了多元化的投资主体,并逐步形成"谁投资、谁决策、谁受益、谁承担风险"的机制;②融资方式多样化。企业可以自主决策,既可以通过银行贷款、发行证券、商业信用、合资合作勘查、合作开发等方式进行融资,也可以采取项目融资方式进行融资;③资金来源多样化。现在除财政资金外,银行贷款、企业自有资金、个人资金、外资都已成为重要的资金来源,而且企业还可以通过各种不同的融资工具组合和融资工具创新来拓宽融资渠道;④投融资风险意识增强。企业在融资决策时,不但要考虑企业内部的财务风险,还要考虑外部的环境风险,如利率风险、汇率风险、经济波动等。

**2. 矿产资源勘查融资方式选择与途径**

矿业融资就是指在矿产勘查、开采生产过程中主动进行的资金筹集和资金运用的行为。矿产资源勘查到矿山建设和开发、加工、产品交易,是一个高风险的经营活动。但随着勘查的深入,风险基本呈现降低的趋势。在矿产资源勘查、开发利用与生产的不同阶段的活动特点、工作性质和条件不一,因此,其主要融资方式选择也不同。在市场经济条件下,全社会存在着各种经济利益主体,根据国民经济核算体系将国民经济部门划分为政府、金融、企业、居民、国外等五大部门。因此,社会资金来源有五大部门,其融资方式也应有5种方式:①财政融资。是指财政部门作为资金供给者向资金需求的部门融出资金的形式和方法;②银行(包括非银行金融机构)贷款。贷款方式主要有信用贷款、抵押贷款、担保贷款、贴现贷款等;③商业融资。是指资金需求部门向企业以商业信用(商业票据)或消费信用等形式取得的资金(延期支付的资金),商业融资的种类也是多样的,主要包括商品交易过程中商业间发生的赊购商品、预收货款等形式;④证券融资。是指资金需求者向资金供给者以发行股票和债券等证券形式取得的资金；⑤国际融资。是指资金需求者向国外部门以一切形式，包括吸收外商直接投资、借贷、发行股票和债券、BOT(build-operate-transfer，即建设—经营—转让。所谓 BOT 融资，是指政府与私营财团的项目公司签订特许权协议，由项目公司筹集资金和建设公共基础设施)等项目融资等取得的资金。

就矿产勘查、开发项目而言，矿业企业融资方主要分为3种，即股权融资、贷款融资和项目融资，并随矿产开发项目的不同阶段，风险程度不同，以不同的融资方式获得不同的资金来源。

(1)股权融资。指欲筹资方通过出让其公司或其拥有项目资产的股权来获得出资方的资金。这里指的出资方可以是资本市场的公众股市，也可以是带有私人资本性质的金融机构和专业投资基金，而且常以后者为主。其运作方式主要是上市融资，即矿业公司或勘查公司通过上市公开发行股票，并将股票出售给投资公众的一种融集资金方式。这是一种最有效的筹资方式，在发达国家被广泛应用。但一般来讲，项目勘查阶段采取证券融资的方式进行融资比较困难。我国还不允许以私募的方式发行股票。当然，在这种情况下可以考虑采取以下一些方式筹集资金：如果所勘查项目是一个已上市公司的投资项目，公司可以采取增发新股的形式上市融资；若所进行的勘查项目已进入到了勘探阶段，可以考虑设立新(项目)公司的形式进行招股融资；大中型业绩较好的公司，可以发行公司债券融资。

(2)贷款融资。指筹资方通过向金融界贷款来获得资金。对于贷款融资方式来说，贷方比借方承担的风险更大。因此，矿业勘查项目或勘探公司很难获得贷款，只有详细可行性研究结果好的矿产开发项目才有可能获得贷款。从矿业公司角度看，贷款的种类主要有：直接贷款，包括无担保贷款(信用贷款)和担保贷款(抵押贷款)，担保贷款可以是矿权抵押贷款，也可以是产品贷款和其他(选矿厂、精炼厂、管道等)担保贷款；间接贷款，包括生产付款贷款，又分为保留生产支付贷款、分割的生产付款贷款、开发生产付款贷款和资产负债外贷款等。

(3)项目融资。项目融资是一种无追索权或有限追索权的融资贷款，但其核心是归还贷款的资金来自项目本身，而不是其他来源，也就是说项目融资是将归还贷款资金来源限定在与特定项目的收益和资产范围之内的融资方式。对于地质勘探项目来说，当勘查项目进入高级阶段时，可以采取项目融资的方式筹集资金。

项目融资的最大特点是"有限追索"和"风险分担"，从而降低各参与人的投资风险。将来偿还项目融资的外汇，来源于承购矿产品的公司，无须动用国家的外汇储备或国家的财政资金。项目融资的前提是对项目本身的可行性研究和计划，必须经过专家和高级技术人员的精密核算和反复推敲，从而保证项目的经济效益，也降低了项目建设成本、设备购价和工程造价。承办单位在项目融资和项目执行过程中，通常要与外商合营、共事，有利于学习国外先进的管理经验，也有利于引进和吸收国外先进的采矿设备和生产技术。

在我国，虽然可以采取多种融资方式筹集矿产勘查开发资金，但多有较大的局限性。比如：要通过证券市场进行融资，发行股票的条件较高，只适合于大型勘探公司和矿山企业。目前我国还没有一家地质勘查公司上市融资，项目融资方式对矿业融资的适应性还不强。这主要是由于目前我国矿业企业的资信等级都不高，用传统的"公司筹资"方式很难从国际资本市场上筹集到资金。

**3. 合资经营与中外协作勘查**

我国利用外资进行矿产勘查的方式主要有合资勘查和合作勘查两种。

(1)中外合资勘查是一种股权式合资经营，由外国矿业公司、资源公司以及其他经济组织或个人与中国的地勘单位、资源公司和矿业公司等经济组织，在中国境内合资进行矿产勘查。其特点是合资各方共同投资，共同勘查，按各自的出资比例并担风险，共负盈亏。外商主要以货币方式出资，一般不低于25%。中方主要以探矿权、地质成果资料和土地使用权等作为投入出资，各方按出资比例折算成股份或利益分成。这种协作形式设立公司的组织形式可以是有限责任公司或股份制公司，也可以是项目契约经营形式。

(2)中外合作勘查是一种契约式合资经营，主要由外国矿业公司、资源公司以及其他经济组织或个人，与我国的地勘单位、资源公司、矿业公司或私人等经济组织，在我国境内共同合作进行矿产勘查。合作各方的权利和义务包括投资提供合作条件、利润或者产品的分配、风险和亏损的分担、经营管理的方式和合同终止时财产的归属等事项，都在各方签订的合同中确定。合作合同达成后，通过设立中外合作经营企业具体运作。

### 4. 矿业融资中的风险与风险规避

在矿业探采过程中，风险主要包括3个方面，即项目勘查风险、项目矿山建设风险和矿山开采风险。按其表现形式可以分为以下几种：①完工风险。完工风险是指项目无法完工、延期完工或者完工后无法达到预期运行标准而带来的风险，主要包括资本成本超支、项目拖延及厂房运作不善等的可能性；②生产风险。生产风险是指企业在试生产阶段和生产运营阶段中存在的技术、资源储量、能源和原材料供应、生产经营、劳动力状况等风险的总称；③市场风险。市场风险主要是指在一定的成本水平下能否按计划维持产品质量与产量，以及产品市场需求量与市场价格波动所带来的风险。市场风险主要有价格风险、竞争风险和需求风险，这3种风险之间相互联系，相互影响；④金融风险。金融风险主要因汇率波动、利率上涨、通货膨胀、国际贸易政策变化等所带来的利率风险和汇率风险；⑤政治风险。政治风险主要是指国家风险，以及经济政策稳定性风险，如税收制度的变更、关税及非关税贸易壁垒的调整及外汇管理法规的变化等；⑥法律风险。法律风险指东道国法律的变动给项目带来的风险。世界上各个国家的法律制度不尽相同，经济体制也各具特色；⑦环境保护风险。环境保护风险是指由于满足环保法规要求而增加的新资产投入或迫使项目停产等风险。

### 5. 矿产勘查利用外资的主要方式

利用外资，不仅能弥补中国矿业在勘探开发中资金不足的问题，更重要的是可以提高矿产资源勘查、开发技术水平和管理水平。从国内企业的角度来看，利用外资进行风险勘查的方式主要有两种：一是合资勘查；二是合作勘查。需要强调的是，外资投入中国矿业的主要目的并不是勘查，而是在勘查成功的基础上，从事资源开采。因此，国内企业不管以哪种方式筹集外资，都要充分考虑长远利益与远景目标。

中外合作地质勘查是一种契约式合资经营。它是由外国矿业公司、资源公司以及其他经济组织或个人同中国的地勘单位、资源公司和矿业公司等经济组织在中国境内共同合作进行地质勘查，各方的权利和义务，包括投资或者提供合作条件、利润或者产品的分配、风险和亏损的分担、经营管理的方式和合同终止时财产的归属等事项，都在各方签订的合同中确定。采用该种方式的项目有甘肃省龙首山铜镍矿风险合作勘查、新疆伊犁金山-京西金矿带进行黄金勘查与开发等。

中外合资地质勘查是指股权式合资经营。它是由外国矿业公司、资源公司以及其他经济组织或个人同中国的地勘单位、资源公司和矿业公司等经济组织在中国境内合资进行的地质勘查。其特点是合资各方共同投资、共同勘查、按各自的出资比例并担风险，共负盈亏。采用该种方式的项目有中加共同勘查开发的贵州泥堡金矿等。

## 第六节 矿业经济与矿后经济

矿产资源问题历来就是与经济问题紧密联系在一起的。矿床定义本身就是以经济为基础的。因此，矿产资源问题对经济问题是最敏感的，矿与非矿的界线就在于在经济上是否合理。

美国地质调查局给矿产资源专家下的定义是：矿产资源专家研究矿产资源的地质及经济问题，研究矿床成因及地质位置，研究地球中元素的分布，进行未发现矿产资源评价，回答有关矿产资源及其勘查中的地质问题。

值得注意的是，美、俄等资源大国以及我国，都将所有的自然资源统一于有机资源系统的管辖之下。例如美国地质调查所的自然资源概念包括土地、水、矿产和能源。这些可再生和不可再生的资源都是维持生命、保持和发展经济实力所必需的。

在俄罗斯，根据1996年8月14日签发的总统令，在已撤消的俄罗斯联邦环境保护和自然资源部、俄罗斯联邦水利委员会以及俄罗斯联邦地质与地下资源利用委员会的基础上成立俄罗斯联邦自然资源部(МПР)和俄罗斯联邦环境保护委员会。俄罗斯自然资源部强调：无论是现在，还是从长远来看，地下资源都是俄罗斯的主要物质财富，是吸引投资的主要对象和使国家经济复苏的极有力的杠杆。在俄罗斯这样一个经济上以原料生产为方向的极大的原料大国中，以前在自然资源研究、再生产、利用和保护方面没有一个制定和执行统一的国家政策的管理机关，各部门之间缺乏统一的全国性的协调，这种把所有自然资源纳入统一研究、规划和管理的做法将把矿产资源经济问题置于整个自然资源经济系统之中，从而使矿产资源经济面临一些新问题。这可以作为一个命题：自然资源经济系统和矿产资源经济问题。

21世纪可能会面临更多的矿业后经济问题。开发矿业，推动经济发展，但也带来环境、生态等负面影响。随着人类对生存环境质量要求的日益提高，这种矿业开发中的问题也将显示出经济效应。R.比赛特在《社会影响评价及其未来》一文谈到："美国中西部地区采掘业项目所处的条件，往往会导致'新兴城镇'的形成。"这些社区的特征是出现一个经济迅速繁荣时期，而后继之以一个快速衰退或萧条时代。他还指出："由于矿山的寿命是有限的(约30年)，而且很可能不出现替代矿山，因此许多当地人在矿山关闭时将失去工作……，在缺少替代经济活动的情况下，可以预料，会出现严重的不良社会影响——潜在的大萧条。"最近，Diefer Uthoff在《从锡矿危机走向旅游热点——热带岛(PHUKET)向国际旅游点的转变》一文中，恰恰介绍了当今泰国的一个国际旅游热点在21世纪前半叶曾是向世界提供10%～20%锡产量的产锡区。这个"矿山岛"现在变成了旅游岛，这种经济模式转型的矿区可以说是矿业后经济成功的一例。又如德国、澳大利亚等国，将矿产废弃地改造为生态公园，也可以保留工业设施，让人们体验自然与技术的关系。随着科技的发展，矿山很多污染环境的废弃物是可以开发利用的。例如，很多煤矿开采中的煤矸石，堆积如山，占用了不少土地，也污染环境。近几年来，利用煤矸石制砖、发电，变废为宝，取得了很好的经济效益、社会效益和环境效益。因此，要重视废弃物的重新利用和回收，注重对整个废弃矿山的整治与处理，使废弃的矿山能够重新融入自然。

我国的矿产资源经济，本世纪可能面临如何适应社会主义市场经济这一历史性转变所带来的一个新问题。应该说，矿业在适应这一转变的改革中其滞后性是相当严重和突出的。21

世纪将是在这方面发生重大变革的时期,将给我国矿产资源勘查和发展带来新的繁荣。

一方面,我国经济发展进入新常态,对主要矿产品仍有强大而稳定的需求。发达国家经济发展都经历了从高速增长向中低速增长转变的过程,比如美国、德国等,最后经济增长率都不足4%,之后资源需求规模方可稳定。我国经济现在虽然还有7%左右的增速,但是最后仍要过渡到3%~4%的增长区间。因此,未来10年,我国依然是世界经济发展的重要动力,支持我国这样一个经济体量已经达到全球前列国家的发展和稳定,对传统大宗矿产仍有强大而稳定的需求空间,仍能为全球矿业发展提供坚实的经济基本面支撑。另一方面,当今世界正孕育新一轮产业革命,高新技术产业、战略新兴产业迅猛发展,对新能源、新材料矿产的需求将持续快速增长,为拓展新兴矿产资源勘查开发提供了重大机遇。

主要矿产品价格将在底部区间运行,至少短期难以看到回升趋势。矿产品价格回升与否,近期取决于过剩产能的消化速度和能力,长期取决于经济的发展速度和资源的保障程度。过去10多年,我国经济虽然得到快速发展,但同时也造成了煤炭、钢铁及有色等冶炼行业扩张,产能过剩。国内主要冶炼企业虽然宣布了减产计划,但是这些减产计划与供给的过剩产能相差较大,使得未来消化过剩产能将是一个长期艰巨的任务。过剩产能消化过程的复杂程度和缓慢进程,决定了主要矿产品价格很难有趋势性上涨的机会。

投资者对矿业投资的兴趣和信心逐步衰竭,大型矿业公司间的兼并重组是矿业发展的主旋律。我国经济快速发展带来了全球矿业的繁荣和财富增长,然而矿价快速下跌也让人们重新认识了矿业的本质。2015年矿业市场始终弥漫着悲壮与决然的气氛,矿业公司基本处于全线亏损状态,1/2的民营矿企被银行贷款和高利贷套牢,与此同时,随着经济发展和改革深化,矿山用工和环境成本将进一步提高,而且与其他投资产品相比,矿业投资具有风险大、周期长、短期收益低等特点,使得投资者对矿业投资兴趣不高。

另一方面,当前我国许多中小矿山都面临关停危机,出让资产打折甩卖、破产重组是其最终出路,但是并不能从本质上解决当前矿业发展的自身问题。未来,随着我国资源的消费结构、空间利用结构发生重大变化,大型矿业公司兼并重组将是主基调。从目前情况看,几乎所有矿业公司资产市值均出现大幅缩水,负债率大幅提高,资产结构等弊端浮出水面,在国家产能置换政策的推动下,配合实质性消减过剩产能的需要,大型矿业公司间的兼并重组不可避免。

矿业融资难度不断加大,矿山企业走证券化道路是建立与资本市场对接的有效途径。矿业作为一个重资行业,需要有资本的支持才能持续发展壮大。随着矿产品价格持续下跌,矿业公司盈利能力越来越差,保持正向现金流越来越困难,部分企业信誉等级被下调,导致银行抽贷情况更加普遍,并引发资金链断裂。企业多方筹措资金,增加了融资成本。当前许多国有骨干企业利润已经不够支付利息,矿山生存现状堪忧。矿业公司资产证券化是矿业发展的有效选择,它能够保障矿业公司具有相对较好的现金流。

矿业政策调整进入活跃期,对外合作面临新机遇。弱市背景下,许多资源型国家纷纷调整矿业政策,期望能够实现从资源开发中获得更多的利益或保护当地环境与提高就业等方面的目标。加拿大、澳大利亚等发达国家,政策倾向于让利矿业公司,期望通过矿业公司活下来拯救国家经济;印度政府对矿业引资意愿强烈,提出携手并进、共同发展理念;哈萨克斯坦资源配置服务于官方外交;日本政府投资非洲意愿很大,但是企业不愿配合,使得非洲市场正面竞争压力减轻;俄罗斯矿业政策服务于经济脱困,整个矿业对我国开放程度较大,包括一些战略性矿产都有放开的迹象。

调整矿产资源勘查开发结构,保障矿产资源安全。为满足将来对传统大宗矿产强大而稳定的需求和对新能源、新材料矿产的需求,应系统地调整矿产资源勘查开发结构。一是加强常规油气、煤层气、页岩气、铀等新型能源资源和重稀土、锗、铟、镓、石墨等新材料矿产勘查,稳定支持铜、镍等短缺矿产和锡、锑等传统优势矿产勘查,适度开展锰、铝、铅、锌、磷等矿产勘查,限制煤、钼、硫等矿产勘查。二是根据清洁能源发展速度,合理调整煤炭在我国能源中的基础地位,并通过推进煤炭资源开发利用方式革命,促进煤炭资源由相对粗放开发向安全、绿色、智能、高效开发转变。三是完善国家铁矿石战略保障体系,避免国外低价矿对国内铁矿山产生过度冲击,力求稳定国内的合理开发规模。

扶持优质矿山发展,并通过转型升级促进新型矿山建设。一是对缺乏竞争力的矿山产能,加快建立和完善矿山退出机制,研究矿山关闭退出的基本条件、退出模式、退出路径、退出的支持政策等问题,保障退出通道畅通。二是加快矿产资源管理制度创新,建立资源利用效率评价制度,并根据资源利用效率情况配置资源,扶持优质矿山发展。三是将资源税税率与矿山资源状况挂钩,并定期评价矿山税率等级,提升矿山合理利用资源的积极性。四是加大科技创新支持力度,推广先进采矿、选矿、综合利用技术,鼓励矿山引进高新技术进行技术装备改造,加快传统矿业的转型升级,促进资源高效利用和新型矿山建设。

打好"三去一降一补"五大歼灭战,尽快推进矿业复苏。一是去产能,主要是通过依法破产、财政补贴、兼并重组、控制新增产能等途径,清理整顿已停产或即将停产的高成本矿山产能,关停违规和劣质产能,鼓励企业自觉核减产能,通过加强供给侧管理,全面化解过剩产能。二是去库存,积极应对初级产品高库存态势。三是去杠杆,要依法处置信用违约等问题,加大债务置换力度,积极防范风险。四是降成本,帮助企业降低成本,包括降低制度性交易成本、企业税费负担、财务成本、电力价格、物流成本等,打出一套组合拳。五是补短板,鼓励矿业金融创新,完善矿业融资平台,推进矿业资本市场建设,补齐矿业融资难的短板。

积极应对跨太平洋战略经济伙伴协定挑战,立足全球谋划矿业布局。跨太平洋战略经济伙伴协定(TPP)使得美、加、澳等资源大国主导全球矿业格局的力量变得更加强大。近期虽然不会影响我国矿产品海外供应,但是从长期看,TPP协议会影响我国工业产品出口,进而影响我国矿产资源的需求趋势,将对我国矿业产生消极影响。为应对TPP协议可能导致的全球矿业变革,应立足全球谋划我国矿业布局。一是转变利用境外资源方式,推进我国对"一带一路"沿线国家的产业转移与产能合作,实现从单一的资源开发向产能合作转变和从控制资源向控制产业发展转变。二是围绕世界主要的矿产资源供应国开展矿业布局,确保我国资源供给安全,未来巴西、智利、秘鲁、南非和刚果(金)、赞比亚等国家,将在全球资源供应中占据越来越重要位置,要提前对这些国家进行布局,鼓励走出去企业强强联合,打造矿业企业的走出去联盟。三是围绕国家战略性新兴产业发展所需的资源,研究确定国家关键性矿产清单,引导国有企业和民营企业从事相关的勘查开发和贸易活动,提升我国关键矿产的保障能力。四是抓住买方市场机遇期,以定价权为核心,积极参与甚至主导全球资源治理、结构调整。

## 第七节 资源枯竭与经济转型

资源枯竭就是资源耗尽、资源用完的意思,现在很多城市都面临资源枯竭问题。资源枯竭型城市是指矿产资源开发进入衰退或枯竭过程的城市,所以也有专家称此类型资源型城市为资源衰退型城市。一般可使用累计采出储量已达当初测定总量的70%以上或以当前技术水平及开采能力仅能维持开采时间5年左右的城市就可将其称为资源枯竭型城市。当然此定义也可能在未来进行修正。

经济转型指的是资源配置和经济发展方式的转变,包括发展模式、发展要素、发展路径等等转变。从国际经验看,不论是发达国家还是新型工业化国家,无一不是在经济转型升级中实现持续快速发展的。

就经济转型的概念而言,经济转型是指一个国家或地区的经济结构和经济制度在一定时期内发生的根本变化。具体地讲,经济转型是经济体制的更新,是经济增长方式的转变,是经济结构的提升,是支柱产业的替换,是国民经济体制和结构发生的一个由量变到质变的过程。经济转型不是社会主义社会特有的现象,任何一个国家在实现现代化的过程中都会面临经济转型的问题。即使是市场经济体制完善、经济非常发达的西方国家,其经济体制和经济结构也并非尽善尽美,也存在着现存经济制度向更合理、更完善经济制度转型的过程,也存在着从某种经济结构向另一种经济结构过渡的过程。

产业结构的调整升级是个不断演进的动态过程,在不同阶段有不同的要求和任务。从外部和内部两个因素综合分析,当下进行深入调整更为紧迫、更为重要。从外部因素看,集中表现为世界金融危机导致全球经济增长格局的大调整,危机所引发的全球需求萎缩对我国出口带来了严峻挑战,全球消费模式转变对我国出口导向型的增长方式形成了越来越大的压力。从内部因素看,主要是我国经济存在的结构性失衡,产业结构不合理、不高级,已成为影响我国经济运行质量和竞争力的主要制约因素,要求进行产业转型升级的呼声不断加大。加上劳动力供给、资源与环境等约束也凸显了深入进行产业结构调整乃势所必然。

推进产业结构优化升级,关键在于继续优化三次产业结构和三次产业的内部结构。一是按照调高调优的原则,坚定不移地推进新型工业化。不久前中央提出了十大产业调整振兴规划,这是确保工业产业平稳发展、提升产业水平的综合性行动方案,将是我国走出经济低潮的巨大引擎,理应作为调整的主要方向和政府扶持的重点。纵观十大产业调整振兴规划,"调整"二字被置于"振兴"之前。在每个规划当中,技术改造"升级"、淘汰落后"产能"、兼并"重组"等等,几乎是一致的关键词,可见决策层对产业结构调整的重视,我们必须把它们当作调整的主要方向和政府扶持的重点。在新一轮扩大投资需求中,应适当向这些产业实行投资倾斜。从长远考虑,各项投资必须把这些产业的提升、落后产能淘汰作为振兴规划的主线,培植新的增长点,创造新的市场需求,全面提高十大产业竞争力。二是十大产业投资振兴规划传递出一个明确信号:我国经济结构的主体已经到了由高能耗、高污染的加工制造业加快向低能耗、高效益的新型产业转变的新阶段。

对于矿业开发而言,长期以来传统工作程序是由地、测、采、选、冶等生产过程构成,其中最为重要的是地质、选矿和冶炼提纯。根据当地的实际情况从地质的角度可以进一步拓宽工作领域,如矿业环境地质、后矿业旅游地质、选矿冶炼过程中的某些三稀元素的回收,在这些方面的效果和效益不比主业差,尤其是随着我国高科技产业的发展,某些三稀元素的利用有了更广阔的前景。

## 第八节 矿业开发与生态文明

矿产资源的开发利用一方面促进了社会、经济的发展,另一方面又对生态环境造成破坏,影响社会与经济发展的可持续性。我国虽矿产资源丰富,但开发过程中存在重视效益、忽视生态环境保护的问题。

作为世界上最大的发展中国家,我国人口众多,资源消耗巨大。伴随经济的中高速增长,人口、资源、环境、生态与经济发展间的矛盾将日益突出。党的十七大报告指出:"要坚持科学发展观,切实落实节约资源和保护环境的基本国策。"十八大报告又提出,"全面落实经济建设、政治建设、文化建设、社会建设、生态文明建设五位一体"总体布局,大力推进生态文明建设。这是党中央面向未来提出的新的执政理念和治国方略。矿产资源是经济社会发展和生态文明建设的重要物质基础,提高矿产资源对经济社会发展的保障程度是生态文明建设的重要任务,加强矿产资源调查评价、勘查开发、保护和合理利用,是促进生态文明建设的重要手段。从矿产资源调查评价、勘查开发、保护和合理利用角度探讨资源、环境与经济协调发展的道路,对正确判断和把握矿业的发展方向,具有一定的理论和现实意义,对建设"资源节约型、环境友好型"社会具有一定指导作用。

### 一、矿业开发是我国社会经济发展的重要基础产业

我国是世界上最早开发利用矿产资源的国家之一。新中国成立以来,开展了大规模地质矿产勘查工作,取得了巨大成就,探明储量潜在价值仅次于美国和苏联,居世界第三位,是世界上矿产资源最丰富、矿种齐全配套的少数几个国家之一。2012年,全国采矿业投资 13 129 亿元,油气矿产勘探投入 730 亿元,固体矿产勘查投入 380 亿元。矿业总产值超过 6 万亿元。矿产品产量近 100 亿 t,其中:原油 2.07 亿 t,原煤 37 亿 t,铁矿石 5.6 亿 t,10 种有色金属 3691万 t,黄金 380t。煤炭、10 种有色金属产量稳居世界前列。矿产品进出口贸易近 1 万亿美元,约占全国进出口总额的 1/3。通过矿产资源勘查开发,不但为经济建设提供了大量的能源、资源材料和财政收入,而且促进了以矿业为支柱产业的一大批城市的兴起与发展,解决了大量的社会劳动力就业,有力推动了社会经济发展。

### 二、要在矿产资源开发中坚持生态文明建设

人口、资源和环境是当今社会面临的三大主题,是人类社会生存和发展的基本问题。人类社会的生存和发展离不开经济的发展,经济的发展离不开自然环境提供的物质基础。在人类发展初级阶段,资源、环境与经济处于相对协调的状态,随着人口的膨胀与经济的增长以及社会生产力的不断发展,促使人类不断加大开发利用资源的力度,而对资源的过度开发导致生态环境的破坏与恶化,生态环境的恶化和自然资源的匮乏反过来又制约经济的发展,威胁人类的生存。这种情况一直持续到工业化起飞阶段,随着工业化过程的结束,人类进入高度现代化社会,人们对资源需求有序化,对环境质量提出了高要求,追求经济效益和社会效益的统一,开始加大资源保护和环境治理的力度,基本形成生态良性循环,人类开始迈向了持续发展的道路。

由此,可以看出人口、资源、环境相互之间的联系:经济活动是人类的社会活动,资源和环境是自然客观体,经济活动违反了自然规律,就会导致对资源和环境的破坏,资源和环境的破

坏反过来会限制人类的发展。只有当人类步入高度现代化社会，人们才会把环境质量摆放到正确的位置，去追求资源和环境的协调发展。可是，由资源与环境的不可逆转规律可知，对资源的破坏和环境的污染造成的严重后果是：需要很长的时间，投入很大的财力和物力才能够得到恢复，并且这只是原貌的恢复，而不可能恢复到初始状态，有的是无法恢复的。这是一种极不经济的行为，所以我们在资源开发和利用时，一定要降低这样的风险，避免不可逆转后果的发生。因此，在生态文明建设的角度下，就迫切要求矿产资源开发走环境友好型道路。

### 三、在矿产资源开发中重视生态文明建设是我国实现可持续发展的必然选择

作为世界上最大的发展中国家，我国人口众多，资源消耗巨大，且目前我国正处于以工业化、城镇化为标志的现代化建设道路上，伴随经济的快速增长，人口、资源、环境以及经济发展间的矛盾将日益突出。矿产资源作为一种重要的自然资源，是社会和经济发展的重要物质基础，是不可再生资源。它的开发利用在促进国民经济和区域地方经济发展的同时又直接或间接作用于地质生态环境，对地质环境系统造成巨大影响。我国的矿产资源虽然种类齐全、储量丰富，但人均占有量少，并且矿产资源结构不合理：中小型矿偏多，大型矿偏少；贫矿偏多，富矿偏少；综合矿偏多，单一矿偏少。这就导致矿山开发的成本偏高，投资较大，影响了经济效益提高。部分资源已经出现危机，不少矿产品的供需矛盾非常突出，发展的需求压力大。开发利用过程中，重视效益、轻视生态环境保护等问题不仅对我国的生态环境造成了严重影响，而且已危害到了经济、社会的可持续发展。因此，必须走一条资源节约型、环境友好型的开发利用道路，促进资源、环境、经济协调发展，以较小的资源及环境代价取得较大的发展目标。为了确保经济持续快速发展，根据我国矿产资源的特点，必须坚持开源与节流并重的方针，建立适合我国国情的矿产资源开发利用体制，走资源节约型、环境友好型的生态文明发展之路。在《中国21世纪议程》中，我国明确提出把可持续发展作为自己的社会经济发展战略。为此，在保持国民经济的快速增长的同时，必须保护自然资源和改善生态环境，在矿产资源开发中坚持生态文明建设，是我国在21世纪实现可持续发展的自身需要和必然选择。

长期以来，我国在矿产资源开发设计及开发利用过程中，主要关注矿产资源储量和开采工艺、技术以及产量的提高等方面，但对矿区生态系统以及自然环境带来的负面影响以及如何保护和修复被破坏的生态环境、做出科学系统的规划和实施计划重视不够，往往为追求经济效益最大化，对资源进行掠夺式的开发利用，对废弃物不进行科学处理，造成环境容量超额，对资源不进行综合利用。因此，在矿山开采过程中，不仅造成了资源的浪费，而且对环境造成了巨大的破坏。要按照建设资源节约型、环境友好型社会的要求，坚持"在保护中开发，在开发中保护"的方针，以矿产资源合理利用与环境保护为主线，正确处理资源开发与环境保护的关系，实现矿产开发与生态文明的统一。

建设生态文明，是关系人民福祉、关乎民族未来的长远大计。面对资源约束趋紧、环境污染严重、生态系统退化的严峻形势，我们必须转变传统的矿产资源开发模式，走可持续发展的道路。通过缴纳环境治理恢复保证金、矿山地质环境恢复治理、提高二次资源利用率、优化矿产资源开发利用布局、加强环境保护的宣传教育、制定相关法律法规等措施，来实现资源的节约、环境的改善，寻求一条经济、环境、资源相互协调的可持续发展道路，建设美丽中国，实现中华民族永续发展。

## 四、探索矿业开发与生态文明和谐共赢的新路径

生态文明建设不但在价值观念上对矿产资源勘查开发模式提出了新的要求,而且其发展理念对当前的矿产资源勘查开发方式也起到一定的引导作用。在生态文明建设的战略要求下,绿色经济、循环经济、低碳经济成为新的发展趋势,针对存在的资源浪费、环境污染等问题,粗放式矿产勘查开发模式必须进行变革与优化,积极探索矿业开发与生态文明和谐共赢的新路径。

生态文明建设从人与自然和谐的角度,突出了绿色文明或者绿色经济在未来发展的重要地位。绿色经济、循环经济、低碳经济越来越成为经济发展的必然选择。针对矿产经济来说,就是要在物质资源不断循环使用的基础上发展经济,达到"低开采、高利用和低排放"的目标要求,使整个矿产经济系统在资源生产、消费的过程中基本实现不产生或少产生废弃物(颗粒状废弃物、粉状废弃物、块状废弃物、泥污等),以减少对大气、水体、土壤的污染与破坏,从而实现矿产经济发展和增长的自然环境影响最小化。概括地说,就是要实现传统矿产资源开采方式的变革,降低原矿物的开采量,提高资源利用率,减少废弃原矿物的处置和堆存量,实现矿产资源开采的清洁化、节约化、生态化。

据中国科学院虚拟经济与数据科学研究中心石敏俊 2009 年的估计,当时中国的资源环境已具有较大的空间差异,各地区当前的主要问题各不相同,东部沿海地区环境污染,西部地区生态退化,中部地区资源消耗(图 6-9)。

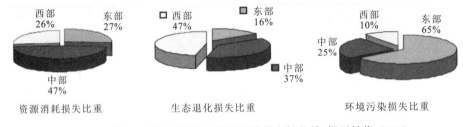

图 6-9　东部、中部、西部地区资源环境的空间差异(据石敏俊,2009)

因此,针对不同的地区,应当采取不同的治理方案。东部地区属于污染严重的地区,应主要采取环境治理的相关手段,补救之前造成的污染,对废弃矿山进行复垦;中部地区资源消耗较高,经济增速主要依靠环境资源的开采,因此可以在资源环境开发的过程中采取相关的措施,减少环境的进一步的恶化,避免重蹈东部地区的覆辙;西部地区因为特殊的环境特点,一方面矿产资源开发较为困难,另一方面因为生态系统脆弱,矿业活动造成的环境污染在相当长的一段时间内很难抹去,故对西部地区应采取保守开发的对策。

推行绿色矿山、循环经济建设。绿色矿山是指矿产资源开发全过程,既要严格实施科学有序的开采,又要对矿区及周边环境的扰动控制在环境可控的范围内。

绿色矿山思想的萌芽阶段始于 19 世纪的西方(王浦,2014),经过近百年来的发展,其内容逐渐丰富完善。2011 年 3 月 19 日,国土资源部公布了首批绿色矿山试点单位名单,标志着绿色矿山建设在中国的正式启动。

具体来说绿色矿山标准为:①矿山资源开发利用符合国家的法律法规和产业政策、矿产资

源规划、地质环境保护规划。不在生态功能区、自然保护区、风景名胜区、森林公园、地质公园及其附近采矿,且矿山开采没有对主要交通干线和旅游公路两侧直观可视范围内的地貌景观造成影响和破坏。②矿山建设项目按规定进行环境影响评价和地质灾害评估,制定相应的保护方案。③矿产资源开发利用采用先进的生产技术和有利于生态保护的生产方式。④矿山开采产生的废水、废气、废渣有一定的处理措施,确保达到国家和省的有关标准。⑤闭坑矿山应实行生态环境恢复治理和土地复垦。截至2014年底,661家矿山企业成为国家级绿色矿山试点单位(图6-10),如今这个数字仍在增加。

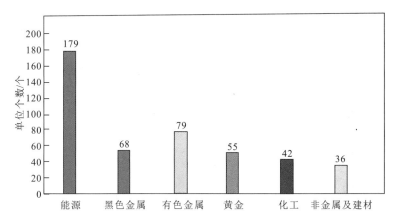

图6-10 国家级绿色矿山试点单位的行业分布(据国土资源部,2014)

**1. 改变"先污染,后治理"的观念,加强环境保护意识**

解决我国矿山环境问题,关键是要把矿产资源开发与矿山环境保护重要性的认识普及开来,引导公民树立矿产资源保护与节约利用的观念。虽然说一个由来已久的态度也不是一朝一夕就能够改变的,但大方向的改变总需要点滴的积累。星星之火可以燎原,相关部门可以通过加大执法力度和惩治力度的方法提高人们对矿山环境保护的意识,可以通过企业培训普及环境保护需要关注的重点与事项,让相关企业明确改变应从何入手。另外,在关于矿山勘查、开采、处理相关专业的本科生培养上,应加大环境保护课程的学习。因为这些专业的学生中很多都是未来矿山的建设者,提高他们的环保意识,也有助于他们在未来工作中做出更好的决策。

**2. 加强综合研究,提高开发利用水平**

矿业开发和环境保护均与科技进步密切相关。矿业发展有力地拉动了科技的发展,科技进步反过来也促进矿业发展和环境保护水平的提高。我国的矿产资源,共生矿、伴生矿占有较大比例,但资源开发存在单打一现象。例如,川渝地区很多的硫铁矿,不仅与煤共生,还有铝土矿、高岭石水云母黏土、高铝黏土等,但开发利用时却很单一,不是只要煤,就是只要硫铁矿,缺乏综合利用。单一开发,不仅浪费资源,而且将很多有价值的矿石作为废石堆积,占用土地,污染环境。另外,我国目前在矿业开发过程中产出的各类废弃物,不仅数量多,而且处理和处置水平都还比较低,综合利用程度低,占地多,危害严重,其实多数尾矿坝和废石场中蕴藏着相当可观的资源量,具有潜在的工业开发前景。另外,我们也要从日本利用都市矿山的经验中学习,并最大限度地利用资源,加大高效利用矿山资源的研究和科技投入。因此,在未来的发展中,我们要注意开展矿山采选、冶炼和生产工艺以及尾矿回收等方面的研究,提高矿产资源综合利用水平和环境效益,使矿业开发逐步向高效益开发和无害化开发方向发展。

### 3. 完善矿产资源开发中的生态环境立法

提高环保意识是基础,提高开采技术水平是保障,真正能有效约束与管理还需要相关法律的建立与完善。建议有关矿山环境保护条款,应以法律条文的形式,明确规定设立矿山环境评估制度和地质环境治理恢复保证金制度,明确相关责任人的责任和义务。对矿产资源开发中可能出现的环境问题要有预见性,确保修法后条文具有一定的超前性、可预防性、可操作性以及时效性。必须贯彻"预防为主,防治结合"、"谁污染谁治理"和"强化环境管理"的三大政策体系和环境立法原则,构建人类生存和谐发展环境。另外,对一些法律所规定的内容,要加大民众的参与度以及充分接受公众的民主监督,同时扩大新闻监督的作用并借助于社会其他媒体和中介机构职能来对矿产资源开发中的法律贯彻和实施进行有效的民主监督。

### 4. 进行矿产勘查开发理念的新探索,不断加强和巩固生态文明的资源基础

(1) 加强地质调查,寻找新的能源资源;
(2) 坚持和谐共生,节约开采,均衡利益目标;
(3) 坚持可持续发展,系统开采,多元利用;
(4) 坚持清洁绿色开采,控制环境污染;
(5) 立足生态理念,推进矿产资源节约与综合利用;
(6) 建设绿色矿山、和谐矿区。

## 主要参考文献

陈华君,刘全军.金属矿山固体废物危害及资源化处理[J].金属矿山,2009(2):5-14.
陈军,成金华.中国矿产资源开发利用的环境影响[J].中国人口·资源与环境,2015,25(3):111-119.
陈喜峰,叶锦华.日本海外矿产资源开发模式及对我国的启示[J].资源与产业,2014,16(3):17-24.
陈新国.浅议矿产资源开发与环境保护的协调发展[J].西部探矿工程,2006(11):275-276.
丁全利.资源开发和生态文明建设要两相宜[J].地质勘查导报,2008.
都沁军,郝英奇,王胜利,等.我国矿产资源可持续开发利用战略对策[J].中国人口·资源与环境,2001,11(2):132-133.
冯培忠,曲选辉,吴小飞,等.关于我国矿产资源利用现状及未来发展的战略思考[J].中国矿业,2004,13(6):14-18.
谷树忠,胡咏君,周洪,等.生态文明建设的科学内涵与基本路径[J].资源科学,2013,35(1):2-13.
郭芳.代表性国家矿产资源状况、保障措施及其启示[J]中国矿业,2009,18(3):13-15,22.
郭利刚.我国煤矿、金属矿损毁土地复垦潜力研究[D].北京:中国地质大学(北京),2011.
国家特邀国土资源监察专员赴贵州调研组.贵州省矿产资源开发与矿山环境保护调研报告[J].中国国土资源经济,2008,21(1):4-7.
国务院发展研究中心.澳大利亚的矿业管理及其启示[J].中国发展观察,2008(10):46-49.
侯万荣,李体刚,赵淑华,等.我国矿产资源综合利用现状及对策[J].采矿技术,2006,6(3):63-66,113.
胡存智.全国矿产资源规划研究[M].北京:地质出版社,2009:20-48.
胡杰,鹿爱莉.俄罗斯矿产资源开发利用及矿业投资环境[J]资源与产业,2006,12(6):77-81.
胡瑞忠.中国至2050年矿产资源领域科技发展路线图[M].北京:科学出版社,2010.

黄勤,曾元,江琴,等.中国推进生态文明建设的研究进展[J].中国人口·资源与环境,2015,25(2):111-120.
霍青,种道春.试论我国矿产资源开发与可持续发展战略[J].甘肃冶金,2003,25(增刊):171-172,181.
季昆森.提高资源产出率是建设生态文明的重要途径[J].鄱阳湖学刊,2014(3):19-28.
蒋俊明.生态文明建设视域下的政府管理模式优化[J].江苏大学学报,2012,14(2):13-17.
雷岩.加快矿产资源战略储备 促进资源保护和合理利用[J].科技创业月刊,2011(3):79-81.
李长洪,任涛,蔡美峰,等.矿山地质生态环境问题及其防治对策与方法[J].中国矿业,2005,14(1):33-37.
李君浒,董永观,董志高.中国矿山环境的治理现状与前景[J].生态经济,2008(12):76-81.
李燕花.美国矿业管理体制及税费政策研究[J]中国国土资源经济,2006,6:31-33,47.
李勇.基于模糊灰色统计的生态文明建设综合评价研究[J].重庆工商大学学报,2013,30(3):35-38.
梁留科,常江,吴次芳,等.德国煤矿区景观生态重建/土地复垦及对中国的启示[J].经济地理,2002,22(6):711-715.
蔺雪春.环境挑战、生态文明与政府管理创新[J].社会科学家.2011(9):70-73.
刘航,杨树旺.我国矿产资源开发与环境保护协调发展研究[J].中国国土资源经济,2013,26(3):40-43.
刘向晚.中国矿产品对外贸易现状及对策[J].经济师,2009(4):48-49.
吕新前,杨卫东,程青.建设绿色矿山是对科学发展观的实践[J].西部探矿工程,2009,21(S1):96-98.
青海省人民政府.青海创新矿产资源利用方式稳步推动生态文明建设[R/OL].(2014-01-16)[2007-12-26].http://www.gov.cn/gzdt/2007-12/26/content_844075.htm.
邵天一.矿产资源开发生态恢复和可持续发展政策构建[J].中国国土资源经济,2006(2):36-37.
石敏俊.中国经济增长的资源环境代价[M].北京:科学出版社,2009.
斯特恩(美).正义永不决堤[M].北京:法律出版社,2015.
宋金华,谢一鸣.论我国矿产资源税费制度的生态化改革[J].江西理工大学学报.2010,31(4):22-25.
宋蕾.美国土地复垦基金对中国废弃矿山修复治理的启示[J].经济问题探索,2010(4):87-90.
孙宏志.浅析我国矿产资源管理的改革创新思路[J].科技风,2008(9):120.
谭文兵.澳大利亚矿产资源开发管理及其对我国的启示[J]矿山机械.2008,36(2):14-16.
陶信平,王潇雅.西北地区矿产资源开发中的生态保护问题研究[J].国土资源情报,2010(12):39-43.
汪民.以矿产资源可持续利用促进生态文明建设[J].中国科学院院刊,2013,28,(2):226-231.
王安建,王高尚.矿产资源与国家经济发展[M].北京:地震出版社,2002.
王亚丽.矿业活动对地质环境的影响分析[J].硅谷,2010(11):107-109.
隗合明,丁华.加强矿产资源开发中对环境的保护与治理[J].四川环境,2003,22(3):86-90.
魏艳,侯明明,王宏镇,等.矿业废弃地的生态恢复与重建研究[J].矿业快报,2006(11):36-39.
吴文清,郑玉林,陈红旗,等.坚持矿产资源可持续开发战略,助推生态文明建设[J].矿产保护与利用,2014,2(1):1-5.
夏云娇.基于生态文明的矿产资源开发政府管理研究[D].武汉:华中师范大学,2013.
徐田伟.矿产资源开发生态补偿机制初探[J].环境保护与循环经济,2009(6):58-60.
杨从明,任晓冬.生态文明视野下矿产资源开发模式探讨[J].资源与产业,2013,12.
陈从喜.构建基于生态文明建设下的矿产资源管理新机制[J].矿产保护与利用,2012(6):1-5.
殷俐娟.政府干预矿产资源开发[J].中国矿业,2010,19(8):38-40,53.
张复明.矿产开发负效应与资源生态环境补偿机制研究[J].中国工业经济,2009(12):5-15.
张梁.中国矿山生态环境恢复治理现状和对策[J].中国地质矿产经济,2002,15(4):25-27.
张兴,王凌云.我国矿产资源开发中环境法制建设现实困境与对策[J].资源与产业,2011,13(6):30-33.
张应红,文志岳.矿山环境综合治理政策研究[J].中国矿业,2002,11(6):57-60.
赵昉.中国矿产资源开发与环境治理探讨[J].中国矿业,2003,12(6):8-12.
赵昉.矿产资源开发管理与可持续发展[J].中国地质矿产经济,2003(5):8-10,47.

赵仕玲.国外矿山环境保护制度对中国的借鉴[J].中国矿业,2007,16(10):36-38.

郑娟尔,余振国,冯春涛.澳大利亚矿产资源开发的环境代价及矿山环境管理制度研究[J].中国矿业,2010,19(11):66-69,84.

傅雷,仲冰.中国矿产资源现状与思考[J].资源与产业.2008,10(1):83-86.

中华人民共和国国土资源部.中国矿产资源报告[M].北京:地质出版社,2014.

中华人民共和国国土资源部.中国矿产资源报告[M].北京:地质出版社,2015.

朱瑞华.我国矿产资源的现状及综合利用存在的问题[J].矿业快报,2001(10):1-2.

邹光富,毛英.中国西部地区矿产资源开发与环境保护[J].地球科学进展,2004,19(增刊):444-448.

Bian Z F, Dong J H, Lei S G, et al. The impact of disposal and treatment of coal mining wastes on environment and farmland[J]. Environment Geology,2009,58:625-634.

Maier R M, Diaz-Barriga F, Field J A, et al. Socially Responsible Mining:the Relationship between Mining and Poverty, Human Health and the Environment[J]. Rev Environ Health. 2014 29(1-2):83-89.

Curtis R L, Mousavi A. Gold Mining:Is It Worth Its Weight?[J]. Environmental Forensics,2014,15(4):293-295.

# 第七章 矿产勘查与高新技术

## 第一节 定性勘查与定量勘查

定性勘查与定量勘查通常是通过建立找矿概念模型与数字找矿模型而实现的(赵鹏大,2011)。地球科学属于广义上的自然科学,因此,对自然现象和自然过程的模拟,包括其时空分布规律的模拟,是描述、分析、解释和预测目标地质体(包括矿体)的一种重要途径(Hanmes,2006)。许多地质现象与过程遵循复杂的自然规律和法则,并经历多次随机事件的影响和时空的变迁。基于致矿地质异常概念由地质、地球化学、地球物理和遥感地质等多学科信息构成的综合地质异常模型是减少矿床形成过程和分布规律认识的不确定性,是指导找矿的强有力工具。模型是对自然现象和规律的抽象概括,它虽然不可能像照片那样反映现实世界,但它为从客观数据中提取信息,通过信息认识地质异常所表征的成矿事件在时间和空间上的发生、发展和演化提供新的方法技术手段。基于地质概念的数学模型能够定量分析地质单元的成分及其结构,以方程和参数的形式为深入认识地质现象和过程提供新的视野。

地质勘查工作的深入和新的地质信息的获取,为建立矿床的三维模型提供了可能。地质信息,尤其是勘探获取的深部地质矿化信息是构建三维矿床模型的基础。而地球物理和地球化学信息对三维模型的构建也具有重要作用,对矿床产出的区域和局部环境的认识,其中包括详细的构造作用、变质作用、岩浆作用和沉积作用的历史,为构建区域成矿模式和找矿模型提供基础。简言之,表达矿床如何形成的模型称为成因模型,描述矿化特征和找矿标志的模型称为找矿模型(Bonham-Carter,1994)。矿床的成因模型和找矿模型是致矿信息集成的地质基础,因为它们集中体现了成因相同(或相近)的一类矿床形成和分布的控制因素和矿化标志。在资源评价中,这种模型可被视为特定矿床类型地质特征空间分布的理想表达,并能够用于指导制定矿产勘查战略。在区域成矿预测中,以地质蚀变矿化信息为基础的成因模型和找矿模型不能满足预测矿产资源的要求,这是因为上述模型仅含有直接找矿信息,缺乏地球化学、地球物理和遥感地质等间接找矿信息;而预测区,由于工作程度相对较低,尤其是隐伏区成矿预测,缺乏直接找矿信息,但具有不同尺度的间接找矿信息。矿产勘查的经济法则导致的模型区与预测区找矿信息客观上的不平衡性是成矿预测始终无法逾越的障碍,解决的唯一方法是建立基于综合直接找矿信息和间接找矿信息于一体的综合找矿模型,并通过直接找矿信息与间接找矿信息之间的信息关联与转换,建立与预测区信息对等的预测模型,实现综合成矿预测。

### 一、找矿概念模型

传统的地质学是一门定性的描述性科学。定性勘查是基于找矿概念模型的理论勘查。它通常以图表或文字的形式表达。找矿概念模型的基础是矿床成矿模式。其内容主要包括控矿因素与找矿标志,找矿标志又可进一步划分为直接找矿标志与间接找矿标志。

基于"求异"原理的地质、地球化学、地球物理和遥感地质综合找矿模型建立的过程,实际上是一个信息提取、信息转换和信息关联的复杂过程。如果将上述图件的内容转绘到一张图上则形成综合地质异常图。事实上,一张图是难以承受(表达)如此众多信息的,为此我们可以将地质矿产图,地球化学异常图,重、磁构造格架图和环-线遥感地质异常图两两叠置关联,形成诸如重、磁构造地球化学异常图,重、磁构造地质矿产图等便于清晰表达和分析的中间过渡图件,并通过对这些图件的综合分析建立致矿地质异常概念模型。按功能,上述信息可以划分两类:一类是揭示控矿地质异常特征的信息,如遥感信息表达的环、线地质异常可能揭示了断裂(线性异常)和岩体(环形异常)的景观特征;而重、磁地质异常构造格架图,则反映了地质体(地层和岩体)和断裂的深部结构特征。深浅信息的关联则可更深刻、更全面地刻画这些控矿地质异常的组合特征。另一类是反映矿异常特征的信息,这就是已知矿床、矿点(矿化点)和地球化学异常。尤其是地球化学异常的内部结构特征及组合异常特征,对识别隐伏矿异常具有极其重要的作用。地质矿产异常信息和控矿地质异常信息的进一步关联,则是建立致矿地质异常概念模型的关键。地质异常致矿概念模型具有以下特点:

**1. 区域地质异常致矿概念模型是一种理论性模型**

这是因为模型是在地质异常致矿理论指导下,通过对研究区各类矿床的地质异常控矿因素进行综合分析建立的,并在此基础上,应用综合成(找)矿信息刻画能够反映其成矿特征及矿床分布趋势的标志。它又是一种统计性模型。这是因为模型主要反映控矿地质条件的统计性规律,即在概率意义下控制矿床或其组合形成与变化的一种趋势。这种统计性模型来自于对各类矿床的众多已知矿床的综合统计对比分析,代表了广泛的众数规律。因此,它们对成矿预测更具有客观性和实用性。

**2. 整体性和联系性**

在特定的成矿地质环境中,矿床的空间分布和时间演化往往形成一个完整的、相对独立的自然成矿系列。系列与系列之间,在时、空演化及矿产共生关系上亦具有普遍的联系,并受主要控矿因素制约。如鲁西地区与中生代岩浆侵入活动有关的 Fe-Au 矿床系列(莱芜)和 Cu-Au 矿床系列(铜井),二者位于同一侵入岩带(莱芜-铜井侵入岩带):前者与中基性深成侵入岩系(辉长岩-闪长岩系列)有关,以矽卡岩型矿化为特征,岩体同位素年龄 142~120Ma;后者与中酸性浅成侵入岩系[闪长(玢)岩-花岗(斑)岩系列]有关,以斑岩型、矽卡岩型、石英脉型多种矿化类型共生为特征,岩体同位素年龄 125~108Ma。二者皆受同一北西向多期复活的导岩断裂带控制。上述表明:在同一侵入岩带,自北西向南东,成岩时代由老到新,成岩环境由深变浅,岩石系列由中基性向中酸性演化,矿化亦由矽卡岩型 Fe-Au 向多矿化类型的 Cu-Au 演变。区域地质异常致矿概念模型从整体性和联系性的角度刻画矿床系列的这种时空结构特征。

**3. 过渡性与不平衡性**

同一成矿期内,成矿作用由渐变向突变演化,矿床类型随局部地质环境的变化而发生递变。因此,在矿床系列各端元矿床之间可出现过渡性矿床类型。在鲁西铜石金矿田,岩体内部形成斑岩型金矿化,岩体与围岩接触带形成矽卡岩型金矿化,在岩体外接触带形成蚀变角砾岩型金矿化。不平衡性主要表现在成矿作用强度在不同类型矿床之间的强弱和成矿元素组合的不同。在铜石金矿田,蚀变角砾岩型矿化最强,形成金的大型工业矿床;斑岩型矿化最弱,仅形成金矿化点。在元素组合上,斑岩型矿化为 Au-Cu-Mo,矽卡岩型矿化为 Au-Cu-Fe,蚀变角砾岩型矿化为 Au-As-Te。区域地质异常致矿概念模型应能反映矿床系列异常的这种变化性。

**4. 预见性**

系列成矿受主要成矿条件及控矿因素控制。根据整体性和联系性特点,区域地质异常致矿概念模型能够在同一矿床系列中,据已知矿床类型去预测另一种可能存在的矿床类型;据过渡性特点,在两个端元矿床类型之间预测过渡型矿床;据不平衡性特点,重点预测系统控矿条件中具有最佳矿化组合标志的大型、超大型矿床。

矿体可视为能被地质、地球化学、地球物理异常信息表征的高度浓集的一种元素或一组元素的地质异常体。那么,在理论上这种异常体能够被地质、地球化学、地球物理测量所探测。因此,构成上述异常的信息都属于地质异常找矿概念模型研究的内容。譬如,在鲁西隆起区开展金矿预测时,概括的找矿概念模型的内容为(赵鹏大等,1999):

(1)NE 和 NW 走向的两大断裂系统。包括由它们引起的不同规模、不同类型和不同方向的线性和环形地质异常控制了控矿的前寒武纪结晶基底和古生代沉积碳酸盐岩系、侵入岩和发育于前寒武纪结晶基底上的断陷火山岩盆地的空间分布,同时也控制了各种类型金矿床(点)的空间分布,尤其是发育于前寒武纪结晶基底上的韧性剪切带严格控制了变质金矿床(点)的定位,形成了韧性剪切带金矿床定位的线状地质异常模式。

(2)前寒武纪变质岩系。作为本区最古老的结晶基底和金成矿的初始矿源,总体上控制了各种类型金矿床(矿点)的空间分布。变质热液金矿床通常位于出露古老结晶基底的韧性变形带中;与岩浆侵入作用有关的热液金矿床,则位于被中生代浅成斑状杂岩体侵入并被古生代沉积碳酸盐岩覆盖的古老结晶基底中;火山成因的热液金矿床通常被发现发育于前寒武纪结晶基底上的火山岩盆地中。

(3)中生代浅成侵入杂岩体。这些侵入体通常是中酸性和中偏碱性浅成斑状杂岩体,环绕侵入体发育金异常并形成晕环;金矿体赋存于岩体外接触带受各种方向断层控制的隐爆角砾岩相中,且发育串珠状线性金异常,如归来庄金矿床,形成这类金矿床定位的环、线叠加的地质异常模式。火山热液金矿化通常形成于火山岩盆地的边部,具体就位可能受火山机构控制,具有更复杂的地质异常定位模式。

(4)具有浓度分带的 Au 异常和 Au-Ag-Cu 组合金异常。它们是识别矿异常的重要标志。致矿地质异常概念模型是选择靶区变量的依据,是建立致矿地质异常有利度定量预测模型的基础。

## 二、定量找矿模型

地质概念模型是建立找矿定量模型的基础,像其他的矿床模型一样,虽然它包含了控制矿床形成和分布的各种地质和物理化学因素,但该模型不能用数学的语言表达,这就需要在概念模型的基础上建立资源定量评价模型。在基于 GIS 的矿产资源潜力评价过程中,矿床概念模型在预测变量的选择和赋值两个方面扮演了重要角色。变量权值大小反映预测变量的重要性,权系数越大,表明变量对成矿预测的贡献越大。基于多元地学数据信息建立的资源评价模型称为"数据驱动(data-driven)"模型(Bonham Carter,1994;Porwal et al,1999)。

定量找矿模型是基于找矿概念模型,选取与优化找矿变量,并将这些变量按某种规则赋予一定的权值建立成矿有利度模型。数字找矿模型(赵鹏大,2015)是这类模型的典型代表。

地质异常数字找矿的关键是建立找矿模型,地质异常数字找矿模型的建立主要包括两部分内容:一是在上述工作的基础上建立地质异常概念模型;二是据其概念模型构造资源预测变量,通过对变量的赋值、优化等程序,最终建立数字找矿模型。

**1. 预测变量选择**

变量是随样品而变化的标志,其变化与统计母体特征具有内在联系。成矿预测所研究的统计母体的主要特征是资源特征,如资源量、资源位置等。因此,资源预测变量系指随统计单元变化,反映资源特征的某一标志可取不同数值的参变量。概念模型是选择资源预测变量的依据。我们在鲁西隆起区开展金矿预测时,依据其概念模型选择了如下的资源预测变量:$X_1$韧性剪切断裂,$X_2$脆性断裂,$X_3$磁性地质异常界面,$X_4$重力地质异常界面,$X_5$遥感线性地质异常,$X_6$遥感环形地质异常,$X_7$前寒武纪结晶基底,$X_8$古生代沉积碳酸盐岩,$X_9$中生代火山岩,$X_{10}$中生代侵入岩,$X_{11}$ Au 浓度分带Ⅰ,$X_{12}$ Au 浓度分带Ⅱ,$X_{13}$ Au 浓度分带Ⅲ,$X_{14}$ Au－Ag 异常组合,$X_{15}$ Au－Cu 异常组合。由此可见,资源预测变量是对概念模型的细化,对矿产资源体异常特征的具体化。

**2. 数字找矿模型**

数字找矿模型应具有两方面的功能:一是能够定量圈定靶区;二是对靶区的资源潜力做出定量评价,并给出成矿概率。其数学表达式通常为:

$$F = a_1 X_1 + a_2 X_2 + \cdots + a_j X_j \cdots + a_n X_n \qquad (7-1)$$

式中:$X_j$——第 $j$ 个资源预测变量;

$a_j$——度量第 $j$ 个变量相对贡献的权系数;

$F$——关于随机变量的有利度函数。

求取有利度函数的关键是计算每个变量的权系数。关于权系数的求取有许多算法,如特征分析(McCammon, et al,1983)、典型有利度分析(Pan,1993)。除有利度模型外,证据权模拟模型(Agterberg, et al,1993;Pan,1996)已被广泛地应用于资源定量评价。

在鲁西金矿定量成矿预测中(Chen, et al, 2001),根据上述原则,我们建立的数字找矿模型为:

$$\begin{aligned}F = &0.094\ 3x_1 + 0.027\ 1x_2 + 0.106\ 2x_3 + 0.103\ 7x_4 + 0.100\ 9x_5 + \\ &0.023\ 0x_6 + 0.087\ 3x_7 + 0.070\ 0x_8 + 0.046\ 7x_9 + 0.034\ 6x_{10} + \\ &0.023\ 4x_{11} + 0.086\ 9x_{12} + 0.078\ 3x_{13} + 0.054\ 8x_{14} + 0.062\ 7x_{15}\end{aligned} \qquad (7-2)$$

这里,$F$——综合地质异常成矿有利度;

$x_1$—$x_{15}$ 分别对应于上述文字对变量的描述。

### 三、定量勘查

根据公式 7-2 计算成矿有利度,根据成矿有利度圈定找矿靶区 10 处,以 0.65 为临界值,将成矿有利度大于或等于 0.65 的靶区定义为 A 级,小于 0.65 定义为 B 级,结果 A 级靶区 6 处,B 级靶区 4 处。该研究成果为研究区金矿进一步勘查提供科学依据。

## 第二节　多重分形与经模分解

为了提高成矿预测的效果,在采用各种预测方法时,都应以定量提取对成矿有重要意义的信息、压低与尽可能排除对成矿造成干扰的噪声为原则。下面介绍两种不同原理的非线性数学模型及其应用案例。

由于地质成矿过程的长期性和复杂性,记录这一过程的数据集往往具有非线性结构和非平稳特征,使得诸如地质统计学和傅立叶变换等传统的数据处理方法,严格意义上,并不适用于处理非线性和非平稳数据。为此,Huang 等(1998)建立一种自适应的信号分析技术,称为 Hilbert – Huang 变换(Hilbert – Huang Transform,HHT)。该方法包括两部分算法,即,经验模分解(empirical mode decomposition,EMD)和 Hilbert 谱分析,二者有机结合定量刻画非线性和非平稳过程。

基于奇异性原理,Cheng 等(2008)发展了多重分形方法,称之为多重分形奇异值分解(multi – fractal singular value decomposition,SVD)。奇异性普遍地存在于非线性自然过程中,如云层建造(cloud formation)、降雨、飓风、滑坡、地震和矿化等,而这些非线性过程可以用分形或多重分形来描述。整个地质过程可以看作是不同时间的多个地质过程的叠加,而从非线性理论角度看,成矿过程可以看作是一种奇异性地质过程。奇异性过程可以导致在很小的时间或者空间范围内能量的巨量释放或者物质的超常堆积和富集。奇异性过程中所产生的结果如矿床、矿化异常等具有分形和多重分形的分布规律,可以采用幂率(power – law)函数来度量。从整个复杂的地质过程的结果中分离出与成矿过程有关的信息是奇异性分析的最终目的。

陈永清(2012)将上述两种方法,二维经验模分解(BEMD)和奇异值分解(SVD)应用于鲁西铜石金矿田的 1∶50 000 重力数据分解,论述了两种方法在揭示铜石金矿田深部地质结构与金矿化的空间关系上的有效性,为深部找矿提供科学依据。

## 一、SVD 和 BEMD 方法原理

### 1. SVD 方法原理

奇异值分解(SVD)可将矩阵分解为一系列的特征值空间(eigen images),奇异值分解可用于信号与噪声的分解。而由 SVD 得到的特征值表现为分形或多重分形特征,并可由幂率关系描述。Li 将多重分形奇异值分解用于特征图像提取以及矿产勘查中致矿异常识别。奇异值分解可以将矩阵 $X$ 分解为左特征向量矩阵、对角矩阵和右特征向量矩阵的乘积,如:

$$X = USV^T \tag{7-3}$$

其中,$U$ 为左特征向量矩阵;$S$ 为对角矩阵奇异值矩阵;$V^T$ 表示右特征向量矩阵的转置。矩阵 $S$ 即为 $X$ 的奇异值矩阵,并沿主对角线按降序排列,其值的大小为协方差矩阵 $XX^T$ 或 $X^TX$ 特征值($\lambda$)的正平方根。即:

$$S = \text{diag}(\sigma_1, \sigma_2, \cdots, \sigma_r) \tag{7-4}$$

式中:$r$—矩阵 $X$ 的秩;$r = \text{rank}(X)$,$\sigma_1 \geq \sigma_2 \geq \cdots \geq \sigma_r$,$\sigma_i = \sqrt{\lambda_i}$。

奇异值分解也可表示为如下形式:

$$X = \sum_{i=1}^{r} \sigma_i \boldsymbol{u}_i \boldsymbol{v}_i^T \tag{7-5}$$

式中:$u_i$—$XX^T$ 的第 $i$ 个特征向量;

$v_i$—$X^TX$ 的第 $i$ 个特征向量;

$\sigma_i$—$X$ 的第 $i$ 个特征值;

$u_i v_i^T$ 为 $m \times n$ 矩阵,是矩阵 $X$ 的第 $i$ 个特征空间。

根据公式(7-1),如果利用矩阵 $X$ 的所有特征值所对应的特征空间能够重构出原始的 $X$,那么选取前几个奇异值重构,能够包含绝大部分原始数据矩阵信息。

奇异值具有以下性质:①奇异值分布按照主对角线呈降序排列;②奇异值 $\sigma_i$ 代表了矩阵 $X$ 投射到相应的特征空间 $u_i v_i^T$ 的系数;③奇异值的平方与 Fourier 空间中的能谱密度值是一致的。

由于奇异值矩阵呈降序排列,前几个奇异值又较大,所以前几个奇异值所对应的特征空间就包含了矩阵 $X$ 的绝大部分信息。每个特征空间所对应的能量百分比 $P_i$ 可由下列公式计算:

$$P_i = \frac{\sigma_i^2}{\sum_{j=1}^{r} \sigma_j^2} = \frac{\lambda_i}{\sum_{j=1}^{r} \lambda_j} \tag{7-6}$$

**2. BEMD 方法原理**

BEMD 方法能够自适应地将一组数据分解为不同频率的组成——本征模态函数(intrinsic mode function,BIMF)。通过筛分,可以得到从高频到低频的一系列的 BIMF 分量,而每一个 BIMF 分量包含以下性质:①BIMF 分量有相同的过零点数和极值点个数或者差 1;②在任一点,由极大值点构成的上包络和由极小值点够成的下包络的平均值趋于 0。筛分过程要保证数据的极值点个数至少为 2。BEMD 分解可以将数据分解为有限个的 BIMF 分量和剩余分量,不同的 IMF 分量代表了不同的振动模式(oscillatory mode),而剩余分量描述了数据的整体趋势。

BEMD 方法过程与一维 EMD 类似,主要的区别在于 BEMD 方法矩阵中极值点的确定和包络面的拟合比一维 EMD 更复杂。令 $Ori(m,n)$ 为待分解的二维数据,通过二维筛分过程,可将二维数据分解为有限个的二维 IMF 分量(BIMF),分别代表二维数据的不同频率(尺度)的结构特征,按照频率的由高到低,依次为 $B_1(m,n), B_2(m,n), \cdots, B_i(m,n)$,则有:

$$Ori(m,n) = \sum_{i=1}^{t} B_i(m,n) + Res(m,n) \tag{7-7}$$

式中:$B_i(m,n)$ ——第 $i$ 个二维 IMF 分量;

$Res(m,n)$ ——剩余分量。

一般来说,$BIMF_1$ 的频率要高于其他 BIMF,但是并不是说 $BIMF_1$ 任何段的频率都比其他 BIMF 的频率要高。需要意识到的是在相同段内,$BIMF_i$ 的频率要高于 $BIMF_{i+k}$ 的频率。

在二维筛分过程中,为了提取 BIMF,窗口法和多二次法(multiquadric method)皆可用于极值的提取和包络面拟合。

对于任一个 BIMF,需设定筛分过程的停止条件,这里主要通过限定标准差 SD 的大小来得到。SD 由两个相邻的筛分过程的结果得到,在二维数据处理中,设定:

$$SD_{ij} = \sum_{m=1}\sum_{n=1} \frac{|h_{j(i-1)}(m,n) - h_{ji}(m,n)|^2}{h_{j(i-1)}^2(m,n)} \tag{7-8}$$

SD 的设定对 BIMF 有影响,如果 SD 的值较小,BIMF 的个数将增加,筛选过程也更为细致,但运算时间会有所增加。目前 SD 的取值大小还没有一个统一标准,往往通过实践来判断和设定,亦可借助局部均值矩阵 $mean(m,n)$ 的期望值、方差获取。

与 Huang 的一维 EMD 方法类似,Nunes 等(2003,2005)提出了 BEMD 方法,其流程如图

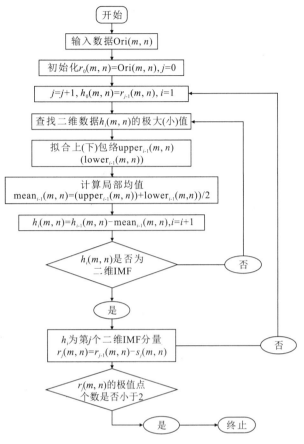

图 7-1 二维 BEMD 筛分过程流程图
(据 Nunes, et al, 2003, 2005 修改)

7-1 所示。Huang 检验了一维 EMD 的正交性。正交性可由任意两个 IMF,即 $C_f$ 和 $C_g$ 来确定,计算公式如下:

$$\text{IO}_{fg} = abs\left(\sum_t \frac{C_f C_g}{C_f^2 + C_g^2}\right) \tag{7-9}$$

式中:$C_f$ 和 $C_g$ ——一维 IMF 分量(二维中可以使 BIMF 分量的不同方向的值)。

IO 的值一般由分解结果和信号长度所决定。对于一维 EMD 而言,IO 的值一般小于 1%,对于短信号数据而言,IO 一般不超过 5%。Huang 等(1998)认为虽然有时分量之间不再满足正交性,但是由 EMD 分解到的 IMF 分量依然是有意义的,正交性只对于线性分解系统而言是必需的。Huang 等(2010)基于特定方向的二维模函数分量(BIMF)计算其正交性指数(IO)。当该公式应用于二维数据时,如果考虑到一个 $m \times n$ 矩阵到一个 $m \times n$ 向量,二维正交性类似于一维正交性,其计算公式:

$$\text{IO} = abs\left[\sum_{p=1}^{m}\sum_{q=1}^{n} \frac{\text{BIMF}_i(p,q)\text{BIMF}_j(p,q)}{\text{BIMF}_i^2(p,q) + \text{BIMF}_j^2(p,q)}\right] \tag{7-10}$$

这里 $\text{BIMF}_i(p,q)$ 与 $\text{BIMF}_j(p,q)$ 是二维模函数分量。该方法能够在一定程度上降低由于在给定方向上数据短缺而引起的不确定性。

在滤波过程中,设计不同的滤波器如 $S_{HP}(m,n)$、$S_{BP}(m,n)$、$S_{LP}(m,n)$,分别用于高通、带通和低通滤波。也可以选择性地选取某些(个)反映特定频率(尺度)结构特征的 BIMF 分量作为滤波结果。

$$S_{HP}(m,n) = \sum_{i=1}^{k} B_i(m,n) \tag{7-11}$$

$$S_{BP}(m,n) = \sum_{i=k}^{p} B_i(m,n) \tag{7-12}$$

$$S_{LP}(m,n) = \sum_{i=p}^{t} B_i(m,n) + \text{Res}(m,n) \tag{7-13}$$

当然,也可从原始地学数据中选取包含有用地质信息的特定 BIMF 分量作为滤波结果。这也是 BEMD 方法能够用于信号分解和致矿异常信息提取的主要原因。

## 二、应用实例

重力信息的一个显著特点是具有"透视性",它不仅能够反映浅部的地质现象,而且通过对重力场的分解,能够获取深部地质结构信息。重力信息的另一个特点是具有多解性,这是因为通常我们获取的重力数据测量的是不同规模、不同深度、不同形态和不同密度地质体组合的叠加场。这就要求我们根据地质体场的性质和特点,借助于科学信息提取(分解)技术实现叠加场的分解,尽可能使场与地质体一一对应,并结合地质矿化信息等约束条件,获取目标信息,最终达到解决地质找矿疑难问题的目的。这里,作者将 SVD 和 BEMD 结合应用于铜石金矿田重力致矿异常信息提取,目的是查明矿田深部地质结构,为隐伏矿体预测提供科学依据。

### 1. 铜石金矿田地质矿化特征

铜石金矿田位于鲁西隆起区、平邑 NW 向中生代火山岩盆地南西侧的隐伏基底区。隐伏基底下部是太古宙绿岩带——泰山群山草峪组黑云斜长变粒岩,其上覆盖古生代碳酸盐岩。燕山期正长斑岩和闪长玢岩侵入于中生代火山岩盆地南西侧的隐伏基底区,其 $^{40}Ar/^{39}Ar$ 坪年龄为 189.8~188.4Ma,锆石 SHRIMP U-Pb 年龄为 183~167.9Ma。矿化以岩体为中心具有分带现象:杂岩体内发育斑岩型 Au 矿化,岩体与围岩接触带发育矽卡岩型 Fe-Cu-Au 矿化,再向外碳酸盐岩中发育角砾岩型和卡林型 Au 矿化。其中,归来庄大型金矿床具有角砾岩型和卡林型 Au 矿化双重特征(图 7-2)。

研究所用重力数据来源于山东地质矿产局第二地质矿产勘查院 1991 年为配合铜石金矿田外围金矿普查实施的 1:5 万综合物探调查中的重力测量结果。其测量网距为 500m×250m,工作总精度为 ±2.32g.μ.,控制面积 408km²。铜石金矿田出露地质体密度参数由高至低依次为:泰山岩群(2.73~2.90g/cm³)→寒武纪—奥陶纪碳酸盐岩(2.64~2.76g/cm³)→闪长玢岩-正长斑岩(2.61~2.71g/cm³)→侏罗纪—白垩纪火山沉积岩(2.46~2.53g/cm³)。

### 2. SVD 方法提取重力异常

首先利用奇异值分解方法(SVD)对鲁西铜石金矿田的 1:50 000 重力数据(图 7-3)进行处理,提取与金成矿有关的重力异常。

Freire 和 Ulrych(1988)定义了低通 $X_{LP}$,带通 $X_{BP}$ 和高通 $X_{HP}$ SVD 图像。其形式如下:

$$X_{LP} = \sum_{i=1}^{p-1} \sigma_i \boldsymbol{u}_i \boldsymbol{v}_i^T \tag{7-14}$$

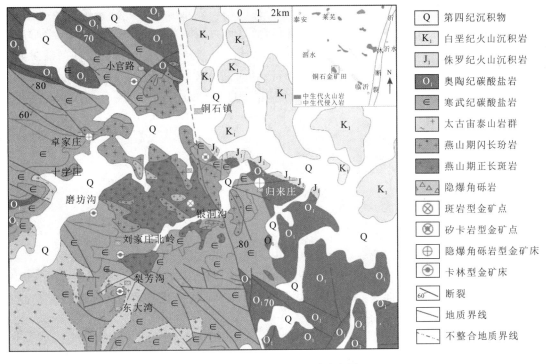

图 7-2 铜石金矿田地质矿产图

(据 Chen 等,2000 修编)

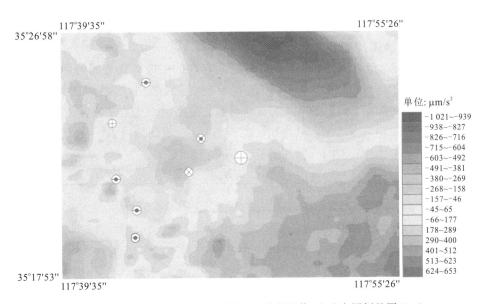

图 7-3 铜石金矿田 1∶5 万原始重力数据图像,金矿点图例见图 7-2

$$X_{\mathrm{BP}} = \sum_{i=p}^{q-1} \sigma_i \boldsymbol{u}_i \boldsymbol{v}_i^{\mathrm{T}} \qquad (7-15)$$

$$X_{\mathrm{HP}} = \sum_{i=q}^{r} \sigma_i \boldsymbol{u}_i \boldsymbol{v}_i^{\mathrm{T}} \qquad (7-16)$$

其中 $p,q$ 的选择取决于奇异值本身。这里我们将用多重分形的方法来确定 $p,q$ 的值。奇异性过程可以导致矿化和矿物的堆积和富集,而这可以用幂率(power-law)模型(分形或多重分形模型)来刻画。对于矩阵 $X$ 来说,可以认为投影到奇异值对应的特征空间的能量密度(能谱半径,类似于 Fourier 变换中的周期)为奇异值的平方($\lambda$),于是奇异值大于 $\lambda_i$ 的总能量[也称为在一个能谱半径(尺度)内得到的一个能谱测度]为:

$$E(\lambda \mid \lambda \geqslant \lambda_i) = \sum_{k=1}^{i} \lambda_k \tag{7-17}$$

能量所占百分比为:

$$P(\lambda \mid \lambda \geqslant \lambda_i) = \frac{\sum_{k=1}^{i} \lambda_k}{\sum_{t=1}^{r} \lambda_t} \tag{7-18}$$

这样一个能谱半径内对应一个能量,也可以表述为在一定的能谱尺度下,能得到一个能量的测度。对秩为 $r$ 的矩阵,可以得到长度为 $r$ 的能量测度随能谱尺度变化的序列对。与 Fourier 变换中的能谱与频率的关系相类比,这样定义的尺度与能量测度之间具有分形规律,也即 $\lambda$ 与 $E$(或者 $P$)之间就存在分形规律,即:

$$E \propto \lambda^a \tag{7-19}$$

或

$$P(\lambda \mid \lambda \geqslant \lambda_i) \propto \lambda^a \tag{7-20}$$

由于在 $\lambda$-$E$ 双对数图中,可能存在不同的幂率关系(多重分形),可以根据曲线的斜率不同,用若干个直线段对曲线进行拟合。而不同线段的交点即为 $p,q$ 分界点(在有些情况下直线段不止 3 段,可以存在更多的分解点)。其中同一线段的奇异值所对应的特征空间重构结果与特定的地质过程相对应。

根据特征值空间能量百分比和奇异值平方之间存在的不同区段之间的幂率关系,来确定式(7-13,7-14,7-15)中的分割点 $p,q$。图 7-4 为双对数图,横轴为奇异值平方的对数 $\ln\lambda_i$,纵轴为特征空间能量 $E(\lambda \mid \lambda \geqslant \lambda_i)$ 的自然对数。使用最小二乘法拟合 3 条具有不同斜率的线段,分割点 $p=3, q=9, \ln\lambda_3 = 17.13, \ln\lambda_9 = 14.17$。中间段由 $\lambda_3 \sim \lambda_8$ 组成,占总能量的 8.2%,由其重构的重力图像(图 7-5)通常反映局部控矿因素。

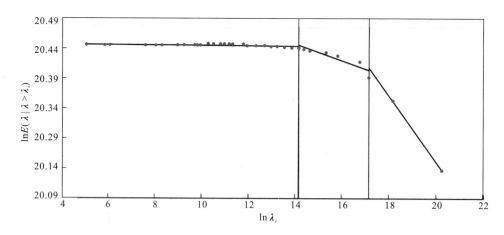

图 7-4　$\ln\lambda - \ln E$ 对数图

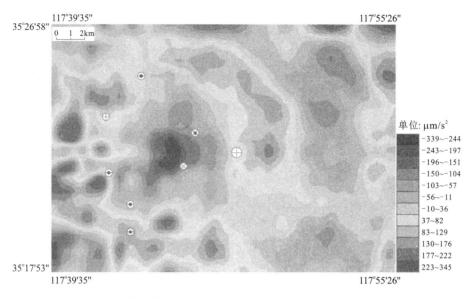

图 7-5 第 3 至第 8 特征空间所对应的重力图像,金矿床类型图例同图 7-2

图 7-5 揭示了铜石杂岩体(重力异常值为 $-399\sim-11\mu m/s^2$)以及围绕该岩体形成的环形接触交代晕(重力异常值为 $-399\sim-11\mu m/s^2$)。斑岩型金矿化形成于岩体内部,矽卡岩型金矿化形成于岩体与围岩的内接触带,隐爆角砾岩型和卡林型金矿化形成于岩体与围岩的外接触交代带,而环形接触交代带内部的具有岛状形态的重力异常可能代表了具铁-铜-金矿化的矽卡岩体。因此,铜石杂岩体和环形接触交代晕是发现新矿化的潜在地区。

**3. BEMD 方法提取重力异常**

利用 BEMD 方法,可将原始重力数据(图 7-3)分解为 5 个二维 BIMF 分量($BIMF_1$,$BIMF_2$,$BIMF_3$,$BIMF_4$,$BIMF_5$)和剩余分量 $Res(m,n)$。其中,$BIMF_3$ 分量有明确的地质意义(图 7-6),能够应用该分量推断深部地质结构和金矿空间分布之间的关系。

图 7-6 所表示的 $BIMF_3$ 可以理解为重力数据的带通滤波,清楚地揭示了铜石金矿田的地质结构。基于图 7-6,铜石金矿田可以分为 3 个地质单元:(a)隐伏基底区(Ⅰ)。表现为中等密度的重力异常,其中单元Ⅱ和单元Ⅲ之间的 NW 向高密度的正重力异常可能是由于太古宙变质基底隆起引起;(b)中生代火山岩沉积盆地(Ⅱ)。沿 NW 向发育于隐伏基底(Ⅰ)的北东侧,并显示为明显的重力负异常;(c)铜石侵入杂岩体(Ⅲ)。侵入于隐伏基底(Ⅰ),且发育于中生代火山岩沉积盆地(Ⅱ)的南西侧。根据重力异常特性,单元(Ⅲ)可分为两个次级单元,即 $Ⅲ_a$ 和 $Ⅲ_b$。$Ⅲ_a$ 表现为近似圆形的重力负异常,可能由铜石侵入杂岩体引起。$Ⅲ_b$ 为围绕 $Ⅲ_a$ 的环形重力正异常,可能由铜石侵入杂岩体与围岩之间的接触交代带引起,而各类型金矿床空间分布受单元Ⅲ的控制(图 7-6)。

## 三、结论

通过用 BEMD 和 SVD 两种方法对铜石金矿田 1∶50 000 重力数据的处理结果的对比研究,可以得出如下结论:

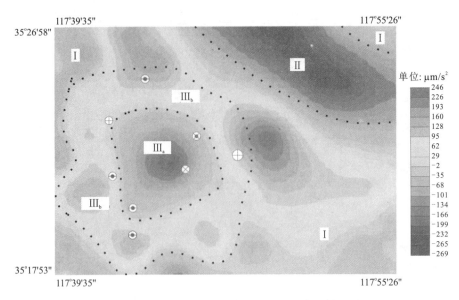

图 7-6　由 BEMD 方法获取的 $BIMF_3$，金矿点图例见图 7-2

(1) 由图 7-5 和图 7-6 对比可知，由 BEMD 和 SVD 两种方法的铜石金矿田的控矿因素是基本一致的，为重力负异常的近圆形铜石侵入杂岩体和环绕铜石侵入杂岩体的表现为重力正异常的接触交代蚀变矿化带。

(2) 两种方法一致地揭示了控矿因素和不同类型金矿化之间的空间关系：斑岩型金矿化位于杂岩体内，矽卡岩型铁-铜-金矿化位于内接触交代带，卡林型和隐爆角砾岩型金矿床位于外接触交代带。

(3) BEMD 的分解结果不但反映了控矿地质体单元（铜石杂岩体）的空间分布特征，反映了铜石金矿田的其他地质单元，如 NW 向表现为明显重力负异常的中生代火山岩沉积盆地，和位于铜石侵入体与中生代火山岩沉积盆地之间的表现为重力正异常的 NW 向基底隆起。而由 SVD 获取的致矿重力异常，更确切地揭示了铜石侵入体和环形接触交代带内部精细结构特征，环形接触交代带内部具岛状形态的正重力异常可能代表铁-铜-金矿化矽卡岩体。

(4) 虽然两种方法的原理和过程都不同，但具有明显地质成矿意义的金致矿异常皆可通过各自定义的带通滤波器获取。

(5) 在成矿地质背景约束下，由这两种方法获取的综合研究结果比其中任意一种方法获取的结果更全面客观地揭示了控矿因素与金矿化的空间关系。

## 第三节　大数据集与智慧找矿

20 世纪末以来，人类的第四次工业革命——信息技术革命正在以难以置信的速度和广度全面地改变着世界和我们的生活，也改变着各个门类的传统的科学技术的发展创新模式。这个改变的时代就是大数据时代。数据不再是符号和加工对象，而变成了资源和客观本体。物理世界从物质、能量的二元构成认知，变成了物质、能量和信息的三元构成。大数据时代科学研究的手段除了传统的理论分析、实验和计算以外又多了大数据分析这个第四范式(赵鹏大,2015)。

## 一、大数据及其信息处理技术

大数据是由于规模、复杂性、实时而导致的使之无法在一定时间内用常规软件工具对其进行获取、存贮、搜索、分享、分析、可视化的数据集合。"大数据"是需要新处理模式才能具有更强的决策力、洞察发现力和流程优化能力的海量、高增长率和多样化的信息资产。大数据技术系指为更经济地从高频率的、大容量的、不同结构和类型的数据中获取价值而设计的新一代架构和技术。

现代化信息处理技术的快速发展和爆炸式增长的数据使得传统的数据处理和数据挖掘技术出现了明显的质变。研究者突然发现一个非常重要的现象并在许多领域被不断证明,即当数据集合的维度、总量、丰度突破某个规模临界点后,传统的信息处理模型的效果会得到惊人的提升,这就是大数据科学近年来得到高度发展的主要动力和原因。

智慧找矿技术利用已有的数据资源作为分析对象,应用有效的数学模型,对所关注的矿床品位、储量与空间位置、产状与几何结构、动态演变过程以及其他可能相关的地质特征进行分析,反演和预测,并对处理结果的不确定性、灵敏性给出量化评估。

智慧找矿技术涉及到深层次致矿信息的数据挖掘、高精度找矿模型的建立等。近年来随着地质资源数据爆炸性增长,尤其是随着大数据处理技术的飞速发展,结合大数据处理和大数据挖掘的新型智慧找矿技术被认为是最有潜力的发展方向之一。

矿产勘查学作为一门实践性地球科学与信息科学相结合的交叉学科,也深受大数据技术发展的影响。尽管地质过程具有复杂性与多样性等特征,但随着大数据概念与非线性信息处理技术的快速发展,将矿产勘查视为一个复杂系统进行大数据分析,极有可能取得新的突破。

## 二、地质过程与地质体分布数学模型

矿产勘查,需要解决两个基本问题,一是对矿床空间分布特征的描述,另一个是对其成矿过程的描述。所以许多与矿产资源有关的数学地质方法都是以它为主题展开理论、方法技术及其应用研究。在早期,由于采样数据相对较少,种类单一,大量的模型只能采用正向的推演方法,就是建立完备的数学模型,然后以少量的数据导出需要的输出结果,并与实测数据进行比对。这样的方法对模型具有较强的依赖性。众所周知,地质过程不是一个或几个简单模型的叠加,因此,这种模型往往具有一定的局限性,并对应用条件具有非常严格的假设前提。而随着人们采集数据能力的增强,获得的地质数据无论从规模上还是从种类上皆有极大的提高,这将为基于数据的逆向方法的提出作好准备,实际上,这就是大数据技术。目前,地质大数据分析和数字找矿技术仍然是围绕着3个主要的线索进行发展,即地质结构模型、地质过程动态模型(统计或数值模型)和机器学习与知识挖掘模型。

**1. 地质结构模型**

地质结构模型是数字矿产勘查研究的基础。地质活动本身就是一个标准的三维运动,当然也可以理解为增加考虑时间轴后的四维空间中的目标。不过通常将特定时间段的地质活动考虑为3D空间内的动态过程加以研究简洁可行。近年来,对地质3D模型如何构建和分析的研究越来越普遍,涌现出许多新方法与新技术,大体可分为静态三维重构模型构建和动态三维运动模型反演两大主题。前者主要研究如何使地质 3D 模型的结构和观测结果吻合,一般采用插值拟合模型;后者主要给出地质运动过程的数学描述以预测许多未知的地质信息,并且预测结果要和观测数据基本保持一致,通常属于过程模型。当然这二者是密不可分的,常常同时出现在同一研究过程中。

薄板样条(TPS)是常用的一类插值工具,但是 TPS 会在采样点距离非均匀时出现病态而使得数值求解遇到困难,改进的 TPS 方法(TPS-M)可以避免病态矩阵,却会造成过度拟合现象,也就是产生不存在的几何褶皱。Chen 等(2014)在 TPS-M 的基础上提出了进一步修正的正则化最小二乘薄板样条(TPS-RLS),为标准的 TPS-M 的误差项增加了权重,这样既可以保持 TPS-M 在规避病态条件时的优点,又可以解决过度拟合的缺陷。在数值实验中,作者证明 TPS-RLS 性能优于常见的拟合工具,尤其在稀疏而不均匀的采样点条件下,该方法效果最好。对于采样地幅较大、变化过程剧烈的地质数据,这种数据往往是由多个不同的子区块的采样数据共同构成,而且各区块之间的数据分布规律可能很不一样。对于这样的数据,采用无方向的一致拟合模型进行恢复,效果很差,为此 Michael Hillier 等(2014)提出了改进的基于径向基函数的插值方法。该方法使用独立的线性约束方程表达地质学意义上的限制条件,进而完成方程求解。此方法不像普通的径向基函数方法要求提供额外的采样点信息来确保解的唯一性,因此不会造成使用者在新的数据提供方面的负担。他们的研究案例显示在真实环境中,严格的"通过约束点"数量稀少,而粗糙的"接近约束点"数量较多,这种场景下,使用该方法效果较好。另一个典型的 3D 模型重构的对象是断层模型。通常的断层研究是结合测井地层数据的解释建立模型。Wang 等(2012)在研究河南栾川超大型多金属钼矿时,应用断层和重力航磁数据建立 3D 地质模型识别和评价潜力成矿区域。然而由于断层成因的不唯一性,在最后给出的断层位置分布中,存在一定的不确定性。这种不确定性会给进一步矿产勘查带来一定的风险。P.Roe 等(2014)提出采用随机仿真模型来量化模拟这种不确定性并减少这种不确定性的影响。其不确定性模型为一个不确定性包络和对应的边际概率分布函数,这样就对断层位置的不确定性分布给出了统计描述。为了能够使用标准的地质统计方法,作者给出了一个概率分布分位点映射估计算法,利用该映射可以建立一个断层表面域到变换域的空间变换。在变换域上可以使用克里格算法进行插值,并对结果施加逆变换得到修正的断层分布数据。T.J.Dodwell(2014)对尖顶褶皱的三维模型进行了研究,着重研究了此类褶皱中经常出现的不同地层间的周期分布规律。许多研究者实地观测都发现,在尖顶褶皱的交界区域多赋存鞍状矿脉。作者首先研究了实际地质物理建造过程中的能量构成,包括张力弯曲能量、平衡过载的压力能量和轴向压力能量,并且根据此物理模型建立能量函数。利用非渗透地层作为约束,最小化该能量函数求解出该泛函。该问题对应于一个非线性二阶边界问题,数值解给出的周期性与实际观测结果符合得很好。

鉴于实际地质 3D 模型构建和反演问题的复杂性,不同的研究者往往根据实际需要构建不同类型的模型。M.Lindsay 等(2014)创造性地提出了模型空间检索求解的方法。从原理上来说,就是将常用的几种模型组成一个集合,并与其各自的参数体系构成一个模型空间。由于地质过程的多样性和反演问题的多重属性,每个反演问题有可能需要选用不同的模型。本文作者提出一种工作流程,即标准化输入信息,然后将这些信息各自注入模型空间,产生各自独立的结果数据流。然后将结果数据流分别与经过适应变换后的观测数据或者高置信度数据对比,建立误差度量,并最后选择误差最小的模型作为处理工作流。这个方法作为一个宽泛的框架适应性较广，不过处理的效率显然是一个局限。

**2. 地质过程模型**

多点统计学（MPS）是数字矿产勘查中地质统计学重要的一类分支。地质统计学的主要用途是研究对象空间自相关结构（或空间变异结构）的探测以及变量值的估计和模拟。地质统计学分析的核心是根据样本点来确定研究对象（某一变量）随空间位置而变化的规律，以此去推算未知点的属性值，这个规律就是变异函数。通常我们利用采样点及变异函数的计算公式得出样本点的实验变异函数（experimental variogram），拟合后的曲线为经验变异函数。观察该变异函数的分布图像，寻找地质统计学提供的某一种理论模型或者多个理论模型（basic model）的线性组合进行拟合。常见的理论模型有线性模型、球状模型、指数模型、高斯模型、幂指数模型等。多点统计学即利用多个采样点构建一致统计模型的方法。

地质统计学模拟包括认知和再现两部分。认知通过变异函数来完成，而再现通过序列高斯模拟等多个模型来完成。多点地质统计学进一步改善了认知部分，即通过多个点的训练图像来取代变异函数，更有效地反映研究目标的空间分布结构。多点地质统计学的核心是训练图像。由于在地质统计学中也出现过多点信息，但从未被量化过，而一般是将信息隐含地应用到具体问题模型中去。但如通过图像的方式，可全面量化原数据各阶的信息，因此我们可采用非条件的布尔方法得到训练图像再进行分析。MPS发展的早期主要用于合成问题，算法研究主要集中于提升标准方法的效率和适用性。这个阶段是发展关键的地质统计学概念、构建基本处理框架所必需的。近年来，MPS的发展异常迅速，大量新方法涌现出来。M. Huysmans等（2014）重点研究了在水文环境中如何重构两个地质体之间的接触面分布情况。作者建立了一种变换，可以将作为训练集合输入的记录各个位置分类标记信息的像素图转换为一种亚像素分辨率下记录各个面块之间接触信息的图，然后利用该图对边界属性进行模拟得出接触边界。

A. Boucher等（2014）提出了一种可以模拟矿床分布的MPS应用。大部分的MPS算法的训练图像有个共同特点，即他们都需要图像中的模式具有重复性，否则数值求解会遇到困难。而实际问题中，这种要求又过于严格，比如在一般的采样尺度内，各种类型的矿床分布的输入信息就很难体现出重复的模式。为此作者提出了一种新的接触-模拟算法来重构不同地质类型之间接触面的模式。以煤岩类型交界面的研究为例，该方法先利用地质学家给出的各类煤岩接触的模式进行学习，然后在求解某个煤岩类型接触面时，在大致可能存在交界面的位置画出不确定性区域。在此区域中以拟合的方法，将学习到的模式生成到不确定性区域当中，然后再利用MPS求解。MPS方法善于表示复杂的地质类型区块相互之间的连接关系，但是调节模拟结果在流度量下的数值却很困难，因为这个结果和不同面之间的分布具有复杂的非线性关系。为了能够控制计算结果的流度量数值，使之吻合于期望约束，M. Khodabakhshi等（2014）提出了一种新的自适应流约束方法。该方法使用流数据作为反馈来重新修正拟合根据初始训练图像得到的结果。该方法本质上是一种随机优化问题的解法。为了提高计算精度和效率，算法采用了两遍步骤，首先在初始阶段，利用计算得到一个显著性搜索区域，然后在该区域中再执行精细搜索，从而高效地得到计算结果。一般来说，在数据不充分的情况下和对某个现象的地质知识掌握不够完整的情况下进行3D模型重构，那么评估不确定性是个非常重要的方面。MPS有很多种衍生方法可以评估这种不确定性。但是这仅仅是对静态数据而言，如果输入数据是动态给出的，则无法处理。Li等（2014）给出了一个基于MPS的改进评估方法。该算法可以在预测流动和迁移的同时，给出不确定性的评估。该方法包含两个主要改进：①状态变量和参数同时顺序进行估计,这样就可以实时地处理动态加入的数据;②当执行模式搜索时,状态变量和参数都考虑在内。这样处理将产生两个优点:更好地得到准确参数,特别是对线性程度很弱的小尺度特征,再一个就是可以更好地利用动态数据更新状态和参数变量而无需使用非常耗时的流模拟。

**3. 特征与分类模型**

在所有的数学模型当中,聚类模型是解决许多问题的基础,而聚类问题当中许多的算法又和特征量相关。所以数字勘查对信号特征的提取和研究就是一个极其重要的问题。由于地质过程的复杂性,表现出来的地质现象千差万别,提供的各类型采样信号也异常繁多。所以为不同的地质研究过程寻找合适的特征量表达,能够使它具备与目标过程较高的相关性是数字地质研究的关键所在。但目前还没有公认的为某类地质问题找到普适性很强、相关性令人满意的特征参数。

M. Lillah 等(2013)提出了一种基于随机距离的地质边界模型,利用这种模型可以对地质数据标量场的曲线特性进行捕捉。通常,在许多地质问题中,比如矿床的分布、吨位的估计都是在寻找区域的边界。因此边界特征的表达模型对于计算求解问题非常重要。不过众所周知,大量的地质区块边界并不是由清晰的曲线或线段来界定,而是逐渐变化的过渡地带。这当然可以用一个有宽度的边界区域来表示边界,但是本文作者提出了用一种带有不确定性参数的曲线边界来表达的新模型。该方法既可以具有衡量这种模糊边界的能力(利用不确定性度量),同时也可以在不同置信水平下给出一条清晰的边界,而这种方式对于边界的表达在很多时候优于区域方式所给出的边界。不确定性参数的计算主要采用随机距离来完成,即随机距离与不确定性成正比。在克里格方法和高斯序列化中经常出现的各向异性场具有非平稳性,本文算法还针对此类数据提出了适应改进算法,并且应用于加拿大南部地区的金矿预测。

陈永清等(2015)用奇异值分解(SVD)的方法分解重力信号来提取深部的地质信息,有效地还原了与矿化密切相关的深部地质构造和隐伏花岗岩,为深部找矿提供了新的科学依据。赵婕等(2016)采用改进的二维经验模态函数分解方法对航磁测量数据进行解构,以混合高斯模型表达矿床空间分布信息并将该函数同样进行解构,通过比较采样数据各个尺度分解结果与矿床分布函数的接近程度,确定含有最接近矿床分布模式成分的测量信息所处的特征尺度区间,最后将该方法应用于云南个旧锡多金属矿的分析,以航磁数据为样本,计算和实验得出合适的分解尺度参数,为今后在其他地区应用航磁数据进行成矿预测提供了有价值的参考方法。

由于地质过程大部分研究的对象都是和时间演进相关的动态过程,所以建模过程中对于时间动态特征的利用是重要的一部分。C. Karacan 等(2013)的工作涉及煤矿、煤层气的评估问题。在煤矿开采过程中,为了保证安全和工作开展,要对煤层气进行脱气处理,使得以甲烷为主的煤层气含量控制在安全水平;但是这个脱气过程也不允许进行得过于猛烈,否则会引起巨大的压力改变造成诸多问题。所以煤层气脱气过程是个时间过程,随着气体压力的不断释放,地层间的气体压力、地层的地应力、地下水的承压受力条件都在发生动态改变。所以需要建立动态的模型来评估气储量(GIP)。之前的大部分研究工作都采用静态模型来计算当前时刻的 GIP,而本文的研究者从动态过程入手,认为之前的 GIP 变换数据和其他相关数据为演化模型提供了良好的拟合数据和参考基准,可以作为特征加以利用。故此可以以历史的煤层气随时间退化的数据作为训练图像(TI),采用多点统计学模型来评估 GIP。此方法利用多个点单采集的煤层气退化数据曲线,以 Voronoi 三角化方法进行网格剖分,建立 TI 集合。由于煤层气分布属于典型的非连续、间断性强的分布场,故此不适合采用连续模型处理,而适合采用多点仿真统计学模型(MPS)。为了避免极端错误采样的出现,对采样数据首先进行滤波处理,这样可以同时得到煤层气 GIP 的数据和评估出不确定性分布。

**4. 动态数值模型**

在地质过程中,牵涉到输运问题、介质问题和多尺度多相流问题的地质研究,均可以考虑使用偏微分方程组作为推演工具描述其动态过程。过去十几年中,相关的求解技术框架有效地整合了当前计算机提供的强大运算力,已经可以处理许多组分、许多尺度下的复杂方程系统求解问题。因此数值模型的重点开始转向于寻找更加准确、更加细致化的方程来更加有效地吻合于实际问题。B. Reuter 等(2015)重点研究了离散化技术,提出可以用自适应的垂直离散化技术来求解输运问题,可以避免传统离散在计算时带来的方程问题,同时可以减轻在非结构网格区域内的计算负担。M. Schneider 等(2015)对近期的多种流体计算模型进行了比较和归纳,重点关注了多相渗流计算模型,给出了几种有限体积模型在计算稳定性和计算效率方面的特点分析。

**5. 机器学习与大数据**

M. Leuenberger 等(2015)提出了一种新的进行不确定性量化估计的算法,认为不确定性的量化分析是当前数学地质分析当中最为重要的一个课题。不确定性来自数据和模型两个方面,为此他们提出了基于序列重采样分析的极值学习机(ELM)分析技术。ELM 是一种快速神经网络,它的结构简单,只有一个隐层且权重可以以随机方式初始化。ELM 可以进行全局逼近,而且处理速度较快。具体的步骤如下:首先对于数据集合进行标准的序列重采样计算(BOOTSTRAP),然后对得到的众多子集合进行训练生成 ELM 模型,最后计算输出残值。第二遍,以同样的处理方式对于平方误差再进行一次训练。通过这两遍的计算,就可以得到数据分析映射模型、变量不确定性和噪声误差。第一遍主要识别模型的误差,第二遍主要分析数据引起的误差。M. Kanevski(2015)还认真研究了利用数据可视化技术进行数据预处理的问题。在众多的环境和地质研究中,现在越来越多的研究课题依赖于众多的数据来源,应该说这些负责的数据集合组成了一个高维度的数据空间,该空间的复杂程度远远超过了一般意义上数学地质所研究的三维空间。为此必须对这些高维度的复杂数据空间进行预处理。而通常发生的情况是,尽管这些数据维度很高,但是会呈现出强烈的内在结构,即结构化程度高。不过这些内在结构究竟是什么,由于变化的类型众多,所以很难完全自动化地建立起来,可是肉眼往往对这种数据空间的内在隐结构非常敏感。因此完全可以通过数据可视化技术,将高维数据进行可视化展现,辅助研究者理解和掌握数据样本的趋势信息,更好地对问题进行分析。作者还对超高维度数据集合的处理和非线性模型避免局部过度拟合这两个机器学习当中的重要问题进行了探究。对高维度数据集合,可以结合使用标准的多层传感模型和广义回归神经网络进行处理,例如本文对高达 13 维的气象数据就应用该模型进行计算。过度拟合问题,一般是数据噪声所引起,作者提出和比较了一系列常用的改善噪声的正则化工具,例如数据分离、delta 测试、gamma 测试和噪声投影等,然后把修正后的数据应用于各向异性回归网络。结果表明,该方法可以有效抑制数据过度拟合问题。M. Mukhtar(2015)利用 BP 向前神经网络对一个实际的案例进行了研究和分析,重点研究了水库的洪水季节储水量负荷分布问题。

作者将主干河流的上游溪流来水量和溪水分布面积占比作为两类主要的输入数据,采用了 200 个模式数据进行训练,并利用 59 个模型进行验证。结果证明,神经网络预测大流量时的水库洪水负荷的精度很高。M. Habrat 等(2015)提出了一种新颖的利用纹理分析进行地质图像处理的方法。作者利用模型在地质图像所代表的地质信号特征量和直接基于图像分析得到的典型图像特征量之间建立关系,从而在对新的地质问题进行处理(比如地质区域分类)时,可以首先利用纹理分析的方式对图像进行快速处理得到图像特征量,然后再利用上述映射模型计算其地质特征,从而实现快速的求解和处理。为了足够的丰富性,作者选用的图像特征量包括梯度、统计量、直方图、亮度、对比度等。为了在建立简单图像特征-高级地质特征映射时避免出现高维度,可应用主成分分析进行维度压缩。

## 主要参考文献

陈永清,赵鹏大. 综合致矿地质异常信息提取与集成[J]. 地球科学——中国地质大学学报,2009,34(2):325-335.

赵鹏大,陈永清,刘吉平,等. 地质异常成矿预测理论与实践[M]. 武汉:中国地质大学出版社,1999.

赵鹏大. 找矿理念:从定性到定量[J]. 地质通报,2011,30(5):625-629.

赵鹏大. 大数据时代数字找矿与定量评价[J]. 地质通报,2015,34(7):1255-1259.

Boucher A, Costa J F, Rasera L G, et al. Simulation of geological contacts from interpreted geological model using multiple-point statistics[J]. Mathematical Geosciences, 2014, 46:561-572.

Chen C F, Li Y Y, Cao X W, et al. Smooth surface modeling of DEMs based on a regularized least squares method of thin plate spline[J]. Mathematical Geosciences, 2014, 46:909-929.

Chen Y Q, Zhang L N, Zhao B B. Application of singular value decomposition (SVD) in extraction of gravity components indicating the deeply and shallowly buried grantic complex asscociated with tin polymetallic muneralization in the Gejiu tin ore field, Southwestern China[J]. Journal of Applied Geophysics, 2015, 123:63-70.

Chen Y Q, Zhao P D, Chen J G, et al. Application of the Geo-Anomaly Unit Concept in Quantitative Delineation and Assessment of Gold Ore Targets in Western Shandong Uplift Terrain, Eastern China. Natural Resources Research, 2001, 10(1):35-49.

Chen Y Q, Zhao B B. Extraction of Gravity Anomalies Associated with Gold Mineralization: A Comparison of Singular Value Decomposition and Bi-dimensional Empirical Mode Decomposition[J]. Advanced Materials Research, 2012, 455-456:1567-1577.

Cheng Q M. Non-linear theory and power-low models for information integration and mineral resources quantitative assessments[J]. Math Geosci, 2008, 40(5):503-532.

Dodwell T J, Hunt G W. Periodic Void Formation in Chevron Folds[J]. Mathematical Geosciences, 2014, 46:1011-1028.

Hillier M J, Schetselaar E M, de Kemp E A, et al. Erratum to: Three-Dimensional Modelling of Geological Surfaces Using Generalized Interpolation with Radial Basis Functions[J]. Mathematical Geosciences, 2014, 46:955-956.

Huang N E, Shen Z, Long S R, et al. The empirical mode decomposition and the Hilbert spectrum for nonlinear and non-stationary time series analysis[J]. Proceedings of the Royal Society A, 1998, 454:903-995.

Huysmans M, Orban P, Cochet E, et al. Using Multiple-Point Geostatistics for Tracer Test Modeling in a Clay-Drape Environment with Spatially Variable Conductivity and Sorption Coefficient[J]. Mathematical Geosciences, 2014, 46:519-537.

Karacan C Ö, Olea R A. Time-Lapse Analysis of Methane Quantity in the Mary Lee Group of Coal Seams Using Filter-Based Multiple-Point Geostatistical Simulation[J]. Mathematical Geosciences, 2013,45:681 - 7 - 4.

Khodabakhshi M, Jafarpour B. Adaptive Conditioning of Multiple-Point Statistical Facies Simulation to Flow Data with Probability Maps[J]. Mathematical Geosciences,2014,46:473 - 595.

Kyriakidis P, Gaganis P. Efficient Simulation of (Log)Normal Random Fields for Hydrogeological Applications[J]. Mathematical Geosciences, 2013,45:531 - 556.

Li L P, Srinivasan S, Zhou H Y, et al. Simultaneous Estimation of Geologic and Reservoir State Variables Within an Ensemble-Based Multiple-Point Statistic Framework[J]. Mathematical Geosciences,2014,46: 597 - 623.

Lillah M, Boisvert J B. Stochastic Distance Based Geological Boundary Modeling with Curvilinear Features[J]. Mathematical Geosciences, 2013,45:651 - 665.

Lindsay M, Perrouty S, Jessell M, et al. Inversion and Geodiversity: Searching Model Space for the Answers, Mathematical Geosciences,2014,46:971 - 1010.

Roe P, Georgsen F, Abrahamsen P. An Uncertainty Model for Fault Shape and Location[J]. Mathematical Geosciences,2014,46:957 - 969.

Wang G W, Zhu Y Y, Zhang S T, et al. 3D geological modeling based on gravitational and magnetic data inversion in the Luanchuan ore region, Henan Province, China[J]. Journal of Applied Geophysics,2012, 80:1 - 11.

Zhao J, Zhao P D, Chen Y Q. Using improved BEMD method to analyze the characteristic scale of aeromagnetic data in Gejiu area Yunan, China[J]. Computers & Geosciences,2016,88:132 - 141.

# 第八章 面向未来与接替资源

## 第一节 新型产业与新型资源

随着人类对矿产资源的大量开发与利用,陆地资源不断消耗与枯竭,人们正在向海洋开拓,海域矿产、液态矿物原料的开发越来越受到重视,从而促使出现一些新型资源。非金属矿产资源的应用研究取得了一系列研究成果。新兴产业的崛起需要新型矿产支撑,人们生活水平的提高,对矿产资源提出了新要求,从而促使新型的矿产资源产业的形成。

### 一、液态矿物原料开发

液态矿物原料泛指石油、天然卤水、热泉、矿泉、海水、地表水、地下水等。通常把盐矿化度达 60g/L 以上的地表和地下的水溶液构成的天然卤水称为天然卤水矿床(bittern deposit)。按成因类型分为3个亚类型:

(1)沉积型。沉积岩在成岩过程中封存于砂粒之间的或在成岩后进入孔隙和裂隙中的古海水,经过浓缩和变质作用,成为矿化度较高的地下卤水矿床(亦称原生封存卤水)。

(2)淋滤型。地下水在运动过程中溶解岩层中的盐类物质或岩盐矿床,尔后聚集形成的地下卤水矿床。

(3)沉积-淋滤混合型。由沉积型卤水和淋滤型卤水在地下运移过程中混合而成的地下卤水矿床。按其工业类型又可分为古代地下卤水和现代地下卤水矿床两种:①古代地下卤水指赋存于岩盐矿体或含盐的上覆地层(砂岩或砂砾岩)孔隙中的地下卤水,由古代盐矿层或含盐岩石经地下水溶解而成,可以为盐矿层再溶卤水、深部热卤水和油气田卤水。此类卤水以承压水或自流水为主,动态稳定,埋藏较深;含卤层呈层状或似层状,层位稳定—较稳定,富水性弱—中等;矿化度中等,水化学成分以 NaCl 为主,此外,常见有钾、镁、硼、锂、溴、碘、铷、铯、锶等有用元素。常以所含的主要盐类元素来命名,如四川宣汉地区地下钾卤水矿床、河南泌阳地区的碱卤水矿床、四川西部的硝卤水矿床和日本千叶地区天然气田卤水矿床。具重要工业价值的矿产有盐、钾盐、锂、碘、溴、天然碱、芒硝和硼。其中,工业用锂、溴、碘 3 个元素,主要来源于地下卤水。锂、碘还产于盐湖的含锂卤水和含碘卤水中。碘还可以伴生在石盐、磷块岩、天然碱矿床以及油田水中。溴则伴生于卤水与油田水中。②现代地下卤水指赋存于潮滩沉积物(粉砂层)中及河口滨海相沉积物(粉细砂、中粗砂和砂砾层)中的第四纪滨海地下卤水,埋藏较浅。含卤层呈似层状、透镜状,层位较稳定到不稳定。矿化度较高,水化学成分以 NaCl 为主,富含 $Mg^{2+}$、$SO_4^{2-}$,含 $K^+$、$Br^-$ 较高,例如山东莱州湾滨海地下卤水。天然卤水矿床已成为溴、碘、食盐、硫酸钠、硼等的重要来源。近年来正在研究从液态的矿物原料中生产锂、锶、铷、铯、锗、银、铀、钨、铜、锌等元素的新技术。

天然卤水矿床通常与盐、烃类矿床相伴组合为成矿多样性矿集区,同时又互为找矿预测标志。地球物理重、磁场综合解译可以圈定天然卤水矿床所处的盆地,进行中、小比例尺间接找矿预测,地震和电法勘探可以锁定含矿层位,盖层中的卤素、碱性元素可作为地球化学找矿指示剂。在开发液态矿物原料方面,美国、意大利、德国、日本等国家积累了丰富经验。天然卤水通常有如下开采方式:

(1) 自喷采卤法。是一种完全依靠地下卤水层自身具备的强大能量,驱使卤水在卤井建成后从各个方面流向井底,并进而举升到地面的采矿方法。这种方法适用于含卤层压力大并具有自喷能力的地下卤水矿床。

(2) 气举采卤法。是一种往卤井内注入高压天然气(或人为加压成的高压气),使其与井液混合,减小井液密度,降低井底回压,从而使自喷能力不足的卤水从含卤地层各处源源流向井底,进而将其从井底举升到井口的采卤方法。此法适用于深井、斜井、弯曲井、大量出砂井及含有腐蚀性成分的卤井,也适用于井内有游离气、对其他机械开采效率有影响的卤井。

(3) 电动离心沉没泵采卤法。电动离心沉没泵(简称没泵)是一种小直径、大排量、高扬程,用于地下卤水矿床开采的多级离心泵。这种方法要求卤水的补给量大于沉没泵的采出量,卤井及固井质量好。

(4) 抽油机采卤法。这种方法的实质是石油工业工艺的引伸。井下设备主要为抽油(卤)杆及抽油(卤)泵。此法操作简单、维修容易,但由于产量小、成本偏高,因此适用于日产量不大的浅井和中深井。要求卤水中砂、硫化氢含量少。

## 二、海域矿产开发

海域矿产按其成因和赋存状况可分为:

(1) 海水中的矿产。海水中有几十种稀有元素,而且很多是陆地储量少、分布分散但价值很大的元素。例如铷在海水中藏量达 1900 亿 t。硼或锂氢化物可作火箭的高能燃料,硼在海水中的储量有 7 万亿 t 以上。20 世纪 90 年代美国几位著名的地质学家,利用当时最先进的质谱检测法,得知海水中金总储量可达 1.5 万 t。

(2) 海滨及陆架区的砂矿。主要来源于陆上的岩矿碎屑,经河流、海水(包括海流与潮汐)、冰川和风的搬运与分选,最后在海滨或陆架区的最宜地段沉积富集而成。如砂金、砂铂、金刚石、砂锡与砂铁矿,及钛铁石与锆石、金红石与独居石等共生复合型砂矿。

(3) 海底自生的矿产。由化学、生物和热液作用等在海洋内生成的自然矿物,可直接形成或经过富集后形成,如磷灰石、海绿石、重晶石、海底锰结核及海底多金属热液矿(以锌、铜为主)。

(4) 海底固结岩中的矿产。大多属于陆上矿床向海下的延伸,如海底油气资源、硫矿及煤等。在海洋矿产资源中,以海底油气资源、海底锰结核及海滨复合型砂矿经济意义最大。

据美国石油地质学家估计,全世界含油气远景的海洋沉积盆地约 $7800 \times 10^4 km^2$,大体与陆地相当。世界水深 300m 以内海底潜在的石油、天然气总储量为 2356 亿 t。世界近海海底已探明的石油可采储量为 220 亿 t,天然气储量 $181.46 \times 10^{12} m^3$,分别占世界储量的 24% 和 23%,主要分布于浅海陆架区,如波斯湾、委内瑞拉湾与马拉开波湖及帕里亚湾、北海、墨西哥湾及西非沿岸浅海区。大陆坡与大陆隆也具有良好的油气远景。

深海锰结核以锰和铁的氧化物及氢氧化物为主要组分,富含锰、铜、镍、钴等多种元素。据估计,世界大洋海底锰结核的总储量达 30 000 亿 t,仅太平洋就有 17 000 亿 t,其中含锰 4000

亿t,镍164亿t,铜88亿t,钴58亿t。主要分布于太平洋,其次是大西洋和印度洋水深超过3000m的深海底部。以太平洋中部北纬$6°30'—20°$、西经$110°—180°$海区最为富集。估计该地区约有$600×10^4km^2$富集高品位锰结核,其覆盖率有时高达90%以上。世界96%的锆石和90%的金红石产自海滨砂矿。复合型砂矿多分布于澳大利亚、印度、斯里兰卡、巴西及美国沿岸。金刚石砂矿主要产于非洲南部纳米比亚、南非和安哥拉沿岸;砂锡矿主要分布于缅甸经泰国、马来西亚至印度尼西亚的沿岸海域。

我国东南两面临海,是一个陆海兼具的国家。近海及毗邻海域:毗邻中国大陆边缘及台湾岛的海洋有黄海、东海、南海及台湾以东的太平洋,渤海则是伸入我国大陆的内海。渤海、黄海、东海、南海四海,东西横跨经度$32°$,南北纵越纬度$44°$。海域总面积$473×10^4km^2$(截至1997年)。北起辽宁鸭绿江口,南达广西的北仑河口,陆海岸线全长$1.8×10^4$km(截至1997年),居世界第四;我国拥有200多万平方千米的大陆架,面积居世界第五位。按照国际法和《联合国海洋法公约》的有关规定,我国主张的管辖海域面积可达$300×10^4km^2$,接近陆地领土面积的1/3。其中与领土有同等法律地位的领海面积为$38×10^4km^2$。人均海洋国土面积$0.0027km^2$,相当于世界人均海洋国土面积的1/10;海陆面积比值为0.31:1,在世界沿海国家中列第108位。

我国拥有丰富的海洋资源,品种繁多。油气资源沉积盆地约$70×10^4km^2$,石油资源储存量估计为240亿t左右,天然气资源量估计为$14×10^{12}m^3$;蕴藏量以东海大陆架最佳,南海和渤海次之。还有大量的天然气水合物资源,即最有希望在21世纪成为油气替代能源的"可燃冰"。我国迄今共发现具有商业开采价值的海上油气田38个,获得石油储量约9亿t,天然气储量2500多亿立方米。海滨砂矿13种,累计探明储量15.27亿t。另外,经过10多年的努力,我国已成功地在太平洋国际海底圈定了$7.5×10^4km^2$多金属结核资源的勘探矿区,多金属结核储量5亿多吨,并在今后商业开采时机成熟时享有对这一区域资源开发的优先权。我国海盐产量约占世界海盐产量的30%,居世界首位。目前我国原盐产量为约为3000余万吨,主要盐场有长芦盐场、莺歌海盐场、布袋盐场。

另外,我国沿岸潮汐能可开发资源,约为$2179.31×10^4$kW,年发电量约为$624.36×10^8$kW·h;温差能总装机容量$13.28×10^{12}$kW;波浪能资源理论平均功率为$6285.22×10^4$kW;潮流能$1394.85×10^4$kW;盐差能$1.25×10^8$kW。

目前,国土资源部门已建立了一支拥有数千人和具有一定水平的海洋地质(包括海洋油气)专业调查队伍,拥有数量仅次于美、俄、日的调查航队,并装备了一批用于海洋地质、地球物理综合调查的先进仪器和设备,为组建我国海洋地质野战军打下了坚实基础。由中国地质调查局主导、青岛海洋地质研究所和广州海洋地质调查局组织实施的"1:100万海洋区域地质调查"项目已经完成,填补了我国1:100万海洋区域地质调查的空白。

通过调查,基本查清了我国管辖海域38个主要含油气盆地的地质结构和海沙等固体矿产资源的分布状况,并基本摸清了我国海域油气资源和天然气水合物资源的分布情况。除油气资源外,还在南海北部发现了神狐海底峡谷群和面积约为5.5万$km^2$的沙波;在南海海盆北部地区发现并命名了3座构造完整的火山口;查清了东海陆架地区地貌类型;查清了北黄海—渤海海峡地区、山东半岛北部蓬莱—栖霞—莱阳地区和辽东半岛北部丹东以西地区为陆域地质灾害高风险区。调查成果已应用于相关海域的地质环境演化研究、大陆架科学研究和板块构造演化研究,将为油气资源调查部署、海砂资源矿政管理、沿海地区经济社会发展规划和海洋功能区划等提供基础实测数据参考。相关成果将引领并带动我国海洋油气勘探和开发,推动天然气水合物的资源勘查,为将来海洋资源的开发和利用提供技术支撑。

在金属矿产勘查方面,山东省地勘单位在莱州三山岛北部海域发现了超大型金矿床,金矿资源量为470多吨,平均品位4.3g/t,是目前世界上少有的特大型金矿。三山岛海域金矿位于胶东半岛西北部,探矿权面积17.91km²,位于国内最主要的一级成矿带——三山岛-仓上断裂成矿带之上,周边特大中型金矿床富集,成矿地质条件优越,探矿增储空间巨大。

### 三、具重要开发前景的非金属矿产

中国非金属矿产资源丰富,品种众多,分布广泛,已探明储量的非金属矿产有88种。非金属矿产主要品种为金刚石、石墨、自然硫、硫铁矿、水晶、刚玉、蓝晶石等。非金属矿产的成因多种多样,但以岩浆型、变质型、沉积型和风化型最为重要,另外海底喷流作用也很重要,如硫铁矿主要属于这一成因。

非金属矿物原料产值已远超过金属矿物原料,其产值占矿产总产值的40%,在国民经济中的重要作用已为世人关注。开发某些非金属矿产可以形成新型的产业。我国将开展新型工业矿物层状硅酸盐矿物的利用技术研究。

其研究内容是:工业矿物特性及其应用基础;工业矿物富集提纯与微粉制备技术;矿物材料表面改性、改型等。矿物材料多层次应用性明显,例如被称作"万用材料"的膨润土,在十多个部门中得到应用。矿物材料深加工的经济效益高,随着科学、技术、环境等方面的要求,应用在不断扩大。

#### (一)农业矿产

非金属矿在农业和畜牧业中的应用十分广泛。为了加强农业,我国将在这方面投入资金加强研究。非金属矿产的主要作用及研究内容如下:

**1. 制造钾肥原料的开发**

包括西藏扎布耶盐湖及新疆罗布泊盐湖钾盐及其他成分综合利用研究,从傲斜长石、霞石、响岩中提取$K_2O$的研究,含钾页岩综合利用研究,含钾粉砂岩、伟晶岩及正长斑岩提钾及综合利用研究等。

**2. 复合肥料原料的开发应用**

植物必需的营养元素共16种,其中包括:易获得的C、H、O;大宗需要的N、P、K;中量需要的Ca、Mg、S;微量需要的Cl、Fe、B、Mn、Zn、Cu、Mo。因此,为了有效地综合利用矿产资源,除了大量生产N、P、K3种肥料外,还应生产复合肥料,研究复合肥料不同成分搭配时肥料的性能及应用条件,研究不同肥料与复合肥料的搭配及二次资源(如含P、K、Mg、Zn、Fe等元素的煤灰渣)重复利用。混肥料添加剂具有一定的应用前景。

**3. 非金属矿物在增加肥效、抗旱及改良土壤中的应用**

膨润土、沸石、凝灰岩、硅藻土具有化肥吸附剂的作用,对化肥的分解物(如尿素中的胺)起"暂时贮集器"的作用,使植物慢慢吸收,避免流失。由于这些矿物具有很强的吸水性,可缓解土壤中的水分快速蒸发(起"蓄水器"的作用),故增加了抗旱的能力。

**4. 膨润土代替淀粉作黏合剂**

膨润土具有很强的吸附性、分散性,磨细后与水混合成为很好的胶质,因此应研究其代替淀粉在工业中的应用,例如代替淀粉在纺织工业上浆纱、印染的应用和代替淀粉在建筑板材上的应用。

**5. 非金属矿物在饲料中的应用**

动物饲料中添加的矿物分两类:营养性矿物及非营养性矿物。前者主要起补充蛋白质、钙质及维生素等作用;后者起充填、黏结、载体作用。国外如英国每年生产复合饲料1100万t,内含碳酸钙37万t,其他矿物25万t。美国每年生产1亿t饲料,使用碳酸钙150万t,磷酸钙及脱氟磷酸盐150万t。属于前者的主要有碳酸盐类矿物(如低镁石灰石、大理石、贝壳等)、磷酸盐类矿物(如磷酸二氢钙,磷为动物骨、脑及血液所必需的)、古镁矿物(如煅烧菱镁矿,动物缺镁易引起抽搐及软骨病等)。属于后者的主要有膨润土、海泡石、沸石等黏土矿物及滑石。有些矿物还有除臭、保护环境卫生、防病、治病等作用,如利用沸石、膨润土、硬石膏等矿物材料作吸附剂、去污剂、除臭剂。

**(二) 环保矿产**

由于环保事业的发展和灾害防治要求的提高,为一些非金属矿产开辟了应用的新领域。如苏联切尔诺贝利电站核物质泄漏后,人们利用沸石修筑护坝,以防止受到放射性元素污染的水发生渗透;同时在土壤中直接施放沸石、硅藻土等天然吸附剂,可以防止放射性元素被冲走并随之参与植物的生命循环。

非金属矿在环境工程中最有效的应用是处理污水及废气。《"九五"计划及2010年发展纲要》中明确提出:"2000年县及县以上工业废水处理率达到83%,废气处理达到86%,城市污水集中处理率达到25%。"

**1. 非金属吸附及助滤材料在治理污水中的应用**

许多非金属矿物均可以用于生产环保型材料,在环境治理中,非金属吸附及助滤材料主要有:

(1) 利用沸石、凹凸棒石和海泡石强的吸附能力和离子交换能力,处理工业废水、生活污水、污泥及被污染的室内空气;

(2) 利用硅藻土、膨胀珍珠岩、蛭石矿物的多孔、大比表面积和强吸附能力,过滤澄清饮水;

(3) 利用电气石和伊利石吸收射线,净化空气;

(4) 利用膨润土、沸石和硅藻土改良土壤等。

目前环保领域需求量比较大的非金属矿产品主要是沸石、膨润土、硅藻土、海泡石和凹凸棒石等。其中:

① 沸石。沸石是沸石族矿物的总称,包括30多种含Ca、Na、K、Ba的铝硅酸盐。其中最主要的为斜发沸石和丝光沸石及主沸石、菱沸石、方沸石等。沸石为多孔结构,孔穴占总体积的80%以上且孔道大小一定,其表面积达$1100m^2/g$。这些特点使沸石具有良好的吸附性能、分子筛作用和与阳离子交换功能。沸石有吸附$Cu^{+2}$、$Cd^{+2}$、$Pb^{+2}$、$Cr^{+2}$、$Hg^{+2}$、$Zn^{+2}$等金属离子的能力和净化污水的作用。河南信阳上天梯和罗山杨家湾是我国重要沸石矿床。

② 膨润土。膨润土的主要成分为蒙托石,具有很强的吸附性和吸水性(吸水后体积膨胀10余倍)。我国膨润土储量丰富,居世界第二位。河南信用上天梯和罗山杨家湾也是我国重要膨润土矿床。膨润土有钙基、钠基、镁基及钠钙基、钠镁基,其中钠基具很大活化作用。用不同方法活化后的膨润土有吸附水中的各种离子、有机物、悬浮物的能力,特别是有处理造纸废水、纺织废水、电镀废水的能力。

③硅藻土。硅藻土主要成分为无定形 $SiO_2$,多微孔,耐热,耐酸,吸附能力强。

**2. 非金属材料在净化气体中的应用**

我国每年排放的 $SO_2$ 量达 1500 万 t,其中 90% 为燃烧煤所排放,严重污染大气,从而造成的酸雨危及 20 多个省区。酸雨不仅危及森林、农作物,更严重的是进入土壤中分解铝化物,使之浸入水中或进入生物链被人吸收,产生神经系统疾病,影响人的健康。可用于净化气体的非金属材料有石灰石、低品位菱镁矿、粉煤灰及沸石、膨润土等。

## 第二节 环境保护与绿色矿业

可持续发展战略的核心是合理利用资源、保护环境,寻求社会、经济与自然协调的可持续发展。人口的控制程度,社会、经济的发展速度取决于资源的保证程度;而环境的破坏和污染在很大程度上与资源的过度开发和不合理利用有关。

因此,资源在可持续发展中处于中心地位。保护环境、发展绿色矿业正是保证人类社会可持续发展的重要措施。这一措施应贯穿矿业开发的全过程,甚至包括后矿业经济。

### 一、工业固体废弃物及废水、废气的利用

**(一)工业固体废弃物的利用**

美国、德国、法国、日本、英国等国的工业固体废物的利用水平居世界前列。德国、法国、英国的粉煤灰利用率分别为 80%、60% 和 55%,日本和丹麦为 100%。日本、德国、澳大利亚、加拿大、波兰的煤矸石利用率为 85% 以上。英国、美国、德国、法国、瑞典、加拿大、比利时的高炉渣利用率为 100%。美国、德国、英国的钢渣利用率分别为 100%、90% 和 80%。

我国有色金属工业废渣主要用作采掘充填料、建筑材料和其他工业用品,利用率高达 69%。钢铁工业废渣主要用作建筑材料,其中高炉渣的利用率为 85%;转炉和平炉粉尘利用率为 90%;选矿尾矿利用率为 2%。煤矸石经采掘和洗选分离后,主要用于发电、制水泥和砖,利用率为 17%。粉煤灰主要用作建筑、筑路、充填等材料,利用率为 30% 以上。我国有 20 多个电厂的粉煤灰利用率达到 100%。化学工业的生产过程中产生的硫铁矿烧渣、电石废渣等 10 种主要废渣的利用率达到了 62%。

在这里应特别强调矿山废石和选矿尾矿的利用。俄罗斯学者近年来提出了人工矿床的概念,所谓"人工矿床"是自然因素和人类生产活动综合影响的产物,主要是指矿山的废石场和尾矿坝等有用资源。

由于开采的富矿渐少而贫矿增加,致使采选过程中产生的废料逐年增多,给环境带来不利影响。目前,在铁矿石采选过程中,采出岩矿物质总体积的 85% 是废石场和尾矿坝废料。选矿厂每选出 1t 金属,就要产生 30~100t 尾矿。若原矿品位继续下降,则再过 20~25 年要获得同样数量的黑色和有色金属,采选的矿石数量将增加 1 倍,废料数量也将增加 1 倍。目前,选矿过程中有用组分的损失很大,大部分有色金属矿石选矿损失达 10%~25%(有时高达 40%,对稀有金属矿石,选矿损失高达 30%~55%)。在尾矿中,某些残余金属的含量水平较高,有时其至超过原生矿石。

对"人工矿床"进行模拟和地质-工业评价,是选矿生产发展现阶段的一项迫切任务。

В. Л. 雅科夫列夫等(1996)论述了"尾矿坝型人工矿床开采利用的技术可行性"。他指出：每年有170～180亿t废石和矿产加工废料进入废石场和尾矿坝，而最终产品大约仅占采出物质总体积的3%。所有这些尾矿坝都可作为人工矿床加以研究，这样便出现了尾矿的开采、运输和尾矿坝的复垦。

人工矿床研究和评价，具有资源利用的经济效益，它的评价内容不仅包括有用组分及其含量，还要评价有害组分含量及其迁移规律及对环境的污染危害评价等，进而制定出有效的防治措施，从而使这项工作具有极其重要的环保意义。

我国将对有条件二次资源化的废弃物，尤其是尾矿（尾渣）开展综合利用技术研究，建立典型示范再生资源化工程。

（二）工业废水的利用

水资源是一种重要的资源。在发达国家，循环和串联利用工业废水已比较普遍。近年来，工业废水再生利用也取得了很大的进展。一些国家工业废水多数送往废水处理厂与城市污水一起处理和再利用。美国曾耗资314亿美元新建、扩建和改建大批废水处理厂。目前，美国已拥有城市废水处理厂23 000多座。据统计，美国、日本、德国的工业废水利用率在70%以上。有些国家还从工业废水中提取有用组分，例如，从有色工业排放的废水中回收铜、镉、铅、锡等多种元素，利用高浓度有机废水生产甲烷产品等。

我国工业废水的利用率很低，平均30%左右。钢铁工业废水利用率达到75%，有色金属工业平均为62.4%，其他工业废水利用率都在25%以下。

（三）工业废气的利用

有些国家从20世纪60年代起就开始了工业废气的利用。如日本、法国、德国采用束燃法（湿法）净化回收冶金转炉生产的煤气。据测算每炼1t钢可回收含一氧化碳70%～80%的干净气体60～70m³。回收后的一氧化碳气体主要用作燃料和化工原料。有些国家回收利用煤矿开采过程中产生的瓦斯。部分发达国家利用有色金属冶炼排放的二氧化硫烟气制取硫酸，每生产1t铜和铅，可分别生产3～5t和2～2.5t硫酸，所获经济效益和社会效益均比较可观。

近些年我国钢铁、石化、化工、煤炭等工业废气的综合利用率明显提高。其中钢铁工业的高炉煤气利用率为97.6%；焦炉煤气利用率为97.1%；转炉煤气利用率为43.0%；石油化学工业可燃气利用率为91.0%；化学工业的电石炉气、合成氨等8种废气利用率为74.25%；煤炭工业的煤矿瓦斯利用率为72%以上。利用工业废气可以制取某些工业产品，如用甘油吸收氯化氢废气制取二氯丙醇，用氨水吸收二氧化碳废气制取化肥等。

（四）发展无废生产工艺

在世界范围内，无废生产工艺已引起极大重视。1984年联合国欧洲经济委员会在塔什干召开了无废工艺国际会议，专门研究了关于无废工艺方面的一系列问题。在此次会议上，讨论通过了关于无废工艺的定义："无废工艺是一种生产产品的方法（流程、企业、区域生产联合体）。用这种方法，在原料资源—生产消费—二次原料资源的循环中，原料和能源能得到最合理的综合利用，从而对环境的任何作用都不致破坏的正常功能。"综合利用原料资源是无废生产的首要目标，也是当前解决资源短缺和环境污染问题的基本对策。因此，通过综合利用矿产资源中所有组分，即实现无废生产工艺，是当今以矿产资源为原料、燃料生产工业的发展方向。

## （五）采用再资源化新技术

在现阶段，以矿产资源为原料、燃料的工业生产中还不能避免废物的产生，过去生产积聚的废物和产品消费后变成的废物也大量存在。因而如何使废物再资源化，并采用新技术提高其利用率就显得更为重要。如日本采用焙烧法从废物中回收汞，干式法回收镍和镉，立式法回收铅，合金法还原回收铬，蒸发干固热解法回收氧化物等技术，极大地提高了废物利用率。由于应用了再资源化新技术，工业发达国家再生金属产量有了提高。如在有色金属生产中，法国再生金属总量占总产量的30%以上，美国占25%~30%，苏联占20%。

## 二、有利于环保的采冶新工艺

目前已出现了一些有利于环保的采矿和冶炼新工艺。这些工艺不仅能更有效地利用矿产资源，同时还能减少原材料的消耗，降低成本，最重要的是有利于环保。举例如下：

**1. 溶浸采冶技术**

溶浸采冶技术是一种有利于环保，适用于低品位、大矿量的金属矿产资源的一种采冶新方法。这种方法已在我国低品位、大矿量铀矿的采冶上得到应用。

**2. 钻孔水力采矿**

钻孔水力采矿是通过从地面钻到矿层的钻孔，采用特殊装备，用水力机械方式破碎矿层，再将矿石以矿浆形式运出地面。采用此方法，大部分工艺装置、辅助机械及全部工作人员都在地表，受地下工程条件限制很小，并且可利用部分原来的钻孔，探采结合。因此，这一新方法具有单位基建投资小，大大减少对周围环境的生态破坏，复田费用少，无人在地下作业，劳动条件好等优点。钻孔水力采矿方法的应用范围取决于矿层是否可用水力机械法破碎和开采硐室顶板是否可维护。这样的矿床有粒状磷块岩和结核状磷块岩矿床、金属砂矿、原煤、铝土矿等。该采矿方法已在俄罗斯、美国、匈牙利等国使用，我国也在试验，取得了良好效果。

**3. 生物湿法冶金提取工艺**

生物湿法冶金提取工艺日益受到重视，其中氧化亚铁硫杆菌显示出较大潜力，主要是因为它与其他浸矿法相比，浸出率高，耗酸量低，成本低且减少了浸矿所造成的环境污染。美国是应用生物湿法冶金较早的国家，自1958年用细菌法浸出铜的研究与工业应用获得成功后，至目前采用该工艺生产的铜已占全国总产量的10%。除美国外，该工艺已在苏联、墨西哥、西班牙、南斯拉夫、保加利亚等20多个国家得到了应用。除了提取铜，还对铀、铅锌矿、钼矿、镓铟锗及高砷金矿石的选矿方面也作了大量的研究，取得了丰硕成果。在这方面我国也有不少研究，不过研究只限于提取铜、铀及金矿石，且工业化程度较低。

## 三、资源、环境联合评价

自改革开放以来，我国包括矿产地质勘查工作在内的整个矿业，围绕以经济效益为中心，以市场为导向，进行了一系列的改革，出现了崭新的矿业形势，特别是乡镇矿业异军突起，大大地促进了地区经济的发展。1994年全国矿业（不包括石油）的总产值1980亿元，其中非国有的产值占全国矿业总产值的38%以上。但是，也存在一些突出的问题，地质环境的破坏就是其中最突出的问题之一。国外地质环境管理的经验表明，在从低收入阶段向中等收入阶段过渡的时期，随着工业化迅速发展，与工业化和大规模工程建设相关的种种环境地质问题都在相对短的时期接踵而至。这是一个十分关键的时期,如果在此阶段把包括地质环境在内的环境保护工作放到战略位置,采取有力措施促进人口、资源和环境的协调发展,就能为社会经济的协调发展创造条件。因此,在矿产勘查过程中应特别强调资源、环境综合评价。首先要评价原生环境地质问题,即评价与矿床(体)自身有关的一些环境地质问题。同时还要评价人为问题,如水土污染、有毒有害废物处置、森林破坏、农田毁坏、矿山环境问题及由工程活动诱发的地质灾害等,应对在矿产开发过程中可能产生的环境地质问题及其环境保护的措施提出建议。

国外有一些在处理采矿场方面的做法值得借鉴。如在美国、加拿大和英国,目前都有一些将建筑骨料采场用作填埋场地的成功实例。在美国密苏里州的圣路易斯县,弗雷德韦伯公司开采石灰岩并将其加工成碎石,同时将城市固体废物回填到采空区。据公司称,在回填场地配备了淋出液收集系统和一系列监测井。

该公司收集回填场地的甲烷气作为能源和替代燃料,供沥青厂供热和干燥之用,还用于一座商业性温室的季节供暖,计划还用于附近中学的供暖。在英国,将城市废物填入已闭坑的露天矿坑对其进行复垦的综合性作业,已证明是可行的和可以获利的。汉森工业公司在英国经营23个开采建筑骨料与废物填埋兼营作业场。建筑骨料开采与废物填埋同时作业,可导致充分的土地复垦,其经济上的优越性显而易见。

## 第三节　泛资源化与非传统矿产

### 一、泛资源理论与矿产勘查

泛资源理论(pan resource theory)由中国独立学者董斌研究员首创,意指后信息化社会的未来世界,整合全球智慧和全部资源加以利用,是未来世界的潮流和必经之路,将超越约翰·奈斯比特(John Naisbitt)的大趋势预言。

泛资源理论引入到矿产勘查领域意味着矿产勘查、开发、利用的全球化,其内涵应该包括如下几个方面:

(1)泛矿产资源(pan mineral resources)。传统、非传统及新型矿产资源的统称。

(2)泛矿产勘查(pan mineral exploration)。以多种勘查方法为手段、多种矿床类型为对象、三维空间多尺度勘查为目标的找矿勘探系统。

(3)泛资源预测(pan resource prediction)。多种学科交叉、多种信息组合、多种知识交融的找矿预测模式。

(4)泛资源市场(pan resource market)。跨区域、超越国界资源需求分析与市场调节,减少矿业市场大幅度波动,降低行业风险。

(5)泛矿业发展(pan mining development)。遵循"创新、协调、绿色、开放、共享"的发展战略,以科技创新求矿产勘查行业发展,以全球资源优化配置协调地域供需矛盾,以绿色矿业促进资源环境和谐共存,以坚持对外开放谋求矿业发展新途径,以全球资源共享造福全人类幸福生活。

### 二、非传统矿产资源概念

非传统矿产资源是指受目前经济、技术以及环境因素的限制,尚难发现和尚难实现工业利用的矿产资源,以及尚未被看作矿产和尚未发现其用途的潜在矿产资源。非传统矿产资源包括各种新类型、新领域、新深度、新工艺、新用途的矿产资源,它是一个动态的概念,随着技术、经济、环境、市场及需求的变化,有可能转化为传统矿产资源。因此,非传统矿产资源的发现与开发,是矿产资源可持续供给的重要保障。近几十年来,找矿与开发生产实践证明,非传统矿产资源发现和开发的潜力很大,比如下列非传统矿产资源开发:

(1) 非传统矿产新类型。典型的如斑岩铜矿,据 1917 年报道,钻探出来的铜品位达 1.2% 的斑岩铜矿,因矿石品位太低不能开发利用,被称为"胚胎矿"。这一昔日的非传统矿产,如今已成为"当家"铜矿类型,是现今世界上最重要的铜矿工业类型,占铜矿总储量的 60%、总产量的 50%。再如红土型金矿、黑色页岩中的铂族矿产、超高压变质带中的金刚石等,都是当今非传统矿产新类型的典型。

(2) 非传统矿产新领域。如深海铁锰结核、富钴结壳、金属软泥、天然气水合物等海洋矿产资源;煤层甲烷、根缘气(致密砂岩天然气)、水溶气、页(泥)岩气、重油沥青和油页岩等资源潜力巨大,是未来矿产资源的新领域。

(3) 非传统矿产新深度。南非兰德金矿盆地一采金竖井加深至 4800m,成为世界上最深的矿井,开发的新矿层是世界级的矿体。在我国,埋深大于 500m 的矿床被称为大深度矿床,过去很少勘查和评价。

(4) 非传统矿产新工艺。如微生物浸矿工艺、天然纳米矿物开发利用技术等都有巨大的发展潜力,并将使那些低品位、难选冶、低价值的"呆滞型"非传统矿产资源潜力予以充分体现。例如含量为 7%~13% 的氧化钾、中低及低品位磷矿、氧化镍等这些难分离资源可通过先进技术进行利用。我国占储量 75% 的中低及低品位磷矿未利用,它们是 21 世纪重要的磷资源。

(5) 非传统矿产新用途。稀土矿产新用途层出不穷,环保事业的发展和灾害防治要求的提高,为许多非金属矿产开辟了应用新领域。

(6) 非传统矿产"人工矿床"。近年来,人们正在探索开发利用过去采矿和选矿废弃的废石堆和尾矿坝。这类人工矿床的二次开发,对延长矿山寿命、提高经济效益和保护环境等,比建设一座新矿山的经济与社会效益更为重大。

(7) 在目前技术经济条件下无法采用常规方法进行勘探开发的非传统油气资源,主要包括煤层甲烷、根缘气(致密砂岩天然气)、水溶气、甲烷水合物、页(泥)岩气、重油沥青和油页岩等。

### 三、非传统矿产资源研究现状

传统矿产资源渐趋枯竭,矿产资源短缺是当今世界各国面临的共同问题,寻求非传统矿产资源刻不容缓。我国矿产资源勘查面临"三难"(难识别、难发现、难开发)、"三新"(新类型、新深度、新领域),资源勘查越来越依赖于新理论、新技术、新方法。这就要求我们从国情实际出发,走资源节约型的发展道路;重视资源储备战略,实行"两种资源及两个市场"的战略;努力寻求各种替代资源,认知、发现、开发和利用非传统矿产资源。

非传统矿产资源研究受到各国重视。美国早在 20 世纪 60 年代,在石油和天然气领域就注意到了非传统能源和非传统勘查方法的研究。20 世纪 70 年代后期,美国地质调查局和能源部开始联合进行非传统能源资源的前期研究。经过 20 年的工作后提出,美国的未来能源尤其是天然气,将主要由目前认为非传统的低渗透率储藏类型提供。目前,美国矿业局在俄勒冈州阿尔尼市建立了规模可观的研究院,专门研究目前经济上尚不具备工业价值、尚不能开采或利用的矿床和矿石类型,为的是一旦传统矿产资源枯竭,即可能有新类型资源接替。美国矿产资源调查计划(1998)明确提出,"还有许多另外的、迄今未被识别的矿床类型","发展新的和非传统矿床成因理论,用以查明新的特别是非传统矿床的远景区,以及通过新矿床理论对区域研究和检验来查明新的矿床远景区"。

俄罗斯、澳大利亚、加拿大、西班牙、波兰、捷克等国也都有关于非传统矿产资源研究的论述。如加拿大"火山弧之非传统金属矿床"、捷克"与环境工程及农业相关的非传统非金属矿物原料"等。21世纪初,加拿大联邦科学技术部和环境部联合出资成立了可替代能源的非传统能源研究项目。

我国非传统矿产资源研究也在不断推进之中。1998年8月3日,以赵鹏大为首的6位中国科学院院士联名向国家提出了《尽快启动"非传统矿产资源发现与开发基础研究"》建议以来,非传统矿产资源已引起国内外有识之士的关注。1998年、2001年和2002年,全国政协委员的三次提案,都提出了开展非传统矿产资源研究;1998年10月,在中国地质大学(武汉)召开了全国首届非传统矿产资源学术研讨会;1999年8月,在中国地质大学(北京)召开了非传统矿产资源国际学术研讨会;1999年10月,国土资源部设立重点科技项目,开展"新型矿产(天然气水合物等)资源评价研究";1999年12月,国土资源部非传统矿产资源开放研究实验室在中国地质大学(北京)建立;2001年4月,国土资源部非传统矿产资源开放研究实验室首批基金项目立项;2002年1月,中科院《科学发展报告》强调,开展非常规或非传统矿产资源研究具有重要意义。

第八届国际矿床地质学大会于2005年8月在中国地质大学(北京)举行,350名外国专家学者和200多名中国同仁共同交流,探讨勘探和开发"更深、更远、更高"矿床的新理论和新技术。相关专家认为,要缓解全球性资源紧张的局面,当务之急是寻找新型的和非传统的矿产资源,中国尤其如此。进口矿产资源和在国外合资或独资找矿,都不能从根本上解决中国矿产资源短缺的问题,中国应立足国内,充分发挥本土能源的潜力。

### 四、重要的非传统矿产资源

#### (一)大洋固体矿产——富钴结壳

富钴结壳又称钴结壳、铁锰结壳,为生长在海底岩石或岩屑表面的皮壳状铁锰氧化物和氢氧化物。因富含钴,称富钴结壳。表面呈肾状或鲕状或瘤状,黑色、黑褐色,断面构造呈层纹状,有时也呈树枝状,结壳厚0.5~6cm,平均2cm左右,厚者可达10~15cm(图8-1)。构成结壳的铁锰矿物主要为$MnO_2$和针铁矿。其中,含锰2.47%、钴0.90%、镍0.5%、铜0.06%(平均值)、铂$(0.14~0.88)\times10^{-6}$,稀土元素总量很高,很可能成为战略金属钴、稀土元素和贵金属铂的重要资源。

主要产在水深800~3000m的海山和海台顶部和斜面上,其赖以生长的基质有玄武岩、玻质碎屑玄武岩及蒙脱石岩。主要生长期可能是10Ma前和16~19Ma前的两个世代,生长速率为27~48mm/Ma。在太平洋天皇海岭、中太平洋海山群、马绍尔群岛海岭、夏威夷海岭、麦哲伦海山、吉尔伯特海岭、莱恩群岛海岭、马克萨斯海台等地都有发现,其资源远景巨大。

**1. 富钴结壳的形成与分布**

富钴结壳氧化矿床中的矿物很可能是借细菌活动,从周围冰冷的海水中析出沉淀到岩石

  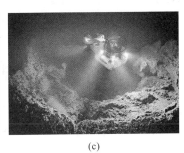

(a) (b) (c)

图 8-1 大洋富钴结壳

a.西太平洋 CB 海山的富钴结壳；b.西太平洋海山的富钴结壳切片；c.富钴结壳海底探测

表面。结壳形成厚度可达 25cm，据估计，占海底面积约 1.7% 的海底（大约 $635\times10^4 km^2$）为富钴结壳所覆盖。几乎遍布全球海洋，集中在海山、海脊和海台的斜坡和顶部。据此推算，钴总量约为 10 亿 t。根据品位、储量和海洋学等条件，最具开采潜力的结壳矿址位于赤道附近的中太平洋地区，尤其是约翰斯顿岛和美国夏威夷群岛、马绍尔群岛、密克罗尼西亚联邦周围的专属经济区，以及中太平洋国际海底区域。此外，水深较浅地区的结壳的矿物含量比例最高，是开采的一个重要因素。

**2. 富钴结壳的主要成分与用途**

除钴之外，结壳还是其他许多金属和稀土元素的重要潜在来源，如钛、铈、镍、铂、锰、磷、铊、碲、锆、钨、铋和钼。结壳由水羟锰矿（氧化锰）和水纤铁矿（氧化铁）组成。较厚结壳有一定数量的碳磷灰石，大部分结壳含少量石英和长石。结壳钴含量很高，可高达 1.7%；在某些海山的大片面积上，结壳的钴平均含量可高达 1%。这些钴的含量比陆基钴矿 0.1%～0.2% 的含量高得多。在钴之后，结壳中最有价值的矿物依次为钛、铈、镍和锆。

富钴结壳所含金属主要是钴、锰和镍，可用于钢材增加硬度、强度和抗蚀性等特殊性能。在工业化国家，约 1/4～1/2 的钴消耗量用于航天工业，生产超合金。这些金属也在化工和高新技术产业中用于生产光电电池和太阳能电池、超导体、高级激光系统、催化剂、燃料电池和强力磁以及切削工具等产品。

**3. 富钴结壳的勘查技术**

勘查标志一般水深不超过 1500m，年龄在 20Ma 以上的大海山，其顶部没有大环礁或暗礁，所处位置有持续的强烈底流，上覆水体较浅并且为成熟的低氧带，远离大量注入海洋的河流和风生碎屑物。此外，需要寻找的海底应起伏不大，位于山顶阶地、鞍状地带或隘口，坡度平缓并且当地没有火山活动。钴平均含量至少应为 0.8%，结壳平均厚度不低于 4cm。

富钴结壳与基岩的不同之处在于结壳发出高得多的伽马射线，因此在勘查上覆沉积物较薄的结壳以及测量海山上的结壳厚度时，以伽马射线进行遥感可能是有用的方法。

20 世纪 80 年代以来，美、俄、日、德、法、韩等国已在太平洋和大西洋海域进行了大量的调查研究工作，评价其产状、时空分布、丰度及资源量等经济技术参数，以确定商业开采前景。1991 年，根据《联合国海洋法公约》的有关规定，我国成为先驱投资者，在国际海底区域获得 15 万 $km^2$ 的开辟区。此后在短短 8 年时间内，我国对太平洋几百万平方千米的海域进行了多个科学领域的详细勘查,圈出7.5万km²的相对富矿区,拥有专属勘探权和优先商业开采权,是中国发展的一个战略资源储备基地。

### (二) 天然气水合物

天然气水合物(natural gas hydrate,简称 gas hydrate)是分布于深海沉积物或陆域的永久冻土中,由天然气与水在高压低温条件下形成的类冰状的结晶物质。因其外观像冰一样而且遇火即可燃烧,所以又被称作"可燃冰"或者"固体瓦斯"和"气冰"(图 8-2a、b)。

天然气水合物甲烷含量占 80%~99.9%,燃烧污染比煤、石油、天然气都小得多,而且储量丰富,全球储量足够人类使用 1000 年,因而被各国视为未来石油天然气的替代洁净能源。目前,30 多个国家和地区已经进行"可燃冰"的研究与调查勘探,最近两年开采试验取得较大进展。

**1. 天然气水合物的物理化学性质**

天然气水合物可用 $m\mathrm{CH}_4 \cdot n\mathrm{H}_2\mathrm{O}$ 来表示,$m$ 代表水合物中的气体分子,$n$ 为水合指数(也就是水分子数)。组成天然气的成分如 $\mathrm{CH}_4$、$\mathrm{C}_2\mathrm{H}_6$、$\mathrm{C}_3\mathrm{H}_8$、$\mathrm{C}_4\mathrm{H}_{10}$ 等同系物以及 $\mathrm{CO}_2$、$\mathrm{N}_2$、$\mathrm{H}_2\mathrm{S}$ 等可形成单种或多种天然气水合物。形成天然气水合物的主要气体为甲烷,对甲烷分子含量超过 99% 的天然气水合物通常称为甲烷水合物(methane hydrate)(图 8-2c)。

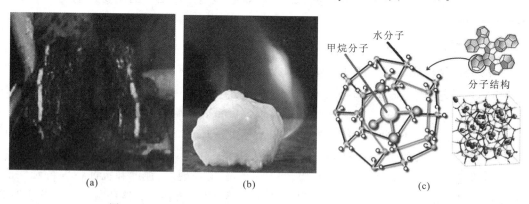

图 8-2 天然气水合物(natural gas hydrate,简称 gas hydrate)
a. 赋存于大洋底泥中的"可燃冰";b. 燃烧中的"可燃冰";c. 天然气水合物分子结构

天然气水合物在海洋浅水生态圈,通常出现在深层的沉淀物结构中,或是在海床处露出。甲烷气水化合物据推测是因地理断层深处的气体迁移,以及沉淀、结晶等作用,于上升的气体流与海洋深处的冷水接触所形成。在高压下,甲烷气水包合物在 18℃ 的温度下仍能维持稳定。一般的甲烷气水化合物组成为 1mol 的甲烷及每 5.75mol 的水,然而这个比例取决于多少的甲烷分子"嵌入"水晶格各种不同的包覆结构中。据观测的密度大约在 0.9g/cm³。1L 的甲烷气水包合物固体,在标准状况下,平均包含 168L 的甲烷气体。燃烧后几乎不产生任何残渣,污染比煤、石油、天然气都要小得多。海底天然气水合物依赖巨厚水层的压力来维持其固体状态,其分布可以从海底到海底之下 1000m 的范围以内,再往深处则由于地温升高其固体状态遭到破坏而难以存在。从物理性质来看,天然气水合物的密度接近并稍低于冰的密度,剪切系数、电解常数和热传导率均低于冰。声波传播速度明显高于含气沉积物和饱和水沉积物,中子孔隙度低于饱和水沉积物,这些差别是物探方法识别天然气水合物的理论基础。此外,天然气水合物的毛细管孔隙压力较高。

**2. 天然气水合物的分布及储量**

自20世纪60年代以来,人们陆续在冻土带和海洋深处发现了天然气水合物。在地球上大约有27%的陆地是可以形成天然气水合物的潜在地区,而在世界大洋水域中约有90%的面积也属这样的潜在区域。已发现的天然气水合物主要存在于北极地区的永久冻土区和世界范围内的海底、陆坡、陆基及海沟中。主要分布区是大西洋海域的墨西哥湾、加勒比海、南美东部陆缘、非洲西部陆缘和美国东海岸外的布莱克海台等,西太平洋海域的白令海、鄂霍茨克海、千岛海沟、冲绳海槽、日本海、四国海槽、日本南海海槽、苏拉威西海和新西兰北部海域等,东太平洋海域的中美洲海槽、加利福尼亚滨外和秘鲁海槽等,印度洋的阿曼海湾,南极的罗斯海和威德尔海,北极的巴伦支海和波弗特海,以及大陆内的黑海与里海等。

由于采用的标准不同,不同机构对全世界天然气水合物储量的估计值差别很大。总的评价结果表明,仅在海底区域,可燃冰的分布面积就达4000万 $km^2$,占地球海洋总面积的1/4。到2011年,世界上已发现的可燃冰分布区多达116处,其矿层之厚、规模之大,是常规天然气田无法相比的。科学家估计,海底可燃冰的储量至少够人类使用1000年。

**3. 天然气水合物的勘查标志与方法**

(1) 地震标志。大规模的甲烷水合物聚集可以通过高电阻率($>100\Omega \cdot m$)声波速度、低体积密度等信息进行直接判读。海洋天然气水合物存在的主要地震标志有拟海底反射层(BSR)、振幅变形(空白反射)、速度倒置、速度-振幅异常结构(VAMP)。

(2) 地球化学标志。浅层沉积物和底层海水的甲烷浓度异常高、浅层沉积物孔隙水 $Cl^-$ 含量(或矿化度)和 $\delta^{18}O$ 异常高、出现富含重氧的菱铁矿等,均可作为天然气水合物的地球化学标志(图8-3)。

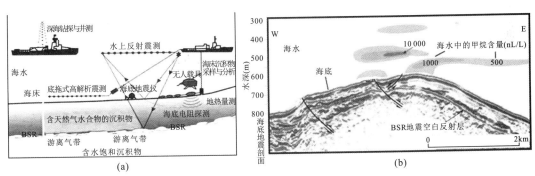

图8-3 海洋天然气水合物勘探
a.海洋天然气水合物勘探技术;b.海洋天然气水合物物探化探异常

(3) 海底地形地貌标志。在海洋环境中,水合物富集区烃类气体的渗逸可在海底形成特殊环境和特殊的微地形地貌。天然气水合物的地貌标志主要有泄气窗、甲烷气苗、泥火山、麻点状地形、碳酸盐壳、化学合成生物群等。在最近几年德国基尔大学Geomar研究所通过海底观测,在美国俄勒冈州西部大陆边缘Cascadia水合物海台就发现了许多不连续分布、大小在 $5cm^2$ 左右的水合物泄气窗,泄气窗中甲烷气苗一股一股地渗出,渗气速度为5L/min。在该渗气流的周围有微生物、蛤和碳酸盐壳。

#### 4. 中国天然气水合物发现研究进展

1999—2001年,中国地质调查局科技人员首次在南海西沙海槽发现了显示天然气水合物存在的地震异常信息(似海底地震反射波"BSR")。2002年国务院批准设立我国海域天然气水合物资源调查专项。2002—2010年中国进入专项调查阶段,全面部署我国海域天然气水合物资源调查工作,同时对我国冻土区的青藏高原开展了地质、地球物理、地球化学和遥感调查,发现了羌塘盆地Ⅰ级远景区,祁连山、漠河盆地和风火山-乌丽地区Ⅱ级远景区。

2007年首次取得战略突破,在我国南海北部蕴藏有丰富的天然气水合物资源。由此,我国成为继美国、日本、印度之后第4个通过国家级研发计划采到天然气水合物实物样品的国家,也标志着我国天然气水合物调查研究水平一举步入世界先进行列。

2009年,中国地质调查局组织实施的"祁连山冻土区天然气水合物科学钻探工程"施工完成的8个钻井中,有5个钻井钻获天然气水合物实物样品。这是我国冻土区首次钻获天然气水合物实物样品,也是全球首次在中低纬度高山冻土区发现天然气水合物实物样品。

2011年国务院批准设立了新的天然气水合物国家专项,在珠江口盆地东部海域发现了天然气水合物有利目标区,经过科学论证确定了钻探取样井位。2013年5月—9月,在该区10口井的钻探取芯均钻获实物样品,获取了大量天然气水合物实物样品。现场分析认为,该区域天然气水合物具有埋藏浅、矿层厚度大、含天然气水合物纯度高等特点,具有巨大的开发价值和广阔的资源前景。

2013年8月,"祁连山及邻区天然气水合物资源勘查"项目组再次在青海省天峻县木里镇DK-9科学钻探试验井中成功钻获天然气水合物实物样品,单层厚度超过20m,证实了对该区天然气水合物控矿因素与形成机理的认识,验证了多学科综合找矿方法的有效性。

#### 5. 天然气水合物的开发利用

由于可燃冰在常温常压下不稳定,如果开发利用技术不完善,由此泄露的甲烷可造成比二氧化碳严重10倍的温室效应,会带来全球灾难性环境问题。因此,对于天然气水合物的开发利用非常慎重。目前开采天然气水合物方法的设想有:①热解分离法;②降压释放法;③二氧化碳置换法;④固体开采法。

目前,成功开发利用的例子有:①西西伯利亚西北部麦索亚哈冻土层天然气水合物气田,利用减压释放技术开采;②加拿大西北部麦肯齐三角洲地区冻土层天然气水合物矿田,2002年开始试采;③美国阿拉斯加北部普拉德霍湾—库帕勒克河地区斜坡带天然气水合物储藏区于2003年试采;④国土资源部门户网站(www.mlr.gov.cn)于2017年6月2日报道了我国在南海神狐海域成功试采天然气水合物,平均日产气8350m³,取得了持续产气时间长、气流稳定、环境安全等多项重大突破性成果,为人类成功开发利用天然气水合物奠定了基础。

## 第四节 危机矿山与接替资源

### 一、危机矿山

危机矿山(crisis mine)意指因资源短缺或其他原因无法正常经济开发而面临停产闭坑的矿山。产生的主要原因包括:①矿区范围内可供的矿产资源短缺;②可采储量逐渐枯竭;③由于安全、环境和技术制约;④由于矿产品价格波动、供求关系变化等市场条件改变而难以继续经济地开发利用其保有的矿产资源,导致矿山产量持续下降、产能明显过剩、经营状况恶化、矿山保有服务年限低于警戒线等。

从矿山保有储量的服务年限与矿山设计的生产规模和服务年限的比例程度,将危机矿山分类(危机程度的等级划分)为 4 级:①已关闭的矿山。保有储量枯竭,矿山失去生产能力;②严重危机矿山。保有储量的服务年限小于设计服务年限的 1/6;③中度危机矿山。保有储量的服务年限小于设计服务年限的 1/3;④潜在危机矿山。保有储量的服务年限小于设计服务年限的 1/2。

我国的危机矿山主要以探明的资源量趋近枯竭为主要特征。2004 年和 2005 年,国土资源部针对煤、铁、铝、铜等 30 个矿种 1010 座大中型矿山开展了资源潜力现状调查,有 632 座为危机矿山,其中,393 座属于严重危机矿山,保有可采储量的服务年限不足 5 年;169 座为中度危机矿山,服务年限为 5~10 年;70 座为潜在危机矿山,能支持 10~15 年。有色金属、黑色金属及金等矿类(种)矿山危机程度相对较高。诚然,矿山资源枯竭是一种客观规律,资源危机是每一座矿山都要面临的问题;但是,从长远的观念出发,可接替资源的研究范畴并不局限于现行的危机矿山,未雨绸缪,防患于未然,无疑是明智的选择。

## 二、接替资源

矿山接替资源(reserved resources of mine)意指矿山所在矿区的深部、外围及至相邻区域可以经济开发的一定范围内存在的,而且尚未列入现期开采设计的矿产资源。它是可以为矿山所用的且能延长矿山寿命、保证矿山企业后续开发利用的矿产资源。

到 21 世纪初,我国很多大中型矿山在经过了几十年的开采,资源面临枯竭,或开采年限所剩无几,影响到国家的资源保障和矿山企业的生存,面临着矿山职工的就业安置等一系列社会问题。解决矿山接替资源显得非常重要,2004 年 9 月国务院通过了《全国危机矿山接替资源找矿规划纲要(2004—2010)》,决定在有资源潜力和市场需求的老矿山周边或深部开展找矿工作,以延长矿山服务年限,并正式启动全国重要矿产危机矿山接替资源找矿专项。

该专项实施以来,新增一大批资源储量,探索创新一批深部找矿理论和方法技术,取得显著的经济和社会效益。现已实施的 230 个危机矿山接替资源找矿项目和 96 个矿产预测项目,在湖北大冶铁矿、河北迁安铁矿、云南个旧锡矿和江西山南铀矿等矿山获得重大突破。全国新增资源储量静态工业产值过万亿元,潜在利润数千亿元,平均延长所涉及的矿山寿命 17 年,稳定矿山企业职工就业 60 余万人。更重要的是通过接替资源找矿新突破,极大地激发了矿山企业深部及外围找矿的积极性,提高了矿山企业地质理论找矿和综合找矿的水平,达到了良性"扶贫"的效果。

## 第五节 矿化空间与深部找矿

### 一、矿化空间

矿化空间是指成矿特征的空间变化规律,通过系统总结矿化空间分布的有序性、表现形式、变化规律,建立矿体三维成矿模式,对矿体定位预测有重要的意义。

矿化空间的研究方法一般借助于勘探线剖面、竖井、不同标高平硐、坑道等勘探工程,进行系统的矿产地质编录、矿(化)体品位及厚度变化空间趋势分析、柱状图对比等,研究成矿特征的空间变化规律,利用三维可视化平台构建矿体三维成矿模式,指导深部及外围找矿预测。

矿化空间研究的内容主要包括:①含矿岩性层位的厚度、矿化类型、矿化强度的空间变化规律;②控矿构造展布与矿床的空间关系,包括断裂、褶皱构造规模、产状变化以及对矿体空间分布的控制程度等;③矿化蚀变分带性研究,包括水平与垂直方向上的蚀变类型、蚀变强度以及与成矿富集的关系;④矿床品位或矿化强度、矿体厚度以及矿体形态的空间变化趋势;⑤矿化类型、矿石结构及矿物组合的空间变化特征,比如,胶东某些金矿上部为石英脉型,中间为过渡型,下部为蚀变岩型,其矿石结构和矿物组合具有一定的分带性,另外,氧化—半氧化—原生硫化物的空间变化研究,对找矿评价及开发利用也有重要的意义;⑥地球化学元素空间分布规律与组合特征研究,建立原生晕分带模式,指导深部及外围找矿预测。

还可以通过品位、厚度、资源量、矿化指数及空间相依系数等定量评价指标研究矿化空间变化特征,借助于 GIS 三维可视化软件平台直观表述矿化空间变化规律,系统地查明矿区的矿石类型、矿床特征及围岩蚀变,查明矿区矿体的规模、形态及空间分布规律及矿化强度的分布规律,进而指导矿区深部和外围找矿及在现有坑道中发现未知矿体,指导矿山生产、找矿,延长其服务年限。

## 二、深部找矿

### 1. 深部找矿概念

矿区深部找矿(prospecting in depth of a mine)是指在已知矿区深部开展的找矿工作。在某一个时期,对一个矿区的勘查工作往往只达到一定深度,这种深度取决于当时的开采技术条件和经济合理性。随着矿山向深部的开采,保有矿石储量逐渐减少,为延长矿山寿命,要进行矿区深部的找矿工作。深部矿是指现阶段定位于深部的矿床,包括:①原来形成于深部,现仍在深部保存的矿床(如多数岩浆矿床和高温热液矿床等);②原来形成于浅部,现埋藏于深部的矿床(如沉积变质矿床和埋藏于深部的热水沉积矿床等)。

### 2. 深部找矿深度

一直以来关于深部找矿的深度问题没有一个统一的定量标准。据我国 10 618 个主要金属矿山的统计结果,除个别矿山开采深度大于 1000m 外(如红透山、冬瓜山等),绝大多数金属矿山的采矿深度和原来的勘查深度不到 500m。而国外同类矿山开采深度超过千米的深井矿山在 80 座以上,南非的兰德金矿采矿深度在 4100m 以上,巴伯顿金矿采矿深度达 3800m 以上,Western Deep Level 金矿已开采到 4800m,不久可达 5000m;俄罗斯已达到 1500~2000m;加拿大的 Sudbury 铜、镍矿达 2000m,Abitibi 金矿采矿深度达 2500m;美国采矿深度达到 3000m 以上;印度的 Kolar 太古宙绿岩型金矿采深也达 3200m。

翟裕生院士(2004)根据现行的矿产勘查和矿山开采技术水平,将我国大部分地区深部找矿的深度定为 500m 以下的深度,并认为老矿山基地,深度可考虑延深到 800~1000m。该定义对我国目前的矿山深部找矿应该说是合适的。而对于厚覆盖区的新区找矿,也有人建议将 300m 以下定为深部矿(比如奥林匹克坝金多金属矿就是在 350m 以下发现的)。

2008 年 1 月,国土资源部发布了《关于促进深部找矿工作指导意见》。该意见明确了深部找矿的战略目标,提出了开展主要成矿区带地下 500~2000m 的深部资源潜力评价,条件较好的老矿山可延深至 1500m,条件特别优越、经济价值特别高时可深至 2000m。但要考虑各自的开采水平。

**3. 深部找矿目标**

深部找矿合理化优选靶区非常重要,一般要注重:①已知矿床深、边部;②区域成矿集中区的深大断裂带、基底断裂带、推覆构造带等;③中酸性岩体、岩株、隐伏岩体及其接触带;④重力、航磁异常区,特别是区域小范围强异常区;⑤地球化学 Cu、Pb、Zn、Au、Ag、As、Sb、Bi、Hg、F、Ba 等元素块体背景高、组合异常较好的异常区;⑥遥感解译线环构造发育区。

在已知矿床深、边部找矿要重视的找矿方向,包括:①同一矿床体受当时勘探深度限制,尚未封口的深部延伸矿找矿预测,如甘肃白银厂折腰山铜多金属矿床的深部找矿;②同类型矿床深部多层或雁列状垂向叠加矿体,以及旁侧再现矿体,如甘肃白银厂火焰山铜多金属矿床的深部找矿;③受构造变形或断层控制在已知矿体下部尖灭再现的矿体,以及多台阶矿体分布,如湖北大冶铁矿、甘肃白银厂小铁山铜多金属矿床等;④在多期次复合岩浆活动、构造运动等复杂成矿作用因素影响的矿集区,要特别注重成矿多样性研究,在已知矿体深、边部寻找新类型和第二成矿空间,如云南个旧锡矿岩体内蚀变带找矿新突破。

**4. 深部找矿方法**

要创新深部成矿和找矿理论,提高深部找矿地质认识,提升矿产预测的理论和方法技术水平;在因地制宜前提下,相似类比与求异相结合,建立深部找矿方法与技术体系,地质、物探化探、遥感综合找矿与钻探技术有机结合;建立有利于促进深部找矿工作的勘查开采技术经济政策体系。深部找矿要注重下列方法的应用:

(1)注重三维地质填图,强化深部成矿预测图编制;

(2)深化重力、磁测资料解译,提高电磁法深探测技术(CSAMT、TEM、SIP 等)、激电测深、大功率充电法、金属矿测井等探测技术的应用水平;

(3)在已知矿床深、边部找矿要重视构造原生晕、坑道原生晕以及钻孔原生晕的合理化应用,厚层覆盖区注重深穿透地球化学和吸附态金属离子测量技术的应用;

(4)深入蚀变分带性、找矿矿物学、矿物包裹体等找矿标志的研究,建立立体找矿模式,进行深部找矿预测;

(5)提高 1000m 以上钻孔取芯率、取样代表性、编录水平,注重测井技术的应用;

(6)提高深部找矿人员的专业素质,加强对找矿人员的技术和能力的提升。

总之,深部找矿是一项长久而艰难的工作,需要精选靶区,突出重点,取得新经验,提高综合找矿评价和开发利用的能力,实现探采"环保"地下空间利用的统筹规划,从而保证后继资源的可持续发展,促进社会经济的发展与进步。

**主要参考文献**

陈惠玲.走近可燃冰[J/OL].国土资源新闻网[2005-12-08].

陈守余,张海生,赵鹏大.中太平洋和中国南海富钴结壳稀土元素地球化学[J].海洋地质与第四纪地质,2006,26(4):45-50.

陈守余,赵鹏大,张寿庭,等.个旧超大型锡铜多金属矿床成矿多样性与深部找矿[J].地球科学——中国地质大学学报,2009(2):321-324.

陈守余,赵鹏大,张寿庭,等.个旧东区蚀变花岗岩型锡铜多金属矿床成矿特征及找矿意义[J].地球科学——中国地质大学学报,2011(2):277-280.

陆树文.湖北鸡笼山金矿矿化空间分布特征[J].西部探矿工程,2014(1):171-174.

毛彬.天然气水合物开发的利与弊[J].天然气经济,2004(6):17-18,72.

潘家华,刘淑琴.西太平洋富钴结壳的分布、组分及元素地球化学[J].地球学报——中国地质科学院院报,1999(1):47-54.

王清明.地下卤水矿床类型及主要地质特征[M].北京:化学工业出版社,2007.

王琼杰.加强非传统矿产资源研究——对话中国科学院院士赵鹏大[N].中国矿业报,2014-12-09.

魏民,赵鹏大.试论矿化空间分布的有序性规律及矿体定位预测[J].地球科学——中国地质大学学报,1995(2):144-148.

翟裕生,邓军,王建平,等.深部找矿研究问题[J].矿床地质,2004,23(2):142-149.

张海生,赵鹏大,陈守余,等.中太平洋海山多金属结壳的成矿特征[J].地球科学——中国地质大学学报,2001,26(22):205-209.

张洪涛,陈邦彦,张海启.我国近海地质与矿产资源[M].北京:海洋出版社,2015.

张树清.非金属矿物在农业中的应用[M].北京:中国农业出版社,2015.

赵婕,王庆飞,张铎毓.用空隙法识别矿化强度[J].地质与勘探,2010(4):733-740.

赵鹏大,张寿庭,陈建平.危机矿山可接替资源预测评价若干问题探讨[J].成都理工大学学报(自然科学版),2004,3(2):111-116.

赵鹏大.非传统矿产资源概论[M].北京:地质出版社,2003.

普通高等教育"十二五"国家级规划教材

# 矿产勘查理论与方法实习指导书

张晓军 谭 俊 付乐兵 编

中国地质大学出版社
ZHONGGUO DIZHI DAXUE CHUBANSHE

# 目 录

实习一　内生金属矿床远景区的预测 …………………………………………………（1）

实习二　典型矿床找矿标志研究 ………………………………………………………（5）

实习三　内生、外生矿床远景区的综合预测 …………………………………………（10）

实习四　矿区深部矿体定位预测 ………………………………………………………（27）

实习五　勘查地质设计 …………………………………………………………………（31）

实习六　岩芯钻孔地质编录 ……………………………………………………………（38）

实习七　钻孔投影 ………………………………………………………………………（43）

实习八　地质剖面图类的编制 …………………………………………………………（49）

实习九　取样技术误差的评价 …………………………………………………………（53）

实习十　矿体边界线的圈定 ……………………………………………………………（57）

实习十一　平行断面法资源/储量估算 …………………………………………………（64）

实习十二　地质块段法资源/储量估算 …………………………………………………（67）

# 实习一　内生金属矿床远景区的预测

## 一、实习目的

以长江中下游某铁、铜成矿带西段为例,通过对简要地质资料及附图的研究,学会综合分析构造、岩浆岩、地层等控制因素,并结合矿化信息(找矿标志),圈定成矿远景区,以便初步掌握内生金属矿床的预测特点和一般工作方法。

## 二、实习要求

(1)认真分析所附地质资料,运用所学理论,总结该区成矿规律。
(2)分析评价该区进一步找寻铁、铜矿床及其他有关矿床的找矿前景,并说明其主要地质依据。
(3)在附图1上,圈出找矿远景区;远景区可按预测矿种、远景大小和顺序编号。
(4)填制表Ⅰ-1:

表Ⅰ-1　某区内生金属矿床预测简表

| 预测远景区及编号 | 预测依据 | 备注 |
|---|---|---|
|  |  |  |
|  |  |  |

## 三、实习资料

**1. 长江中下游某铁、铜成矿带西段地质特征简介(附图1)**

1)构造

该地段位于淮阳山字型前弧西翼与以幕阜山为主体的EW向构造的过渡地区,分布有EW向构造、淮阳山字型前弧西翼、新华夏系、姜桥帚状构造及NW向构造5个构造体系,各构造体系活动时间具明显的超覆性。不同方向和方式的应力作用于同一地块,造成该地段构造的复杂性。

(1)EW向构造,分布在测区南部,表现为近EW向褶皱和伴生的NW向、近EW向压扭性断裂。

(2)淮阳山字型前弧西翼,主要由一系列NWW—SEE向褶皱和NWW、NE向压性或压扭性断裂组成。

(3)新华夏系是本区的主要构造体系之一,它叠置在早期构造之上,NNE向的隆起和凹陷、褶皱和断裂是此构造体系的主要特点。

(4)姜桥帚状构造位于测区中部,由一系列弧形倒转褶皱和压扭性断裂组成。这些褶皱和断裂围绕姜桥岩体南缘呈向 NW 撒开、向东收敛的帚状。

(5)NW 向构造由一系列走向 295°～340°的断裂组成,多被岩脉充填。

区内岩体和内生金属矿产的展布规律,反映了新华夏系与早期构造体系复合部位的联合控矿作用。

2)岩浆岩

区内分布燕山期中酸性侵入岩体共 21 个,出露面积占全区总面积的 23%,为内生金属矿床的形成提供了丰富的物质来源。

主要岩体的岩性特征如表Ⅰ-2 所列(据实际资料修改)。

表Ⅰ-2  长江中下游某铁、铜成矿带西段主要岩体的岩性特征表

| 时代 | 岩体名称 | 岩石名称 | 部位 | $SiO_2$ (%) | $Na_2O/K_2O$ | $Na_2O+K_2O$ (%) | $Fe_2O_3/FeO$ | $Cu$ ($\times 10^{-6}$) |
|---|---|---|---|---|---|---|---|---|
| 燕山早期 | 殷祖岩体 | 黑云角闪石英闪长岩 | 主体 | 63.55 | 1.5 | 5.34 | 0.9 | 24 |
| | | 黑云角闪石英闪长岩 | 边缘 | 61.33 | 1.7 | 5.34 | 0.9 | 14 |
| | 姜桥岩体 | 黑云角闪石英闪长岩 | | 66.34 | 1.4 | 7.21 | 0.8 | 28 |
| | 灵乡岩体 | 角闪闪长岩 | 主体 | 60.26 | 8.9 | 7.60 | 1.5 | 28 |
| | | 透辉石闪长岩 | 边缘 | 58.85 | 11.9 | 7.08 | 1.4 | 19 |
| | 阳新岩体 | 细中粒角闪石英闪长岩 | 主体 | 66.67 | 1.3 | 7.66 | 1.1 | 80 |
| | | 细粒角闪石英闪长岩 | 边缘 | 64.51 | 1.4 | 7.76 | 1.4 | 65 |
| 燕山晚期 | 金山店岩体 | 细中粒石英闪长岩 | 主体 | 64.69 | 10.7 | 7.30 | 3.5 | 21 |
| | | 细粒石英闪长岩 | 边缘 | 62.38 | 12.0 | 7.89 | 2.6 | 12 |
| | 铜山口岩体 | 角闪花岗闪长斑岩 | 中部 | 66.12 | 1.1 | 8.88 | 4.3 | 240 |
| | | 角闪花岗闪长斑岩 | 边部 | 63.40 | 0.7 | 8.90 | 3.8 | 218 |

上述岩体内围岩捕虏体较多,一般剥蚀不深。地表→浅部所占空间大部分为中、下三叠统原赋存的部位,少部分为石炭系、二叠系,仅殷祖岩体及其周围小岩体侵入于志留系中。

3)地层

该地区志留系—第四系均有出露,其中以志留系和三叠系分布最广。志留系常组成背斜核部,三叠系常组成向斜轴部。

与内生金属矿床有关的围岩层位,主要是下三叠统大冶群第四段—中三叠统第一段范围内,以及下三叠统大冶群第七段与中三叠统蒲圻群之界面间。具体层位与主要岩性如表Ⅰ-3 所列。

4)矿化信息

本区主要有 4 类矿化信息:

(1)围岩蚀变。如表Ⅰ-4 所示。

(2)物探异常。分布于侵入体与碳酸盐岩地层接触带附近的地磁异常,磁场强度在 1000nT 以上者,可作为铁矿的找矿标志(图Ⅰ-1)。

(3)地球化学异常。铁元素地球化学异常值>3.0%;铜元素地球化学异常值>$50\times10^{-6}$ (图Ⅰ-1)。

表 I-3 长江中下游某铁、铜成矿带西段主要地层岩性特征表

| 具体层位 | 主要岩性 |
| --- | --- |
| $K_1$ | 钙质粉砂岩夹细砂岩,底部为砾岩 |
| $J$ | 泥质粉砂岩夹碳质泥岩和煤层 |
| $T_2^2$ | 上部钙质粉砂岩,下部含铁质粉砂岩和黏土岩 |
| $T_2^1$ | 灰岩、白云质灰岩、白云岩、顶部为泥灰岩 |
| $T_1^7$ | 薄层角砾状灰质白云岩,缝合线构造发育 |
| $T_1^6$ | 中厚层灰岩,角砾状灰岩 |
| $T_1^5$ | 厚层白云岩,角砾状白云岩 |
| $T_1^4$ | 厚层白云岩,鲕状灰岩 |
| $T_1^3$ | 薄层夹中厚层灰岩 |
| $T_1^2$ | 中厚层灰岩 |
| $T_1^1$ | 薄层泥质灰岩夹中厚层含白云石灰岩 |
| $P_1m$ | 厚层状含燧石结核灰岩,上部夹白云质灰岩 |
| $C_2$ | 上部厚层灰岩,下部巨厚层白云岩 |
| $D_2$ | 石英砂岩 |
| $S_2$ | 上部薄层泥质石英粉砂岩,下部泥质粉砂岩和页岩 |

表 I-4 长江中下游某铁、铜成矿带西段主要岩体接触带围岩蚀变类型表

| 岩体名称 | 主要的围岩蚀变 |
| --- | --- |
| 金山店岩体 | 矽卡岩化(以透辉石、金云母为主的复杂矽卡岩)、钠长石化 |
| 阳新岩体 | 矽卡岩化(透辉石、透闪石矽卡岩)、钾长石化 |
| 姜桥岩体 | 硅化、钾长石化、高岭石化 |
| 灵乡岩体 | 矽卡岩化(石榴石、透辉石矽卡岩)、钠长石化、高岭石化 |
| 铜山口岩体 | 由岩体内向外,依次发育钾长石化、绢英岩化、泥化、矽卡岩化、青磐岩化 |
| 殷祖岩体 | 角岩化、高岭石化、绢云母化 |

(4)重砂异常。铜山口附近有白钨矿、黑钨矿、泡铋矿、辉钼矿、方铅矿、银、铜矿物的叠加异常。铜绿山附近有自然金异常。殷祖岩体西北缘有白钨矿、黑钨矿、辉钼矿异常。

5)矿点资料

按各主要岩体分别选择一个典型矿点,简述其地质矿化特征。

(1)1号矿点(金山店岩体)。矿床位于金山店侵入体与中三叠纪大理岩、白云质大理岩接触带上。围岩富含镁和膏盐成分,常被石英闪长岩交代成透辉石、金云母矽卡岩。矿区为一单斜构造,断裂发育,以NW向断裂为主。矿床由15个矿体组成,大致呈NWW—EW向长条状平行排列,长3500m。矿石矿物主要为磁铁矿,其次为赤铁矿。矿石平均品位39.55%,钴、镍为伴生有益组分。

(2)2号矿点(阳新岩体)。为接触交代型铜铁矿床。燕山早期石英闪长岩为成矿母岩。围岩是下三叠统大冶群大理岩、白云质大理岩。接触复合构造带是矿体赋存有利空间,有大小矿体7个,长80～900m,厚1.43～100m,走向NW,倾向NE,呈扁豆状、透镜体赋存于主接触带或大理岩捕房体的接触带中。主要矿石矿物有磁铁矿、黄铜矿、斑铜矿。伴生有金、银、钴

等。矿石品位 TFe 32.81%~48.86%,Cu 0.54%~2.30%。围岩蚀变为矽卡岩化、钾长石化、碳酸盐化、硅化等。

(3)3 号矿点(灵乡岩体)。矿床位于岩体中段内接触带,系早三叠世大理岩、白云质大理岩捕虏体接触交代作用而成。磁铁矿细脉充填于构造裂隙中。近 EW 向断裂构造为矿区主要成矿构造。矿床由 9 个大小不等的矿体组成,呈透镜状平行排列,走向近 EW,倾向北,长 250m。主要为磁铁矿矿石,其次为赤铁矿磁铁矿矿石,平均品位 45%~50%,矽卡岩发育。

(4)4 号矿点(殷祖岩体)。接触交代型钨钼矿床。矿区出露下二叠统栖霞组、茅口组大理岩和燕山早期石英闪长岩。矿体赋存于接触带的石榴石矽卡岩中,走向 NE,随接触带成反"S"形展布,矿体为扁豆状,长 150m,宽 2~40m,厚 8.61m。矿物主要有白钨矿、辉钼矿,矿石品位 $WO_3$ 0.18%、Mo 0.09%。围岩蚀变有碳酸盐化、矽卡岩化、硅化等。殷祖岩体的东、西、南三面均未发现矿点。

**2. 附图**

(1)附图 1 某地区地质构造略图。

(2)图Ⅰ-1 某地区物探、化探综合成果示意图。

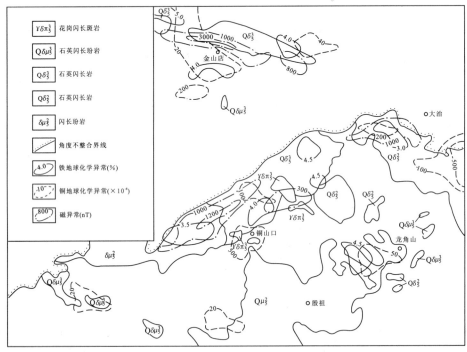

图Ⅰ-1 某地区物探、化探综合成果示意图[①]

### 四、实习思考题

(1)内生矿床预测的基本特点是什么?主要应分析哪些控矿因素?

(2)与小岩体有成因联系的矿床是否一定是小型矿床?

(3)为什么不宜在"物探、化探综合成果示意图"上圈定成矿远景区?

---

① 《矿产勘查理论与方法实习指导书》的图件绝大部分无比例尺,仅供学生参考。

# 实习二　典型矿床找矿标志研究

## 一、实习目的

以江西德兴铜矿为例,通过对有关找矿标志实物及各种资料的研究,学会识别和综合运用找矿标志,系统掌握找矿标志研究内容及其指导找矿的作用。

## 二、实习要求

(1)认真阅读所附文字资料和图件,了解该矿床地质概况及找矿标志的有关内容。

(2)观察(包括肉眼观察和偏光显微镜下观察)蚀变岩石标本、氧化露头标本、标型矿物、照片及其他实物。

(3)编写实习报告,综合论述德兴铜矿找矿标志,其内容包括找矿标志种类、主要特征、预测意义、心得体会等。

## 三、实习资料

(一)矿区地质情况简介

德兴铜矿位于江南台隆东南边缘赣东北深断裂带的上盘。矿田范围内,出露基岩全为基底浅变质岩(九岭群九都组),按岩性组合特征可分为上、下两段:上段以千枚岩和凝灰质千枚岩为主,下段以变质沉凝灰岩为主。构造是控制矿田成岩、成矿的重要条件之一,早期生成的 EW 向构造系统和 NE 向长期继承性活动的深大断裂带及其伴生、派生构造系统(图Ⅱ-1),是成矿前的构造,控岩控矿作用十分明显;晚期 NNE 向断裂系统是成岩成矿期和成矿后的构造。矿田内岩浆活动频繁,形成复杂多样的岩浆岩,与铜矿成矿有关的是燕山早期第二阶段的中酸性杂岩体,花岗闪长斑岩是这一杂岩体的主体,在矿田范围内呈 3 个大小不等的岩株及一系列小岩脉产出。

德兴铜矿矿体特征:主要铜矿体依附于斑岩体浅部的内外接触带产出,空间分布集中,形态完整,规模巨大;矿化强弱呈过渡性变化,铜矿体与围岩没有具体的突变界限;矿石的主要矿物成分简单,以黄铁矿、黄铜矿居多,辉钼矿、砷黝铜矿、斑铜矿次之;矿石结构构造多种多样,而组成的矿石类型却比较单一;多期多阶段成矿,在不同成矿阶段生成了不同类型的矿物共生组合;除主要成矿元素铜富集成独立的工业矿体外,矿石中还伴生有可供综合利用的钼、金、银、铼、硫、硒、碲、钴等有益元素,其资源/储量亦相当可观。

(二)有关找矿标志的资料

**1. 遥感地质信息**

参见赣东北深断裂带卫星照片解译图(图Ⅱ-2)。

**2. 围岩蚀变**

如图Ⅱ-3所示,并结合蚀变岩石标本和薄片进行研究。

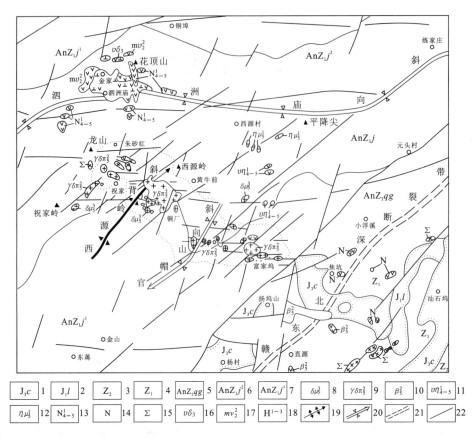

图Ⅱ-1 矿田及外围地质构造略图

1.上侏罗统鹅湖岭组;2.下侏罗统林山组;3.上震旦统;4.下震旦统;5.前震旦系漆工群;6.前震旦系九岭群九都组上段;7.前震旦系九岭群九都组下段;8.燕山晚期闪长玢岩;9.燕山早期花岗闪长斑岩;10.燕山早期玄武岩;11.海西期—印支期辉长辉绿岩;12.印支期辉绿玢岩;13.海西期—印支期基性岩;14.基性岩;15.超基性岩;16.加里东期辉石闪长岩;17.晋宁期角闪辉长岩;18.面型热液蚀变带;19.倾伏背斜;20.向斜;21.深断裂带;22.断裂

矿田内3个矿床具有相同的蚀变类型和分带型式,除了缺乏泥化之外,几乎具有典型斑岩铜矿所有的蚀变类型。矿化蚀变是以斑岩体接触带为中心的环状蚀变分带型式,根据蚀变矿物组合和不同蚀变类型强弱程度在空间上的分布规律,可将矿田内面型蚀变划分为6个蚀变带:

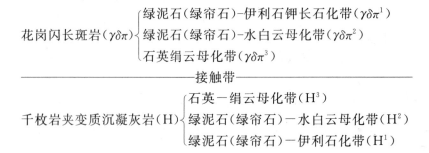

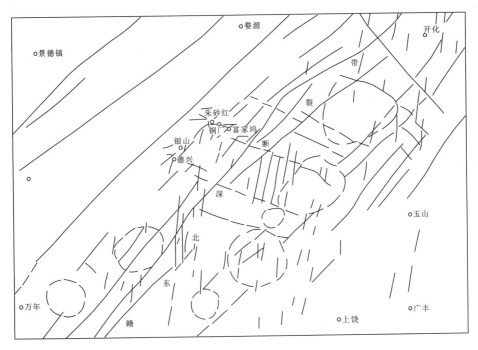

图Ⅱ-2 赣东北深断裂带卫星照片解译图

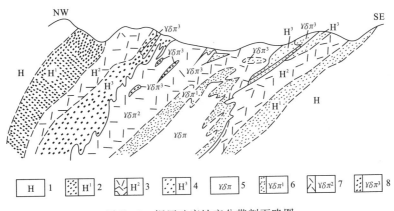

图Ⅱ-3 铜厂矿床蚀变分带剖面略图

1.浅变质岩;2.浅变质岩的绿泥石伊利石化带;3.浅变质岩的绿泥石水白云母化带;
4.浅变质岩的石英绢云母化带;5.花岗闪长斑岩;6.花岗闪长斑岩的绿泥石伊利石钾长石化带;
7.花岗闪长斑岩的绿泥石水白云母化带;8.花岗闪长斑岩的石英绢云母化带

### 3. 氧化露头

参见实物标本,石英绢云母化带($\gamma\delta\pi^3$)的氧化露头和绿泥石(绿帘石)水白云母化带($H^2$)的氧化露头(铁帽),在结构构造、颜色等外观特征上有明显不同:前者的矿物成分为石英、伊利石、褐铁矿,后者为石英、褐铁矿、伊利石、针铁矿。

### 4. 标型矿物

对比研究成矿期和成矿后的黄铁矿单矿物样品及有关测试数据,从反射色、晶形、含铜量等的微小差异中，可以得到启示。

**5. 矿产分散晕**

(1) 重砂异常，如图Ⅱ-4所示，发现重砂矿物达50种，主要为金属硫化物及自然金。

(2) 地球化学土壤测量资料。区域高背景场铜含量一般大于 $50×10^{-6}$，详情如图Ⅱ-5所示。

(3) 水化学异常。如图Ⅱ-6所示，根据化学比色分析，异常值为 $Cu^{2+} \geq 0.04mg/L$，$SO_4^{-2} \geq 4mg/L$，$pH \leq 7$。

**6. 地磁异常**

如图Ⅱ-7所示，在图上圈定的大于100nT的磁异常范围，标志着隐伏岩体的赋存部位。

**7. 铜草（海州香薷）**

参见标本。

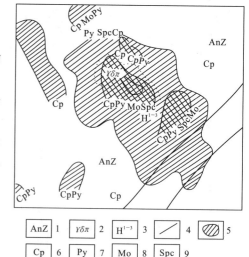

图Ⅱ-4 德兴斑岩铜矿田重砂异常略图

1.浅变质岩；2.花岗闪长斑岩；3.蚀变岩；
4.深断裂带；5.重砂异常；6.黄铜矿；
7.黄铁矿；8.辉钼矿；9.镜铁矿

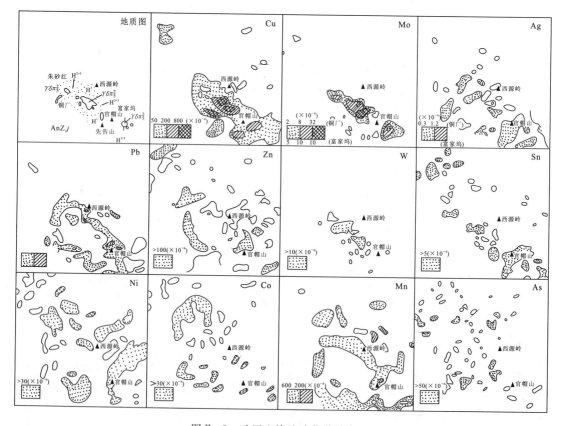

图Ⅱ-5 矿田土壤地球化学异常图

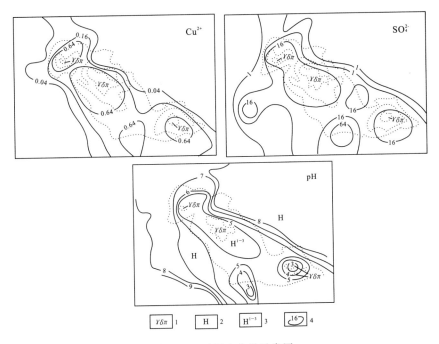

图Ⅱ-6 矿田水化学异常图
1.花岗闪长斑岩;2.浅变质岩;3.蚀变带;4.含量等浓度线(mg/L)

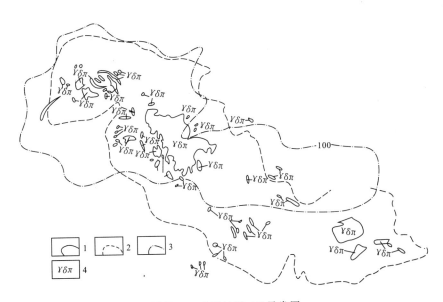

图Ⅱ-7 矿田地磁 $\Delta Z$ 异常图
1.岩体界线;2.蚀变带界线;3.$\Delta Z$ 为 100nT 的地磁等值线;4.$\gamma\delta\pi$ 花岗闪长斑岩

## 四、实习思考题

(1)针对典型矿床,如何分析各类找矿标志的预测找矿意义?

(2)怎样认识综合研究找矿标志的重要性?

# 实习三　内生、外生矿床远景区的综合预测

## 一、实习目的

训练并提高综合分析成矿地质问题的能力,初步学会及掌握内生、外生矿产综合预测的基本方法。

## 二、实习内容及步骤

(1)仔细阅读和研究工作区已有的地质资料(见相关附图、附表)。
(2)综合分析有关控矿因素和矿化信息(找矿标志)的实际资料,掌握工作区成矿特征。
(3)合理选择及确定找矿远景区,指出各个远景区内可能找到的矿产种类、可能的矿床类型、远景大小及其主要的地质依据。

## 三、实习要求

(1)图文对照、综合分析,进而归纳总结工作区内的主要成矿特征和成矿规律。
(2)在附图2上合理选择及圈定出远景区范围,并分矿种合理进行远景区的定级及编号(编号务必统一),指出进一步找矿方向,最后编写出简要的书面报告。

## 四、注意事项(提示)

(1)课前应进行预习,并把附图2上的有关地层、构造及岩体等轻轻着色(着色一定要宁淡勿浓,并着重区内的含矿层、岩体和主要构造)。
(2)读图分析时,应图文对照,认真分析和总结,步步深入,讲求实际效果(图中的矿点、重砂、金属量异常编号次序是由西→东,从北→南)。
(3)区内的矿化有内生和外生两类,二者的控制因素和矿化信息不同。外生矿产以铝锰沉积矿床为主,在分析时主要抓住含矿岩系的分布及古地理控制因素(应着重对该类矿床形成条件及后期保存条件进行分析)。内生矿产主要受构造条件和岩浆活动的控制,以锡、铜、铅多金属矿床为主(应着重从成矿的物质来源、成矿条件等方面进行分析和总结)。
(4)作业过程中,在独立思考的基础上,提倡互相讨论、相互启发、加深认识、共同提高。

## 五、实习资料

(一)大黑山地区地质矿产特征及矿化标志简介

**1. 自然地理及交通概况**

工作区地势南高北低,东南部博竹山海拔3000余米,山谷低地海拔一般为1000余米,一般山区海拔在1400m以上。

区内水系发育,但多属间歇河,常年河以南盘江为主要河流,山间湖泊和水库较多,基本上

能够满足工农业用水的需要。

工作区地处高原,气候温凉,坝区年平均气温 20～22℃,最高达 39～40℃,最低 8～10℃。山区冬季最低气温为 −2.4～10℃,常有霜雪。

交通尚便利,有铁路与外界相通,区内公路四通八达。

### 2. 地层

区内沉积岩系广泛发育,占总面积的 90% 以上,除震旦系、志留系和白垩系缺失外,均有出露,其中三叠系分布最为广泛,详见矿产地质图和地层简表(表Ⅲ-1)。

表Ⅲ-1 大黑山地区主要岩体特征简表

| 侵入时期 | 时代 | 岩体代号 | 岩体名称 | 岩体编号 | 主要组成岩石名称 | 产状 | 出露面积 ($km^2$) | 有关矿产或矿化 |
|---|---|---|---|---|---|---|---|---|
| 喜马拉雅期 | 第三纪 | $\gamma_6^b$ | 松子树 | 2 | 细粒花岗岩 | 岩枝 | 2 | |
| | | | 螺丝寨 | 3 | 细粒花岗岩 | 岩枝 | 4 | Pb、Mo |
| | | | 水头 | 6 | 细粒花岗岩 | 岩株 | 9 | |
| | | $\varepsilon_6^a$ | 白云山 | 5 | 霞石正长岩、碱性正长岩 | 岩株 | 17 | Nb、Ta |
| | | | 长岗岭 | 1 | 霞石正长岩、碱性正长岩 | 岩株 | 16 | U、Th |
| 燕山期 | 白垩纪 | $\gamma_5^{3(b)}$ | 牛角寨 | 7 | 中粒黑云母花岗岩 | 小岩基 | 26 | Sn、Pb、Zn、Cu |
| | | | 白沙冲 | 8 | 中粒黑云母花岗岩 | 岩株 | 5 | |
| | | $\gamma_5^{3(a)}$ | 北炮台 | 9 | 细粒斑状黑云母花岗岩 | 岩枝 | 0.17 | Sn、Pb、Zn、Cu |
| | | | 四角山 | 4 | 中粒斑状黑云母花岗岩 | 岩基 | 70 | Pb、Zn、Mo |
| | 侏罗纪 | $\eta\gamma_5^2$ | 博竹山 | 11 | 中粒黑云母二长花岗岩 | 岩基 | 78 | Pb、Zn、Sn、W、Cu、As |
| | | $\gamma_5^{2(b)}$ | 所作底 | 12 | 细粒花岗岩 | 岩枝 | 0.20 | Pb、Zn、Sn、W、Cu、As |
| 印支期 | 三叠纪 | $\delta-\varepsilon\delta_5^1$ | 贾沙 | 10 | 辉长岩、正长闪长岩等 | 岩株 | 14 | |

### 3. 岩浆岩

工作区内的岩浆侵入活动具有多期性特征,其中以燕山期的岩浆活动最为强烈。侵入岩主要分布在工作区的东南角及西南角。各侵入期及其主要岩体特征如表Ⅲ-2所列。其中四角山、北炮台岩体绝对年龄经测定为 91Ma;白沙冲、牛角寨岩体的绝对年龄经测定为 72～62Ma。

燕山期各侵入体中副矿物普遍发育,含量较高者为钛铁矿、锆石、磷灰石,其次是独居石、磁铁矿。此外博竹山岩体出现含量较高的绿帘石和电气石;四角山岩体具有多量的褐帘石、榍石和黄铁矿;牛角寨、白沙冲岩体发育较多的铌铁矿及萤石。燕山期锆石晶形特征为(100)柱面与(111)锥面组成的聚形。

喜马拉雅期侵入体中副矿物亦普遍出现,含量较高者为磁铁矿、榍石、锆石、钛铁矿、石榴石;其次第一亚期岩浆岩中还有方铅矿、褐帘石、锆石、铈磷灰石及烧绿石;第二亚期岩石中还有磷钇矿、辉锑矿、金红石及黄铁矿。喜马拉雅期锆石晶形特征为(110)柱面与(111)锥面组成的聚形。

#### 4. 构造

工作区处于川滇 SN 向构造和南岭 EW 向复杂构造带西缘地区的交接地带。区域构造由于经历了多期变动而极为复杂。EW 向构造、SN 向构造等自成体系（附图2）。

不同规模及时代的构造控制了相应的地层、岩体及矿产（床）的空间分布（附图2）。区域性断裂对热液矿床起着明显的制约作用，不同规模的断裂构造分别起到了导矿、运矿及容矿作用，决定了相应矿床（点）的空间定位。次级断裂、裂隙、层间错动及它们之间的复合交会处，背斜倾没端的张性裂隙均为有利的成矿部位（附图2）。

#### 5. 矿产

大黑山地区矿产十分丰富，已发现有较多的矿床及矿点。各类矿产及具体矿床（点）基本地质特征见附图2、表Ⅲ-3。

在考虑各矿床（点）的远景时，还要考虑各类矿床的一般工业要求（工业指标）（表Ⅲ-8）。

#### 6. 重砂测量结果

大黑山地区经过自然重砂测量，圈出了 W、Sn、Hg、Sb、Pb-Zn 等 17 个相应矿物的重砂异常。每个具体异常的基本特征（面积、形态、矿物组合、矿物标型特征及重砂矿物含量等）见附图2、表Ⅲ-4。

#### 7. 金属量测量成果

工作区经过地球化学测量，圈出了 Pb-Zn、Mn、Sb、W-Sb-Pb、Sn 等 20 个金属量异常。各具体异常的基本特征（晕的面积、异常的主要元素组合及含量，伴生元素组合及含量等）见附图2、表Ⅲ-5。

（二）附图及附表

(1) 附图2 大黑山地区矿产地质图。
(2) 图Ⅲ-1 大黑山地区晚二叠世龙潭组沉积岩相古地理略图。
(3) 图Ⅲ-2 区域构造纲要略图。
(4) 表Ⅲ-1 大黑山地区主要岩体特征简表。
(5) 表Ⅲ-2 大黑山地区地层简表。
(6) 表Ⅲ-3 大黑山地区主要矿床（点）统计简表。
(7) 表Ⅲ-4 重砂测量成果表。
(8) 表Ⅲ-5 金属量测量成果表。
(9) 表Ⅲ-6 某些重矿物连续含量分级参考表。
(10) 表Ⅲ-7 重砂矿物递增含量分级参考表。
(11) 表Ⅲ-8 某些常见矿产的一般工业要求简表。

### 六、实习思考题

(1) 内生、外生矿产预测的主要异同点是什么？
(2) 在实际工作中，如何进行成矿规律研究及成矿预测工作？
(3) 到一个地区，怎样利用前人或现有地质资料筛选成矿远景区？

实习三 内生、外生矿床远景区的综合预测

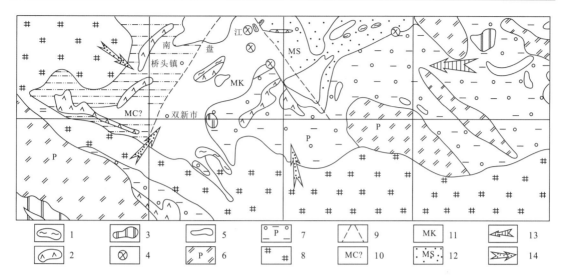

图Ⅲ-1 大黑山地区晚二叠世龙潭组沉积岩相古地理略图

1.上二叠统露头;2.二叠纪玄武岩露头;3.二叠系露头;4.晚二叠世铝土矿资料点;5.上二叠统(或二叠系)可能分布区;6.三叠纪前上二叠统被剥蚀区;7.三叠纪以后上二叠统被剥蚀区;8.古陆;9.相区界线;10.玄武岩分布区;11.滨海相铝土矿分布区;12.浅海相铝土矿分布区;13.海侵方向;14.物源方向

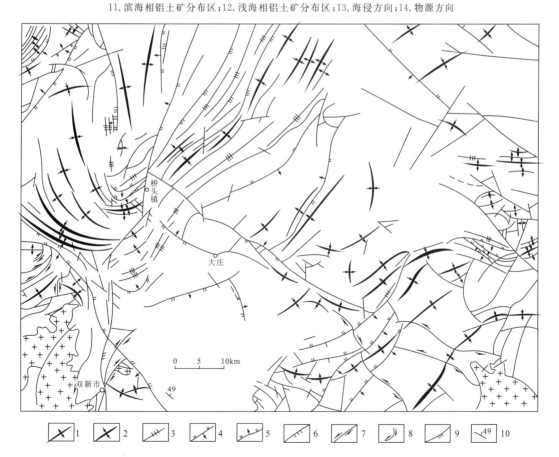

图Ⅲ-2 区域构造纲要图

1.背斜轴;2.向斜轴;3.挤压带;4.逆冲断层;5.正断层;6.斜冲断层;7.平移断层;8.旋扭断层;9.冲断层;10.产状

表Ⅲ-2 大黑山地区地层简表

| 界 | 系 | 统 | 地层名称 | 代号 | 厚度(m) | 岩性 |
|---|---|---|---|---|---|---|
| 新生界 | 第四系 | | | Q | 90 | 黄土、黏土、砂砾 |
| 新生界 | 新近系 | | | N | 506～1211 | 灰白色钙质泥岩、泥灰岩夹褐煤，底部灰色砂砾岩 |
| 新生界 | 古近系 | | | E | 530 | 钙质泥岩、砂岩、砾岩 |
| 中生界 | 三叠系 | 上三叠统 | 火把冲组 | $T_3h$ | 214～442 | 砂页岩夹煤层，局部夹砾状砂岩 |
| 中生界 | 三叠系 | 上三叠统 | 乌格组 | $T_2w$ | 387 | 钙质砂页岩互层 |
| 中生界 | 三叠系 | 中三叠统 | 法郎组 | $T_2f$ | 155～705 | 西区：上部页岩，中部灰岩含锰灰岩，下部硅质岩；东区：上部粉细砂岩，中部泥质粉砂岩，含锰矿层，下部灰绿色、紫红色粉砂岩、泥岩 |
| 中生界 | 三叠系 | 中三叠统 | 个旧组 | $T_2g$ | 1890～2507 | 上部灰岩，下部白云岩与灰岩互层，底部页岩夹灰岩。岩性差异较大，层理发育 |
| 中生界 | 三叠系 | 中三叠统 | 永宁镇组 | $T_1y$ | | 灰色灰岩、泥质灰岩，具蠕虫状构造 |
| 中生界 | 三叠系 | 下三叠统 | 飞仙关组 / 洗马塘组 | $T_1f$ / $T_1x$ | 110～215 | 飞仙关组：暗紫色、灰绿色粉砂岩页岩夹砂岩，局部夹泥质岩；洗马塘组：黄绿色页岩、粉砂质页岩，上部夹灰岩 |
| 古生界 | 二叠系 | 上二叠统 | 长兴组 | $P_2c$ | 0～8 | 灰色灰岩，含燧石条带及团块 |
| 古生界 | 二叠系 | 上二叠统 | 龙潭组 | $P_2l$ | 29～118 | 砂页岩夹煤层，顶部为硅质岩，底部为铝土矿层 |
| 古生界 | 二叠系 | 上二叠统 | 玄武岩组 | $P_2\beta$ | 310～455 | 玄武岩、凝灰岩夹硅质紫色泥岩 |
| 古生界 | 二叠系 | 下二叠统 | 茅口组 | $P_1m$ | 211～563 | 灰白色灰岩，西部有玄武岩喷发 |
| 古生界 | 二叠系 | 下二叠统 | 栖霞组 | $P_1c$ | 0～101 | 灰色、深灰色灰岩，局部有硅质条带 |
| 古生界 | 石炭系 | 上石炭统 | | $C_3$ | 180～347 | 灰白色灰岩 |
| 古生界 | 石炭系 | 中石炭统 | | $C_2$ | 133～411 | 灰白色灰岩，局部具鲕状结构 |
| 古生界 | 石炭系 | 下石炭统 | | $C_1$ | 370～450 | 灰色灰岩 |
| 古生界 | 泥盆系 | 上泥盆统 | | $D_3$ | 0～259 | 灰色灰岩、白云岩 |
| 古生界 | 泥盆系 | 中泥盆统 | 东岗岭组 | $D_2d$ | 334～179 | 灰色灰岩、白云岩，局部为硅质岩，个别地方有锰矿层存在 |
| 古生界 | 泥盆系 | 中泥盆统 | 坡脚组 | $D_2p$ | 325 | 灰色、浅黄色、灰绿色砂岩、页岩夹泥灰岩 |
| 古生界 | 奥陶系 | 下奥陶统 | | $O_2$ | 505 | 浅黄色石英砂页岩夹页岩、灰岩 |
| 古生界 | 寒武系 | 上寒武统 | | $\in_3$ | 715 | 浅黄色细砂岩与白云质灰岩互层 |
| 古生界 | 寒武系 | 中寒武统 | 双龙潭组 | $\in_2s$ | | 灰色白云质灰岩与浅绿色页岩 |
| 古生界 | 寒武系 | 中寒武统 | 高台组 | $\in_2$ | 616 | 灰绿色、浅黄色页岩、细砂岩，夹灰岩、白云质灰岩或互层 |
| 古生界 | 寒武系 | 下寒武统 | 沧浪铺组 | $\in_1$ | 71 | 浅黄色、浅红色页岩与细砂岩互层 |
| 元古宇 | | | 美党组 | $Pt_1m$ | 1084 | 上部为浅黄色、棕黄色千枚状砂质页岩、千枚岩。下部为灰黑色板岩、千枚岩 |

表Ⅲ-3 大黑山地区主要矿床(点)统计简表

| 编号 | 矿点(床)名称 | 矿床地质概况 | 备注 |
|---|---|---|---|
| $A_1$ | 木羊铅锌矿 | 矿体赋存于东岗岭组的白云岩中,属中温热液充填交代矿床,受地层及NNE向断裂控制。矿体一般长数百米,厚1~7m。铅品位2%~4%,锌品位3%~6%,矿石为土状及块状,主要金属矿物为方铅矿、闪锌矿,其次为黄铁矿、黄铜矿、辉银矿,脉石矿物主要为白云石、方解石,近矿围岩蚀变为碳酸盐化,围岩有重结晶现象 | |
| $A_2$ | 宣武寨铁矿 | 菱铁矿产于二叠纪玄武岩风化面上,下三叠统飞仙关组中。矿石呈扁豆状、结核状或条带状夹于页岩及砂岩中,矿体一般厚30~50m,矿石品位20%~37%,地表大多氧化成褐铁矿,同样的褐铁矿在矿区西南面尚可见到两处 | |
| $A_3$ | 大格铝土矿 | 矿层赋存于龙潭组海进岩系的底部,整个矿带长约13km,平均厚约6m。单个矿体为透镜状,似层状一般长500~2000m。矿石成分简单,主要为一水铝土矿,次为黏土、褐铁矿等,矿石为鲕状、豆状,含$Al_2O_3$ 40%~65%,Al∶Si=2.3~32.6 | |
| $A_4$ | 菲则铝土矿 | 矿层赋存于龙潭组地层内,矿体长约2km,厚约10m,似层状,相变发育,含$Al_2O_3$ 40%~65%,Al∶Si=1.1~13.8 | |
| $A_5$ | 席塘铝土矿 | 矿层赋存于龙潭组地层内,矿层厚约1.7m,含$Al_2O_3$ 40%~60%,Al∶Si=2.7~13.0 | |
| $A_6$ | 大沟锰矿 | 矿层赋存于法郎组地层内,矿体单层厚10cm左右,矿石成分为碳酸锰,目估品位为5% | |
| $A_7$ | 舍姑铝土矿 | 矿层赋存于龙潭组地层内,矿体长约500m,厚约5m,呈透镜状,含$Al_2O_3$ 35%~45%,Al∶Si=2.5~4.1 | |
| $A_8$ | 牛皮铝土矿 | 矿层赋存于龙潭组地层内,长约800m,厚约7m,矿体为透镜状,相变发育,含$Al_2O_3$ 40%~65%,Al∶Si=1.3~15 | |
| $A_9$ | 定古锰矿 | 矿层赋存于法郎组地层内,为含锰灰岩,品位低 | |
| $A_{10}$ | 八盘锰矿 | 矿层赋存于法郎组地层内,下部含锰灰岩共4层,厚度0.3~1m(单层厚),矿体呈似层状及透镜状产出。目估矿品位为1%~6.5%;上部亦见含锰灰岩4层,各层厚1.2~3.4m,品位2%~7%,矿石矿物主要为碳酸锰 | |
| $A_{11}$ | 摩依锰矿 | 矿层赋存于法郎组地层内,含锰薄层灰岩,厚10cm,品位低 | |
| $A_{12}$ | 龙潭铜矿 | 铜矿产在二叠纪玄武岩与灰岩接触处的裂隙内,沿NE20°方向裂隙内充填有孔雀石,厚30~50cm,铜品位0.15%~3.5% | 民隆开采过 |
| $A_{13}$ | 歪头铜矿 | 矿体赋存在二叠纪玄武岩与灰岩接触处的裂隙内,呈细脉浸染状。矿体受NW、NE向两组裂隙控制,围岩蚀变有绿泥石化、硅化、绢云母化等,矿石为硫化矿石及氧化矿石,主要由黄铁矿、黄铜矿、辉铜矿、孔雀石等组成。矿石中铜品位为0.5%左右 | 民隆开采过 |
| $A_{14}$ | 麻被锰矿 | 矿层位于法郎组地层内,为厚2~20cm的薄层含锰灰岩,矿石品位低 | |
| $A_{15}$ | 桃树汞矿 | 矿体呈脉状,长25m,宽0.9m,产于龙潭组白色厚层耐火黏土岩中及紫色破裂岩、糜棱岩中。矿石为细脉浸染状,矿物成分简单,主要为辰砂、方解石 | |
| $A_{16}$ | 都比锑矿 | 锑矿赋存于永宁镇组泥灰岩层间裂隙中,近矿围岩蚀变为黄铁矿化,矿体呈似层状,厚30cm。矿石为块状、星点状。矿物成分简单,主要是辉锑矿、黄铁矿 | |

续表Ⅲ-3

| 编号 | 矿点(床)名称 | 矿床地质概况 | 备注 |
|---|---|---|---|
| $A_{17}$ | 牛白铜矿 | 矿体产于二叠纪玄武岩与灰岩接触处的裂隙内,已发现两条矿脉,宽26～50cm,长度大于20m,矿石矿物为斑铜矿、孔雀石、黄铜矿等,铜品位一般为4%～5% | 民隆开采过 |
| $A_{18}$ | 淌甸锰矿 | 矿层产于法郎组地层内,共有6层,各层厚20～60cm,可采矿层总厚度约2m,矿层长约3000m,锰品位为15%。矿体呈似层状、透镜状,矿石矿物主要为硬锰矿、软锰矿及锰灰岩等。地表露头锰帽及铁灰质结核发育,在图幅东南部银子梁之南法郎组地层中也有锰线和风化锰帽数处,但未详细工作 | |
| $A_{19}$ | 七树锰矿 | 矿层产于法郎组地层内,为薄层含锰灰岩,单层厚10cm,矿物以碳酸锰为主,矿石品位约2% | |
| $A_{20}$ | 北斗锰矿 | 矿层产于法郎组地层内,共有4层矿,各层厚度0.4～4m不等,锰品位为10%～55%,矿体呈层状、似层状产出,矿体沿走向断续延长数百米到3000～4000m。矿石矿物主要为硬锰矿、软锰矿,可见鲕状、豆状结构,层状、块状、条带状构造 | |
| $A_{21}$ | 纸厂铅矿 | 矿体位于花岗岩体与$T_2g$灰岩的接触带上,矿体形态复杂。矿石成分以方铅矿、次生铅矿为主,也有黄铁矿、闪锌矿、石英及方解石,变质为大理岩,接触带上发育矽卡岩化、硅化等围岩蚀变 | |
| $A_{22}$ | 宝寨钨矿 | 矿区内出露有中、上三叠统。侵入岩主要为花岗岩霞石正长岩。矿床类型主要为矽卡岩型钨矿、高温热液型钨矿。近矿花岗岩已云英岩化。矿化带宽1～15m,长30m,霞石正长岩中含烧绿石、氟碳锑矿、方钛石等矿物 | |
| $A_{23}$ | 玉皇铅矿 | 矿体为透镜状,长约30～40m,宽约1.5m,但不稳定。见块状褐铁矿(光谱分析含Pb>1%) | |
| $A_{24}$ | 茅洞锑矿 | 矿体赋存于坡脚组断裂带中,近矿围岩已蚀变,矿石呈块状,矿石矿物主要为辉锑矿 | |
| $A_{25}$ | 瓜林锡多金属矿 | 矿体赋存于矽卡岩带中,矽卡岩带产状与地层一致,长800m,宽4～5m,矽卡岩矿物以石榴石、透辉石为主,含锡石、白钨矿、方铅矿、闪锌矿、黄铁矿、电气石及石英等 | |
| $A_{26}$ | 戈贾铅矿 | 矿体产于花岗岩体与薄层泥灰岩接触带,呈似层状产出,长10～15m,宽1～2m,矿石上部为褐铁矿铁帽(含Pb>1%) | |
| $A_{27}$ | 马拉锡多金属矿 | 矿区出露三叠系,见矽卡岩型锡矿、脉状、网脉状热液型锡矿,矿石主要由锡石、黑钨矿、毒砂、电气石、石英、方铅矿、闪锌矿、黄铁矿及黄铜矿等组成。矿床具有水平和垂直分带现象,自下而上,由内向外锡石含量由多变少,含铜矿物及含砷矿物逐渐被含铅、锌矿物所替代 | 已进行过勘探 |
| $A_{28}$ | 松坡锡多金属矿 | 矿体产于黑云母花岗岩与大理岩接触带,矿化较好,除矽卡岩型外,还有产于碳酸岩层中的似层状矿体,长20～100m,矿石中的矿物共生组合主要为锡石、黑钨矿、毒砂、电气石、石英、方铅矿、闪锌矿及黄铜矿等 | |
| $A_{29}$ | 岩羊钨锡矿 | 矿床属于高温热液型矿床,矿体产于燕山期花岗岩与寒武系角岩接触带的花岗岩体内,矿体呈脉状群出现,矿脉走向NWW,长200m,宽30m,近矿围岩蚀变为云英岩化。矿石矿物组合为黑钨矿、石英、锡石、辉钼矿、泡铋矿、黄玉、锂云母及黑云母等 | |
| $A_{30}$ | 牛首铅锌矿 | 矿体产于花岗岩与围岩(寒武系灰岩)接触带,矿体上部为上寒武统不纯灰岩,矿化沿层理或裂隙交代及发育,形成了以铅锌矿为主的矽卡岩矿床。围岩蚀变主要为硅化、大理岩化及矽卡岩化 | |

表Ⅲ-4 重砂测量成果表

| 异常编号 | 异常种类 | 异常特征 | |
|---|---|---|---|
| | | 面积(km²) | 主要矿物组合及含量 |
| $B_1$ | Pb | 10 | 方铅矿、白铅矿、铅矾、黄铁矿、重晶石等,铅含量高,多数4级(0.06~13.90g/30kg) |
| $B_2$ | Hg | 7 | 辰砂、黄铁矿、重晶石、磷氯铅矿,辰砂含量1~24颗,粒径0.3~0.8mm |
| $B_3$ | Cu | 3 | 黄铜矿、孔雀石1~3级含量,有辰砂小颗粒存在(1~75颗) |
| $B_4$ | Hg | 15 | 辰砂20~100颗,粒径0.3~0.7mm,其他有重晶石、黄铁矿及铅矿物 |
| $B_5$ | Cu | 2 | 黄铜矿、孔雀石含量为4级(100颗左右) |
| $B_6$ | Cu | 2 | 孔雀石含量很高,320~1000颗。次生铅矿、锡石、萤石、铁绿泥石、褐铁矿等均有一定含量。其中锡石含量86~100颗,粒径0.2~0.6mm,呈棕色,油脂光泽,长柱状,双锥晶形 |
| $B_7$ | Hg | 10 | 辰砂含量较低(2~18颗),粒径0.3~1mm,有些样品尚有白铅矿、雄黄、雌黄等 |
| $B_8$ | Hg-Sb | 12 | 辰砂含量25~55颗,粒径0.3~1.5mm,有次生铅矿、辉锑矿伴生 |
| $B_9$ | Pb-Zn | 17 | 方铅矿、闪锌矿、磷氯铅矿、铅矾、绿帘石、重晶石、黄铁矿、毒砂、辉锑矿、辰砂等。铅矿物含量高,多在3级以上(0.04~2.5g/30kg) |
| $B_{10}$ | Sn | 5 | 白钨矿、锡石、泡铋矿、方铅矿、白铅矿、菱锌矿、磷氯铅矿、自然铜毒砂、石榴石、电气石等,锡石含量较高(0.02~0.12g/30kg),粒径为0.1~0.7mm,呈长柱状双锥晶形 |
| $B_{11}$ | Pb W Sn | 15 | 石榴石、绿帘石、白钨矿、锡石、钼铅矿、白铅矿、磷氯铅矿、泡铋矿、黄铁矿、黄铜矿、毒砂等。铅矿物最普遍,含量较高,多数达0.04~0.12g/30kg |
| $B_{12}$ | Hg | 6 | 辰砂含量2~3颗,粒径0.1~0.2mm,还有重晶石、雌黄 |
| $B_{13}$ | Sn-W | 2 | 锡石、白钨矿、泡铋矿、次生铅矿、锡石含量0.26~1.5g/30kg,白钨矿含量为0.03g/30kg |
| $B_{14}$ | Hg | 1 | 辰砂含量1~2颗,还有白铅矿、黄铁矿 |
| $B_{15}$ | Hg | 4 | 辰砂含量1~2颗,粒径0.1~0.2mm,还有重晶石、黄铁矿、绿泥石 |
| $B_{16}$ | Sn | 10 | 锡石、黑钨矿、白钨矿、泡铋矿、黄玉、辉钼矿、自然金、石榴石、蛋白石、电气石等。锡石含量为3级(0.08~0.9g/30kg),粒径0.5~2mm,晶体为短柱状双锥,该异常内有石英脉发育 |
| $B_{17}$ | Pb-W | 4 | 电气石、绿帘石、石榴石、白钨矿、锡石、方铅矿、白铅矿、磷氯铅矿、菱锌矿、孔雀石、黄铁矿及毒砂等 |

## 表Ⅲ-5 金属量测量成果表

| 异常编号 | 异常类型 | 异常的基本特征 | | |
|---|---|---|---|---|
| | | 面积(km²) | 主要元素组合及含量(%) | 伴生元素组合及含量(%) |
| G₁ | Pb-Zn | 5 | Zn 1,Pb 0.1~0.3 | Cu 0.01~0.07 |
| G₂ | Pb-Zn | 6.5 | Pb 最高 0.2,一般 0.010~0.015;<br>Zn 最高 1,一般 0.2~0.4 | Cu 0.01~0.05 |
| G₃ | Pb | 9 | Pb 最高 0.04,一般 0.008~0.020 | |
| G₄ | Mn | 3 | Mn 最高 1.5,一般 0.5~0.6 | Cu 0.001~0.008,Sn 0.004,<br>Mo 0.002~0.003 |
| G₅ | Sb | 1 | Sb 最高 0.03,一般 0.01 | Pb 0.010~0.015 |
| G₆ | Sb | 较大 | Sb 最高 0.04,一般 0.01~0.02 | Pb 0.01,Cu 0.01,Co 0.006,<br>Mn 0.4~0.5,Mo 0.002 |
| G₇ | Mn | 8 | Mn 最高 4,一般 1 | Cu 0.010~0.015 |
| G₈ | Sb | 16 | Sb 最高 0.1,一般 0.02~0.04 | As 0.02~0.05,<br>Cu 0.008~0.030 |
| G₉ | Pb | 18 | Pb 最高 0.1,一般 0.02~0.04 | Cu 0.01~0.02,As 0.03,<br>Sb 0.02,Zn 0.07~0.10,Ag 0.000 1 |
| G₁₀ | Sb | 8 | Sb 最高 0.03,一般 0.02 | As 0.015~0.030,Cu 0.008~0.010 |
| G₁₁ | Pb | 8.5 | Pb 最高 0.1,一般 0.01~0.02 | Sn 0.001~0.020,Zn 0.07,<br>Mn 5,Mo 0.015 |
| G₁₂ | W<br>Sb<br>Pb | 14 | W 最高 0.01,Pb 最高 0.03,Sb 0.01 | As 0.02 |
| G₁₃ | Sb | 1.5 | Sb 最高 0.03,一般 0.01 | |
| G₁₄ | Pb | 10 | Pb 最高 0.1,一般 0.015~0.030 | Zn 0.07,Mn 0.5,Mo 0.002,<br>Sn 0.003,Cu 0.008~0.010 |
| G₁₅ | Pb<br>Sn<br>W | 9 | Pb 最高 0.07,一般 0.030~0.005;<br>Sn 0.007~0.020,<br>W 0.005~0.010 | Sb<0.01,<br>Be 0.001 0~0.001 5,<br>Li 0.02~0.05,<br>Zn 0.02~0.05 |
| G₁₆ | Sn | 9.5 | Sn 最高 0.1~0.2,一般 0.002~0.004 | Pb 0.02~0.60,Zn 0.015~0.150,<br>W 0.005~0.010,Cu 0.008~0.070,<br>Mo 0.002~0.010,<br>Be 0.001~0.002 |
| G₁₇ | Sb | 1.5 | Sb 0.5 | As 0.015 |
| G₁₈ | Sb-Pb | 2.5 | Sb 0.4,Pb 0.07 | Ag 0.000 3~0.000 5 |
| G₁₉ | Sn | 8.5 | Sn 最高 0.02,一般 0.004 | Cu 0.01~0.04,Zn 0.03~0.04,<br>As 0.05~0.20,W 0.005~0.030,<br>Pb 0.01 |
| G₂₀ | Ag | 4 | Ag 0.000 1~0.000 2 | As 0.010~0.035 |

表Ⅲ-6 某些重矿物连续含量分级参考表

| 矿物名称 | 分级着色 | Ⅰ | Ⅱ | Ⅲ | Ⅳ |
|---|---|---|---|---|---|
| 黑钨矿 | 蓝紫色 | 1～5 粒 | 6～10 粒 | 11～50 粒 | >50 粒 |
| 白钨矿 | 红紫色 | 5～30 粒 | 31～100 粒 | 100～0.01g | >0.01g |
| 锡石 | 褐色 | 1～30 粒 | 31～100 粒 | 101～0.01 粒 | >0.01 粒 |
| 辉钼矿 | 深蓝色 | 1～10 粒 | 11～20 粒 | 21～50 粒 | >50 粒 |
| 铋族 | 玫瑰色 | 1～10 粒 | 11～50 粒 | 51～100 粒 | >100 粒 |
| 铅族 | 浅蓝色 | 1～10 粒 | 11～30 粒 | 31～50 粒 | >50 粒 |
| 闪锌矿 | 浅褐色 | 1～5 粒 | 6～20 粒 | 21～50 粒 | >50 粒 |
| 铌钽矿 | 淡黄色 | 1～10 粒 | 10～30 粒 | 31～50 粒 | >50 粒 |
| 辰砂 | 鲜红色 | 1～10 粒 | 11～20 粒 | 21～50 粒 | >50 粒 |
| 雄(雌)黄 | 土黄色 | 1～10 粒 | 11～20 粒 | 21～50 粒 | >50 粒 |
| 辉锑矿 | 深灰色 | 1～5 粒 | 6～20 粒 | 21～50 粒 | >50 粒 |
| 重晶石 | 绿色 | 50～100 粒 | 101～0.01g | >0.01～0.1g | >0.1g |
| 钛铁矿 | 红色 | 100 粒,0.01g | >0.01～0.1g | >0.1～1g | >1g |
| 锆石 | 棕色 | 100 粒,0.01g | >0.01～0.1g | >0.1～1g | >1g |
| 独居石 | 橙色 | 30～100 粒 | 101～0.01g | >0.01～0.1g | >0.1g |
| 磷灰石 | 米黄色 | 1～30 粒 | 31～100 粒 | 101 粒,0.01g | >0.01g |
| 铬铁矿 | 黑色 | 20～50 粒 | 51～100 粒 | 101 粒,0.01g | >0.01g |
| 金 | 金黄色 | 1～5 粒 | 6～10 粒 | 11～30 粒 | >30 粒 |
| 银 | 浅灰色 | 1～5 粒 | 6～10 粒 | 11～30 粒 | >30 粒 |
| 铜族 | 深绿色 | 1～5 粒 | 6～20 粒 | 21～50 粒 | >50 粒 |
| 毒砂 | 蓝色 | 1～20 粒 | 21～50 粒 | 51～100 粒 | >100 粒 |
| 天青石 | 天蓝色 | 1～20 粒 | 21～50 粒 | 51～100 粒 | >100 粒 |
| 绿柱石 | 草绿色 | 1～20 粒 | 21～50 粒 | 51～100 粒 | >100 粒 |

注:据宁夏地质局地质资料,1975。

表Ⅲ-7 重砂矿物递增含量分级参考表

| 级别<br>矿物 | Ⅰ | Ⅱ | Ⅲ | Ⅳ |
|---|---|---|---|---|
| 金 | — | 数粒 | 数十粒 | >0.1g/m³ |
| 铂 | — | — | 数粒 | >数十粒 |
| 刚玉 | 数粒 | 数十粒,5g/m³ | 5～30g/m³ | >50g/m³ |
| 辰砂 | 数粒 | 数十粒 | 1～10g/m³ | >10g/m³ |
| 白钨矿、黑钨矿 | 数粒 | 数十粒 | 1～10g/m³ | >10g/m³ |
| 锡石 | 数粒 | 数十粒 | 1～10g/m³ | >10g/m³ |
| 独居石 | 数粒 | 数十粒 | 1～10g/m³ | >10g/m³ |
| 复稀金矿 | — | 数粒 | 数十粒 | >5g/m³ |
| 黑稀金矿 | — | 数粒 | 数十粒 | >5g/m³ |
| 铀矿物 | — | 数粒 | 数十粒 | >5g/m³ |
| 绿柱石 | — | — | 数粒 | >数十粒 |
| 锂辉石 | — | 数粒 | 数十粒 | >5g/m³ |
| 蓝晶石 | 数粒 | 数十粒 | 1～10g/m³ | >10g/m³ |
| 泡铋矿 | 数粒 | 数十粒 | 1～10g/m³ | >10g/m³ |
| 铬铁矿 | 数粒 | 数十粒 | 1～50g/m³ | >50g/m³ |
| 锆英石 | <5g/m³ | 5～10g/m³ | 10～100g/m³ | >100g/m³ |
| 斜锆石 | 数粒 | 数十粒 | 10～50g/m³ | >50g/m³ |
| 曲晶石 | 数粒 | 数十粒 | 1～50g/m³ | >50g/m³ |
| 钛铁矿 | <100g/m³ | 100～500g/m³ | 500～1000g/m³ | >1000g/m³ |
| 金红石 | <1g/m³ | 1～10g/m³ | 10～100g/m³ | >100g/m³ |
| 铌钛矿 | 常和金红石合并计算 | | | >5g/m³ |
| Mo、Cu、Pb、Zn、Sb 的硫化物 | — | 数粒 | 10粒 | |
| 铌铁矿、钽铁矿、磷钇矿、褐钇矿、褐帘石、褐钇铌矿 | | 数粒 | 数十粒 | |

注:据成都地质学院,昆明工学院(1973).

表Ⅲ-8 某些常见矿产的一般工业要求简表

| 矿种 | | 矿石(床)类型 | 矿床规模 | | | 一般工业要求 | | | 备注 |
|---|---|---|---|---|---|---|---|---|---|
| | | | 大型 | 中型 | 小型 | 边界品位(%) | 工业品位(%) | 可采厚度(m) | |
| 黑色金属矿产 | Fe | 磁铁矿石 | 贫矿石：>1亿t 富矿石：>0.5亿t | 0.1~1亿t 0.05~0.5亿t | <0.1亿t <0.05亿t | TFe:20 | 25 28~30 | 2~4 1~2 | |
| | | 赤铁矿石 | | | | 25 | 25 | | |
| | | 菱铁矿石 | | | | 20 | | | |
| | | 褐铁矿石 | | | | 25 | 30 | | |
| | Mn | 氧化锰矿石 | 矿石：>2000万t | 200~2000万t | <200万t | Mn:10~35 8~15 | 15~40 12~25 | 0.5~0.7 | 其中工业品位为单工程平均品位 |
| | | 碳酸锰矿石 | | | | | | | |
| | Cr | 原生矿石砂矿 | 矿石：>500万t | 100~500万t | <100万t | $Cr_2O_3$: ≥25(富矿) ≥5~8(贫矿) ≥1.5 | ≥32 ≥8~10 ≥3 | ≥0.3~1.0 | |
| | Ti | 原生矿$\begin{cases}金红石\\钛铁矿\end{cases}$ 砂矿$\begin{cases}金红石\\钛铁矿\end{cases}$ | $TiO_2$: >20万t >50万t | 5~20万t 50~500万t | <5万t <50万t | $TiO_2$: ≥1 矿物: ≥1 ≥10 | 1.5 ≥2kg/m³ ≥15kg/m³ | ≥0.5~1.0 | |
| | V | 单独矿床 伴生组分 | $V_2O_5$: >100万t | 10~100万t | <10万t | $V_2O_5$:0.5 ≥0.1~0.5 | 0.7 ≥0.1~0.5 | ≥0.7 | |
| 有色金属矿产 | Cu | 硫化矿石 氧化矿石 | Cu: >50万t | 10~50万t | <10万t | Cu: 0.2~0.3 0.2 0.5 | 0.4~0.5(坑采) 0.4(露采) 0.7 | ≥1~2(坑采) ≥2~4(露采) ≥1 | |

续表Ⅲ-8

| 矿种 | | 矿石(床)类型 | 矿床规模 | | | 一般工业要求 | | | 备注 |
|---|---|---|---|---|---|---|---|---|---|
| | | | 大型 | 中型 | 小型 | 边界品位(%) | 工业品位(%) | 可采厚度(m) | |
| 有色金属矿产 | Pb | 硫化矿石 | Pb: >50万t | 10~50万t | <10万t | Pb:0.3~0.5 | 07~1.0 | ≥1~2 | |
| | | 混合矿石 | | | | 0.5~0.7 | 1.0~1.5 | | |
| | | 氧化矿石 | | | | 0.5~1.0 | 1.5~2.0 | | |
| | Zn | 硫化矿石 | Zn: >50万t | 10~50万t | <10万t | Zn:0.5~1.0 | 1.0~2.0 | ≥1~2 | |
| | | 混合矿石 | | | | 0.8~1.5 | 2.0~3.0 | | |
| | | 氧化矿石 | | | | 1.5~2.0 | 3.0~6.0 | | |
| | Al | 一水硬铝石矿石 | 矿石: >2000万t | 500~2000万t | <500万t | $Al_2O_3/SiO_2$ 1.8~2.6 $Al_2O_3$: ≥40 | ≥3.5(露采) ≥3.8(坑采) ≥55 | 0.5~0.8(露采) 0.8~1.00(坑采) | |
| | Ni | 原生矿石 | Ni: >10万t | 2~10万t | <2万t | Ni:0.2~0.3 | 0.3~0.5 | ≥1~2 | |
| | | 氧化镍矿石 | | | | 0.7 | 1.0 | ≥1~2 | |
| | | 硫化镍、硅酸镍矿石 | | | | 0.5 | 1 | >1 | |
| | Co | 硫(砷)化钴矿 钴土矿 | Co: >2万t | 0.2~2万t | <0.2万t | Co:≥0.2 ≥0.3 | ≥0.03~0.06 ≥0.5 | ≥1 ≥0.3~1 | |
| | W | 石英脉型矿石 | $WO_3$: >5万t | 1~5万t | <1万t | $WO_3$:0.08~0.10 | 0.12~0.15 | 1~2 | |
| | | 石英细脉带型矿石 | | | | 0.10 | 0.15~0.20 | 1~2 | |
| | | 石英细脉浸染型矿石 | | | | 0.08~0.10 | 0.15~0.20 | 0.8~2.0 | |
| | | 层控型矿石 | | | | | | 1~2 | |
| | | 矽卡岩型矿石 | | | | | | | |
| | Sn | 原生矿石 | Sn: >4万t | 0.5~4万t | <0.5万t | Sn:0.1~0.2 | 0.2~0.4 | 0.8~1.0 | |
| | | 砂锡矿 | | | | 0.02 或 100~150g/m³ 150g/m³ | 0.04 或 200~300g/m³ | ≥0.5 | |

续表Ⅲ-8

| 矿种 | | 矿石(床)类型 | 矿床规模 | | | 一般工业要求 | | | 备注 |
|---|---|---|---|---|---|---|---|---|---|
| | | | 大型 | 中型 | 小型 | 边界品位(%) | 工业品位(%) | 可采厚度(m) | |
| 有色金属矿产 | Mo | 硫化矿石 | Mo: >10万t | 1~10万t | <1万t | Mo:0.03(露采) 0.03~0.05(坑采) | 0.06(露采) 0.06~0.08(坑采) | ≥2~4 ≥1~2 | |
| | Bi | 硫化矿石 | Bi: >10万t | 1~10万t | <1万t | Bi:0.2 | 0.5 | 0.8 | |
| | Sb | 硫化矿石 | 1~10万t | 1~10万t | <1万t | Sb:0.7 | 1.5 | ≥1 | |
| 贵金属矿产 | Au | 岩金 | Au: >20t | 5~20t | <5t | Au:1~2g/t | 3~5g/t | ≥0.8~1.5 | |
| | | 砂金 | >8t | 2~8t | <2t | 0.05~0.07g/m³ | 0.16~0.18g/t | 150~450万m³ | |
| | Ag | | Ag: >1000t | 200~1000t | <200t | Ag:40~50g/t | 100~120g/t | ≥1 | 为单一银矿一般工业要求 |
| | Pt族 | (Pt,Pd,Rh,Ir,Ru,Os)原生矿 超基性岩含Cu-Ni型矿床伴生矿 | 金属: >10万t | 2~10万t | <2万t | Pt+Pd:0.03g/t Pt:0.25~0.42g/t Pd:1.25~2.1g/t {Ir,Ru,Os,Th:0.02g/t Pt+Pd:0.03g/m³ | ≥0.05g/t ≥0.42g/t ≥2.10g/t {Ir,Ru,Os,Th:0.02g/t Pt+Pd:≥0.1g/t | 1~2 | |
| | | 砂矿 {松散沉积型矿床 砂砾岩型矿床 | | | | Pt:0.025 {Pt:0.085~0.420g/m³ Pd:0.42~2.10 | Pt:0.085 {Pt:0.84~1.00 Pd:4.2~8.4 | 0.5~1 | |
| 稀有金属矿产 | Li | 花岗伟晶岩类矿床 | Li₂O: >10万t | 1~10万t | <1万t | 0.4~0.6 | 0.8~1.1 | ≥1.0 | |
| | | 碱性长石花岗岩类矿床 | | | | 0.5~0.7 | 0.9~1.2 | ≥1.0~2.0 | |
| | | 盐湖矿床 | LiCl: >50万t | 10~50万t | <10万t | | 1000mg/L | | |

续表 Ⅲ-8

| 矿种 | | 矿石(床)类型 | 矿床规模 | | | 一般工业要求 | | | 备注 |
|---|---|---|---|---|---|---|---|---|---|
| | | | 大型 | 中型 | 小型 | 边界品位(%) | 工业品位(%) | 可采厚度(m) | |
| 稀有金属矿产 | Rb | 含锂云母矿石的碱性长石花岗岩类与花岗伟晶岩类盐湖矿床 | Rb₂O: >2000t | 500~2000t | <500t | Rb₂O: 0.04~0.06 | 0.1~0.2 0.06 | | |
| | Be | 气成热液矿床 花岗伟晶岩类矿床 碱性长石花岗岩类矿床 残坡积类矿床 | BeO: >1万t | 0.2~1万t | <0.2万t | BeO: 0.04~0.06(机选) 0.05~0.07 600g/m³ | 0.08~0.12 0.10~0.14 2000~2500g/m³ | 0.8~1.5 1.0~1.5 | |
| | Nb,Ta | 花岗伟晶岩类矿床 碱性长石花岗岩类矿床 | Nb₂O₅: >10万t 矿物: >2000t | 1~10万t 500~2000t | <1万t <500t | (Ta+Nb)₂O₅: 0.012~0.015 Ta₂O₅:0.007~0.008 (Ta+Nb)₂O₅: 0.015~0.018 Ta₂O₅:0.008~0.010 | 0.022~0.026 0.012~0.014 0.024~0.028 0.012~0.015 | 0.8~1.5 1.5~2.0 | |
| | Ta,Nb | 风化壳矿床 原生铌矿床 砂矿床 | Ta₂O(原生矿): >1000万t 矿物: >500万t | 500~1000万t 100~500万t | <500万t <100万t | (Ta+Nb)₂O₅: 0.008~0.010 重砂品位:80~100g/m³ (Ta+Nb)₂O₅:0.05~0.06 (Ta+Nb)₂O₅: 0.004~0.006 重砂矿物:40g/m³ | 0.016~0.020 250~280g/m³ 0.08~0.12 0.010~0.012 ≥250g/m³ | 0.5~1.0 5.0 0.5 | |

续表Ⅲ-8

| 矿种 | | 矿石(床)类型 | 矿床规模 | | | 一般工业要求 | | | 备注 |
|---|---|---|---|---|---|---|---|---|---|
| | | | 大型 | 中型 | 小型 | 边界品位(%) | 工业品位(%) | 可采厚度(m) | |
| 冶金辅助原料矿产 | 菱镁矿 | | 矿石:>0.5亿t | 0.1~0.5亿t | <0.1亿t | MgO:≥47~41<br>SiO$_2$:≤0.6~2.0 | CaO:≤0.6~6<br>Fe$_2$O$_3$+Al$_2$O$_3$:≤0.6 | | FeO$_3$+Al$_2$O$_3$或不作要求 |
| | 蓝晶石类 | 蓝晶石 | 矿物:>200t | 50~200万t | <50万t | 蓝晶石:<br>≥5<br>夕线石:<br>≥10 | ≥10<br>≥15 | ≥1~2 | |
| | 石灰石 | 熔剂,制碱及电石灰岩水泥灰岩 | 矿石:<br>>0.5亿t<br>矿石:<br>>0.8亿t | 0.1~0.5亿t<br>0.15~0.80亿t | <0.1亿t<br><0.15亿t | CaO:≥48<br>MgO:≤3.0<br>SiO$_2$:≤4.0<br>S:≤0.15<br>P:≤0.04 | ≥50<br>≤3.0<br>≤4.0<br>≤0.15<br>≤0.01 | ≥2~4 | |
| | 白云石灰岩 | | 矿石:<br>>0.5亿t | 0.1~0.5亿t | ≤0.1亿t | MgO+CaO:≥49<br>SiO$_2$:≤4.0<br>S:≤0.12<br>P:≤0.03 | ≥8.0<br>≥51<br>≤40<br>≤0.12<br>≤0.03 | ≥2~4 | |
| 化工原料非金属矿产 | F | 萤石 | CaF$_2$:<br>>100万t | 20~100万t | <20万t | CaF$_2$:≥55(富矿)<br>≥20(贫矿) | ≥65(富矿)<br>≥30(贫矿) | 0.7(富矿)<br>1(贫矿) | |
| | 煤 | 原煤 | 煤矿区:>10亿t<br>井田:2亿t | 10~50亿t<br>5~10亿t<br>0.5~2.0亿t | <10亿t<br><5亿t<br><0.5亿t | | | | |
| 石油 | 石油 | 原油 | >10 000万t | 1000~<br>10 000万t | <1000万t | | | | |

续表Ⅲ-8

| 矿种 | | 矿石(床)类型 | 矿床规模 | | | 一般工业要求 | | | 备注 |
|---|---|---|---|---|---|---|---|---|---|
| | | | 大型 | 中型 | 小型 | 边界品位(%) | 工业品位(%) | 可采厚度(m) | |
| 油贡岩 天然气 | | 油贡岩 | 矿石:>20亿t 气量:>1000亿 m³ | 2~20亿t 100~1000亿 m³ | <2亿t <100亿 m³ | | | | |
| | | 天然气 | | | | | | | |
| | 铀 | 铀 | U:>3000t | 1000~3000t | <1000t | | | | |
| 化工原料非金属矿产 | P | 磷灰石及磷块岩 矿床 磷块岩矿床 | 矿石: >5000万t | 500~5000万t | <500万t | $P_2O_5$:5~6 8~12 | 8~11 12~15 | 0.7~2.0 0.7~2.0 | |
| | S | | S:500万t | 100~1000万t | <100万t | S:≥8 | ≥12 | 0.5 | |
| | K | 古钾盐 盐湖型钾盐矿 钾长石 含钾岩石 | 固态:>1000万t 液态:>5000万t >100万t >1亿t | 100~1000万t 500~5000万t 10~100万t 0.2~1亿t | <100万t <500万t <10万t <0.2亿t | KCl:3 固体矿:2 | 6 6 1 | 0.3~0.5 | |
| 盐类矿床 | | 盐湖固体盐(池盐) 岩盐 天然卤水 | | | | 卤水:0.5 NaCl:≥30 ≥10~15 | ≥50 ≥20~30 ≥5~10 | 0.3 | |
| 特种非金属矿产 | 金刚石 | 砂矿床 | 原生矿物: >100万克拉① 砂矿矿物:>50万克拉 | 20~100万克拉 10~50万克拉 | <20万克拉 <10万克拉 | 岩脉型:20mg/m³、40mg/m³ 岩筒型:10mg/m³、20mg/m³ 矿物:1.5mg/m³ | 30mg/m³、60mg/m³ 15mg/m³、30mg/m³ 2mg/m³ | 0.2mm(最小回收粒径) 0.2~0.6 | 低指标、高指标 |
| | 水晶 | 压电水晶 {原生矿 {砂矿 | | | | | {0.5g/m³露采 {3g/m³(坑采) {0.5g/m³(旱采) {0.3g/m³(水采) | | |

注:1克拉=0.2g。

① 据《矿产工业要求参考手册》第二版.北京:地质出版社,1987,经整理

# 实习四　矿区深部矿体定位预测

## 一、实习目的

学会分析整理及运用某些测试资料,结合成矿规律研究和地质推断,初步掌握矿区深部矿体定位预测的一些方法。巩固所学内容,提高综合分析能力。

## 二、实习内容及步骤

(1)图文对照,仔细阅读及分析所附地质资料,了解成矿地质背景,总结矿区成矿特征及成矿规律。

(2)认真分析已知矿体的分布、形态、产状等产出特征。在附图3上圈出相应的自然矿体,并按顺序加以编号,进而总结自然矿体的空间定位规律。

(3)将所附的矿物包裹体测温和元素对比值的测试计算数据按其各自取样位置逐一投到附图3上,然后用不同颜色分别圈出等温线和 Zn/Pb 等比值线图。

(4)综合分析控矿因素、成矿规律、矿化信息以及矿体赋存海拔标高的趋势变化等特点,推断成矿时含矿热液的迁移方向和可能渠道,评价深部找矿前景,并圈出具体的定位预测靶区。

## 三、实习要求

(1)加强综合分析,注意宏、微观成矿信息的发掘,进而总结成矿规律。

(2)在附图3上用不同的颜色分别圈出自然矿体边界线、矿物包裹体温度等值线、Zn/Pb 相关元素对等比值线以及预测的深部成矿远景范围。圈定时一定要仔细考虑矿床的成矿地质特征。各种界线的圈定均应先用铅笔轻轻描绘,待肯定无疑后再着色,以保持图面整洁清晰。

(3)用文字简要说明圈定定位预测靶区的主要依据。

## 四、实习资料

### 1. 沙龙金矿成矿地质特征简介

沙龙金矿位于虎背断裂与牛首断裂的交会部位的北部。矿田构造以断裂为主,虎背断裂与牛首断裂为矿田内规模最大的两条断裂构造,两者的空间展布和交会构成了矿田内的基本构造格局。虎背断裂为剪切性构造,延伸大于3000m,走向NE30°,倾角75°~88°,倾向在矿田南部为SE向,在矿田中部和北部则转成直立或NE向。断裂构造具有长期发育、多次脉动活动的特点,深部钻孔揭示在 $-36.55$m 处断裂构造破碎带、矿化及两侧蚀变围岩仍然发育,局部含金达 1.5~5.0g/t。综合分析结果表明,虎背断裂为矿田的导矿构造。沙龙金矿位于虎背断裂构造的西盘,矿脉(体)成群出现,大体平行展布,充填于虎背断裂的次级断裂构造中,后者普遍具有明显的压扭性及多期性活动特点。研究表明成矿期断裂构造的多次活动及空间叠加是沙龙金矿工业矿体形成的必要条件。

沙龙金矿床的围岩为片麻状黑云母混合花岗岩及细粒含石榴石混合花岗岩。围岩蚀变主要为黄铁绢英岩化、硅化、黄铁矿化、绢英岩化及钾化等，常与一定阶段的矿化有关。黄铁绢英岩及绢英岩为主要的近矿蚀变围岩，可作为本类金矿床的有利成矿及找矿标志。

矿床及矿田内中基性岩脉十分发育，主要为脉状或不规则脉的闪长（玢）岩和云斜煌斑岩，中基性脉岩含金较高（0.3~0.7g/t），多数脉岩与矿体相伴出现，呈小角度相交或赋存于同一断裂构造中，并有互切现象，说明脉岩与矿化存在着时空甚至源的联系。

沙龙金矿床中的含金石英脉延展比较连续，其中工业矿体大小不一，多呈透镜状、不规则脉状连续分布。矿体产状与石英脉产状一致，走向NE35°~75°不等，倾向NW，倾角45°~85°。矿体厚度0.3~2.5m，长度数米至数十米不等。矿体多形成于断裂交会部位和局部拉张部位，矿体的产状、形态、大小及空间展布和容矿断裂的性质、形态及发育强度有关，也与构造演化及含矿热液的演化有关（图Ⅳ-1）。

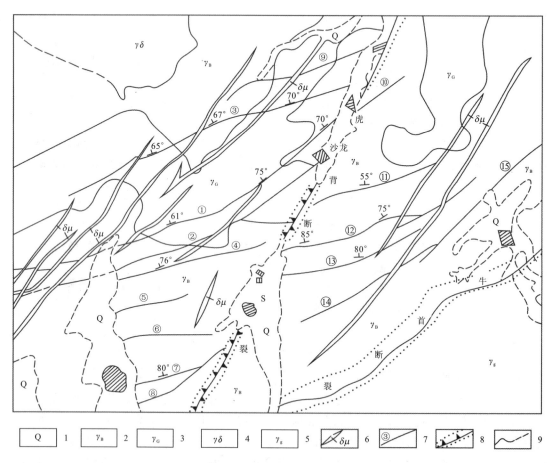

图Ⅳ-1　沙龙金矿田地质略图

1.第四系残坡积物；2.片麻状混合花岗岩；3.含石榴石细粒混合花岗岩；4.混合花岗闪长岩；5.细粒混合花岗岩；
6.闪长（玢）岩脉；7.含金石英脉及编号；8.断层、构造破碎带；9.实测及推测地质界线

1号矿脉是矿床内的主要矿脉，延长5500m，受NE向压扭性断裂构造控制，矿体不太规则，水平和垂直分带不明显。矿柱由SW向NE深部侧伏，各矿柱之间表现为一定的等距性分

布特点(附图3)。

沙龙金矿床1号矿脉的矿石成分较为简单,主要由石英、黄铁矿、自然金、银金矿、磁黄铁矿、黄铜矿、方铅矿、闪锌矿、方解石及绢云母组成。成矿共分为4个不同的阶段：Ⅰ.黄铁矿石英阶段；Ⅱ.石英黄铁矿阶段；Ⅲ.多金属硫化物阶段；Ⅳ.方解石碳酸盐阶段。其中Ⅱ、Ⅲ阶段为矿床成矿的主要阶段,或称为形成工业矿体的充分条件。1号矿脉上部矿体主要为早(Ⅰ、Ⅱ)阶段矿化产物,矿石中石英、黄铁矿及方铅矿相对增多；下部矿体晚(Ⅲ、Ⅳ)阶段矿化相对发育,矿石中磁黄铁矿、闪锌矿及方解石有所增加。金主要与黄铁矿、石英及方铅矿、闪锌矿、黄铜矿等硫化物矿物关系密切。

## 2.表及附图

(1)表Ⅳ-1沙龙金矿1号矿脉第Ⅰ矿化阶段石英包裹体爆裂法测温结果表。

表Ⅳ-1 沙龙金矿1号矿脉第Ⅰ矿化阶段石英包裹体爆裂法测温结果表

| 样品号 | 测试结果(℃) | 样品号 | 测试结果(℃) | 样品号 | 测试结果(℃) |
|---|---|---|---|---|---|
| 1 | 301 | 19 | 320 | 37 | 328 |
| 2 | 300 | 20 | 311 | 38 | 352 |
| 3 | 302 | 21 | 318 | 39 | 350 |
| 4 | 311 | 22 | 320 | 40 | 340 |
| 5 | 310 | 23 | 309 | 41 | 329 |
| 6 | 310 | 24 | 332 | 42 | 339 |
| 7 | 300 | 25 | 320 | 43 | 340 |
| 8 | 309 | 26 | 329 | 44 | 341 |
| 9 | 301 | 27 | 320 | 45 | 342 |
| 10 | 321 | 28 | 311 | 46 | 350 |
| 11 | 310 | 29 | 329 | 47 | 352 |
| 12 | 302 | 30 | 330 | 48 | 360 |
| 13 | 331 | 31 | 331 | 49 | 360 |
| 14 | 320 | 32 | 330 | 50 | 349 |
| 15 | 311 | 33 | 340 | 51 | 340 |
| 16 | 309 | 34 | 341 | 52 | 350 |
| 17 | 310 | 35 | 330 | 53 | 329 |
| 18 | 312 | 36 | 339 | 54 | 331 |

(2)表Ⅳ-2沙龙金矿1号矿脉Zn/Pb相关元素对测定计算结果表。

(3)图Ⅳ-1沙龙金矿田地质略图。

(4) 附图3 沙龙金矿1号矿脉矿体纵剖面垂直投影图。

表 Ⅳ-2　沙龙金矿1号矿脉 Zn/Pb 相关元素对测定计算结果表

| 样品号 | Zn/Pb | 样品号 | Zn/Pb | 样品号 | Zn/Pb |
|---|---|---|---|---|---|
| R1 | 1.01 | R22 | 1.02 | R43 | 1.06 |
| R2 | 2.03 | R23 | 2.03 | R44 | 1.02 |
| R3 | 2.01 | R24 | 2.01 | R45 | 2.01 |
| R4 | 2.11 | R25 | 2.04 | R46 | 1.01 |
| R5 | 0.91 | R26 | 3.02 | R47 | 2.05 |
| R6 | 1.01 | R27 | 1.07 | R48 | 2.02 |
| R7 | 2.01 | R28 | 2.01 | R49 | 0.99 |
| R8 | 3.01 | R29 | 2.02 | R50 | 2.03 |
| R9 | 1.90 | R30 | 2.10 | R51 | 3.01 |
| R10 | 1.02 | R31 | 3.01 | R52 | 3.04 |
| R11 | 3.02 | R32 | 3.03 | R53 | 2.02 |
| R12 | 1.12 | R33 | 3.50 | R54 | 0.98 |
| R13 | 2.04 | R34 | 3.50 | R55 | 1.01 |
| R14 | 1.90 | R35 | 2.05 | R56 | 2.01 |
| R15 | 3.09 | R36 | 0.91 | R57 | 3.00 |
| R16 | 1.02 | R37 | 3.01 | R58 | 3.02 |
| R17 | 1.01 | R38 | 0.99 | R59 | 1.99 |
| R18 | 0.90 | R39 | 0.97 | R60 | 2.01 |
| R19 | 2.03 | R40 | 2.01 | R61 | 1.06 |
| R20 | 1.04 | R41 | 1.03 | R62 | 0.99 |
| R21 | 1.01 | R42 | 0.98 | R63 | 1.01 |

## 五、实习思考题

(1) 矿区(床)深部预测的关键是什么？

(2) 研究矿物包裹体测温、相关元素对比值变化等成矿物理化学条件的预测意义是什么？

(3) 在矿区(床)成矿预测中如何运用宏、微观资料和信息？

# 实习五　勘查地质设计

## 一、实习目的

通过实习学会如何根据矿床勘查任务、矿床地质特征和地貌等因素，进行勘查地质设计。其主要内容有：①选择矿产勘查的主体地段；②确定合理的勘查工程总体布置方式；③确定矿床的勘查类型；④确定求取不同类别资源/储量的勘查工程间距；⑤选择有效的勘查工程类型；⑥编制勘查设计剖面图和勘查工程布置平面图。这是一次较全面的矿床勘查设计方法的训练。

## 二、方法原理

勘查设计是指为完成勘查计划任务，在正式工作之前，根据一定的目的要求，预先制定技术方法和施工图件等的工作，它是完成勘查任务的具体"作战方案"，是组织与管理勘查工程施工和落实勘查计划的具体安排。勘查地质设计可分为矿区勘查的总体设计和局部地段的具体勘查工程项目的单项设计。

矿区勘查总体设计是根据上级部门下达的设计任务书进行，一切设计工作都应按任务书的要求执行。同时还须认真分析矿区已有的地质、矿产资料，确定进行矿床勘查的主体地段和求取矿产资源/地质储量的大体空间范围。

勘查工程的总体布置方式称作勘查系统。在矿床勘查实际工作中，人们根据矿床（体）地质构造特征和勘查工程手段的特点往往选择一平行或垂直的、或水平的勘查剖面系统作为基本的总体工程布置方式。前者称为勘查线法，有时也采用两组相交勘查线构成勘查网；后者称为水平勘查。生产勘探中还常利用坑、钻工程将勘查线法与水平勘查结合起来，构成各式坑道或（与）钻探组合的格架系统。

合理的勘查工程间距应是在满足给定精度条件下的最稀网度。地质因素，即指不同矿种及其矿床勘查类型高低。矿床勘查工作阶段，以及勘查任务所要求的资源/储量类别和勘查技术手段的类型等是影响合理勘查工程确定的主要因素。目前确定勘查工程间距的方法比较多，但都还不很完善，主要有类比法、加密法、数理统计法、稀空法等。在进行矿区总体勘查设计时以类比法为最常用，即根据规范所划分的勘查类型，采用相应的工程间距。

勘查类型主要是根据影响勘查工作难易程度的主要因素来确定的：①矿床地质构造复杂程度；②矿体规模大小、形状、厚度和产状的稳定性；③有用组分分布的连续性和均匀程度等。根据拟勘查矿床主矿体的这些标志的数值大小，就可以与规范对比，确定出该矿床的勘查类型，进而采用相应的工程间距。

确定了勘查线间距后，在矿区综合地质矿产图上，以主矿体为重点，系统地布置勘查地质剖面并编号，可直接在该图上布置探槽(TC)和浅井(QJ)。

单项勘查工程一般是在勘查设计剖面图上设计与布置。编制勘查线理想的或预测（设计）的地质剖面图所依据的资料有：矿区大比例尺地形地质图；反映勘查线位置从地表→深部地质构造的已有探矿取样工程及物化探成果的编录资料，或已有的相邻勘查线剖面图、中段地质平面图等。

**1. 勘查设计地质剖面图的一般编制方法与步骤**

(1)根据矿床地形地质图上勘查线所在平面位置和预计勘查深度范围,在方格纸上绘制坐标网线;一般选择与勘查线交角最大的一组平面坐标($x$ 或 $y$)和高度坐标($z$)绘成控制网。

(2)将勘查线剖面上地表地形线、两端点位置和勘查线方位的仪器实测结果(或在矿区地形图上切制)标绘在方格纸上。

(3)根据矿床地质图和地质测量资料,将地表探矿工程(探槽、浅井等)、矿体与地质构造界线按各自的位置、产状(用换算过的视倾角)标绘于地形线上。

(4)将已有勘查工程(钻探、坑道)及其揭露的矿体与地质构造界线,据工程地质编录和取样资料转绘于相应位置上。

(5)根据对矿床地质构造特点和成矿规律的认识,从地表→深部,依次将相邻工程揭露的对应矿体边界点、地质构造点连接成线,并按其地质规律变化趋势向深部做出合理的预测和推断,用虚线表示,若有相邻已知剖面图件资料,则应作参照对比推断。

**2. 设计剖面图上设计钻探的方法和步骤遵循由浅入深、由已知到未知的原则**

(1)确定矿体的截穿点位置。在勘查线设计地质剖面图上,按照已确定的工程间距,沿矿体中心线(厚矿体)或矿体底板线(薄矿体),从地表向深部逐步依次确定设计钻孔穿过矿体的截穿点位置。

(2)确定钻探类型。常用直钻与斜钻(或定向钻)两类,主要是根据矿体产状、地表地形地物情况、钻探设备条件和施工技术水平等确定。直钻多用于产状较缓的矿体,斜钻多用于陡倾斜矿体,并尽可能沿矿体厚度方向从上盘钻进截穿矿体。要求钻孔轴线尽可能与矿体表面垂直。钻孔倾角不宜小于 $65°\sim70°$。

(3)确定孔位。根据矿体上预计的钻孔截穿点和选定的钻探类型反推到地表,即可确定设计钻孔地表开孔位置。若遇陡崖、河塘或建筑物等,允许适当沿剖面移动位置。

(4)确定孔深。对于矿体边界清楚者,一般要求钻探穿过矿体后 $3\sim5$ m 即可停钻。对于边界不清的矿体或矿化带,一般要求穿过矿体(或矿化带)$10\sim20$ m 停钻。

如果要在剖面图上设计坑探工程,应按照一定的中段高度设计。例如,在 $B—B'$ 剖面上已有坑道,其标高为 $+150$ m,则在 $A—A'$ 剖面上设计的坑道标高也应是 $+150$ m 或与其相差中段高度的整数倍。

将设计剖面图上的勘查工程,如钻孔(ZK)、穿脉平硐(CD)转绘到地质图上并编号。

### 三、实习步骤

(1)阅读设计任务(资料之一)和大云山铅锌矿区地质简介(资料之二)。

(2)用矿床勘查类型类比法,确定大云山铅锌矿床的勘查类型。具体步骤为:

第一步:根据实习资料中的资料之三,类比确定该矿床主矿体的规模大小、矿体形态复杂程度、构造影响程度、矿体厚度稳定程度和有用组分分布均匀程度等的等级及相应的类型系数。

第二步:根据上述 5 个地质因素及其类型系数,具体划分该矿床的勘查类型。

(3)根据设计任务和大云山铅锌矿床的具体勘查类型,参照实习资料之四,确定勘查工程间距。

(4)根据所确定的勘查工程间距和对该矿床地质矿产特征的认识,选择合理的勘查工程总体布置方式,并在大云山铅锌矿床综合地质图上具体地予以总体布置。

(5)选择过 ZK2 钻孔的勘查线,作勘查设计地质剖面图。

(6)充分考虑该矿床地质、地貌特征,选择有效的勘查技术手段和工程类型。在勘查设计地质剖面图上设计勘查工程。

(7)在 $A—A'$ 实测地质剖面图(附图 5)和 $B—B'$ 勘探线地质剖面图(附图 6)上设计勘查工程。

(8)将上述 3 个剖面图上的工程转绘到大云山铅锌矿床综合地质图上。

(9)根据勘查主矿体的原则有重点地使用勘查工程,在大云山铅锌矿床综合地质图上参照上述 3 个剖面对整个矿床作总体工程全面布置。

(10)编写实习报告。

## 四、实习资料

### (一)资料之一——设计任务

在 $-50$ m 标高以上的主矿体上求取铅锌矿控制的资源/储量。在其深部及外围用稀 1 倍的工程间距布置工程。

### (二)资料之二——大云山矿区地质简介

**1. 地层**

矿区出露地层比较简单,只有前震旦系(AnZ)板溪群上段的浅变质岩系和第三系(R)红色砾岩。

板溪群上段岩性为千枚岩、板岩、砂页岩等。由于受热液作用,从南到北形成 3 个蚀变带,具体如下:

(1)硅化带($AnZ_B$)。主要由绢绿石英岩及燧石石英岩组成,二者相互过渡。岩石致密坚硬。

(2)绢云母化绿泥石化硅化带($AnZ_C$)。绢云母化、绿泥石化、硅化较强,一般具角砾岩化现象,不含矿。

(3)绢云母化绿泥石化带($AnZ_D$)。以绢云母化、绿泥石化为主,硅化较弱。岩石呈深绿色,部分地区岩石具明显片理,当出现角砾岩化现象时,则往往构成角砾岩化含矿带($M_Z$)。

以上 3 个蚀变带呈过渡关系,相互间无明显的界线。

第三系(R)红色砾岩呈厚层状。岩石中砾石的大小极不均匀,大者可达 50cm,小者只有几毫米,一般为 3~5cm。砾石成分主要为花岗岩、千枚岩、板岩、云母片岩、砂岩等。砾石多较圆滑,胶结物主要为砂质黏土及铁质。大面积出露于矿区北半部,与板溪群地层呈断层接触。

**2. 构造**

矿区位于一轴向近东西(NEE)的倾伏背斜的北翼,地层倾向 NW330°~350°,倾角一般 40°~45°。第三系红色砾岩倾角较陡,一般为 45°~60°,褶皱轴部在矿区南部(图幅外),为大片黑云母花岗岩出露。

矿区内断裂构造较发育,$F_1$ 断层从东到西横穿整个矿区。断层下盘岩石非常破碎,形成角砾岩带。角砾大小不一,棱角分明。

破碎带宽度为 20~120m,断层走向 NEE,倾向 NW340°~345°,倾角 30°~45°,与板溪群地层产状基本一致。根据地表及少量深部工程的了解,该断层为一成矿前的正断层,延深可达 200m 以上。矿体基本上产于这个断层破碎带中,明显受其控制。

### 3. 岩浆岩

为黑云母花岗岩,出露于矿区南部(在图幅外,从略)。

### 4. 矿体特征

矿体呈透镜状、似脉状,大小不等,沿破碎带断续分布,形态比较复杂,沿走向和倾斜都有分支复合现象。在地表已发现有10个矿体。矿区东西两段各有一个不规则的透镜状矿体出露于地表,出露长度约350m。矿区中段,矿体呈小透镜体,一般长度只有30~50m。矿体厚度变化较大,西段为4~50m,中段为3m左右,东段为6~20m。矿体往深部逐渐变薄。由西段主矿体统计得到的矿体厚度变化系数($V_m$)为65.5%。矿体走向变化较大,西段矿体倾向NW320°~360°,中段矿体倾向NW330°~340°,东段矿体倾向NW320°~360°。矿体倾角变化较小,在30°~45°之间。从整体看,整个矿化带走向为70°~75°。

根据野外观察,矿石中的矿石矿物主要为闪锌矿(含Ga、Cd)、方铅矿(含Au、Ag),伴生矿物有黄铜矿及少量辉银矿、辉铋矿、黄铁矿等,此外可见到Zn、Pb、Cu的次生矿物。脉石矿物主要为石英、萤石,其次为重晶石、方解石。

矿石呈致密块状、不规则细脉状、浸染状构造。矿石中有用组分沿走向分布均匀,沿倾向分布不均匀。Zn的品位为2.32%~12.0%,变化系数($V_{Zn}$)为110%;Pb的品位为1.36%~3.75%,变化系数($V_{Pb}$)为125%;Cu的品位一般为0.3%左右。矿化较连续,见有无矿天窗和夹石,主矿体的含矿系数($K_p$)为0.8。

根据以上资料,初步认为该矿床为中温热液充填型铅锌矿床。

### 5. 矿产勘查工作

地表已按200m间距用主干探槽对矿带进行了较系统的揭露。个别地段已用100m间距辅助探槽进行了揭露。用工程揭露的矿体已进行取样分析。矿区已填制了1:2000地质图,并在矿区中部实测了$A—A'$地质剖面图,从而对矿区地质构造和地表矿体分布、规模、形态、产状及有用组分含量有一定程度的了解。同时对东西两个矿段各施工了一个钻孔,并在矿带中部+150m标高处施工了一个水平坑道,对深部矿化及构造情况已初步了解。基本上认为该矿床是一个具有一定规模的铅锌萤石矿床,其中伴生组分Cu也有利用潜力,值得进一步进行勘查。

### 6. 图件资料

(1)附图4  大云山铅锌矿综合地质图。
(2)附图5  $A—A'$实测地质剖面图。
(3)附图6  $B—B'$勘探线地质剖面图。
(4)ZK2钻孔资料如表Ⅴ-1所列。

表Ⅴ-1  ZK2钻孔资料

| 钻孔深度(m) | | | 地质记录 |
|---|---|---|---|
| 自 | 至 | 计 | |
| 0 | 44 | 44 | 第三纪红色砾岩 |
| 44 | 47 | 3 | 角砾岩化含矿带。44m处见断层破碎带,产状NW340°∠60° |
| 47 | 58 | 11 | 铅锌矿体,上盘倾角为45°,下盘倾角为40° |
| 58 | 120 | 62 | 绢云母绿泥石化硅化带 |

## (三)资料之三——铅锌矿床勘查类型划分标准

### 1. 矿体规模划分标准

矿体规模划分标准如表Ⅴ-2所列。

表Ⅴ-2 矿体规模划分标准

| 矿体规模 | 类型系数 | 矿产种类 | 长度(m) | 延深或宽(m) |
|---|---|---|---|---|
| 大 | 0.9 | Pb、Zn | >800 | >500 |
| 中 | 0.6 (0.3~0.6) | Pb、Zn | 300~800 | 200~500 |
| 小 | 0.3 (0.1~0.3) | Pb、Zn | <300 | <200 |

注：小型矿体长度<150m赋值0.1,150~200m赋值0.2,>200m赋值0.3;中型矿体300~500m赋值0.4,500~700m赋值0.5,>700m赋值0.6。

### 2. 矿体形态复杂程度分类

(1)简单。类型系数0.6。矿体形态为层状、似层状、大透镜状、大脉状、长柱状及筒状,内部无夹石或很少含夹石,基本无分支复合或分支复合有规律。

(2)较简单。复杂程度为中等,类型系数0.4。矿体形态为似层状、透镜状、脉状、柱状,内部有夹石,有分支复合。

(3)复杂。类型系数0.2。矿体形态主要为不规整的脉状、复脉状、小透镜状、扁豆状、豆荚状、囊状、鞍状、钩状、小圆柱状,内部夹石多,分支复合多且无规律。

### 3. 构造影响程度分类

(1)小。类型系数0.3。矿体基本无断层破坏或岩脉穿插,构造对矿体形状影响很小。

(2)中。类型系数0.2。有断层破坏或岩脉穿插,构造对矿体形状影响明显。

(3)大。类型系数0.1。有多条断层破坏或岩脉穿插,对矿体错动距离大,严重影响矿体形态。

### 4. 矿体厚度稳定程度

矿体厚度稳定程度如表Ⅴ-3所列。

表Ⅴ-3 矿体厚度稳定程度表

| 矿产种类 | 稳定程度 | 厚度变化系数(%) | 类型系数 |
|---|---|---|---|
| Pb、Zn | 稳定 | <50 | 0.6 |
| | 较稳定 | 50~80 | 0.4 |
| | 不稳定 | >80 | 0.2 |

### 5. 有用组分分布均匀程度

有用组分分布均匀程度如表Ⅴ-4所列。

表Ⅴ-4 有用组分分布均匀程度表

| 矿产种类 | 稳定程度 | 厚度变化系数(%) | 类型系数 |
|---|---|---|---|
| Pb、Zn | 均匀 | <80 | 0.6 |
| | 较均匀 | 80～180 | 0.4 |
| | 不稳定 | >180 | 0.2 |

### 6. 矿床勘查类型的划分

矿床勘查类型划分主要根据上述5个地质因素及其类型系数来确定,具体划分为3种勘查类型,如表Ⅴ-5所列。

表Ⅴ-5 矿床勘查类型实例

| 矿种 | 勘查类型 | 矿床实例 |
|---|---|---|
| Pb、Zn | 第Ⅰ勘查类型 | 云南金顶、湖南桃林 |
| | 第Ⅱ勘查类型 | 甘肃小铁山、云南老厂、江西银山 |
| | 第Ⅲ勘查类型 | 湖南水口山、辽宁关门山 |

(1)第Ⅰ勘查类型。为简单型,5个地质因素类型系数之和为2.5～3.0。主矿体规模大到巨大,形态简单到较简单,厚度稳定到较稳定,主要有用组分分布均匀到较均匀,构造对矿体影响小或中等。

(2)第Ⅱ勘查类型。为中等型,5个地质因素类型系数之和为1.7～2.4。主矿体规模中等到大,形态复杂到较复杂,厚度不稳定,主要有用组分分布较均匀到不均匀,构造对矿体形状影响明显。

(3)第Ⅲ勘查类型。为复杂型,5个地质因素类型系数之和为1.0～1.6。主矿体规模小到中等,形态复杂,厚度不稳定,主要有用组分较均匀到不均匀,构造对矿体形状影响明显到严重。

(四)资料之四——铅锌矿床各勘查类型工程间距

勘查类型工程间距如表Ⅴ-6所列。

表Ⅴ-6 铅锌矿床各勘查类型工程间距参考表

| 矿种 | 矿床勘查类型 | 勘查工程间距(m) | | | |
|---|---|---|---|---|---|
| | | 探明的 | | 控制的 | |
| | | 沿走向 | 沿倾向 | 沿走向 | 沿倾向 |
| Pb、Zn | Ⅰ | 80～100 | 50～100 | 160～200 | 100～200 |
| | Ⅱ | 40～50 | 30～50 | 80～100 | 60～100 |
| | Ⅲ | | | 40～50 | 30～50 |

注:探明的矿产资源/储量,在Ⅲ类型矿床中,因继续加密已达到矿山生产时采掘工程密度,故不再列出。

## 五、实习要求

### 1. 提交 4 幅设计图及一份实习报告

(1) 勘查地质设计剖面图。
(2) 在大云山铅锌矿综合地质图上做出勘查工程布置平面图。
(3) 勘查地质设计实习报告。

### 2. 填写下表 V-7

表 V-7

| | | |
|---|---|---|
| 勘查任务与要求 | | |
| 地质因素级别及勘查类型确定 | 规模大小 | |
| | 矿体形态复杂程度 | |
| | 构造影响程度 | |
| | 矿体厚度稳定程度 | |
| | 有用组分分布均匀程度 | |
| | 勘查类型总体评定 | |
| 勘查工程间距的确定 | | |
| 勘查工程总体布置方式的确定及依据 | | |
| 勘查技术手段及选择的依据 | | |
| 勘查重点地段及确定的依据 | | |
| 简述勘查工程施工顺序 | | |

# 实习六 岩芯钻孔地质编录

## 一、实习目的

明确岩芯钻孔地质编录的内容及要求。通过实际操作掌握岩芯地质编录方法,特别要掌握岩芯采取率和换层深度的计算方法。

## 二、方法原理

钻孔开工后,地质编录人员在钻探现场的编录工作包括如下的内容。

(一)根据钻探班报表检查孔深和进尺

设钻具总长为 $L$,机台高度为 $P$,主动钻杆的机上余尺为 $c$,则本回次孔深 $H_2$ 为:

$$H_2 = L - P - c$$

本回次进尺 $L_1$ 为本回次孔深 $H_2$ 与上一回次孔深 $H_1$ 之差:

$$L_1 = H_2 - H_1$$

(二)检查岩芯

(1)检查岩芯的放置是否按岩芯自然顺序正确放在岩芯箱内。

(2)岩芯编号是否正确,岩芯长度丈量是否准确。

(3)核对岩芯隔板上的数据。

(三)岩(矿)芯采取率计算

岩、矿芯采取率是单位进尺的岩、矿芯长度的百分数,即:

$$岩芯采取率 = \frac{岩芯长度(m)}{取芯孔段进尺(m)} \times 100\% \quad (Ⅵ-1)$$

根据取芯孔段的不同情况分为回次采取率和分层采取率。

**1. 回次岩芯采取率计算**

图 Ⅵ-1 是钻孔采取岩芯示意图。上一回次的孔深为 $H_1$,残留进尺为 $S_1$。从孔深 $H_1$ 继续向下钻进,本回次的孔深达到 $H_2$,残留进尺为 $S_2$。

从钻孔中取出岩芯,其长度为 $m$,$m = m_1 + m_2$(图 Ⅵ-1),与这一段岩芯相应的进尺 $M$ 为:

$$M = L_1 + S_1 - S_2$$

回次岩芯采取率 $k$ 则为:

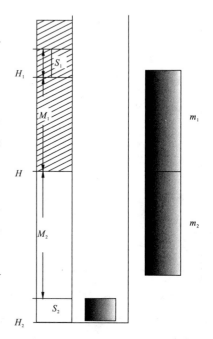

图 Ⅵ-1 岩芯采取率计算示意图

$$k = \frac{m}{M} \times 100\% = \frac{m}{L_1 + S_1 - S_2} \times 100\% \quad (\text{VI}-2)$$

**2. 分层岩芯采取率计算**

$$\text{分层岩芯采取率} = \frac{\text{分层岩芯长度(m)}}{\text{分层进尺(m)}} \times 100\% \quad (\text{VI}-3)$$

分层岩芯长度由统计各回次同一岩性的岩芯长获得。分层进尺则是该分层底的孔深与顶的孔深之差。

**(四)换层深度计算**

图 VI-1 中岩芯有两种不同的岩性,上部的岩芯长度为 $m_1$,其代表进尺 $M_1$ 为:

$$M_1 = m_1 / k \quad (\text{VI}-4)$$

换层孔深 $H$ 为:

$$H = H_1 + M_1 - S_1 \quad (\text{VI}-5)$$

或根据下部的岩芯长度为 $m_2$,其代表进尺 $M_2$ 为:

$$M_2 = m_2 / k \quad (\text{VI}-6)$$

换层孔深 $H$ 为:

$$H = H_2 - M_2 - S_2 \quad (\text{VI}-7)$$

**(五)轴心夹角测量**

轴心夹角是岩芯轴与各种面(层面、断裂面、节理面、片理面等)的夹角。测量轴心夹角,是钻探编录的一项重要工作。测量到的轴心夹角是局部产状,对研究矿体构造意义较大。测量轴心夹角有如下方法。

**1. 测量法**

采用量角器或测斜仪测量轴心夹角。有些单位制作了岩芯量角器,用岩芯量角器测量较准确、方便。所谓岩芯量角器如图 VI-2 所示,绘在透明薄膜上。量轴心夹角时,将其包裹在岩芯上,并使其下(上)端线重合成一直线,便能量得轴心夹角。

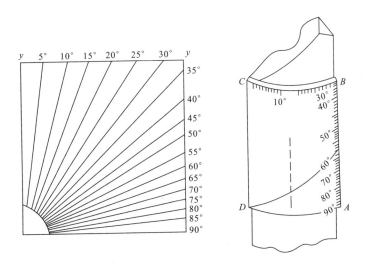

图 VI-2 岩芯量角器及其操作示意图

### 2. 计算法

如图Ⅵ-3所示，岩芯是圆柱体，任意倾角的平面与其交切，得到的切面为椭圆。椭圆的长、短轴分别为 $d_1$ 和 $d_2$。轴心夹角 $\alpha$ 是椭圆长轴 $d_1$ 与岩芯轴 $d$ 的夹角，于是有：

$$\sin\alpha = d/d_1 \quad (\text{Ⅵ}-8)$$

由于岩芯轴长度 $d$ 等于椭圆短轴长度 $d_2$，于是得：

$$\sin\alpha = d_2/d_1 \quad (\text{Ⅵ}-9)$$

$$\alpha = \arcsin(d_2/d_1) \quad (0 < \alpha < \pi) \quad (\text{Ⅵ}-10)$$

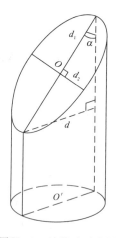

图Ⅵ-3 计算法示意图

### （六）填写钻孔野外记录表

钻孔野外记录表是最原始的钻孔编录资料。主要内容包括：各钻进回次的进尺及其岩矿芯采取率；换层孔深；按分层记录的岩性及其采集标本的编号；岩石硬度等级；简易水文地质观测，主要有钻孔水位及耗水量的记录和钻进中发现的孔内情况，如泛水、漏水、掉块等记录。

### （七）修改钻孔预想柱状图

修改钻孔预想柱状图是随钻探进行获得了新地质资料而修改钻孔地质设计的工作。地质编录人员应及时地修改以利于更好地指导钻探施工。

### （八）检查孔深验证、孔斜测量、简易水文观测

按设计要求检查孔深验证、孔斜测量、简易水文观测等工作。

丈量钻具验证孔深的工作，应按一定深度及时进行，特别是在见到矿体、重要标志层和下套管前后。孔深允许误差为1/1000，误差小于此数可直接修正记录孔深；大于此数则应进行合理平差。

地质编录人员要注意检查钻孔施工是否根据设计要求及时地进行孔斜测量以及测量结果是否符合设计要求。如果孔斜超过了设计要求应及时采取纠斜的措施，并在以后的施工中采取防斜措施。

简易水文观测的目的是获取划分含水层和相对隔水层的位置、厚度等资料，并初步了解含水层的水位。在钻孔地质设计中规定要进行简易水文观测的钻孔不能用泥浆钻进。钻探地质编录人员的主要任务是看钻探原始班报表中是否对简易水文观测的内容作全面、认真的填写，特别是所记录的静止水位是否真的是在水位静止时所做的记录。

### （九）封孔、立标

钻孔结钻后，根据各个矿区的具体情况，有的需要封孔。封孔前应提交封孔设计，明确封孔的孔段及其技术要求。封孔的质量要抽查。

施工结束，在孔口的位置立标，标明钻孔的孔号及施工日期和单位。标志可以用混凝土或石材制作。

### （十）终孔验收和小结

对完工钻孔必须进行终孔验收。验收工作由施工单位、地质单位的技术人员和有关领导一起进行，同时还应作地质小结。其内容主要有：钻孔设计的目的和施工结果；钻孔质量评述；主要地质成果和对地质矿产的新认识、经验教训等。

## 三、实习步骤

(1) 仔细阅读"方法原理"部分的内容,对岩芯钻探地质编录有全面的了解。

(2) 实际编录岩芯,其步骤为:

① 仔细观察岩芯,根据岩石、矿石特征将其分层,在有两种(或两种以上)不同岩性的回次,丈量不同岩性的岩芯长度 $m_1$、$m_2$;

② 将岩芯票上的原始数据填入附表Ⅵ-3中的3~7项;

③ 计算回次岩芯采取率;

④ 计算换层深度;

⑤ 计算分层岩芯采取率;

⑥ 测量(或计算)轴心夹角;

⑦ 分层描述各层的岩性、构造和矿化等现象及其变化情况;

⑧ 按比例尺绘制钻孔柱状图。

## 四、实习资料

表Ⅵ-1是某钻孔原始记录片段。

表Ⅵ-1 某钻孔原始记录片段

| 进尺(m) | | 岩芯长度(m) | 残留进尺(m) | 岩性 |
| --- | --- | --- | --- | --- |
| 自 | 至 | | | |
| | | | 0.54 | |
| 57.62 | 58.76 | 1.24 | 0.20 | 砂岩 |
| 58.76 | 59.43 | 0.57 | 0.15 | |
| 59.43 | 61.02 | 0.35 | 0.10 | |
| | | 0.73 | | |
| 61.02 | 63.14 | 2.01 | 0.10 | 页岩 |
| 63.14 | 64.78 | 1.35 | 0.15 | |
| 64.78 | 67.21 | 1.50 | 0.60 | |
| 67.21 | 69.30 | 1.80 | 0.20 | |
| | | 0.55 | | 灰岩 |
| 69.30 | 71.45 | 1.64 | 0.10 | |

## 五、实习要求

(1) 填写表Ⅵ-2,了解岩芯钻探现场编录的基本内容。

表 Ⅵ-2 钻探现场编录的基本内容

| 项目 | 具体内容 |
|---|---|
| 钻孔深度核算 | |
| 回次进尺核算 | |
| 检查岩芯的主要内容 | |
| 验证孔深的具体要求 | |
| 孔斜测量的具体要求 | |
| 简易水文观测的基本要求 | |

(2)根据实际的岩芯或利用实习资料所提供的资料练习岩芯编录,填表Ⅵ-3。

表 Ⅵ-3 岩芯钻孔地质编录

| 进尺(m) | | | 岩芯长度(m) | 残留进尺(m) | 回次采取率(%) | 换层深度及分层厚度(m) | 分层岩芯长(m) | 分层采取率(%) | 轴心夹角(°) | 钻孔柱状图 1:100 | 岩性 |
|---|---|---|---|---|---|---|---|---|---|---|---|
| 自 | 至 | 计 | | | | | | | | | |
| 3 | 4 | 5 | 6 | 7 | 8 | 9 | 10 | 11 | 12 | 13 | 14 |
| | | | | | | | | | | | |
| | | | | | | | | | | | |
| | | | | | | | | | | | |
| | | | | | | | | | | | |
| | | | | | | | | | | | |
| | | | | | | | | | | | |
| | | | | | | | | | | | |
| | | | | | | | | | | | |
| | | | | | | | | | | | |
| | | | | | | | | | | | |
| | | | | | | | | | | | |

# 实习七 钻孔投影

## 一、实习目的

钻孔投影（钻孔弯曲度校正）是制作各类剖面图、投影图时投绘钻孔资料的必要一步。通过本实习掌握该项技能，为综合图件编制打好基础。

## 二、方法原理

**1. 钻孔投影的原始资料**

钻孔投影是根据系统的孔斜测量结果进行的，即根据在一定的孔深所测量钻孔的倾角和方位角进行，如表Ⅶ-1所提供的数据。

表Ⅶ-1 某钻孔孔斜原始测量数据

| 测点编号 | 测量深度(m) | 倾角(°) | 方位角(°) | 备注 |
|---|---|---|---|---|
| 0 | 0 | 80 | 35 | 钻机安装时的倾角和方位角 |
| 1 | 50 | 78 | 45 | |
| 2 | 90 | 77 | 40 | |
| 3 | 125 | 75 | 50 | |

**2. 各测量点的控制深度和控制距离的计算**

设在 $i$ 点和 $i+1$ 点的测量深度分别为 $h_i$ 和 $h_{i+1}$（$i=1,2,\cdots,n$），则这两点间的控制深度 $h'_i$ 为：

$$h'_i = \frac{h_i + h_{i+1}}{2}$$

其中 $h'_0 = 0$（地表），$h'_{n+1} =$ 终孔深度。

控制距离则为相邻控制深度之差（表Ⅶ-2）。

表Ⅶ-2 某钻孔投影计算数据

| 计算孔段深度(m) | | | 倾角(°) | 方位角(°) | 备注 |
|---|---|---|---|---|---|
| 上控制点 | 下控制点 | 控制距离 | | | |
| 0 | 25 | 25 | 80 | 35 | |
| 25 | 70 | 45 | 78 | 45 | |
| 70 | 107.5 | 37.5 | 77 | 40 | |
| 107.5 | 134.5 | 27 | 75 | 50 | 134.5m为钻孔深度 |

## 3. 钻孔投影的解析法

1) 控制距离间线段的投影

线段投影原理是钻孔投影的基础。由于勘探线地质剖面垂直于矿体走向布置,所以最常用的是垂直投影。下面介绍垂直投影的方法原理。

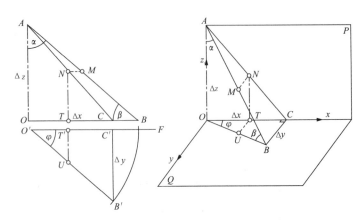

图Ⅶ-1　线段投影原理图

如图Ⅶ-1所示,$AB$ 是空间线段。$A$ 点在与勘探线剖面平行的垂直投影面 $P$ 上,$B$ 点在水平投影面 $Q$ 上。$A$ 点在 $Q$ 平面上的投影为 $O$。$OB$ 为 $AB$ 的水平投影。$OB$ 方向为 $AB$ 的方位,其方位角为 $\omega$。$AB$ 的倾角为 $\beta$,顶角为 $\alpha$。过 $B$ 点向 $P$、$Q$ 两平面的交线引垂线,交于 $C$ 点。$OC$ 方向为投影面 $P$ 的方位,方位角为 $\varepsilon$,这也就是剖面的方位角。剖面方位与线段方位的夹角 $\varphi$ 为:

$$\varphi = \omega - \varepsilon$$

$AC$ 为 $AB$ 在 $P$ 平面上的投影。这样一来,将线段 $AB$ 分解为在垂直方向上的分量 $\Delta z(AO)$,在剖面方向上的分量 $\Delta x(OC)$ 和偏离剖面的分量 $\Delta y(BC)$。

坐标系统如图Ⅶ-1所示。$x$ 为剖面方向;$y$ 为垂直于剖面的方向(即偏离剖面方向),在 $x$ 方向右侧为正,左侧为负;$z$ 为铅直方向,向上为正,向下为负。

令线段 $AB$ 的长度为 $l$,由图Ⅶ-1可得:

$$\Delta z = l\sin\beta \tag{Ⅶ-1}$$

$$OB = l\cos\beta \tag{Ⅶ-2}$$

$$\Delta x = OB\cos\varphi = l\cos\beta\cos\varphi \tag{Ⅶ-3}$$

$$\Delta y = OB\sin\varphi = l\cos\beta\sin\varphi \tag{Ⅶ-4}$$

2) 各控制点坐标的计算

已知 $A$ 点的坐标为 $(x_i, y_i, z_i)$,欲求 $B$ 点的坐标 $(x_{i+1}, y_{i+1}, z_{i+1})$。如果已计算得到两点间的增量 $\Delta x, \Delta y, \Delta z$,则:

$$x_{i+1} = x_i + \Delta x \tag{Ⅶ-5}$$

$$y_{i+1} = y_i + \Delta y \tag{Ⅶ-6}$$

$$z_{i+1} = z_i - \Delta z \tag{Ⅶ-7}$$

若孔口坐标已测定,在求得各段的坐标增量后,就可根据公式(Ⅶ-5)、(Ⅶ-6)、(Ⅶ-7)依次计算,得到各控制点的坐标。将各个控制点投在剖面图上,然后连接各点,就得到钻孔在剖面图上的投影。在平面图上一般不将全部钻孔投影线绘出,只绘矿层中点等特殊点的投影。

3) 钻孔中地质界线点的投影

地质界线点的投影计算,首先要确定该点落在哪个孔段,也就是要确定用于计算的倾角、方位角的数值。然后,要确定该点与计算孔段上控制点的距离,以便计算坐标增量。

例如,灰岩与页岩的换层深度为72.5m,从表Ⅶ-2可知,是计算孔段70m到107.5m间的一个点。与上控制点的距离为72.5-70=2.5(m)。用该计算孔段的倾角、方位角的数值,代入公式(Ⅶ-1)—(Ⅶ-4),计算出线段长度2.5m的坐标增量$\Delta x,\Delta y,\Delta z$。再根据上控制点的坐标和坐标增量$\Delta x,\Delta y,\Delta z$,代入公式(Ⅶ-5)—(Ⅶ-7),计算出灰岩与页岩换层点的坐标。

**4. 钻孔投影的作图法**

1) 钻孔投影

投影制图时,首先将图纸分为上、下两部分。下部所绘的是水平剖面$Q$的内容,上部所绘的是垂直剖面$P$的内容。对于每个孔段都有如下作图步骤:

①上半部,根据顶角$\alpha$和线段$AB$的长度,做出直角三角形$\triangle AOB$。$AO$为垂直分量$\Delta z$,$OB$为水平分量。

②下半部作一条与$OB$平行的直线$O'F$。起点$O'$为$AO$延长线与$O'F$的交点。以$O'$点为圆心,$OB$为半径画弧。

③从$O'$引射线$O'B'$,使$O'B'$与$O'F$的夹角为$\varphi$,$B'$点是射线与弧的交点。

④过$B'$点向$O'F$引垂线,交于$C'$点。$O'C'$为线段$AB$的$x$分量,$B'C'$为线段$AB$的$y$分量。

⑤将下半部的$C'$点投到上半部,在线段$OB$中间交于$C$点,连接$AC$即得到线段$AB$在平行于勘探线剖面的$P$平面上的投影。

整个钻孔的投影是分段投影的矢量和,即是各段重复上述方法作图,将相对应分量首尾相接,依次相连,最终得到如教科书所示的投影图。

2) 钻孔中地质界线点投影

在已有钻孔投影线的基础上,地质界线点的投影步骤为:①在投影图上半部空间线段(相当于$AB$线段)连线上,根据换层深度找出分层点(如图上的$M$点);②从$M$点引水平线,在$P$平面上的垂直投影线(相当于$AC$)上交于$N$点,即为地质界线点在垂直剖面上的投影;③将$N$点投到水平线$OB$上,得$T$点;④在平面图上,从$T'$($T$点与$T'$点是同一点在垂直投影面和水平投影面上的不同符号)做$O'F$的垂线交$O'B'$线(水平投影线)于$U$点,此点即为地质界线点在水平投影面上的投影。

## 三、实习步骤

(一)用解析法进行钻孔投影

(1)根据表Ⅶ-3所给出的数据和计算格式,计算出钻孔各控制点的坐标。
(2)根据表Ⅶ-4所给出的数据和计算格式,计算出钻孔各分层点的坐标。
(3)以1:1000比例尺,根据各控制点坐标,在剖面图上绘出钻孔的垂直投影线。
(4)在剖面图上,根据分层点坐标,投绘出分层位置,并绘出1cm宽的岩性花纹。
(5)在剖面图下方的平面图上,绘出孔口投影和见矿中心点投影。

表Ⅶ-3 钻孔控制点投影计算表

| 计算孔段深度(m) | | 控制距离 $l$ | 原始钻孔测斜结果 | | | 剖面方位角(°) $\varepsilon$ | 钻孔方位与剖面方位夹角(°) $\varphi=\omega-\varepsilon$ | $l$ 垂直分量 $\Delta z$(m) $\Delta z=l\sin\beta$ | 水平分量 $OB$(m) $OB=l\cos\beta$ | $l$ 沿剖面分量 $\Delta x$(m) $\Delta x=OB\cos\varphi$ | $l$ 偏离剖面分量 $\Delta y$(m) $\Delta y=OB\sin\varphi$ | 上控制点坐标(m) | | |
|---|---|---|---|---|---|---|---|---|---|---|---|---|---|---|
| 上控制点 | 下控制点 | | 深度(m) | 倾角(°) $\beta$ | 方位角(°) $\omega$ | | | | | | | 高程 $z$ | 距剖面起点距离 $x$ | 偏离剖面距离 $y$ |
| | | | | | | | | | | | | $z_{i+1}=$ $z_i-\Delta z$ | $x_{i+1}=$ $x_i+\Delta x$ | $y_{i+1}=$ $y_i+\Delta y$ |
| 0 | 25 | 25 | 0 | 78°00′ | 312°30′ | 312°30′ | 0°00′ | 24.45 | 5.20 | 5.20 | 0.00 | 542.74 | 72.40 | 0.00 |
| | | | 50 | 73°21′ | 325°00′ | 312°30′ | | | | | | 518.29 | 77.60 | 0.00 |
| | | | 100 | 71°35′ | 328°00′ | 312°30′ | | | | | | | | |
| | | | 180 | 71°00′ | 325°00′ | 312°30′ | | | | | | | | |
| | | 255 (终孔) | 250 | 70°30′ | 326°00′ | 312°30′ | | | | | | | | |

## 实习七 钻孔投影

表Ⅶ-4 钻孔分层点投影计算表

| 分层点孔深 (m) | 岩性 | 分层点至上控制点的距离 (m) $l$ | 分层点所在孔段上控制点坐标 (m) 孔深 | 分层点所在孔段上控制点坐标 (m) 高程 $z$ | 分层点所在孔段上控制点坐标 (m) 距剖面距起点距离 $x$ | 分层点所在孔段上控制点坐标 (m) 偏离剖面距离 $y$ | 分层点所在孔段倾角 (°) $\beta$ | 钻孔方位与剖面方位夹角 (°) $\varphi$ | $l$ 垂直分量 $\Delta z$ (m) | $l$ 水平分量 $OB$ (m) | $l$ 沿剖面分量 $\Delta x$ (m) | $l$ 偏离剖面分量 $\Delta y$ (m) | 分层点坐标 (m) 高程 $z$ | 分层点坐标 (m) 距剖面起点距离 $x$ | 分层点坐标 (m) 偏离剖面距离 $y$ |
|---|---|---|---|---|---|---|---|---|---|---|---|---|---|---|---|
| | | | | | | | | | $\Delta z = l\sin\beta$ | $OB = l\cos\beta$ | $\Delta x = OB\cos\varphi$ | $\Delta y = OB\sin\varphi$ | $z_{i+1} = z_i - \Delta z$ | $x_{i+1} = x_i + \Delta x$ | $y_{i+1} = y_i + \Delta y$ |
| 0.00 | | 0.00 | 0.00 | 542.74 | 72.40 | 0.00 | | | | | | | 542.74 | 72.40 | 0.00 |
| 35.00 | 坡积层 | 10.00 | 25.00 | 518.29 | 77.60 | 0.00 | | | | | | | | | |
| 170.45 | 花岗斑岩 | | | | | | | | | | | | | | |
| 185.25 | 矿层 | | | | | | | | | | | | | | |
| 255.00 | 花岗斑岩 | | | | | | | | | | | | | | |
| 177.85 | 见矿孔段中点 | | | | | | | | | | | | | | |

(二)用作图法进行钻孔投影

(1)根据表Ⅶ-3所给出的孔斜测量和孔段划分数据,以1:1000比例尺,根据各控制点坐标,在剖面图上绘出钻孔的垂直投影线。

(2)在剖面图上,根据分层点坐标,投绘出分层位置,并绘出1cm宽的岩性花纹。

(3)在剖面图下方的平面图上,绘出孔口投影和见矿中心点投影。

## 四、实习资料

表Ⅶ-3为钻孔控制点投影计算表。
表Ⅶ-4为钻孔分层点投影计算表。

## 五、实习要求

最好能完成不同方法的钻孔投影。若时间不足,可完成其中一种方法的投影。

# 实习八 地质剖面图类的编制

## 一、实习目的

了解剖面图类的编制方法。以勘探线地质剖面图编制为例,掌握根据勘查工程的资料编制地质剖面图的方法。

## 二、方法简述

地质剖面图类所反映的是矿体或矿体群(工业矿带)在给定方位的断面内的地质情况,是研究矿体空间变化性、计算矿产资源/储量的重要基础图件。剖面图类包括勘探线剖面图、中段平面图、纵剖面图、水平断面图等。上述剖面图,按其编制时所依据的资料,分为两大类:第一类是根据剖面内所观测到的直接资料编制;第二类是根据与之相垂直的剖面资料切制。当然,也有这两种资料兼而有之的情况。属于第一类的有勘探线剖面图、中段平面图(根据水平坑道的资料所作)等。这类剖面精度相对较高,可作为资源/储量计算图件。属于第二类的有根据勘探线剖面图切制的水平断面图等。这类图件精度相对较低,只是作为了解和研究矿体在不同方向上变化规律的辅助图件。为了便于叙述,将第一类地质剖面图称为直接资料剖面图,第二类地质剖面图称为内插资料剖面图。这两类剖面图的编制方法各有不同。

(一)直接资料剖面图的编制方法

所有直接资料剖面图,都是根据通过剖面的地表露头及勘探工程资料编制的。为了将勘查工程的资料准确空间定位,就必须对工程进行测量。根据测量成果,将工程标绘在具有坐标网格的剖面图上。由于钻探工程不可能严格地沿着剖面施工,这就产生将略微偏离剖面的工程的地质资料投绘到剖面图上的问题。最后,根据地质体在空间展布的客观规律,将在各个工程或露头上见到的孤立现象加以综合、连接。如果剖面图作为资源/储量计算用图,则图上应有块段划分方面的内容。一般在垂直剖面图上,要表现工程偏离剖面的情况,应该附平面图;而水平断面,则无此必要。剖面图应着重表现矿体的质量和空间展布,所以反映矿体质量的化验分析结果表则是必要资料,要附在图上。最后,将图件整饰上墨。据上述,将剖面图编绘的步骤分述如下:

(1)建立坐标系统。水平剖面图采用 $x$、$y$ 坐标的正方形坐标网(图Ⅷ-1)。垂直剖面图则采用高程 $h$ 及 $x$ 或 $y$ 坐标的矩形坐标网。$x$ 坐标或 $y$ 坐标的选定原则,一般是选与剖面线相交锐角较大的那一组坐标。单位距离 $\Delta x$ 或 $\Delta y$(例如 50m)所截的剖面线长度 $\Delta l$,可以根据剖面两端点 $A$、$B$ 的坐标计算得到。下面以 $y$ 坐标为例加以说明。

令剖面两端点为 $A(x_A, y_A, h_A)$、$B(x_B, y_B, h_B)$,坐标纵线与剖面线的夹角为 $\alpha$,则有

$$\tan\alpha = (y_B - y_A)/(x_B - x_A)$$

即: $\alpha = \arctan[(y_B - y_A)/(x_B - x_A)]$ $(0 \leqslant \alpha \leqslant \pi/2)$ (Ⅷ-1)

此时,在剖面图上两个相距为 $\Delta y$ 点的距离 $\Delta l$,可用下式计算:

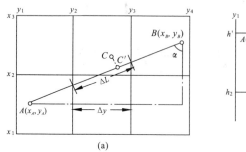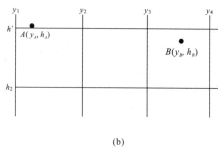

图 Ⅷ-1  建立坐标系统示意图
a. 平面图；b. 剖面图

$$\Delta l = \Delta y / \sin\alpha \qquad (\text{Ⅷ}-2)$$

(2) 地表资料在剖面上定位。所谓地表资料，是指地形线、地表地质界线及地质现象、地表工程、地下工程在地表的出口等。地表工程在剖面上定位，第一步是根据剖面端点的测量资料，将剖面两端点标到剖图上；第二步，根据剖面地表测量成果，将地表资料，按距剖面起点 $A$ 或终点 $B$ 的相对距离标到剖面图上；第三步，根据工程测量成果标绘工程位置，假如工程 $C$ 偏离剖面，则从 $C$ 向剖面线引垂线，得垂足 $C'$，将 $C'$ 点作为工程 $C$ 的位置标绘到剖面图上；第四步，标注工程的编号、采样位置及样品号。

(3) 地下资料在剖面上定位。如果勘查工程沿剖面施工，则直接按测量成果在剖面上标绘；如果偏离剖面，则要按实习七所述的方法将工程投影到剖面上。地下勘查工程的地质资料的标绘：坑探工程是根据工程原始地质编录缩成与剖面图相同的比例尺标绘到图上；钻孔则根据岩芯钻孔地质编录资料直接投影到剖面图上。标注工程编号、采样位置及样品号。

(4) 地质界线及矿体边界的连接。在综合分析、研究的基础上，根据地质体在空间展布的客观规律，连接工程间的岩层界线、矿体边界和断层等构造界线。为了使界线连接正确、合理，应注意相邻剖面的对比及在不同方向剖面上各种地质现象的联系。

(5) 如果剖面图作为资源/储量计算图件，则应在圈定的矿体内划分出各种矿石类型、各种资源/储量级别的界线，标注矿体编号、各级资源/储量块段的编号和面积以及块段的平均品位、矿量等信息。

(6) 如果是垂直剖面图，则应在剖面图下方绘出平面图。

(7) 在图的一侧编制取样及分析结果表，写上图名、比例尺、图签，绘图例（可以只绘矿区统一图例，不在每张剖面图上附图例）。

(二) 内插资料剖面图的切制方法

现以水平断面图的切制为例，其他方向断面切制方法类似。

(1) 建立坐标系统，方法如前。

(2) 在绘有坐标系统的图上，绘出各勘探线剖面的位置。如图 Ⅷ-2 中的 Ⅰ、Ⅱ、Ⅲ 各剖面的位置。

(3) 确定所要切制水平断面的高程，如图 Ⅷ-3 中切制高程为 +50m 的水平断面图。

(4) 将所要切制的水平的标高线与各勘探线剖面交切的地质界线点，投到水平断面图中相应的勘探线上。

(5)将剖面上的勘查工程与所要切制水平的标高线的交点,投到水平断面图中相应的勘探线上,并注记工程号。

(6)连接岩层界线、矿体边界和断层等构造界线。

(7)将图件整饰、上墨,绘上图名、比例尺、图签等内容。

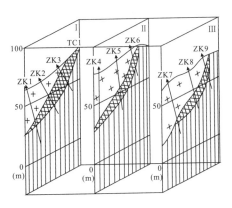

图Ⅷ-2 +50m水平断面的剖面图

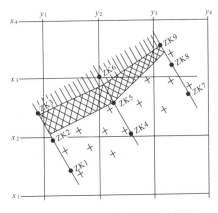

图Ⅷ-3 +50m水平断面示意图

## 三、实习内容

根据附录中提供的资料编制 $B—B'$ 勘探线剖面图,图件的比例尺为 $1:2000$。

## 四、实习步骤

(1)在《大云山铅锌矿综合地质图》上,根据表Ⅷ-1的数据,将 $B$、$B'$ 及 ZK1、ZK11、ZK12、ZK13、ZK14 各钻孔的孔口投到平面图上。

(2)在方格纸上建立坐标网。横坐标为高程,100m(图上为5cm)画一条水平线。纵坐标为 $x$ 坐标,自左至右,依次自 3 140.9—3 140.5,两条坐标线的间距可计算得到。

(3)在配有坐标网格的方格纸上,根据表Ⅷ-1的坐标值,投剖面起、止点 $B$、$B'$。注意,高程可直接投,而 $x$ 坐标值则需按公式(Ⅷ-2)换算。例如,起点 $B$ 的 $x$ 坐标为 3 140 912.50m,此点距 3 140.9km 坐标线的坐标差12.50m,但在图上,表现出的长度则为 $12.50/\sin\alpha \approx 13.31$m。

(4)根据表Ⅷ-2剖面测量的结果,将地形点和地质界线点投到图上,连起来就是地形线。地质界线的绘制,可参考大云山铅锌矿区的 $B—B'$ 剖面。

(5)根据表Ⅷ-3资料,将所有钻孔的资料绘上。其中,ZK14是斜孔,倾角75°,向SE方向倾斜,其余各钻孔是直孔。此外,根据所附的 $B—B'$ 剖面图,将已有穿脉巷道及探槽的资料投到图上。

(6)连接矿体界线及地质界线。

(7)在剖面图的下方绘制平面图。平面图为宽4cm的矩形,中间为勘探线。绘制方法,可参照教科书。

(8)图件整饰,写上图名、比例尺、图例、图签。剖面方位为165°。本次实习化学分析结果表可以略去。

表Ⅷ-1 工程测量结果表

| 工程号或点号 | $x(m)$ | $y(m)$ | $h(m)$ |
|---|---|---|---|
| 剖面起点 $B$ | 3 140 912.50 | 38 479 536.25 | 104.03 |
| 剖面终点 $B'$ | 3 140 492.30 | 38 479 690.10 | 238.15 |
| ZK1 孔口 | 3 140 790.64 | 38 479 582.15 | 127.21 |
| ZK11 孔口 | 3 140 752.13 | 38 479 597.60 | 137.35 |
| ZK12 孔口 | 3 140 831.60 | 38 479 563.31 | 118.10 |
| ZK13 孔口 | 3 140 872.38 | 38 479 551.42 | 113.05 |
| ZK14 孔口 | 3 140 724.43 | 38 479 605.92 | 145.78 |
| CD1 坑道口 | 3 140 714.66 | 38 479 610.32 | 148.00 |
| TC1 起点 | 3 140 700.59 | 38 479 614.67 | 154.21 |
| TC1 终点 | 3 140 540.25 | 38 479 672.45 | 217.31 |

表Ⅷ-2 $B—B'$ 剖面导线测量结果表

| 距起点 $B$ 的水平距离(m) | 高程(m) | 点的性质 |
|---|---|---|
| 0 | 104.03 | 起点 $B$ |
| 23.09 | 110.00 | 地形点 |
| 62.65 | 115.00 | 地形点 |
| 93.02 | 120.00 | 地形点 |
| 148.10 | 130.00 | 地形点 |
| 182.44 | 140.00 | 地形点 |
| 221.51 | 150.00 | 地形点 |
| 248.72 | 159.50 | R 与 Mz 界线点 |
| 261.23 | 165.30 | Mz 与 V 界线点 |
| 290.92 | 176.11 | V 与 Mz 界线点 |
| 298.88 | 180.20 | Mz 与 AnZ$_B$ 界线点 |
| 323.00 | 187.45 | AnZ$_B$ 与 AnZ$_C$ 界线点 |
| 349.02 | 197.03 | AnZ$_C$ 与 AnZ$_B$ 界线点 |
| 366.38 | 203.76 | AnZ$_B$ 与 AnZ$_D$ 界线点 |
| 384.56 | 210.00 | 地形点 |
| 409.64 | 220.00 | 地形点 |
| 430.54 | 230.00 | 地形点 |
| 447.50 | 238.15 | 终点 $B'$ |

表Ⅷ-3 钻孔地质情况简表

| 分层孔深(m) | | | | | 代号 | 岩性 |
|---|---|---|---|---|---|---|
| ZK1 | ZK11 | ZK12 | ZK13 | ZK14 | | |
| 79.95 | 49.50 | 98.00 | 116.98 | 20.89 | R | 砾岩 |
| 84.30 | 56.31 | 101.85 | 123.35 | 24.21 | M$_Z$ | 角砾岩化含矿带 |
| 89.50 | 60.42 | 103.07 | (该孔未见矿) | 33.14 | V | 矿体 |
| 95.41 | 69.38 | 110.76 | | 39.75 | M$_Z$ | 角砾岩化含矿带 |
| 103.60 | 76.50 | 120.60 | 140.77 | 47.54 | AnZ$_B$ | 硅化带(终孔深度) |

# 实习九　取样技术误差的评价

## 一、实习目的

通过本次实习学会评价技术误差的方法,其中包括随机误差和系统误差的评价,同时还要了解超差的处理方法。

## 二、方法原理

查明取样技术误差的主要方法是检查测量。化学分析结果用内部检查来评价化学分析中的偶然误差,用外部检查来评价化学分析中的系统误差。

(一)内部检查结果的评价方法

**1. 矿石允许误差计算**

矿产勘查规范确定的矿石允许误差计算公式如下:

$$\begin{cases} Y = C \times 20 X^{-0.60} & X \geqslant 3.08 \\ Y = C \times 12.5 X^{-0.182} & X < 3.08 \end{cases} \qquad (\text{IX}-1)$$

式中:$Y$—计算相对误差(%);

　　$C$—修正系数:Fe、Mn、Cr、Ni 各取 0.67,Cu、Pb、Mo 各取 1.0,Zn 取 1.50,Ag 取 0.40;

　　$x$—测定结果浓度值(%)。

**2. 以基本分析样的超差率来评价内部检查结果**

超差率是指被检查的样品中误差超过允许误差的样品数占检查样品总数的比率。

若超差率 > 30%,说明基本分析的质量是很差的,不合格,须复检或返工;若超差率 ≤ 30%,则这批样品合格。在计算超差率前,应先计算单个样品的相对误差:

$$Z = \frac{x - y}{x} \times 100\% \qquad (\text{IX}-2)$$

式中:$Z$—单个样品的相对误差;

　　$x$—基本分析结果;

　　$y$—检查分析结果。

然后,统计超差的样品数,计算超差率。

**3. 以平均误差来评价内部检查结果**

当平均误差超过允许误差的标准时,那就说明基本分析的质量是很不好的。平均误差的计算有两种:①以误差的代数和求平均值;②以误差的绝对值之和求平均值。这两种计算方法各有各的意义及用处。如果是为了考查偶然误差对求平均值的影响,则以代数和求平均误差为宜。

(二)外部分析结果的评价方法

对于外部检查分析结果,则需先确定是否有系统误差存在,然后确定其误差的大小。系

误差的检查除了以误差是否有系统的"+、-"号优势简单判断系统误差的存在外,目前常用的方法是 $t$ 检验法,其计算式:

$$t = \frac{|\bar{x} - \bar{y}|}{\sqrt{\frac{\sigma_x^2 + \sigma_y^2 - 2\gamma\sigma_x\sigma_y}{n}}} \quad (\text{Ⅸ}-3)$$

式中:$\bar{x}$ —原基本分析的平均品位;

$\bar{y}$ —检查分析的平均品位;

$\sigma_x$ —原基本分析的标准差;

$\sigma_y$ —检查分析的标准差;

$\gamma$ —相关系数;

$n$ —样品对数目;

$t$ —概率系数。

评价的准则是:当 $t>2$ 时,说明系统误差显著;当 $t \leqslant 2$ 时,说明系统误差不显著。而其误差的大小则以比值 $f$ 来表征:

$$f = \bar{y}/\bar{x} \quad (\text{Ⅸ}-4)$$

在储量计算时,在不得已的极少情况下,允许根据 $f$ 值对基本分析结果进行校正,即:

$$y = f \times x \quad (\text{Ⅸ}-5)$$

式中:$y$ —校正值;

$x$ —化验值。

但往往需要降低原储量类别。

### 三、实习步骤

(1)阅读"方法原理",了解取样技术误差评价的基本方法。

(2)计算表Ⅸ-1及表下方的计算内容,其中允许误差根据式(Ⅸ-1)计算,相对误差根据式(Ⅸ-2)计算。

(3)做出这批样品的内部检查结果评价。评价可从两方面做出,其一是这批样品超差率是否超过允许范围,其二是基本分析平均值的允许误差是否大于绝对误差平均值的相对误差或绝对误差绝对值平均值的相对误差,如大于则合格。

(4)计算表Ⅸ-2及表下方的计算内容,算出 $t$ 值。

(5)做出这批样品的外部检查结果评价,先作误差是否有系统的"+、-"号优势分析,再根据 $t$ 值做出有无显著的系统误差的判断。

### 四、实习资料

表Ⅸ-1 Cu 品位内部检查结果评价计算表;

表Ⅸ-2 Cu 品位外部检查结果评价计算表。

表 Ⅸ-1　Cu 品位内部检查结果评价计算表

| 序号 | 分析结果(%) | | 绝对误差 $z_i$ (2)−(3) | 绝对误差绝对值 $|z_i|$ | 相对误差 $\Delta_i$(%) (5)/(2) | 允许误差 $Y_i$(%) | 超差判定 √—未超 ×—超差 |
|---|---|---|---|---|---|---|---|
| | 基本分析 $x_i$ | 检查分析 $y_i$ | | | | | |
| (1) | (2) | (3) | (4) | (5) | (6) | (7) | (8) |
| 1 | 0.60 | 0.80 | | | | | |
| 2 | 0.93 | 0.85 | | | | | |
| 3 | 2.15 | 2.32 | | | | | |
| 4 | 0.52 | 0.45 | | | | | |
| 5 | 0.23 | 0.22 | | | | | |
| 6 | 7.85 | 7.40 | | | | | |
| 7 | 17.65 | 17.60 | | | | | |
| 8 | 1.38 | 1.57 | | | | | |
| 9 | 0.99 | 1.10 | | | | | |
| 10 | 0.42 | 0.37 | | | | | |
| 11 | 2.35 | 2.65 | | | | | |
| 12 | 0.90 | 1.05 | | | | | |
| 13 | 2.17 | 2.02 | | | | | |
| 14 | 1.22 | 1.32 | | | | | |
| 15 | 1.90 | 1.75 | | | | | |
| 16 | 0.60 | 0.62 | | | | | |
| 17 | 0.37 | 0.35 | | | | | |
| 18 | 0.20 | 0.32 | | | | | |
| 总和 | | | | | | | |

基本分析平均值　$\bar{x} = \sum_{i=1}^{18} x_i / 18 =$

绝对误差平均值　$\bar{z} = \sum_{i=1}^{18} z_i / 18 =$　　该值相对误差 $\Delta = \bar{z}/\bar{x} \times 100\% =$

绝对误差绝对值平均值　$|\bar{z}| = \sum_{i=1}^{18} |z_i| / 18 =$　　该值相对误差 $\Delta = |\bar{z}|/\bar{x} \times 100\% =$

基本分析平均值允许相对误差(根据式Ⅸ-1计算)=

超差率 $= \dfrac{超差样品数}{样品总数} \times 100\% =$

评价结论：

表 IX-2 Cu 品位外部检查结果评价计算表

| 序号 | 分析结果(%) | | 绝对误差 $z_i$ (2)−(3) | $x_i^2$ | $y_i^2$ | $x_i y_i$ |
|---|---|---|---|---|---|---|
| | 基本分析 $x_i$ | 检查分析 $y_i$ | | | | |
| (1) | (2) | (3) | (4) | (5) | (6) | (7) |
| 1 | 2.3 | 2.5 | −0.20 | 5.29 | 6.25 | 5.75 |
| 2 | 1.0 | 1.7 | −0.70 | 1.00 | 2.89 | 1.70 |
| 3 | 0.4 | 0.6 | −0.20 | 0.16 | 0.36 | 0.24 |
| 4 | 1.3 | 1.3 | 0.00 | 1.69 | 1.69 | 1.69 |
| 5 | 1.0 | 1.5 | −0.50 | 1.00 | 2.25 | 1.50 |
| 6 | 3.7 | 4.2 | −0.50 | 13.69 | 17.64 | 15.54 |
| 7 | 1.6 | 2.4 | −0.80 | 2.56 | 5.76 | 3.84 |
| 8 | 1.0 | 1.5 | −0.50 | 1.00 | 2.25 | 1.50 |
| 9 | 2.0 | 3.2 | −1.20 | 4.00 | 10.24 | 6.40 |
| 10 | 9.3 | 10.3 | −1.00 | 86.49 | 106.09 | 95.79 |
| 11 | 4.2 | 4.5 | −0.30 | 17.64 | 20.25 | 18.90 |
| 12 | 6.2 | 7.0 | −0.80 | 38.44 | 49.00 | 43.40 |
| 13 | 4.5 | 5.2 | −0.70 | 20.25 | 27.04 | 23.40 |
| 14 | 2.3 | 3.4 | −1.10 | 5.29 | 11.56 | 7.82 |
| 15 | 1.1 | 1.6 | −0.50 | 1.21 | 2.56 | 1.76 |
| 16 | 1.2 | 2.1 | | | | |
| 17 | 0.9 | 1.4 | | | | |
| 18 | 2.0 | 3.4 | | | | |
| 19 | 2.3 | 3.4 | | | | |
| 20 | 2.5 | 4.1 | | | | |
| 21 | 1.4 | 1.9 | | | | |
| 22 | 1.8 | 2.1 | | | | |
| 23 | 1.0 | 1.3 | | | | |
| 24 | 0.7 | 0.9 | | | | |
| 25 | 0.5 | 0.8 | | | | |
| 总计 | | | | | | |

$$\bar{x} = \sum_{i=1}^{n} x_i / n =$$

$$\bar{y} = \sum_{i=1}^{n} y_i / n =$$

$$\sigma_x = \sqrt{\frac{\sum_{i=1}^{n} x_i^2 - (\sum_{i=1}^{n} x_i)^2 / n}{n}} =$$

$$\sigma_y = \sqrt{\frac{\sum_{i=1}^{n} y_i^2 - (\sum_{i=1}^{n} y_i)^2 / n}{n}} =$$

$$\sigma_{xy} = \frac{\sum_{i=1}^{n} x_i y_i - (\sum_{i=1}^{n} x_i)(\sum_{i=1}^{n} y_i) / n}{n} =$$

$$\gamma = \frac{\sigma_{xy}}{\sigma_x \sigma_y} =$$

$$t = \frac{|\bar{x} - \bar{y}|}{\sqrt{\frac{\sigma_x^2 + \sigma_y^2 - 2\gamma \sigma_x \sigma_y}{n}}} =$$

$$f = \bar{y} / \bar{x} =$$

评价结论：

# 实习十 矿体边界线的圈定

## 一、实习目的

通过本实习,进一步了解矿产工业指标的含义、功能和重要意义,掌握根据工业指标合理圈定矿体的方法与程序。

## 二、实习要求

根据矿产工业指标,在第Ⅱ勘探线剖面上圈定矿体,并划分出经济储量和边际经济储量。

## 三、方法原理

圈定矿体就是要确定矿体的边界线,按照边界线的性质常分为经济储量和边际经济储量界线、储量等级边界线、矿石类型和品级边界线,等等。本次实习圈定的是经济储量和边际经济储量边界线。

经济储量边界线,亦称可采边界线,它是根据最低工业品位和最小可采厚度或最低工业百分值等矿产工业指标所圈定出来的矿体边界线,由此边界线圈定的矿产储量为能利用的储量。

边际经济储量边界线,是根据边界品位圈定的矿体边界线,由此边界线圈定的矿产储量,由于未能满足最低工业品位或最小可采厚度或最低工业米百分值等矿产工业指标的要求,为暂不能利用的储量。

矿体边界线的圈定,一般是在平面图、剖面图或投影图上,根据原始地质编录和化学分析资料,以工业指标为标准,结合矿体地质特征、勘探工程间距及见矿情况等方面因素,全面考虑进行的。先在单个工程内圈定矿体,然后再根据全部见矿工程,在剖面图、中段地质图或纵投影图上沿矿体走向和倾斜方向圈定与连接矿体的各斜边界线。具体方法详见教科书。

## 四、实习步骤

(1)熟悉实习资料,了解矿床地质特征及矿床勘探工程情况,尤其是相邻勘探线矿体圈定的情况。

(2)熟悉该矿床所采用的矿产工业指标(见表Ⅹ-1)及矿体圈定的具体要求。

(3)单个工程中矿体边界的确定(表Ⅹ-2)。

①根据工业指标中的边界品位,确定单个工程中矿体的上、下盘界线点,也就是矿与非矿分界点。

②根据工业指标中的最大夹石厚度(夹石剔除厚度),处理单个工程中两见矿段之间小于边界品位的样品(提示:若其厚度等于或小于最大夹石厚度的不用剔除,参加储量计算;若其厚度大于最大夹石厚度的应剔除作为夹石,即无矿的天窗,不能参加储量计算)。

③根据工业指标中的最低工业品位和最小可采厚度,确定经济储量和边际经济储量(提

示：用表Ⅹ-2，计算各个工程中的矿体的平均品位和厚度，将大于最低工业品位且大于最小可采厚的部分划为经济储量，其余的划为边际经济储量）。

（4）剖面上矿体边界线的圈定。

①见矿勘探工程之间矿体边界线的连接。首先将已确定的相邻勘探工程中矿体上、下盘界点依次用直线相连接，即得到矿体的边界线；然后将已确定的相邻勘探工程中经济储量的界点依次用直线相连接，即得到矿体经济储量的边界线。

②矿体内插。如果相邻两个工程一个见到工业矿体，而另一个虽然见到矿化，但未达到工业要求，此时，经济的矿体的尖灭点必定在两个工程之间，可分两种情况处理：

a. 当矿体的厚度或品位呈规律性变化时，可采用厚度或品位的内插法或者自然尖灭法求得最低可采厚度，或最低工业品位的空间位置并加以连接。

b. 当矿体的厚度或品位的变化无规律可循时，可以两工程间距的中点作为工业矿体边界线的位置。

③矿体外推。如果一个工程见矿，而另一个工程未见矿，或外面没有工程控制，这时应进行矿体边界线的外推。前者称为有限外推，后者称为无限外推。具体外推可分3种情况处理：

a. 根据矿体变化的趋势，用自然尖灭法处理。

b. 根据勘探工程的间距，外推1/2、1/3或1/4尖灭处理。

c. 根据地质构造特征进行外推处理。

表Ⅹ-1　某矽卡岩矿床的工业指标

| 矿种 | 边界品位（%） | 最低工业品位（%） | 最小可采厚度(m) | 最大夹石厚度(m) |
|---|---|---|---|---|
| 铜矿 | 0.3 | 0.5 | 1 | 2 |

## 五、实习资料

某矽卡岩型铜矿床经过正规的勘探工作，做出了一系列的勘探线剖面图，对矿体已有相当程度的了解。矿体产于闪长岩与石灰岩接触带的矽卡岩中，由闪长岩向外依次为：含磁铁矿及少量黄铜矿的矽卡岩、铜矿体、含黄铁矿及少量黄铜矿的矽卡岩、纯矽卡岩（主要由石榴石组成）、大理岩、石灰岩。铜矿体呈透镜状。矿石中除石榴石等矽卡岩矿物外，主要金属矿物为磁铁矿、黄铜矿、黄铁矿等。黄铜矿主要呈浸染状分布，品位在各部分不均匀，在矿体内有贫矿夹层，向边缘亦为逐渐过渡。氧化带之淋失现象不显著，铁帽发育，矿床属第Ⅲ勘探类型。勘探线间距100m，勘探线上钻孔间距为60m，要求较高级储量的地段已用坑道检查。该矿床的第Ⅱ勘探线剖面如附图7所示，钻孔及坑道的品位资料如表Ⅹ-2、Ⅹ-3所列，矿石体重3.5t/m³。

## 实习十 矿体边界线的圈定

表 X-2 第Ⅱ勘探线工程取样分析结果及参数计算表

| 工程及编号 | 样品号 | 样品长度(m) | 分析结果 Cu(%) | 样品长度与分析结果乘积 | 该工程矿体视厚度(m) | 该工程矿体平均品位 Cu(%) | 储量分类 |
|---|---|---|---|---|---|---|---|
| TC2 | 1 | 0.90 | 0.08 | | | | |
| | 2 | 0.85 | 0.10 | | | | |
| | 3 | 1.05 | 0.13 | | | | |
| | 4 | 1.20 | 0.11 | | | | |
| | 5 | 1.15 | 0.17 | | | | |
| | 6 | 0.95 | 0.09 | | | | |
| | 7 | 0.85 | 0.15 | | | | |
| | 8 | 1.10 | 0.07 | | | | |
| | 9 | 1.05 | 0.06 | | | | |
| | 10 | 0.95 | 0.04 | | | | |
| | 11 | 0.95 | 0.18 | | | | |
| | 12 | 0.80 | 0.13 | | | | |
| | 13 | 1.20 | 0.10 | | | | |
| | 14 | 1.10 | 0.25 | | | | |
| | 15 | 1.05 | 0.21 | | | | |
| | 16 | 0.85 | 0.13 | | | | |
| | 17 | 1.10 | 0.17 | | | | |
| | 18 | 1.05 | 0.21 | | | | |
| | 19 | 0.90 | 0.23 | | | | |
| | 20 | 0.95 | 0.17 | | | | |
| | 21 | 1.00 | 0.25 | | | | |
| | 22 | 1.05 | 0.32 | | | | |
| | 23 | 0.95 | 0.34 | | | | |
| | 24 | 0.90 | 0.41 | | | | |
| | 25 | 1.10 | 0.39 | | | | |
| | 26 | 1.20 | 0.54 | | | | |
| | 27 | 1.00 | 0.61 | | | | |
| | 28 | 0.90 | 0.47 | | | | |
| | 29 | 0.95 | 0.71 | | | | |
| | 30 | 0.70 | 0.95 | | | | |
| | 31 | 0.60 | 0.66 | | | | |
| | 32 | 0.90 | 0.81 | | | | |
| | 33 | 0.90 | 0.76 | | | | |
| | 34 | 0.85 | 0.54 | | | | |
| | 35 | 0.90 | 0.67 | | | | |

续表 X-2

| 工程及编号 | 样品号 | 样品长度(m) | 分析结果 Cu(%) | 样品长度与分析结果乘积 | 该工程矿体视厚度(m) | 该工程矿体平均品位 Cu(%) | 储量分类 |
|---|---|---|---|---|---|---|---|
| TC2 | 36 | 1.00 | 0.47 | | | | |
| | 37 | 1.10 | 0.54 | | | | |
| | 38 | 1.10 | 0.55 | | | | |
| | 39 | 1.00 | 0.60 | | | | |
| | 40 | 0.90 | 0.71 | | | | |
| | 41 | 0.90 | 0.65 | | | | |
| | 42 | 1.00 | 0.47 | | | | |
| | 43 | 1.10 | 0.49 | | | | |
| | 44 | 1.20 | 0.71 | | | | |
| | 45 | 1.10 | 0.73 | | | | |
| | 46 | 1.00 | 0.45 | | | | |
| | 47 | 0.90 | 0.51 | | | | |
| | 48 | 1.10 | 0.37 | | | | |
| | 49 | 1.00 | 0.37 | | | | |
| | 50 | 1.00 | 0.33 | | | | |
| | 51 | 0.90 | 0.25 | | | | |
| | 52 | 0.95 | 0.23 | | | | |
| | 53 | 1.15 | 0.21 | | | | |
| | 54 | 0.90 | 0.24 | | | | |
| | 55 | 1.10 | 0.18 | | | | |
| | 56 | 1.00 | 0.10 | | | | |
| | 57 | 1.10 | 0.09 | | | | |
| | 58 | 0.95 | 0.11 | | | | |
| | 59 | 0.85 | 0.14 | | | | |
| | 60 | 1.10 | 0.10 | | | | |
| | 61 | 1.00 | 0.09 | | | | |
| | 62 | 1.05 | 0.15 | | | | |
| | 63 | 0.85 | 0.05 | | | | |
| | 64 | 0.15 | 0.14 | | | | |
| | 65 | 0.95 | 0.15 | | | | |
| | 66 | 1.05 | 0.07 | | | | |
| | 67 | 0.90 | 0.06 | | | | |
| | 68 | 1.10 | 0.12 | | | | |
| | 69 | 1.05 | 0.09 | | | | |
| | 70 | 0.85 | 0.12 | | | | |

续表X-2

| 工程及编号 | 样品号 | 样品长度（m） | 分析结果 Cu(%) | 样品长度与分析结果乘积 | 该工程矿体视厚度(m) | 该工程矿体平均品位 Cu(%) | 储量分类 |
|---|---|---|---|---|---|---|---|
| TC2 | 71 | 1.15 | 0.08 | | | | |
| | 72 | 0.90 | 0.07 | | | | |
| | 73 | 1.10 | 0.05 | | | | |
| | 74 | 0.90 | 0.03 | | | | |
| Ⅱ-ZK1 | 75 | 1.00 | 0.11 | | | | |
| | 76 | 1.05 | 0.07 | | | | |
| | 77 | 0.95 | 0.17 | | | | |
| | 78 | 0.85 | 0.13 | | | | |
| | 79 | 1.20 | 0.12 | | | | |
| | 80 | 0.95 | 0.21 | | | | |
| | 81 | 0.90 | 0.21 | | | | |
| | 82 | 1.10 | 0.19 | | | | |
| | 83 | 0.15 | 0.24 | | | | |
| | 84 | 0.95 | 0.28 | | | | |
| | 85 | 0.90 | 0.31 | | | | |
| | 86 | 0.90 | 0.45 | | | | |
| | 87 | 1.10 | 0.57 | | | | |
| | 88 | 1.05 | 0.78 | | | | |
| | 89 | 0.95 | 0.95 | | | | |
| | 90 | 1.10 | 0.84 | | | | |
| | 91 | 1.20 | 0.51 | | | | |
| | 92 | 1.10 | 0.27 | | | | |
| | 93 | 0.95 | 0.59 | | | | |
| | 94 | 0.85 | 0.67 | | | | |
| | 95 | 0.80 | 0.61 | | | | |
| | 96 | 1.05 | 0.57 | | | | |
| | 97 | 0.90 | 0.27 | | | | |
| | 98 | 1.10 | 0.26 | | | | |
| | 99 | 0.90 | 0.55 | | | | |
| | 100 | 0.80 | 0.61 | | | | |
| | 101 | 1.00 | 0.39 | | | | |
| | 102 | 0.90 | 0.33 | | | | |
| | 103 | 1.00 | 0.09 | | | | |
| | 104 | 1.15 | 0.07 | | | | |
| | 105 | 0.85 | 0.05 | | | | |
| | 106 | 1.00 | 0.06 | | | | |

续表X-2

| 工程及编号 | 样品号 | 样品长度(m) | 分析结果Cu(%) | 样品长度与分析结果乘积 | 该工程矿体视厚度(m) | 该工程矿体平均品位Cu(%) | 储量分类 |
|---|---|---|---|---|---|---|---|
| Ⅱ-ZK2 | 107 | 0.95 | 0.09 | | | | |
| | 108 | 0.90 | 0.15 | | | | |
| | 109 | 1.00 | 0.12 | | | | |
| | 110 | 1.15 | 0.25 | | | | |
| | 111 | 1.10 | 0.27 | | | | |
| | 112 | 1.05 | 0.41 | | | | |
| | 113 | 1.00 | 0.20 | | | | |
| | 114 | 0.95 | 0.23 | | | | |
| | 115 | 0.90 | 0.17 | | | | |
| | 116 | 1.10 | 0.14 | | | | |
| | 117 | 1.05 | 0.24 | | | | |
| | 118 | 0.90 | 0.25 | | | | |
| | 119 | 1.10 | 0.24 | | | | |
| | 120 | 1.10 | 0.37 | | | | |
| | 121 | 0.90 | 0.49 | | | | |
| | 122 | 0.85 | 0.58 | | | | |
| | 123 | 1.20 | 0.97 | | | | |
| | 124 | 1.00 | 0.88 | | | | |
| | 125 | 1.10 | 0.91 | | | | |
| | 126 | 0.95 | 0.16 | | | | |
| | 127 | 0.95 | 0.96 | | | | |
| | 128 | 0.80 | 0.71 | | | | |
| | 129 | 1.10 | 0.54 | | | | |
| | 130 | 1.10 | 0.40 | | | | |
| | 131 | 0.90 | 0.29 | | | | |
| | 132 | 1.05 | 0.24 | | | | |
| | 133 | 0.95 | 0.21 | | | | |
| | 134 | 1.10 | 0.19 | | | | |
| | 135 | 1.00 | 0.16 | | | | |
| | 136 | 0.95 | 0.13 | | | | |
| | 137 | 1.00 | 0.10 | | | | |
| | 138 | 1.05 | 0.09 | | | | |

表 X-3  第 Ⅱ 勘探线部分工程参数表

| 工程号 | 起始样号 | 终止样号 | 样品长度与分析结果乘积总合 | 该工程矿体视厚度(m) | 该工程矿体平均品位 Cu(%) | 储量分类 |
|---|---|---|---|---|---|---|
| Ⅱ-ZK3 | 146 | 148 | 1.074 | 3.01 | 0.346 | 边际经济的 |
| | 155 | 169 | 8.950 | 14.90 | 0.601 | 经济的 |
| Ⅱ-ZK4 | 179 | 179 | 0.522 5 | 0.95 | 0.550 | 边际经济的 |
| | 190 | 192 | 1.871 | 3.05 | 0.613 | 经济的 |
| CD2 | 213 | 216 | 1.506 | 4.00 | 0.376 | 边际经济的 |
| | 233 | 250 | 13.364 | 18.00 | 0.742 | 经济的 |

# 实习十一　平行断面法资源/储量估算

## 一、实习目的

通过本实习,熟悉断面法估算资源/储量的一般原理,掌握平行断面法资源/储量估算的程序、方法和具体步骤。

## 二、实习要求

(1)掌握坑、钻及断面、块段等平均品位的估算方法。
(2)用方格法估算面积。
(3)估算出一个块段的铜储量,本应按不同级别的矿石分别估算储量,但因实习时间所限,暂不要求。
(4)本次实习只要求估算能利用储量,暂不能利用储量的估算可留作同学们课外练习,进一步巩固所学的有关知识。

## 三、方法原理

断面法估算储量,要求勘探工程有规律地布置,即沿垂直的或水平的剖面揭穿矿体,便于做出垂直的或水平的断面图(剖面图)。应用若干个断面(或剖面)将矿体划分若干个块段,分别估算这些块段的储量,然后将各块段的储量相加,即为矿体的总储量。断面法是以勘探剖面(断面)图或中段平面图为基础的,它的实质是将剖面上的资料外推到控制范围中去。根据断面是否彼此平行,可分为平行断面法和不平行断面法两种。本次实习只应用平行断面法。

平行断面法的前提是勘探剖面(断面)之间是相互平行的,以两个断面间的块段作为储量估算基本单元,在断面图上根据既定的工业指标,先将矿体的边界圈定以后,利用求积仪或曲线仪,或采用透明方格纸、几何图形等方法,测量断面上矿体的面积,然后估算相邻断面间各块段的体积。再结合矿体各块段的平均品位和平均体重等参数,估算出各块段的矿石储量和金属储量。最后估算出总矿石储量和金属储量。

## 四、实习步骤

(1)应用透明方格纸测量第Ⅱ和第Ⅲ勘探线剖面图(附图8)上能利用矿体的面积,并将测定结果经过比例尺换算后,填入表Ⅺ-3和表Ⅺ-4中。
(2)估算块段的平均品位。
①应用上次实习估算的第Ⅱ剖面各勘探工程矿石的平均品位,并将这些值填入表Ⅺ-1。剖面Ⅲ各勘探工程矿石的平均品位,已在表Ⅺ-1中给出。
②用算术平均法估算断面的平均品位,将估算结果填入表Ⅺ-1。
③用加权平均法估算每一断面的平均品位,将估算结果填入表Ⅺ-2。

④根据以上估算结果,用算术平均法和加权平均法估算块段的矿石平均品位,完成表Ⅺ-3。

(3)估算块段的矿体体积,并将估算结果填入表Ⅺ-4中。

在估算块段矿体体积时,应根据相邻两剖面矿体的几何形态和相对面积比,选择合理的估算公式,通常有以下几种情况:

①当相邻两断面的矿体形状相似,且其相对面积差小于40%时,用梯形体公式估算体积:

$$V = l(S_1 + S_2)/2$$

②当相邻两断面的矿体形状虽相似,但其相对面积差大于40%时,用截面圆锥体公式估算体积:

$$V = l(S_1 + S_2 + \sqrt{S_1 S_2})/3$$

③矿体两端边缘部的块段,由于只有一个断面控制或另一断面上矿体面积为零时,根据矿体尖灭的特点,其体积可用不同公式估算。

当矿体作楔形尖灭时,块段体积可用楔形公式估算:

$$V = l \times S_1/2$$

当矿体作锥形尖灭时,块段体积可用锥形公式估算:

$$V = l \times S_1/3$$

上述各公式中:

$V$——块段的矿体体积($m^3$);

$l$——两断面之间的距离(m);

$S_1$、$S_2$——块段上矿体在相邻两剖面上对应面积($m^2$)。

(4)估算块段矿体的矿石储量和金属储量,将结果填入表Ⅺ-5中。

①矿石平均体重为3.5t/$m^3$,体重乘以块段体积,即为块段矿石储量,即:

$$Q = V\bar{d}$$

式中:$Q$——块段的矿石储量;

$V$——块段的矿体体积;

$\bar{d}$——块段矿石的平均体重。

②将块段的矿石储量乘以块段矿石的平均品位,即得块段的金属储量,即:

$$P = Q\bar{C}$$

式中:$P$——块段的金属储量;

$\bar{C}$——块段矿石的平均品位。

表Ⅺ-1 块段矿石平均品位估算表

| 块段号 | 断面号 | 断面算术平均品位 $\bar{C}_1$(%) | 断面厚度加权品位 $\bar{C}_2$(%) | 断面面积 $S$($m^2$) | $\bar{C}_2 \times S$ |
|---|---|---|---|---|---|
| No.2 | No.Ⅱ<br>No.Ⅲ | | | | |
| 总和 | | | | | |
| 块段算术平均品位 | | | 块段面积加权平均品位 | | |

表 XI-2　断面法储量估算表

| 块段号 | 断面号 | 断面面积(m²) | 断面间距(m) | 块段体积(m³) | 矿石体重(t/m³) | 矿石储量(t) | 块段品位(%) | 金属储量(t) | 平均品位估算方法 |
|---|---|---|---|---|---|---|---|---|---|
| No. 2 | No. Ⅱ | | | | | | | | 算术平均 |
| | No. Ⅲ | | | | | | | | 加权平均 |

表 XI-3　断面矿石算术平均品位估算表

| 序号 | 工程号 | 工程平均品位(%) | 序号 | 工程号 | 工程平均品位(%) |
|---|---|---|---|---|---|
| 1 | 探槽 TC2 | | 1 | 探槽 TC3 | 0.61 |
| 2 | 钻孔 Ⅱ-ZK1 | | 2 | 钻孔 Ⅲ-ZK1 | 0.67 |
| 3 | 钻孔 Ⅱ-ZK2 | | 3 | 钻孔 Ⅲ-ZK2 | 0.75 |
| 4 | 钻孔 Ⅱ-ZK3 | | 4 | 钻孔 Ⅲ-ZK3 | 0.83 |
| 5 | 钻孔 Ⅱ-ZK4 | | 5 | 钻孔 Ⅲ-ZK4 | 0.70 |
| 6 | 坑道 CD2 | | 6 | 坑道 CD3 | 0.82 |
| 断面Ⅱ品位总和 | | | 断面Ⅲ品位总和 | | |
| 断面Ⅱ平均品位 | | | 断面Ⅲ平均品位 | | |

表 XI-4　断面矿石品位厚度加权平均估算表

| 工程号 | 工程平均品位 $\bar{C}$(%) | 矿体厚度 $L$(m) | $L \times \bar{C}$ | 工程号 | 工程平均品位 $\bar{C}$(%) | 矿体厚度 $L$(m) | $L \times \bar{C}$ |
|---|---|---|---|---|---|---|---|
| TC2 | | | | TC3 | 0.61 | 26.00 | |
| Ⅱ-ZK1 | | | | Ⅲ-ZK1 | 0.67 | 16.25 | |
| Ⅱ-ZK2 | | | | Ⅲ-ZK2 | 0.75 | 14.00 | |
| Ⅱ-ZK3 | | | | Ⅲ-ZK3 | 0.83 | 9.50 | |
| Ⅱ-ZK4 | | | | Ⅲ-ZK4 | 0.70 | 2.50 | |
| CD2 | | | | CD3 | 0.82 | 22.85 | |
| 总和 | | | | 总和 | | | |
| 断面Ⅱ厚度加权平均品位 | | | | 断面Ⅲ厚度加权平均品位 | | | |

# 实习十二　地质块段法矿产资源/储量估算

## 一、实习目的

通过本次实习,初步掌握在平面图上圈定矿体、划分块段、确定矿产资源/储量估算参数、用地质块段法估算矿产资源/储量的基本技能。

## 二、方法原理

地质块段法估算矿产资源/储量,有圈定矿体、划分块段及对每个块段用算术平均法估算矿产资源/储量等步骤。

### 1. 圈定矿体

地质块段法估算矿产资源/储量所使用的图件是各类投影图。矿体的倾角大小是选择投影面的主要依据,缓倾斜矿体选用水平投影图(图Ⅻ-1),陡倾斜矿体则选用垂直纵投影图。在选择投影面时,还得考虑到勘探系统。以钻孔为主,特别以直孔为主时,应选择水平投影面;而以水平坑道为主时,则应选择垂直投影面。在投影图上,矿体地表露头可直接投绘露头线;而在深部钻孔见矿,则应将见矿中心点投到投影图上,而不能将在地表的钻孔孔位投到图上。

根据工业指标、控制矿体产出的地质因素和物化探资料圈定矿体,控矿的主要地质因素越明确,掌握影响矿体圈定的物探、化探资料越多,用以圈定矿体的地质信息越丰富,所圈定的矿体就越接近于实际,精度也就越高。在平面图上圈定矿体,首先是圈定矿体的外边界线,即在矿体边缘,用有限外推或无限外推的方法所确定的边界线。在有些文献中提出应分别圈出零点边界线和可采边界线,然后将边缘的见矿钻孔相连,即得到内边界线。

### 2. 块段划分

在矿体圈定后,应根据如下因素划分块段:

(1)矿物原料的自身特点,如矿石自然类型工业品级。

(2)矿床开采条件,如浅部露采部分与深部坑采部分应划分为不同块段,被垂直断距较大的断裂所断开,不能作为同一块段一起开采的断层上、下盘。

(3)勘查程度不一,主要表现在具有不同勘查网密度的地段应划分为不同块段。

### 3. 算术平均法估算矿产资源/储量

其估算步骤为:

(1)用求积仪、方格纸或其他方法测定块段面积 $S$。

(2)用算术平均法估算块段内矿体的平均厚度 $\bar{m}$:

$$\bar{m} = \sum_{n=1}^{n} m_i / n \qquad (Ⅶ-1)$$

着重指出,矿体厚度并非是指矿体的真厚度,而是指垂直于投影面的矿体厚度。

(3)相应地,用算术平均法估算出块段内的平均品位 $\bar{C}$ 及平均体重 $\bar{d}$:

$$\bar{C} = \sum_{n=1}^{n} C_i / n \qquad (\text{Ⅶ}-2)$$

$$\bar{d} = \sum_{n=1}^{n} d_i / n \qquad (\text{Ⅶ}-3)$$

式中:$C_i$——工程平均品位值;

$d_i$——矿石体重。

(4)估算块段体积 $V$。

在内边界线以内的块段体积为:

$$V = S \times \bar{m} \qquad (\text{Ⅻ}-4)$$

在内、外边界线之间的块段体积为:

$$V = S \times (\bar{m} + m_{\min})/2 \qquad (\text{Ⅻ}-5)$$

式中:$m_{\min}$——外边界线上所采用的厚度值。若是零点边界线,则 $m_{\min}=0$;若为可采边界线,则 $m_{\min}$ 为最小可采厚度。

(5)估算块段矿石资源/储量 $Q$ 及金属储量 $P$。

$$Q = V\bar{d} \qquad (\text{Ⅻ}-6)$$

$$P = Q\bar{C} \qquad (\text{Ⅻ}-7)$$

**4. 整个矿床的储量汇总**

汇总表内,应分矿体,按照不同的储量级别和矿石类型分别统计汇总。

### 三、实习步骤

根据图Ⅻ-1及表Ⅻ-1所提供的资料用地质块段法估算某铁矿床9号矿体的储量。具体步骤为:

(1)根据各钻孔见矿情况,圈定矿体,做出零点边界线(外边界线)及内边界线。

(2)根据矿体各部分控制程度的不同,划分出不同块段,并在图上标注出来。根据本矿床的特征,可以 50m×50m 网度求资源量(332),以 100m×50m 的网度求资源量(333),内边界线与外边界线之间的部分可以作为资源量(334)。块段的编号可以用"矿产资源/储量类型+该类型的编号"如"D-1"。

(3)对各块段分别估算矿产资源/储量。

①量出块段面积,填入表Ⅻ-2的相应位置。

②按块段,将同一块段内工程编号、各工程厚度、品位等数据填入表Ⅻ-3。

③估算块段的平均品位。

④估算块段的平均厚度。

⑤体重资料,估算时取 $d=3.5\text{t/m}^3$。

⑥估算各块段的体积。资源量(334)用公式(Ⅻ-5)估算,其中 $m_{\min}=0$;其余块段用式(Ⅻ-4)估算。

⑦分别用式(Ⅻ-6)、式(Ⅻ-7)估算各块段的矿石储量 $Q$ 和金属储量 $P$。

(4)将各块段的资源/储量累加,即得到某铁矿床整个9号矿体的矿产资源/储量和金属资源/储量。

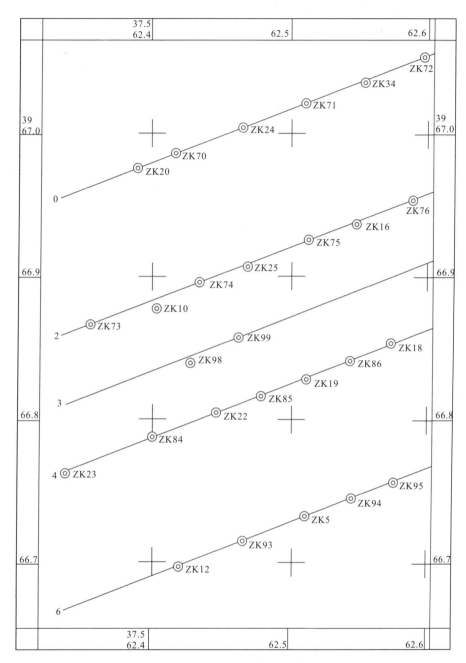

图 XII-1 某矿 9 号矿体水平投影图

## 四、实习资料

某铁矿床 9 号矿体地质情况简介。

9 号矿体长 360m 左右，最大延深 300m 左右。埋藏深度 90~280m，一般为 170m。呈规模较大的透镜体产出，局部有分叉现象，倾向 NEE，倾角 20°~50°。沿倾向，上、下两端比较平缓且较薄,中部厚大而较陡,呈反"S"形弯曲。沿走向及倾向虽然厚度变化较大,但矿化连续性却比较好。从钻孔控制的情况来看,北端至0线变薄而尖灭,南端在6线厚度较大,但在8线却未见矿体,突然尖灭。最大厚度为64.01m,平均厚度22.72m。

品位变化虽不很大,但富矿的分布却很不稳定。矿体中以贫矿石为主,平均TFe品位38.38%。氧化矿石分布零乱,矿体与围岩界线清楚。

矿石以浸染状、斑杂状构造为主。矿物组分较简单,以磁铁矿为主,其次有赤铁矿、针铁矿、黄铁矿及少量黄铜矿。矿石含硫较低,平均含量为0.28%,以半自熔性至碱性矿石为主。

根据上述特征,本矿床勘探类型应属Ⅲ类,可以50m×50m工程间距求资源量(332),以100m×50m的工程间距求资源量(333)。资源量(333)外推部分,可以作为资源量(334)。

表Ⅻ-1  9号矿体钻孔见矿铅垂厚度及平均品位

| 工程号 | 厚度(m) | 平均品位TFe(%) | 采取率(%) | 工程号 | 厚度(m) | 平均品位TFe(%) | 采取率(%) |
| --- | --- | --- | --- | --- | --- | --- | --- |
| ZK24 | 4.19 | 34.22 | 75.9 | ZK99 | 52.93 | 35.78 | 83.0 |
| ZK71 | 4.01 | 25.89 | 99.8 | ZK84 | 8.19 | 38.22 | 76.8 |
| ZK73 | 4.59 | 32.26 | 98.7 | ZK22A | 11.69 | 30.07 | 84.6 |
| ZK10 | 32.38 | 44.51 | 77.5 | ZK85 | 46.51 | 39.95 | 81.7 |
| ZK74 | 27.56 | 37.52 | 90.3 | ZK19 | 38.44 | 39.97 | 75.9 |
| ZK25 | 64.01 | 38.22 | 84.2 | ZK12 | 2.88 | 33.60 | 85.1 |
| ZK75 | 25.23 | 35.07 | 76.8 | ZK93 | 2.44 | 24.30 | 60.2 |
| ZK16 | 9.21 | 25.62 | 80.7 | ZK5 | 38.65 | 36.04 | 74.6 |
| ZK98 | 23.39 | 39.47 | 94.3 | ZK94 | 8.70 | 38.08 | 99.1 |

表Ⅻ-2 块段矿产资源/储量估算表

| 序号 | 矿体号 | 块段号 | 矿产资源/储量类型 | 块段面积(m²) | 块段平均厚度(m) | 块段体积(m³) | 矿石体重(t/m³) | 矿石资源/储量(t) | 块段平均品位(%) | 金属资源/储量(t) |
|---|---|---|---|---|---|---|---|---|---|---|
| | | | | | | | | | | |
| | | | | | | | | | | |
| | | | | | | | | | | |
| | | | | | | | | | | |
| | | | | | | | | | | |
| | | | | | | | | | | |
| | | | | | | | | | | |
| | | | | | | | | | | |
| | | | | | | | | | | |
| | | | | | | | | | | |
| | | | | | | | | | | |
| | | | | | | | | | | |
| | | | | | | | | | | |
| | | | | | | | | | | |
| | | | | | | | | | | |
| | | | | | | | | | | |
| | | | | | | | | | | |
| | | | | | | | | | | |
| | | | | | | | | | | |
| | | | | | | | | | | |
| | | | | | | | | | | |
| | | | | | | | | | | |
| | | | | | | | | | | |
| | | | | | | | | | | |

表 XII-3　块段平均厚度品位估算表

| 块段号 | 工程号 | 厚度(m) | 品位 TFe(%) | 块段平均厚度(m) | 块段平均品位 TFe(%) |
|---|---|---|---|---|---|
| | | | | | |
| | | | | | |
| | | | | | |
| | | | | | |
| | | | | | |
| | | | | | |
| | | | | | |
| | | | | | |
| | | | | | |
| | | | | | |
| | | | | | |
| | | | | | |
| | | | | | |
| | | | | | |
| | | | | | |
| | | | | | |
| | | | | | |
| | | | | | |
| | | | | | |
| | | | | | |
| | | | | | |
| | | | | | |
| | | | | | |
| | | | | | |
| | | | | | |
| | | | | | |